IN MEMORIAM DOMINICI CHELINI

DOMINICO · CHELINIO · GRAGNANENSI · SCH · P

DOCTRINA · MORIBVS

ATQVE · OPERVM · EDITORVM · FAMA · PRAECLARO

ADLECTO · IN · ITALICVM · XL · ERVDITORVM · COLLEGIVM

MATHEMATICA

IN · ROMANA · STVDIORVM · VNIVERSITATE · PROFESSO

DOCTORVM · ORDO

AERE · VNDIQVE · EX · ITALIA · CONLATO

ANNO · MDCCCLXXIX · P · C

IN MEMORIAM DOMINICI CHELINI

# COLLECTANEA
# MATHEMATICA

NUNC PRIMUM EDITA

CURA ET STUDIO

**L. CREMONA et E. BELTRAMI.**

*Opuscula conscripserunt:*

| | | | |
|---|---|---|---|
| **T. REYE** | Argentorati | **J. BARDELLI** | Mediolani |
| **L. SCHLAEFLI** | Bernæ | **F. BRIOSCHI** | Mediolani |
| **C. G. BORCHARDT** | Berolini | **J. JUNG** | Mediolani |
| **L. KRONECKER** | Berolini | **H. CAPORALI** | Neapoli |
| **A. CAYLEY** | Cantabrigiæ | **H. BETTI** | Pisis |
| **T. A. HIRST** | Londini | **U. DINI** | Pisis |
| **G. DARBOUX** | Lutetiæ Parisiorum | **E. PADOVA** | Pisis |
| **C. HERMITE** | Lutetiæ Parisiorum | **J. BATTAGLINI** | Romæ |
| **A. MANNHEIM** | Lutetiæ Parisiorum | **B. BONCOMPAGNI** | Romæ |
| **H. S. SMITH** | Oxonii | **V. CERRUTI** | Romæ |
| **C. F. GEISER** | Turici | **L. CREMONA** | Romæ |
| **R. WOLF** | Turici | **E. BELTRAMI** | Ticini |
| **H. D'OVIDIO** | Augustæ Taurinorum | **E. BERTINI** | Ticini |
| **F. SIACCI** | Augustæ Taurinorum | **F. CASORATI** | Ticini |

***Accessit imago ejusdem Chelini et testamentum Nic. Tartaleae.***

SUMPTIBUS

ULRICI HOEPLI

BIBLIOPOLAE

NEAPOLI MEDIOLANI PISIS

MDCCCLXXXI.

*Milano, 1881. — Tip. Bernardoni di C. Rebeschini e C.*

# INDICE.

# AI LETTORI.

*Eccoci finalmente alla meta. Quando formammo il primo disegno di questo libro, potemmo forse parere troppo audaci; ma, come suol avvenire agli audaci e perseveranti, ci arrise la vittoria. Tutti o quasi tutti i nostri amici tennero l'invito. E non solo gli Italiani che poterono avere il nostro Chelini a maestro o a collega; ma anche gli stranieri, che con lui s'erano personalmente incontrati, come Borchardt e Schlaefli a Roma nel 1846 — quand'era qui Jacobi con Steiner e Dirichlet — e Hirst a Bologna nel 1864 e, più tardi, di nuovo a Roma; o che soltanto lo conoscevano per gli scritti e per la fama.*

*La nostra virtù è stata tutta nell'osare, pregare e ripregare senza stancarci mai; l'opera, più che nostra, è dei gentili nostri collaboratori, ai quali ci è ora dolcissimo rivolgere una parola di viva e schietta gratitudine. Grazie a tutti, e particolarmente ai matematici d'oltralpe, ai quali non correva obbligo di darci mano, e che in tal modo mostrarono ancora una volta come la scienza congiunga gli animi togliendo le differenze nazionali. Grazie anche all'animoso Editore, che non risparmiò cure perchè il volume riescisse decoroso.*

*La gioja della vittoria ci è però turbata da un triste ricordo. Uno dei nostri amici non è più. Borchardt, quantunque ammalato, aveva prontamente risposto alla nostra chiamata; poi morì, appena ci ebbe inviato il suo contributo, che forse fu l'ultima sua fatica.*

*Onore a lui e un saluto a tutti gli altri!*

*Roma*
*Pavia* } *giugno 1881.*

L. CREMONA.
E. BELTRAMI.

# DELLA VITA E DELLE OPERE

DI

# DOMENICO CHELINI

Chi guarda alle condizioni odierne degli studî matematici in Italia, così onorevolmente rappresentati, oltre che da maestri già provetti, da una falange di egregi giovani, usciti nell' ultimo ventennio dalle nostre Università e rientrativi ben presto come professori, falange eletta cui il paese e la scienza affidano le loro migliori speranze, può difficilmente riportarsi col pensiero alle condizioni in cui gli stessi studî trovavansi prima di questo fortunato periodo.

Non già che vi fosse assoluto difetto di cultori serî ed appassionati della scienza. Ve ne furono sempre, ed in ogni provincia, nè mancarono fra loro gli eminenti, di cui sarebbe superfluo ricordare ora i nomi. Ma la loro opera, dolorosamente difficultata dalla penuria dei mezzi di studio e dallo stento delle comunicazioni, se pur poteva riuscire talvolta proficua alla scienza in sè stessa considerata, andava in gran parte perduta quanto all' insegnamento scientifico, il quale era, per gli ordinamenti allora vigenti e per tristi consuetudini invalse, o condannato alla nullità, o talmente commisto all' insegnamento tecnico (superficiale anche questo), che il più assiduo e laborioso allievo non poteva trarne alcun valido avviamento alla lettura delle opere classiche e meno ancora alla ricerca originale, di cui pur troppo il maggior numero degli insegnanti d' allora non sentiva menomamente il bisogno.

Perchè non si creda ch' io esageri, citerò a questo proposito le testuali parole d' uno dei più chiari matematici italiani del principio di questo secolo, di Pietro PAOLI, che fu pubblico e lodatissimo professore nelle Università di Pavia e di Pisa. La prefazione ai suoi celebri *Elementi d'algebra,* dedicati al Granduca Ferdinando III, incomincia così:

« Fra tutti quelli che in Italia si danno allo studio delle ma-
« tematiche, se qualche genio sublime si eccettua, il quale colla forza
« del suo spirito abbia trionfato di tutti gli ostacoli e siasi posto a
« livello dei geometri oltramontani, pochi altri si contano che giun-
« gano alla mediocrità. Nè ciò si deve ripetere dalla mancanza degli
« ingegni, che abbondano in Italia come per tutto altrove, ma dal
« male inteso metodo d'insegnare le matematiche: poichè quivi non
« si pongono nelle mani dei giovani che elementi molto leggieri, i
« quali compariscono facili perchè sono inesatti e non trattano, in
« ciascun ramo della scienza, che di qualche caso particolare. Il primo
« inconveniente che ne nasce è quello che i giovani si avvezzano a
« contentarsi di una tal quale evidenza, giacchè una dimostrazione
« rigorosa non può ottenersi che quando la cosa si considera in
« tutta la sua generalità. Inoltre è certo che niuno può rendersi abile,
« se non leggendo le opere dei grandi geometri, i quali suppongono
« nel lettore la scienza portata a quel grado in cui si trova allorchè
« scrivono. Ora chi non ha trovato negli elementi che quelle cogni-
« zioni soltanto che si avevano un secolo addietro, al primo leggere
« dei libri degli EULER, dei D'ALEMBERT, dei DE LA GRANGE si
« abbatte in difficoltà insuperabili. Di quì il più delle volte succede
« che o abbandona affatto l'intrapresa carriera, o si contenta di ri-
« manere nella ristretta sfera delle cognizioni più elementari, passando
« la vita d'elemento in elemento; ed in ciò fare talvolta è confor-
« tato dall'imperizia de' maestri i quali, non essendo in istato di
« togliergli quelle difficoltà che essi pure incontrano, gli consigliano
« di astenersi da certe ricerche, che con simulato ma prudente di-
« sprezzo caratterizzano come intralciate ed inutili. »

Non pare che queste parole, abbastanza acerbe e pungenti, fossero giudicate ingiuste od inopportune, poichè più tardi lo stesso Granduca conferiva al PAOLI la sovraintendenza degli studî in Toscana.

Questa deplorevole condizione di cose, durata in alcune Università fino al 1859, era per verità già andata lentamente migliorando in altre: ma più per virtù di pochi che per resipiscenza di molti. Adesso non ne resta più, per nostra grande ventura, che il ricordo o la tradizione; e quei valorosi giovani di cui parlavo al principio saranno forse meno d'ogni altro propensi a dar fede a tale tradizione ed a rendere giustizia agli sforzi, veramente ammirandi, di quei pochi eletti che, in tempi così infelici, seppero tenere alto il vessillo della scienza italiana e riscuotere l'approvazione non meno dei nazionali che degli stranieri. Eppure è un sacro dovere, per chi ha trovata meno aspra la via del sapere, il serbare affettuosa e reverente memoria di quelli che hanno percorsa questa stessa via, quand' essa era irta di triboli e di spine, e quando non v' era mano amica che guidasse il cammino e confortasse il viandante.

Ed uno di questi pochi fu il CHELINI, al quale fece perfin difetto quella qualunque istruzione matematica che altri avrebbe potuto conseguire al tempo suo, per essersi egli dedicato fin da giovinetto alla vita monastica; sicchè si può ben dire che dovesse fare tutto, o quasi tutto, da sè.

La vita, semplice e modesta quanto operosa, del buon CHELINI è stata ritratta in termini così precisi e così appropriati dal prof. CREMONA, nella Commemorazione che egli ne fece il 5 gennaio 1879 alla R. Accademia dei Lincei, che io non posso far meglio di quì trascriverla quasi per intero.

« DOMENICO CHELINI nacque ai 18 ottobre 1802 in Gragnano « su quel di Lucca da agiata famiglia campagnuola. Il padre suo, « FRANCESCO MARIA, desiderando che intraprendesse la carriera ec« clesiastica, allogatolo in Lucca presso una famiglia privata, lo faceva « istruire nei primi rudimenti della lingua latina, nei quali ebbe poi « a maestro certo P. PUCCINELLI dei Canonici Lateranensi. Mortogli « il padre, mentr'egli era ancor giovanissimo, i fratelli del CHELINI « desideravano che tornasse in famiglia, sia a risparmio di spese, sia « perchè li aiutasse ne' lavori campestri. Ma il P. PUCCINELLI, do« lente che il giovanetto avesse a interrompere gli studî ne' quali « aveva fatto e prometteva fare grandi progressi, tanto fece e s'ado« però che questi potè proseguire nell'intrapresa carriera. Mentre « era ancora in Lucca, pare ch' egli venisse iniziato a studî di mi« neralogia dallo scolopio P. PIETRINI, professore dell'Università di « Roma. Cooperando il P. PUCCINELLI, il CHELINI, fu ben presto « ammesso a indossar l'abito religioso in Roma, dove si rese scolopio « il 18 novembre 1818 e fece gli studî del Collegio Nazareno dal 1819 « al 1826. Ivi gli furono professori in filosofia il P. BARRETTI, in ma« tematica il P. GANDOLFI, ambidue dell'Archiginnasio romano, ed in « eloquenza il P. BIANCHI, latinista di molta riputazione. Si distinse e « negli studî scientifici e ne' letterarî, così che, appena ebbe cessato « d'essere scolaro, fu messo ad insegnare umanità nel Collegio me« desimo. Nell'anno successivo andò professore di rettorica a Narni « dove fu consacrato prete (aprile 1827). Colà, trovandosi in luogo

« tranquillo e seguendo la naturale inclinazione del suo ingegno, si « diede con ardore a continuare da sè, coll' aiuto de' soli libri, i suoi « studî matematici: impresa che poi fu sempre la principale e predi- « letta occupazione sua, e alla quale non venne mai meno sinchè « ebbe vita. Passò un anno a Narni, poi un altro (1828-29) a Città « della Pieve come professore di filosofia; e di quì fu trasferito collo « stesso ufficio ad Alatri. Nel 1831 si ammalò gravemente e andò a « curarsi in Napoli. Nello stesso anno fu richiamato al Collegio Na- « zareno, ed ivi ebbe la cattedra di matematica, che tenne per ben « venti anni, sebbene per alcuni anni dopo il 1836 professasse anche « filosofia, in mancanza del titolare. Negli ultimi mesi del 1843 e nei « primi del 1844 conobbe JACOBI, venuto in Roma per ragioni di sa- « lute insieme con LEJEUNE-DIRICHLET, STEINER, SCHLAEFLI e BOR- « CHARDT, e meritò la benevolenza e la stima di quel sommo ma- « tematico e de' suoi illustri compagni.

« Nell' ottobre 1851 andò professore di meccanica e idraulica « all'Università di Bologna; il 24 maggio 1860 fu tolto dall' ufficio « perchè s' era astenuto dall' intervenire alla funzione religiosa della « festa dello Statuto; ed il 5 novembre dello stesso anno fu resti- « tuito alla cattedra di meccanica razionale con un provvedimento « eccezionale sotto forma di decreto ministeriale che lo nominava « professore straordinario, senza limite di tempo, senz' obbligo di giu- « ramento e collo stesso stipendio di cui godeva prima come ordi- « nario. Però nell' ottobre 1863 si cominciò a non voler più rispet- « tare la posizione eccezionale del CHELINI; gli fu mandato un decreto « che lo nominava professore straordinario per l' anno scolastico im- « minente, come è di pratica per gli straordinarî. La qual cosa gli « recò non poca amarezza, perchè il CHELINI amava sinceramente « la patria italiana ed era assolutamente alieno dall' associarsi a qual- « siasi atto ostile al governo nazionale: dei quali suoi sentimenti gli « amici intimi possono fare ampia testimonianza. E un anno dopo « il Ministero chiese ch' egli prestasse il giuramento politico; e dietro « la sua dichiarazione di non lo poter dare per la sua condizione di « ecclesiastico, venne destituito con decreto del 18 dicembre 1864. « In quell' occasione i professori e gli studenti dell'Università di Bo- « logna in diversi modi dimostrarono quanta stima ed affetto nutris- « sero pel CHELINI e con quanto dolore si vedessero privati d' ogni « speranza di conservarlo a quell' Ateneo. Il CHELINI sopportò la « sua disgrazia con ammirabile serenità d' animo; si portò a Lucca « dove aveva molti nipoti e dove ricevette con sua grande consola- « zione un album coi ritratti fotografici de' professori bolognesi e di « amici scientifici d'altre Università.

« Nel marzo 1865 andò a Roma dove gli si era fatto sperare « una cattedra all'Università; ma non fu prima del settembre 1867 « ch'egli ottenne l'insegnamento della meccanica razionale, al quale « diede principio nel successivo dicembre. E quattro anni dopo venne « di nuovo dimesso, allorchè, divenuta Roma capitale d'Italia, gli fu « ripresentato il dilemma o giurare o andarsene. D'allora in poi insegnò « nella così detta Università Vaticana, sinchè questa non venne chiusa; « e quindi privatamente.

« Sperò di ottenere una piccola pensione, che avrebbe desti- « nata a soccorrere dei parenti bisognosi; ma gli fu negata. Nella « primavera 1878 l'Ordine Civile di Savoia gli decretò un piccolo « assegno annuo ch'egli accettò con viva gratitudine; ma non gli fu « dato che di riscuoterne il primo trimestre, avendolo colto la morte « nel dì 16 novembre dopo pochi giorni di malattia, nel Collegio Na- « zareno dove abitava sino dal 1865.

« Era stato ascritto all'Accademia dei Lincei sino dal 1847, al- « l'Accademia di Bologna sino dal 1854, ed alla Società Italiana « dei XL sino dal 1863. Apparteneva inoltre a non poche altre Ac- « cademie e Società minori.

« Tutta la sua vita fu spesa in pro' della scienza e dell'istru- « zione. Le sue pubblicazioni sono in numero di 53 e abbracciano « un periodo di ben 44 anni. Suo primo lavoro è una Memoria *Sulla « teoria delle quantità proporzionali* letta all' Accademia dei Lincei il « 28 luglio 1834, e l'ultimo una Memoria *Sopra alcune questioni di- « namiche,* presentata all'Accademia di Bologna il 26 aprile 1877. « Sino agli estremi giorni ebbe intatta la forza del pensiero come « quella del corpo. Due settimane circa avanti che morisse egli era « a casa mia e mi parlava d'una quistione che lo teneva occupato e « dalla soluzione della quale sperava trarre una Memoria da servire « come penso accademico per l'Istituto di Bologna. »

Udendo parlare d'un monaco che di proprio impulso si dà agli studî matematici, e vi persevera per tutta la vita, distaccandosi da quelli pei quali era stato avviato, alcuno può facilmente esser tratto a pensare che il suo culto per quelli studî sia stato tutto personale, sottratto gelosamente all'occhio ed alla partecipazione dei profani, circoscritto entro una cerchia angusta di argomenti favoriti, egoistico, insomma, per dire la cosa non bella con una non bella parola. Chi pensasse questo di CHELINI penserebbe male e s'ingannerebbe a partito. In primo luogo è bene si sappia che se la matematica è stato il principale argomento dei suoi studî, anzi il solo nel quale egli abbia dato pubblici saggi del suo ingegno, non perciò lasciò mai d'amare le lettere e le altre scienze in cui s'era erudito da giovane, e in particolare conservò sempre un vivo interesse per la filosofia, della quale, come si è veduto, era stato anche professore. Anzi, negli ultimi suoi anni, quando per una parte gli mancava il modo di adoperarsi come insegnante e per altra parte gli veniva forse meno la lena per la ricerca originale negli studî suoi prediletti, egli traeva il maggior conforto dalla lettura di opere filosofiche, lettura nella quale bene spesso molto s'infervorava. Ed io ricordo come egli si animasse parlandomi, due o tre anni prima della sua morte, dei libri di LITTRÉ, che gli erano venuti allora alle mani e che suscitavano nella sua mente una gran tenzone, non riuscendo egli sempre a conciliare, come avrebbe voluto, ciò che vi trovava di giusto e di vero coi principî della propria filosofia, ben diversa da quella a cui quei libri sono informati. Del resto chiunque abbia avvicinato il CHELINI può attestare quanto larga fosse la sua coltura e quanto viva la sua partecipazione ad ogni importante argomento di controversia scientifica.

Ma neppure in matematica CHELINI fu quello che potrebbe chiamarsi un pensatore solitario. Non solo s'interessò sempre, e vivamente, alle questioni scientifiche agitate fra i contemporanei, anche se queste uscivano più o men fuori da quel campo che gli era più famigliare e più gradito, ma tutti i suoi nobili sforzi furono costantemente subordinati allo scopo, per lui supremo, dell'istruzione scolastica, a tale da non reputare d'aver fatto opera utile, in qual si sia ramo di scienza, se non fosse riuscito a presentare i risultati dei proprî studî in una forma che gli paresse appropriata all'insegnamento. Della quale preoccupazione, essenzialissima a tenersi presente da chi voglia rettamente giudicare l'uomo, due furono i moventi, degni entrambi di riverenza e di stima. Il primo fu quell'intimo e squisito senso di universale benevolenza che formava il fondo del suo carattere e che gli faceva ardentemente desiderare di mettere in comune cogli altri ogni suo acquisto intellettuale, il che, nelle sue condizioni di vita, non gli era possibile che col mezzo della scuola. Il secondo scaturiva dal suo carattere di Scolopio, di membro, cioè, d'un ordine religioso che, come tutti sanno e come dice il nome, è dedito principalmente all'istruzione scolastica; ed il CHELINI, così scrupoloso osservatore d'ogni dovere, non era tale da dar lieve peso a quello che gli era imposto dall'abito che vestiva, e che era d'altronde, come fermamente credo, in perfetta armonia colle sue tendenze, coll'indole della sua mente e colla sua infinita modestia.

Ma è tempo di parlare delle opere matematiche di CHELINI, le quali si riferiscono, per la più gran parte, alla Geometria ed alla Meccanica.

Per mettere un po' d'ordine nel discorso che debbo tenerne, credo bene di ripartire questi lavori in quattro gruppi, comprendendo nel primo quelli che riguardano la geometria analitica propriamente detta, nel secondo quelli relativi alla geometria differenziale ed alla teoria delle superficie, nel terzo i lavori di cinematica e di meccanica, e finalmente nel quarto ed ultimo gruppo quelli altri scritti, poco numerosi, che trattano di argomenti diversi dai precedenti e che non rappresentano studî così profondi o così prolungati come quelli cui sono dovuti i lavori dei primi tre gruppi.

Per verità questa ripartizione non ha nulla di assoluto, perchè in più d'una Memoria sono trattati varî argomenti ad un tempo, e più ancora perchè uno dei concetti favoriti di CHELINI, quello della composizione delle rette e delle aree, ricorre in presso che tutti i suoi scritti ed è precisamente coll'aiuto di esso ch'egli si riprometteva di dare ad ogni dottrina da lui trattata quei caratteri di unità e di semplicità che gli stavano tanto a cuore. Ciò non ostante credo che tale ripartizione renda più agevole il rendiconto dell'opera da lui data alla scienza, rendiconto nel quale io mi permetterò, per brevità, di passare sotto silenzio alcuni lavori di poca mole ed importanza, come pure altri che, sebbene non sieno privi d'interesse, sono stati da lui stesso rifusi in Memorie posteriori e non rappresentano che fasi un po' diverse di quell'elaborazione assidua alla quale egli sottopose i principî della scienza, sempre col fine di agevolarne l'insegnamento.

Del resto il lettore troverà alla fine di questo discorso un elenco completo dei lavori di CHELINI, compilato con tutta diligenza dal prof. CREMONA e aggiunto alla già riportata Commemorazione, elenco nel quale d'ogni scrittura è indicato l'anno ed il luogo della pubblicazione.

## GEOMETRIA ANALITICA.

Il primo lavoro intorno a questa scienza, in ordine di tempo, è quello intitolato *Teorica dei valori delle proiezioni*. Ivi si trovano minutamente esposti e dichiarati tutti quei procedimenti elementari per la composizione non solo delle rette, ma anche delle aree, che il CHELINI adoperò poi sempre in tutte le sue ricerche e che dovevano, a suo giudizio, costituire come la base e il meccanismo essenziale della geometria analitica. Vi si incontrano già quelle segnature di cui sempre si valse in seguito per indicare le proiezioni di rette e di aree e vi si trova già enunciato il teorema fondamentale per le proiezioni delle rette (cui CHELINI riconduceva fin d'allora quelle delle aree) nella forma da lui sempre preferita e che riesce realmente molto utile, cioè: la proiezione che una retta riceve da un'altra è eguale alla somma dei prodotti di ciascuna componente di quella per la proiezione che riceve da questa. Vi è data eziandio la regola per attribuire un segno alle aree generate dal moto d'una retta, e vi è fatta l'applicazione delle regole generali per la composizione delle aree a quelle aree speciali che si presentano in meccanica e che corrispondono ai momenti delle forze.

A questo lavoro tenne subito dietro il *Saggio di geometria analitica trattata con nuovo metodo,* Saggio che è distribuito in due tomi del Giornale Arcadico e che fu anche pubblicato in volume separato. Il metodo cui allude il titolo di questo Saggio è quello delle proiezioni, che il CHELINI applica largamente tanto nella geometria del piano quanto in quella dello spazio, facendo sempre uso di assi obliqui, introducendo, insieme con questi, gli assi ch'egli chiama *supplementari* e che il CAUCHY chiamò poscia *coniugati,* ed adoperando simultaneamente le coordinate *componenti* e le coordinate *proiezioni,* fra le quali trovò relazioni semplici ed eleganti. Questo lavoro, pregevolissimo per il tempo in cui fu scritto (1838), riesce forse di minor interesse al dì d'oggi, specialmente dopo l'introduzione delle coordinate omogenee e di altri concetti fondamentali che hanno rinnovato tutta la geometria analitica; ma vi si trovano alcune parti molto felicemente trattate. Vi è data, per esempio, sotto una forma molto semplice ed elegante, l'equazione dell'iperboloide considerato come superficie gobba a tre direttrici rettilinee (rispetto ad assi obliqui diretti parallelamente a queste direttrici), e vengono dedotte molto spontaneamente da quest'equazione (come in altro luogo dall'ordinaria equazione riferita agli assi) le proprietà delle generatrici e delle direttrici.

Questo libro piacque molto al POINSOT cui CHELINI ne aveva offerto un esemplare: in una lettera del 16 aprile 1839 * l'illustre geometra, che non era facile alla lode, gli scriveva infatti quanto segue:

« Je viens de parcourir votre ouvrage et je puis vous dire avec « satisfaction que je n'y ai rien trouvé qui ne m'ait paru clair, exact « et fait dans un très bon esprit. Cette méthode des projections est « en effet une des meilleures pour démontrer et découvrir. Elle a « le vrai caractère qui appartient à toute bonne doctrine: je veux

* Riportata nella prefazione agli *Elementi di meccanica razionale.*

« dire qu'elle est appropriée à la nature même de l'esprit humain. « Car au fond tout notre art est de ramener ce qui est complexe « ou varié a ce qui est simple et uniforme: toutes nos sciences ne « consistent que dans une telle réduction. Or qu'y a-t il de plus na- « turel en Géométrie, quand on considère tant de lignes et de sur- « faces diversement inclinées, que de les ramener à d'autres qui « tombent en quelque sorte dans le même sens et que l'on com- « pose entr'elles par la plus claire de toutes les lois, qui est la sim- « ple addition?

« C'est ce qu'on fait partout en Mécanique, et même dans « l'Analyse. Car l'étude des fonctions analytiques n'a elle-même « d'autre objet que la réduction des fonctions si diverses à celles que « nous connaissons le mieux, telles que les puissances entières de la « variable, et que nous regardons comme simples parce que, après « un nombre fini de différentiations successives, elles se ramènent à « la plus simple de toutes, qui est la variable uniforme que l'on « considère. C'est l'esprit de tout le calcul différentiel, sous quelque « point de vue que vous l'envisagiez.

« Il me semble donc, Monsieur, que vous êtes dans la bonne « voie et que vos Élémens de mathématiques ne peuvent manquer « d'être utiles. »

Lo stesso metodo delle proiezioni venne poscia applicato dal CHELINI alla trigonometria piana e sferica, nello scritto che ha per titolo: *Sopra uno dei tre principî che formano l'anello d'unione fra l'algebra e le diverse parti delle matematiche.* Più notevole è la posteriore Memoria *Sui centri dei sistemi geometrici,* dove definisce il centro d'un sistema di punti come quel punto le cui distanze dai punti dati hanno risultante nulla, e svolge con molta semplicità ed eleganza questo concetto, deducendone con grande spontaneità parecchi teoremi conosciuti, varie applicazioni interessanti ed utili e specialmente la teoria dei centri armonici, che era a quel tempo assai meno famigliare d'adesso. In quest'ultima parte egli era tuttavia già stato prevenuto da CHASLES e da CAUCHY, come egli stesso avverte in una nota finale.

A questo lavoro tenne subito dietro l'altro, non meno importante, *Sull'uso sistematico dei principî relativi al metodo delle coordinate rettilinee.* Quivi l'Autore incomincia col ridurre a termini semplicissimi lo studio di quelle doppie terne d'assi coordinati obliqui ch'egli aveva già considerati prima di CAUCHY e denominati supplementari, e riferendo a tali doppie terne non solo i sistemi di rette ma anche i sistemi di aree, ottiene molte relazioni nuove ed eleganti.

Poscia, dopo aver risoluto con procedimenti semplici e simmetrici alcuni problemi elementari di geometria analitica, passa alla trasformazione delle coordinate, per fissare, più completamente che non avesse già fatto nel *Saggio,* il significato geometrico dei coefficienti di trasformazione, e soprattutto per notare le proprietà invariantive di certe espressioni che vi si incontrano, proprietà le quali, com' egli esplicitamente osserva, si mantengono vere anche in circostanze più generali, ogni volta, cioè, che i detti coefficienti sono surrogati da quantità o da simboli operativi soddisfacenti alle medesime relazioni; nel che gli giova nuovamente la considerazione delle terne supplementari, che corrisponde a quella delle forme quadratiche reciproche. Anche quì s'incontrano dunque i primi germi della teoria degli invarianti. La Memoria termina colla trasformazione delle coordinate ordinarie in coordinate ellittiche, ridotta da CHELINI alla maggior possibile semplicità per mezzo di quelli stessi artifizî che vennero più tardi tanto popolarizzati dai libri di HESSE *.

I lavori fin quì accennati rappresentano il primo stadio delle ricerche di CHELINI sulla geometria analitica generale. La sua attenzione si portò in seguito sopra altri argomenti, e non fu che dopo alcuni anni, durante i quali si divulgarono i nuovi metodi di sintesi e di analisi geometrica, ch'egli ricomparve su questo terreno colla bella ed estesa memoria *Sulla teoria dei sistemi semplici di coordinate e sulla discussione dell' equazione generale di secondo grado in coordinate triangolari e tetraedriche.* CHELINI chiama sistemi *semplici* di coordinate quelli nei quali un' equazione di primo grado fra queste coordinate rappresenta un punto, una retta od un piano, secondo il significato che si attribuisce alle coordinate medesime, e fonda la teoria di tali sistemi sul consueto principio della risultante. Se non che quì egli adotta ancora altre denominazioni adoperate nella statica per esprimere concetti analoghi a quelli cui egli è condotto dalle sue considerazioni di natura puramente geometrica, introducendo così la nozione delle *coppie di rette* e *di aree,* dei *momenti* di queste e dei *punti risultanti.* CHELINI applica questi suoi principî ai più usitati sistemi semplici, considerando partitamente le ordinarie coordinate cartesiane, le coordinate segmentarie sovr' assi divergenti da un punto o sovr' assi paralleli (già adoperate, le prime, dallo CHASLES), le coordinate triangolari di punti e di rette (o, come altri dicono, le

* Nelle mie *Ricerche di geometria analitica* (Bologna, 1879), dedicate alla memoria di CHELINI, ho mostrato le molteplici applicazioni che si possono fare del principio da lui indicato.

coordinate trilineari e tangenziali nel piano), le coordinate tetraedriche di punti e di piani (ossia le coordinate quadriplanari e tangenziali nello spazio). Per ciascuno di questi sistemi egli va con molta eleganza investigando le formole più importanti, ponendo ovunque in chiaro il significato dei coefficienti nelle equazioni lineari, pel quale si manifesta in geometria analitica il fecondo principio di dualità. La Memoria si chiude colla discussione completa dell'equazione di secondo grado in coordinate triangolari e tetraedriche, così di punti come di rette o di piani, e vi si deducono da un solo principio, con perfetta uniformità e nella loro naturale concatenazione, le formole più importanti nella teoria elementare delle linee e delle superficie di secondo grado.

A questa Memoria succedettero due lavori di minor mole, il primo dei quali tratta *Delle sezioni del cono e della prospettiva nell'insegnamento della Geometria analitica*. Esso è d'indole molto elementare, ma colma tuttavia una lacuna di quasi tutti gli ordinarî Trattati, e contiene alcune formole nuove, od almen poco note (fra cui quelle che determinano la posizione omologica di due quadrangoli in piano), dedotte coll'usata speditezza e semplicità. Nel § VI di questo scritto, CHELINI ha manifestato dei dubbî sulla necessità d'introdurre nell'enunciato del principio di corrispondenza la restrizione relativa all'algebricità della relazione. L'equivoco deriva da ciò, che le due punteggiate ch'egli considera non sono, in realtà, isolate ed indipendenti, ma fanno parte di due piani punteggiati proiettivamente. Nel secondo lavoro, che tratta *Dell'uso del principio geometrico della risultante nella teoria dei tetraedri*, l'Autore, dopo aver richiamato le nozioni già da lui stabilite sulla composizione delle aree, applica con molta semplicità il suo metodo alla teoria dei tetraedri e giunge molto speditamente alla risoluzione del celebre problema di LAGRANGE, sulle orme di P. SERRET e di LEBESGUE.

L'esposizione più sistematica e più completa delle vedute fondamentali di CHELINI è contenuta nella Memoria *Sulla composizione geometrica dei sistemi di rette, di aree e di punti*, cui tenne dietro, a breve intervallo, l'altra *Sulla nuova geometria dei complessi*. Non mi diffonderò a parlare di questi due importanti lavori, avendone già il ch. prof. RUFFINI inserita nel Giornale di BATTAGLINI (tomo XII) un'ampia e dotta recensione, che venne riprodotta per intero nel *Bulletin des sciences mathématiques et astronomiques* (tomo VII). Dirò solo che in essi CHELINI ha dato il massimo svolgimento al suo proposito di richiamare alla pura geometria tutti quei concetti e tutte quelle considerazioni che, sebbene siansi presentate, storicamente, nella meccanica e nella cinematica prima che nella geometria, non cessano perciò d'appartenere al dominio di questa scienza. E su questo punto si deve dire che il tempo ha dato piena ragione a CHELINI: sotto forme più o meno diverse, la tendenza a separare nettamente i concetti meramente geometri dai meccanici è andata sempre più accentuandosi, non solo nella scienza, ma eziandio nei libri consacrati all'insegnamento, come per esempio, in quello ben noto del sig. SCHELL (dove trovansi più volte citate e ricordate con onore le cose del CHELINI). Un terzo lavoro di eguale tendenza e di non minore importanza dei precedenti è quello intitolato *Interpretazione geometrica di formole essenziali alle scienze dell' estensione, del moto e delle forze*, lo scopo principale del quale è di rivocare i fondamenti della teoria delle rette nello spazio ai soliti principî di proiezione, di composizione e decomposizione di segmenti, di aree e di punti, assumendo un tetraedro a figura di riferimento. La questione essendo più complessa delle altre analoghe, ha dato occasione a CHELINI di svolgere in più larga misura la potenza dei suoi artifizî dimostrativi e di stabilire un gran numero di relazioni eleganti fra le coordinate tetraedriche di una retta, cioè fra le sei componenti di essa secondo gli spigoli del tetraedro, ed altri elementi desunti dalla considerazione simultanea di questo e della retta stessa. Così egli ricava molto semplicemente da un noto teorema di CHASLES, tradotto nelle proprie formole, il concetto dei complessi lineari, e perviene con molta spontaneità alle due maniere di reciprocità che si possono attuare nello spazio, all'ordinaria, cioè, che si ottiene per mezzo d'una quadrica fondamentale, ed a quella di MOEBIUS. L'ultima parte della Memoria, che non ha stretto legame colla precedente, all'infuori di quello che nasce dall'uso costante dei punti e delle rette risultanti, ha per iscopo la dimostrazione di alcuni teoremi sulle curve pedali e cicloidali, dati da STEINER, da CATALAN e da altri geometri.

I due ultimi lavori geometrici di CHELINI sono la Memoria *Sopra alcuni punti notabili nella teoria elementare dei tetraedri e delle coniche* e la successiva Nota complementare *Intorno ai poligoni inscritti e circoscritti alle coniche*. Nella prima Memoria egli ritorna sul problema di LAGRANGE e ne presenta nuovamente la soluzione coi proprî metodi, rendendola più semplice e più completa. Passa indi alla teoria delle coniche, considerandole come inviluppi di una retta mobile, e risolve elegantemente parecchie questioni trattate dal DARBOUX e da altri. Poi ritorna di nuovo alla teoria dei tetraedri e, determinando in coordinate tetraedriche il centro d'una superficie di second'ordine, ottiene varie espressioni molto notevoli del volume di un tetraedro e del raggio della sfera che gli è circoscritta, in funzione degli spigoli. La breve Nota che fa seguito a questa Memoria serve di complemento a quella parte di essa che si riferisce ai poligoni inscritti e circoscritti a due coniche, e contiene la dimostrazione d'un nuovo teorema sul luogo dei punti di mutua intersezione delle rette costituenti un poligono della specie anzidetta, luogo il quale si spezza sempre in più coniche, ovvero in più coniche ed in una retta.

Da questo rapido sguardo sulle pubblicazioni geometriche del CHELINI si scorge abbastanza chiaramente che l'attenzione di lui, più che alla scoperta di nuovi teoremi, od allo svolgimento di determinati ordini di ricerche, fu sempre rivolta di preferenza al perfezionamento dei metodi fondamentali. Forse la maggior generalità con cui oggi si concepiscono le basi della geometria potrà far parere a taluno meno importante che al CHELINI non sembrasse l'elaborazione accuratissima cui egli assoggettò gli elementi di quella geometria analitica che si può chiamare classica. Ma è certo che in questo campo egli ha recato grandissima chiarezza ed eleganza ed ha, fra le altre cose, messo in piena luce un principio che fa esatto riscontro a quella del *Calcolo baricentrico* e che lo completa in un modo felicissimo. Questo principio è stato ripetutamente esposto ed applicato dal CHELINI ed io voglio quì riprodurlo colle sue stesse parole, pigliandolo dalla già citata *Interpretazione geometrica di formule essenziali alle scienze dell'estensione, del moto e delle forze*, che è una delle sue più eleganti e perfette scritture.

« Allorchè in un tetraedro consideriamo i piani delle facce $A$, « $B$, $C$, $D$, come *luoghi* di quattro *aree variabili*, ed i vertici $a$, $b$, $c$, « $d$, come *luoghi* di quattro *coefficienti variabili*, il principio della ri- « sultante (area e punto) ci manifesta immediatamente due notabili « teoremi, non ancora generalmente avvertiti, espressi entrambi da « una medesima equazione, la quale è

$$3V.pP = A\xi x + B\eta y + C\zeta z + D\tau t$$

« dove $x$, $y$, $z$, $t$ sono le coordinate $Ap$, $Bp$, $Cp$, $Dp$ di un punto « arbitrario $p$ e $\xi$, $\eta$, $\zeta$, $\tau$ sono le coordinate $aP$, $bP$, $cP$, $dP$ di un « piano $P$ parimente arbitrario*. Questi teoremi, che io posi in ri- « lievo nella *Memoria sui sistemi semplici di coordinate,* sono i se- « guenti:

* E dove inoltre $V$ è il volume del tetraedro. Il simbolo $pP$ rappresenta la distanza di un punto $p$ da un piano $P$.

« 1.° I prodotti $A\xi$, $B\eta$, $C\zeta$, $D\tau$ siano considerati come rap-
« presentanti *numericamente* quattro aree *giacenti sui piani delle facce*
« $A$, $B$, $C$, $D$ (dal lato positivo o negativo secondo il loro segno $\pm$):
« *queste quattro aree si comporranno in un' area risultante posta sul*
« *piano $P$ ed eguale numericamente a $3V$*, talchè si avrà

$$3V = \text{ris.}\,(A\xi,\ B\eta,\ C\zeta,\ D\tau),$$

« e però

$$9V^2 = \sum A^2\xi^2 + 2\sum AB\xi\eta\cos(xy);$$

« e l' equazione

$$3V.pP = A\xi.x + B\eta.y + C\zeta.z + D\tau.t$$

« significherà: *Il momento dell'area risultante $3V$*, preso rispetto ad
« un punto arbitrario $p\,(xyzt)$, *è eguale alla somma dei momenti*
« *omologhi delle aree componenti* $A\xi$, $B\eta$, $C\zeta$, $D\tau$.

« 2.° I prodotti $Ax$, $By$, $Cz$, $Dt$ siano considerati come *coef-*
« *ficienti dei punti* $a$, $b$, $c$, $d$ vertici del tetraedro: *questi quattro punti*
« *si comporranno in un punto risultante $p$, di coefficiente*

$$3V = Ax + By + Cz + Dt,$$

« e l' equazione

$$3V.pP = Ax.\xi + By.\eta + Cz.\zeta + Dt.\tau$$

« significherà: *Il momento del punto risultante $p$, di coefficiente $3V$*,
« preso rispetto ad un piano arbitrario $P(\xi\eta\zeta\tau)$, *è eguale alla*
« *somma dei momenti omologhi dei punti componenti $a$, $b$, $c$, $d$, di coef-*
« *ficienti* $Ax$, $By$, $Cz$, $Dt$. »

Non è a dire qual partito il CHELINI abbia tratto da queste vedute così semplici e così naturali. Egli le svolge sotto tutti gli aspetti, le combina variamente tra loro, ne trae fuori, con mirabile prontezza, deduzioni inaspettate, anche in argomenti così elementari che si sarebber potuti credere esausti, e non di rado arriva, con poche formole, alla risoluzione di quesiti che altri non aveva potuti svolgere se non con calcoli prolissi.

Io credo che se il *Saggio*, pubblicato da CHELINI come primo frutto de' suoi studî, fosse stato da lui composto molti anni dopo, quando egli aveva più pienamente maturato le dottrine di cui fin quì s' è detto, sarebbe riuscito un libro prezioso, specialmente per le scuole, ed avrebbe grandemente agevolato la diffusione dei buoni metodi geometrico-analitici. Un embrione di tale lavoro trovasi nella prima parte (p. 1-37) dell'*Appendice* agli *Elementi di meccanica razionale*: ma lo scopo troppo determinato e troppo parziale di quest'*Appendice*, come pure la necessaria brevità di essa, hanno costretto l'Autore ad escluderne per l'appunto quelle parti che sarebbero state di più essenziale importanza per la geometria analitica; cosicchè lo studioso che voglia acquistare piena cognizione de' suoi metodi deve necessariamente ricorrere alle Memorie.

## TEORIA DELLE SUPERFICIE.

CHELINI esordì in questa dottrina colla bella Memoria *Sulla curvatura delle linee e delle superficie*, che contiene un riassunto molto completo della teoria indicata nel titolo, con metodi intuitivi o semplicissimi, fondati principalmente su considerazioni di proiezione. Per una singolare coincidenza usciva in luce appunto in quei giorni la nota Memoria di DE SAINT-VENANT, *Sur les lignes courbes non planes,* nella quale ricorrono considerazioni dello stesso genere. Ciò ha fatto dire allo CHASLES, nel *Rapport sur les progrès de la Géométrie*, laddove allude a posteriori scritti del CHELINI (p. 198), che questi « applicò con successo » i metodi dell'eminente geometra francese. Ma in realtà le due Memorie sono del tutto indipendenti, e chi ha veduto il *Saggio* di CHELINI, e gli altri lavori di lui precedenti a quello di cui ora si tratta, non si meraviglia punto ch'egli abbia potuto applicare gli stessi mètodi alla teoria della curvatura. Le proposizioni dimostrate nella Memoria in discorso sono quelle di EULERO, di MONGE, di MEUSNIER, di LANCRET, di DUPIN, di BERTRAND, di MOLINS, di LIOUVILLE, di JACOBI, tutte quelle, insomma, che sono indipendenti dalle vedute di GAUSS, delle quali CHELINI si occupò in appresso. È notevole, fra le altre cose, un'espressione generale che egli dà, forse per la prima volta, della cosiddetta torsione geodetica d'una linea tracciata sopra una superficie.

S'incontra già in questo primo lavoro una considerazione molto semplice, sulla quale CHELINI ritornò più volte in seguito, e colla quale si dimostra nel modo più semplice e più diretto il teorema di MEUSNIER e molte altre proposizioni fondamentali sulla curvatura delle superficie. Questa considerazione, che meriterebbe di entrare in tutti i Trattati, è la seguente: Chiamando $X$, $Y$, $Z$ i coseni della normale d'una superficie ed $s$ l'arco d'una linea qualunque tracciata sovr'essa, si ha

$$X\frac{dx}{ds} + Y\frac{dy}{ds} + Z\frac{dz}{ds} = 0,$$

epperò, derivando rispetto ad $s$.

$$X\frac{d^2x}{ds^2} + Y\frac{d^2y}{ds^2} + Z\frac{d^2z}{ds^2} = -\left(\frac{dX}{ds}\frac{dx}{ds} + \frac{dY}{ds}\frac{dy}{ds} + \frac{dZ}{ds}\frac{dz}{ds}\right)$$

dove

$$\frac{dX}{ds} = \frac{\partial X}{\partial x}\frac{dx}{ds} + \frac{\partial X}{\partial y}\frac{dy}{ds} + \frac{\partial X}{\partial z}\frac{dz}{ds}, \text{ ecc.}$$

Ora il primo membro dell'equazione derivata equivale a $\frac{\cos\theta}{\rho}$, $\rho$ essendo il raggio di curvatura della linea $s$ e $\theta$ l'angolo che questo raggio fa colla normale alla superficie; il secondo membro ha uno stesso valore per tutte le linee tracciate sulla superficie che hanno in comune il punto considerato e la tangente in questo punto. Dunque la quantità

$$\frac{\cos\theta}{\rho} = -\left(\frac{dX}{ds}\frac{dx}{ds} + \frac{dY}{ds}\frac{dy}{ds} + \frac{dZ}{ds}\frac{dz}{ds}\right)$$

ha uno stesso valore, nel detto punto, per tutte queste linee ed è espressa nel modo indicato dalla formola. Questa proposizione, così enunciata e tradotta in equazione, può servire di base a quasi tutta l'ordinaria teoria della curvatura, senza bisogno d'ipotesi particolari sulla posizione e direzione degli assi nè d'altro.

Quasi contemporaneamente CHELINI dava, in altro lavoro, le *Dimostrazioni geometriche delle trasformazioni degli integrali multipli relativi alle superficie ed ai volumi*, stabilendo molto speditamente le formole di quadratura e cubatura in coordinate curvilinee ortogonali. L'artifizio di cui egli si vale è semplicissimo e consiste nel porre l'equazione differenziale della superficie che si deve quadrare, o che limita lo spazio che si deve cubare, sotto la forma

$$\Pi_1 ds_1 + \Pi_2 ds_2 + \Pi_3 ds_3 = 0$$

dove $s_1$, $s_2$, $s_3$ sono le linee d'intersezione delle superficie ortogonali. Il significato semplicissimo che assumono i coefficienti $\Pi_1$, $\Pi_2$, $\Pi_3$ permette di stabilire immediatamente le richieste formole, che l'Autore applica alle coordinate cartesiane, alle polari * ed alle ellittiche. Alla fine della Memoria egli si vale del principio di affinità per dedurre alcune formole integrali relative all'ellissoide dalle analoghe relative alla sfera.

In un successivo breve lavoro, intitolato *Teoremi relativi alle linee di curvatura e geodetiche sopra i paraboloidi*, CHELINI diede (senza dimostrazione) le formole integrali per queste linee, e stabilì

* Rispetto a queste va corretto un errore sfuggito al CHELINI nell'interpretazione geometrica di una delle variabili, errore che non influisce però sui risultati.

per esse i teoremi corrispondenti a quelli trovati da JOACHIMSTHAL e da LIOUVILLE per l'ellissoide. Nell'altra, pur breve, Nota intitolata *Determinazione geometrica in coordinate ellittiche degli elementi* $ds_1$, $ds_2$, $ds_3$ *delle tre linee d'intersezione* $s_1$, $s_2$, $s_3$, *secondo cui si intersecano in un punto tre superficie ortogonali di secondo grado* ($\lambda$), ($\mu$), ($\nu$) egli dimostrò le formole indicate dal titolo tanto per le superficie dotate di centro, quanto per quelle che ne son prive, aggiungendo alla fine un metodo per risolvere i sistemi d'equazioni della forma

$$\frac{x}{\lambda - a} + \frac{y}{\lambda - b} + \dots + h = 0 .$$

Ma questo metodo, benchè semplice, è meno elegante di quello che insegnò più tardi nella Memoria *Sull'uso sistematico ecc.*, di cui ho già fatto cenno.

Viene poscia l'interessante ed esteso lavoro che porta per titolo *Di alcuni teoremi di* GAUSS *relativi alle superficie curve*, e che ha per iscopo principale di far conoscere i risultati delle celebri *Disquisitiones generales circa superficies curvas,* risultati i quali, dopo essere passati per molti anni inosservati, specialmente fuori di Germania, avevano in quel torno di tempo attratto vivamente l'attenzione dei geometri francesi LIOUVILLE, BERTRAND, BONNET, PUISEUX, ecc. CHELINI premette alcune sue vedute intorno ai concetti d'infinitesimo, di curvatura, ecc., vedute che egli ha più volte riprodotte nei suoi scritti (ed in particolare nella già citata *Appendice* ai suoi *Elementi di meccanica razionale*). Dà poscia facili dimostrazioni geometriche dei teoremi di GAUSS, giovandosi più volte delle considerazioni usate da JACOBI. Finalmente riproduce la parte analitica della Memoria di GAUSS, introducendovi parecchie semplificazioni ed aggiungendo alcune formole importanti ed utili. Fra queste va notata specialmente l'equazione dell'indicatrice di DUPIN, per la prima volta composta cogli elementi proprî della teoria delle coordinate curvilinee, e che fu utilizzata più tardi dal prof. BRIOSCHI nella Memoria *Intorno ad alcuni punti della teorica delle superficie* (Annali di TORTOLINI, 1852).

Nelle *Osservazioni sopra una Memoria del sig.* LIOUVILLE *intorno alla teoria generale delle superficie* CHELINI deduce da teoremi noti le formole date senza dimostrazione da LIOUVILLE per esprimere la curvatura geodetica e la curvatura di GAUSS, aggiungendo alcune altre relazioni utili.

La successiva *Memoria sulle formole fondamentali riguardanti la curvatura delle superficie e delle linee* è un importante ed esteso lavoro, nel quale l'Autore si propone soprattutto di applicare le formole date nell'altra Memoria *Sull'uso sistematico ecc.* alla teoria delle coordinate curvilinee oblique. Alcune parti di questo scritto avrebbero potuto rendersi più semplici colla considerazione delle forme quadratiche reciproche. Voglionsi notare, fra i risultati più importanti, le equazioni relative ai punti umbilicali, utilizzate più tardi dal prof. Cremona nella Nota *Intorno ad una proprietà delle superficie curve* (Annali di Matematica, tomo III della serie I), la trasformazione generale dell'equazione di Laplace, data quì probabilmente per la prima volta, la deduzione delle formole per la curvatura delle superficie d'un sistema triplo (teoremi di Gauss e di Lamé) e la dimostrazione d'un importante teorema di Liouville sull'equazione

$$dx^2 + dy^2 + dz^2 = H(d\rho^2 + d\rho_1^2 + d\rho_2^2),$$

dimostrazione la quale però richiederebbe (a mio avviso) d'essere resa in qualche punto più completa.

Dopo un intervallo di circa quindici anni, consacrati dal nostro Chelini ad altri studî, egli ritornò a quelli dei quali sto ora parlando, con due ragguardevoli Memorie, delle quali la prima tratta *Della curvatura delle superficie con metodo diretto ed intuitivo* e la seconda è intitolata *Teoria delle coordinate curvilinee nello spazio e nelle superficie.* Nella prima di queste Memorie l'Autore, fondandosi sempre sui suoi prediletti principî di proiezione, svolge la teoria fondamentale della curvatura della superficie, il più delle volte con coordinate curvilinee generali, e dimostra quasi tutti i teoremi più importanti della detta teoria, riproducendo in parte, ma con maggiore unità e semplicità, i risultati di anteriori sue ricerche, per esempio, i teoremi sui paraboloidi (dei quali dà quì le dimostrazioni), l'equazione della conica indicatrice, ecc. Egli riduce inoltre a forme semplici e mnemoniche alcune formole d'uso frequente, e rettifica un enunciato di Picart. Si può muovere dubbio sulla legittimità dell'introduzione di un certo angolo $\theta$ (angolo fatto da una linea qualunque della superficie con una delle linee coordinate $u$, $v$), considerato come funzione delle *due* variabili $u$, $v$: ma questa considerazione non ha influenza sulle formole stabilite dal Chelini.

Della seconda Memoria, che fu l'ultima di quelle del secondo gruppo, si può a buon diritto affermare che compendia in bell'ordine tutto ciò che si sa di più fondamentale sulla teoria delle superficie sia isolate, sia coordinate in sistema triplo. Chelini incomincia in essa col riprodurre le relazioni, già da lui più volte dimostrate e messe in rilievo, fra le coordinate componenti e le coordinate proiezioni relative a due terne supplementari d'assi obliqui, relazioni delle quali molto opportunamente egli si giova nella considerazione d'un sistema triplo anortogonale, perchè, in ogni punto dello spazio, le tre normali alle superficie e le tre tangenti alle linee d'intersezione somministrano appunto due terne della specie anzidetta. In tal modo egli perviene molto rapidamente alle espressioni più generali dei parametri differenziali sia di spazio, sia di superficie, alle formole di LAMÉ, al teorema di DUPIN, ecc. Passa indi alle coordinate curvilinee sopra una data superficie e stabilisce in proposito le formole più fondamentali, tra cui quelle, allora recenti, che il prof. BRIOSCHI ha dato nella Memoria *Intorno alla teoria delle coordinate curvilinee,* che apre la nuova serie degli Annali di Matematica. CHELINI fa alcune nuove applicazioni di queste formole ed ottiene, in particolare, sei equazioni che costituiscono la generalizzazione di quelle date da BONNET, insieme con altre sei che sostanzialmente corrispondono alle celebri formole di CODAZZI: il processo che gli serve a tal uopo ha il pregio non solo della semplicità, ma eziandio della spontaneità, perchè conduce direttamente e senza alcun artifizio alla scoperta di quelle importanti relazioni. Finalmente egli considera, sempre dal suo punto di vista, il concetto della *curvatura inclinata*, poco prima introdotto dall'abate AOUST, e mostra ch'esso può essere ridotto a termini molto più semplici, alla determinazione, cioè, d'un certo segmento rettilineo, ben definito in grandezza ed in direzione, il quale, proiettato sulla normale alla superficie e sulle tangenti alle due linee coordinate, somministra senz'altro le componenti normali e tangenziali delle curvature inclinate.

Questo lavoro, che corona degnamente la serie degli studî di CHELINI sulla teoria delle superficie e che in gran parte li riassume, può costituire un'eccellente introduzione per chi voglia dedicarsi di proposito a questo interessante argomento.

## MECCANICA.

Da alcune indicazioni che s'incontrano quà e là nelle prime Memorie di CHELINI risulta ch'egli incominciò molto presto ad occuparsi di meccanica, sebbene il primo suo lavoro intorno a questa scienza non sia apparso che nel 1844, cioè dieci anni dopo la comunicazione ai Lincei dello scritto col quale egli si fece per la prima volta conoscere ai matematici e del quale farò cenno in appresso. Il lavoro in discorso è quello intitolato *Equazioni differenziali del moto d'un sistema di punti materiali* ed ha unicamente per iscopo la dimostrazione delle equazioni di HAMILTON, sulle quali, come è noto, JACOBI aveva non molto tempo prima richiamata l'attenzione dei geometri.

Alcuni anni dopo CHELINI diede una dimostrazione del *Principio delle velocità virtuali*, giovandosi dei suoi metodi di proiezione, ma dichiarando, in una nota, che il concetto fondamentale della sua dimostrazione era dovuto ad AMPÈRE, il quale l'aveva comunicato al P. CARAFFA. Infatti questa dimostrazione, che il CHELINI riprodusse più tardi nei suoi *Elementi di meccanica*, s'accorda perfettamente con quella che nel 1868 venne inserita dal MOIGNO nel suo volume di *Statique analytique* ed attribuita allo stesso AMPÈRE.

Non appena fu conosciuta in Roma, ed ivi riprodotta dal P. SECCHI, la celebre esperienza di FOUCAULT, CHELINI ne diede una sommaria teoria nella *Nota sulla spiegazione dell'esperienza del sig.* FOUCAULT *intorno al pendolo,* ed in una successiva *Addizione* a questa Nota diede una nuova dimostrazione geometrica del teorema di CORIOLIS sui moti relativi. Anche su questi argomenti ritornò poi, con maggiore larghezza e precisione, negli *Elementi di meccanica.*

Ma il primo lavoro veramente importante, col quale CHELINI prese un posto onorevolissimo fra gli scrittori di Meccanica razionale, fu la Memoria intitolata *Determinazione analitica della rotazione dei corpi liberi secondo i concetti del sig.* POINSOT (1859). L'illustre HERMITE, occupandosi recentemente della stessa questione nelle sue importantissime ricerche *Sur quelques applications des fonctions elliptiques,* ebbe a dire, a proposito di questa Memoria, che il CHELINI ha svolto in essa, « pour la première fois, les conséquences analytiques de la belle théorie de POINSOT, que son auteur ni personne n'avait encore données d'une manière aussi approfondie. » (*Comptes rendus,* 24 dicembre 1877). Mi è grato di poter dare un'idea sommaria di questo bel lavoro, giovandomi dell'esteso ed esatto resoconto datone dal sig. GILBERT nell'interessante *Étude historique et critique sur le problème de la rotation d'un corps solide autour d'un point fixe* (Bruxelles 1878). « Des différents travaux publiés jusqu'ici à ma connaissance, aucun n'a plus heureusement rapproché les théories de POINSOT et de JACOBI que celui du P. CHELINI. Le but que le savant géomètre italien s'est proposé est, comme il le dit, de conduire jusqu'au bout la solution du problème de la rotation d'un corps fixé par un point et libre de toute force, en développant simplement les images géométriques découvertes par POINSOT. Il est vrai que le travail même de POINSOT renferme le développe-

« ment analytique de la solution, mais seulement jusqu'aux quadra-« tures; de plus, la méthode de CHELINI se distingue de toutes les « autres par la conduite du calcul, par la forme du résultat final; « elle est d'ailleurs très-simple. » E quì il sig. GILBERT indica il modo tenuto da CHELINI per istabilire le formole fondamentali già conosciute. Poi continua: « Voici la partie caractéristique de ce travail. « Reprenant les intégrales des forces vives et des aires, CHELINI en « déduit l'équation de la projection de la polhodie sur un plan prin-« cipal de l'ellipsoïde central, projection qui est une ellipse, et part « de là pour représenter deux des composantes, $q$ et $r$, au moyen « d'un angle auxiliaire $\varphi$, savoir l'*anomalie excentrique* de la projec-« tion du pôle instantané sur le plan principal dont il s'agit. Les « équations déjà connues fournissent les expressions de la troisième « composante $p$ et de la vitesse angulaire $\omega$ en fonction de cet an-« gle $\varphi$, en sorte que la relation entre $\omega$ et $t$ devient une équation « différentielle entre $\varphi$ et $t$, relation de la quelle il suit, si l'on dé-« termine convenablement l'origine du temps, que $\varphi$ est une fonction « elliptique $\varphi = \mathrm{am}\,(nt)$ du temps. Ainsi se trouve donnée la signi-« fication géométrique des formules de RUEB, car cette variable $\varphi$ « n'est autre que l'amplitude des fonctions elliptiques dont RUEB s'est « servi pour exprimer $p$, $q$, $r$, et CHELINI obtient immédiatement « après les valeurs de $p$, $q$, $r$ en fonction explicite du temps, puisque « déjà il a exprimé ces composantes en fonction explicite de $\varphi$. Le « mouvement du pôle instantané sur la surface de l'ellipsoïde cen-« tral est ainsi bien connu. » Non riporterò il resto dell'analisi del sig. GILBERT, il quale passa in rassegna diligente tutti i particolari della soluzione di CHELINI.

Anche un altro egregio geometra italiano, il prof. SIACCI, ripigliando in due importanti Memorie lo studio *Della rotazione dei corpi liberi*, ha rilevato i pregi singolari del lavoro di CHELINI e ne ha tratto occasione ad ingegnosi ravvicinamenti, che meritarono di prender posto nel già citato lavoro di HERMITE.

A questa Memoria tennero subito dietro (1860) gli *Elementi di meccanica razionale con Appendice sui principî fondamentali delle matematiche.*

In questo libro, per molti riguardi pregevolissimo, il CHELINI ha conservato l'antica divisione della Meccanica in Statica, Dinamica, Idrostatica ed Idrodinamica. Nella prima parte, egregiamente trattata, come tutto il resto, non si rinvengono pregi di novità così rilevanti come nella seconda, che ha un' estensione più che tripla, e che, versando massimamente, com' è di ragione, sulla dinamica dei sistemi rigidi, abbraccia per l'appunto gli argomenti pei quali il CHELINI ebbe, come il POINSOT (alla cui memoria il libro è dedicato), la più manifesta predilezione. La teoria dei momenti d'inerzia è esposta con molta larghezza e con grandissima eleganza e novità di calcoli, al pari di quella degli assi permanenti e dei centri di percossa, rispetto ai quali CHELINI generalizzò in alcuni punti la teoria di POINSOT. Anche la dottrina della rotazione intorno a un punto è esposta con molta eleganza, se non che si potrebbe forse desiderare, dal punto di vista dell'insegnamento, qualche maggiore dilucidazione circa il passaggio dagli assi immobili nello spazio a quelli mobili insieme col corpo, come pure è da deplorare che l'Autore non abbia creduto di dar posto all'integrazione delle equazioni d'EULERO, salvo nel caso dei due coni circolari. Bello è il susseguente trattato dei moti relativi. La Dinamica si chiude con un capitolo di Meccanica generale dove è esposto il principio delle velocità virtuali, secondo la già ricordata dimostrazione d'AMPÈRE, dal qual principio, combinato con quello di D'ALEMBERT, vengono dedotte le equazioni generali della dinamica sotto le due forme insegnate da LAGRANGE e sotto quella scoperta da HAMILTON: segue poscia un'estesa esposizione del principio delle forze vive e di quello della minima azione, con un cenno degli integrali hamiltoniani. Questo capitolo è molto ben fatto, ma sarebbe forse stato più conveniente di fonderlo in un sol getto col resto della Dinamica. L'Idrostatica e l'Idrodinamica sono esposte in modo piuttosto succinto, e la trattazion loro non differisce gran fatto dall'ordinaria, benchè offra anch'essa quei pregi che contraddistinguono tutte le produzioni di CHELINI.

Ho menzionato poc'anzi il principio di D'ALEMBERT, ma debbo ora aggiungere che il CHELINI non ne ha mai fatto uso nel suo Trattato, anzi non ha fatto allusione ad esso che una volta sola (p. 187), unicamente, forse, per non lasciarne ignorare il nome ai lettori. Egli lo surroga con un altro principio, che chiama *di reazione*, *continua* od *istantanea* secondo che si tratti di forze continue o di forze istantanee. Per le forze continue il principio di reazione è il seguente: *Nel moto di un sistema le forze continue sono ad ogni istante equivalenti alle corrispondenti forze d'inerzia* (p. 183). Per intendere il qual principio è necessario sapere che il CHELINI dà della forza d'inerzia una definizione diversa dall'ordinaria, prende, cioè, questa forza in senso opposto a quella che generalmente si designa con tal nome. Fino ad un certo segno si può pensare che questa non sia altro che una questione di parole, nè io voglio quì insistere sopra un punto che fu frequentemente il soggetto di amichevoli dispute fra il buon

Chelini e me, senza che alcuno dei due abbia potuto persuadere l'altro. Parmi tuttavia lecito d'affermare che, quando pure si creda utile d'attribuire un nome a quella che il Chelini chiamò forza d'inerzia, si debba questo nome scegliere in modo da non ingenerare confusione. Per parte mia sono convinto che la principale ragione che ha indotto, forse inconsapevolmente, il Chelini a mutare, circa questo punto, l'ordinaria fraseologia, si fu il desiderio di introdurre nella dottrina del moto continuo un riscontro perfetto di ciò che è la quantità di moto in quella del moto istantaneo, affine di ottenere, negli enunciati delle leggi generali della dinamica, quella perfetta simmetria che regna in tutti i lavori del Chelini e che vi ritrae al vivo non solo la limpidezza del suo pensiero matematico, ma la tendenza del suo animo ad ogni ordine di armonie morali.

Di poco posteriore al Trattato è la Memoria intitolata *Della legge onde un ellissoide eterogeneo propaga la sua attrazione da punto a punto*, la quale, non meno dell'altra *Sulla rotazione dei corpi*, deve quasi considerarsi come un complemento del Trattato stesso, dove non si fa parola di problemi d'attrazione (astrazion fatta da quello, classico, del moto centrale). Ed infatti scopo precipuo del Chelini è di trattare il problema dell'attrazione degli ellissoidi con metodo semplice, atto ad entrare nell'insegnamento, oltrechè di presentare i principali risultati delle ricerche anteriori in una successione logica e naturale. Il lavoro è diviso in tre capitoli. Nel primo, che riguarda la parte generale della questione, il Chelini entra in materia con un procedimento analogo a quello di Poisson, ma, giovandosi molto opportunamente di rappresentazioni geometriche, egli giunge più prontamente alle conclusioni fondamentali e le chiarisce coll'esempio della sfera. Nel secondo capitolo, consacrato all'effettiva calcolazione delle componenti d'attrazione, esordisce colla ricerca degli assi dei coni involventi gli ellissoidi omotetici secondo i quali è stratificato il corpo, la quale ricerca, condotta coll'usata eleganza, introduce spontaneamente la considerazione degli ellissoidi omofocali: con tali sussidî l'Autore giunge facilmente alle note espressioni delle componenti. L'ultimo capitolo contiene una rassegna, che fu encomiata dallo Chasles nel già citato Rapporto, dei principali metodi adoperati anteriormente per risolvere il problema in modo indiretto, metodi fondati sulle note proposizioni di Ivory, di Rodrigues, di Gauss, di Chasles. Chelini si vale dei teoremi di Gauss per calcolare il potenziale dell'ellissoide stratificato omoteticamente, ed ottiene un'espressione di questo potenziale che è un po' meno semplice di quella che ora si conosce, ma che era probabilmente nuova al tempo in cui la Memoria fu scritta.

La successiva Memoria *Dei moti geometrici e loro leggi nello spostamento d'una figura di forma invariabile* è un lavoro molto esteso che il CHELINI, come egli stesso afferma, aveva composto già da gran tempo ed il cui scopo è di svolgere una completa dottrina, così geometrica come analitica, del moto geometrico *finito* di un sistema rigido. In corrispondenza a questo duplice aspetto, il lavoro è diviso in due parti, precedute da alcuni preliminari, in cui sono richiamate le nozioni più fondamentali di cinematica. Il lavoro ha carattere anzitutto didattico e si può giustamente considerare come un'ottima introduzione alle note ricerche di CHASLES; e tale intendeva appunto che fosse lo stesso Autore, il quale trasse occasione dalla pubblicazione, allora recente, di quelle ricerche per dare alla luce il suo scritto. Del resto l'ampiezza colla quale egli ha trattato la questione, completando in molti punti le ricerche dei suoi antecessori, specialmente di RODRIGUES, rende il suo lavoro interessante anche al dì d'oggi. Esso è stato ripetutamente citato dallo SCHELL, nel Trattato di Meccanica. Due Note, aggiunte in fine della Memoria, riguardano l'una l'asse ed il centro d'equilibrio, l'altra il centro istantaneo delle accelerazioni nel piano.

La Memoria *Dell'uso delle coordinate obliquangole nella determinazione dei momenti d'inerzia* è un elegantissimo lavoro nel quale CHELINI, dopo aver mostrato fin dal principio, con un esempio semplice, come possa riuscire utile, in certi casi, di liberare le formole relative ai momenti d'inerzia dall'ordinario supposto dell'ortogonalità degli assi, si propone di ripigliare quest'argomento, già trattato dal BINET in modo involuto e prolisso. Ed infatti egli ne riduce la trattazione a semplicità e chiarezza grandissima coll'uso delle sue coordinate componenti e proiezioni e di un nuovo ellissoide analogo a quello di POINSOT, risolvendo elegantemente parecchi problemi sulla distribuzione degli assi permanenti. Ultimamente il prof. RUFFINI ha pubblicato, sotto il medesimo titolo, un'interessante Memoria dedicata allo svolgimento ulteriore di questa dottrina.

In un successivo lavoro *Sugli assi centrali delle forze e delle rotazioni nell'equilibrio e nel moto dei corpi* CHELINI ha dimostrato, con considerazioni e formole semplicissime, i celebri teoremi di CHASLES sul moto infinitesimo d'un solido e quello di CAYLEY sul gruppo di quattro forze in equilibrio. Ha stabilito inoltre le relazioni semplici, ma poco note, che hanno luogo fra l'asse centrale dei moti e quello delle quantità di moto, e si è servito, in fine, dei risultati ottenuti per dimostrare le proprietà generali degli assi di rotazione, trovate con altri metodi dal prof. TURAZZA.

Gli ultimi lavori di Meccanica del CHELINI riguardano principalmente la teoria degli assi permanenti e dei centri di percossa. Quello intitolato *Sulle proprietà geometriche e dinamiche dei centri di percossa nei moti di rotazione* contiene l'esposizione completa delle ricerche fatte sulla percussione dei corpi da POINSOT, da TURAZZA e dall'Autore medesimo. Hò già accennato come negli *Elementi di meccanica* il CHELINI avesse introdotto alcune questioni generali sulla percussione: quì egli tratta l'importante argomento con tutta la generalità ed estende a tutti gli assi permanenti le belle ricerche che POINSOT aveva istituite per quelli che sono paralleli ad uno degli assi principali del baricentro, o che giacciono in uno dei piani principali del baricentro stesso. I risultati generali cui giunge l'Autore sono illustrati da applicazioni e da esempî accuratamente discussi.

Nella Memoria *Intorno ai principî fondamentali della dinamica con applicazioni al pendolo ed alla percussione dei corpi secondo* POINSOT, CHELINI incomincia col richiamare le nozioni fondamentali della Dinamica, con ispeciale riguardo ai sistemi rigidi. Dà, per incidenza, un cenno elegante del moto di rotazione della terra intorno al proprio centro di gravità, semplificando la teoria di POINSOT. Poscia ritorna alla teoria della percussione e riduce a maggior semplicità e generalità le dottrine svolte nella sua *Meccanica* e nei lavori precedenti, considerando anche il moto elicoidale che può nascere da un impulso comunicato al corpo. A questa Memoria fa immediato seguito l'altra *Sopra alcune questioni dinamiche*, che fu l'ultima pubblicazione del CHELINI. Quivi egli ripiglia in esame tutta la teoria degli assi permanenti, introducendo la denominazione di *perno* per quel punto che egli aveva prima chiamato centro di permanenza. Questa nuova denominazione fu adottata* dal sig. SCHELL (*Meccanica*, tomo II, pagina 462), il quale tenne molto conto, nel suo libro, di questa e della precedente Memoria di CHELINI, come anche di altre (al che ho già fatto allusione). Poi passa alla teoria della percussione, mettendo in luce la polarità che ha luogo, in ogni piano principale, fra il centro di percossa e l'asse spontaneo, e termina col proporsi un problema generale, di cui abbozza la soluzione, il problema, cioè, di determinare il moto istantaneo che prende un sistema rigido quando, essendo già in moto, incontra un ostacolo che ne rende immobile un punto. Questo problema, non difficile in sè, è già stato trattato più volte, ma forse il CHELINI, se ne avesse intrapreso lo svolgimento

---

* Benchè non mi sembri del tutto appropriata la traduzione fattane in *Knotenpunkt.*

coi suoi metodi prediletti, ne avrebbe ricavato una nuova maniera, semplice e diretta, di presentare la teoria della quale tanto si è occupato.

## SCRITTI DI VARIO ARGOMENTO.

Delle poche Memorie in cui CHELINI trattò d'argomenti diversi da quelli dei quali fin quì s'è detto, la prima è quella sulla *Teoria delle quantità proporzionali*, che fu al tempo stesso il primo lavoro da lui stampato, nel 1837, tre anni dopo che ne aveva dato lettura all'Accademia dei Lincei. L'argomento è elementare, come elementare ne è la trattazione. Non bisogna però dimenticare ch'esso appartiene ad un ordine di considerazioni di cui CAUCHY s'era a quel tempo molto estesamente occupato ed a cui attribuiva molta importanza, come nota anche MOIGNO nell'Introduzione alla *Statique analytique*. La sostanza di questo lavoro è riprodotta nell'*Appendice* agli *Elementi di meccanica*.

La Nota intitolata *Formazione e dimostrazione della formula che dà i valori delle incognite nelle equazioni di primo grado* contiene una bella e semplicissima dimostrazione della formula in questione, con diverse osservazioni sulle equazioni omogenee e sulle equazioni indeterminate.

La successiva *Nota sulle proprietà di alcune espressioni algebriche relative alle superficie di second'ordine e sulla riduzione di alcuni integrali multipli* incomincia con un'osservazione sull'invariabilità dei coefficienti dell'equazione cubica che serve a determinare gli assi di una superficie di secondo grado, e di questa proprietà si vale il CHELINI per istabilire una nuova formola di trasformazione fra integrali, nella quale rientrano come casi particolari alcune formole di POISSON e di CAUCHY.

Nell'articolo intitolato *Teorema di Steiner sul volume di un corpo terminato da basi parallele e circoscritto lateralmente da una superficie rigata* il CHELINI ha semplicemente riprodotto una Nota inserita da STEINER nel tomo XXIII del Giornale di CRELLE, semplificando in alcuni punti le dimostrazioni dell'autore ed aggiungendo quelle che l'autore aveva ommesse.

Finalmente nella *Nota sulla risoluzione in numeri interi dell'equazione* $x^2 + y^2 = N$ il CHELINI dimostra un teorema di BELLAVITIS su quest'equazione, presentandolo sotto l'aspetto più generale, e mostrando com'esso ne fornisca tutte le soluzioni e come il numero di queste s'accordi con quello assegnato da un altro teorema, dovuto a GAUSS. Questo breve e succoso articolo fu provocato dalle numerose e prolisse elucubrazioni del prof. VOLPICELLI intorno al medesimo argomento: ma il CHELINI si astenne, cortesemente, dal fare ad esse alcuna allusione diretta.

Tale fu la vita scientifica del buon CHELINI.

Alcuno potrà dire ch'egli si è occupato troppo dei metodi e non abbastanza della ricerca. Prima di accettare questa sentenza bisogna ben considerare due cose. La prima è che i migliori anni della sua vita caddero in quel periodo di tempo nel quale le produzioni straniere erano quasi inaccessibili agli Italiani, che si chiamavan fortunati quando potevano aver notizia delle opere e dei giornali francesi: CHELINI dichiarò spesso, ne' suoi scritti, d'andar debitore di tali comunicazioni alla bontà d'un privato, del principe BONCOMPAGNI. La seconda è che nella scienza, come in tutte le altre umane attività, è bene che ogni intelletto si esplichi a modo suo, quando è sano e robusto, e che ogni indirizzo di studî sia largamente rappresentato, quando è serio e proficuo. Io sono perfettamente convinto che il CHELINI avesse ingegno e studî atti a coltivare ed a fecondare ogni più elevato ordine di ricerche matematiche, ma non perciò vorrei movergli rimprovero d'essersi tanto trattenuto intorno ai principî. Egli amava la verità, ma, come già dissi, non si contentava di conoscerla da solo, voleva che diventasse accessibile a tutti: di quì quel suo culto profondo per POINSOT, del quale si sforzò d'essere come il rappresentante fra noi. Ma egli non restò indifferente, come POINSOT, alle nuove dottrine che andarono sorgendo intorno a lui, e se di alcune limitossi a prendere cognizione sommaria, in altre si erudì tanto, anche in età avanzata, da poterle far entrare nel giro delle proprie ricerche e da poter contribuire al loro progresso, come avvenne, ad esempio, per le coordinate omogenee, per la teoria dei complessi, per le coordinate curvilinee. Negli ultimi mesi della sua vita egli s'interessava vivamente al concetto, messo innanzi poco prima da BERTRAND, di fondare tutta la teoria dell'attrazione newtoniana sul semplice fatto delle orbite ellittiche, e questo sarebbe stato probabilmente il tema di un nuovo suo lavoro, se morte non lo avesse, quasi repentinamente, rapito all'affetto dei molti amici che aveva in Italia e fuori.

Un modesto, ma decoroso monumento, ricorda le sue fattezze ed il suo nome nel portico dell'Università di Roma, ov'ebbe termine la sua attività come pubblico insegnante: all'erezione di esso concorsero volonterosamente gli studiosi d'ogni parte d'Italia *.

L'Accademia Tiberina di Roma dedicò una solenne tornata straordinaria alla commemorazione del defunto socio, il cui Elogio fu letto dal chiaro P. LEONETTI, Rettore del Collegio Nazareno, davanti ad un numeroso ed eletto uditorio **.

Il presente volume, fregiato dell'immagine fotografica del monumento eretto al CHELINI, è un'altra testimonianza d'affetto e di stima che i matematici nazionali e stranieri, con mirabile accordo, vollero dare alla memoria di quell'uomo onorando.

Ma, oltre che nel marmo, e nelle opere di lui, ed in quelle dei colleghi, la sua memoria durerà lungamente nei cuori degli uomini, perchè la simpatia ch'egli creò intorno a sè è una di quelle che sopravvivono e che segnano una pagina gentile nei severi volumi della scienza.

EUGENIO BELTRAMI.

---

* Raccoglitori delle oblazioni furono i professori M. FIORINI in Bologna, P. TARDY in Genova, G. BARDELLI in Milano, A. SANNIA in Napoli, D. TURAZZA in Padova, E. BELTRAMI in Pavia, E. BETTI in Pisa, L. CREMONA in Roma, E. D'OVIDIO in Torino.

** Veggasi il volumetto, pubblicato per cura del medesimo P. LEONETTI, col titolo *Pubbliche testimonianze di stima e di affetto alla memoria del* P. DOMENICO CHELINI (Bologna, 1880).

# ELENCO

## DELLE PUBBLICAZIONI SCIENTIFICHE

DI

# DOMENICO CHELINI

---

### I. *Giornale Arcadico.*

1. Teoria delle quantità proporzionali (Memoria letta nell'Accademia de' Lincei il dì 28 luglio 1834), t. LXXIII, an. 1837, pp. 166-190.

2. Teorica de' valori delle proiezioni, t. LXXIV, an. 1838, pp. 47-73.

3. Saggio di geometria analitica trattata con nuovo metodo, t. LXXV, an. 1838, pp. 80-130, 279-308, t. LXXVI, an. 1839, pp. 3-65, 257-286.*

4. Formazione e dimostrazione della formula che dà i valori delle incognite nelle equazioni di 1.° grado, t. LXXXV, an. 1840, pp. 3-12.

5. Nota sulle proprietà di alcune espressioni algebriche relative alle superficie di second' ordine e sulla riduzione di alcuni integrali multipli, t. CXIV, an. 1843, pp. 49-57.

6. Teorema di Steiner sul volume di un corpo terminato da basi parallele e circoscritto lateralmente da una superficie rigata, t. XCVI, an. 1843, pp. 3-16.

7. Sull' equazione cubica per la quale si determinano gli assi principali delle superficie di second' ordine; Nota del sig. dott. E. E. Kummer prof. in Breslavia, tradotta dal sig. C. G. J. Jacobi ed annotata dal prof. Domenico Chelini, t. XCVIII, an. 1844, pp. 71-82.

8. Equazioni differenziali del moto di un sistema di punti materiali, t. C, an. 1844, pp. 129-136.

9. Equazioni differenziali del moto di un pianeta intorno al sole integrate con nuovo metodo dal sig. C. G. J. Jacobi (estratto di una Memoria di Jacobi con note del prof. dott. Chelini) id. id. pp. 136-140.

10. Dimostrazioni geometriche delle trasformazioni degli integrali multipli relativi alle superficie ed ai volumi, t. CVI, an. 1846, pp. 127-161.

11. Teoremi relativi alle linee di curvatura e geodetiche sopra i paraboloidi, id. id. pp. 161-164.

12. Di alcuni teoremi di C. F. Gauss relativi alle superficie curve, t. CXV, an. 1848, pp. 257-284, t. CXVI, id. pp. 3-20.

---

* Pubblicata anche in un volume separato. Roma, tip. delle Belle Arti, 1838.

II. *Raccolta scientifica di Palomba*
(Roma, 1845-49).

13. Sulla curvatura delle linee e delle superficie, vol. I, an. 1845, pp. 105-109, 129-136, 140-148, 156-160.

14. Sopra uno de' tre principî che formano l'anello di unione tra l'algebra e le diverse parti delle matematiche, vol. II, an. 1846, pp. 57-61, 73-77.

15. Teoremi relativi alle linee di curvatura e geodetiche sopra i paraboloidi * id. id. pp. 95-97.

16. Determinazione geometrica in coordinate ellittiche degli elementi $ds_1$, $ds_2$, $ds_3$ delle tre linee d'intersezione $s_1$, $s_2$, $s_3$ secondo cui si segano in un punto tre superficie ortogonali di secondo grado $(\lambda)$, $(\mu)$, $(\nu)$ id. id. pp. 109-113, 126-131.

17. Principio delle velocità virtuali, vol. III, an. 1847, pp. 145-152.

18. Sui centri dei sistemi geometrici, vol. V, an. 1849, pp. 39-73.

19. Sull'uso sistematico de' principî relativi al metodo delle coordinate rettilinee, id. id. pp. 227-263, 333-374.

III. *Annali di scienze fisiche e matematiche compilati da B. Tortolini.*

20. Jacobi in Roma, t. II, an. 1851, pp. 142-143.**

21. Nota sulla spiegazione dell'esperienza del sig. Foucault intorno al pendolo, id. id. pp. 243-246.

22. Osservazioni sopra una Memoria del sig. Liouville intorno alla teoria generale delle superficie, id. id. pp. 291-300.

23. Addizione alla Nota sulle oscillazioni del pendolo: nuova dimostrazione geometrica del principio dinamico de' moti relativi, id. id. pp. 311-316.

24. Nota sulla risoluzione in numeri interi dell'equazione $x^2+y^2=N$, t. III, an. 1852, pp. 126-129.

25. Memoria sulle formole fondamentali riguardanti la curvatura delle superficie e delle linee, t. IV, an. 1853, pp. 337-394.

IV. *Annali di matematica pura ed applicata pubblicati da B. Tortolini*
(Roma, 1858-66).

26. Sulle proprietà geometriche e dinamiche de' centri di percossa ne' moti di rotazione, t. VII, an. 1866, pp. 217-256.

V. *Giornale di matematiche ad uso degli studenti delle Università italiane*
(Napoli 1863...)

27. Sul teorema del prof. Beltrami esposto a pag. 21 del vol. V, an. 1867, pp. 190-191.

28. Nota sopra i sistemi materiali di egual momento d'inerzia, vol. XII, an. 1874, pp. 201-204.***

---

* Riproduzione, salvo leggiere varianti, del lavoro dal medesimo titolo già pubblicato nel Giornale arcadico, v. n. 11.

** Questo cenno necrologico fu riprodotto dal giornale di Crelle, t. XLII, p. 93 e nella *Beilage* al n. 768 delle *Astronomische Nachrichten*, an. 1851, col.° 397-398 ultime del volume.

*** Articolo bibliografico nel *Bulletin* di Darboux, t. VIII (1875), p. 35.

VI. *Bullettino di bibliografia e di storia delle scienze fisiche e matematiche* (pubblicato in Roma da S. E. il principe B. Boncompagni).

29. Articolo bibliografico sugli « *Éléments de géométrie* » di E. Catalan, t. I, an. 1868, p. 54-56.

30. Rendiconto della sua Memoria « *Sulla composizione geometrica de' sistemi di rette, di aree e di punti* » t. IV, an. 1871, pp. 135-136.

31. Rendiconto della sua Memoria « *Interpretazione geometrica di formole essenziali alle scienze dell'estensione, del moto e delle forze* » tomo VI, anno 1873, pp. 533-535.*

VII. *Atti dell'Accademia Pontificia de' Nuovi Lincei.*

32. Comunicazione intorno alla teoria delle superficie, tomo III, an. 1850, pp. 45-46.

33. Dimostrazione nuova del parallelogrammo de' moti rotatorî, t. IV, an. 1851, pp. 377-380.

34. Rapporto sul premio Carpi (letto nella sessione dell'11 giugno 1865), t. XX, an. 1867, pp. 84-88.**

35. Nuova dimostrazione elementare delle proprietà fondamentali degli assi permanenti, t. XXII, an. 1869, pp. 147-155.***

VII. *Memorie dell'Accademia delle scienze dell'Istituto di Bologna.*

36. Determinazione analitica della rotazione de' corpi liberi secondo i concetti del sig. Poinsot, t. X, an. 1859, pp. 583-620.

37. Della legge onde un ellissoide eterogeneo propaga la sua attrazione da punto a punto, serie II, t. I, an. 1861, pp. 3-52.****

38. Dei moti geometrici e loro leggi nello spostamento di una figura di forma invariabile, id. id. an. 1862, pp. 361-428.*****

39. Sulla teoria de' sistemi semplici di coordinate e sulla discussione dell'equazione generale di secondo grado in coordinate triangolari e tetraedriche, id. t. III, an. 1863, pp. 3-81.******

40. Delle sezioni del cono e della prospettiva nell'insegnamento della geometria analitica, id. id. an. 1864, pp. 441-464.

41. Dell'uso delle coordinate obliquangole nella determinazione de' momenti d'inerzia, id. t. V, an. 1865, pp. 143-175.

42. Sugli assi centrali delle forze e delle rotazioni nell'equilibrio e nel moto de' corpi, id. t. VI, an. 1866, pp. 3-55.

43. Dell'uso del principio geometrico della risultante nella teoria dei tetraedri, t. VII, an. 1867, pp. 79-99.

---

* Nel medesimo volume pp. 536-538 è riprodotta una lettera scritta nel 1839 da Luigi Poinsot al prof. Chelini. — Art. bibl. nel Bulletin di Darboux, t. VII (1874), p. 125, e nel Jahrbuch di Ohrtmann, t. V. (1873), p. 47.

** Art. bibl. nel Bulletin di Darboux, t. II (1871), p. 19.

*** Art. bibl. nel Bulletin di Darboux, t. II (1871), p. 148 e nel Jahrbuch di Ohrtmann, t. II (1869-70), p. 726.

**** Art. bibl. nell'Archivio di Grunert, t. XXXVIII (1862), p. 7 del Bericht.

***** Art. bibl. nell'Archivio di Grunert, t. XXXIX (1863), p. 8 del Bericht.

****** Art. bibl. nell'Archivio di Grunert, t. XLI (1864), p. 6 del Bericht.

44. Della curvatura delle superficie con metodo diretto ed intuitivo, id. t. VIII, an. 1868, pp. 27-76.*

45. Teoria delle coordinate curvilinee nello spazio e nelle superficie, id. id. an. 1869, pp. 483-533.**

46. Sulla composizione geometrica de' sistemi di rette, di aree e di punti, id. t. X, an. 1870, pp. 343-391.***

47. Sulla nuova geometria de' complessi, serie III, t. I, an. 1871, pp. 125-153 (con estratto nel Rendiconto delle sessioni della stessa Accademia per l'anno 1870-71, pp. 74-75).****

48. Interpretazione geometrica di formule essenziali alle scienze dell'estensione, del moto e delle forze, id. t. III, an. 1873, pp. 205-246 (con estratto nel Rendiconto, ecc., per l'anno 1872-73, pp. 70-72).

49. Sopra alcuni punti notabili nella teoria elementare de' tetraedri e delle coniche, id. t. IV, an. 1874, pp. 223-253 (con estratto nel Rendiconto, ecc., per l'anno 1873-74, pp. 77-78).*****

50. Intorno ai poligoni inscritti e circoscritti alle coniche, id. id. an. 1874, pp. 353-357.

51. Intorno ai principî fondamentali della dinamica con applicazioni al pendolo ed alla percussion de' corpi secondo Poinsot, id. t. VI, an. 1876, pp. 409-459 (con estratto nel Rendiconto, ecc., per l'anno 1875-76, pp. 54-63).******

52. Sopra alcune questioni dinamiche. Memoria che fa seguito a quella intorno ai principî fondamentali della dinamica, id. t. VIII, an. 1877-78, pp. 273-306.

IX. *Opere pubblicate separatamente.*

53. Elementi di meccanica razionale con appendice sui principî fondamentali delle matematiche. Bologna, Giuseppe Legnani editore, 1860. 8.° pp. 456, app. pp. 90.*******

* Art. bibl. nel Jahrbuch di Ohrtmann, t. I (1868), p. 220.

** Art. bibl. nel Jahrbuch di Ohrtmann, t. I (1868), p. 151.

*** Art. bibl. nel Bulletin di Darboux, t. IV (1873), p. 248, t. VII (1874), p. 241; nel Jahrbuch di Ohrtmann, t. II (1869-70), pag. 599; e nel Giornale di matematiche di Napoli, t. XII (1874), p. 22.

**** Art. bibl. nel Bulletin di Darboux, t. IV (1873). p. 250, t. VII (1874), p. 241; nel Jahrbuch di Ohrtmann, t. III (1871), pag. 412; e nel Giornale di matematiche di Napoli, t. XII (1874), p. 24.

***** Art. Bibl. nel Bulletin di Darboux, serie II, t. I (1877), p. 81 della parte 2.ª

****** Art. bibl. nel Bulletin di Darboux, serie II, t. I (1877), p. 82 della parte 2.ª

******* Art. bibl. negli Annali di matematica, serie I, t. III (Roma, 1860), p. 245; e nell'Archivio di Grunert t. XXXVII (1861), p. 4 del Bericht.

# COLLECTANEA MATHEMATICA

# SUR LES FONCTIONS $\Theta(x)$ ET $H(x)$ DE JACOBI

PAR

M.r CHARLES HERMITE.

(*Estratto di lettera al prof. E. Beltrami.*)

Je n'ai point connu personnellement l'homme excellent et le géomètre si distingué dont vous voulez honorer la mémoire, mais j'ai recueilli l'éloge de son talent et de ses vertus de la bouche de votre éminent compatriote M$^r$. Brioschi. J'ai pu aussi apprécier, par l'étude du beau *Mémoire sur la rotation des corps* du P. CHELINI, combien il mérite vos sentiments d'estime, et c'est de tout coeur que je réponds à votre appel, en détachant d'une recherche dont je suis en ce moment occupé les remarques qui suivent.

A la page 187 des *Fundamenta*, Jacobi a donné, pour les inverses des fonctions $\Theta(x)$, $H(x)$, ces formules qui subsistent dans toute l'étendue des valeurs réelles ou imaginaires de la variable, à savoir:

$$\frac{\sqrt{kk'\left(\frac{2K}{\pi}\right)^3}}{\Theta\left(\frac{2Kx}{\pi}\right)} = \frac{2\sqrt[4]{q}\,(1-q^2)}{1-2q\cos 2x+q^2} - \frac{2\sqrt[4]{q^9}\,(1-q^6)}{1-2q^3\cos 2x+q^6} + \ldots,$$

$$\frac{\sqrt{kk'\left(\frac{2K}{\pi}\right)^3}}{H\left(\frac{2Kx}{\pi}\right)} = \frac{1}{\sin x} - \frac{4q^2(1+q^2)\sin x}{1-2q^2\cos 2x+q^4} + \frac{4q^6(1+q^4)\sin x}{1-2q^4\cos 2x+q^8} - \ldots$$

Elles constituent donc pour ces transcendantes un mode d'expression *sui generis*, qui doit d'une certaine manière conduire à leurs propriétés analytiques fondamentales, contenues dans les relations

$$\Theta(x + 2iK') = -\Theta(x)\, e^{-\frac{i\pi}{K}(x + iK')},$$

$$\mathrm{H}(x + 2iK') = -\mathrm{H}(x)\, e^{-\frac{i\pi}{K}(x + iK')},$$

ou plutôt dans celles-ci

$$\Theta(x + iK') = i\,\mathrm{H}(x)\, e^{-\frac{i\pi}{4K}(2x + iK')},$$

$$\mathrm{H}(x + iK') = i\,\Theta(x)\, e^{-\frac{i\pi}{K}(2x + iK')},$$

que j'écrirai, en prenant les inverses, sous la forme suivante:

$$\frac{1}{\Theta(x + iK')} = \frac{-ie^{\frac{i\pi}{4K}(2x + iK')}}{\mathrm{H}(x)}, \quad \frac{1}{\mathrm{H}(x + iK')} = \frac{-ie^{\frac{i\pi}{4K}(2x + iK')}}{\Theta(x)}.$$

Pour établir ces résultats, je mettrai d'abord les développements de Jacobi sous cette autre forme

$$\frac{i\sqrt{kk'\left(\frac{2K}{\pi}\right)^3}}{\Theta(x)} = \sum_{-\infty}^{+\infty}{}_n \frac{(-1)^n q^{\frac{m^2}{4}}}{\operatorname{tg} \frac{\pi}{2K}(x - miK')},$$

où j'ai posé, pour abréger, $m = 2n + 1$; puis

$$\frac{\sqrt{kk'\left(\frac{2K}{\pi}\right)^3}}{\mathrm{H}(x)} = \sum_{-\infty}^{+\infty}{}_n \frac{(-1)^n q^{n^2}}{\sin \frac{\pi}{2K}(x - 2niK')}.$$

Multiplions maintenant par le facteur

$$-ie^{\frac{i\pi}{4K}(2x + iK')};$$

nous introduirons dans les termes généraux les expressions

$$\frac{-ie^{\frac{i\pi}{4K}(2x + iK')}}{\operatorname{tg} \frac{\pi}{2K}(x - miK')}; \quad \frac{-ie^{\frac{i\pi}{4K}(2x + iK')}}{\sin \frac{\pi}{2K}(x - 2niK')},$$

qui se transforment comme je vais l'expliquer. Toutes deux sont des fonctions rationnelles des quantités $\sin\frac{\pi x}{2K}$, $\cos\frac{\pi x}{2K}$, qu'on peut décomposer en une partie entière et en éléments simples, d'après la méthode donnée dans mon *Cours d'Analyse*, p. 321. Et, en observant que la première change de signe, tandis que la seconde se reproduit lorsqu'on change $x$ en $x+2K$, on voit *a priori* que les éléments simples seront respectivement

$$\frac{1}{\sin\frac{\pi}{2K}(x-miK')} \quad \text{et} \quad \frac{1}{\operatorname{tg}\frac{\pi}{2K}(x-2niK')}.$$

Un calcul facile donne d'ailleurs pour résultats:

$$\frac{-ie^{\frac{i\pi}{4K}(2x+iK')}}{\operatorname{tg}\frac{\pi}{2K}(x-miK')} = e^{\frac{i\pi}{4K}(2x+iK')} - \frac{iq^{\frac{2m+1}{4}}}{\sin\frac{\pi}{2K}(x-miK')},$$

$$\frac{-ie^{\frac{i\pi}{4K}(2x+iK')}}{\sin\frac{\pi}{2K}(x-2niK')} = q^{n+\frac{1}{4}} - \frac{iq^{n+\frac{1}{4}}}{\operatorname{tg}\frac{\pi}{2K}(x-2niK')},$$

et voici les conséquences auxquelles ils conduisent. Nous avons d'abord

$$-ie^{\frac{i\pi}{4K}(2x+iK')}\sum\frac{(-1)^n q^{\frac{m^2}{4}}}{\operatorname{tg}\frac{\pi}{2K}(x-miK')}$$

$$= e^{\frac{i\pi}{4K}(2x+iK')}\sum(-1)^n q^{\frac{m^2}{4}} - i\sum\frac{(-1)^n q^{\frac{(m+1)^2}{4}}}{\sin\frac{\pi}{2K}(x-miK')}.$$

Or, dans le second membre, la série $\sum(-1)^n q^{\frac{m^2}{4}}$, composée de termes deux à deux égaux et de signes contraires, disparait, et, en se rappelant qu'on a posé $m=2n+1$, on voit qu'il se réduit par suite à la quantité

$$-i\sum(-1)^n\frac{q^{(n+1)^2}}{\sin\frac{\pi}{2K}(x-miK')}.$$

Mais dans cette somme, qui s'étend à toutes les valeurs positives et négatives de $n$, nous pouvons remplacer $n$ par $n-1$; elle devient ainsi

$$+i\sum\frac{(-1)^n q^{n^2}}{\sin\frac{\pi}{2K}(x+iK'-2niK')}.$$

De la décomposition du terme général en une partie entière et en éléments simples, on tire donc la relation:

$$-ie^{\frac{i\pi}{4K}(2x+iK')}\sum\frac{(-1)^n q^{\frac{m^2}{4}}}{\operatorname{tg}\frac{\pi}{2K}(x-miK')}$$

$$=i\sum\frac{(-1)^n q^{n^2}}{\sin\frac{\pi}{2K}(x+iK'-2niK')}$$

ou bien

$$\frac{-ie^{\frac{i\pi}{4K}(2x+iK')}}{\Theta(x)}=\frac{1}{\mathrm{H}(x+iK')}.$$

Un calcul analogue nous donnera ensuite la seconde relation

$$\frac{-ie^{\frac{i\pi}{4K}(2x+iK')}}{\mathrm{H}(x)}=\frac{1}{\Theta(x+iK')},$$

en partant de la formule

$$\frac{-ie^{\frac{i\pi}{4K}(2x+iK')}}{\sin\frac{\pi}{2K}(x-2niK')}=q^{n+\frac{1}{4}}-\frac{iq^{n+\frac{1}{4}}}{\operatorname{tg}\frac{\pi}{2K}(x-2niK')},$$

attendu que la série $\Sigma(-1)^n q^{n^2+n+\frac{1}{4}}$ s'évanouit, comme composée de termes deux à deux égaux et de signes contraires.

Les considérations élémentaires que je viens d'employer s'appliquent encore à l'étude des séries plus générales:

$$\sum_{-\infty}^{+\infty}{}_n\frac{(-1)^n q^{\frac{m^2}{4}}e^{\frac{mi\pi\omega}{2K}}}{\operatorname{tg}\frac{\pi}{2K}(x-miK')},\qquad \sum_{-\infty}^{+\infty}{}_n\frac{(-1)^n q^{n^2}e^{\frac{ni\pi\omega}{K}}}{\sin\frac{\pi}{2K}(x-2niK')},$$

qui donnent $\frac{1}{\Theta(x)}$ et $\frac{1}{\mathrm{H}(x)}$ en y supposant $\omega = 0$. Ainsi, en faisant

$$\varphi(x, \omega) = \sum \frac{(-1)^n q^{\frac{m^2}{4}} e^{\frac{m i \pi \omega}{2K}}}{\operatorname{tg} \frac{\pi}{2K}(x - m i K')},$$

on démontrera de cette manière la relation suivante:

$$\varphi(x) e^{\frac{i\pi}{K}(x + iK' + \omega)} = -\varphi(x + 2iK) + \mathrm{H}(\omega)\left[1 - e^{\frac{i\pi}{K}(x + iK' + \omega)}\right]$$

dont j'indiquerai en terminant une conséquence.

Faisons, en désignant par $\Phi(x)$ une fonction holomorphe,

$$\varphi(x, \omega) = \frac{\Phi(x)}{\Theta(x)};$$

on trouvera aisément qu'on a

$$\Phi(x + 2iK') = \Phi(x) e^{\frac{i\pi\omega}{K}} + \mathrm{H}(\omega)\left[\Theta(x + 2iK') + \Theta(x) e^{\frac{i\pi\omega}{K}}\right],$$

et cette équation conduit très-facilement à l'expression suivante:

$$\frac{\Phi(x)}{\mathrm{H}(\omega)} = i \sum_{-\infty}^{+\infty}{}_n \frac{(-1)^n q^{n^2} e^{\frac{n i \pi x}{K}}}{\operatorname{tg} \frac{\pi}{2K}(\omega - 2niK')},$$

qui représente, en effet, une fonction holomorphe.

Je montrerai dans une autre occasion qu'elle a la propriété exprimée par l'équation

$$i\sqrt{kk'\left(\frac{2K}{\pi}\right)^3}\,\Theta(z)\,\mathrm{H}(x - y)$$

$$= \Theta(y)\,\mathrm{H}(x - z)\,\Phi(x, y - z) - \Theta(x)\,\mathrm{H}(y - z)\,\Phi(y, x - z)$$

où $x$, $y$, $z$ sont trois quantités arbitraires.

Paris, 9 décembre 1878.

# L'IPERBOLOIDE CENTRALE

## NELLA ROTAZIONE DE' CORPI

DI

**F. SIACCI.**

---

*Quando un corpo non animato da forze gira intorno ad un punto fisso, un iperboloide legato ad esso ed avente per assi gli assi principali del corpo rispetto a quel punto, ruzzola senza strisciare sopra un cilindro circolare retto coll' asse passante pel punto fisso e parallelo a quello della coppia d' impulso. Se* $A$, $B$, $C$ *sono i momenti principali d' inerzia del corpo rispetto al punto fisso,* $F$ *è la sua forza viva,* $G$ *la coppia d' impulso, i quadrati degli assi dell' iperboloide sono inversamente proporzionali a* $G^2 - 2AF$, $G^2 - 2BF$, $G^2 - 2CF$.

*Se il momento medio eguaglia* $G^2 : 2F$, *il rispettivo asse si mantiene parallelo ad una retta legata al corpo, che si sviluppa sopra una catenaria tracciata sul cilindro fisso.*

Questi ed altri teoremi relativi alla rotazione dei corpi io mi propongo dimostrare in questa Nota. Indicherò anche la via che mi ha condotto ad essi, che è la soluzione del seguente problema: « Dati quattro punti tirar per uno di essi tre piani ortogonali tra loro, e che passino rispettivamente per ciascuno degli altri tre. » Questo problema si riduce facilmente a quest' altro risoluto dal Poncelet: « Dati in un piano due triangoli, costrurne un terzo inscritto nell' uno e circoscritto all' altro. » Ma io prescinderò dalle soluzioni geometriche, avendo solo in mira, riguardo a tal problema, le formole risolventi di esso.

## § 1.

Siano $ABCO$ i quattro punti dati, ed $O$ il punto, in cui debbono intersecarsi i tre piani ortogonali passanti per $A, B, C$. Siano $x_1\, y_1\, z_1$, $x_2\, y_2\, z_2$, $x_3\, y_3\, z_3$ le coordinate di questi tre punti rispetto a tre assi ortogonali arbitrari passanti per $O$, ed i quali per fissare le idee supporremo così disposti: $Oy$ ed $Oz$ orizzontali, $Ox$ verticale all'ingiù. Indichiamo poi con $(A)$ $(B)$ $(C)$ i tre piani richiesti. I coefficienti delle equazioni di tali piani dovranno soddisfare alle condizioni:

$$(1)\quad \begin{cases} a_1 x_1 + b_1 y_1 + c_1 z_1 = 0 \\ a_2 x_2 + b_2 y_2 + c_2 z_2 = 0 \\ a_3 x_3 + b_3 y_3 + c_3 z_3 = 0 \end{cases} \qquad (2)\quad \begin{cases} a_2 a_3 + b_2 b_3 + c_2 c_3 = 0 \\ a_3 a_1 + b_3 b_1 + c_3 c_1 = 0 \\ a_1 a_2 + b_1 b_2 + c_1 c_2 = 0. \end{cases}$$

Immaginiamo da un punto $Q$, arbitrario sull'asse $Oy$, tirata una retta parallela ad $Ox$. Essa incontrerà i piani $(A)$ $(B)$ $(C)$ in tre punti $A'\, B'\, C'$; e se noi poniamo

$$OQ = v, \quad QA' = r_1, \quad QB' = r_2, \quad QC' = r_3,$$

le coordinate di $A'\, B'\, C'$ saranno rispettivamente

$$r_1, v, 0; \quad r_2, v, 0; \quad r_3, v, 0.$$

Onde le equazioni dei tre piani si potranno scrivere nel seguente modo:

$$\begin{vmatrix} x & y & z \\ x_1 & y_1 & z_1 \\ r_1 & v & 0 \end{vmatrix} = 0, \quad \begin{vmatrix} x & y & z \\ x_2 & y_2 & z_2 \\ r_2 & v & 0 \end{vmatrix} = 0, \quad \begin{vmatrix} x & y & z \\ x_3 & y_3 & z_3 \\ r_3 & v & 0 \end{vmatrix} = 0.$$

Quindi per le (1) avremo

$$(3)\quad \begin{cases} a_1 : b_1 : c_1 = -v z_1 : r_1 z_1 : v x_1 - r_1 y_1 \\ a_2 : b_2 : c_2 = -v z_2 : r_2 z_2 : v x_2 - r_2 y_2 \\ a_3 : b_3 : c_3 = -v z_3 : r_3 z_3 : v x_3 - r_3 y_3 \end{cases}$$

e da queste per le (2)

$$(4)\quad \begin{cases} (v^2 + r_2 r_3)\, z_2 z_3 + (v x_2 - r_2 y_2)(v x_3 - r_3 y_3) = 0 \\ (v^2 + r_3 r_1)\, z_3 z_1 + (v x_3 - r_3 y_3)(v x_1 - r_1 y_1) = 0 \\ (v^2 + r_1 r_2)\, z_1 z_2 + (v x_1 - r_1 y_1)(v x_2 - r_2 y_2) = 0. \end{cases}$$

Se ora da queste si eliminano due delle tre quantità $r_1\ r_2\ r_3$, la terza dipende da un' equazione di 2° grado: d'altra parte due delle tre $r$ sono date linearmente in funzione della terza. Dunque il problema avrà due soluzioni.

Colla precedente analisi noi abbiamo in sostanza surrogato ai punti dati $A\ B\ C$ i tre punti $A'\ B'\ C'$, le cui coordinate dipendono dalle quattro quantità $v\ r_1\ r_2\ r_3$. Sarà dunque possibile avere i nove coefficienti $a_1, b_1, c_1, a_2 \ldots$ in funzione di queste sole quattro quantità.

Portati ai secondi membri i termini delle (4) che contengono le $z$, moltiplicando poscia le equazioni due a due e dividendo per la terza si ricava

$$(v x_1 - r_1 y_1)^2 = - z_1^2 \frac{(v^2 + r_1 r_2)(v^2 + r_3 r_1)}{v^2 + r_2 r_3}$$

$$(v x_2 - r_2 y_2)^2 = - z_2^2 \frac{(v^2 + r_2 r_3)(v^2 + r_1 r_2)}{v^2 + r_3 r_1}$$

$$(v x_3 - r_3 y_3)^2 = - z_3^2 \frac{(v^2 + r_3 r_1)(v^2 + r_2 r_3)}{v^2 + r_1 r_2}.$$

Le quali, posto

$$R = \sqrt{-(v^2 + r_2 r_3)(v^2 + r_3 r_1)(v^2 + r_1 r_2)},$$

si possono scrivere nel seguente modo:

$$\left(v x_1 - r_1 y_1 + \frac{R z_1}{v^2 + r_2 r_3}\right)\left(v x_1 - r_1 y_1 - \frac{R z_1}{v^2 + r_2 r_3}\right) = 0$$

$$\left(v x_2 - r_2 y_2 + \frac{R z_2}{v^2 + r_3 r_1}\right)\left(v x_2 - r_2 y_2 - \frac{R z_2}{v^2 + r_3 r_1}\right) = 0$$

$$\left(v x_3 - r_3 y_3 + \frac{R z_3}{v^2 + r_1 r_2}\right)\left(v x_3 - r_3 y_3 - \frac{R z_3}{v^2 + r_1 r_2}\right) = 0.$$

Confrontando ora i fattori dei primi membri coi primi membri delle (1), si vede quali siano le espressioni dei coefficienti cercati in funzione delle sole $v\ r_1\ r_2\ r_3$: cioè si vede che

$$(5) \qquad \begin{cases} a_1 : b_1 : c_1 = -v : r_1 : \pm \dfrac{R}{v^2 + r_2 r_3} \\ a_2 : b_2 : c_2 = -v : r_2 : \pm \dfrac{R}{v^2 + r_3 r_1} \\ a_3 : b_3 : c_3 = -v : r_3 : \pm \dfrac{R}{v^2 + r_1 r_2}. \end{cases}$$

I valori espliciti dei nove coefficienti non servono al nostro scopo; ad ottenerli d'altronde basta risolvere le equazioni (4). Qui supporremo i punti $A\,B\,C$ in linea retta e coincidenti con $A'\,B'\,C'$; e quindi $v\;r_1\,r_2\,r_3$ quantità date. Supporremo inoltre che tali quantità, oltre ad esser reali, siano compatibili con $R$ reale. Ciò importa che dei tre binomi

$$v^2 + r_2 r_3, \quad v^2 + r_3 r_1, \quad v^2 + r_1 r_2$$

uno sia negativo (è impossibile che lo sian tutti, se le $r$ sono reali). Noi adotteremo la gradazione

$$r_1 > r_2 > r_3 .$$

Dovendo essere in questa due valori di segno contrario, sarà sempre $r_1 > 0$, $r_3 < 0$: ma $r_2$ potrà essere negativo o positivo. Se sarà positivo avremo

$$r_1 r_2 > r_2 r_3 > r_1 r_3 ;$$

se sarà negativo avremo

$$r_2 r_3 > r_1 r_2 > r_1 r_3 .$$

Dunque in ogni caso si verificherà

$$(6) \qquad v^2 + r_2 r_3 > 0, \quad v^2 + r_3 r_1 < 0, \quad v^2 + r_1 r_2 > 0.$$

Lo stesso risultato si sarebbe trovato se avessimo adottato la gradazione inversa $r_1 < r_2 < r_3$, poichè dall'una si passa all'altra invertendo solo gl' indici 1 e 3.

La condizione geometrica equivalente ad $R$ reale è, che dei tre angoli $B\,O\,C$, $C\,O\,A$, $A\,O\,B$ giacenti ora sullo stesso piano, uno, ed uno solo, sia ottuso o retto — e sarà il medio, se $B$ è medio fra $A$ e $C$.*

## § 2.

Se alle condizioni (2) aggiungiamo queste altre

$$a_1^2 + b_1^2 + c_1^2 = a_2^2 + b_2^2 + c_2^2 = a_3^2 + b_3^2 + c_3^2 = 1,$$

i nove coefficienti rappresentano i coseni degli angoli fatti cogli assi coordinati dalle perpendicolari ai piani $(A)$ $(B)$ $(C)$. Dicendo adun-

* Se $A\,B\,C\,O$ non sono nello stesso piano, perchè la soluzione del problema proposto sia reale, è necessario che coi supplementi dei tre angoli $B\,O\,C$, $C\,O\,A$, $A\,O\,B$ sia fattibile un triedro; cioè

$$\cos^2 B\,O\,C + \cos^2 C\,O\,A + \cos^2 A\,O\,B + 2 \cos B\,O\,C \cos C\,O\,A \cos A\,O\,B \leqq 1.$$

que $Op$, $Oq$, $Or$ tre assi paralleli a tali perpendicolari, potremo col soccorso delle (5) stabilire il seguente schema:

$$
(7)\quad \left\{
\begin{array}{llll}
 & x & y & z \\
p & a_1 & b_1 = -\dfrac{a_1 r_1}{v} & c_1 = \pm \dfrac{a_2 a_3}{v}(r_2 - r_3) \\[2ex]
q & a_2 & b_2 = -\dfrac{a_2 r_2}{v} & c_2 = \pm \dfrac{a_3 a_1}{v}(r_3 - r_1) \\[2ex]
r & a_3 & b_3 = -\dfrac{a_3 r_3}{v} & c_3 = \pm \dfrac{a_1 a_2}{v}(r_1 - r_2)
\end{array}
\right.
$$

dove

$$
a_1^2 = \frac{v^2 + r_2 r_3}{(r_1 - r_2)(r_1 - r_3)}, \quad a_2^2 = \frac{v^2 + r_3 r_1}{(r_2 - r_3)(r_2 - r_1)}, \quad a_3^2 = \frac{v^2 + r_1 r_2}{(r_3 - r_1)(r_3 - r_2)}.
$$

In grazia dei doppi segni di $c_1 c_2 c_3$, la terna $Opqr$ può avere due posizioni distinte, ma simmetriche rispetto al piano $xOy$, il quale contiene la retta $ABC$, e che, come abbiam detto, noi immaginiamo verticale, coll'asse $Ox$ (parallelo a quella retta) rivolto al basso. Di tali terne noi però considereremo una sola, quella che corrisponde ai segni superiori ed è sovrapponibile alla terna $Oxyz$.

## § 3.

Prendiamo ora nella retta $ABC$ un quarto punto $P$, sotto il piano $yOz$, e distante da questo di $h$. Le sue coordinate saranno da una parte

$$
x = h, \quad y = v, \quad z = 0,
$$

e dall'altra

$$
(8)\quad \left\{
\begin{aligned}
p &= a_1 h + b_1 v = (h - r_1) a_1 \\
q &= a_2 h + b_2 v = (h - r_2) a_2 \\
r &= a_3 h + b_3 v = (h - r_3) a_3 .
\end{aligned}
\right.
$$

Se ora, mantenendo fissa la terna $Opqr$ e fissi sulla retta i quattro punti $ABCP$, facciamo muover questa retta compatibilmente colla condizione, che $A$ $B$ $C$ restino rispettivamente sui tre piani coordinati, $P$ descriverà una curva; la quale otterremo eliminando $v$ dalle (8).

Da queste noi otteniamo

$$
(9)\quad \frac{p^2}{h - r_1} + \frac{q^2}{h - r_2} + \frac{r^2}{h - r_3} = h
$$

$$
(10)\quad \frac{p^2}{(h - r_1)^2} + \frac{q^2}{(h - r_2)^2} + \frac{r^2}{(h - r_3)^2} = 1 .
$$

Onde il luogo geometrico di $P$ è l'intersezione di un ellissoide con una superficie di 2° ordine avente lo stesso centro e gli stessi assi.

Tiriamo per $P$ un piano tangente alla superficie (9); la sua equazione sarà

$$\frac{pp'}{h-r_1}+\frac{qq'}{h-r_2}+\frac{rr'}{h-r_3}=h,$$

ossia, per le (8),

$$a_1 p'+a_2 q'+a_3 r'=h.$$

Adunque il piano tangente sarà sempre normale alla retta $ABCP$, che è parallela ad $Ox$, e disterà da $O$ della quantità costante $h$. Donde il Teorema: *Ad un ellissoide o ad un iperboloide tirando un piano tangente, la normale al punto di contatto è tagliata dai tre piani principali a distanze fisse dal piano tangente, se questo resta alla stessa distanza dal centro.*

I luoghi geometrici dei punti $ABC$ si hanno dalle stesse (8), ove si mettano successivamente $r_1$, $r_2$, $r_3$ al posto di $h$. Tali luoghi saranno adunque

$$(11)\qquad \left\{\begin{aligned} &\frac{q^2}{r_1-r_2}+\frac{r^2}{r_1-r_3}=r_1\\ &\frac{r^2}{r_2-r_3}+\frac{p^2}{r_2-r_1}=r_2\\ &\frac{p^2}{r_3-r_1}+\frac{q^2}{r_3-r_2}=r_3. \end{aligned}\right.$$

I punti $A$ e $C$ descrivono perciò ellissi, mentre $B$ descrive un'iperbola. Queste curve si possono considerare come simili alle linee focali di (9).

## § 4.

Da un punto $Q'$ sull'$Ox$, distante $\frac{hh'}{v}$ da $O$ (essendo $h'$ una costante arbitraria) tiriamo una parallela ad $Oy$. Questa intersecherà $OA$, $OB$, $OC$, e per conseguenza i tre piani $Opqr$, in tre punti $A'$ $B'$ $C'$ distanti da $Ox$ di $\frac{hh'}{r_1}$, $\frac{hh'}{r_2}$, $\frac{hh'}{r_3}$, e taglierà $OP$ in un punto $P'$ distante da $Ox$ di $h'$. Le coordinate di $P'$, adunque, rispetto ad una terna, saranno

$$x'=\frac{hh'}{v},\quad y'=h',\quad z'=0,$$

e rispetto all' altra, per le (7),

$$(12)\quad \begin{cases} p' = hh'\left(\dfrac{a_1}{v} + \dfrac{b_1}{h}\right) = hh'\left(\dfrac{1}{h} - \dfrac{1}{r_1}\right)b_1 \\ q' = hh'\left(\dfrac{a_2}{v} + \dfrac{b_2}{h}\right) = hh'\left(\dfrac{1}{h} - \dfrac{1}{r_2}\right)b_2 \\ r' = hh'\left(\dfrac{a_3}{v} + \dfrac{b_3}{h}\right) = hh'\left(\dfrac{1}{h} - \dfrac{1}{r_3}\right)b_3. \end{cases}$$

Se ora noi cerchiamo il luogo di $P'$, quando la retta $ABCP$ muove colle condizioni indicate al § 3, troveremo proposizioni analoghe a quelle già trovate pel punto $P$: cioè $P'$ si troverà sull' intersezione delle due superficie

$$(13)\quad \frac{p'^2}{\dfrac{1}{h} - \dfrac{1}{r_1}} + \frac{q'^2}{\dfrac{1}{h} - \dfrac{1}{r_2}} + \frac{r'^2}{\dfrac{1}{h} - \dfrac{1}{r_3}} = hh'^2,$$

$$(14)\quad \frac{p'^2}{\left(\dfrac{1}{h} - \dfrac{1}{r_1}\right)^2} + \frac{q'^2}{\left(\dfrac{1}{h} - \dfrac{1}{r_2}\right)^2} + \frac{r'^2}{\left(\dfrac{1}{h} - \dfrac{1}{r_3}\right)^2} = h^2 h'^2;$$

e per tutti i punti del luogo tirando i piani tangenti alla prima superficie, questi riescono tutti normali a $P'Q'$ e distanti dal centro di $h'$. I luoghi di $A' B' C'$ saranno poi le tre coniche:

$$(15)\quad \begin{cases} \dfrac{q'^2}{\dfrac{1}{r_1} - \dfrac{1}{r_2}} + \dfrac{r'^2}{\dfrac{1}{r_1} - \dfrac{1}{r_3}} = \dfrac{h^2 h'^2}{r_1} \\ \dfrac{r'^2}{\dfrac{1}{r_2} - \dfrac{1}{r_3}} + \dfrac{p'^2}{\dfrac{1}{r_2} - \dfrac{1}{r_1}} = \dfrac{h^2 h'^2}{r_2} \\ \dfrac{p'^2}{\dfrac{1}{r_3} - \dfrac{1}{r_1}} + \dfrac{q'^2}{\dfrac{1}{r_3} - \dfrac{1}{r_2}} = \dfrac{h^2 h'^2}{r_3}; \end{cases}$$

di cui mentre due sono ellissi, una è iperbola.

## § 5.

Supponiamo ora mobile intorno ad $O$ la terna $Opqr$, ed il suo movimento sia determinato dalla condizione, che la superficie (9) rimanendo tangente ad un piano fisso, parallelo ad $yOz$ e da esso distante di $h$, ruzzoli sopra esso senza strisciamento.

Il punto di contatto $P$ descriverà allora sulla superficie stessa la curva rappresentata dalle (9) e (10), mentre sul piano fisso descriverà una curva trascendente, il cui raggio vettore, tirato dalla proiezione di $O$, sarà $v$. Nello stesso tempo la superficie (13) rimarrà tangente ad un cilindro fisso di raggio $h'$, avente per asse $Ox$, e ruzzolerà sopra esso senza strisciamento: senza strisciamento, dico, poichè $OP'$ coincide con $OP$, che è l'asse istantaneo della prima superficie.

Mentre poi le due superficie, solidali fra loro, ruzzolano l'una sul piano l'altra sul cilindro, le rispettive normali al punto di contatto tagliano i comuni piani principali in due triadi di punti, i cui luoghi sono le coniche rappresentate da (11) e (15): punti che nello spazio assoluto descrivono, quelli di una triade, traiettorie piane, parallele ed eguali a quella descritta da $P$; e quelli della seconda, traiettorie cilindriche, parallele e simili a quella descritta da $P'$.

## § 6.

Questi risultati si applicano evidentemente alla rotazione dei corpi, imperocchè, grazie al famoso teorema del Poinsot: «Quando un corpo non animato da forze gira intorno ad un punto fisso, un ellissoide legato ad esso, e avente per assi gli assi principali del corpo rispetto a quel punto, ruzzola senza strisciare sopra un piano fisso, parallelo alla coppia d'impulso.» Dicendo $G$ questa coppia, $\frac{1}{2}Gh$ la forza viva, $A$, $B$, $C$ i momenti d'inerzia principali del corpo rispetto al punto fisso, l'equazione dell'ellissoide centrale è

$$(16) \qquad Ap^2 + Bq^2 + Cr^2 = Gh.$$

Se adunque noi poniamo

$$(17) \qquad h - r_1 = \frac{G}{A}, \quad h - r_2 = \frac{G}{B}, \quad h - r_3 = \frac{G}{C}$$

la superficie (9) riducesi all'ellissoide centrale del Poinsot, mentre la superficie (13) diviene

$$(18) \qquad (G - Ah)p'^2 + (G - Bh)q'^2 + (G - Ch)r'^2 = Gh^2;$$

che è sempre un iperboloide, poichè tale è sempre una delle superficie (9) e (13), se l'altra è un ellissoide; e sarà iperboloide ad una o due falde, secondochè $Bh$ sarà minore o maggiore di $G$.

Possiamo adunque aggiungere all'ellissoide del Poinsot questo iperboloide, che gode proprietà analoghe, e che dissi perciò *centrale*. È poi a notarsi che le due superficie si tagliano secondo una linea sferica di raggio $= \sqrt{h^2 + h'^2}$, e quindi hanno le sezioni circolari parallele.

Se $G = Bh$ l'iperboloide si muta in un cilindro iperbolico. In tal caso però il luogo dei punti di contatto è, sulla superficie mobile, una semplice linea retta, perchè le (13) e (14), per $r_2 = 0$, si riducono a due superficie cilindriche e parallele. E tal considerazione basta a definire la natura della curva, luogo dei punti di contatto sul cilindro fisso di raggio $h'$. Abbassiamo infatti da $O$ una perpendicolare $OT$ su quella retta, la $OT$ sarà una costante, essendo la retta legata al corpo, e la parte compresa fra $T$ ed il punto di contatto sarà eguale ad un arco $s$ del luogo cercato. La distanza del punto di contatto dal centro è l'ipotenusa di due triangoli aventi per cateti $x$ ed $h'$ da una parte, $s$ ed $\overline{OT}$ dall'altra. Avremo adunque

$$(19) \qquad s^2 + \overline{OT}^2 = x^2 + h'^2:$$

equazione che definisce una catenaria tracciata sul cilindro.

Da ciò il secondo dei teoremi enunciati in principio, ed anche questo relativo alla catenaria: *La sviluppante di una catenaria tracciata sopra un cilindro circolare retto, avente per asse una parallela all' asse della curva, è una curva sferica.* Imperocchè $OT$ è una quantità costante.

Nel caso generale, la curva trascendente tracciata sul cilindro fisso, e che per l'analogia coll' erpoloide del Poinsot potrebbe dirsi *erpoloide seconda*, si trae agevolmente dall' equazione polare della prima erpoloide. Basta surrogare al raggio vettore $v$ ed all' ascissa angolare $\mu$, le quantità $\frac{hh'}{Y}$ ed $\frac{X}{h'}$; ed allora, sviluppato il cilindro in un piano, $X$ ed $Y$ sono le coordinate cartesiane ortogonali della seconda erpoloide.

L'equazione dell' erpoloide del Poinsot è stata ricavata da DOMENICO CHELINI nella sua Memoria: *Determinazione analitica della rotazione de' corpi liberi secondo i concetti del signor Poinsot.* Bologna, 1860. (Vol. X delle Memorie dell'Acc. delle Sc. dell'Istituto di Bologna.)

Del resto l'equazione dell'erpoloide, ente puramente cinematico, si può ricavare direttamente, cioè indipendentemente dalle equazioni dinamiche, dalle sole espressioni (7) coll'aggiunta di una considerazione ben semplice.

L'asse istantaneo essendo diretto secondo $OP$, le componenti della velocità angolare attorno ad $Ox$ ed $Oy$ saranno proporzionali ad $h$ e a $v$. D'altra parte le componenti secondo gli stessi assi, *relative* alla terna $Oxyz$, sono date, com'è noto, da

$$b_1 \frac{dc_1}{dt} + b_2 \frac{dc_2}{dt} + b_3 \frac{dc_3}{dt}, \quad c_1 \frac{da_1}{dt} + c_2 \frac{da_2}{dt} + c_3 \frac{da_3}{dt},$$

le quali funzionano da $Oy$ verso $Oz$, e da $Oz$ verso $Ox$. Ma la terna $Oxyz$ non è fissa, poichè $Oy$ gira parallelo a $v$. Perciò, dicendo $d\mu$ lo spostamento nel tempo $dt$ dell'asse $Oy$, o del raggio $v$ verso $Oz$, le velocità angolari assolute, secondo $Ox$ e secondo $Oy$, saranno

$$\Sigma b_1 \frac{dc_1}{dt} + \frac{d\mu}{dt}, \quad \Sigma c_1 \frac{da_1}{dt}.$$

Dunque

$$\frac{\Sigma b_1 dc_1 + d\mu}{h} = \frac{\Sigma c_1 da_1}{v}, \text{ ossia } \frac{d\mu}{h} = \frac{\Sigma c_1 da_1}{v} + \frac{\Sigma c_1 db_1}{h}.$$

E questa è l'equazione differenziale dell'erpoloide.

Per integrarla osserviamo, che

$$a_1 da_1 = \frac{v\,dv}{(r_1 - r_2)(r_1 - r_3)}, \quad b_1 db_1 = -\frac{r_1^2 r_2 r_3 dv}{v^3 (r_1 - r_2)(r_1 - r_3)}.$$

Onde ponendo per compendio $(r_2 - r_3)(r_3 - r_1)(r_1 - r_2) = -\Delta$, sarà

$$\Sigma c_1 da_1 = \frac{v\,dv}{\Delta} \Sigma (r_2 - r_3) \frac{c_1}{a_1}$$

$$\Sigma c_1 db_1 = \frac{r_1 r_2 r_3 dv}{\Delta \quad v^3} \Sigma (r_3 - r_2) \frac{c_1 r_1}{b_1} = \frac{r_1 r_2 r_3 dv}{\Delta \quad v^2} \Sigma (r_2 - r_3) \frac{c_1}{a_1}.$$

Ma $c_2 a_3 - c_3 a_2 = b_1$, dunque

$$\Sigma (r_3 - r_2) \frac{c_1}{a_1} \text{ ossia } \Sigma r_1 \left(\frac{c_2}{a_2} - \frac{c_3}{a_3}\right) = \Sigma \frac{b_1 r_1}{a_2 a_3} = \frac{1}{a_1 a_2 a_3} \Sigma a_1 r_1 b_1$$

$$= -\frac{v}{a_1 a_2 a_3} \Sigma b_1^2 = -\frac{v}{a_1 a_2 a_3}.$$

Finalmente

$$\Sigma c_1 da_1 = \frac{v^2 dv}{\Delta a_1 a_2 a_3}, \quad \Sigma c_1 db_1 = \frac{r_1 r_2 r_3}{\Delta a_1 a_2 a_3} \frac{dv}{v}$$

$$d\mu = \frac{v\,dv}{\Delta a_1 a_2 a_3}\left(h + \frac{r_1 r_2 r_3}{v^2}\right)$$

$$= \pm \frac{v\,dv}{\sqrt{-(v^2 + r_2 r_3)(v^2 + r_3 r_1)(v^2 + r_1 r_2)}} \left(h + \frac{r_1 r_2 r_3}{v^2}\right).$$

L'equazione dell'erpoloide dipende così da integrali ellittici di prima e di terza specie, i quali si riducono alle forme tipiche, introducendo un angolo, di cui il CHELINI ha indicato pel primo la significazione geometrica.

## § 6.

Il CHELINI, nella Memoria citata, dimostrato il teorema del Poinsot, ricava anche i nove coseni degli angoli formati dai tre assi dell'ellissoide centrale con tre assi disposti appunto come $Oxyz$. Tali coseni, che equivalgono a quelli dello schema (7), sono

$$\cos(xp) = \frac{A}{G}p, \quad \cos(yp) = \frac{G - Ah}{G}\frac{p}{v}, \quad \cos(zp) = \frac{B - C}{G}\frac{qr}{v},$$
$$\cos(xq) = \frac{B}{G}q, \quad \cos(yq) = \frac{G - Bh}{G}\frac{q}{v}, \quad \cos(zq) = \frac{C - A}{G}\frac{rp}{v},$$
$$\cos(xr) = \frac{C}{G}r, \quad \cos(yr) = \frac{G - Ch}{G}\frac{r}{v}, \quad \cos(zr) = \frac{A - B}{G}\frac{pq}{v}.$$

È ben facile dedurre da queste espressioni la dimostrazione del teorema relativo all'iperboloide centrale. Considerando infatti che

$$\cos^2(yp) + \cos^2(yq) + \cos^2(yr) = 1,$$

e che, per essere $v$ la proiezione del semidiametro di contatto sopra $Oy$, è

$$p\cos(yp) + q\cos(yq) + r\cos(yr) = v,$$

si possono scrivere immediatamente le equazioni

$$(G - Ah)^2 p'^2 + (G - Bh)^2 q'^2 + (G - Ch)^2 r'^2 = G^2 h'^2$$
$$(G - Ah)\, p'^2 + (G - Bh)\, q'^2 + (G - Ch)\, r'^2 = G\, h'^2$$

avendo posto $\frac{p'}{p} = \frac{q'}{q} = \frac{r'}{r} = \frac{h'}{v}.$

E queste equazioni sono la traduzione algebrica del teorema enunciato al principio di questa Nota.

Torino, 20 aprile 1879.

# ON A DIFFERENTIAL EQUATION

BY

PROF. **A. CAYLEY.**

In the Memoir on hypergeometric Series, Crelle t. XV (1836), Kummer in effect considers a differential equation

$$\frac{(a' z^2 + 2b'z + c')\, dz^2}{z^2 (z - 1)^2} = \frac{(a x^2 + 2bx + c)\, dx^2}{x^2 (x - 1)^2},$$

viz. he seeks for solutions of an equation of this form which also satisfy a certain differential equation of the third order. The coefficients $a$, $b$, $c$ are either all arbitrary, or they are two or one of them, arbitrary; but this last case (or say the case where the function of $x$ is the completely determinate function $x^2 + 2bx + c$) is scarcely considered: $a'$, $b'$, $c'$ are regarded as determinable in terms of $a$, $b$, $c$; and $z$ is to be found as a function of $x$ independent of $a$, $b$, $c$: so that when these coefficients are arbitrary, the equation breaks up into three equations, and when two of the coefficients are arbitrary, it breaks up into two equations, satisfied in each case by the same value of $z$; and the value of $z$ is thus determined without any integration: these cases will be considered in the sequel, but they are of course included in the general case where the coefficients $a$, $b$, $c$ are regarded as having any given values whatever.

Writing for shortness $X = a x^2 + 2bx + c$, in general the integral

$$\int \frac{N dx}{D\sqrt{X}},$$

where $D$ is the product of any number $n$ of distinct linear factors $x - p$, and $N$ is a rational and integral function of $x$ of the order $n$ at most, and therefore also the integral

$$\int \frac{N\sqrt{X}\,dx}{D} = \int \frac{N X\,dx}{D\sqrt{X}},$$

where $N$ is now of the order $n - 2$ at most, is expressible as the logarithm of a quasi-algebraical function, that is a function containing powers the exponents of which are incommensurable (for instance $x^{\sqrt{2}}$ is a quasi-algebraical function): in fact the integral is of the form

$$\int \left( M + \frac{A}{x-p} + \frac{B}{x-q} + \ldots \right) \frac{dx}{\sqrt{X}},$$

where each term is separately integrable,

$$\int \frac{dx}{\sqrt{X}} = \frac{1}{\sqrt{a}} \log \{ax + b + \sqrt{a}\,.\sqrt{X}\},$$

$$\int \frac{dx}{(x-p)\sqrt{X}} = -\frac{1}{\sqrt{P}} \log \left\{ \frac{(ap+b)\,x + (bp+c) + \sqrt{P}\,.\sqrt{X}}{x-p} \right\}$$

where $P$ is written to denote $ap^2 + 2bp + c$: the integral is thus $= \log \Omega$, where $\Omega$ is a product of factors $ax + b + \sqrt{a}\cdot\sqrt{X}$, $\dfrac{(ap+b)\,x + (bp+c) + \sqrt{P}\,.\sqrt{X}}{x-p}$, etc. raised to powers $\dfrac{M}{\sqrt{a}}, \dfrac{-A}{\sqrt{P}}$, etc.: hence if we have a differential equation

$$\frac{N'dz}{D'\sqrt{Z}} = \frac{N\,dx}{D\sqrt{X}}, \quad \text{or} \quad \frac{N'\sqrt{Z}\,dz}{D'} = \frac{N\sqrt{X}\,dx}{D},$$

where $Z' \,(= a'z^2 + 2b'z + c')$, and $N', D'$ are functions of $z$ such as $X, N, D$ are of $x$; then taking $\log C$ for the constant of integration, the general integral is $\log \Omega' = \log C + \log \Omega$: viz. we have the quasi-algebraical integral $\Omega' - C\Omega = 0$.

The constants $a, b, c, p, q, \ldots$ etc. may be such that the exponents are rational, and the integral is then algebraical: in particular for the differential equation

$$\frac{\sqrt{z^2 + 14z + 1}\,dz}{z\,(z-1)} = \frac{\sqrt{x^2 + 14x + 1}\,dx}{x\,(x-1)},$$

the general integral is in the first instance obtained in the form

$$\frac{(z + 1 + \sqrt{Z})\,(z-1)^2}{\sqrt{z}\,(2z + 2 + \sqrt{Z})^2} = C\,\frac{(x + 1 + \sqrt{X})\,(x-1)^2}{\sqrt{x}\,(2x + 2 + \sqrt{X})^2}$$

which, observing that $(2x+2)^2 - X = 3(x-1)^2$, may also be written

$$\frac{(z+1)(z^2-34z+1)+Z\sqrt{Z}}{\sqrt{z}(z-1)^2} = C\frac{(x+1)(x^2-34x+1)+X\sqrt{X}}{\sqrt{x}(x-1)^2}.$$

I had previously obtained the solution

$$z = \left(\frac{1-\sqrt[4]{x}}{1+\sqrt[4]{x}}\right)^4,$$

and I wish to show that this is in fact the particular integral belonging to the value $C=1$ of the constant of integration: for this purpose I proceed to rationalise the general integral as regards $z$.

Writing for a moment

$$P = (z+1)(z^2-34z+1),$$
$$Q = (z^2+14z+1)\sqrt{z^2+14z+1},$$
$$R = M\sqrt{z}(z-1)^2,$$

where

$$M = C\,\frac{(x+1)(x^2-34x+1)+(x^2+14x+1)\sqrt{x^2+14x+1}}{\sqrt{x}(x-1)^2},$$

the integral is $P+Q+R=0$; or rationalising, it is

$$(P^2-Q^2)^2 - 2R^2(P^2+Q^2)+R^4=0;$$

we have

$$P^2 = (1, -66, 1023, 2180, 1023, -66, 1 \between z, 1)^6,$$
$$Q^2 = (1, \quad 42, \quad 591, 2828, \quad 591, \quad 42, 1 \between z, 1)^6,$$

and thence

$$P^2 - Q^2 = (0, -108, 432, -648, 432, -108, 0 \between z, 1)^6,$$
$$= -108z(z-1)^4;$$
$$P^2+Q^2 = 2(1, -12, 807, 2504, 807, -12, 1 \between z, 1)^6.$$

Writing the equation in the form

$$\frac{1}{2}(P^2+Q^2) - \frac{1}{4}\left\{R^2+\frac{(P^2-Q^2)^2}{R^2}\right\}=0,$$

it thus becomes

$$(1, -12, 807, 2504, 807, -12, 1 \between z, 1)^6 - z(z-1)^4\left\{M^2+\frac{(108)^2}{M^2}\right\}=0,$$

where $M$ has its above-mentioned value; and if we now assume $C=1$, then

$$M = \frac{(x+1)(x^2-34x+1)+(x^2+14x+1)\sqrt{x^2+14x+1}}{\sqrt{x}(x-1)^2},$$

$$\frac{108}{M} = \frac{(x+1)(x^2-34x+1)-(x^2+14x+1)\sqrt{x^2+14x+1}}{\sqrt{x}(x-1)^2},$$

and thence

$$M^2+\frac{(108)^2}{M^2},=\left(M-\frac{108}{M}\right)^2+216,$$

$$=4\frac{(x+1)^2(x^2-34x+1)^2}{x(x-1)^4}+216,$$

$$=\frac{4}{x(x-1)^4}\cdot(1,-12,807,2504,807,-12,1\between x,1)^6$$

and the rationalised equation is

$$(1,-12,807,2504,807,-12,1\between z,1)^6$$

$$-\frac{z(z-1)^4}{x(x-1)^4}(1,-12,807,2504,807,-12,1\between x,1)^6=0.$$

This is a sextic equation in $z$, of the form

$$z^3+\frac{1}{z^3}+\lambda\left(z^2+\frac{1}{z^2}\right)+\mu\left(z+\frac{1}{z}\right)+\nu=0$$

where

$$\lambda,\mu,\nu=-12-\Omega,\quad 807+4\Omega,\quad 2504-6\Omega$$

if $\Omega$ denote the function of $x$ which enters into the equation; and writing $z+\frac{1}{z}=\theta$, this becomes

$$\theta^3-3\theta+\lambda(\theta^2-2)+\mu\theta+\nu=0.$$

But the equation in $z$ is satisfied by the value $z=x$, and therefore the equation in $\theta$ by the value $\theta=x+\frac{1}{x},=\alpha$ suppose, we have therefore

$$\alpha^3-3\alpha+\lambda(\alpha^2-2)+\mu\alpha+\nu=0,$$

and thence subtracting, and throwing out the factor $\theta-\alpha$,

$$\theta^2+\theta\alpha+\alpha^2-3+\lambda(\theta+\alpha)+\mu=0,$$

viz. writing for $\lambda$, $\mu$, $\alpha$ their values, this is

$$\theta^2+\theta\left(x+\frac{1}{x}-12-\Omega\right)+x^2-1+\frac{1}{x^2}$$

$$-\left(x+\frac{1}{x}\right)(12+\Omega)+807+4\Omega=0,$$

or what is the same thing

$$\theta^2+\theta\left(x-12+\frac{1}{x}-\Omega\right)+x^2-12x+806-\frac{12}{x}+\frac{1}{x^2}$$

$$-\left(x-4-\frac{1}{x}\right)\Omega=0,$$

where

$$\Omega=\frac{1}{x(x-1)^4}(1,-12,807,2504,807,-12,1\between x,1)^6.$$

Hence in the quadric equation, the coefficients, each multiplied by $(x-1)^4$, are

$$(x-1)^4\left(x-12+\frac{1}{x}\right)+(1,\ -12,\ 807,\ 2504,\ 807,\ -12,\ 1\ \between\ x,\ 1)^6,$$

and

$$(x-1)^4\left(x^2-12x+806-\frac{12}{x}+\frac{1}{x^2}\right)$$
$$-\left(x-4+\frac{1}{x}\right)(1,\ -12,\ 807,\ 2504,\ 807,\ -12,\ 1\ \between\ x,\ 1)^6,$$

which are respectively rational and integral quartic functions of $x$; and, writing for $\theta$ its value, the equation finally is

$$\left(z+\frac{1}{z}\right)^2-4\left(z+\frac{1}{z}\right)\frac{(1,\ 188,\ 646,\ 188,\ 1\ \between\ x,\ 1)^4}{(x-1)^4}$$
$$+4\,\frac{(1,\ -644,\ 3334,\ -644,\ 1\ \between\ x,\ 1)^4}{(x-1)^4}=0.$$

Writing

$$\xi=\sqrt[4]{x},\ A=\frac{1-\xi}{1+\xi},\ \ B=\frac{1+\xi}{1-\xi},\ \ C=\frac{1-i\xi}{1+i\xi},\ \ D=\frac{1+i\xi}{1-i\xi},$$

$(i=\sqrt{-1}$ as usual),

this is

$$(z-A^4)\,(z-B^4)\,(z-C^4)\,(z-D^4)=0\,,$$

or what is the same thing

$$\left\{z+\frac{1}{z}-(A^4+B^4)\right\}\left\{z+\frac{1}{z}-(C^4+D^4)\right\}=0\,,$$

that is

$$\left(z+\frac{1}{z}\right)^2-\left(z+\frac{1}{z}\right)(A^4+B^4+C^4+D^4)+(A^4+B^4)\,(C^4+D^4)=0;$$

for we have

$$\frac{1}{2}\,(A^4+B^4)=\frac{(1,\quad 28,\ 70,\quad 28,\ 1\ \between\ \xi^2,\ 1)^4}{(\xi^2-1)^4}\,,$$

$$\frac{1}{2}\,(C^4+D^4)=\frac{(1,\ -28,\ 70,\ -28,\ 1\ \between\ \xi^2,\ 1)^4}{(\xi^2+1)^4}\,.$$

And substituting these values, the coefficients will be rational functions of $\xi^4$, that is of $x$, and it is easy to verify that they have in fact their foregoing values.

It thus appears that for $C=1$, besides the values $x$ and $\frac{1}{x}$, we have for $z$ only the values

$$\left(\frac{1-\xi}{1+\xi}\right)^4,\ \left(\frac{1+\xi}{1-\xi}\right)^4,\ \left(\frac{1-i\xi}{1+i\xi}\right)^4,\ \left(\frac{1+i\xi}{1-i\xi}\right)^4;$$

viz. that the only solution is $z=\left(\dfrac{1-\sqrt[4]{x}}{1+\sqrt[4]{x}}\right)^4$.

The example shows that although the differential equation

$$\frac{\sqrt{a' z^2 + 2 b' z + c'}\, dz}{z (z - 1)} = \frac{\sqrt{a x^2 + 2 b x + c}\, dx}{x (x - 1)}$$

can be integrated generally in a quasi-algebraical or algebraical form as above, yet we cannot from the general solution deduce, at once or easily, the various particular integrals comprised therein: nor can we find for what values of the constants $a, b, c$ and $a', b', c'$ the differential equation admits of a simple solution, or say of a solution where $z$ is expressed as an explicit (irrational) function of $x$.

In the cases considered by Kummer there is a second (or it may be also a third) differential equation of the like form, the equations being each of them satisfied by the same value of $z$: hence eliminating the differentials $dx$, $dz$, the relation between $x$ and $z$ is of the form

$$\frac{P'}{Q'} = \frac{P}{Q},$$

where $P$, $Q$ are quadric functions of $x$; $P'$, $Q'$ quadric functions of $z$. But $P$ and $Q$ may contain a common factor, and the integral is then expressible in the form $x = \frac{P'}{Q'}$, the quotient of two quadric functions of $z$; or $P'$ and $Q'$ may have a common factor, and the integral is then expressible in the form $z = \frac{P}{Q}$, the quotient of two quadric functions of $x$; or there may be a common factor of $P$, $Q$, and also a common factor of $P'$ and $Q'$, and the integral is then of the form $z = \frac{L}{M}$, the quotient of two linear functions of $x$.

In the general case the differential equation is

$$\frac{\lambda (a P' + b Q')\, dz^2}{z^2 (z - 1)^2} = \frac{(a P + b Q)\, dx^2}{x^2 (x - 1)^2}$$

where $a, b$ are arbitrary constants, $\lambda$ is a constant the value of which can in each particular case be at once determined; so when the integral is $z = \frac{P}{Q}$, the differential equation is

$$\frac{\lambda (a z + b)\, d z^2}{z^2 (z - 1)^2} = \frac{(a P + b Q)\, d x^2}{x^2 (x - 1)^2}$$

where $a$, $b$ are arbitrary constants, but $\lambda$ is now a linear function of

$z$ the value of which can in each particular case be at once determined. When the integral is $z = \frac{L}{M}$, the differential equation is

$$\frac{\lambda\,(a\,z^2 + 2\,b\,z + c)\,d\,z^2}{z^2\,(z-1)^2} = \frac{(a\,L^2 + 2\,b\,L\,M + c\,M^2)\,d\,x^2}{x^2\,(x-1)^2}$$

containing the three arbitrary constants $a$, $b$, $c$; $\lambda$ is a constant the value of which can be at once determined.

There are in all 6 integrals of the form $z = \frac{L}{M}$, for which the differential equation contains three arbitrary constants: 18 integrals of the form $z = \frac{P}{Q}$ (and of course the same number of integrals of the form $x = \frac{P'}{Q'}$), and 9 integrals of the form $\frac{P}{Q} = \frac{P'}{Q'}$, for all of which the differential equation contains 2 arbitrary constants. It is to be remarked that Kummer, considering the values of $z$ as a function of $x$, obtains the 72 rational and irrational values mentioned in his equations (31), (35), (36), (37), (38), and (39): but the 72 values are made up as follows, viz. the 18 values of $z$ as a rational function of $x$, the 36 irrational values obtained from the 18 expressions of $x$ as a rational function of $z$, and the 18 irrational values of $z$ obtained from the 9 integrals in which neither of the variables is a rational function of the other: $18 + 36 + 18 = 72$.

The several integrals together with the expressions of the functions $a'z^2 + 2b'z + c'$ and $a\,x^2 + 2\,b\,x + c$ which enter into the differential equation are as follows.

| | $z =$ | $a'z^2 + 2b'z + c' =$ | $a\,x^2 + 2\,b\,x + c =$ |
|---|---|---|---|
| 1. | $x$ | $a\,z^2 + 2\,b\,z + c$ | $a\,x^2 + 2\,b\,x + c$ |
| | $1 - x$ | » | $a\,(x-1)^2 - 2\,b\,(x-1) + c$ |
| | $\frac{1}{x}$ | » | $a + 2\,b\,x + c\,x^2$ |
| | $\frac{1}{1-x}$ | » | $a - 2\,b\,(x-1) + c\,(x-1)^2$ |
| | $\frac{x}{x-1}$ | » | $a\,x^2 + 2\,b\,x\,(x-1) + c\,(x-1)^2$ |
| | $\frac{x-1}{x}$ | » | $a\,(x-1)^2 + 2\,b\,x\,(x-1) + c\,x^2$ |

| | $z =$ | $a'z^2 + 2b'z + c' =$ | $ax^2 + 2bx + c =$ |
|---|---|---|---|
| 2. | $\left(\frac{x+1}{x-1}\right)^2$ | $az^2 + bz$ | $a(x+1)^2 + b(x-1)^2$ |
| | $(2x-1)^2$ | » | $a(2x-1)^2 + b$ |
| | $\left(\frac{x-2}{x}\right)^2$ | » | $a(x-2)^2 + bx^2$ |
| | $\frac{(x+1)^2}{4x}$ | » | $a(x+1)^2 + 4bx$ |
| | $\frac{(2x-1)^2}{4x(x-1)}$ | » | $a(2x-1)^2 + 4bx(x-1)$ |
| | $-\frac{(x-2)^2}{4(x-1)}$ | » | $a(x-2)^2 - 4b(x-1)$ |
| 3. | $\left(\frac{x-1}{x+1}\right)^2$ | $bz + c$ | $b(x-1)^2 + c(x+1)^2$ |
| | $\left(\frac{1}{2x-1}\right)^2$ | » | $b + c(2x-1)^2$ |
| | $\left(\frac{x}{x-2}\right)^2$ | » | $bx^2 + c(x-2)^2$ |
| | $\frac{4x}{(x+1)^2}$ | » | $4bx + c(x+1)^2$ |
| | $\frac{4x(x-1)}{(2x-1)^2}$ | » | $4bx(x-1) + c(2x-1)^2$ |
| | $-\frac{4(x-1)}{(x-2)^2}$ | » | $-4b(x-1) + c(x-2)^2$ |
| 4. | $-\frac{(x-1)^2}{4x}$ | $az^2 - (a+c)z + c$ | $a(x-1)^2 + 4cx$ |
| | $-4x(x-1)$ | » | $4ax(x-1) + c$ |
| | $\frac{4(x-1)}{x^2}$ | » | $-4a(x-1) + cx^2$ |
| | $-\frac{4x}{(x-1)^2}$ | » | $4ax + c(x-1)^2$ |
| | $\frac{-1}{4x(x-1)}$ | » | $a + 4cx(x-1)$ |
| | $\frac{x^2}{4(x-1)}$ | » | $ax^2 - 4c(x-1)$ |

5.<br>6.<br>7.

(5., 6., 7.) same as 2, 3, 4 interchanging $x$ and $z$.

| | $z =$ | $a'z^2 + 2b'z + c' =$ | $ax^2 + 2bx + c =$ |
|---|---|---|---|
| 8. | $\frac{(z-1)^2}{4z} = \frac{4x}{(x-1)^2}$ | $a(z-1)^2 + 4bz$ | $4ax + b(x-1)^2$ |
| | $\frac{z^2}{4(z-1)} = \frac{4(x-1)}{x^2}$ | $az^2 + 4b(z-1)$ | $-4a(x-1) - bx^2$ |
| | $4z(z-1) = \frac{1}{4x(x-1)}$ | $4az(z-1) + b$ | $a + 4bx(x-1)$ |
| 9. | $\frac{(z-1)^2}{4z} = 4x(x-1)$ | $a(z-1)^2 + 4bz$ | $4ax(x-1) + b$ |
| | $\frac{z^2}{4(z-1)} = -4x(x-1)$ | $az^2 - 4b(z-1)$ | $4ax(x-1) + b$ |
| | $\frac{(z-1)^2}{4z} = -\frac{4(x-1)}{x^2}$ | $a(z-1)^2 + 4bz$ | $-4a(x-1) + bx^2$ |
| 10. | $4z(z-1) = \frac{(x-1)^2}{4x}$ | $4az(z-1) + b$ | $a(x-1)^2 + 4bx$ |
| | $4z(z-1) = -\frac{x^2}{4(x-1)}$ | $4az(z-1) + b$ | $ax^2 - 4b(x-1)$ |
| | $\frac{4(z-1)}{z^2} = -\frac{(x-1)^2}{4x}$ | $-4a\ z-1) + bz^2$ | $a(x-1)^2 + 4bx$ |

The six functions of the set (1), that is

$$x,\ 1-x,\ \frac{1}{x},\ \frac{1}{1-x},\ \frac{x}{x-1},\ \frac{x-1}{x}$$

form a group; and by operating with the substitutions of this group, and of the like group

$$z,\ 1-z,\ \frac{1}{z},\ \frac{1}{1-z},\ \frac{z}{z-1},\ \frac{z-1}{z}$$

upon any value of $z$ in the sets (2), (3), (4), for instance upon $z = \left(\frac{x+1}{x-1}\right)^2$, we form all the 18 functions of these sets.

In any one of these sets (2), (3) and (4) comparing two forms (the same or different), for instance in the set (2), writing $y$ for $z$ and then in one form $z$ for $x$,

$$y = \left(\frac{x+1}{x-1}\right)^2 \text{ and } y = \left(\frac{z+1}{z-1}\right)^2 \text{ whence } \left(\frac{x+1}{x-1}\right)^2 = \left(\frac{z+1}{z-1}\right)^2;$$

or

$$y = \left(\frac{x+1}{x-1}\right)^2 \text{ and } y = \frac{(z+1)^2}{4z} \text{ whence } \left(\frac{x+1}{x-1}\right)^2 = \frac{(z+1)^2}{4z}.$$

we obtain either the equations of the set (1) or those of the sets (8), (9) and (10); and whether we use the set (2), (3) or (4), the only new equations obtained are thus the 9 equations of the sets (8), (9) and (10); these several equations presenting themselves however in different forms, for instance instead of the equation $\frac{(z-1)^2}{4z} = \frac{4x}{(x-1)^2}$ we may obtain $\frac{(z+1)^2}{4z} = \left(\frac{x+1}{x-1}\right)^2$ etc.

If, to get rid of this variety of form, we multiply out the denominators, the 9 equations are

$$\begin{aligned}
0 &= x^2z^2 - 2x^2z - 2xz^2 + x^2 - 12xz + z^2 - 2x - 2z + 1,\\
0 &= x^2z^2 - 16xz + 16x + 16z - 16,\\
0 &= 16x^2z^2 - 16x^2z - 16xz^2 + 16xz - 1,\\
0 &= x^2z^2 - 2x^2z + x^2 + 16xz - 16z,\\
0 &= 16x^2z - 16xz - z^2 + 2z - 1,\\
0 &= 16x^2z - 16x^2 - 16xz + z^2 + 16x,\\
0 &= x^2z^2 - 2xz^2 + 16xz + z^2 - 16x,\\
0 &= 16xz^2 - x^2 - 16xz + 2x + 1,\\
0 &= 16xz^2 + x^2 - 16xz - 16z^2 + 16z.
\end{aligned}$$

These 9 equations are derivable all from any one of them by the changes of the set (1) upon $x$ and $z$.

Cambridge, 3rd June 1879.

---

# SULLE CUBICHE TERNARIE SIZIGETICHE

PER

**G. BATTAGLINI.**

---

Notevole proprietà delle cubiche ternarie è la reciprocità tra i flessi comuni alle cubiche di un fascio sizigetico e le loro polari armoniche, o sia le tangenti cuspidali comuni alle Cayleiane di quelle cubiche. In questo lavoro ho ricercato le coniche per mezzo delle quali si può stabilire tale reciprocità, ho sviluppato una importante corrispondenza tra le cubiche del fascio sizigetico e le loro Cayleiane, ed infine ho generalizzato alcuni teoremi di Clebsch intorno alle coniche polari, ed alle poloconiche rispetto alle medesime cubiche.

1. Essendo $v_1, v_2, v_3$ le coordinate di un punto $V$, e $V_1, V_2, V_3$ le coordinate di una retta $v$, rispetto ad una terna fondamentale di rette e di punti, consideriamo due linee di 3° ordine rappresentate, in notazione ombrale, dalle equazioni

$$\varphi = A_v^3 = A_v'^3 = A_v''^3 = 0, \quad \psi = B_v^3 = B_v'^3 = B_v''^3 = 0;$$

siano $(X', X'', X''')$ ed $(Y', Y'', Y''')$ le terne dei punti che $\varphi$ e $\psi$ hanno di comune con una retta $v$, determinate su di essa dalle forme binarie cubiche $\alpha_\xi^3 = 0$, e $\beta_\eta^3 = 0$; se le due terne dei punti $X$ ed $Y$ sono armoniche fra loro, vale a dire se due dei punti $Y$ sono coniugati armonici rispetto alla coppia dei centri armonici di 2° grado del terzo punto $Y$ rispetto alla terna dei punti $X$, o viceversa se due dei punti $X$ sono coniugati armonici rispetto alla coppia dei centri armonici di 2° grado del terzo punto $X$ rispetto alla terna dei punti $Y$, si annullerà (come è noto per la teoria delle forme binarie cubiche) l'invariante $(\alpha\beta)^3$; quindi, pel principio col quale dalle proprietà invariantive delle forme binarie si passa a quelle delle forme ternarie, si vedrà che l'inviluppo delle rette $v$ che determinano nelle linee di 3° ordine $\varphi$ e $\psi$ terne di punti armoniche fra loro è la linea di 3ª classe rappresentata dall'equazione $(ABV)^3 = 0$. Ciò premesso, supponiamo che questa equazione sia soddisfatta per qualunque retta $v$, vale a dire che si abbiano le dieci equazioni di condizione espresse da $(AB)_i\ (AB)_j\ (AB)_k = 0$, per $i, j, k = 1, 2, 3$, ed $i + j + k = 3$; si vedrà facilmente come una qualunque di queste equazioni può dedursi da tutte le altre, sicchè essendo esse lineari ed omogenee rispetto ai coefficienti di $\varphi$ e $\psi$, data una di queste cubiche potrà determinarsi linearmente l'altra; si osservi però che se $\varphi$ e $\psi$ sono due cubiche dipendenti fra loro nel modo suddetto, ed invece di esse si considerano due altre cubiche qualunque del fascio determinato da $\varphi$ e $\psi$, e rappresentate dalle equazioni

$$M'\ \varphi + N'\ \psi = M'\ A_v'^3 + N'\ B_v'^3 = 0,$$

$$M''\ \varphi + N''\ \psi = M''\ A_v''^3 + N''\ B_v''^3 = 0,$$

l'espressione $(A\,B\,V)^3$ corrispondente ad esse sarà

$$M'M''(A'A''V)^3 + M'N''(A'B'V)^3 + N'M''(B'A''V)^3 + N'N''(B'B''V)^3;$$

ora questa espressione, qualunque siano $M' : N'$ ed $M'' : N''$, è nulla indipendentemente da $v$, per la supposizione fatta intorno alle cubiche $\varphi$ e $\psi$, per la quale le forme cubiche $(A'\,B''\,V)^3$ e $(B'\,A''\,V)^3$ sono nulle identicamente, e per la circostanza che le forme cubiche $(A'\,A''\,V)^3$ e $(B'\,B''\,V)^3$, mutando segno con lo scambio delle ombre equivalenti $A', A''$ e $B', B''$, sono anche nulle identicamente; adunque essendo data una linea di 3° ordine $\varphi$ si può determinare un fascio di linee di 3° ordine $(\varphi, \psi)$, al quale appartiene la cubica data $\varphi$, tale che per due cubiche arbitrarie del fascio una retta qualunque determinerà in esse due terne di punti armoniche fra loro; le cubiche di un tale fascio si diranno cubiche *sizigetiche*.

Se la retta $v$ passa per due dei punti comuni alle cubiche del fascio $(\varphi, \psi)$, le terne armoniche fra loro dei punti $X$ ed $Y$ appartenenti a $v$, per due cubiche qualunque del fascio, avranno due punti comuni, e quindi evidentemente anche il terzo punto comune; adunque i punti comuni alle cubiche del fascio $(\varphi, \psi)$ sono tali che la retta la quale passa per due di essi passa anche per un terzo. Se poi la retta $v$, in uno dei punti comuni alle cubiche del fascio $(\varphi, \psi)$, è tangente ad una di esse $\varphi$, le terne dei punti $X$ ed $Y$ appartenenti a $v$, per $\varphi$ e per un'altra cubica qualunque $\psi$ del fascio, sono tali che due dei punti $X$ coincidono con un punto $Y$, e quindi con esso coinciderà evidentemente anche il terzo punto $X$, sicchè $v$ sarà tangente d'inflessione in quel punto di $\varphi$; adunque il fascio sizigetico non è altro che il fascio delle cubiche che hanno i flessi nei loro punti comuni, o sia il fascio determinato da una cubica e dalla sua Hessiana.

Da ciò risultano immediatamente le note proprietà intorno ai flessi $W$ di una cubica; indicandoli con $W_1, W_2, \dots W_9$, per essi passeranno quattro terne di rette, appartenenti al fascio sizigetico, e rappresentate dallo schema

$$
(1) \quad \left\{ \begin{array}{ll}
\quad (v) & \quad (v'') \\
v_1 \dots W_1, W_2, W_3, & v_1'' \dots W_1, W_4, W_7, \\
v_2 \dots W_4, W_5, W_6, & v_2'' \dots W_2, W_5, W_8, \\
v_3 \dots W_7, W_8, W_9, & v_3'' \dots W_3, W_6, W_9, \\
\quad (v') & \quad (v''') \\
v_1' \dots W_1, W_5, W_9, & v_1''' \dots W_1, W_6, W_8, \\
v_2' \dots W_2, W_6, W_7, & v_2''' \dots W_2, W_4, W_9, \\
v_3' \dots W_3, W_4, W_8, & v_3''' \dots W_3, W_5, W_7.
\end{array} \right.
$$

Disponendo i flessi a modo di determinante

$$
\begin{array}{ccc}
W_1, & W_2, & W_3 \\
W_4, & W_5, & W_6 \\
W_7, & W_8, & W_9,
\end{array}
$$

saranno in linea retta in $(v)$ tre punti di una linea del determinante, in $(v'')$ tre punti di una colonna, in $(v')$ tre punti che nello sviluppo del determinante corrispondono ad un termine positivo, e finalmente in $(v''')$ tre punti che corrispondono ad un termine negativo.

Consideriamo la terna sizigetica $(v)$ ai cui lati $(v_1, v_2, v_3)$ appartengono rispettivamente le terne di flessi con gl'indici (1, 2, 3), (4, 5, 6), (7, 8, 9); si vede dallo schema (1) che le congiungenti delle coppie di flessi in colonna nelle disposizioni degl'indici

$$
\begin{array}{ccc}
1, 2, 3 & 1, 2, 3 & 1, 2, 3 \\
4, 6, 5 & 6, 5, 4 & 5, 4, 6
\end{array}
$$

o pure nelle altre

$$
\begin{array}{ccc}
1, 2, 3 & 1, 2, 3 & 1, 2, 3 \\
7, 9, 8 & 9, 8, 7 & 8, 7, 9
\end{array}
$$

concorreranno rispettivamente nei flessi con gl'indici

$$7, 8, 9 \qquad \text{oppure} \qquad 4, 5, 6;$$

segue da ciò che è ciclicamente proiettiva la terna dei flessi ($W_4$, $W_6$, $W_5$), come anche la terna dei flessi ($W_7$, $W_9$, $W_8$), i punti doppii per ciascuna dipendenza proiettiva essendo i vertici di $(v)$ su quel lato ($v_2$ o $v_3$) cui appartengono quelle terne di flessi; lo stesso avrà luogo evidentemente per la terna ($W_1$, $W_3$, $W_2$): quindi, per le note proprietà delle forme binarie cubiche, se una di queste terne di flessi è rappresentata da una forma binaria cubica, i vertici corrispondenti della terna sizigetica saranno rappresentati dall'Hessiana di quella forma: se ne deduce che i lati delle quattro terne sizigetiche, che passano per uno stesso flesso, formano un gruppo equianarmonico.

Uno dei nove flessi di una cubica reale essendo sempre reale, qualunque supposizione si faccia sulla natura degli altri otto flessi (osservando che i flessi se immaginarii debbono essere coniugati, e che la retta congiungente di due punti immaginarii coniugati è reale) si vedrà che vi è almeno una terna reale di rette, ciascuna delle quali passa per due di quegli otto flessi (o reali o immaginarii coniugati), e quindi per un altro flesso reale; questi tre flessi reali saranno evidentemente in linea retta: adunque fra le quattro terne sizigetiche di rette ve ne è sempre una reale; ma allora (osservando che se i tre elementi di una forma binaria cubica sono tutti e tre reali, o pure uno reale e due immaginarii, i due elementi della sua Hessiana sono immaginarii, o pure reali) ciascun lato della terna conterrà due flessi immaginarii coniugati ed un flesso reale: adunque i flessi di una cubica saranno sempre tre reali, e sei immaginarii. Segue da ciò che delle altre tre terne sizigetiche di rette l'una avrà reale un lato ed il vertice opposto (punto d'incontro degli altri due lati che sono immaginarii coniugati), e le altre due terne avranno i lati immaginarii, essendo quelli della prima coniugati di quelli della seconda.

Prendiamo per terna fondamentale, cui riferire una cubica $f$, la terna reale del corrispondente fascio sizigetico; due vertici qualunque di questa terna essendo rappresentati complessivamente dall'equazione $v_i v_j = 0$ $(i, j = 1, 2, 3)$, la quale deve dinotare l'Hessiana della forma binaria che determina i tre flessi della cubica $f$ appartenenti alla retta che li congiunge, l'equazione di questa forma binaria sarà, come è noto, $v_i^3 + v_j^3 = 0$. Segue da ciò che l'equazione della cubica sarà della forma

$$f = M(v_1^3 + v_2^3 + v_3^3) + 6 N v_1 v_2 v_3 = 0,$$

ovvero, ponendo

$$\varphi = v_1^2 + v_2^3 + v_3^3, \quad \text{e} \quad \psi = 6 v_1 v_2 v_3,$$

$$f = M\varphi + N\psi = 0. \tag{2}$$

L'equazione (2) è la forma canonica alla quale può generalmente ridursi l'equazione di una linea di 3° ordine.

Le equazioni che rappresentano, in coordinate di rette, i flessi $W$ della cubica $f$ saranno evidentemente (indicando con $\varepsilon$ ed $\varepsilon^2$ le radici cubiche immaginarie dell'unità)

$$
\begin{array}{llll}
 & W_1 = V_2 - V_3 = 0, & W_2 = V_2 - \varepsilon V_3 = 0, & W_3 = V_2 - \varepsilon^2 V_3 = 0, \\
(3) & W_4 = V_3 - \varepsilon^2 V_1 = 0, & W_5 = V_3 - V_1 = 0, & W_6 = V_3 - \varepsilon V_1 = 0, \\
 & W_7 = V_1 - \varepsilon V_2 = 0, & W_8 = V_1 - \varepsilon^2 V_2 = 0, & W_9 = V_1 - V_2 = 0,
\end{array}
$$

dalle quali appariscono gli allineamenti dei flessi, essendo le tre equazioni che corrispondono a tre flessi in linea retta tali che una qualunque di esse è conseguenza delle altre due.

Risulta da (3) che le equazioni

$$V_2^3 - V_3^3 = 0, \quad V_3^3 - V_1^3 = 0, \quad V_1^3 - V_2^3 = 0,$$

rappresentano rispettivamente le terne dei flessi di $f$ appartenenti ai lati $(v_1, v_2, v_3)$ della terna fondamentale, e l'equazione

$$(V_2^3 - V_3^3)\,(V_3^3 - V_1^3)\,(V_1^3 - V_2^3) = 0,$$

rappresenta in complesso i nove flessi della cubica $f$.

La conica polare di un flesso si decompone nella tangente d'inflessione della curva ed in un'altra retta, che per una cubica si dice la *polare armonica* del flesso. Per una cubica la conica polare essendo anche prima polare, la polare armonica $w$ di un flesso $W$ passerà pel punto coniugato armonico di $W$ rispetto alla coppia dei punti d'intersezione della cubica con una trasversale qualunque condotta per $W$, ed incontrerà la cubica nei punti di contatto delle tangenti condotte dal flesso. Essendo la conica polare di un punto $z$ rispetto ad $f$ rappresentata dall'equazione

$$M\left(z_1 \frac{d\varphi}{dw_1} + z_2 \frac{d\varphi}{dw_2} + z_3 \frac{d\varphi}{dw_3}\right) + N\left(z_1 \frac{d\psi}{dw_1} + z_2 \frac{d\psi}{dw_2} + z_3 \frac{d\psi}{dw_3}\right) = 0,$$

si troverà che le equazioni delle polari armoniche $w$ corrispondenti ai flessi $W$ saranno ordinatamente in corrispondenza delle equazioni (3)

$$
\begin{array}{llll}
 & w_1 = v_2 - v_3 = 0, & w_2 = v_2 - \varepsilon^2 v_3 = 0, & w_3 = v_2 - \varepsilon v_3 = 0, \\
(4) & w_4 = v_3 - \varepsilon v_1 = 0, & w_5 = v_3 - v_1 = 0, & w_6 = v_3 - \varepsilon^2 v_1 = 0, \\
 & w_7 = v_1 - \varepsilon^2 v_2 = 0, & w_8 = v_1 - \varepsilon v_2 = 0, & w_9 = v_1 - v_2 = 0.
\end{array}
$$

Dal confronto delle equazioni (3) e (4) apparisce la reciprocità che ha luogo tra i flessi e le polari armoniche di una cubica: come i nove flessi sono allineati a tre a tre su dodici rette, distribuite in quattro terne, e per ogni flesso passano quattro di tali rette, così le nove polari armoniche concorrono a tre a tre in dodici punti, distribuiti in quattro terne, ed ogni polare armonica passa per quattro di tali punti; i punti di queste terne sono i vertici di quattro triangoli, di cui quelle terne di rette sono i lati. Le polari armoniche dei flessi appartenenti ad un lato di una terna passano pel vertice opposto, e ciascuna di esse incontra quel lato nel punto coniugato armonico del flesso rispetto ai due vertici della terna appartenenti a quel lato.

Risulta da (4) che le equazioni

$$v_2^3 - v_3^3 = 0, \quad v_3^3 - v_1^3 = 0, \quad v_1^3 - v_2^3 = 0,$$

rappresentano rispettivamente le terne delle polari armoniche di $f$ che passano per i vertici ($V_1$, $V_2$, $V_3$) della terna fondamentale, e l'equazione

$$(v_2^3 - v_3^3)(v_3^3 - v_1^3)(v_1^3 - v_2^3) = 0,$$

rappresenta in complesso le nove polari armoniche della cubica $f$.

Si può osservare che mentre i tre flessi appartenenti ad un lato della terna fondamentale sono determinati da una forma binaria $v_i^3 + v_j^3 = 0$, di cui l'Hessiana $v_i v_j = 0$ rappresenta i vertici appartenenti a quel lato, i tre punti d'intersezione con lo stesso lato delle polari armoniche corrispondenti sono determinati dalla forma binaria $v_i^3 - v_j^3 = 0$, che è il covariante cubico della prima; segue da ciò, per le note proprietà delle forme binarie cubiche, che la polare armonica di ciascuno di quei tre flessi passa pel suo punto coniugato armonico rispetto agli altri due; ciò che d'altronde risulta evidentemente dalla costruzione stessa della polare armonica.

I lati delle terne sizigetiche $(v)$, $(v')$, $(v'')$, $(v''')$, avranno per equazioni ordinatamente, in corrispondenza di (1),

$$v_1 = 0, \quad v_2 = 0, \quad v_3 = 0,$$

$$(5) \quad \begin{cases} v_1' = v_1 + \varepsilon v_2 + v_3 = 0, & v_2' = v_1 + v_2 + \varepsilon v_3 = 0, \\ v_1'' = v_1 + v_2 + v_3 = 0, & v_2'' = v_1 + \varepsilon v_2 + \varepsilon^2 v_3 = 0, \\ v_1''' = v_1 + \varepsilon^2 v_2 + v_3 = 0, & v_2''' = v_1 + v_2 + \varepsilon^2 v_3 = 0, \\ \quad v_3' = v_1 + \varepsilon^2 v_2 + \varepsilon^2 v_3 = 0, \\ \quad v_3'' = v_1 + \varepsilon^2 v_2 + \varepsilon v_3 = 0, \\ \quad v_3''' = v_1 + \varepsilon v_2 + \varepsilon v_3 = 0, \end{cases}$$

La terna $(v)$ è per supposizione la terna reale; la terna $(v'')$ ha un lato ed un vertice reale, gli altri due lati e gli altri due vertici immaginarii coniugati, vale a dire è una terna coniugata di sè stessa; le terne poi $(v')$ e $(v''')$ hanno i lati ed i vertici immaginarii, quelli della prima essendo coniugati di quelli della seconda, cioè sono terne immaginarie coniugate fra di loro.

Rammentando che

$$\varphi = v_1^3 + v_2^3 + v_3^3, \quad \text{e} \quad \psi = 6\, v_1 v_2 v_3,$$

si troverà

$$(6) \quad \left\{ \begin{array}{l} v_1' v_2' v_3' = \varphi - \frac{1}{2} \varepsilon \psi, \qquad v_1'' v_2'' v_3'' = \varphi - \frac{1}{2} \psi, \\ \qquad v_1''' v_2''' v_3''' = \varphi - \frac{1}{2} \varepsilon^2 \psi. \end{array} \right.$$

Riferendo la cubica $f$ ad una delle terne $(v')$, $(v'')$, $(v''')$ come terna fondamentale di rette, ed indicando con $(\varphi', \varphi'', \varphi''')$, e $(\psi', \psi'', \psi''')$ espressioni simili a $\varphi$ e $\psi$, si troverà per le corrispondenti equazioni di $f$

$$f' = M' \varphi' + N' \psi' = 0, \quad f'' = M'' \varphi'' + N'' \psi'' = 0,$$
$$f''' = M''' \varphi''' + N''' \psi''' = 0,$$

essendo

$$f' = 9 \varepsilon f, \quad f'' = 9 f, \quad f''' = 9 \varepsilon^2 f,$$

$$(7) \quad \left\{ \begin{array}{llll} M' = M\varepsilon + 2N, & N' = M\varepsilon - N; \\ M'' = M + 2N, & N'' = M - N; \\ M''' = M\varepsilon^2 + 2N, & N''' = M\varepsilon^2 - N; \\ \varphi' = 3(\varphi + \varepsilon \psi), & \psi' = 3(2\varphi - \varepsilon \psi); \\ \varphi'' = 3(\varphi + \psi), & \psi'' = 3(2\varphi - \psi); \\ \varphi''' = 3(\varphi + \varepsilon^2 \psi), & \psi''' = 3(2\varphi - \varepsilon^2 \psi). \end{array} \right.$$

Le equazioni dei vertici $V$ delle terne sizigetiche, corrispondenti rispettivamente ai loro lati opposti, saranno ordinatamente in corrispondenza di (5)

$$V_1 = 0, \quad V_2 = 0, \quad V_3 = 0,$$

$$(8) \quad \left\{ \begin{array}{ll} V_1' = V_1 + \varepsilon^2 V_2 + V_3 = 0, & V_2' = V_1 + V_2 + \varepsilon^2 V_3 = 0, \\ V_1'' = V_1 + V_2 + V_3 = 0, & V_2'' = V_1 + \varepsilon^2 V_2 + \varepsilon V_3 = 0, \\ V_1''' = V_1 + \varepsilon V_2 + V_3 = 0, & V_2''' = V_1 + V_2 + \varepsilon V_3 = 0, \\ \qquad V_3' = V_1 + \varepsilon V_2 + \varepsilon V_3 = 0, \\ \qquad V_3'' = V_1 + \varepsilon V_2 + \varepsilon^2 V_3 = 0, \\ \qquad V_3''' = V_1 + \varepsilon^2 V_2 + \varepsilon^2 V_3 = 0; \end{array} \right.$$

sicchè ponendo

$$\Phi = V_1^3 + V_2^3 + V_3^3, \quad \Psi = 6\, V_1 V_2 V_3,$$

si avrà come sopra

$$V_1' V_2' V_3' = \Phi - \frac{1}{2}\varepsilon^2 \Psi, \quad V_1'' V_2'' V_3'' = \Phi - \frac{1}{2}\Psi,$$

$$V_1''' V_2''' V_3''' = \Phi - \frac{1}{2}\varepsilon \Psi.$$

Consideriamo ora le nove linee di 2.° ordine e di 2.ª classe, coniugate alla terna fondamentale, rappresentate rispettivamente dalle equazioni

$$(9)\quad \left\{ \begin{array}{ll} \theta_1' = v_1^2 + \varepsilon v_2^2 + v_3^2 = 0, & \theta_2' = v_1^2 + v_2^2 + \varepsilon v_3^2 = 0, \\ \theta_1'' = v_1^2 + v_2^2 + v_3^2 = 0, & \theta_2'' = v_1^2 + \varepsilon v_1^2 + \varepsilon^2 v_3^2 = 0, \\ \theta_1''' = v_1^2 + \varepsilon^2 v_2^2 + v_3^2 = 0, & \theta_2''' = v_1^2 + v_2^2 + \varepsilon^2 v_3^2 = 0, \\ \multicolumn{2}{c}{\theta_3' = v_1^2 + \varepsilon^2 v_2^2 + \varepsilon^2 v_3^2 = 0,} \\ \multicolumn{2}{c}{\theta_3'' = v_1^2 + \varepsilon^2 v_2^2 + \varepsilon v_3^2 = 0,} \\ \multicolumn{2}{c}{\theta_3''' = v_1^2 + \varepsilon v_2^2 + \varepsilon v_3^2 = 0,} \end{array} \right.$$

in coordinate di punti, e quindi dalle equazioni

$$(10)\quad \left\{ \begin{array}{ll} \Theta_1' = V_1^2 + \varepsilon^2 V_2^2 + V_3^2 = 0, & \Theta_2' = V_1^2 + V_2^2 + \varepsilon^2 V_3^2 = 0, \\ \Theta_1'' = V_1^2 + V_2^2 + V_3^2 = 0, & \Theta_2'' = V_1^2 + \varepsilon^2 V_2^2 + \varepsilon V_3^2 = 0, \\ \Theta_1''' = V_1^2 + \varepsilon V_2^2 + V_3^2 = 0, & \Theta_2''' = V_1^2 + V_2^2 + \varepsilon V_3^2 = 0, \\ \multicolumn{2}{c}{\Theta_3' = V_1^2 + \varepsilon V_2^2 + \varepsilon V_3^2 = 0,} \\ \multicolumn{2}{c}{\Theta_3'' = V_1^2 + \varepsilon V_2^2 + \varepsilon^2 V_3^2 = 0,} \\ \multicolumn{2}{c}{\Theta_3''' = V_1^2 + \varepsilon^2 V_2^2 + \varepsilon^2 V_3^2 = 0,} \end{array} \right.$$

in coordinate di rette.

Si vede in primo luogo, confrontando le equazioni (5) ed (8), che in ciascuna terna di rette e di punti $(v', V')$, $(v'', V'')$, $(v''', V''')$ ciascun lato è la polare del vertice opposto rispetto alla terna fondamentale: inoltre rispetto ad una linea qualunque $(\theta, \Theta)$ di 2.° ordine e di 2.ª classe del sistema (9) e (10) i nove punti $V$ (8) hanno per rette polari le rette $v$ (5), ed uno stesso punto $V$ ha per rette polari rispetto alle nove coniche $(\theta, \Theta)$ le nove rette $v$. Adunque ciascuna di queste coniche stabilisce la dualità che ha luogo fra i vertici ed i lati delle terne sizigetiche, e quindi tra i flessi e le polari armoniche della cubica. Rispetto a ciascuna conica, delle tre terne sizigetiche, diverse dalla terna fondamentale, due sono tra loro polari coniugate, e la terza, coniugata di sè stessa, è bitangente della conica, cioè ha due lati tangenti della conica, essendo il terzo lato la corda di contatto; questo lato ed il vertice opposto in questa terza terna sono l'asse ed il centro d'omologia delle altre due terne, le quali sono omologiche. Facendo corrispondere ordinatamente le coniche $(\theta, \Theta) \ldots (9), (10)$, alle rette $v \ldots (5)$ ed ai punti $V \ldots (8)$, se la conica $(\theta, \Theta)$ corrisponde ad una retta $v$, o ad un punto $V$, appartenente alla terna $(v'')$ o $(V'')$ coniugata di sè stessa, rispetto ad essa le altre due terne $(v')$, $(v''')$, o $(V')$, $(V''')$, saranno polari coniugate tra loro, e quindi omologiche, l'asse o il centro d'omologia essendo la retta di $(v'')$ coniugata della retta $v$, o il punto di $(V'')$ coniugato del punto $V$, che corrisponde alla conica $(\theta, \Theta)$; l'altra terna $(v'')$ o $(V'')$ sarà poi bitangente di $(\theta, \Theta)$, la corda di contatto, o il suo polo, essendo quell'asse o quel centro d'omologia, delle altre due terne. Se la conica $(\theta, \Theta)$ corrisponde invece ad una retta $v$, o ad un punto $V$, appartenente alla terna $(v')$ o $(V')$, che ha per coniugata $(v''')$ o $(V''')$, o viceversa, sarà questa terna $(v''')$ o $(V''')$, o viceversa $(v')$ o $(V')$, quella che è bitangente della conica $(\theta, \Theta)$, mentre rispetto a questa conica le altre due terne $(v')$, $(v'')$ o $(V')$, $(V'')$, o viceversa $(v''')$, $(v'')$ o $(V''')$, $(v'')$, saranno polari coniugate tra loro, e quindi omologiche, l'asse, o il centro, di omologia di queste due terne essendo sempre la corda di contatto, o il suo polo, della terna bitangente della conica, retta coniugata della retta $v$, o punto coniugato del punto $V$, che corrisponde a $(\theta, \Theta)$.

Ciascuna delle linee di 2.° ordine $\theta$ è la conica dei quattordici punti relativamente al quadrilatero che ha per vertici i punti d'incontro della retta $v$, coniugata di quella cui corrisponde la conica proposta, con i lati della terna fondamentale, ed i loro coniugati armonici rispetto alle coppie dei vertici di questa terna appartenenti a quei lati; analogamente ciascuna delle linee di 2.ª classe $\Theta$ è la conica delle quattordici rette relativamente al quadrangolo che ha per lati le congiungenti del punto $V$, coniugato di quello cui corrisponde la conica proposta, con i vertici della terna fondamentale, e le loro coniugate armoniche rispetto alle coppie dei lati di questa terna appartenenti a quei vertici. Il gruppo di quei quattordici punti è costituito dalle quattro coppie di punti, che su i quattro lati del quadrilatero formano gruppi equianarmonici con i tre vertici del quadrilatero appartenenti rispettivamente a quei lati, e dalle tre coppie dei punti doppii delle tre involuzioni determinate sulle tre rette diagonali del quadrilatero rispettivamente dai due vertici del quadrilatero appartenenti a ciascuna retta diagonale, e dai suoi due punti d'incontro con le altre due rette diagonali; analogamente il gruppo di quelle quattordici rette è costituito dalle quattro coppie di rette che per i quattro vertici del quadrangolo formano gruppi equianarmonici con i tre lati del quadrangolo appartenenti rispettivamente a quei vertici, e dalle tre coppie delle rette doppie delle tre involuzioni determinate per i tre punti diagonali del quadrangolo rispettivamente dai due lati del quadrangolo appartenenti a ciascun punto diagonale e dalle sue due rette congiungenti con gli altri due punti diagonali.

Su ciascun lato della terna fondamentale le coniche $(\theta, \Theta)$ hanno tre a tre doppio contatto, il vertice opposto essendo il polo della corda di contatto; queste terne di coniche bitangenti saranno pel lato

$$(11)\quad \begin{cases} v_1 = 0; & (\theta_3', \theta_1'', \theta_3'''), \quad (\theta_2', \theta_2'', \theta_1'''), \quad (\theta_1', \theta_3'', \theta_2'''), \\ v_2 = 0; & (\theta_1', \theta_1'', \theta_1'''), \quad (\theta_3', \theta_2'', \theta_2'''), \quad (\theta_2', \theta_3'', \theta_3'''), \\ v_3 = 0; & (\theta_2', \theta_1'', \theta_2'''), \quad (\theta_1', \theta_2'', \theta_3'''), \quad (\theta_3', \theta_3'', \theta_1'''), \end{cases}$$

o, ciò che vale lo stesso, pel vertice

$$(12)\quad \begin{cases} V_1 = 0; & (\Theta_3', \Theta_1'', \Theta_3'''), \quad (\Theta_2', \Theta_2'', \Theta_1'''), \quad (\Theta_1', \Theta_3'', \Theta_2'''), \\ V_2 = 0; & (\Theta_1', \Theta_1'', \Theta_1'''), \quad (\Theta_3', \Theta_2'', \Theta_2'''), \quad (\Theta_2', \Theta_3'', \Theta_3'''), \\ V_3 = 0; & (\Theta_2', \Theta_1'', \Theta_2'''), \quad (\Theta_1', \Theta_2'', \Theta_3'''), \quad (\Theta_3', \Theta_3'', \Theta_1'''). \end{cases}$$

Le coniche di ciascuna delle terne $(\theta', \Theta')$, $(\theta'', \Theta'')$, $(\theta''', \Theta''')$ sono fra loro nella rimarchevole relazione che 1.° rispetto a ciascuna di esse le altre due sono polari reciproche tra loro; 2.° ciascuna di esse è il luogo dei punti dai quali le coppie delle tangenti alle altre due sono armoniche tra loro, ed è l'inviluppo delle rette per le quali le coppie dei punti d'incontro con le altre due sono armoniche fra loro; 3.° a ciascuna di esse si possono iscrivere, e circoscrivere, infiniti triangoli che siano coniugati all'una, o all'altra delle altre due; 4.° a ciascuna di esse si possono iscrivere, e circoscrivere, infiniti triangoli che siano circoscritti, ed iscritti, all'una o all'altra delle altre due. Chiameremo una tale terna di coniche *terna coniugata.*

Analoghe considerazioni valgono partendo da ciascuna delle quattro terne sizigetiche, presa come terna fondamentale; si avranno quindi 36 coniche $(\theta, \Theta)$, distribuite in quattro sistemi di 9, e che avranno, rispetto a queste terne fondamentali, equazioni in $(v_i', V_i')$, $(v_i'', V_i'')$, $(v_i''', V_i''')$ del tutto simili alle (9) e (10); esse saranno evidentemente in generale tutte distinte fra loro, poichè mentre le coniche di un sistema sono coniugate ad una stessa terna sizigetica, non ve ne è tra esse alcuna rispetto alla quale, come si è veduto, un'altra delle terne sizigetiche possa essere coniugata.

Riferendo tutte le 36 coniche ($\theta$, $\Theta$) ad una stessa terna sizigetica, come terna fondamentale, le equazioni di quattro sole fra esse avranno i coefficienti reali; per la terna sizigetica reale esse sono

$$(13) \quad \left\{ \begin{array}{ll} v_1^2 + v_2^2 + v_3^2 = 0, & V_1^2 + V_2^2 + V_3^2 = 0, \\ v_1^2 + 2\, v_2 v_3 \quad = 0, & V_1^2 + 2\, V_2 V_3 \quad = 0, \\ v_2^2 + 2\, v_3 v_1 \quad = 0, & V_2^2 + 2\, V_3 V_1 \quad = 0, \\ v_3^2 + 2\, v_1 v_2 \quad = 0, & V_3^2 + 2\, V_1 V_2 \quad = 0, \end{array} \right.$$

delle quali la prima dinota una conica immaginaria, ma le altre tre rappresentano coniche reali; queste tre coniche formano inoltre una terna coniugata.

Indicando con $(\varphi)^2$, $(\psi)^2$, e $(\Phi)^2$, $(\Psi)^2$ ciò che diventano $\varphi$, $\psi$, e $\Phi$, $\Psi$ cambiando $v_i$ e $V_i$ in $v_i^2$ e $V_i^2$, si troverà analogamente a (6)

$$(14) \quad \left\{ \begin{array}{l} \theta_1'\theta_2'\theta_3' = (\varphi)^2 - \frac{1}{2}\varepsilon\,(\psi)^2, \quad \theta_1''\theta_2''\theta_3'' = (\varphi)^2 - \frac{1}{2}(\psi)^2, \\ \qquad \theta_1'''\theta_2'''\theta_3''' = (\varphi)^2 - \frac{1}{2}\varepsilon^2\,(\psi)^2, \\ \Theta_1'\Theta_2'\Theta_3' = (\Phi)^2 - \frac{1}{2}\varepsilon^2\,(\Psi)^2, \quad \Theta_1''\Theta_2''\Theta_3'' = (\Phi)^2 - \frac{1}{2}(\Psi)^2, \\ \qquad \Theta_1'''\Theta_2'''\Theta_3''' = (\Phi)^2 - \frac{1}{2}\varepsilon\,(\Psi)^2. \end{array} \right.$$

Trasformando tutto il discorso precedente col principio di dualità si avranno le proprietà corrispondenti per le linee di 3.ª classe sizigetiche, cioè per la schiera di linee di 3.ª classe, che hanno le loro nove tangenti comuni per tangenti cuspidali; le formole corrispondenti alle formole precedenti si scriveranno scambiando le lettere minuscole con le maiuscole, e mutando $\varepsilon$ in $\varepsilon^2$, e viceversa: così sostituiranno le tangenti cuspidali i flessi, i poli armonici delle prime le polari armoniche dei secondi, i vertici ed i lati delle terne sizigetiche nella schiera delle linee di 3.ª classe i lati ed i vertici delle terne sizigetiche nel fascio delle linee di 3.° ordine, e finalmente le 36 coniche che stabiliscono la reciprocità tra i vertici ed i lati delle prime terne, e fra le tangenti cuspidali ed i loro poli armonici, sostituiranno le 36 coniche che stabiliscono la reciprocità fra i lati ed i vertici delle seconde terne, e tra i flessi e le loro polari armoniche.

2. Consideriamo ora simultaneamente una linea di 3.° ordine,

ed una linea di 3.ª classe, rappresentate rispettivamente, in notazione ombrale, dalle equazioni

$$f = U_v^3 = 0, \text{ ed } F = u_V^3 = 0;$$

siano $Z$ e $z$ un punto ed una retta tali che le loro coniche polari rispetto ad $f$ e ad $F$, rappresentate da

$$f_Z' = U_z U_v^2 = 0, \text{ ed } F_z' = u_Z u_V^2 = 0,$$

siano armoniche tra loro, vale a dire che alla prima si possano iscrivere terne di punti coniugate alla seconda, o viceversa alla seconda si possano circoscrivere terne di rette coniugate alla prima; si annullerà l'invariante simultaneo delle due coniche che è di primo grado nei coefficienti delle loro equazioni, onde la condizione $(Uu)^2 U_z u_Z = 0$: questa equazione, di primo grado tra le coordinate del punto $Z$ e della retta $z$, dimostra che, preso ad arbitrio il punto $Z$, la retta $z$ passerà per un punto assegnato, e quindi tutte le coniche polari delle rette $z$ rispetto ad $F$, che sono armoniche con la conica polare di quel punto $Z$ rispetto ad $f$, avranno quattro tangenti comuni; analogamente presa ad arbitrio la retta $z$, il punto $Z$ percorrerà una retta assegnata, e quindi tutte le coniche polari dei punti $Z$ rispetto ad $f$, che sono armoniche con la conica polare di quella retta $z$ rispetto ad $F$, avranno quattro punti comuni. Ciò premesso, supponiamo che siano armoniche tra loro le coniche polari del punto $Z$ e della retta $z$, rispetto ad $f$ e ad $F$, qualunque siano quel punto e quella retta; allora la condizione $(Uu)^2 U_z u_Z = 0$ dovendo essere soddisfatta indipendentemente da $Z$ e da $z$, si avranno le nove equazioni espresse da $(Uu)^2 U_i u_j = 0$, per $i, j = 1, 2, 3$; queste equazioni essendo di primo grado nei coefficienti di $f$ e di $F$, determineranno linearmente una di queste cubiche quando è data l'altra. Le cubiche $f$ ed $F$, per le quali si verifica che una linea qualunque di 2.° ordine appartenente al sistema delle coniche polari dei diversi punti del piano rispetto alla cubica $f$ sia armonica con una linea qualunque di 2.ª classe appartenente al sistema delle coniche polari delle diverse rette del piano rispetto alla cubica $F$, le diremo cubiche *associate*.

Siano $f$ ed $F$ due cubiche associate. Se $X$ ed $Y$ sono punti corrispondenti della Hessiana di $f$, vale a dire punti coniugati rispetto a tutte le conichepolari rispetto ad $f$, le loro coniche polari $f_X', f_Y'$ si ridurranno a coppie di rette concorrenti rispettivamente in $Y$ ed in $X$, e queste coppie di rette, insieme alla retta congiungente dei punti $X$ ed $Y$, apparterranno alla Cayleiana di $f$; da un'altra parte, per essere $f$ ed $F$ cubiche associate (osservando che se una linea di secondo ordine è armonica con una linea di 2.ª classe, e si riduce ad una coppia di rette, questa è coniugata all'altra conica) quelle coppie di rette saranno coniugate rispetto a tutte le coniche polari rispetto ad $F$, e quindi apparterranno alla Hessiana di $F$, ed i loro rispettivi punti d'intersezione $X$ ed $Y$ apparterranno alla Cayleiana di $F$: analogamente se $x$ ed $y$ sono rette corrispondenti della Hessiana di $F$, vale a dire rette coniugate rispetto a tutte le coniche polari rispetto ad $F$, le loro coniche polari $F_x'$ ed $F_y'$ si ridurranno a coppie di punti appartenenti rispettivamente ad $y$ e ad $x$, e queste coppie di punti, insieme al punto d'intersezione delle rette $x$ ed $y$, apparterranno alla Cayleiana di $F$; da un'altra parte, per essere $F$ ed $f$ cubiche associate (osservando che se una linea di 2.ª classe è armonica con una linea di 2.° ordine, e si riduce ad una coppia di punti, questa è coniugata all'altra conica) quelle coppie di punti saranno coniugate rispetto a tutte le coniche polari rispetto ad $f$, quindi apparterranno alla Hessiana di $f$, e le loro rispettive rette congiungenti $x$ ed $y$ apparterranno alla Cayleiana di $f$. Adunque per due cubiche associate l'Hessiana e la Cayleiana dell'una sono la Cayleiana e la Hessiana dell'altra.

Sia la linea di 3.° ordine $f$ riferita ad una delle quattro terne di rette del fascio sinigetico cui essa appartiene; ponendo

$$\varphi = v_1^3 + v_2^3 + v_3^3, \quad \psi = 6\, v_1 v_2 v_3,$$

l'equazione di $f$ avrà allora la forma canonica

$$f = M\varphi + N\psi = 0.$$

La conica polare $f'_Z$ del punto $Z$ rispetto ad $f$ sarà

$$(1)\quad M(z_1 v_1^2 + z_2 v_2^2 + z_3 v_3^2) + 2\, N(z_1 v_2 v_3 + z_2 v_3 v_1 + z_3 v_1 v_2) = 0;$$

se $Z$ appartiene all'Hessiana $h$ di $f$, esprimendo che questa conica si riduce a due rette $x$, $y$, cambiando $z$ in $v$, e ponendo

$$(2)\qquad P = -6\, M N^2, \quad Q = M^3 + 2\, N^3,$$

si troverà per equazione di $h$

$$(3)\qquad h = 6 \begin{vmatrix} M v_1, & N v_3, & N v_2 \\ N v_3, & M v_2, & N v_1 \\ N v_2, & N v_1, & M v_3 \end{vmatrix} = P\varphi + N\psi = 0.$$

Si avranno poi tra le coordinate del punto $Z$ e quelle delle rette $x$ ed $y$ (le quali appartengono alla Cayleiana $K$ di $f$) le relazioni

$$M z_1 = X_1 Y_1, \quad M z_2 = X_2 Y_2, \quad M z_3 = X_3 Y_3,$$
$$2 N z_1 = X_2 Y_3 + X_3 Y_2, \quad 2 N z_2 = X_3 Y_1 + X_1 Y_3,$$
$$2 N z_3 = X_1 Y_2 + X_2 Y_1;$$

sicchè eliminando le $z$ e le $X$, oppure le $z$ e le $Y$, cambiando $Y$, oppure $X$, in $V$, e ponendo

$$(4) \qquad p = M^2 N, \quad 6 q = M^3 - 4 N^3,$$
$$\Phi = V_1^3 + V_2^3 + V_3^3, \quad \Psi = 6 V_1 V_2 V_3,$$

si troverà per equazione di $K$

$$(5) \qquad K = \begin{vmatrix} 2 N V_1, & -M V_3, & -M V_2 \\ -M V_3, & 2 N V_2, & -M V_1 \\ -M V_2, & -M V_1, & 2 N V_3 \end{vmatrix} = p\,\Phi + q\,\Psi = 0.$$

Apparisce da queste formole che le Cayleiane $K$ delle diverse linee di 3.° ordine $f$ di un fascio sizigetico costituiscono una schiera sizigetica di linee di terza classe, che hanno per tangenti cuspidali comuni le polari armoniche dei flessi comuni alle linee $f$, e quindi quelle quattro terne di rette e di punti, che con i loro lati costituiscono le terne sizigetiche del fascio delle $f$, con i loro vertici costituiranno le terne sizigetiche nella schiera delle $K$.

Analogamente sia la linea di terza classe $F$ riferita ad una delle quattro terne di punti della schiera sizigetica cui essa appartiene; ponendo

$$\Phi = V_1^3 + V_2^3 + V_3^3, \quad \Psi = 6 V_1 V_2 V\ ,$$

l'equazione di $F$ avrà allora la forma canonica

$$F = m\,\Phi + n\,\Psi = 0.$$

La conica polare $F'_z$ della retta $z$ rispetto ad $F$ sarà

$$(6) \quad m(Z_1 V_1^2 + Z_2 V_2^2 + Z_3 V_3^2)$$
$$+ 2n(Z_1 V_2 V_3 + Z_2 V_3 V_1 + Z_3 V_1 V_2) = 0;$$

se $z$ appartiene all'Hessiana $H$ di $F$, esprimendo che questa conica si riduce a due punti $X$, $Y$, cambiando $Z$ in $V$, e ponendo

$$(7) \qquad p = -6 m n^2, \quad q = m^3 + 2 n^3,$$

si troverà per equazione di $H$

$$(8) \qquad H = 6 \begin{vmatrix} m V_1, & n V_3, & n V_2 \\ n V_3, & m V_2, & n V_1 \\ n V_2, & n V_1, & m V_3 \end{vmatrix} = p\,\Phi + q\,\Psi = 0.$$

Si avranno poi tra le coordinate della retta $z$ e quelle dei punti $X$ ed $Y$ (i quali appartengono alla Cayleiana $k$ di $F$) le relazioni

$$m Z_1 = x_1 y_1, \quad m Z_2 = x_2 y_2, \quad m Z_3 = x_3 y_3$$
$$2n Z_1 = x_2 y_3 + x_3 y_2, \quad 2n Z_2 = x_3 y_1 + x_1 y_3,$$
$$2n Z_3 = x_1 y_2 + x_2 y_1;$$

sicchè eliminando le $Z$ e le $x$, o pure le $Z$ e le $y$, cambiando $y$ oppure $x$ in $v$, e ponendo

$$(9) \qquad \varphi = v_1^3 + v_2^3 + v_3^3, \quad \psi = 6 v_1 v_2 v_3,$$
$$P = m^2 n, \quad 6Q = m^3 - 4n^3,$$

si troverà per equazione di $k$

$$(10) \qquad k = \begin{vmatrix} 2n v_1, & -m v_3, & -m v_2 \\ -m v_3, & 2n v_2, & -m v_1 \\ -m v_3, & -m v_1, & 2n v_3 \end{vmatrix} = P\varphi + Q\psi = 0.$$

Apparisce da queste formole che le Cayleiane $k$ delle diverse linee di terza classe $F$ di una schiera sizigetica costituiscono un fascio sizigetico di linee di terzo ordine, che hanno per flessi comuni i poli armonici delle tangenti cuspidali comuni alle linee $F$, e quindi quelle quattro terne di punti e di rette, che con i loro vertici costituiscono le terne sizigetiche nella schiera delle $F$, con i loro lati costituiranno le terne sizigetiche nel fascio delle $k$.

Se le cubiche $f$ ed $F$ sono associate, l'Hessiana $h$ di $f$ coinciderà con la Cayleiana $k$ di $F$, e l'Hessiana $H$ di $F$ con la Cayleiana $K$ di $f$; il fascio sizigetico delle $f$ e la schiera sizigetica delle $F$ avranno quindi le stesse terne sizigetiche di rette e di punti, e per conseguenza rispetto ad una qualunque di queste terne, presa per terna fondamentale, le equazioni di $f$ e di $F$ avranno entrambe la forma canonica

$$(11) \qquad f = M\varphi + N\psi = 0, \quad F = m\Phi + n\Psi = 0.$$

Dinotino $f$ ed $F$ una linea qualunque di terzo ordine ed una linea qualunque di terza classe, appartenenti rispettivamente ai sistemi sizigetici $(\varphi, \psi)$, e $(\Phi, \Psi)$ rappresentati (variando $M : N$ ed $m : n$) da queste equazioni, e ciascuno dei quali è costituito dalle Cayleiane delle cubiche dell'altro. Se le coniche polari (1) e (6) di $Z$ e di $z$ rispetto ad $f$ e ad $F$ sono armoniche fra loro si avrà la condizione

$$(12) \qquad (Mm + 2Nn)(Z_1 z_1 + Z_2 z_2 + Z_3 z_3) = 0;$$

adunque se $Mm + 2Nn = 0$, le coniche $f$ ed $F$ saranno associate, e quindi, per mezzo di questa relazione tra $M:N$ ed $m:n$, per ogni cubica $f$ del primo sistema si determinerà la cubica associata $F$ del secondo sistema, e viceversa; i due sistemi stessi si diranno perciò *associati*. Rimanendo poi arbitrarie $f$ ed $F$, l'equazione (12) sarà tuttora soddisfatta quando il punto $Z$ e la retta $z$ apparterranno l'uno all'altra.

Siano $W_i$ e $W_j$ due qualunque dei flessi comuni alle cubiche $f$, $w_i$ e $w_j$ le loro polari armoniche corrispondenti; saranno $w_i$ e $w_j$ due delle tangenti cuspidali comuni alle cubiche $F$, $W_i$ e $W_j$ i loro poli armonici corrispondenti; siano inoltre $u_i$, $u_j$ le tangenti d'inflessione di $f$ in $W_i$ e $W_j$, ed $U_i$, $U_j$ le cuspidi di $F$ su $w_i$ e $w_j$; se le cubiche $f$ ed $F$ sono associate, la conica polare di $W_i$ rispetto ad $f$, che è costituita dalla coppia di rette $(u_i, v_i)$, sarà armonica con la conica polare di $w_j$ rispetto ad $F$, che è costituita dalla coppia di punti $(U_j, W_j)$, sicchè quella coppia di rette sarà coniugata rispetto a questa coppia di punti; segue da ciò evidentemente (facendo che gli indici $i$ e $j$ siano i medesimi) che la tangente d'inflessione $u$ di $f$ in un flesso $W$ passerà per la cuspide $U$ di $F$ sulla tangente cuspidale $w$ che corrisponde a quel flesso.

Siano il punto $W$ e la retta $w$ uno qualunque dei flessi di $f$ e la polare armonica corrispondente, o ciò che vale lo stesso siano la retta $w$ ed il punto $W$ una qualunque delle tangenti cuspidali di $F$ ed il polo armonico corrispondente; siano $(v, v', v'', v''')$ i lati delle quattro terne sizigetiche di rette, nel fascio $(\varphi, \psi)$, che passano per $W$, e $(V, V', V'', V''')$ i loro vertici opposti (appartenenti quindi a $w$), o in altri termini siano $(V, V', V'', V''')$ i vertici delle quattro terne sizigetiche di punti, nella schiera $(\Phi, \Psi)$, appartenenti a $w$, e $(v, v', v'', v''')$ i loro lati opposti (che passano quindi per $W$); per le cose dette è equianarmonico il gruppo $G$ delle quattro rette $(v, v', v'', v''')$, come anche il gruppo $g$ dei quattro punti $(V, V', V'', V''')$; siano $(a, b)$ le tangenti d'inflessione in $W$ di una cubica qualunque $f$ del fascio $(\varphi, \psi)$ e della sua Hessiana $h$, ed $(A, B)$ le cuspidi su di $w$ di una cubica qualunque $F$ della schiera $(\Phi, \Psi)$ e della sua Hessiana $H$; è chiaro che nel fascio delle tangenti delle cubiche $f$ (di cui fa parte il gruppo $G$) le rette $a$ e $b$ si possono intendere determinate dai valori dei parametri $M:N$ e $P:Q$ (2) corrispondenti ad $f$ e ad $h$, e che nella punteggiata delle cuspidi delle cubiche $F$ (di cui fa parte il gruppo $g$) i punti $A$ e $B$ si possono intendere determinati dai valori dei parametri $m:n$ e $p:q$ (7) corrispondenti ad $F$ e ad $H$. Ciò posto, supponiamo che $f$, oppure $F$, si riduca ad una delle terne sizigetiche del fascio $(\varphi, \psi)$, oppure della schiera $(\Phi, \Psi)$; dovrà evidentemente coincidere $f$ con $h$, oppure $F$ con $H$, si avrà quindi la condizione

(13) $$G = MQ - NP = M(M^3 + 8N^3) = 0,$$

oppure

$$g = mq - np = m(m^3 + 8n^3) = 0,$$

e per le formole (2) e (7) si avrà tra i parametri $M:N$ e $P:Q$, oppure $m:n$ e $p:q$, corrispondenti ad una cubica qualunque $f$, oppure $F$, ed alla sua Hessiana $h$, oppure $H$, la relazione

(14) $$P\frac{dG}{dM} + Q\frac{dG}{dN} = 0, \quad \text{oppure} \quad p\frac{dg}{dm} + q\frac{dg}{dn} = 0.$$

Per le note proprietà delle forme binarie, osservando che i valori di $M:N$, oppure di $m:n$, che annullano la forma biquadratica $G$, oppure $g$, sono quelli che determinano le rette $(v, v', v'', v''')$ del gruppo $G$, oppure i punti $(V, V', V'', V''')$ del gruppo $g$, le formole (14) rendono manifesto che la retta $b$ è l'asse armonico di primo grado di $a$, e quindi $a$ asse armonico di terzo grado di $b$, rispetto al gruppo $G$, oppure che il punto $B$ è il centro armonico di primo grado di $A$, e quindi $A$ centro armonico di terzo grado di $B$, rispetto al gruppo $g$; si vede da ciò come data la cubica $f$, o $F$, resti determinata, in modo unico, la sua Hessiana $h$, o $H$, e come data la cubica $h$, o $H$, si possano trovare tre cubiche $f$, o $F$, di cui la cubica proposta sia l'Hessiana. Osservando che la tangente d'inflessione in un flesso dell'Hessiana di una linea di terzo ordine è tangente alla cubica stessa, si vedrà che le tre rette $a$, assi armonici di terzo grado della retta $b$ rispetto al gruppo $G$, sono le tre tangenti condotte dal flesso $W$ alla cubica $f$, ed i loro punti d'incontro con la polare armonica corrispondente $w$ saranno i rispettivi punti di contatto, ossia i punti d'intersezione di $w$ con $f$; analogamente, osservando che la cuspide sopra una tangente cuspidale dell'Hessiana di una linea di terza classe è un punto della cubica stessa, si vedrà che i tre punti $A$, centri armonici di terzo grado del punto $B$ rispetto al gruppo $g$, sono i tre punti d'incontro della tangente cuspidale $w$ con la cubica $F$, e le loro congiungenti col polo armonico corrispondente $W$ saranno le rispettive tangenti, ossia le tangenti condotte da $W$ ad $F$.

Siano $f$ ed $F$ cubiche associate; $u$ la tangente d'inflessione di $f$ in $W$, ed $U$ la cuspide di $F$ su di $w$; per le cose dette la retta

$u$ passa pel punto $U$, quindi osservando che la Cayleiana $K$ di $f$ è l'Hessiana $H$ di $F$, e che la Cayleiana $k$ di $F$ è l'Hessiana $h$ di $f$, si vedrà che se di $U$ si prende il centro armonico di primo grado rispetto al gruppo $g$ esso sarà la cuspide su di $w$ della Cayleiana $K$ di $f$, oppure se di $u$ si prende l'asse armonico di primo grado rispetto al gruppo $G$ esso sarà la tangente d'inflessione in $W$ della Cayleiana $K$ di $F$; se poi di $U$ si prendono i centri armonici di terzo grado rispetto a $g$, le loro congiungenti con $W$ saranno le tangenti d'inflessione in $W$ delle tre cubiche $f$ di cui la $F$ sia la Cayleiana, oppure se di $u$ si prendono gli assi armonici di terzo grado rispetto a $G$, i loro punti d'intersezione con $w$ saranno le cuspidi su di $w$ delle tre cubiche $F$ di cui la $f$ sia la Cayleiana. Segue da ciò che per una cubica $f$ di cui la cubica associata $F$ coincide con la Cayleiana $K$, la tangente d'inflessione $u$ nel flesso $W$ apparterrà al gruppo $W$ $(V, V', V'', V''')$, e per una cubica $F$, di cui la cubica associata $f$ coincide con la Cayleiana $k$, la cuspide $U$ sulla tangente cuspidale $w$ apparterrà al gruppo $w$ $(v, v', v'', v''')$.

Indichiamo con $\frac{1}{3} S$ ed $\frac{1}{3} s$ le forme binarie Hessiane rispettivamente delle forme biquadratiche $G$ e $g$ (13), e con $\frac{1}{3} T$ ed $\frac{1}{3} t$ le altre forme binarie che sono i determinanti funzionali di $(G, S)$ e di $(g, s)$; sarà

$$(15) \qquad \frac{1}{24} S = N(N^3 - M^3), \quad \frac{1}{24} s = n\,(n^3 - m^3),$$

$$\frac{1}{6} T = 8\, N^6 + 20\, N^3 M^3 - M^6, \quad \frac{1}{6} t = 8\, n^6 + 20\, n^3 m^3 - m^6.$$

Se la tangente $b$ di $h$ in $W$ coincide con una delle rette $v$ del gruppo $G$, vale a dire se la cubica $h$ si riduce ad una delle terne sizigetiche di rette, questa cubica incontrerà $w$ nel punto $v\,w$, ed in due punti coincidenti col punto $V$ del gruppo $g$; adunque in tal caso dei tre assi armonici di terzo grado $a$ di $b$ rispetto a $G$, uno coinciderà con $v$, e gli altri due saranno coincidenti con la retta $WV$, sicchè una terna sizigetica del fascio $(\varphi, \psi)$ è Hessiana di sè stessa e di due altre cubiche del fascio coincidenti con una di quelle cubiche $f$ di cui l'associata $F$ coincide con la Cayleiana $K$; per questa cubica $f$ si vedrà facilmente che le tangenti d'inflessione nei tre flessi appartenenti ad un lato della terna sizigetica, che rappresenta la sua Hessiana $h$, concorreranno nel vertice opposto della medesima terna. Inoltre, per le note proprietà delle forme binarie biquadratiche, in tal caso il parametro $M:N$ che determina la tangente d'inflessione $a$ di $f$ in $W$ deve annullare l'Hessiana $S$ della forma binaria $G$; segue da ciò che l'equazione $S=0$ determina il gruppo delle quattro rette $W(V, V', V'', V''')$. Finalmente, osservando che un elemento dell'Hessiana di una forma binaria biquadratica forma con i suoi tre elementi armonici di terzo grado, rispetto alla forma, un gruppo equianarmonico, si vedrà che per ciascuna delle quattro cubiche $f$, di cui l'associata $F$ coincide con la Cayleiana $K$, il gruppo di rette costituito dalla tangente d'inflessione in un flesso $W$ e dalle altre tre tangenti condotte da $W$ ad $f$ (e quindi il gruppo costituito dalle quattro tangenti condotte ad $f$ da un suo punto qualunque) è equianarmonico, sicchè le cubiche $f$ sono le cubiche equianarmoniche del fascio $(\varphi, \psi)$.

Analogamente si troverà che una terna sizigetica della schiera $(\Phi, \Psi)$ è Hessiana di sè stessa e di due altre cubiche della schiera coincidenti con una di quelle cubiche $F$ di cui l'associata $f$ coincide con la Cayleiana $k$; per questa cubica $F$ le cuspidi sulle tre tangenti cuspidali concorrenti in un vertice della terna sizigetica, che rappresenta la sua Hessiana $H$, apparterranno al lato opposto della medesima terna. Il parametro $m:n$ che determina la cuspide $A$ di $F$ su $w$ annullerà l'Hessiana $s$ di $g$, e l'equazione $s=0$ determinerà il gruppo dei quattro punti $w(v, v', v'', v''')$. Finalmente queste cubiche $F$ saranno le cubiche equianarmoniche della schiera $(\Phi, \Psi)$.

La forma canonica dell'equazione di una cubica equianarmonica è la somma di tre cubi.

Se per mezzo della relazione $Mm + 2Nn = 0$, che ha luogo fra i parametri $M:N$ ed $m:n$ che determinano la posizione di una retta $u$ per $W$ e di un punto $U$ di $w$ che appartengono l'una all'altro, si elimini il primo, oppure il secondo, di questi parametri dall'equazione $S=0$, oppure da $s=0$, si troverà $g=0$, oppure $G=0$; in conferma della proprietà che le forme binarie $G$ e $g$ (espresse con le stesse variabili) sono l'Hessiana l'una dell'altra.

Supponiamo che la cubica $f$ e la sua Hessiana $h$ siano tali che, per le loro cubiche associate $F$ ed $H$, sia anche $H$ l'Hessiana di $F$; sarà $b$ l'elemento armonico di primo grado di $a$ rispetto al gruppo $G$, e $B$ l'elemento armonico di primo grado di $A$ rispetto al gruppo $g$, quindi siccome $A$ appartiene ad $a$ e $B$ appartiene a $b$, il parametro $M:N$, o $m:n$, che determina $a$, o $A$, dovrà annullare il determinante funzionale delle due forme $G$ e $g$, espresse entrambe in $M:N$ o in $m:n$, vale a dire il determinante funzionale $T$ di $(G, S)$, o il determinante funzionale $t$ di $(g, s)$; ma in tal caso (per le note proprietà delle forme $T$ e $t$) anche $a$, o $A$, è l'elemento armonico di primo grado di $b$, o di $B$, rispetto al gruppo $G$, o $g$ (sicchè si avrà anche per $b$, o $B$, la condizione $T=0$, o $t=0$), quindi ciascuna delle cubiche $f$ o $F$ coinciderà con l'Hessiana della sua Hessiana $h$, o $H$. Finalmente osservando che ciascun elemento di $T$, o di $t$, forma con i suoi tre elementi armonici di terzo grado rispetto a $G$, o a $g$, un gruppo armonico, si vedrà che le sei cubiche $f$ o $F$, per le quali si ha $T=0$, o $t=0$, sono le cubiche armoniche del fascio $(\varphi, \psi)$, o della schiera $(\Phi, \Psi)$.

Ciascuna delle equazioni $T=0$, $t=0$, si cambia nell'altra eliminando il parametro $M:N$, o $m:n$, per mezzo della relazione $Mm+2Nn=0$.

3. Consideriamo le cubiche

$$(1)\quad \begin{aligned} f &= M(v_1^3+v_2^3+v_3^3)+6Nv_1v_2v_3 = M\varphi+N\psi=0 \\ F &= m(V_1^3+V_2^3+V_3^3)+6nV_1V_2V_3 = m\Phi+n\Psi=0, \end{aligned}$$

appartenenti rispettivamente ai sistemi associati $(\varphi, \psi)$ e $(\Phi, \Psi)$. Le coniche polari del punto $Z$ e della retta $z$ rispetto ad $f$ ed $F$ avranno per equazioni

$$(2)\quad \begin{aligned} & M(z_1v_1^2+z_2v_2^2+z_3v_3^2) \\ & \qquad +2N(z_1v_2v_3+z_2v_3v_1+z_3v_1v_2)=0, \\ & m(Z_1V_1^2+Z_2V_2^2+Z_3V_3^2) \\ & \qquad +2n(Z_1V_2V_3+Z_2V_3V_1+Z_3V_1V_2)=0, \end{aligned}$$

ed in coordinate di rette, o in coordinate di punti, le loro equazioni saranno

$$(3)\quad \begin{aligned} & (M^2z_2z_3-N^2z_1^2)V_1^2+\dots \\ & \qquad +2(N^2z_2z_3-MNz_1^2)V_2V_3+\dots=0, \\ & (m^2Z_2Z_3-n^2Z_1^2)v_1^2+\dots \\ & \qquad +2(n^2Z_2Z_3-mnZ_1^2)v_2v_3+\dots=0, \end{aligned}$$

Ordinando queste due ultime equazioni rispetto alle $z$, o alle $Z$, e poi cambiando $z$ e $Z$ in $v$ e $V$, e viceversa, si avrà

$$(4)\quad \begin{aligned} & -(N^2Z_1^2+2MNZ_2Z_3)v_1^2+\dots \\ & \qquad +(M^2Z_1^2+2N^2Z_2Z_3)v_2v_3+\dots=0, \\ & -(n^2z_1^2+2mnz_2z_3)V_1^2+\dots \\ & \qquad +(m^2z_1^2+2n^2z_2z_3)V_2V_3+\dots=0, \end{aligned}$$

Come è noto, la prima delle equazioni (4) rappresenterà la polare conica della retta $z$ rispetto alla cubica $f$, cioè il luogo dei poli della retta $z$ rispetto alle coniche polari dei suoi punti rispetto ad $f$, o il luogo dei punti di cui le coniche polari rispetto ad $f$ toccano $z$: analogamente la seconda delle equazioni (4) rappresenterà la polare conica del punto $Z$ rispetto alla cubica $F$, cioè l'inviluppo delle polari del punto $Z$ rispetto alle coniche polari delle rette che passano per esso rispetto ad $F$, o l'inviluppo delle rette, di cui le coniche polari rispetto ad $F$ passano per $Z$. Ciò posto; considerando due cubiche $f$ ed $f'$ del fascio $(\varphi, \psi)$, supponiamo che la conica polare del punto $Z$ rispetto ad $f'$ (in coordinate di punti) sia armonica con la conica polare di $Z$ rispetto ad $f$ (in coordinate di rette), vale a dire che si possano alla prima conica iscrivere terne di punti coniugate alla seconda o alla seconda conica circoscrivere terne di rette coniugate alla prima; dovendosi annullare perciò l'invariante simultaneo delle due coniche, di primo grado nei coefficienti delle loro equazioni, si avrà la condizione

$$f_1 = -2(M' N^2 + 2N' MN)\varphi$$
$$+ (M' M^2 + 2N' N^2)\psi = M_1\varphi + N_1\psi = 0,$$

sicchè il luogo del punto $Z$ sarà la cubica $f_1$ del fascio $(\varphi, \psi)$. Si avrà intanto tra i parametri $M : N$, $M' : N'$ ed $M_1 : N_1$, che determinano nel fascio le tre cubiche $f, f'$ ed $f_1$ la relazione

$$(5) \quad M' M_1 M^2 + 2(M' N_1 + N' M_1) N^2 + 4 N' N_1 MN$$
$$= \frac{1}{12}\left(M' \frac{d}{dM} + N' \frac{d}{dN}\right)\left(M_1 \frac{d}{dM} + N_1 \frac{d}{dN}\right) G = 0:$$

segue da ciò che le tangenti $u$, $u'$ ed $u_1$ di $f$, $f'$ ed $f_1$ in uno qualunque $W$ dei loro flessi comuni sono tali che $u$ ed $u'$ sono coniugate armoniche rispetto alla coppia degli assi armonici di secondo grado di $u$ rispetto al gruppo $G$: l'equazione (5) essendo simmetrica rispetto ad $M' : N'$ ed $M_1 : N_1$ la relazione fra le cubiche $f'$ ed $f_1$ è reciproca; se $f'$ ed $f_1$ coincidano in una stessa cubica $f_1'$ sarà allora $u_1'$ asse armonico di secondo grado di $u$, e quindi $u$ asse armonico di secondo grado di $u_1'$, rispetto al gruppo $G$, sicchè sarà reciproca la relazione fra le cubiche $f$ ed $f_1'$; finalmente se $f_1$, o $f'$, coincide con $f$, $u'$ o $u_1$, diverrà asse armonico di primo grado di $u$ rispetto al gruppo $G$, e quindi $f'$, o $f_1$, sarà l'Hessiana di $f$.

La cubica $f_1$ è indeterminata, vale a dire $Z$ può essere un punto qualunque, quando si hanno le condizioni

$$M' N^2 + 2N' MN = 0, \quad \text{ed} \quad M' M^2 + 2N' N^2 = 0,$$

onde

$$N(N^3 - M^3) = 0, \quad \text{ed} \quad M'(M'^3 + 8N'^3) = 0;$$

$f$ sarà allora una delle cubiche equianarmoniche del fascio $(\varphi, \psi)$, ed $f'$ la terna di rette che ne è l'Hessiana.

Sia la poloconica della retta $z$ rispetto alla cubica $f$, armonica con la conica polare del punto $Z$ (in coordinate di rette) rispetto alla stessa cubica; si avrà la condizione

$$N(N^3 - M^3)(Z_1 z_1 + Z_2 z_2 + Z_3 z_3)^2 = 0,$$

sicchè in generale il punto $Z$ dovrà appartenere alla retta $z$, o viceversa; ma se la cubica $f$ è equianarmonica il punto e la retta sono indeterminati.

Analoghe considerazioni valgono per le cubiche $F$ della schiera $(\Phi, \Psi)$.

Supponiamo ora che la conica polare del punto $Z$ rispetto alla cubica $f'$ del fascio $(\varphi, \psi)$ sia armonica con la polare conica dello stesso punto rispetto alla cubica $F$ della schiera associata $(\Phi, \Psi)$; si avrà come locale del punto $Z$ la cubica $f_1$ del fascio $(\varphi, \psi)$ rappresentata dall'equazione

$$f_1 = (N' m^2 - M' m^2)\varphi + (N' n^2 - M' m n)\psi = M_1 \psi + N_1 \psi = 0,$$

e quindi tra i parametri $m : n$, $M' : N'$ ed $M_1 : N_1$ che determinano le tre cubiche $F, f'$ ed $f_1$ si avrà la relazione

$$(6) \qquad M' M_1 m n - (M' N_1 + N' M_1) n^2 + N' N_1 m^2 = 0.$$

Ora se

$$F' = m'\Phi + n'\Psi = 0, \quad \text{ed} \quad F_1 = m_1 \Phi + n_1 \Psi = 0,$$

sono le equazioni delle cubiche della schiera $(\Phi, \Psi)$ associate rispettivamente alle cubiche $f'$ ed $f_1$, si avranno le relazioni

$$M' m' + 2 N' n' = 0, \quad \text{ed} \quad M_1 m_1 + 2 N_1 n_1 = 0,$$

onde eliminando da (6) $M' : N'$ ed $M_1 : N_1$ verrà

$$(7) \quad m' m_1 m^2 + 2(m' n_1 + n' m_1) n^2 + 4 n' n_1 m n$$
$$= \frac{1}{12}\left(m' \frac{d}{dm} + n' \frac{d}{dn}\right)\left(m_1 \frac{d}{dm} + n_1 \frac{d}{dn}\right) g = 0,$$

equazione del tutto simile a (5); adunque se le cubiche $F$, $F'$ ed $F_1$ della schiera $(\Phi, \Psi)$ sono tali che la conica polare di una tangente qualunque $z$ di $F_1$ rispetto ad $F$ (in coordinate di punti) sia armonica con la conica polare di $z$ rispetto ad $F'$ (in coordinate di rette), sicchè siano le cuspidi $U'$ ed $U_1$ di $F'$ ed $F_1$, sopra una tangente cuspidale comune $w$, punti coniugati armonici rispetto alla coppia dei centri armonici di secondo grado della cuspide $U$ di $F$ rispetto al gruppo $g$, e sono $f'$ ed $f_1$ le cubiche associate di $F'$ ed $F_1$, si avrà che la conica polare di un punto qualunque $Z$ di $f_1$ (in coordinate di punti) rispetto ad $f'$ è armonica con la polare conica di $Z$ rispetto ad $F$. Viceversa se le cubiche $f, f'$ ed $f_1$ del fascio $(\varphi, \psi)$ sono tali che la conica polare di un punto qualunque $Z$ di $f_1$ rispetto ad $f$ (in coordinate di rette) sia armonica con la conica polare di $Z$ rispetto ad $f'$ (in coordinate di punti), sicchè siano le tangenti $u$ ed $u_1$ di $f'$ ed $f_1$, in un flesso comune $W$, rette coniugate armoniche rispetto alla coppia degli assi armonici di secondo grado della tangente d'inflessione $u$ di $f$ rispetto al gruppo $G$, e sono $F'$ ed $F$ le cubiche associate di $f'$ ed $f_1$, si avrà che la conica polare di una tangente qualunque di $F_1$ (in coordinate di rette) rispetto ad $F'$ è armonica con la polare conica di $z$ rispetto ad $f$.

Se $u'$ ed $u_1$ sono rette coniugate armoniche rispetto alla coppia degli assi armonici di secondo grado di $u$ rispetto al gruppo $G$, e nello stesso tempo $U'$ ed $U_1$ sono punti coniugati armonici rispetto alla coppia dei centri armonici di secondo grado di $U$ rispetto al gruppo $g$, le cubiche $f'$ ed $f_1$, e le loro associate $F'$ ed $F_1$ avranno rispetto alle cubiche $f$ ed $F$ (siano o no queste associate) ambedue le proprietà di cui sopra si è trattato.

Ponendo le condizioni

$$N' m^2 - M' n^2 = 0, \quad \text{ed} \quad N' n^2 - M' m n = 0,$$

onde

$$n(n^3 - m^3) = 0, \quad \text{ed} \quad N'(N'^3 - M'^3) = 0,$$

in modo che ad

$$n = 0, \quad n = m, \quad n = m\varepsilon, \quad n = m\varepsilon^2$$

corrisponda

$$N' = 0, \quad N' = M', \quad N' = M'\varepsilon^2, \quad N' = M'\varepsilon,$$

la conica $f_1$ risulterà indeterminata; adunque le cubiche equianarmoniche $f'$ ed $F$ dei sistemi $(\varphi, \psi)$ e $(\Phi, \Psi)$ si possono far corrispondere tra loro in modo che per un punto qualunque $Z$ la conica polare rispetto ad $f'$ sia armonica con la polare conica dello stesso punto rispetto ad $F$. Analogamente per le stesse cubiche equianarmoniche $F'$ ed $f$ dei sistemi $(\Phi, \Psi)$ e $(\varphi, \psi)$, corrispondenti allo stesso modo tra loro, la conica polare di una retta qualunque $z$ rispetto ad $F'$ sarà armonica con la poloconica della stessa retta rispetto ad $f$.

Le proprietà precedenti relative alle cubiche $f', f_1$ ed $f$ reggeranno ancora sostituendo alla conica polare di un punto $Z$ rispetto ad $f$ (in coordinate di rette) l'altra conica che è l'inviluppo delle rette che segano le coniche polari di $Z$ rispetto a due altre cubiche $f''$ ed $f$ del fascio $(\varphi, \psi)$ in quattro punti armonici, ed alla poloconica di una retta $z$ rispetto ad $f$ l'altra conica che è il luogo dei punti di cui le coniche polari rispetto ad $f''$ ed $f_2$ incontrano la retta $z$ in quattro punti armonici, quando le tangenti $u'$, $u_1$, $u''$, $u_2$ delle suddette cubiche nel flesso comune $W$ formano un gruppo di quattro rette armonico col gruppo $G$, vale a dire, quando due qualunque di quelle tangenti, per esempio, $u'$, $u_1$ siano coniugate armoniche rispetto alla coppia degli assi armonici di secondo grado di $u_2$ rispetto alla terna degli assi armonici di terzo grado di $u''$ rispetto al gruppo $G$. Si ha in tal caso la relazione

$$(8)\quad M' M_1 M'' M_2 + 4 (M' N_1 + N' M_1) N'' N_2 + 4 (M'' N_2 + N'' M_2) N' N_1$$
$$= \frac{1}{24}\left(M' \frac{d}{dM} + N' \frac{d}{dN}\right)\left(M_1 \frac{d}{dM} + N_1 \frac{d}{dN}\right)\left(M'' \frac{d}{dM} + N'' \frac{d}{dN}\right)\left(M_2 \frac{d}{dM} + N_2 \frac{d}{dN}\right) G = 0.$$

Analogamente per quattro cubiche $F'$, $F_1$, $F''$, $F_2$ della schiera associata $(\Phi, \Psi)$.

Finalmente osserveremo che la conica polare di un punto qualunque $Z$ rispetto alla cubica $f$ (in coordinate di rette) e la polare conica dello stesso punto $Z$ rispetto alla cubica $F$ coincideranno fra loro allorchè si hanno le relazioni

$$\frac{M^2}{2\,m\,n} = -\frac{N^2}{n^2} = \frac{2\,M\,N}{m^2},$$

onde

$$M(M^3 + 8\,N^3) = 0, \quad \text{ed} \quad m(m^3 + 8\,n^3) = 0;$$

sicchè le cubiche $f$ ed $F$ si ridurranno alle terne sizigetiche di rette e di punti; esse si corrisponderanno fra loro in modo che per

$$M = 0,\quad M = -2\,N,\quad M = -2\,N\varepsilon,\quad M = -2\,N\varepsilon^2,$$

si abbia

$$m = 0,\quad m = -2\,n,\quad m = -2\,n\,\varepsilon^2,\quad m = -2\,n\,\varepsilon;$$

in tal caso anche la conica polare di una retta qualunque $z$ rispetto alla cubica $F$ (in coordinate di punti) e la poloconica della stessa retta $z$, rispetto alla cubica $f$, saranno fra loro coincidenti.

Roma, giugno 1879.

# ON THE COMPLEXES GENERATED
## BY TWO CORRELATIVE PLANES

BY

**T. ARCHER HIRST,**

*Director of Studies at the Royal Naval College, Greenwich.*

---

### GENERATION, AND PROPERTIES OF THE GENERAL COMPLEX.

1. From the general definition* of a correlation between two planes $\alpha$, $\beta$ it follows that if the line $a$ corresponding, in the former, to a point $B$ in the latter, pass through any point $A$ then, conversely, the line $b$ corresponding to $A$ will pass through $B$. Two points $A$, $B$ so situated are termed *conjugate points* of the correlative planes. In like manner two lines $a$, $b$ in these planes, are said to be *conjugate lines* when either, and consequently each, contains the point which corresponds to the other.

2. Each point of one of the two planes $\alpha$, $\beta$ being conjugate to every point in its corresponding line, the total number of pairs of conjugate points in $\alpha$ and $\beta$ will be triply infinite, and *the lines which, individually, pass through two conjugate points will constitute a complex* **C**.

I propose to consider the complexes which may be thus generated. Their nature and singularities will, clearly, depend upon those of the correlation established between the planes, as well as upon the relative positions of the latter. Unless the contrary is distinctly stated, however, no exceptional character is to be assigned to the correlation or special positions to the correlated planes.

---

* *On the correlation of two planes.* Proc. of the Lond. Math. Society, 1874. Vol. 5, p. 40.

3. To the intersection $\overline{\alpha\beta}$ of the two planes will correspond a point $A_0$ in $\alpha$, and a point $B_0$ in $\beta$. These points are the centres of two homographic pencils, the corresponding rays of which are conjugate lines of the correlation. Of two such corresponding rays each meets the intersection $\overline{\alpha\beta}$ in the point which corresponds to the other; they determine upon $\overline{\alpha\beta}$, therefore, a pair of conjugate points of the correlation, as well as a pair of corresponding points of two homographic rows. From the last mentioned property it follows, by a well known theorem, that *there are always two*, real, coincident, or imaginary, *points* $C_1$, $C_2$ in $\overline{\alpha\beta}$ (if more than two an infinite number), *with each of which two conjugate points coincide.* These will be termed the *self-conjugate* points of the correlative planes, and the conjugate rays of the pencils $(A_0)$ and $(B_0)$ which pass through $C_1$ and $C_2$ will be denoted by $a_2$, $b_1$ and $a_1$, $b_2$, respectively.

4. If, in place of $A_0$ and $B_0$, any two points $A'$ and $B'$ whatever be taken as the centres of two pencils whose corresponding rays are conjugate lines, the latter will again meet the intersection $\overline{\alpha\beta}$ in corresponding points of homographic rows, though these will not, in general, be conjugate points. As before, however, the homographic rows in $\overline{\alpha\beta}$ will have two double points, through each of which two conjugate lines of the pencils $(A')$ and $(B')$ will pass. From this we at once conclude that through an arbitrary line $\overline{A'B'}$ pass two real, coincident, or imaginary, planes each of which contains a pair of conjugate lines. In other words *the envelope of the plane of two incident conjugate lines of the given correlative planes* $\alpha$, $\beta$ *is a surface of the second class.*

5. This theorem is identical with the well known one of Seydewitz;* since the plane of two conjugate lines is, of course, identical with that which contains a line and its corresponding point. We will denote by $S^2$ the quadric surface thus generated. It obviously touches the given planes $\alpha$ and $\beta$ in $A_0$ and $B_0$, and passes through each of the self-conjugate points $C_1$, $C_2$; indeed it contains wholly each of the four lines $a_1$, $a_2$, $b_1$, $b_2$, since each corresponds to the self-conjugate point through which it passes, and therefore each is conjugate to every line, in the plane to which it does not belong, that passes through that point.

---

* *Grunert's Archiv.* Bd. 9, p. 158. See also *Reye's Geometrie der Lage.* Zweite Abtheilung, 1868, p. 26.

6. If the arbitrary points $A'$ and $B'$ of art. 4 correspond, respectively, to the lines $b'$ and $a'$ in which the given planes $\beta$ and $\alpha$ are intersected by an arbitrary plane $\pi$, any two corresponding rays $a$ and $b$ of the homographic pencils $(A')$ and $(B')$ will cut $a'$ and $b'$ in two points $A$ and $B$ which are not only corresponding points of two homographic rows, but also conjugate points of the given correlative planes, since to each corresponds the line which passes through the other. The line $\overline{AB}$, therefore, belongs to the complex $\mathbf{C}$ under consideration and it has for its envelope a conic $c^2$ which touches $a'$ and $b'$ in the points conjugate to the intersection of these lines. In other words *the complex* $\mathbf{C}$ *is of the second degree and includes every line situated either in the plane* $\alpha$ *or* $\beta$, *as well as every line which passes either through the self conjugate point* $C_1$ *or* $C_2$*.

7. We have already seen that to each of the conjugate lines $a$, $b$ corresponds the point $B$, $A$ in which the other pierces the plane $\pi$. The planes $(A\,b) \equiv (A\,B\,B')$ and $(B\,a) \equiv (B\,A\,A')$, therefore, whose common intersection with the arbitrary plane $\pi$ is the complex-line $\overline{AB}$, are tangent planes of the quadric $S^2$ generated by the given correlation (art. 5). Hence we infer that *the complex-conic* $c^2$ *in any plane* $\pi$ *is the common intersection, with that plane, of the two cones, circumscribed to the quadric* $S^2$, *which have their vertices at the points,* $A'$ *and* $B'$, *corresponding to the lines,* $b'$ *and* $a'$, *in which the given planes,* $\beta$ *and* $\alpha$, *are cut by* $\pi$.

8. The two tangent planes to the quadric $S^2$ which pass through the line $\overline{A'B'}$ joining the vertices of the above circumscribed cones, being common tangent planes to the latter, obviously cut $\pi$ in lines, each of which is a tangent, at a common point, to the complex-conic $c^2$ as well as to the quadric surface $S^2$. The above two planes, moreover, are the only ones which contain a pair of conjugate lines of the pencils $(A')$ and $(B')$. Hence we conclude that *every complex-conic* $c^2$ *has double contact with the quadric* $S^2$, *and the common tangents are the only two lines in the plane* $\pi$ *of that conic which individually connect a pair of conjugate points corresponding to incident conjugate lines of the given correlation.*

9. In every plane $\pi$ passing through the points $A_0$ and $B_0$ which correspond to $\overline{\alpha\beta}$, the complex-conic $c^2$ touches, *at these*

---

* Plücker, in his *Neue Geometrie des Raumes* (p. 309, art. 313), briefly referring to points and planes of a complex having the properties of $C_1$, $C_2$, $\alpha$, $\beta$ terms them « *ausgezeichnete* Puncte und Ebenen. »

*points,* the quadric $S^2$; for the vertices of the two circumscribed cones lie in $\overline{\alpha\beta}$, and their common tangent planes are the planes $\alpha$ and $\beta$ themselves which, as we have seen in art. 5, touch $S^2$ in $A_0$ and $B_0$.

10. Should $\pi$ be itself the plane of a pair of incident conjugate lines $a'$, $b'$, in other words be a tangent plane of the quadric $S^2$, the points $B'$, $A'$ which respectively correspond to them will lie in the lines $b'$, $a'$ themselves, and the homography of the pencils $(A')$ and $(B')$, whose corresponding rays are conjugate lines, will be of an exceptional character*; that is to say to every ray $a$ of $(A')$, not coincident with $a'$ will correspond the ray $b'$ of $(B')$, whilst to $a'$ itself will correspond an indeterminate ray $b$ of $(B')$. The complex-lines of this plane therefore, will all pass either through $A'$ or $B'$, and the two which by art. 8 ordinarily touch the quadric $S^2$ will coincide in $\overline{A'B'}$. In short *the complex-conic in every tangent plane of the quadric $S^2$ degenerates to a point-pair, whereof the points correspond to the conjugate lines in which the plane cuts $\alpha$ and $\beta$, and are collinear with the point of contact of that plane.*

11. The only other case where degeneration occurs in a complex-conic is when the plane $\pi$ thereof passes through one of the self-conjugate points. Two corresponding points of the homographic rows in $a'$ and $b'$ then coincide in the self-conjugate point $(a'\,b')$, and by a well known theorem the complex-lines joining the remaining pairs of corresponding points in $a'$ and $b'$ are concurrent. *The point of concurrence, together with the self-conjugate point, constitute the point-pair to which the complex-conic now degenerates.*

This result may be confirmed, and the position of the point of concurrence determined, by aid of the theorem in art. 7. For since the line $a'$ passes through a self-conjugate point, the point $B'$, corresponding to the former, must lie in the generator of $S^2$ which corresponds to, and passes through the latter (art. 5). This being the case the cone circumscribed to $S^2$, and having $B'$ as vertex will break up into the pair of generators of $S^2$ which proceed from $B'$. But by the theorem above referred to, this cone cuts the plane $\pi$ in its complex-conic. *Not only is the latter a point-pair, therefore, as already stated; but the points thereof lie on the quadric $S^2$.*

12. The connector of the points of the complex-point-pair in any plane $\pi$ through a self-conjugate point is thus seen to be, in

* *On the degenerate Forms of Conics.* Proc. of Lond. Math. Society, 1869. Vol. 2. p. 167, art. 4.

general, uniquely determined. The only exceptions are when the plane touches $S^2$ in a self-conjugate point, and when it coincides with one of the given planes $\alpha$, $\beta$. In the *first* of these cases the points of the complex-point-pair coincide in the self-conjugate point, and their connector becomes *indeterminate in direction*. Such a plane is termed a *double plane* of the complex. * In the *second* case the connector is *wholly indeterminate;* for every line in the plane $\alpha$ or $\beta$ being a complex-line (art. 6), every pair of points in the plane may be regarded as a complex-point-pair.

13. Conversely every line through a self-conjugate point is, in general, the connector of the points of a complex-point-pair in one and only one plane $\pi$. The points of the point-pair are its intersections with $S^2$; through them pass a pair of generators which intersect in a point $A'$ (or $B'$) of $\alpha$ (or $\beta$), and the line $b'$ (or $a'$) corresponding to the latter, in the given correlation, lies in, and determines $\pi$. The only exceptions are the line $\overline{\alpha\beta}$ and the four generators $a_1$, $a_2$, $b_1$, $b_2$, each of which is a *double line* of the complex since it connects the points of the complex-point-pair situated in every plane which passes through it. **

14. Although the nature and singularities of the complex $\boldsymbol{C}$ are readily deducible from the foregoing analysis, it will be instructive to consider the subject from another point of view. By projecting the points and lines of the planes $\alpha$ and $\beta$ from any point $P$ in space we obtain two concentric pencils $(P_1)$ and $(P_2)$, each consisting of lines and planes. Between them an ordinary correlation will exist, provided the correlation between $\alpha$ and $\beta$ is of an ordinary kind, and *$P$ is not situated in either of these planes.* To any line $p$, through $P$, considered as a ray of $(P_1)$, that is to say as projecting a point $A$ in $\alpha$, will correspond the plane $\pi_2$ in $(P_2)$ which projects the line $b$ in $\beta$ corresponding to $A$; and to the same line $p$ considered as a ray of $(P_2)$, projecting a point $B$ in $\beta$, will correspond the plane $\pi_1$, which projects the corresponding line $a$ in $\alpha$. And in like manner to each plane $\pi$, through $P$, will correspond a ray $p_1$ or $p_2$ according as that plane be conceived to project a line of $\beta$ or one of $\alpha$; that is to say, according as $\pi$ is regarded as a plane of the pencil $(P_2)$ or $(P_1)$.

15. Should the two planes $\pi_1$ and $\pi_2$ which thus correspond to a ray $p$ coincide in one and the same plane $\pi$ then, obviously,

---

* Plücker, loc. cit., p. 308, art. 312.

** Plücker, loc. cit., p. 309, art. 313.

the lines $p_1$ and $p_2$ which correspond to this plane $\pi$ will coincide in one and the same ray $p$ and *vice-versâ*.

Should a line $p$ lie in either of its corresponding planes $\pi_1$, $\pi_2$, it will necessarily lie in both; it will in fact pass through a pair of conjugate points of $\alpha$ and $\beta$, and consequently be *a line of the complex* $\mathfrak{C}$.

Lastly should a plane $\pi$ pass through either of its two corresponding lines $p_1$, $p_2$ it will necessarily pass through both; it will, in fact, contain a pair of incident conjugate lines of $\alpha$ and $\beta$, and therefore be *a tangent plane of the quadric* $S^2$.

The converse of each of the last two theorems is obviously true.

16. Hence the complex-cone $\acute{c}^2$ at the point $P$, which by art. 6 must be of the second order, and the circumscribed cone $\mathring{\sigma}^2$ at $P$ to the quadric $S^2$ correspond to one another, *as correlative figures*, in two distinct ways, but always so that the generator of the former and tangent plane of the latter to which it corresponds are mutually incident.

We may add that *every complex-cone* $\acute{c}^2$ *passes through the self-conjugate points* $C_1$, $C_2$.

17. It follows at once from the double relation just referred to, that *the complex-cone* $\acute{c}^2$ *and the circumscribed cone* $\mathring{\sigma}^2$ *at any point* $P$ *have double contact with each other*. In fact if $p$ be one of the common generators of the two cones, the two planes $\pi_1$ and $\pi_2$ which pass through, and correspond to it will necessarily coincide in the tangent plane $\pi$ of the cone $\mathring{\sigma}^2$ which has $p$ for its generator of contact. But under these circumstances, as already indicated in art. 15, the two lines $p_1$, $p_2$ which correspond to, and lie in $\pi$, as well as in $\acute{c}^2$, will also coincide in the generator $p$; in other words the cone $\acute{c}^2$ will likewise be touched by the same plane $\pi$ in the same generator $p$.

18. It should be noted that each of the two generators, along which the complex-and circumscribed cones at $P$ touch each other, obviously passes through a pair of those conjugate points of $\alpha$ and $\beta$ to which incident conjugate lines correspond (art. 8). They are the only complex-lines passing through $P$ which possess this property. Each, as shown in art. 10, passes through the points of a complex-point-pair, and touches the quadric $S^2$.

At a point $P$ on the line $\overline{A_0 B_0}$ (art. 3) the complex-and circumscribed cones obviously touch each other along the generators which join $P$ to the self-conjugate points $C_1$, $C_2$.

19. The complex-and circumscribed cones $\acute{c}^2$ and $\sigma^2$ at any point $P$ (not in $\alpha$ or $\beta$) being correlative figures (art. 16) the degeneration of either will necessarily involve that of the other. Thus the former will break up into a pair of a planes whenever the latter breaks up into a pair of lines, that is to say when the point $P$ is on the quadric $S^2$, and whenever this occurs the intersection of the pair of planes will lie in the plane of the pair of lines. Hence *at every point $P$ of the quadric surface $S^2$ the complex-cone degenerates to a plane-pair whose planes are collinear with the tangent plane at that point.* The intersection of the planes of this plane-pair obviously coincides with the connector of the points of the point-pair to which the complex-conic in the tangent plane at $P$ degenerates (art. 10). It is, according to Plücker, a *singular line* of the complex, the tangent plane and the point of contact thereof being its associated (*zugeordnete*) singular plane and singular point. *

20. To the points $P$ of the planes $\alpha$ and $\beta$, and to these points solely, the conclusions of the preceding art. do not all apply; the reason being that the correlation between the pencils $(P_1)$ and $(P_2)$ becomes exceptional when their common centre is situated in either of these planes.

The pencils now possess, in fact, a pair of *singular planes*; ** one of these being the plane $\alpha$ or $\beta$ in which $P$ lies, and the other the tangent plane of $S^2$ which passes through $P$ and its corresponding line in $\beta$ or $\alpha$. With these singular planes coincide, respectively, the two planes $\pi_1$, $\pi_2$ corresponding to any line $p$ situated in neither of them; no such line, of course, can be a complex-line, since it lies in neither of its corresponding planes (art. 15). But to a line $p$ situated in either of the two singular planes correspond planes $\pi_1$, $\pi_2$, of which one coincides with the singular plane in question, whilst the other is an *indeterminate* plane through a definite line $p'$ in the singular plane associated with that in which $p$ is supposed to be situated. Of these two lines $p$ and $p'$ one necessa-

* Loc. cit., p. 307, art. 311. In order to indicate the origin of a singular line it will be convenient occasionally to retain the expressions « intersection of (the planes of) a plane-pair » and « connector of (the points of) a point-pair. » When doing so, however, the three words between brackets will, for brevity, be omitted.

** Between any plane sections of two such pencils we should have the exceptional correlation with singular lines described in my paper « *On correlation of two planes* (loc. cit. p. 44, art. 16.)

rily passes through the point which, in the given correlation, corresponds to the other, and the indeterminate plane, *in one of its positions,* passes through both and thus touches $S^2$. In short *although the complex-cone at every point in the plane α or β breaks up into that plane and the tangent plane of* $S^2$ *which passes through the point in question and its corresponding line in β or α, the circumscribed cone at the point does not* (as in art. 19), *in general, degenerate.*

21. The intersection of the plane-pair to which the complex-cone at a given point of α or β degenerates is, in general, uniquely determined.

The only exceptions are when the point coincides with $A_0$ or $B_0$ (art. 3), and when it coincides with one of the self-coniugate points $C$, $C_2$. In the *first* case the point $A_0$ or $B_0$ is a *double point* of the complex; that is to say, the planes of the complex-plane-pair thereat coincide, in α or β, and their intersection becomes *indeterminate in direction.* *

In the *second* case this intersection is *wholly indeterminate;* for every line through a self-conjugate point being a complex-line, every pair of planes through it may be regarded as a complex-plane-pair.

22. Conversely, a given line in the plane α or β is, in general, the intersection of a complex-plane-pair at a definite point thereof; at the point, in fact, which corresponds to the line which is conjugate to, and incident with the given one. The only exceptions are, as in art. 13, the lines $\overline{\alpha\beta}$, $a_1$, $a_2$, $b_1$, $b_2$, each of which is a *double line* of the complex, seeing that the planes intersect in it which constitute the complex-plane-pair at each one of its points. **

23. The *singular surface* of a complex of the second degree, as Plücker has shown, *** is of the fourth order and class; it is at once the locus of a point (*singular point*) at which the complex-cone degenerates, and the envelope of a plane (*singular plane*) in which the complex-conic breaks up. *For the complex* **C**, *under consideration, the singular surface obviously breaks up into two surfaces of the second order and class; one being the quadric* $S^2$ *generated by the given correlative planes* α, β, *and the other the degenerate quadric consisting of these two planes, and the two self-conjugate points* $C$, $C_2$ *situated in their intersection.*

---

* Plücker, loc. cit., p. 308, art. 312.

** Ibid. p. 309, art. 313.

*** Ibid. p. 310, art. 314.

24. The *singular lines* of a complex of the second degree form, in general, an irreducible congruence of the fourth order and class; each line being at once an intersection of a complex-plane-pair, and a connector of a complex-point-pair. *For the complex* $\boldsymbol{C}$, *however, this congruence* (4, 4) *of singular lines breaks up into five congruences; two being of the order* 1 *and class* 0, *two of the order* 0 *and class* 1, *and one of the order* 2 *and class* 2. The lines of each congruence (1, 0) pass through one of the self-conjugate points $C_1$, $C_2$; they are ordinary connectors of complex-point-pairs, but exceptional as intersections of complex-plane-pairs. The lines of each congruence (0, 1) fill one of the given planes $\alpha$, $\beta$; they are exceptional as connectors, but are ordinary intersections. The lines of the congruence (2, 2) alone are *proper* singular lines, each being at once a connector, and an intersection of the ordinary kind. They present themselves as *lines passing, individually, through the points which correspond to a pair of incident and conjugate lines of the correlative planes,* and it has been already shewn, in arts. 8 and 18, that two of them lie in an arbitrary plane $\pi$, and two pass through an arbitrary point $P$.

The quadric $S^2$ is touched at each of its points by one, and in general only one, of these proper singular lines; the only exceptions being the four points $A_0$, $B_0$, $C_1$, $C_2$ at each of which $S^2$ is touched by a pencil of them. The quadric $S^2$, in fact, forms a constituent part of the *focal surface* of the congruence (2, 2) under consideration; its residual constituent, as will be seen in art. 38, being another quadric $\overline{S}^2$ which passes, with $S^2$, through the double lines $a_1$, $a_2$, $b_1$, $b_2$ of the complex. *

## SYSTEMS OF COMPLEXES IN INVOLUTION.

25. Between the incident conjugate lines $a$, $b$ of the correlative planes $\alpha$, $\beta$ a *quadric correspondence* exists; that is to say, to each line $a$ (or $b$) corresponds one and only one line $b$ (or $a$), whilst to the lines which pass through a point $P$ in $\alpha$ (or $\beta$) correspond

* The complex $\boldsymbol{C}$ which two correlative planes generate, is identical with that described by Weiler in art. 13 of his valuable Memoir *On the various kinds of complexes of the second degree* (*Math. Annalen*, 1874, Bd. VII, p. 177). I am requested by the Author to state, however, that there, as well as at p. 296, the singular surface of the complex is erroneously described as breaking up into « a surface of the second degree, together with two of its points, and the tangent planes *at these points* ».

lines in $\beta$ (or $\alpha$) which envelope a *conic,* — the trace, in fact, of the cone circumscribed to the quadric surface $S^2$ at the point $P$ in question. Every such conic corresponding to a point in $\alpha$ (or $\beta$) touches $\overline{\alpha\beta}$ as well as the generators $b_1$, $b_2$ (or $a_1$, $a_2$). These, therefore, are the ***principal lines*** of the quadric correspondence. It will be convenient to denote $\overline{\alpha\beta}$ by $a_0$ or $b_0$ according as it is regarded as a principal line of $\alpha$ or $\beta$, and the vertices of the principal triangles in these planes opposite $a_1$, $a_2$; $b_1$, $b_2$ by $A_1$, $A_2$; $B_1$, $B_2$, respectively; so that by art. 3, with one of the self-conjugate points $C_1$, the vertices (***principal points***) $A_1$ and $B_2$ will coincide, and with the other $C_2$ the vertices $A_2$ and $B_1$.

26. A quadric correspondence between the lines of two planes $\alpha$, $\beta$ represents, as I have elsewhere shewn, a one fold system of correlations between those planes *; that is to say, the planes may be correlated in a singly infinite number of ways so that each pair of lines in quadric correspondence, shall be a pair of conjugate lines in *every* correlation of the system, and moreover so that in every correlation of that system each principal line $a_i$ (or $b_i$), ($i = 0$, 1, or 2) of the quadric correspondence shall correspond to one and the same principal point $B_i$ (or $A_i$). Every correlation of the system is uniquely determined when the point $A$ in any line $a$ is given that is to correspond to the line $b$ which is in quadric correspondence with $a$, for we have then four points $A_0$, $A_1$, $A_2$, $A$ given, to which, respectively, four given lines $b_0$, $b_1$, $b_2$, $b$ are to correspond.

27. The lines of every pair, in the quadric correspondence of art. 25, being, incidentwith each other, it is obvious that *every correlation of the system will generate one and the same quadric surface* $S^2$, although the complexes $\boldsymbol{C}$ generated by them will differ, as will also the congruences $\boldsymbol{G}$ of proper singular lines of these complexes. We shall, in fact, have *a one fold system of complexes of the second degree having a common singular surface.* All the lines of the planes $\alpha$, $\beta$, and all those which pass through the self-conjugate points $C_1$, $C_2$ will be singular lines in every complex of the system.

But in any tangent plane $\pi$ of $S^2$, and passing through its point of contact $P$, there will be one, and only one proper singular line of each complex, so that *the rays of the pencil of tangents at any point P of* $S^2$ *will serve to individualise the several complexes of the system.*

* *Correlation of two planes,* loc. cit., pag. 64, art. 48.

It is further obvious that the lines of the *one fold system of congruences* $G$, *formed by the proper singular lines of the several complexes* $C$ *of the system, together constitute the special complex of the second degree formed by all the tangents of the quadric surface* $S^2$.*

28. In the system of correlations under consideration three exceptional ones present themselves; each having for *singular lines*, a pair of associated principal lines of the quadric correspondence whence the system proceeds.** Now since to a singular line of every such correlation corresponds a perfectly arbitrary point, whilst to every other line corresponds a point in a singular line***, it is clear that every line of the generated complex must be incident with one or other of the associated singular lines.

In other words *each of the three exceptional complexes of the system having a common singular surface breaks up into two special linear complexes whereof the axes are a pair of associated principal lines of the quadric correspondence whence the system originates.* In one of these complexes, say $C_0$, the axes $a_0$, $b_0$, are coincident in $\overline{\alpha\beta}$, in a second $C_1$ they are the generators $a_1$, $b_1$, of the quadric $S^2$, and in the third $C_2$ they are represented by the generators $a_2$, $b_2$ of this surface.

29. Although, in each of the three cases under consideration, every complex-conic degenerates to a point-pair and every complex-cone to a plane-pair, we can only regard those lines as proper singular lines of the complex which, individually, connect a pair of points whose corresponding lines in the exceptional correlation are both incident and conjugate (art. 24). Now in general the points of such a pair lie in the associated singular lines. But if one of two incident conjugate lines should coincide with a singular line, its corresponding point in the other will be indeterminate whilst, that of the latter will be a determinate point of the singular line in question. Every line through the latter point in the plane of the two conjugate lines, therefore, must be regarded as a proper singular line of the generated complex.

30. It is now sufficiently manifest that *the congruence* $G_0$ *of proper singular lines of the complex* $C_0$ *consists of all tangents of* $S^2$ *which are incident with* $\overline{\alpha\beta}$. It is in fact one of those congruen-

* Plücker, loc. cit., p. 254.

** This follows, by the Principle of Duality, from art. 28, of my paper *on the correlation of two planes*, loc. cit., p. 48.

*** Ibid. p. 44, art. 9 (second case).

ces, with a focal line and focal surface of the second order, which Kummer has described in his masterly Memoir *Ueber die algebraischen Strahlensysteme.* *

31. In each of the two remaining exceptional complexes of the system under consideration the congruence $G$ breaks up into two linear congruences, each of which has its pair of directrices coincident with a generator of $S^2$; in fact *the pencils of tangents to $S^2$ at the several points of the generators $a_1$ and $b_1$, form the congruence $G_1$ for the complex $C_1$, whilst the pencils of tangents to $S^2$, whose centres are distributed over the generators $a_2$ and $b_2$ constitute the congruence $G_2$ for the complex $C_2$. Each of these two congruences obviously includes a system of generators of $S^2$.*

32. In the system of complexes having a common singular surface there is a fourth $C_3$ which merits notice. *Each of its proper singular lines is incident with the line $\overline{A_0 B_0}$.* As has already been stated in art. 27, each complex of the system is determined by the ray of the pencil of tangents at any point of $S^2$ which is to be a proper singular line thereof. If now we select for this purpose the ray $p$ which is incident with $\overline{A_0 B_0}$ in $P$, it is easy to show that all proper singular lines of the complex $C_3$ so determined will likewise be incident with $\overline{A_0 B_0}$. In fact, from the observation at the end of art. 18, it follows that the complex-and circumscribed cones at this point $P$ are identical, since besides having double contact along the generators $\overline{PC_1}$ and $\overline{PC_2}$, they have the generator $p$ in common, consequently *every generator of this cone is a proper singular line of the complex $C_3$.* Again it follows from art. 9 that the complex-conic $c^2$ in the plane $(\overline{A_0 B_0}, p)$ is identical with the section of $S^2$ made by this plane; since the two conics, besides having double contact, in $A_0$ and $B_0$, have $p$ for a common tangent. *Every tangent of this conic $c^2$ therefore, is a proper singular line of $C_3$*; whence, in conjunction with the previous results, we conclude that the *proper singular lines of the particular complex $C_3$ constitute a congruence $G_3$ of the second order and class having $\overline{A_0 B_0}$ for focal line and $S^2$ for focal surface.*

This congruence, although in every respect similar to $G_0$ (art. 30), belongs to a very different complex. The complex $C_0$, degenerated to two special linear complexes whose two axes were coincident in the focal line $\overline{\alpha\beta}$ of its congruence $G_0$.

* *Abhandlungen der K. Acad. der Wissenschaften, zu Berlin.* 1866, p. 28.

In the present case the focal line $\overline{A_0 B_0}$ of the congruence $G_3$ is simply the double line of a *complex surface* * of the fourth order and class which breaks up into the plane-and point-pair ($\gamma_1, \gamma_2$; $A_0, B_0$), where $\gamma_1, \gamma_2$ touch $S^2$ at $C_1$, $C_2$, together with the quadric $S^2$ generated by the same correlation as that whence the complex $C_3$ itself proceeds. **

33. The incident conjugate lines $a$, $b$ of any given correlation being in quadric correspondence (art. 25), it follows at once, correlatively, that the points $A$, $B$, which, in *that* correlation, respectively correspond to those lines are themselves in quadric correspondence. The associated principal points $A_0$, $B_0$; $A_1$, $B_1$; $A_2$, $B_2$ of this quadric correspondence are identical with those of the former one. The lines which pass, individually, through a pair of corresponding points of this quadric correspondence are, as we have seen in art. 24, the proper singular lines of the complex $C$ generated by the correlation in question, and constitute a congruence $G$ of the second order and class.

34. Such a quadric correspondence between the points of $\alpha$ and $\beta$, represents a onefold *system of correlations*, in each of which every pair of points $A$, $B$ in quadric correspondence, is a pair of conjugate points, and every principal point $A_i$ (or $B_i$), corresponds to one and the same principal line $b_i$ (or $a_i$). ***

35. The complexes generated by the several correlations of the system form a *pencil;* their common intersection being the congruence (4, 4) composed of the lines of the congruence $G$, the lines of the planes $\alpha$, $\beta$, and the lines of the self-conjugate points $C_1$, $C_2$.

36. The singular surfaces of the several complexes of this pencil themselves form a pencil. The degenerate quadric ($\alpha$, $\beta$; $C_1$, $C_2$) is a common constituent of all the surfaces in question, whilst their residual constituents are the quadrics $S^2$ generated by the several correlations of the system, all which, as we have seen in art. 5, contain wholly the four lines $a_1$, $a_2$, $b_1$, $b_2$.

37. The quadric correspondence of art. 33 is determined, and that uniquely, when, in addition to the three pairs of associated

* Plücker, loc. cit., pp. 337 and 342, art. 342, VII.

** When the complex $C$ is the general one of art. 2, the complex-surface, having $\overline{A_0 B_0}$ for double line, breaks up into the same plane-and point-pair ($\gamma_1$, $\gamma_2$, $C_1$, $C_2$), together with a quadric *different* from the surface $S^2$ which the correlation generates, through sharing with the latter the same generators $a_1$, $a_2$, $b_1$, $b_2$.

*** *Correlation of two planes,* loc. cit., p. 63, art. 47.

principal points, any two corresponding points $A$ and $B$ are given.* A correlation of the system represented by this quadric correspondence, is also uniquely determined when, in addition to the above, the line $b$, through $B$, is given which is to correspond to $A$ (art. 26). Every such line $b$, therefore, and the line $a$, through $A$, which corresponds to $B$ in the *same* correlation, are corresponding rays of two homographic pencils $(B)$, $(A)$. *The planes* $(A\,B\,b)$ *and* $(B\,A\,a)$, which are obviously tangent planes of the quadric $S^2$ generated by the correlation in question, *are,* consequently, *corresponding planes of two homographic pencils of which* $\overline{A\,B}$ *is the common axis.*

38. These pencils, as will be shewn in art. 42, are in involution; but at present it will suffice to note, that each of the two double planes which they possess, determines a correlation in which $A$ and $B$ (and with them every pair of points in the quadric correspondence) correspond to incident conjugate lines. *Each line of the congruence* $\mathbf{G}$, *therefore, is a proper singular line of both the complexes determined by these two correlations, and as such touches both the quadric surfaces generated by those correlations.* One of these correlations of course is the original one whence the complex $\mathbf{C}$ proceeded (art. 33) and one of the two quadrics is the constituent $S^2$ of its singular surface. Designating the other complex and quadric by $\overline{\mathbf{C}}$ and $\overline{S^2}$ I observe that $S^2$ *and* $\overline{S^2}$ *together constitute the complete focal surface*, of the fourth order and class, *of the congruence* $\mathbf{G}$ *formed by the proper singular lines of each of the complexes* $\mathbf{C}$ *and* $\overline{\mathbf{C}}$.

39. Since the tangents common to any two quadric surfaces form a congruence of the fourth order and class, whereas $\mathbf{G}$ is only of the second, it follows, of course, that the common tangents of $S^2$ and $\overline{S^2}$ form a congruence which breaks up into $\mathbf{G}$ and a second congruence $\dot{\mathbf{G}}$ of the same order and class. The latter, in fact, consists of the proper singular lines of a second complex $\dot{\mathbf{C}}$, which has, in common with $\mathbf{C}$, the singular surface $S^2$, $(\alpha, \beta;\, C_1\, C_2)$.

40. The truth of the last statement will be most readily seen by resuming for a moment the consideration of the system of complexes which have a common singular surface (art. 27).

It was seen that in every tangent plane $\pi$ of $S^2$, and passing through its point of contact $P$, there is one and only one proper singular line of each complex of this system. Let $p$ be the line in

* *Correlation of two planes,* loc. cit., p. 64, art. 47.

question when the complex to be individualised is $C$. The quadrics $S^2$ and $\overline{S^2}$ are clearly the two, belonging to the pencil $(a_1 a_2 b_1 b_2)$, which touch $p$.* The former cuts $\pi$ in a line-pair, the latter in a conic to which not only $p$ but another tangent $\dot{p}$ can be drawn from $P$.

It is this second tangent $\dot{p}$ which determines, and is a proper singular line of the complex $\dot{C}$ referred to in the last art. In other words *the proper singular lines of* $C$ *and this associated complex* $\dot{C}$ *form the two congruences* $G$ *and* $\dot{G}$ *into which the congruence* (4, 4) *breaks up whose lines exhaust the common tangents of the quadric* $S^2$ *and* $\overline{S^2}$.

41. It thus appears that *the system of complexes of art.* 27, *having a common singular surface* $S^2$, $(\alpha, \beta; c_1 c_2)$, *may be regarded as consisting of pairs in involution; those complexes* $C$, $\dot{C}$ *being pairs, whose congruences* $G$, $\dot{G}$ *of proper singular lines together make up the entire congruence* (4, 4) *of common tangents of* $S^2$ *and any quadric* $\overline{S^2}$ *whatever of the pencil* $(a_1 a_2 b_1 b_2)$. The two congruences $G$, $\dot{G}$ coincide when $\overline{S^2}$ resolves itself either to the plane-pair $(\alpha, \beta)$ or to the plane-pair $(\gamma_1, \gamma_2)$. The corresponding complexes $C_0$, $C_3$, which are those described in arts. 30 and 32, respectively, may be regarded as the double complexes of the involution. When lastly, $\overline{S^2}$ coincides with $S^2$ itself, we have the pair of exceptional complexes $C_1$, $C_2$ described in art. 31.

42. Returning to the system of correlations in art. 34, I observe that three exceptional ones again present themselves; each of these, however, has a pair of *singular points*, coincident with a pair of associated principal points of the quadric correspondence whence the system proceeds.** The self-conjugate points $C_1$, $C_2$ represent *two* of these pairs, and the points $A_0$, $B_0$ the third pair. Now $A$ and $B$ being any two corresponding points in the quadric correspondence (art. 33), if the line $b$ through the latter, which by art. 37 is to correspond to the former, pass throuhg $C_1$, regarded as a principal point $B_2$, then the correlation thereby determined is necessarily of the above exceptional kind***, and in it the line $a$ corresponding to $B$

* They do so, as is well known, in points which are harmonic conjugates relative to the plane-pairs $(\alpha, \beta)$ and $(\gamma_1, \gamma_2)$ of the pencil.

** *Correlation of two planes*, loc. cit., p. 48, art. 28.

*** Ibid. p. 41. art. 7 to 10.

will pass through $C_2$, with which point the principal point $A_2$, associated with $B_2$, coincides. But if, on the other hand, $b$ pass through $C_2$, regarded as a principal point $B_1$, then $a$ will pass through $C_1$, with which the associated principal point $A_1$ coincides. Hence in the two coaxal and homographic pencils of the last art., the planes $(ABC_1)$ and $(ABC_2)$ correspond to each other no matter to which of the two pencils the first be supposed to belong; in other words, as already stated, *the pencils are in involution.**

Any two conjugate planes thereof will determine two associated correlations, which generate two complexes having the same singular surface.

43. The quadric $S^2$ generated by each of the correlations whose associated singular points are $C_1$, $C_2$ degenerates to the point- and plane-pair $(C_1, C_2; \alpha, \beta)$, and that generated by the correlation whose singular points are $A_0$ and $B_0$ to the point-and plane-pair $(A_0, B_0; \gamma_1, \gamma_2)$. To the last mentioned degenerate form the quadric likewise reduces itself, according to the last art., which is generated by the correlation associated with the last one, and wherein to $A$ and $B$ correspond respectively the lines $b'$ and $a'$ in which $\beta$ and $\alpha$ are *respectively* intersected by the planes $(ABA_0)$ and $(ABB_0)$.

44. In the last named correlation *every point of* $\overline{\alpha\beta}$ *is a self conjugate point;* for to the intersection of $\overline{\alpha\beta} \equiv b_0$ and $b'$, for instance, corresponds the line $\overline{A_0A}$ which, as we have just seen, is incident with $b'$ in the plane $(ABA_0)$. *The complex* $\mathbf{C}_0^{\,0}$ *generated by this correlation breaks up into two linear complexes, one of which is special,* having $\overline{\alpha\beta}$ for axis (directrix), *whilst the other is of a general kind and contains the congruenee* $\mathfrak{G}$ *of art.* 35.**

45. The complex $\mathbf{C}^0$, of the pencil in art. 35, which is associated with $\mathbf{C}_0^{\,0}$, having with it the same singular surface $(A_0, B_0; \gamma_1, \gamma_2)$,

* This also follows from the fact, mentioned in Art. 37, that corresponding planes of the two pencils touch one and the same quadric of the pencil $(a_1\, a_2\, b_1\, b_2)$; whence we may further conclude that the double planes are harmonic conjugates relative to each of the point-pairs $c_1$, $c_2$ and $A_0$, $B_0$.

** That the second of the above linear complexes is not special, follows from the circumstance that *any two correlative planes whatever may be so placed as to have an infinite number of self-conjugate points.* In fact if $B_1$, $B_2$, $B_3$ be any three points of a line $b_0$ in a plane $\beta$, and $a_1$, $a_2$, $a_3$, meeting in $A_0$, their corresponding lines in a correlative plane $\alpha$, it is easy to find a transversal $a_0$ of the latter such that the three points $a_0$ $(a_1, a_2, a_3)$ shall be superposable on the three points $B_1$, $B_2$, $B_3$. When so superposed, however, the two planes will have *three,* and therefore an infinite number of self-conjugate-points (art. 3).

is generated by the correlation whose singular points are $A_0$ and $B_0$. The latter may be regarded as centres of two homographic pencils, any two of whose corresponding rays $a$, $b$ are so related that each corresponds to every point in the other.* Every line incident with $a$ and $b$, therefore, is a line of the complex $\mathfrak{C}^0$, so that the latter may be defined as *the aggregate of all the linear congruences whose directrices are pairs of corresponding rays of the above homographic pencils* $(A_0)$ *and* $(B_0)$. Two of these pairs are the incident lines $a_2$, $b_1$, and $a_1$, $b_2$; hence every line in the planes $\gamma_1$ and $\gamma_2$ which they respectively determine belongs to the complex $\mathfrak{C}^0$, in short the latter has acquired, in addition to $\alpha$, $\beta$, $C_1$, $C_2$, the *ausgezeichnete* planes and points $\gamma_1$, $\gamma_2$, $A_0$, $B_0$ (art. 6). *The complex* $\mathfrak{C}^0$ *is thus recognised to be tetrahedral***; *the vertices and faces of the tetrahedron* $A_0 A_0 C_1 C_2$ *constituting its singular surface.* Since every complex-conic obviously touches these faces, and every complex-cone passes through these vertices, the well known property is at once deduced that every complex-line determines with the faces four points, and with the vertices four planes, which have a constant anharmonic ratio. *This property is shared by every singular line of the original complex* $\mathfrak{C}$, *since these lines are common to every complex of the pencil under consideration* (art. 35).

46. The complexes are also tetrahedral ones, though of a special kind, which are generated by the two correlations having the self-conjugate points $C_1$, $C_2$ for singular points (art. 42). The homographic pencils having these points for centres have a common ray $\overline{\alpha\beta} \equiv a_0 \equiv b_0$ to which correspond in the one correlation $a_1$ and $b_1$, in the other $a_2$ and $b_2$. Passing to the associated complexes $\mathfrak{C}'$, $\mathfrak{C}''$, generated by these correlations, it is easy to see that in $\mathfrak{C}'$ every complex-conic touches the planes $\alpha$, $\beta$ at points on the lines $a_1$, $b_1$, and every complex-cone touches these same lines at the points $C_1$, $C_2$; in the complex $\mathfrak{C}''$ the lines $a_2$, $b_2$ take the places of $a_1$, $b_1$. In both $\mathfrak{C}'$ and $\mathfrak{C}''$, as compared with the complex $\mathfrak{C}^0$ described in the last art., two faces of the tetrahedron coincide in each of the planes $\alpha$, $\beta$. *The singular surface*, in fact, *of each of the two complexes* $\mathfrak{C}'$, $\mathfrak{C}''$ *resolves itself into the degenerate quadric* ($\alpha$, $\beta$; $C_1$, $C_2$) *counted twice.****

47. The pencil of complexes described in art. 35 as having in common the congruence $\mathfrak{G}$ may, accordingly, be regarded as

* *Correlation of two planes*, loc. cit., p. 43, Art. 16.

** Reye, loc. cit., p. 116.

*** Weiler, loc. cit., Art. 14.

consisting of pairs in involution; the complexes of each pair have a common singular surface $S^2$, $(\alpha, \beta; c_1, c_2)$; $S^2$ being any quadric of the pencil $(a_1 a_2 b_1 b_2)$. The only two complexes of the pencil for which the lines of $\mathfrak{G}$ are proper singular lines (art. 38) are the double complexes $\mathfrak{C}$ and $\overline{\mathfrak{C}}$ of this involution. The pair having for common singular surface $(\alpha, \beta; C_1, C_2)$, twice counted, are the special tetrahedral complexes $\mathfrak{C}'$, $\mathfrak{C}''$ described in the last art.; and the pair for which the common singular surface is $(\gamma_1, \gamma_2; A_0, B_0)$, $(\alpha, \beta; C_1, C_2)$ consists of the ordinary tetrahedral complex $\mathfrak{C}^0$ described in art. 45, and the complex $\mathfrak{C}_0^{\,0}$ which breaks up into the two linear complexes described in art. 44.

## COMPLEXES GENERATED BY CORRELATIVE PLANES IN SPECIAL POSITIONS.

48. Hitherto no special positions, relative to one another, have been assigned to the correlated planes $\alpha$ and $\beta$. When this is done, however, special complexes and surfaces are generated, notwithstanding that the correlation between the two planes may retain its ordinary character. The three cases which most merit attention, and which shall now be briefly noticed, are *first,* when the self conjugate points $C_1$, $C_2$ coincide; *secondly* when the points $A_0$, $B_0$ lie in $\overline{\alpha\beta}$; and *thirdly* when the points $A_0$, $B_0$ coincide.

49. With respect to the first of these cases, I may observe that it follows from the analysis given in Notes $A$ and $B$ of my paper on « The degenerate forms of conics »,* that whatever the nature of the correlation may be between the planes $\alpha$, $\beta$, and no matter what lines $a_0$, $b_0$ may be selected for coincidence in $\overline{\alpha\beta}$, it is always possible so to place these two planes that the self-conjugate points $C_1$, $C_2$ therein shall be coincident. This being done the principal points $A_1, A_2, B_1, B_2$ of arts. 25 and 33 will all coincide with $C_1$ and $C_2$ in a point $C_0$; $A_0$ and $B_0$ alone remaining distinct. But the principal lines $a_1$ and $a_2$ being coincident in $\overline{A_0 C_0} \equiv a_{12}$, $b_1$ and $b_2$ in $\overline{B_0 C_0} \equiv b_{12}$, and the planes $\gamma_1$ and $\gamma_2$ with $(a_{12} b_{12}) \equiv \gamma_0$, it is evident that *every quadric $S^2$ of the pencil $(a_1 a_2 b_1 b_2)$ will degenerate, either to the doubled plane $\gamma_0$, bounded by a conic $s^2$ which touches $a_{12}$ and $b_{12}$ in $A_0$ and $B_0$, or to the doubled point $C_0$, bounded by a cone $\sigma^2$ which touches $\alpha$ and $\beta$ along the lines $a_{12}$ and $b_{12}$.* It is moreover obvious that the latter contingency will

* *Proc. of Lond. Math. Society,* 1869, vol. 2, p. 171.

occur only when the correlation is exceptional and has a pair of singular points coincident with $C_0$.

50. Assuming the correlation to be of an ordinary kind, every pair of incident conjugate lines $a$, $b$ thereof will determine upon $a_{12}$, $b_{12}$ a pair of corresponding points $A'$, $B'$ of two homographic rows, whose connector $\overline{A'B'}$ will be a tangent of the conic $s^2$ to which the quadric $S^2$ may be said to degenerate. The point of contact $P$ of the plane $(a\,b)$ with this quadric is, of course, identical with that of the line $\overline{A'B'}$, and the conic $s^2$. Through $P$, moreover, will pass, as usual, the proper singular line, of the generated complex $\mathbf{C}$, which is situated in the plane $(a\,b)$. This singular line, it will be remembered, connects the points $A$ and $B$ that correspond, respectively, to $b$ and $a$; which points constitute the point-pair to which the complex-conic in $(a\,b)$ reduces itself. Every (proper) complex-conic cuts, and every complex-cone touches the conic $s^2$ in two points; the complex-cones likewise touch $\overline{\alpha\,\beta}$ in $C_0$.

51. The above points $A$, $B$, it should be observed, are the intersections with $a$, $b$ of the lines $a'$, $b'$ which pass through $C_0$ and correspond, respectively, to $B'$, $A'$. When the tangent plane $(a, b)$ to $s^2$ turns round $\overline{A'B'}$, its points of contact $P$, as well as the lines $a'$, $b'$, remain unaltered; whilst the proper singular line $\overline{AB}$ of the complex describes a pencil with centre $P$ in the plane $(a, b)$. But this plane clearly envelopes one of the cones $\sigma^2$, alluded to in art. 49, when $A'$ and $B'$ describe the above mentionend homographic rows in $a_{12}$ and $b_{12}$; whence we conclude that *the congruence $\mathbf{G}$ of proper singular lines of the complex $\mathbf{C}$ under consideration has the conic $s^2$ for focal curve, and the cone $\sigma^2$ for focal surface.**

52. The singular surface of the complex $\mathbf{C}$, in the present case, breaks up into the planes $\alpha$, $\beta$ with the point $C_0$, counted twice, and into the plane $\gamma_0$, counted twice, and bounded by the conic $s^2$. The complex $\overline{\mathbf{C}}$ which has, with $\mathbf{C}$, the same congruence $\mathbf{G}$ of proper singular lines (art. 38) is generated by an exceptional correlation whose associated singular points coincide in $C_0$, and it possesses a singular surface which is composed of the same planes

* The singular surface of this complex $\mathbf{C}$ is correctly described by Weiler in art. 40 ($B$) of his Memoir (loc. cit., p. 194). He errs, however, in ascribing to its congruence $\mathbf{G}$ the *focal line* $\overline{A_0 B_0}$.

$\alpha$, $\beta$ together with the doubled point $C_0$, and of the cone $\dot{\sigma}^2$ together with its doubled vertex $C_0$. The comples lines of $\overline{\mathfrak{C}}$ fill the tangent planes of $\sigma^2$.

The congruence $\mathfrak{G}$, composed of the proper singular lines common to $\mathfrak{C}$ and $\overline{\mathfrak{C}}$, is a special form of the very interesting one described by Kummer in his Theorem XIV which I will here translate:*

« Excluding right lines which merely pass through the vertex of a given quadric cone, all those which touch that cone and at the same time cut a curve of the $n^{th}$ order, passing $n-2$ times through its vertex and twice touching it, form two different ray-systems (congruences) of the second order and $n^{th}$ class. » In our case $n=2$, and the plane of the curve (conic) passes through the vertex of the cone. The second congruence referred to in the theorem contains, in our case, the proper singular lines of the complex $\dot{\mathfrak{C}}$ associated with $\mathfrak{C}$ in the involution described in art. 41.

53. The second case of art. 48 presents itself whenever any two conjugate lines $a_0$, $b_0$ of the correlated planes $\alpha$, $\beta$, but not their corresponding points, are made to coincide with each other. The self-conjugate points $C_1$, $C_2$ now coincide, respectively, with $A_0$ and $B_0$, the principal points $A_0$, $A_1$, $B_2$, in fact, all coincide in $C_1$, and $B_0$, $B_1$, $A_2$ in $C_2$; whence it follows that the principal lines $a_0$, $a_1$, $b_0$, $b_1$ all coincide in $\overline{\alpha\beta}$, although $a_2$ and $b_2$ may still retain arbitrary positions through $C_1$ and $C_2$ respectively. We at once infer that *the quadric $S^2$ generated by the correlated planes is a hyperboloid of which $a_2$ and $b_2$ are directrices and $\overline{\alpha\beta}$ a generator; and further that the pencil of quadrics $(a_1 a_2 b_1 b_2)$ of arts.* 41 *and* 47, *consists of hyperboloids having contact with each other along the common generator $\overline{\alpha\beta}$*. The two plane-pairs included in this pencil coincide, of course, with $(\alpha, \beta)$.

54. The complex-conics and cones possess no special features, and the proper singular lines of the complex constitute in the present, as in the general, case an irreducible congruence $\mathfrak{G}$, of the second order and class, whose focal surface breaks up into two quadrics $S^2$ and $\overline{S^2}$. But the latter being now hyperboloids, having contact along their common generator $\overline{\alpha\beta}$, the congruence (4, 4) formed by their common tangents breaks up into the congruence $\mathfrak{G}$ above mentioned, and the *special linear congruence*, *counted twice*,

* Kummer, loc. cit. p. 34.

*which consists of those common tangents of* $S^2$ *and* $\overline{S}^2$ *whose points of contact lie in* $\overline{\alpha\beta}$. With this latter congruence coincides each of the two $G_0$, $G_4$ described in arts. 30 and 32, as well as one of the two described in art. 31, — namely the one, denoted by $G_1$, whose doubled directrices $a_1$ and $\dot{b}_1$ are now coincident with each other in $\overline{\alpha\beta}$.

55. It is, in fact, with reference to the system of complexes having a common singular surface (art. 41) that the general theory suffers most modification in the present instance. *This singular surface is composed of the hyperboloid* $S^2$, *the two tangent planes* $\alpha$, $\beta$ *thereof, which intersect in the generator* $\overline{\alpha\beta}$, *and the points of contact* $C_1$, $C_2$ *of these planes.* The system of complexes, as already explained, consist of pairs in involution, those complexes $C$, $\dot{C}$ being paired whose congruences $G$, $\dot{G}$ of proper singular lines together include all tangents common to $S^2$, and any other hyperboloid $\overline{S}^2$ of the pencil $(a_1 a_2 b_1 b_2)$. *The proper singular lines of each of the double complexes of the involution, as well as of one of the complexes of every pair, form the doubled linear congruence described at the end of the last art.*

56. I may add that of the three tetrahedral complexes described in arts. 45 and 46, the one $C''$, that is generated by the correlation which has $A_1$ and $\dot{B}_1$ for associated singular points, retains its special form (art. 46); a second $C^0$, generated by the correlation whose singular points are $A_0$ and $B_0$, coincides with $C''$; and the third $C'$, generated by the correlation whose singular points are $A_2$ and $B_2$, degenerates still farther into two linear complexes one of which is special, having $\overline{\alpha\beta}$ for directrix. These are the complexes which by art. 47 have for common congruence the one whose lines are the proper singular lines of the more general complex $C$.*

57. We arrive lastly at the third case of art. 48. It presents itself whenever two conjugate lines $a_0$, $b_0$ of the correlated planes $\alpha$, $\beta$, as well as their corresponding points $B_0$, $A_0$, are brought to coincidence.

In one and the same point $C_0$ coincide now, in fact, not only the points $A_0$, $B_0$, but also the self-conjugate points $C_1$, $C_2$,

* The complex $C$ which forms the subject of the last four arts, is given by Weiler in art. 20 of his Memoir. The complex-conics and complex-cones, however, are there inaccurately described as having contact with the hyperboloid $S^2$ *at points on its generator* $\overline{\alpha\beta}$.

and, with them, the principal points $A_1$, $A_2$, $B_1$, $B_2$; moreover all six principal lines $a_0$, $a_1$, $a_2$, $b_0$, $b_1$, $b_2$ are likewise coincident with one another in $\overline{\alpha\beta}$. We at once infer that *every quadric of the pencil* $(a_1\, a_2\, b_1\, b_2)$ *degenerates either to a doubled plane* $\gamma_0$, *through* $\overline{\alpha\beta}$, *bounded by a conic* $S^2$ *which touches* $\overline{\alpha\beta}$ *at* $C_0$, *or to a doubled point* $C_0$, *regarded as the vertex of a cone which, touching* $\alpha$ *and* $\beta$ *along the line* $\overline{\alpha\beta}$, *necessarily reduces itself to a line-pair, of which one constituent is* $\overline{\alpha\beta}$, *whilst the position of the other* $c_0$ *varies with the correlation existing between* $\alpha$ *and* $\beta$, *which latter has necessarily two singular points coincident in* $C_0$.

58. The correlation being of an ordinary kind, every pair of conjugate lines $a$, $b$, passing through a given point $C'$ on $\overline{\alpha\beta}$, will be corresponding rays of two concentric homographic pencils; and since the rays of one such pair obviously coincide in $\overline{\alpha\beta}$, the plane $(a\, b)$ of every other pair will necessarily pass through a fixed axis $s$. This is, in fact, a generator of the quadric $S^2$ and therefore a tangent to the conic $s^2$ to which that quadric may be said degenerate. To the given point $C'$ correspond, in the assumed correlation, two lines $a'$ and $b'$ passing through $C_0$; they intersect each pair of lines $a$, $b$ in the points $A$ and $B$ which correspond, respectively, to $b$ and $a$, and their connector $\overline{AB}$, which is a proper singular line of the complex $\mathfrak{C}$ generated by the correlation, will clearly intersect $s$ at the point $P$ of contact of the plane $(a\, b)$ with the quadric $S^2$, that is to say of the line $s$ with the conic $s^2$. Hence *each point* $P$ *of the conic* $s^2$ *is the centre of a pencil, in the plane* $(a', b')$, *of proper singular lines belonging to the congruence* $\mathfrak{G}$.

59. But when $C'$ moves along $\overline{\alpha\beta}$ its corresponding lines $a'$, $b'$ describe homographic pencils, and when $C'$ reaches $C_0$ two corresponding rays of these pencils coincide in $\overline{\alpha\beta}$; hence *the planes* $(a'\, b')$ *all pass through a fixed axis* $c_0$, *with which every proper singular line is necessarily incident.*

This axis $c_0$ and the intersection $\overline{\alpha\beta}$ constitute one of the degenerate cones referred to in art. 57; it is generated by an exceptional correlation having its associated singular points coincident in $C_0$; it forms with $(\alpha, \beta; C_0 C_0)$ the singular surface of the complex $\overline{\mathfrak{C}}$ which has, in common with $\mathfrak{C}$, one and the same congruence $\mathfrak{G}$ of proper singular lines (art. 38).

It may be added in conclusion, that *this congruence* $\mathfrak{G}$ *breaks up into an irreducible congruence* (1, 2), *and a congruence* (1, 0);

*since it has for focal curves the conic* $s^2$, *and the line* $c_0$ *which is incident with* $s^2$ *as the point* $C_0$.*

60. The complexes considered in the foregoing arts. may be generated by a second, and equally fruitful method. The latter being derivable from the former by the Principle of Duality, however, a simple enunciation of the following theorem will suffice:

*The intersections of a pair of conjugate planes, in two correlative pencils* $(A)$ *and* $(B)$, *form a complex of the second degree whose singular surface breaks up into,* 1° *the two centres* $A$, $B$ *of the pencils,* 2° *the two self-conjugate planes* $\gamma_1$, $\gamma_2$ *and* 3° *the quadric* $S^2$ *locus of the intersections of pairs of incident conjugate lines.* The two first constituents are « *ausgezeichnete* » points and planes of the complex, and the third is touched by all the proper singular lines of the complex, which latter present themselves as intersections of the pairs of planes which correspond to incident conjugate lines.

Greenwich, July 1879.

---

* The complex $C$ considered in the last two arts. is identical with that briefly described by Weiler in art. 45 $(A)$ of his Memoir (loc. cit., p. 198).

# *NOTA*

# SOPRA ALCUNI IPERBOLOIDI

## ANNESSI ALLA CUBICA GOBBA

DI

**ENRICO D'OVIDIO**

*Professore nella R. Università di Torino.*

---

La presente *Nota* comincia col richiamare sommariamente le notazioni e formole fondamentali da me adoperate nello *Studio sulle cubiche gobbe* (presentato all'Accademia di Torino il 9 marzo 1879); nel quale trovansi svolte le principali fra le già conosciute, ed altre forse nuove, proprietà delle cubiche gobbe, mediante la notazione simbolica delle forme binarie.

Segue immediatamente la trattazione di alcuni fasci e di alcune schiere di superficie di 2.° grado, che si presentano nella teoria delle cubiche gobbe. Fra tali superficie spicca l'iperboloide individuato da tre corde di una cubica gobba; del quale è caso particolare notevole l'iperboloide per tre tangenti della cubica, già studiato dal chiarissimo prof. BELTRAMI (*Rendiconti* dell'Istituto lombardo, serie II, volume I).

1. Una cubica gobba è il luogo di un punto $\lambda$, le cui coordinate omogenee possano assumersi come assegnate funzioni cubiche di un parametro $\lambda_1 : \lambda_2$ variabile col punto $\lambda$: ossia simbolicamente

$$x_1 = (a_1 \lambda_1 + a_2 \lambda_2)^3 = a_\lambda^3 = a'^3_\lambda = \ldots,$$

$$x_2 = b_\lambda^3 = \ldots, \quad x_3 = c_\lambda^3 = \ldots, \quad x_4 = d_\lambda^3 = \ldots;$$

sicchè sarà

$$0 = a_\lambda^3 \xi_1 + b_\lambda^3 \xi_2 + c_\lambda^3 \xi_3 + d_\lambda^3 \xi_4 = p_\lambda^3 = p'^3_\lambda = \ldots$$

l'equazione del punto $\lambda$ in coordinate di piani $\xi_1\ \xi_2\ \xi_3\ \xi_4$.

La cubica è gobba quando non è nullo l'invariante

$$\Delta = (a\,b)\,(a\,c)\,(a\,d)\,(b\,c)\,(b\,d)\,(c\,d)$$
$$= -\frac{1}{3}\{(a\,b)^3\,(c\,d)^3 + (a\,c)^3\,(d\,b)^3 + (a\,d)^3\,(b\,c)^3\}.$$

Allora, introducendo accanto alle quattro forme $a_\lambda^3\;b_\lambda^3\;c_\lambda^3\;d_\lambda^3$ le seguenti, che ne sono covarianti:

$$\begin{cases} A_\lambda^3 = \phantom{-}(b\,c)\,(b\,d)\,(c\,d)\,b_\lambda c_\lambda d_\lambda = -\frac{1}{3}\{(b\,c)^3\,d_\lambda^3 + (c\,d)^3\,b_\lambda^3 + (d\,b)^3\,c_\lambda^3\} \\ B_\lambda^3 = -(a\,c)\,(a\,d)\,(c\,d)\,a_\lambda c_\lambda d_\lambda = \phantom{-}\frac{1}{3}\{(c\,d)^3\,a_\lambda^3 + (d\,a)^3\,c_\lambda^3 + (a\,c)^3\,d_\lambda^3\} \\ C_\lambda^3 = \phantom{-}(a\,b)\,(a\,d)\,(b\,d)\,a_\lambda b_\lambda d_\lambda = -\frac{1}{3}\{(d\,a)^3\,b_\lambda^3 + (a\,b)^3\,d_\lambda^3 + (b\,d)^3\,a_\lambda^3\} \\ D_\lambda^3 = -(a\,b)\,(a\,c)\,(b\,c)\,a_\lambda b_\lambda c_\lambda = \phantom{-}\frac{1}{3}\{(a\,b)^3\,c_\lambda^3 + (b\,c)^3\,a_\lambda^3 + (c\,a)^3\,b_\lambda^3\}, \end{cases}$$

sarà

$$0 = A_\lambda^3\,x_1 + B_\lambda^3\,x_2 + C_\lambda^3\,x_3 + D_\lambda^3\,x_4 = P_\lambda^3 = P'^3_\lambda = \ldots$$

l'equazione del piano osculatore nel punto $\lambda$ (*piano* $\lambda$). E sarà

$$0 = A_\lambda\,A_\mu\,A_\nu\,x_1 + \ldots = P_\lambda\,P_\mu\,P_\nu$$

l'equazione del piano pe' tre punti $\lambda\;\mu\;\nu$, e

$$0 = a_\lambda\,a_\mu\,a_\nu\,\xi_1 + \ldots = p_\lambda\,p_\mu\,p_\nu$$

l'equazione del punto comune ai tre piani $\lambda\;\mu\;\nu$. Onde in particolare le

$$0 = A_\lambda^2\,A_\mu\,x_1 + \ldots = P_\lambda^2\,P_\mu$$
$$0 = a_\lambda^2\,a_\mu\,\xi_1 + \ldots = p_\lambda^2\,p_\mu$$

rappresentano rispettivamente: un piano per la *retta* $\lambda$ (tangente alla cubica nel punto $\lambda$, e generatrice giacente nel piano $\lambda$ della sviluppabile osculatrice della cubica), e un punto della retta $\lambda$ medesima.

2. Gli Hessiani delle forme $P_\lambda^3$, $p_\lambda^3$:

$$Q_\lambda^2 = (PP')^2\,P_\lambda P'_\lambda = (A\,A')^2\,A_\lambda A'_\lambda x_1^2 + \ldots + 2\,(A\,B)^2\,A_\lambda B_\lambda x_1 x_2 + \ldots$$
$$q_\lambda^2 = (p\,p')^2\,p_\lambda p'_\lambda = (a\,a')^2\,a_\lambda\,a'_\lambda\,\xi_1^2 + \ldots + 2\,(a\,b)^2\,a_\lambda\,b_\lambda\,\xi_1\,\xi_2 + \ldots,$$

eguagliati a zero, quando $\lambda_1 : \lambda_2$ è fisso rappresentano rispettivamente: il cono circoscritto dal punto $\lambda$ alla cubica (*cono* $\lambda$), e la conica traccia della sviluppabile sul piano $\lambda$ (*conica* $\lambda$ *iscritta* nella sviluppabile.)

I discriminanti di $P_\lambda^3$, $p_\lambda^3$, od anche di $Q_\lambda^2$, $q_\lambda^2$:

$$\Sigma = (Q\,Q')^2 = (P\,P')^2\,(P''\,P''')^2\,(P\,P'')\,(P'\,P''') = \ldots$$
$$\sigma = (q\,q')^2 \;= (p\,p')^2\,(p''\,p''')^2\,(p\,p'')\,(p'\,p''') \;= \ldots,$$

eguagliati a zero rappresentano rispettivamente: la sviluppabile di 3ª classe e 4° ordine osculatrice della cubica, e la cubica gobba.

Se $\lambda_1' : \lambda_2'$ e $\lambda_1'' : \lambda_2''$ sono le radici della equazione quadratica

$$0 = v_\lambda^2 = (\lambda\lambda')(\lambda\lambda''),$$

le

$$0 = (Q v)^2 = (PP')^2 (Pv)(P'v) = Q_{\lambda'} Q_{\lambda''} = (PP')^2 P_{\lambda'} P'_{\lambda''} = \ldots$$

$$0 = (q v)^2 = (p p')^2 (p v)(p' v) = q_{\lambda'} q_{\lambda''} = (p p')^2 p_{\lambda'} p'_{\lambda''} = \ldots$$

rappresentano due iperboloidi passanti per entrambe le rette $\lambda' \lambda''$, e l'uno circoscritto alla cubica, l'altro iscritto nella sviluppabile. Sul primo le rette del sistema delle $\lambda' \lambda''$ secano la cubica in coppie di punti costituenti un'involuzione di cui sono $\lambda' \lambda''$ i punti doppî; e sul secondo le rette del sistema delle $\lambda' \lambda''$ godono la proprietà di trovarsi ciascuna in due piani della sviluppabile, le quali coppie di piani costituiscono sulla sviluppabile un'involuzione di cui sono $\lambda' \lambda''$ i piani doppî. Gl'iperboloidi circoscritti alla cubica costituiscono una rete, e ciascuno corrisponde ad una delle $\infty^2$ coppie di rette $\lambda' \lambda''$ od anche a una delle $\infty^2$ involuzioni quadratiche di punti possibili sulla cubica; gl'iperboloidi iscritti nella sviluppabile formano un sistema lineare, $\infty^2$, ecc.

3. Detta *corda* $\lambda\mu$ della cubica la retta pe' punti $\lambda$ $\mu$, e *asse* $\lambda\mu$ della sviluppabile la retta ne' piani $\lambda$ $\mu$; le equazioni

$$0 = Q_\lambda^2 \qquad 0 = q_\lambda^2,$$

quando il punto $x(x_1 x_2 x_3 x_4)$ e il piano $\xi(\xi_1 \xi_2 \xi_3 \xi_4)$ son dati, determinano i parametri dell'unica corda per $x$ e dell'unico asse in $\xi$.

I piani per una corda o tangente variabile della cubica e per quattro punti fissi $\lambda \lambda' \lambda'' \lambda'''$ hanno lo stesso rapporto anarmonico, che dicesi *rapporto anarmonico dei quattro punti* $\lambda \lambda' \lambda'' \lambda'''$. E i punti d'incontro di un asse o di una generatrice variabile della sviluppabile con quattro piani fissi $\lambda \lambda' \lambda'' \lambda'''$ hanno uno stesso rapporto anarmonico, che dicesi *rapporto anarmonico dei quattro piani* $\lambda \lambda' \lambda'' \lambda'''$. L'uno e l'altro rapporto è $\dfrac{(\lambda\lambda'')}{(\lambda'\lambda'')} : \dfrac{(\lambda\lambda''')}{(\lambda'\lambda''')}$.

4. I due sistemi di forme

$$a_\lambda^3 \; b_\lambda^3 \; c_\lambda^3 \; d_\lambda^3 \qquad A_\lambda^3 \; B_\lambda^3 \; C_\lambda^3 \; D_\lambda^3$$

introdotti nei calcoli, fanno pienamente riscontro alla nota dualità che si può stabilire fra gli elementi punto e piano dello spazio mediante la cubica gobba, in virtù del teorema: che il punto comune ai tre piani osculanti la cubica nei tre punti in cui un piano la seca, giace in questo piano (*fuoco e piano focale*). Infatti: a ogni punto corrisponde un piano per esso (il focale), e ad ogni piano un punto in esso (il fuoco); onde il punto $0 = p_\lambda p_\mu p_\nu$ e il piano $0 = P_\lambda P_\mu P_\nu$ sono corrispondenti, come pure il punto $\lambda$ e il piano $\lambda$ ($0 = p_\lambda^3$ e $0 = P_\lambda^3$). A ogni retta-raggio corrisponde una retta-asse, e sono reciproche; per esempio, alla corda $\lambda\mu$ è reciproco l'asse $\lambda\mu$. Le $\infty^3$ rette reciproche di sè stesse (fra cui le rette $\lambda$) fanno fascio in ciascun piano intorno al fuoco, e formano un complesso lineare

$$0 = (AB)^3 z_{12} + (AC)^3 z_{13} + (AD)^3 z_{14} + (BC)^3 z_{23} + (BD)^3 z_{24} + (CD)^3 z_{34}$$
$$= (ab)^3 \zeta_{12} + (ac)^3 \zeta_{13} + (ad)^3 \zeta_{14} + (bc)^3 \zeta_{23} + (bd)^3 \zeta_{24} + (cd)^3 \zeta_{34};$$

e sono equianarmoniche le quaderne di punti in cui secano la sviluppabile, come pure le quaderne di piani condotti per esse a toccar la cubica.

5. La corrispondenza accennata fra le forme $a_\lambda^3\, b_\lambda^3\, c_\lambda^3\, d_\lambda^3$ e le $A_\lambda^3\, B_\lambda^3\, C_\lambda^3\, D_\lambda^3$ spicca ancora nelle seguenti identità:

$$(aA)^3 = (bB)^3 = (cC)^3 = (dD)^3 = \Delta;$$
$$0 = (aB)^3 = (bA)^3 = (aC)^3 = (cA)^3 = (aD)^3 = (dA)^3$$
$$= (bC)^3 = (cB)^3 = (bD)^3 = (dB)^3 = (cD)^3 = (dC)^3,$$

$$\begin{cases} -3(AB)^3 = \Delta(cd)^3, & -3(AC)^3 = \Delta(db)^3, & -3(AD)^3 = \Delta(bc)^3, \\ -3(CD)^3 = \Delta(ab)^3, & -3(DB)^3 = \Delta(ac)^3, & -3(BC)^3 = \Delta(ad)^3; \end{cases}$$

$$\frac{1}{9}\Delta^2 = (AB)(AC)(AD)(BC)(BD)(CD)$$
$$= -\frac{1}{3}\{(AB)^3(CD)^3 + (AC)^3(DB)^3 + (AD)^3(BC)^3\};$$

$$\begin{cases} -\frac{1}{9}\Delta^2 a_\lambda^3 = (BC)(BD)(CD)B_\lambda C_\lambda D_\lambda \\ \qquad = -\frac{1}{3}\{(BC)^3 D_\lambda^3 + (CD)^3 B_\lambda^3 + (DB)^3 C_\lambda^3\} \\ \frac{1}{9}\Delta^2 b_\lambda^3 = (AC)(AD)(CD)A_\lambda C_\lambda D_\lambda \\ \qquad = -\frac{1}{3}\{(CD)^3 A_\lambda^3 + (DA)^3 C_\lambda^3 + (AC)^3 D_\lambda^3\} \\ -\frac{1}{9}\Delta^2 c_\lambda^3 = (AB)(AD)(BD)A_\lambda B_\lambda D_\lambda \\ \qquad = -\frac{1}{3}\{(DA)^3 B_\lambda^3 + (AB)^3 D_\lambda^3 + (BD)^3 A_\lambda^3\} \\ \frac{1}{9}\Delta^2 d_\lambda^3 = (AB)(AC)(BC)A_\lambda B_\lambda C_\lambda \\ \qquad = -\frac{1}{3}\{(AB)^3 C_\lambda^3 + (BC)^3 A_\lambda^3 + (CA)^3 B_\lambda^3\}; \end{cases}$$

$$a_\lambda^3 A_{\lambda'}^3 + C_\lambda^3 B_{\lambda'}^3 + c_\lambda^3 C_{\lambda'}^3 + d_\lambda^3 D_{\lambda'}^3 = \Delta(\lambda\lambda')^3,$$
$$a_\lambda a_\mu a_\nu A_{\lambda'} A_{\mu'} A_{\nu'} + \ldots = \Delta \,.\, \Sigma(\lambda\lambda')(\mu\mu')(\nu\nu')$$

(la somma $\Sigma$ estendendosi alle permutazioni di $\lambda' \mu' \nu'$);

$$a_\lambda^3 (Au)^3 + \ldots = - \{(a u)^3 A_\lambda^3 + \ldots\} = - \Delta u_\lambda^3$$

(indicando con $u_\lambda^3 = u_\lambda'^3 = \ldots$ una forma cubica). Ecc.

6. Terminiamo questo rapido cenno delle formole di cui ci occorrerà far uso, col notarne alcune altre relative a un sistema di tre forme quadratiche

$$l_\lambda^2 = l'_\lambda{}^2 = \ldots, m_\lambda^2 = \ldots, n_\lambda^2 = \ldots$$

Posto

$$\begin{cases} L_\lambda^2 = (mn)\, m_\lambda\, n_\lambda = \text{Jacobiano}\,(m_\lambda^2, n_\lambda^2) = \begin{vmatrix} \lambda_2^2 & -\lambda_2\lambda_1 & \lambda_1^2 \\ m_1^2 & m_1 m_2 & m_2^2 \\ n_1^2 & n_1 n_2 & n_2^2 \end{vmatrix} \\ M_\lambda^2 = (nl)\, n_\lambda\, l_\lambda = \ldots \\ N_\lambda^2 = (lm)\, l_\lambda\, m_\lambda = \ldots \end{cases}$$

e

$$\delta = -(mn)(nl)(lm);$$

si ha

$$(Ll)^2 = (Mm)^2 = (Nn)^2 = \delta,$$

$$(Lm)^2 = (Mn)^2 = (Nl)^2 = (lM)^2 = (mN)^2 = (nL)^2 = 0;$$

$$l_\lambda^2 L_{\lambda'}^2 + m_\lambda^2 M_{\lambda'}^2 + n_\lambda^2 N_{\lambda'}^2 = \delta (\lambda\lambda')^2,$$

$$l_\lambda l_\mu L_{\lambda'} L_{\mu'} + \ldots = \delta \{(\lambda\lambda')(\mu\mu') + (\lambda\mu')(\mu\lambda')\},$$

$$\begin{cases} \delta\, l_\lambda^2 = (ll')^2 L_\lambda^2 + (lm)^2 M_\lambda^2 + (ln)^2 N_\lambda^2 \\ \delta\, m_\lambda^2 = (ml)^2 L_\lambda^2 + (mm')^2 M_\lambda^2 + (mn)^2 N_\lambda^2 \\ \delta\, n_\lambda^2 = (nl)^2 L_\lambda^2 + (nm)^2 M_\lambda^2 + (nn')^2 N_\lambda^2, \end{cases}$$

$$\begin{cases} \delta\, L_\lambda^2 = (LL')^2 l_\lambda^2 + (LM)^2 m_\lambda^2 + (LN)^2 n_\lambda^2 \\ \delta\, M_\lambda^2 = (ML)^2 l_\lambda^2 + (MM')^2 m_\lambda^2 + (MN)^2 n_\lambda^2 \\ \delta\, N_\lambda^2 = (NL)^2 l_\lambda^2 + (NM)^2 m_\lambda^2 + (NN')^2 n_\lambda^2, \end{cases}$$

$$-(MN)(NL)(LM) = \frac{1}{2}\delta^2,$$

$$\begin{cases} \frac{1}{2}\delta\, l_\lambda^2 = (MN)\, M_\lambda N_\lambda \\ \frac{1}{2}\delta\, m_\lambda^2 = (NL)\, N_\lambda L_\lambda \\ \frac{1}{2}\delta\, n_\lambda^2 = (LM)\, L_\lambda M_\lambda, \end{cases}$$

$$(LL')^2 = (mn)\,(L'm)\,(L'n)$$

$$= \frac{1}{2}(mn)\,(m'n')\,\{(mm')\,(nn') + (mn')\,(nm')\}$$

$$= \frac{1}{2}\{(mm')^2 \,.\, (nn')^2 - \overline{(mn)^2}^2\}$$

. . . . . . . . . . . . . . . .

$$(MN)^2 = \frac{1}{2}(nl)\,(l'm')\,\{(nl')\,(lm') + (nm')\,(ll')\}$$

$$= \frac{1}{2}\{(nl)^2 \,.\, (l'm)^2 - (mn)^2 \,.\, (ll')^2\}$$

. . . . . . . . . . . . . . . .

7. Premesse queste varie spiegazioni, passiamo ora ad occuparci della questione speciale che forma l'argomento della presente nota.

Sieno dati sulla cubica gobba tre coppie di punti $\alpha\ \alpha'$, $\beta\ \beta'$, $\gamma\ \gamma'$. Esse dànno luogo a tre fasci d'iperboloidi, cioè: 1.° il fascio d'iperboloidi passanti per le due corde $\alpha\alpha'\ \beta\beta'$ e pe' punti $\gamma\ \gamma'$ (e quindi per le due rette che passano rispettivamente pe' punti $\gamma\ \gamma'$ e si appoggiano alle corde $\alpha\alpha'\ \beta\beta'$), 2.° il fascio per le corde $\beta\beta'\ \gamma\gamma'$ e pe' punti $\alpha\ \alpha'$, 3.° il fascio per le corde $\gamma\gamma'\ \alpha\alpha'$ e pe' punti $\beta\ \beta'$, Consideriamo il primo di questi fasci.

Ogni iperboloide del fascio contiene le quattro rette comuni alle due coppie di piani

$$0 = P_\alpha P_{\alpha'} P_\gamma \qquad 0 = P_\beta P_{\beta'} P_{\gamma'}, \qquad 0 = P_\alpha P_{\alpha'} P_{\gamma'} \qquad 0 = P_\beta P_{\beta'} P_\gamma,$$

onde la sua equazione sarà

$$0 = k_1 \,.\, P_\alpha P_{\alpha'} P_\gamma \,.\, P'_\beta P'_{\beta'} P'_{\gamma'} + k_2 \,.\, P_\alpha P_{\alpha'} P_{\gamma'} \,.\, P'_\beta P'_{\beta'} P'_\gamma$$

$$= P_\alpha P_{\alpha'} P'_\beta P'_{\beta'} \,(k_1 P_\gamma P'_{\gamma'} + k_2 P_{\gamma'} P'_\gamma)\,.$$

Per meglio trasformare questa equazione, supponiamo che i parametri delle tre coppie di punti $\alpha\ \alpha'$, $\beta\ \beta'$, $\gamma\ \gamma'$ siano determinati dalle tre equazioni

$$0 = l_\lambda^2 \qquad 0 = m_\lambda^2 \qquad 0 = n_\lambda^2,$$

ossia poniamo

$$l_\lambda^2 = (\lambda\alpha)\,(\lambda\alpha') \qquad m_\lambda^2 = (\lambda\beta)\,(\lambda\beta') \qquad n_\lambda^2 = (\lambda\gamma)\,(\lambda\gamma'):$$

allora la precedente equazione diviene

$$0 = (Pl)^2\,(P'm)^2\,\{k_1 P_\gamma P'_{\gamma'} + k_2 P_{\gamma'} P'_\gamma\};$$

e poichè
$$P_\gamma P'_{\gamma'} - P_{\gamma'} P'_\gamma = (PP')\,(\gamma\gamma'),$$

$$0 = (Pl)^2\,(P'm)^2\,\{k_1(\gamma\gamma')(PP') + (k_1 + k_2)\,P_{\gamma'} P'_\gamma\};$$

e potendosi scambiare simultaneamente $\gamma$ con $\gamma'$ e $k_1$ con $k_2$,

$$0 = (Pl)^2 (P'm)^2 \{k_2 (\gamma'\gamma)(PP') + (k_1 + k_2) P_\gamma P'_{\gamma'}\};$$

e sommando le due ultime,

$$0 = (Pl)^2 (P'm)^2 \{(k_1 - k_2)(\gamma\gamma')(PP') + (k_1 + k_2)(P_\gamma P'_{\gamma'} + P_{\gamma'} P'_\gamma)\};$$

e poichè

$$2 n_\lambda n_\mu = (\lambda\gamma)(\mu\gamma') + (\lambda\gamma')(\mu\gamma) \text{ onde } 2(Pn)(P'n) = P_\gamma P'_{\gamma'} + P_{\gamma'} P'_\gamma,$$

$$\begin{aligned}
0 &= (Pl)^2 (P'm)^2 \{(k_1 - k_2)(\gamma\gamma')(PP') + 2(k_1 + k_2)(Pn)(P'n)\} \\
&= (P'l)^2 (Pm)^2 \{(k_1 - k_2)(\gamma\gamma')(P'P) + 2(k_1 + k_2)(P'n)(Pn)\} \\
&= \frac{1}{2}(k_1 - k_2)(\gamma\gamma')(PP')\{(Pl)^2 (P'm)^2 - (P'l)^2 (Pm)^2\} \\
&\quad + (k_1 + k_2)\{(Pl)^2 (P'm)^2 + (P'l)^2 (Pm)^2\}(Pn)(P'n) \\
&= \frac{1}{2}(k_1 - k_2)(\gamma\gamma')(PP')\{(Pl)(P'm) - (P'l)(Pm)\}\{(Pl)(P'm) + (P'l)(Pm)\} \\
&\quad + (k_1 + k_2)\{(Pl)(P'm) - (P'l)(Pm)\}^2 (Pn) P'n) \\
&\quad + 2(k_1 + k_2)(Pl)(P'l)(Pm)(P'm)(Pn)(P'n) \\
&= \frac{1}{2}(k_1 - k_2)(\gamma\gamma')(PP')^2 (lm)\{(Pl)(P'm) + (P'l)(Pm)\} \\
&\quad + (k_1 + k_2)(lm)^2 (PP')^2 (Pn)(P'n) \\
&\quad + 2(k_1 + k_2)(Pl)(P'l)(Pm)(P'm)(Pn)(P'n);
\end{aligned}$$

e infine, osservando che dalla $Q_\gamma^2 = (PP')^2 P_\gamma P'_\gamma$ si trae

$$(Qn)^2 = (PP')^2 (Pn)(P'n), \quad (QN)^2 = (PP')^2 (lm)\{(Pl)(P'm) + (P'l)(Pm)\},$$

e ponendo per brevità

$$R = (Pl)(P'l)(Pm)(P'm)(Pn)(P'n),$$

si ottiene l'equazione

$$0 = (k_1 - k_2)(\gamma\gamma')(QN)^2 + (k_1 + k_2)(lm)^2 (Qn)^2 + 2(k_1 + k_2) R$$

per un iperboloide qualunque del fascio.

8. Consideriamo alcuni fra questi iperboloidi:

Per $k_1 : k_2 = \infty$ si ha la coppia de' piani $\alpha\alpha'\gamma$ $\beta\beta'\gamma'$; la cui equazione può dunque scriversi così:

$$\begin{aligned}
0 &= (Pl)^2 (P'm)^2 P_\gamma P'_{\gamma'} \\
&= \frac{1}{2}(Pl)^2 (P'm)^2 \{-(\gamma\gamma')(PP') + 2(Pn)(P'n)\} \\
&= -\frac{1}{2}(\gamma\gamma')(QN)^2 + \frac{1}{2}(lm)^2 (Qn)^2 + R.
\end{aligned}$$

Per $k_1 : k_2 = 0$ si ha la coppia di piani $\alpha\alpha'\gamma'$ $\beta\beta'\gamma$; la cui equazione sarà

$$\begin{aligned} 0 &= (Pl)^2 (P'm)^2 P_{\gamma'} P'_{\gamma} \\ &= \frac{1}{2}(Pl)^2 (P'm)^2 \{(\gamma\gamma')(PP') + 2(Pn)(P'n)\} \\ &= \frac{1}{2}(\gamma\gamma')(QN)^2 + \frac{1}{2}(lm)^2 (Qn)^2 + R. \end{aligned}$$

Per $k_1 : k_2 = -1$ si ha

$$0 = (QN)^2,$$

che rappresenta quell'iperboloide del fascio che è circoscritto alla cubica; esso corrisponde a quella involuzione quadratica di punti sulla cubica in cui $\alpha\,\alpha'$, $\beta\,\beta'$ sono due coppie di punti coniugati, mentre la $0 = N_\lambda^2$ determina i due punti doppî.

Per $k_1 : k_2 = 1$ si ha

$$\begin{aligned} 0 &= (Pl)^2 (P'm)^2 (P_\gamma P'_{\gamma'} + P_{\gamma'} P'_\gamma) \\ &= 2\,(Pl)^2 (P'm)^2 (Pn)\,P'n) \\ &= (lm)^2 (Qn)^2 + 2R, \end{aligned}$$

di cui ci occuperemo tra breve.

9. Per ottenere l'equazione dell'iperboloide che ha per generatrici le tre corde della cubica $\alpha\alpha'$ $\beta\beta'$ $\gamma\gamma'$, basta cercare fra gli iperboloidi del fascio di cui è parola quello che contiene un punto qualunque della retta $\gamma\gamma'$, cioè $0 = k_1' p_\gamma^3 + k_2' p^3_{\gamma'}$.

Essendo (§ 5)

$$\begin{aligned} (Al)^2 A_\gamma (k_1' a_\gamma^3 + k_2' a_{\gamma'}^3) \quad + \ldots &= \{(Al)^2 A_\gamma a_\gamma^3 + \ldots\} k_1' \\ &\quad + \{(Al)^2 A_\gamma a_{\gamma'}^3 + \ldots\} k_2' \\ &= \Delta\,(\gamma'\gamma)\, l_{\gamma'}^2 \,.\, k_2' \\ (Al)^2 A_{\gamma'} (k_1' a_\gamma^3 + k_2' a_{\gamma'}^3) \quad + \ldots &= \Delta\,(\gamma\gamma')\, l_{\gamma}^2 \,.\, k_1' \\ (A'm)^2 A'_{\gamma'} (k_1' a'^3_\gamma + k_2' a'^3_{\gamma'}) + \ldots &= \Delta\,(\gamma'\gamma)\, m_{\gamma'}^2 \,.\, k'_2 \\ (A'm)^2 A'_\gamma (k_1' a'^3_\gamma + k_2' a'^3_{\gamma'}) + \ldots &= \Delta\,(\gamma\gamma')\, m_\gamma^2 \,.\, k'_2, \end{aligned}$$

avremo la condizione

$$0 = k_1\, l_{\gamma'}^2\, m_\gamma^2 + k_2\, l_\gamma^2\, m_{\gamma'}^2,$$

onde

$$k_1 : k_2 = l_{\gamma'}^2\, m_\gamma^2 : -\, l_\gamma^2\, m_{\gamma'}^2,$$

e

$$\begin{aligned} k_1 + k_2 : k_1 - k_2 &= l_\gamma^2\, m_{\gamma'}^2 - l_{\gamma'}^2\, m_\gamma^2 : l_\gamma^2\, m_{\gamma'}^2 + l_{\gamma'}^2\, m_\gamma^2 \\ &= (\gamma\gamma')\,(lm)\,(l_\gamma m_{\gamma'} + l_{\gamma'} m_\gamma) : \{(\gamma\gamma')^2\,(lm)^2 + 2\, l_\gamma\, l_{\gamma'}\, m_\gamma\, m_{\gamma'}\} \\ &= 2\,(\gamma\gamma')\, N_\gamma\, N_{\gamma'} : \{(\gamma\gamma')^2\,(lm)^2 + 2\, l_\gamma\, l_{\gamma'}\, m_\gamma\, m_{\gamma'}\}; \end{aligned}$$

e poichè

$(\gamma\gamma')^2 = -2(nn')^2,\ N_\gamma N_{\gamma'} = (Nn)^2 = \delta,\ l_\gamma l_{\gamma'} = (ln)^2,\ m_\gamma m_{\gamma'} = (mn)^2,$

sarà

$$k_1 + k_2 : k_1 - k_2 = (\gamma\gamma')\,\delta : 2\,(LM)^2;$$

sicchè l'equazione dell'iperboloide per le tre corde $\alpha\alpha'$ $\beta\beta'$ $\gamma\gamma'$ sarà

$$0 = (LM)^2\,(QN)^2 + \frac{1}{2}\,\delta\,(lm)^2\,(Qn)^2 + \delta R,$$

od anche

$$0 = (MN)^2\,(QL)^2 + \frac{1}{2}\,\delta\,(mn)^2\,(Ql)^2 + \delta R,$$

od anche

$$0 = (NL)^2\,(QM)^2 + \frac{1}{2}\,\delta\,(nl)^2\,(Qm)^2 + \delta R,$$

o infine sotto forma del tutto simmetrica

$$\begin{aligned} 0 = {} & (MN)^2\,(QL)^2 + (NL)\,(QM)^2 + (LM)^2\,(QN)^2 \\ & + \frac{1}{2}\,\delta\,\{(mn)^2\,(Ql)^2 + (nl)^2\,(Qm)^2 + (lm)^2\,(Qn)^2\} \\ & + 3\delta R. \end{aligned}$$

10. È notevole il caso che le tre coppie $\alpha\,\alpha'$, $\beta\,\beta'$, $\gamma\,\gamma'$ appartengano ad una medesima involuzione. Allora si ha $\delta = 0$, e l'iperboloide per le tre corde $\alpha\alpha'$ $\beta\beta'$ $\gamma\gamma'$ si riduce al seguente

$$0 = (QL)^2 \equiv (QM)^2 \equiv (QN)^2,^*$$

cioè quello che è circoscritto alla cubica e corrisponde alla supposta involuzione.

Un altro caso notevole si verifica quando i punti $\alpha'$ $\beta'$ $\gamma'$ vengono a coincidere rispettivamente con $\alpha$ $\beta$ $\gamma$, vale a dire quando le tre corde $\alpha\alpha'$ $\beta\beta'$ $\gamma\gamma'$ divengono le tre rette $\alpha$ $\beta$ $\gamma$. Allora si può assumere

$$l_1 = \alpha_2 \quad l_2 = -\alpha_1, \quad m_1 = \beta_2 \quad m_2 = -\beta_1, \quad n_1 = \gamma_2 \quad n_2 = -\gamma_1,$$

e quindi

$$L_\gamma^2 = (\beta\gamma)\,(\lambda\beta)\,(\lambda\gamma) \qquad M^2{}_\lambda = (\gamma\alpha)\,(\lambda\gamma)\,(\lambda\alpha) \qquad N^2{}_\gamma = (\alpha\beta)\,(\lambda\alpha)\,(\lambda\beta)$$

$$\delta = -(\beta\gamma)\,(\gamma\alpha)\,(\alpha\beta)$$

$$(LM)^2 = \frac{1}{2}\,(\beta\gamma)^2\,(\gamma\alpha)^2,\ (MN)^2 = \frac{1}{2}(\gamma\alpha)^2\,(\alpha\beta)^2,\ (NL)^2 = \frac{1}{2}\,(\alpha\beta)^2\,(\beta\gamma)^2;$$

* Si ha precisamente, per $\delta = 0$,

$(MN)^2 L^2{}_\lambda = (NL)^2 M^2{}_\lambda = (LM)^2 N^2{}_\lambda,\ (MN)^2\,(QL)^2 = (NL)^2\,(QM)^2 = (LM)^2 (QN)^2.$

cosicchè si ottiene l'equazione dell'iperboloide per le tre rette $\alpha\ \beta\ \gamma$ sotto le varie forme:

$$\begin{aligned} 0 &= (\alpha\beta)(\alpha\gamma)\, Q_\beta Q_\gamma + (\beta\gamma)^2 Q_\alpha^2 + 2\,\overline{P_\alpha P_\beta P_\gamma}^2 \\ &= (\beta\gamma)(\beta\alpha)\, Q_\gamma Q_\alpha + (\gamma\alpha)^2 Q_\beta^2 + 2\,\overline{P_\alpha P_\beta P_\gamma}^2 \\ &= (\gamma\alpha)(\gamma\beta)\, Q_\alpha Q_\beta + (\alpha\beta)^2 Q_\gamma^2 + 2\,\overline{P_\alpha P_\beta P_\gamma}^2 . \end{aligned}$$

E se osserviamo che

$$(\alpha\beta)^2 Q_\gamma^2 + (\gamma\alpha)^2 Q_\beta^2 + 2(\alpha\beta)(\gamma\alpha) Q_\beta Q_\gamma = (\beta\alpha)^2 Q_\alpha^2, \text{ ecc.};$$

avremo sotto forma simmetrica

$$0 = (\beta\gamma)^2 Q_\alpha^2 + (\gamma\alpha)^2 Q_\beta^2 + (\alpha\beta)^2 Q_\gamma^2 + 4\,\overline{P_\alpha P_\beta P_\gamma}^2 .$$

11. A questa equazione si può dare un'altra forma, supponendo che i punti $\alpha\ \beta\ \gamma$ siano determinati da una equazione cubica $0 = u_\lambda^3$, cioè ponendo

$$u_\gamma^3 = (\lambda\alpha)(\lambda\beta)(\lambda\gamma),$$

e denotando con $v_\lambda^2$ l'Hessiano di $u_\lambda^3$, cioè ponendo

$$v_\lambda^2 = (uu')^2 u_\lambda u'_\lambda .$$

Infatti allora si ha primieramente

$$P_\alpha P_\beta P_\gamma = -(Pu)^3;$$

e inoltre

$$\begin{aligned} 3\,u_\lambda^2 u_\mu &= (\lambda\alpha)(\lambda\beta)(\mu\gamma) + (\lambda\beta)(\lambda\gamma)(\mu\alpha) + (\lambda\gamma)(\lambda\alpha)(\mu\beta), \\ 6\,u_\lambda u_\mu u_\nu &= (\lambda\alpha)(\mu\beta)(\nu\gamma) + (\lambda\beta)(\mu\gamma)(\nu\alpha) + (\lambda\gamma)(\mu\alpha)(\nu\beta) \\ &\quad + (\lambda\alpha)(\mu\gamma)(\nu\beta) + (\lambda\beta)(\mu\alpha)(\nu\gamma) + (\lambda\gamma)(\mu\beta)(\nu\alpha), \end{aligned}$$

onde

$$\begin{aligned} 3\,(uu')^2 (Pu) &= -u'_\alpha u'_\beta P_\gamma - u'_\beta u'_\gamma P_\alpha - u'_\gamma u'_\alpha P_\beta, \\ 6\,u'_\alpha u'_\beta (P'u') &= -(\alpha\beta)(\beta\alpha) P'_\gamma - (\alpha\beta)(\beta\gamma) P'_\alpha - (\alpha\gamma)(\beta\alpha) P'_\beta \\ &= 2(\alpha\beta)^2 P'_\gamma \\ 6\,u_\beta' u_\gamma' (P'u') &= 2(\beta\gamma)^2 P'_\alpha \\ 6\,u'_\gamma u'_\alpha (P'u') &= 2(\gamma\alpha)^2 P'_\beta, \end{aligned}$$

e

$$\begin{aligned} 9\,(uu')^2 (Pu)(P'u') &= -(\beta\gamma)^2 P_\alpha P'_\alpha - (\gamma\alpha)^2 P_\beta P'_\beta - (\alpha\beta)^2 P_\gamma P'_\gamma \\ 9\,(Qv)^2 = 9\,(uu')^2 (PP')^2 (Pu)(P'u') & \\ &= -(\beta\gamma)^2 Q_\alpha^2 - (\gamma\alpha)^2 Q_\beta^2 - (\alpha\beta)^2 Q_\gamma^2; \end{aligned}$$

sicchè l'equazione dell'iperboloide diviene

$$0 = 4\,\overline{(Pu)^3}^2 - 9\,(Qv)^2 .$$

12. Tornando al fascio d'iperboloidi per le due corde $\alpha\alpha'$ $\beta\beta'$ e pe' punti $\gamma$ $\gamma'$, supponiamo solo che $\gamma$ e $\gamma'$ coincidano. Allora il procedimento da noi tenuto per ottenere l'equazione di un iperboloide qualunque del fascio non è più applicabile, poichè le due coppie di piani di cui ci siamo serviti si riducono all'unica

$$0 = P_\alpha P_{\alpha'} P_\gamma \quad 0 = P_\beta P_{\beta'} P'_\gamma;$$

pure, l'equazione complessiva di questi piani essendo

$$0 = (Pl)^2 (P'm)^2 P_\gamma P'_\gamma = \frac{1}{2} (lm)^2 Q_\gamma^2 + R',$$

ove è posto

$$R' = (Pl)(P'l)(Pm)(P'm) P_\gamma P'_\gamma;$$

e un particolare iperboloide del fascio essendo sempre

$$0 = (QN)^2;$$

avremo per un iperboloide qualunque del fascio la equazione

$$0 = k_1 (QN)^2 + k_2 (lm)^2 Q_\gamma^2 + 2 k_2 R'.$$

L'iperboloide per le due corde $\alpha\alpha'$ $\beta\beta'$ e per la retta $\gamma$ sarà rappresentato dalla

$$0 = (LM)^2 (QN)^2 + \frac{1}{2} \delta (lm)^2 Q_\gamma^2 + \delta R' = \ldots;$$

e poichè attualmente

$$(LM)^2 = \frac{1}{2} l_\gamma^2 m_\gamma^2, \; \delta = N_\gamma^2, \; L_\lambda^2 = (\lambda\gamma) m_\lambda m_\gamma, \; M_\lambda^2 = (\lambda\gamma) l_\lambda l_\gamma,$$

questa equazione diviene

$$0 = l_\gamma^2 m_\gamma^2 (QN)^2 + N_\gamma^2 (lm)^2 Q_\gamma^2 + 2 N_\gamma^2 R' = \ldots$$

Essa corrisponde a

$$k_1 : k_2 = l_\gamma^2 m_\gamma^2 : N_\gamma^2.$$

È intanto da notare che, sebbene il procedimento primitivo non sia applicabile al caso presente per ottenere l'equazione di un iperboloide qualunque del fascio, pure l'equazione dell'iperboloide per le corde $\alpha\alpha'$ $\beta\beta'$ e la retta $\gamma$ non cessa di potersi dedurre da quella dell'iperboloide per tre corde $\alpha\alpha'$ $\beta\beta'$ $\gamma\gamma'$ trovata con quel procedimento: ciò dipende dal perchè durante il calcolo allora fatto abbiam soppresso dalla equazione dell'iperboloide il fattore $(\gamma\gamma')$, il quale nel caso che $\gamma'$ coincida con $\gamma$ si annulla.

13. Riprendiamo la ipotesi generale che $\gamma$ e $\gamma'$ non coincidano; ed osserviamo che, per individuare i singoli iperboloidi del fascio (per le corde $\alpha\alpha'$ $\beta\beta'$ e i punti $\gamma$ $\gamma'$), basta conoscere i singoli

punti in cui secano la retta $\gamma$ (oltrechè nel punto $\gamma$), i quali punti costituiscono una punteggiata proiettiva al fascio. Così:

Per $k_1 : k_2 = \infty$, ossia per la coppia de' piani $\alpha\alpha'\gamma$ $\beta\beta'\gamma'$, si ha il punto $e'$ in cui la retta $\gamma$ è secata dal piano $\beta\beta'\gamma'$;

Per $k_1 : k_2 = 0$, ossia per la coppia de' piani $\alpha\alpha'\gamma'$ $\beta\beta'\gamma$, si ha il punto $e$ in cui la retta $\gamma$ è secata dal piano $\alpha\alpha'\gamma'$;

Per $k_1 : k_2 = -1$, ossia per l'iperboloide $0 = (QN)^2$ circoscritto alla cubica e passante per le corde $\alpha\alpha'$ $\beta\beta'$ di essa, si ha il punto $\gamma$ stesso;

Dunque per $k_1 : k_2 = 1$, ossia per l'iperboloide

$$0 = (lm)^2 (Qn)^2 + 2R = 2(Pl)^2 (P'm)^2 (Pn)(P'n),$$

si avrà il punto $e''$ armonico di $\gamma$ rispetto ai due precedenti $e$ $e'$; e così questo iperboloide sarà del tutto individuato.*

E così di seguito.

In generale, per individuare sulla retta $\gamma$ uno dei punti in questione, basta conoscere quel punto $\lambda$ della cubica il cui piano osculatore passa per quel punto, il quale avrà per equazione

$$0 = p_\gamma^2 p_\lambda = a_\gamma^2 a_\lambda \xi_1 + \ldots$$

Sostituiamo le coordinate $a_\gamma^2 a_\lambda$, ecc., nell'equazione di un iperboloide del fascio: essendo

$$\begin{aligned}
3(Al)^2 A_\gamma a_\gamma^2 a_\lambda + \ldots &= \Delta l_\gamma^2 (\lambda\gamma) \\
3(A'm)^2 A_\gamma' a_\gamma^2 a_\lambda + \ldots &= \Delta m_\gamma^2 (\lambda\gamma) \\
3(Al)^2 A_{\gamma'} a_\gamma^2 a_\lambda + \ldots &= \Delta \{(\gamma\gamma') l_\gamma l_\lambda + l_\gamma^2 (\lambda\gamma')\} \\
3(A'm)^2 A'_{\gamma'} a_\gamma^2 a_\lambda + \ldots &= \Delta \{(\gamma\gamma') m_\gamma m_\lambda + m_\gamma^2 (\lambda\gamma')\},
\end{aligned}$$

avremo per determinare il parametro $\lambda_1 : \lambda_2$ l'equazione

$$0 = k_2 l_\gamma m_\gamma^2 \{(\gamma\gamma') l_\lambda + l_\gamma (\lambda\gamma')\} + k_1 l_\gamma^2 m_\gamma \{(\gamma\gamma') m_\lambda + m_\gamma (\lambda\gamma')\}$$

ovvero

$$0 = l_\gamma m_\gamma (\gamma\gamma') (k_2 m_\gamma l_\lambda + k_1 l_\gamma m_\lambda) + (k_1 + k_2) l_\gamma^2 m_\gamma^2 (\lambda\gamma').$$

Per $k_1 : k_2 = 0$ questa equazione si riduce a

$$0 = l_\gamma \{(\gamma\gamma') l_\lambda + l_\gamma (\lambda\gamma')\},$$

e mostra che il punto $\lambda$ è l'armonico di $\gamma$ rispetto ai due dati dalla $0 = (\lambda\gamma') . l_\gamma l_\lambda$, che sono: il punto $\gamma'$ e l'armonico di $\gamma$ rispetto ad $\alpha$ e $\alpha'$, il quale denoteremo con $\eta$. Onde possiamo incidentalmente concludere che *il punto e, in cui il piano $\alpha\alpha'\gamma'$ seca la retta $\gamma$, si trova su quel piano della sviluppabile che è armonico del piano $\gamma$ rispetto ai due piani $\gamma'$ e $\eta$ della medesima.*

---

* Analogamente si trova il punto in cui esso seca la retta $\gamma'$ (oltrechè in $\gamma'$).

Per $k_1 : k_2 = \infty$ si ha l'equazione

$$0 = m_\gamma \{(\gamma\gamma') m_\lambda + m_\gamma (\lambda\gamma')\},$$

la quale mostra che il punto $e'$, in cui il piano $\beta\beta'\gamma'$ seca la retta $\gamma$, si trova su quel piano della sviluppabile che è armonico del piano $\gamma$ rispetto ai due piani $\gamma'$ e $\eta'$ della medesima, detto $\eta'$ l'armonico di $\gamma$ rispetto a $\beta$ e $\beta'$.

Per $k_1 : k_2 = -1$ si ha l'equazione

$$0 = l_\gamma m_\gamma (\gamma\gamma')(lm)(\lambda\gamma) = (\gamma\gamma') N_\gamma^2 . (\lambda\gamma) \equiv (\lambda\gamma),$$

che dà il punto $\gamma$ medesimo, com'era da prevedersi.

Per $k_1 : k_2 = 1$ si ha l'equazione

$$0 = (\gamma\gamma') l_\gamma m_\gamma (l_\gamma m_\lambda + l_\lambda m_\gamma) + 2 l_\gamma^2 m_\gamma^2 (\lambda\gamma'):$$

ora il punto o piano $\eta''$ armonico di $\gamma$ rispetto ai due $\eta\ \eta'$ (l'equazione dei quali è $0 = l_\gamma m_\gamma l_\lambda m_\lambda$) è dato dalla $0 = l_\gamma m_\gamma (l_\gamma m_\lambda + l_\lambda m_\gamma)$, e quindi il punto o piano $\lambda$ richiesto è l'armonico di $\gamma$ rispetto a $\gamma'$ e $\eta''$. Sicchè troviamo incidentalmente che *il punto $e''$, armonico di $\gamma$ rispetto ad $e$ $e'$ sulla retta $\gamma$, è situato su quel piano della sviluppabile che è armonico del piano $\gamma$ rispetto ai due $\gamma'$ $\eta''$*. E così di seguito.

In generale: il punto o piano $\lambda$ è armonico di $\gamma$ rispetto a $\gamma'$ e ad un punto o piano della serie

$$0 = l_\gamma m_\gamma (k_2 m_\gamma l_\lambda + k_1 l_\gamma m_\lambda),$$

la quale è proiettiva al fascio degl'iperboloidi, ed alla quale appartengono $\eta\ \eta'\ \eta''\ \gamma$ (per $k_1 : k_2 = 0, \infty, 1, -1$). Infatti, moltiplicando l'ultima equazione per quella di $\gamma'$ che è $0 = (\lambda\gamma')$, e poi prendendo l'elemento polare di $\gamma$, si ritrova la

$$0 = l_\gamma m_\gamma (\gamma\gamma') \{k_2 m_\gamma l_\lambda + k_1 l_\gamma m_\lambda\} + (k_1 + k_2) l_\gamma^2 m_\gamma^2 (\lambda\gamma').$$

Si può osservare che i punti o piani della serie in discorso sono gli armonici di $\gamma$ rispetto alle coppie di punti o piani della involuzione quadratica

$$0 = k_1 l_\gamma^2 m_\lambda^2 + k_2 m_\gamma^2 l_\lambda^2,$$

alla quale appartengono le coppie $\alpha\ \alpha'$, $\beta\ \beta'$, $\gamma$ col suo coniugato (per $k_1 : k_2 = 0, \infty, -1$).

14. Ripetendo le considerazioni che precedono relativamente alla retta $\alpha$ invece della $\gamma$; si ottiene, per determinare il piano $\lambda$ della sviluppabile che seca la retta $\alpha$ nello stesso punto in cui la seca di nuovo un iperboloide qualunque del fascio, la equazione

$$0 = m_\alpha^2 \{k_1 (\alpha\gamma)(\lambda\gamma') + k_2 (\alpha\gamma')(\lambda\gamma)\} + 2 (k_1 + k_2) n_\alpha^2 m_\alpha m_\lambda.^*$$

---

* L'analoga equazione per un iperboloide che passi per le rette $\alpha\alpha'$, $\beta\beta'$ e tocchi la $\gamma$ nel punto $\gamma$ (cfr. § 12) è

$$0 = k_1 N\alpha^2 (\lambda\alpha) - 2 k_2 (\alpha\alpha')(\alpha\gamma) \{m\alpha^2 (\lambda\gamma) + 2 (\alpha\gamma) m_\alpha m_\lambda\}.$$

Per $k_1 : k_2 = 0$ si ha

$$0 = m_\alpha^2 (\lambda\gamma) + 2 (\alpha\gamma) m_\alpha m_\lambda,$$

e quindi si rileva che *il piano* $\beta\beta'\gamma$ *seca la retta* $\alpha$ *nel punto per cui passa il piano secondo polare del piano* $\alpha$ *rispetto alla terna dei piani* $\beta\beta'\gamma$ [data dalla $0 = m_\lambda^2 (\lambda\gamma)$].

Per $k_1 : k_2 = \infty$ si ha

$$0 = m_\alpha^2 (\lambda\gamma') + 2 (\alpha\gamma') m_\alpha m_\lambda,$$

onde una conseguenza analoga per la terna $\beta\ \beta'\ \gamma'$.

Per $k_1 : k_2 = -1$ si ha

$$0 = m_\alpha^2 (\gamma\gamma') (\lambda\alpha) \equiv (\lambda\alpha),$$

cioè il punto $\alpha$, com'era evidente.

In generale: $\lambda$ è il piano o punto secondo polare di $\alpha$ rispetto alla terna formata da $\beta$ e $\beta'$ con un piano o punto della serie

$$0 = k_1 (\alpha\gamma) (\lambda\gamma') + k_2 (\alpha\gamma') (\lambda\gamma)$$

proiettiva al fascio, e della quale fanno parte i punti $\gamma\ \gamma'\ \alpha$ (per $k_1 : k_2 = 0, \infty, -1$) e l'armonico di $\alpha$ rispetto a $\gamma$ e $\gamma'$ (per $k_1 : k_2 = 1$).

È da notare che nella determinazione de' punti suddetti sulla retta $\alpha$ non ha alcuna influenza il punto o piano $\alpha'$.

15. Per $k_1 : k_2 = 1$ abbiamo ottenuto l'iperboloide

$$0 = (Pl)^2 (P'm)^2 (Pn)\, P'n) = \frac{1}{2} (lm)^2 (Qn)^2 + R,$$

ed abbiam veduto che esso passa per i sei punti $\alpha\ \alpha'\ \beta\ \beta'\ \gamma\ \gamma'$ e seca la retta $\gamma$ in un punto $e''$, di cui abbiamo assegnato in due modi diversi la posizione; sicchè è anche conosciuto l'analogo punto in cui seca la retta $\gamma'$.

Ora l'identità

$$R = (P'l)^2 (Pm)^2 (Pn)\, P'n) - \frac{1}{2} (lm)^2 (Qn)^2$$

prova che la quadrica

$$0 = R = (Pl) (P'l) (Pm) (P'm) (Pn) (P'n) = \ldots$$

passa per i punti comuni a quell'iperboloide ed all'altro $0 = (Qn)^2$ circoscritto alla cubica e passante per le rette $\gamma\ \gamma'$. Onde la $0 = R$ passa per i sei punti $\alpha\ \alpha'\ \beta\ \beta'\ \gamma\ \gamma'$, pel punto $e''$ della retta $\gamma$, e per l'analogo punto della retta $\gamma'$. Inoltre la simmetria della equazione $0 = R$ rispetto a $l\ m\ n$ mostra che la quadrica medesima passa per i quattro punti analoghi a $e''$ ed esistenti sulle rette $\alpha\ \alpha'$ e sulle $\beta\ \beta'$. Dunque della quadrica $0 = R$ son noti i sei punti $\alpha\ \alpha'\ \beta\ \beta'\ \gamma\ \gamma'$ ed altri sei $e'', \ldots$; e per conseguenza essa è perfettamente determinata,

La quadrica $0 = R' = \ldots$ incontrata al § 12 è un caso particolare della $0 = R$.

16. Merita speciale considerazione il caso che le tre coppie di punti $\alpha\,\alpha'$, $\beta\,\beta'$, $\gamma\,\gamma'$ si riducano ad una sola $\alpha\,\alpha'$: allora la quadrica $0 = R$ diviene

$$\begin{aligned} 0 &= (Pl)\,(P'l)\,(Pl')\,(P'l')\,(Pl'')\,(P'l'') \\ &= (Pl)^2\,(P'l')^2\,(Pl'')\,(P'l'') - \frac{1}{2}\,(ll')^2\,(Ql'')^2 \\ &= \frac{1}{8}\,(P_\alpha\,P'_{\alpha'} + P_{\alpha'}\,P'_\alpha)^3 \\ &= \frac{1}{4}\,(P_\alpha^3\,.\,P'^3_{\alpha'} + 3\,P_\alpha^2\,P_{\alpha'}\,.\,P'^2_{\alpha'}\,P'_\alpha) \\ &= P_\alpha^3\,.\,P'^3_{\alpha'} - \frac{3}{4}\,(\alpha\,\alpha')^2\,Q_\alpha\,Q_{\alpha'}. \end{aligned}$$

Questo iperboloide è fra i più notevoli che si presentino nella teoria delle cubiche gobbe: esso passa per le due rette $\alpha\,\alpha'$, per la retta che unisce il punto $\alpha$ a quello dove il piano $\alpha$ seca la retta $\alpha'$, e per la retta che unisce il punto $\alpha'$ a quello dove il piano $\alpha'$ seca la retta $\alpha$; le quali ultime due rette sono reciproche di sè stesse, e sono l'una *associata* all'altra, secondo la denominazione loro data dal prof. CREMONA. Le stesse quattro rette formano la intersezione dell'iperboloide di cui è parola coi due

$$0 = Q_\alpha\,Q_{\alpha'} = (Ql)^2, \quad 0 = q_\alpha\,q_{\alpha'} = (ql)^2;$$

l'uno circoscritto alla cubica, l'altro iscritto nella sviluppabile, e corrispondenti entrambi all'involuzione quadratica di punti della cubica o piani della sviluppabile che ha per punti o piani doppî $\alpha$ e $\alpha'$. Rispetto a questi tre iperboloidi e a tutti gli altri facienti fascio con essi, la corda $\alpha\,\alpha'$ e l'asse $\alpha\alpha'$ sono due rette coniugate. Inoltre, sull'iperboloide di cui specialmente ci occupiamo, le rette del sistema delle due associate son tutte reciproche di sè stesse, e quindi appartengono al complesso lineare di cui al § 4; mentre le rette del sistema delle $\alpha\,\alpha'$ sono a due a due reciproche, e quindi formano un'involuzione quadratica, di cui le $\alpha\,\alpha'$ sono le rette doppie. Aggiungiamo che d'iperboloidi analoghi al nostro ve ne ha $\infty^2$ (corrispondenti alle $\infty^2$ coppie $\alpha\,\alpha'$); e tutte le rette del secondo sistema su di essi formano un complesso di 3° grado, e godono la proprietà di essere secate da quaderne di rette $\lambda$ corrispondenti a quaderne armoniche di punti o piani $\lambda$.

17. La perfetta dualità che regna fra gli elementi punto e piano dello spazio mediante la cubica, ci permette di scrivere imme-

diatamente, date tre coppie $\alpha\ \alpha'$, $\beta\ \beta'$, $\gamma\ \gamma'$ di piani della sviluppabile, l'equazione di un iperboloide qualunque che passi per i due *assi* $\alpha\alpha'$ $\beta\beta'$ della sviluppabile e tocchi i piani $\gamma\ \gamma'$ della stessa, l'insieme dei quali iperboloidi costituisce una *schiera.*

Se le tre coppie di piani son determinate dalle equazioni

$$0 = l^3 \quad 0 = m^2 \quad 0 = n^2,$$

sarà

$$0 = (k_1 - k_2)(\gamma\gamma')(qN)^2 + (k_1 + k_2)(lm)^2(qn)^2 + 2(k_1 + k_2)r$$

l'equazione di un iperboloide della schiera, posto

$$r = (pl)(p'l)(pm)(p'm)(pn)(p'n);$$

e in particolare l'equazione dell'iperboloide per i tre assi $\alpha\alpha'$, $\beta\beta'$ $\gamma\gamma'$ sarà

$$0 = (LM)^2(qN)^2 + \frac{1}{2}\delta(lm)^2(qn)^2 + \delta r = \ldots$$

È facile applicare alla schiera presente, con le debite mutazioni, quanto già dicemmo circa il fascio d'iperboloidi per due corde e due punti della cubica, come pure è facile determinare la quadrica

$$0 = r = (pl)(p'l)(pm)(p'm)(pn)(p'n)$$
$$= (pl)^2(p'm)^2(pn)(p'n) - \frac{1}{2}(lm)^2(qn)^2.$$

Noi ci limitiamo a rilevare che, quando si suppongono $\alpha'$ $\beta'$ $\gamma'$ coincidenti con $\alpha$ $\beta$ $\gamma$, l'iperboloide per i tre assi $\alpha\alpha'$ $\beta\beta'$ $\gamma\gamma'$ diviene l'iperboloide per le tre rette $\alpha$ $\beta$ $\gamma$; del quale ritroviamo quindi la equazione, ma in coordinate di piani, sotto le seguenti forme del tutto simili a quelle già ottenute per l'equazione in coordinate di punti:

$$0 = (\alpha\beta)(\alpha\gamma)q_\beta q_\gamma + (\beta\gamma)^2 q_\alpha^2 + 2\overline{p_\alpha p_\beta p_\gamma}^2 = \text{ecc.},$$
$$0 = (\beta\gamma)^2 q_\alpha^2 + (\gamma\alpha)^2 q_\beta^2 + (\alpha\beta)^2 q_\gamma^2 + 4\overline{p_\alpha p_\beta p_\gamma}^2,$$
$$0 = 4\overline{(pu)^3}^2 - 9(qv)^2,$$

posto che $0 = u_\lambda^3$ determini $\alpha$ $\beta$ $\gamma$ e $v_\lambda^2$ sia l'Hessiano di $u_\lambda^3$.

Notiamo ancora che, nella ipotesi che le tre coppie $\alpha\ \alpha'$, $\beta\ \beta'$, $\gamma\ \gamma'$ coincidano, la quadrica $0 = r$ diviene

$$0 = (pl)(p'l)(pl')(p'l')(pl'')(p'l'')$$
$$= (pl)^2(p'l')^2(pl')(p''l'') - \frac{1}{2}(ll')^2(pl'')^2$$
$$= \frac{1}{8}(p_\alpha p'_{\alpha'} + p_{\alpha'} p'_\alpha)^3$$
$$= \frac{1}{4}(p_\alpha^3 \cdot p'^3_{\alpha'} + 3 p_\alpha^2 p_{\alpha'} \cdot p'^2_{\alpha'} p'_\alpha)$$
$$= p_\alpha^3 \cdot p'^3_{\alpha'} - \frac{3}{4}(\alpha\alpha')^2 q_\alpha q_{\alpha'}.$$

Or dall'esame delle proprietà di questa quadrica, corrispondenti per dualità a quelle dell'iperboloide

$$0 = (Pl)(P'l)(Pl')(P'l')(Pl'')(P'l'') = \ldots$$

trattato al § 16, emerge subito che la quadrica in esame non è altro che quello stesso iperboloide; del quale ci procuriamo così l'equazione in coordinate di piani sotto forme del tutto simili a quelle già ottenute per l'equazione in coordinate di punti.

Torino, maggio 1879.

# CONSTRUCTIONS PLANES DES ÉLÉMENTS
## DE COURBURE DE LA SURFACE DE L'ONDE

PAR

M.r A. MANNHEIM.

Mac-Cullagh a fait connaître une élégante génération de la surface de l'onde et la construction de la normale en un point de cette surface. On n'était pas allé au delà jusqu'en 1867. A cette époque, j'ai donné * une construction des centres de courbure principaux et des plans des sections principales de la surface de l'onde. Mais cette construction n'était pas plane et n'était pas réduite à de simples tracés.

Dans le présent Mémoire, je reviens sur le problème de la détermination des éléments de courbure de la surface de l'onde. J'en apporte des solutions complètes en donnant des *constructions planes susceptibles de tracés très-faciles*. Ces solutions résultent de l'application d'une méthode générale dont je parlerai tout en développant le problème particulier de la surface de l'onde.

$m$ est un point d'un ellipsoïde donné $[m]$, de centre $o$, et $G$ la normale en ce point à cette surface. On fait tourner le plan $(o, G)$ d'un angle droit autour du point $o$, le point $m$ vient en $m_1$ et la droite $G$ en $G_1$: le lieu des points tels que $m_1$ est une surface de l'onde $[m_1]$.

Telle est la génération due à Mac-Cullagh, lequel a trouvé aussi que $G_1$ est la normale en $m_1$ à la surface $[m_1]$. **

* *Comptes rendus des séances de l'Académie des Sciences.* Séance du 11 février 1867.

** Je n'emploierai cette dernière proposition qu'après l'avoir démontrée dans ce Mémoire.

Au lieu de prendre une seule normale $G$, considérons une suite de normales à l'ellipsoide formant une surface $(G)$ que j'appelle une *normalie* * et répétons la construction précédente: les génératrices de cette normalie deviennent alors les génératrices d'une surface $(G_1)$. Nous dirons que la surface $(G_1)$ est la *transformée* de $(G)$.

À partir de la normale $G$, on a une infinité de normalies. Les éléments de ces surfaces le long de $G$ forment les *surfaces élémentaires* du *pinceau* de normales $[G]$ à l'ellipsoide; pinceau dont $G$ est dit le rayon.

Les transformées des surfaces élémentaires du pinceau $[G]$ sont les surfaces élémentaires d'un pinceau $[G_1]$, qui est le transformé de $[G]$.

Les éléments du pinceau $[G]$, pour le rayon $G$, c. à d. ses *foyers* et ses *plans focaux*, sont des centres de courbure principaux et les plans des sections principales de l'ellipsoide $[m]$. Connaissant ces éléments, nous allons déterminer ceux du pinceau $[G_1]$, qui sont, comme nous le verrons, les éléments de courbure de la surface de l'onde $[m_1]$.

Pour cela, d'après ce qui précède, nous devons étudier la transformation d'un élément de normalie $(G)$ à l'ellipsoide.

Un pareil élément, pour tout ce qui est relatif à ses plans tangents, est représenté par une simple droite que l'on appelle *droite auxiliaire*. On est donc conduit à chercher la droite auxiliaire de l'élément de surface $(G_1)$ qui résulte de la transformation de l'élément de normalie $(G)$. Afin de construire cette droite, on doit connaître les normales à la surface $(G_1)$ en trois points de $G_1$: c'est par la recherche de ces normales que nous devons commencer.

Remarquons d'abord que ceci est applicable à un mode de transformation quelconque d'un pinceau de droites. On ramène toujours ce problème à la transformation d'une surface élémentaire; puis, pour construire la droite auxiliaire de la transformée de cette surface, on doit déterminer trois normales de cette surface.

Revenons à notre problème particulier et étudions la transformée $(G_1)$ de la surface $(G)$, transformée que l'on obtient en faisant tourner les génératrices de $(G)$ d'un angle droit, autour du point $o$, respectivement dans les plans qui les contiennent.

---

* *Mémoire sur les pinceaux de droites et les Normalies.* (Journal de Mathématiques de M.[r] Liouville. 2.[e] série. T. XVII. Année 1872.) On trouve dans ce Mémoire la théorie de la *droite auxiliaire* et son application à l'étude des pinceaux.

Prenons l'angle droit $(G, G_1)$ et sa bissectrice $n\ o$ (fig. 1).

Déplaçons cet angle de façon que $G$ engendre $(G)$, que $n$ décrive la ligne d'intersection des surfaces $(G)$ et $(G_1)$ et que la droite $n\ o$ passe toujours par le point $o$: alors $G_1$ engendre $(G_1)$. Nous obtenons ainsi la surface $(G_1)$ engendrée par une droite $G_1$, qui fait partie d'une figure mobile de grandeur invariable.

(fig 1)

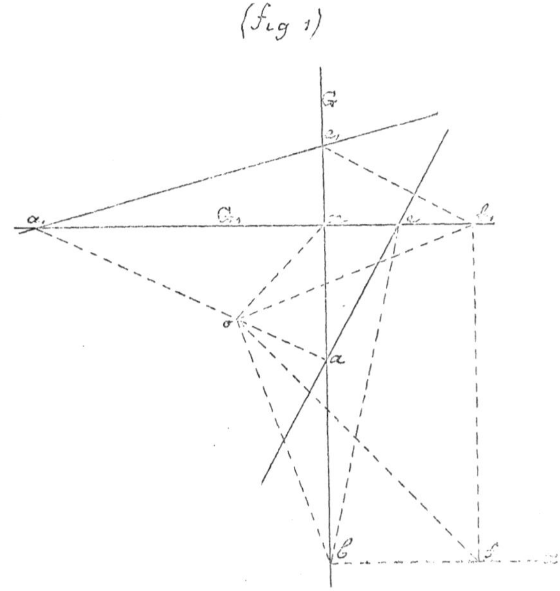

Pour un déplacement infiniment petit de cette figure, le plan $(G, G_1)$ a une caractérisque. Cette droite passe par le point fixe $o$ et respectivement par les points $a$ et $a_1$, où le plan mobile touche les surfaces $(G)$ et $(G_1)$, Donc: *les points de contact $a$, $a_1$ du plan $(G, G_1)$ avec les surfaces $(G)$ et $(G_1)$ sont sur une droite qui passe par le point $o$.*

Ainsi, il suffit de joindre le point $o$ au point $a$, où le plan $(G, G_1)$ touche $(G)$, pour avoir une droite qui donne, sur $G_1$, le point $a_1$ où le même plan touche la surface $(G_1)$. Nous obtenons un premier point $a_1$, pour lequel nous connaissons la normale à $(G_1)$.

Soit $f$ le foyer du plan mobile $(G, G_1)$. Ce point est sur la perpendiculaire $o\,f$ à $o\,n$, puisque la droite $o\,n$ passe toujours par le point $o$. Projetons $f$ en $b$ et $b_1$ sur $G$ et $G_1$. Le plan $(G, G_1)$ est normal à $(G)$ et à $(G_1)$ en ces points $b$ et $b_1$. Les points $o, f, b, n, b_1$ sont sur une circonférence décrite sur $f\ n$ comme diamètre.

L'angle $b\ o\ b_1$ est alors droit. Le point $b_1$ est donc dans la position que prend $b$ lorsque $G$ est venu en $G_1$.

En disant que $b_1$ correspond à $b$, nous avons alors cette propriété: *le plan* $(G, G_1)$ *est normal aux surfaces* $(G)$ *et* $(G_1)$ *en des points* $b$, $b_1$ *qui se correspondent.*

Ainsi, il suffit d'élever au point $o$ une perpendiculaire à la droite qui joint ce point au point $b$, où le plan $(G, G_1)$ est normal à $(G)$, pour avoir une droite qui donne, sur $G_1$, le point $b_1$ où ce même plan est normal à $(G_1)$.

Nous obtenons sur $G_1$ un point $b_1$ qui est le deuxième pour lequel nous connaissons la normale à $(G_1)$.

Le plan normal en $n$ à la trajectoire de ce point passe par le foyer $f$; sa trace sur le plan $(G, G_1)$ est alors $n\,f$. Appelons $b'$ le point où ce plan normal rencontre la perpendiculaire élevée en $b_1$ au plan $(G, G_1)$. La droite $n\,b'$ est la normale en $n$ à $(G)$, et $f\,b'$ est parallèle à la normale en $n$ à $(G_1)$. Appelons $\nu$ l'angle que la normale en $n$ à $(G)$ fait avec la normale en $b$ à cette surface.

On a $\operatorname{tang} \nu = \frac{b_1 b'}{n\, b_1}$; de même pour $(G_1)$, on a $\operatorname{tang} \nu_1 = \frac{b_1 b'}{b\, n}$, par suite $\frac{\operatorname{tang} \nu}{\operatorname{tang} \nu_1} = \frac{b\, n}{b_1 n}$. Nous avons donc l'inclinaison du plan tangent en $n$ à $(G)_1$ sur le plan $(G, G_1)$. Le point $n$ est sur $G_1$ le trois.^e^ point pour lequel nous connaissons la normale à $(G_1)$.

Connaissant maintenant les normales à $(G_1)$ aux points $a_1$, $b_1$; $n$ de la génératrice $G_1$, nous pouvons construire la droite auxiliaire de la surface $(G_1)$.

Traçons d'abord la droite auxiliaire de $(G)$, en prenant le point $b$ pour origine des segments et la perpendiculaire $b\,x$ à $G$ pour origine des angles. Menons $b\,e$ de façon que l'angle $x\,b\,e$ soit égal à $\nu$; cette droite rencontre $G_1$, qui est la perpendiculaire à $G$ issue du point $n$, en un point $e$ qui appartient à la droite auxiliaire cherchée. Mais cette droite passe par le point $a$ puisque la normale en $a$ à $(G)$ est perpendiculaire à la normale en $b$ à cette surface: donc $a\,e$ est la droite auxiliaire de l'élément de $(G)$ le long de $G$.

Au moyen de l'angle $\nu_1$, traçons de même la droite auxiliaire $a_1\,e_1$.

On a

$$\operatorname{tang} \nu = \frac{b\, n}{n\, e}, \qquad \operatorname{tang} \nu_1 = \frac{b_1 n}{n\, e_1}$$

d'où

$$\frac{\operatorname{tang} \nu}{\operatorname{tang} \nu_1} = \frac{b\, n}{b_1 n} \times \frac{n\, e_1}{n\, e}.$$

En comparant cette expression avec celle qui a été trouvée précédemment, on voit que $n e_1 = n e$.

Ainsi: *pour construire la droite auxiliaire de* $(G_1)$, *il suffit de joindre le point* $a_1$ *au point* $e_1$, *qu'on obtient en portant le segment* $\overline{n e_1}$ *égal au segment* $\overline{n e}$.

Cette droite auxiliaire $a_1 e_1$ permet de déterminer tout ce qui est relatif à l'élément de $(G_1)$. Pour avoir le *point central* sur $G_1$, on abaisse du point $b_1$ une perpendiculaire sur $a_1 e_1$ et l'on projette, sur $G_1$, le pied de cette perpendiculaire.

Si $(G)$ est une surface développable, $a$ et $b$ sont confondus; l'angle $b_1 o a_1$ est alors droit. Donc: *la transformée d'une surface développable est telle qu'un plan passant par* $o$ *et une génératrice touche cette transformée et lui est normal en des points qui comprennent un segment vu du point* $o$ *sous un angle droit.*

La réciproque de cette proposition est évidemment vraie et l'on peut remarquer que $o a_1$ rencontre $G$ au point $a$ où cette génératrice touche l'arête rebroussement de la surface développable.

Pour arriver à faire voir que la droite $G_1$ est normale à la surface de l'onde, nous allons démontrer que: *aux points d'une trajectoire orthogonale des génératrices de* $(G)$ *correspondent les points d'une trajectoire orthogonale des génératrices de* $(G_1)$.

Modifions les conditions de déplacement de la génératrice mobile $G$. Supposons que cette droite engendre $(G)$ de façon que le point $m$ décrive une trajectoire orthogonale des génératrices de cette surface. Pour un déplacement infiniment petit, le point $b$ décrit une trajectoire normale à $G$, et, comme en ce point le plan tangent à $(G)$ est perpendiculaire au plan $(G, G_1)$, l'élément décrit par le point $b$ est normal à ce plan.

Pour le même déplacement infiniment petit le point $b_1$, correspondant à $b$, reste comme $b$ à la même distance du point $o$ et décrit alors aussi un élément normal au plan $(G, G_1)$. La droite $G_1$, se déplaçant sur $G_1$ de façon que $b_1$ décrive cet élément, fait décrire à tous ses points des éléments qui lui sont perpendiculaires: le point $m_1$, correspondant à $m$, décrit alors un élément de trajectoire orthogonale de $G_1$.

On peut constamment répéter le même raisonnement en prenant pour chacune des positions de $G$ un point analogue à $b$ et l'on a toujours l'élément décrit par le point $m_1$ qui est perpendiculaire à la position occupée par $G_1$. Le théorème est donc démontré.

Prenons maintenant des normalies à l'ellipsoide dont les directrices sont tracées sur cette surface à partir de $m$. Pour une quelconque de ces normalies, la directrice est une trajectoire orthogonale des génératrices de cette surface.

En transformant ces normalies, on a des surfaces qui ont en commun la droite $G_1$. D'après ce que nous venons de démontrer, sur une quelconque de ces surfaces, la transformée de la directrice de la normalie, dont elle dérive, est une trajectoire orthogonale de ses génératrices.

Cette courbe est tracée sur la surface de l'onde et passe par le point $m_1$. Comme ceci est vrai pour toutes les transformées des normalies à l'ellipsoide, nous voyons que $G_1$ est normale à des courbes tracées sur la surface de l'onde et qui passent par le point $m_1$, donc *$G_1$ est la normale en ce point $m_1$ à la surface de l'onde* $[m_1]$.

Nous avons démontré ainsi la proposition, due à Mac-Cullagh, qui a été rappelée au commencement de ce travail.

Nous l'énonçons ainsi:

*Un pinceau de normales à une surface a pour transformée un pinceau de normales.*

Nous savons maintenant que les transformées des éléments de normalies qui forment le pinceau $[G]$ sont les éléments de normalies à la surface de l'onde qui forment le pinceau $[G_1]$ et que les foyers et les plans focaux de ce dernier pinceau sont les éléments de courbure de la surface de l'onde.

Effectuons la transformation du pinceau $[G]$, nous n'avons pour cela qu'à transformer les éléments de normalies le long de $G$, qui sont ses surfaces élémentaires.

Soient $c$ et $d$ (fig. 2) les centres de courbure principaux de l'ellipsoide sur la normale $G$. Prenons l'élément de normalie à cette surface qui est normal en $b$ au plan $(o, G_1)$, plan de la figure.

Cet élément est représenté par la droite auxiliaire $c'$ $d'$: ses normales en $c$ et $d$ étant perpendiculaires entre elles, l'angle $d'$ $b$ $c'$ est droit; la droite $b$ $d'$ fait, avec la perpendiculaire $b$ $x$ à $G$, un angle $x$ $b$ $d'$ qui est égal à l'angle $\alpha$ que font entre elles les normales en $b$ et $d$ à la normalie. Cet angle $\alpha$ est alors l'angle compris entre le plan de la figure et le grand axe de l'indicatrice de l'ellipsoide en $m$.

Un autre élément de normalie le long de $G$ est représenté par une droite auxiliaire que l'on obtient en menant d'un point de $G$ des droites parallèles à $b$ $d'$ et $b$ $c'$; il résulte facilement de là que:

*Les droites auxiliaires de toutes les surfaces élémentaires du pinceau $[G]$ passent par un même point.*

Pour déterminer ce point, nous n'avons qu'à construire deux

droites auxiliaires. Supposons que $b$ soit successivement en $c$ et $d$. Les droites auxiliaires, correspondant à chacun de ces points, sont $c\ v$, $d\ v$, menées parallèlement à $b\ d'$ et $b\ c'$.

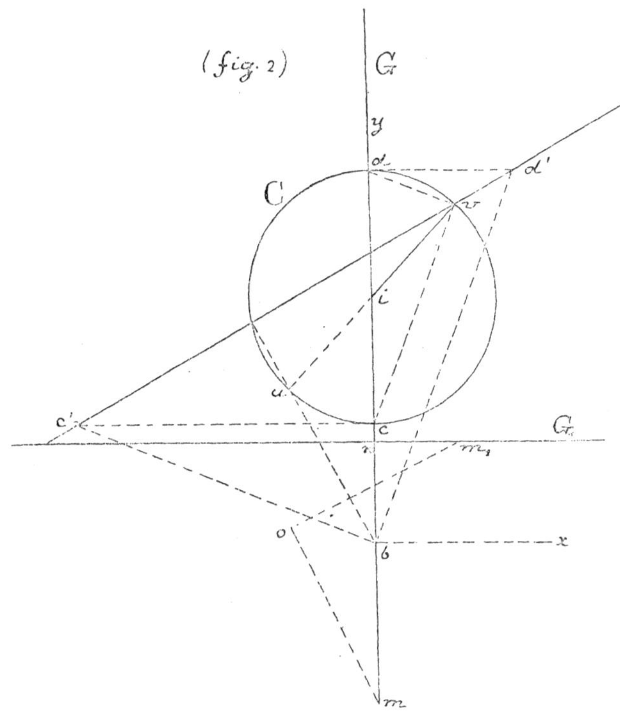


Ces droites sont perpendiculaires entre elles et leur point de rencontre $v$ est sur la circonférence $C$ décrite sur $c\ d$ comme diamètre.

Nous pouvons dire alors: *le point fixe $v$, par lequel passent toutes les droites auxiliaires des surfaces élémentaires du pinceau $[G]$, est sur la circonférence $C$ décrite sur $c\ d$ comme diamètre. L'angle $c\ d\ v$ est égal à l'angle $\alpha$ que le grand axe de l'indicatrice de l'ellipsoïde en $m$ fait avec la plan de la figure.*

Dans mon *Mémoire sur les pinceaux de droites*, j'ai montré que la circonférence $C$ permet de déterminer tout ce qui est relatif au pinceau $[G]$. En marquant le point $v$ sur cette circonférence, nous fixons la position du pinceau $[G]$ par rapport à un plan mené par son rayon.

Ceci s'étend à un pinceau quelconque, nous pouvons dire: *Un pinceau est répresenté de forme et de position, par rapport à un plan mené par son rayon, au moyen d'une circonférence tracée sur ce plan et sur laquelle un seul point est marqué.*

Ce mode de représentation est extrêmement avantageux puisqu'il permet d'effectuer sur un même plan ce qui concerne une transformation de pinceau. Appliquons-le au pinceau de normales $[G]$ que nous transformons dans le pinceau $[G_1]$.

Rappelons d'abord que le pied de la perpendiculaire abaissée de $b$ sur la droite auxiliaire correspondante $c' d'$ est un point de $C$. Cette perpendiculaire passe par le point $u$ diamétralement opposé au point $v$. Ceci est vrai pour un point quelconque de $G$, donc: *les perpendiculaires aux droites auxiliaires des surfaces élémentaires du pinceau* $[G]$, *abaissées respectivement des origines de ces droites, passent par un point fixe* $u$, *qui est sur* $C$ *diamètralement opposé au point* $v$.

Cherchons maintenant à construire (fig. 3) la circonférence $C_1$ relative au pinceau $[G_1]$ et le point $v_1$ sur cette courbe, ou, ce qui revient au même, le rayon $i_1\, v_1$ de cette circonférence. Le centre $i_1$ de $C_1$ est sur le rayon $G_1$ du pinceau $[G_1]$ puisque nous avons démontré que ce pinceau est un pinceau de normales à la surface de l'onde.

Construisons les droites auxiliaires des surfaces élémentaires de $[G_1]$, au moyen des droites analogues relatives à $[G]$.

Prenons comme droite auxiliaire d'une surface élémentaire de $[G]$ la perpendiculaire $v\, p$ à $G$. A cette droite correspond, d'après ce que nous avons vu précédemment, la perpendiculaire $p_1\, v_1$ à $G_1$.

Prenons comme droite auxiliaire la droite $v\, a$, qui passe par le pied $a$ de la perpendiculaire $o\, a$ à $G$. A cette droite correspond la droite auxiliaire $e_1\, v_1$, parallèle à $G_1$, et dont la distance à cette droite est égale à $n\, e$.

On a alors $v_1\, p_1 = n\, e$, et le point $v_1$ est déterminé.

On peut construire ce point, au moyen d'autres droites auxiliaire, ainsi on peut employer la droite $n\, v_1$, qui est perpendiculaire à $n\, v$.

La surface élémentaire, qui a $v\, a$ pour droite auxiliaire, est normale au plan $(o,\, G)$ au point $b$ où $G$ est rencontrée par la perpendiculaire abaissée de $u$ sur $v\, a$. La surface élémentaire correspondante est alors normale au plan $(o,\, G)$ au point $b_1$, qui est tel que l'angle $b\, o\, b_1$ est droit.

Comme la perpendiculaire abaissée de $b_1$ sur $e_1\, v_1$ doit passer par le point $u_1$, qui, sur $C_1$, est diamétralement opposé à $v_1$, le centre de cette circonférence est le point $i_1$, milieu de $p_1\, b_1$.

*Le segment $i_1\ v_1$ est alors construit de grandeur et de position, et, en décrivant du point $i_1$, avec $i_1\ v_1$ pour rayon, la circonférence $C_1$, nous obtenons les centres de courbure principaux $c_1$, $d_1$ de la surface de l'onde $[m_1]$. En outre l'angle $i_1\ d_1\ v_1$ est égal à l'angle que le grand axe de l'indicatrice en $m_1$ à cette surface fait avec le plan de la figure.*

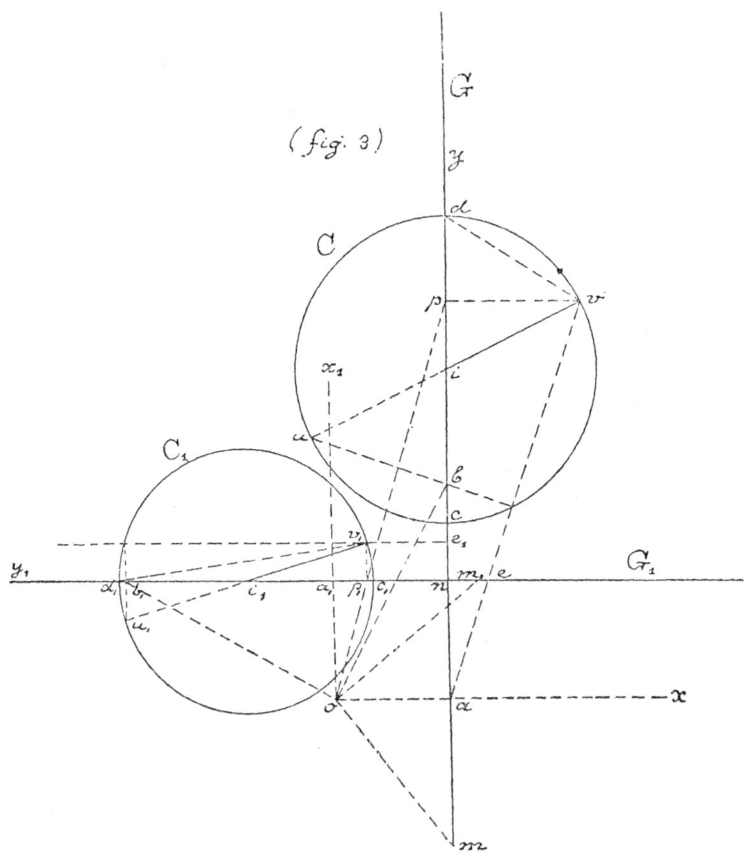


Déduisons de là les relations qui existent entre les éléments de $C$ et de $C_1$. Appelons $l$ la distance $i\ a$, $y$ et $x$ les coordonnées de $v$, en prenant pour axes $G$ et la perpendiculaire $o\ a\ x$. De même, nous avons $l_1$ pour la distance $i_1\ a_1$ et $y_1$, $x_1$ pour les coordonnées de $v_1$ par rapport aux axes $a_1\ y_1$ et $a_1\ x_1$. Enfin désignons par $k$ la longueur des segments égaux $o\ a$ et $o\ a_1$.

Les triangles semblables $v\ p\ a$, $e\ n\ a$ donnent

(1) $$x_1 = \frac{k\,x}{x}.$$

Les triangles semblables $o\,a\,p$, $a_1\,p_1\,o$ donnent

$$(2)\qquad y_1 = -\frac{k^2}{y}.$$

On a

$$a\,c \times a\,d \text{ ou } l^2 - [x^2 + (y-l)^2] = a\,p \times a\,b = y \times a_1\,b_1,$$

d'où

$$(3)\qquad l - l_1 = \frac{k^2 + x^2 + y^2}{2\,y}$$

Les relations (1), (2), (3) permettent d'obtenir facilement les relations qui existent entre les éléments de $[G]$ et de $[G_1]$.

Si on détermine $l$, $x$, $y$ en fonction de $l_1$, $x_1\,y_1$ on obtient des relations de mêmes formes que (1), (2), (3).

On pouvait prévoir ce résultat, puisqu'on peut faire dériver l'ellipsoide de la surface de l'onde au moyen du même mode de transformation.

Pour déterminer les éléments de courbure de $[m_1]$ on peut encore suivre une autre marche, qui a, entre autre avantage, celui de ne pas supposer connue cette proposition: $G_1$ est normale à la surface de l'onde.

Prenons toujours (fig. 4) le centre $o$, la droite $G$, la circonférence $C$ décrite sur $c\,d$ comme diamètre et le point $v$ tel que l'angle $c\,d\,v$ soit égal à l'angle que le grand axe de l'indicatrice de l'ellipsoide $[m]$ en $m$ fait avec le plan de la figure $(o, G)$.

Soit $v\,a$ la droite auxiliaire de l'une des surfaces élémentaires de $[G]$ dont la transformée est un élément de surface développable. En abaissant du point $u$, qui est sur $C$ diamétralement opposé à $v$, la perpendiculaire $u\,b$ sur $v\,a$, on obtient sur $G$ le point où cette surface élémentaire est normale au plan $(o, G)$. Nous savons d'après ce qui a été demontré précédemment que l'angle $b\,o\,a$ est droit et qu'en joignant le point $o$ au point $a$ on a une droite qui rencontre $G_1$, au point $c_1$ qui est un foyer du pinceau $[G_1]$.

Cherchons ce point $c_1$. Appelons $s$ le point où $u\,b$ rencontre $C$. Les droites partant respectivement des points $o$, $s$ et qui aboutissent aux points $b$, $c$, $a$, $d$, forment deux faisceaux ayant des rapports anharmoniques égaux; on a

$$(4)\qquad \frac{\operatorname{tang} c\,o\,a}{\operatorname{tang} a\,o\,d} = \frac{\operatorname{tang} c\,s\,a}{\operatorname{tang} a\,s\,d} \text{ ou } \frac{\operatorname{tang} c\,d\,v}{\operatorname{tang} v\,c\,d}.$$

Par les point $o$, $c$, $d$, faisons passer une circonférence; appelons $c_2$ le point où elle coupe $o\,a$. L'angle $c\,o\,a$ est égal à l'angle $c\,d\,c_2$ et l'angle $a\,o\,d$ est égal à l'angle $c_2\,c\,d$. La relation (4) peut alors s'écrire

$$\frac{\operatorname{tang} c\,d\,c_2}{\operatorname{tang} c_2\,c\,d} = \frac{\operatorname{tang} c\,d\,v}{\operatorname{tang} v\,c\,d}.$$

Il résulte delà que la droite $v\,c_2$ est perpendiculaire à $G$, c'est à dire que le point $c_2$ est un point d'intersection de la perpendiculaire $v\,p$ et de la circonférence $o\,c\,d$.

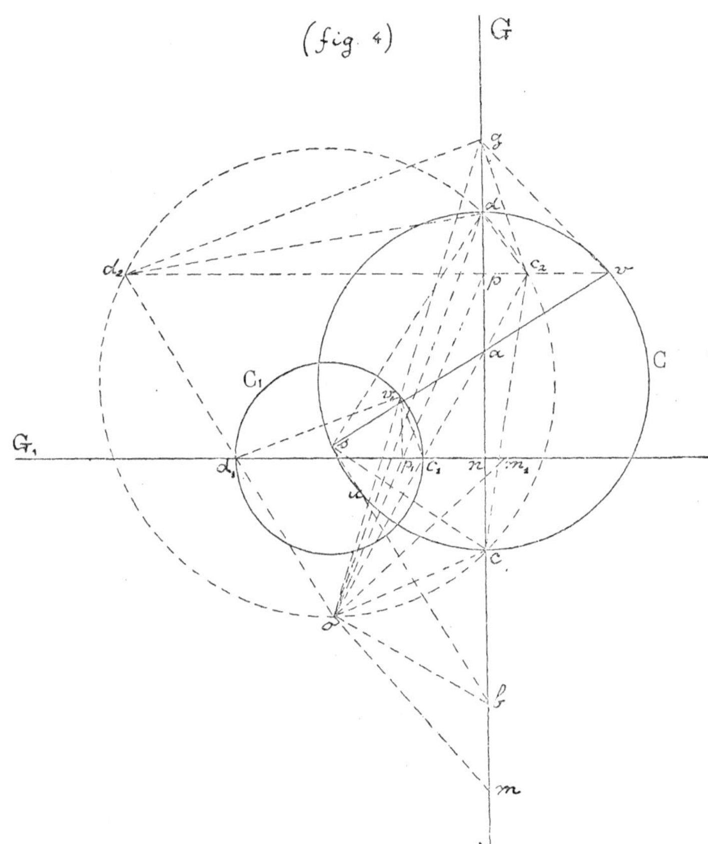


La droite $o\,c_2$ donne $c_1$ sur $G_1$. On a de même l'autre foyer $d_1$ en employant le point $d_2$. Nous savons donc déjà construire les foyers $c_1$, $d_1$ du pinceau $[G_1]$.

Je vais montrer que $[G_1]$ est un pinceau de normales à la surface de l'onde $[m_1]$. Portons $p\,g$ égal à $p\,v$, on a

$$p\,d_2 \times p\,c_2 = p\,d \times p\,c = \overline{p\,v}^2 = \overline{p\,g}^2.$$

L'angle $d_2\, g\, c_2$ est alors droit, et, en construisant le triangle $d_1 v_1 c_1$ semblable au triangle $d_2\, g\, c_2$, on obtient le point $v_1$ sur la circonférence $C_1$ décrite sur $c_1\, d_1$ comme diamètre. Le point $v_1$ ainsi construit, est le point de rencontre de la droite $p_1\, v_1$, correspondant à $p\, v$, et de la droite auxiliaire $o\, g$ qui correspond à $v\, g$; il est donc l'analogue du point $v$. Comme la circonférence $C_1$, qui contient $c_1\, d_1\, v_1$, a son centre sur $G_1$, *le pinceau* $[G_1]$ *est un pinceau de normales.*

De tout cela, il résulte que pour déterminer les éléments de courbure de la surface de l'onde on a simplement à faire les constructions planes suivantes:

*A partir du centre de courbure principal* $d$ *de l'ellipsoide* $[m]$, *on trace sur le plan* $(o, G)$ *la droite* $d\, v$, *telle que l'angle* $c\, d\, v$ *soit égal à l'angle que le grand axe de l'indicatrice en* $m$ *fait avec le plan* $(o, G)$. *Par les points* $o$, $c$, $d$ *on fait passer une circonférence de cercle et l'on prend ses points d'intersections* $c_2\, d_2$ *avec la perpendiculaire* $v\, p$ *abaissée de* $v$ *sur* $G$.

1.° *Les centres de courbure principaux de la surface de l'onde sont les points de rencontre de* $G_1$ *et des droites* $o\, c_2$, $o\, d_2$.

2.° *En portant* $p\, v$ *en* $p\, g$ *sur* $G$ *et en joignant le point* $g$ *aux points* $d_2$, *on a l'angle* $c_2\, d_2\, g$ *qui est égal à l'angle que le grand axe de l'indicatrice en* $m_1$ *à la surface de l'onde fait avec le plan* $(o, G)$.

Les triangles $o\, c_2\, d_2$, $o\, c_1\, d_1$ sont homothétiques. Les circonférences circonscrites à ces triangles sont alors tangentes entre elles, au point $o$; on a donc ce théorème:

*Dans le plan* $(o, G)$ *la circonférence, qui passe par les centres de courbure principaux de l'ellipsoide et par le centre* $o$, *et la circonférence analogue pour la surface de l'onde sont tangentes entre elles au point* $o$.

Les droites $c\, d$, $c_2\, d_2$ étant perpendiculaires l'une à l'autre, l'angle $c\, o\, c_2$ est complémentaire de l'angle $d\, o\, d_2$; de là ce théorème:

*Dans le plan* $(o, G)$, *les droites, allant du point* $o$ *à l'un des centres de courbure principaux de l'ellipsoide et à l'un des centres de courbure principaux de la surface de l'onde, comprennent entre elles un angle qui est complémentaire de l'angle que font entre elles les droites qui vont du point* $o$ *aux autres centres de courbure de l'ellipsoide et de la surface de l'onde.*

Le point $p$, d'après sa construction, est le centre de courbure de la courbe de contour apparent de l'ellipsoide projeté orthogonalement sur le plan mené par $G$ perpendiculairement au plan $(o, G)$. De même pour $p_1$ relativement à la surface de l'onde. Comme $p$ et $p_1$ sont sur un même diamètre on a ce théorème: *Les centres de courbure des courbes de contour apparent de l'ellipsoide et de la surface de l'onde, projetés respectivement sur les plans mené par $G$ et $G_1$ perpendiculairement au plan $(o, G)$, sont sur un même diamètre.*

De la relation (4) résulte ce théorème: *Dans le plan $(o, G)$, la droite qui va du centre $o$ à l'un des centres de courbure principaux de la surface de l'onde fait, avec les droites allant du même point $o$ aux centres de courbure principaux de l'ellipsoide, des angles dont les tangentes sont proportionnelles aux tangentes des angles que les plans des sections principales de l'ellipsoide font avec le plan $(o, G)$.*

Voici encore un moyen d'arriver à construire les plans des sections principales de la surface de l'onde.

Menons (fig. 5) un plan par $c_2\, d_2$ perpendiculairement au plan $(o, G)$, et prenons son intersection avec le plan de le section principale de l'ellipsoide qui contient le grand axe de l'indicatrice en $m$.

(*fig.* 5)



Faisons tourner autour de $c_2\, d_2$ le plan perpendiculaire à $(o, G)$, de façon qu'il vienne sur le plan de la figure au dessus de $c_2\, d_2$. Son intersection avec le plan de la section principale de l'ellipsoide est alors rabattue suivant la perpendiculaire $p\,h$ abaissée du point $p$ sur $v\, d$.

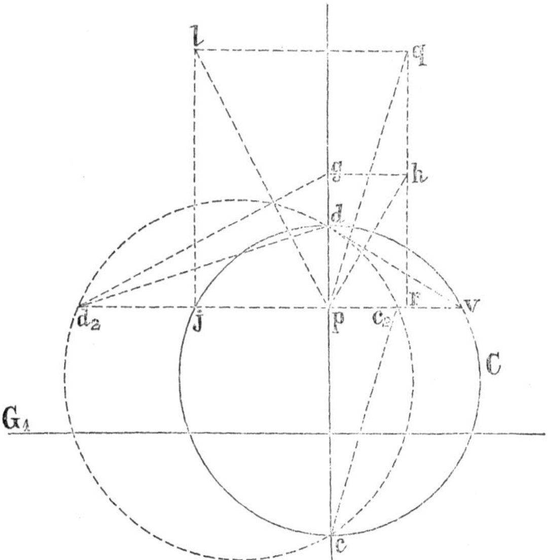

De même pour la surface de l'onde, rabattons, autour de $G$, sur le plan de la figure le plan mené par cette droite perpendiculairment au plan $(o, G)$. Son intersection avec le plan mené par $c_2\, d_2$ parallèlement au plan de la section principale de la surface de l'onde qui contient le grand axe de l'indicatrice en $m_1$, est alors rabattue suivant la perpendiculaire $p\ l$ abaissée du point $p$ sur la droite $d_2\ g$.

Menons un plan parallèle au plan de la figure et à une distance de celui-ci égal à $p\ g$. Ce plan coupe le plan de la section principale de l'ellipsoide, qui contient le grand axe de l'indicatrice en $m$, suivant une droite dont la projection orthogonale sur le plan $(o, G)$ est la droite $h\ r$ parallèle à $G$.

Ce même plan, parallèle au plan de la figure, coupe le plan mené par $c_2\ d_2$ parallèlement au plan de la section principale de la surface de l'onde, suivant une droite dont la projection orthogonale sur le plan $(o, G)$ est $l\ q$, parallèle à $G_1$.

Les droites $h\ r$ et $l\ q$ se coupent au point $q$ et la droite $p\ q$ est la projection sur le plan $(o, G)$ d'une droite parallèle à la ligne d'intersection des plans des sections principales de l'ellipsoide et de la surface de l'onde qui contiennent respectivement les grands axes des indicatrices. Il résulte de ces constructions que $p\ r$ est égal à $p\ d$ et que $r\ q$ est égal à $l\ j$ et par suite à $p\ d_2$.

L'angle $p\ q\ r$ est alors égal à l'angle $p\ d_2\ d$ et à l'angle $c_2\ c\ d$. La droite $p\ q$ est donc parallèle $c\ c_2$.

Nous arrivons ainsi à ce résultat:

*Les plans des sections principales de l'ellipsoide et de la surface de l'onde, qui contiennent respectivement les grands axes des indicatrices de ces surfaces en $m$ et $m_1$, se coupent suivant une droite dont le projection orthogonale sur le plan $(o, G)$ est parallèle à $c\ c_2$.*

Les autres plans des sections principales de l'ellipsoide et de la surface de l'onde se coupent suivant une droite dont la projection est parallèle à $d\ d_2$.

Comme la figure donne tout de suite les droites $c\ c_2$, $d\ d_2$ et qu'on connait le plans des sections principales de l'ellipsoide; il est alors facile de construire les plans des sections principales de la surface de l'onde.

Nous terminons ici l'exposition des solutions du problème que nous avions en vue. Nous ferons remarquer qu'elles reposent sur la représentation géométrique d'un élément de surface réglée au moyen d'une droite auxiliaire et sur la représentation d'un pinceau de droites au moyen d'une circonférence et d'un point.

Ces représentations sont applicables à l'étude de tous les modes de transformation des pinceaux de droites. Nous n'avons fait, dans ce Mémoire, qu'une première application d'une méthode générale fertile en nombreuses conséquences.

Paris, juillet 1879.

# SULLA INTEGRAZIONE DELLE EQUAZIONI
## A DERIVATE PARZIALI DEL PRIMO ORDINE

DI

**ERNESTO PADOVA**

*Professore nella R. Università di Pisa.*

La importanza che in seguito ai lavori di LIE, MAYER e DARBOUX ha acquistato il metodo di CAUCHY per la integrazione delle equazioni a derivate parziali del primo ordine, mi ha indotto a cercare se ed in qual modo questo metodo poteva essere dedotto dalle ricerche di AMPÈRE*, estendendo queste al caso in cui il numero delle variabili indipendenti sia qualunque. In questo scritto mi propongo di mostrare che il metodo di AMPÈRE esteso al caso di un numero qualunque di variabili conduce alle equazioni trovate da CAUCHY, evitando quella difficoltà che notata da BERTRAND fu poi remossa da SERRET**.

Non conosco che un lavoro*** in cui si sia cercato di estendere i metodi di AMPÈRE, ma esso ha uno scopo affatto diverso da quello che io mi sono qui proposto.

* I lavori di AMPÈRE si trovano nei *cahiers* 17 e 18 del *Journal de l'École polytechnique,* quelli di CAUCHY nel 2° volume dei suoi *Exercices d'Analyse.* Ambedue i metodi di questi geometri si fondano sul cangiamento di $n-1$ variabili indipendenti, ma è differente nei due la definizione dell'integrale generale; è però facile vedere che la definizione dell'integrale generale data da CAUCHY si può far rientrare in quella di AMPÈRE.

** SERRET, *Cours de Calcul différentiel et intégral,* T. II, pag. 624. La dimostrazione di SERRET è forse un poco oscura ma non mi sembra meritare il rimprovero fattole da MANSION nella sua *Théorie des équations aux dérivées partielles du 1er ordre,* a pag. 243, ove è detto: *Serret est peu précis dans les raisonnements qui se rapportent à ce cas critique qui a besoin encore d'être étudié plus à fond.*

*** *Sur le nombre des fonctions arbitraires des équations aux dérivées partielles,* par M. F. GOMEZ TEIXEIRA, *Mémoires de la Société des Sciences de Bordeaux,* 2ème Série, 2d Tome.

1. Affinchè un integrale di una equazione differenziale sia generale è necessario e sufficiente che le relazioni fra le variabili e le loro derivate, che si deducono dalla equazione integrale, siano soltanto quelle che si hanno dalla equazione differenziale proposta e dalle sue derivate. È facile vedere in seguito a questa definizione che se un integrale di una equazione a derivate parziali contiene soltanto delle costanti arbitrarie esso non può essere generale. Infatti se $n$ è il numero delle variabili indipendenti, che indicheremo con $x_1, x_2, x_3, \ldots x_n$ ed $m$ è l'ordine della equazione differenziale proposta, derivando l'integrale trovato fino a che appariscano le derivate $m^{esime}$ otterremo un certo numero $h$ di relazioni fra la funzione e le sue derivate dell'ordine $m$; ciò fatto deriviamo l'equazione proposta e le $h$ equazioni ora trovate fino a che appariscano le derivate $m+s$-esime, la prima ci darà $N_s$ equazioni che conterranno la funzione e le sue derivate fino a quelle dell'ordine $m+s$; le $h$ ci daranno invece $hN_s$ equazioni della medesima forma; e poichè $N_s$ cresce con $s$ si vede che per quanto grande sia il numero delle costanti arbitrarie contenute nella equazione integrale (purchè non infinito) si giungerà sempre ad un numero $s$ tale che eliminando fra le equazioni dedotte dall'integrale le costanti arbitrarie si otterranno più di $N_s$ relazioni distinte, un numero cioè maggiore di quello che si può dedurre dalla equazione differenziale proposta.

L'integrale generale di una equazione a derivate parziali deve dunque contenere almeno una funzione arbitraria. Se con $\alpha_1, \alpha_2, \ldots \alpha_k$ si indicano gli argomenti dai quali dipende la funzione arbitraria, se ve ne è una sola, o dai quali dipendono le funzioni arbitrarie, se ve ne è più di una, diremo che l'integrale generale consta di $k+1$ equazioni, considerando come facienti parte dell'integrale quelle che definiscono gli argomenti $\alpha_1, \alpha_2, \ldots \alpha_k$.

2. Indichiamo con

$$(1) \qquad \alpha_2 = [\alpha_2], \qquad \alpha_3 = [\alpha_3], \ldots, \qquad \alpha_n = [\alpha_n]$$

le equazioni che definiscono $n-1$ degli argomenti $\alpha$, supponiamo questi argomenti distinti fra loro e che quindi queste equazioni siano risolubili rapporto alle variabili $x_2, x_3, \ldots x_n$, per modo che queste variabili si ottengano da quelle equazioni in funzione di $x_1, \alpha_2, \ldots, \alpha_n$. Indicheremo da ora in poi colla lettera $d$ le derivate totali di una funzione considerata come espressa per mezzo di $x_1, x_2, \ldots x_n$, colla lettera $\partial$ le derivate parziali prese nella medesima ipotesi e finalmente colla lettera $\delta$ le derivate di una funzione quando si considera come espressa per mezzo delle variabili $x_1, \alpha_2, \alpha_3, \ldots \alpha_n$.

Se $z$ è la funzione incognita e con $Z$ si indica una sua derivata dell'ordine $l-1$ è chiaro che avremo

$$\frac{\delta Z}{\delta \alpha_h} = \sum_{2}^{n}{}_{s} \frac{dZ}{dx_s}\frac{\delta x_s}{\delta \alpha_h} \qquad h = 2, 3, \ldots n$$

(2) $$\frac{\delta Z}{\delta x_1} = \frac{dZ}{dx_1} + \sum_{2}^{n}{}_{s} \frac{dZ}{dx_s}\frac{\delta x_s}{\delta x_1}$$

e dalle prime $n-1$ equazioni avremo

(3) $$\frac{dZ}{dx_s} = \frac{1}{\Delta}\sum_{2}^{n}{}_{h} \Delta_{sh}\frac{\delta Z}{\delta \alpha_h} \qquad s = 2, 3, \ldots n$$

ove $\Delta$ è il determinante funzionale delle $x_2, \ldots, x_n$ rispetto alle $\alpha$ e $\Delta_{sh}$ l'elemento reciproco a $\frac{\delta x_s}{\delta \alpha_h}$ in questo determinante. La (2) diviene allora

(4) $$\frac{dZ}{dx_1} = \frac{\delta Z}{\delta x_1} - \sum_{2}^{n}{}_{s}\sum_{2}^{n}{}_{h} \frac{1}{\Delta}\cdot\Delta_{sh}\frac{\delta Z}{\delta \alpha_h}\frac{\delta x_s}{\delta x_1}.$$

Dalle equazioni (3) si deduce che se $Z$ contiene una funzione arbitraria delle $\alpha$ tale che ciascuna delle sue derivate dia luogo ad una nuova funzione arbitraria non contenuta in alcuna delle derivate delle $x$ rapporto alle $\alpha$, tutte le derivate di $Z$ rapporto ad $x_2, \ldots, x_n$ conterranno queste nuove funzioni arbitrarie, poichè non possono sparire tutte non trovandosi nè in $\Delta$ nè nelle $\Delta_{rs}$. Parimente la (4) mostra che in questo caso delle funzioni arbitrarie non contenute in $Z$ si presenteranno in $\frac{dZ}{dx_1}$, perchè le nuove funzioni contenute nelle derivate di $Z$ rapporto alle $\alpha$ non si trovano in $\frac{\delta Z}{\delta x_1}$.

Quando le derivate di $z$ contengono delle funzioni arbitrarie non contenute nella funzione primitiva nè nelle derivate di ordine inferiore a quelle che si considerano, si dice che esse sono eterogenee alla funzione primitiva.

Resulta manifesto dal modo col quale si presentano le nuove funzioni arbitrarie nelle derivate che se in alcune delle derivate di ordine $l$ si presentano delle funzioni arbitrarie non contenute nelle precedenti se ne presenteranno delle nuove in quelle di ordine $l+1$.

3. Vediamo quali e quante funzioni arbitrarie deve contenere l'integrale di una equazione a derivate parziali del primo ordine con $n$ variabili indipendenti affinchè sia generale.

Con $s$ indichiamo il numero degli argomenti delle funzioni arbitrarie, l'integrale consterà allora di $s+1$ equazioni; derivandole rapporto alle $x$ finchè compariscano le derivate dell' ordine $k$ otterremo

$$\{1 + [n] + [n]_2 + \cdots + [n]_k\}(s + 1)$$

equazioni, ove con $[n]_r$ s' indicano le combinazioni con ripetizione di $n$ elementi presi $r$ ad $r$. Derivando invece $k - 1$ volte l'equazione proposta si ottengono

$$1 + [n] + [n]_2 + \cdots + [n]_{k-1}$$

equazioni. Ma nelle prime appariscono gli $s$ argomenti e le loro derivate fino a quelle dell' ordine $k$ in tutto

$$\{1 + [n] + [n]_2 + \cdots + [n]_k\} s$$

quantità che potremo eliminare. Talchè a volere che l' integrale trovato sia generale è necessario e sufficiente che dopo la eliminazione degli argomenti e delle loro derivate le equazioni risultanti contengano almeno $[n]_k$ quantità arbitrarie. Questo appunto succede quando l' equazione integrale contiene una funzione arbitraria $\varphi$ di $n - 1$ argomenti distinti, tale che non esista alcuna relazione fra le differenti derivate della funzione rapporto ai vari argomenti. Infatti avendo presente la nota formola

$$[n - 1]_k = [n]_k - [n]_{k-1}$$

si vede che la funzione $\varphi$ derivata $k$ volte dà luogo a

$$[n - 1] + [n - 1]_2 + [n - 1]_3 + \cdots + [n - 1]_k = [n]_k - 1$$

funzioni distinte, che unite alla $\varphi$ stessa, costituiscono il sistema delle $[n]_k$ arbitrarie voluto. Si ottengono invece più di $[n]_k$ quantità arbitrarie se l' equazione integrale contiene $n$ funzioni arbitrarie di $n - 1$ argomenti distinti, fra le quali hanno luogo $n - 1$ relazioni differenziali di primo ordine. Quindi l' integrale generale può presentarsi anche sotto questa forma.

4. Cerchiamo ora le equazioni che servono alla determinazione delle funzioni $\alpha$; se supponiamo che esse siano rappresentate dalle equazioni

$$\alpha_i = [x_i], \qquad i = 2, 3, \ldots n$$

e si risolvono rapporto alle variabili $x_2, \ldots x_n$. sostituendo queste espressioni nelle equazioni stesse, esse diverranno delle identità che potremo derivare rapporto ad $x_1$ ed otterremo

$$(5) \qquad \frac{\partial [x_i]}{\partial x_1} + \sum_2^n {}_h \frac{\partial [x_i]}{\partial x_h} \frac{\delta x_h}{\delta x_1} = 0 \qquad i = 2, 3, \ldots n.$$

Quando fossero noti i coefficienti $\frac{\delta x_h}{\delta x_1}$, queste equazioni costituirebbero un sistema di equazioni a derivate parziali del primo ordine lineari che si potrebbero integrare col metodo di JACOBI* e darebbero i cercati argomenti; bisogna quindi vedere come si possano dedurre le derivate $\frac{\delta x_h}{\delta x_1}$ dalla equazione a derivate parziali proposta.

5. Sia

$$V(x_1 x_2 \ldots x_n z p_1 p_2 \ldots p_n) = 0 \tag{6}$$

ove

$$p_h = \frac{\partial z}{\partial x_h}$$

l'equazione differenziale proposta. Supponiamo sostituita in essa per $z$ la sua espressione tolta dall'integrale generale e deriviamola rapporto alle $n-1$ variabili $x_2, \ldots x_n$, avremo

$$\sum_1^n{}_h \frac{\partial V}{\partial p_h}\frac{d p_h}{d x_i} + \frac{\partial V}{\partial x_i} + \frac{\partial V}{\partial z} p_i = 0, \qquad i = 2, 3, \ldots n. \tag{7}$$

Osserviamo che dalla (2) si ha

$$\frac{d p_1}{d x_i} = \frac{d p_i}{d x_1} = \frac{\delta p_i}{\delta x_1} - \sum_2^n{}_h \frac{d p_i}{d x_h}\frac{\delta x_h}{\delta x_1}$$

ed analogamente dalle (3) e (4)

$$\frac{d p_i}{d x_k} = \frac{1}{\Delta}\sum_2^n{}_h \Delta_{hk}\frac{\delta p_i}{\delta \alpha_h}, \qquad k = 2, 3, \ldots n$$

$$\frac{d p_i}{d x_1} = \frac{\delta p_i}{\delta x_1} - \frac{1}{\Delta}\sum_2^n{}_h \sum_2^n{}_k \Delta_{hk}\frac{\delta x_h}{\delta x_1}\frac{\delta p_i}{\delta \alpha_k}.$$

Le equazioni (7) diverranno allora colla sostituzione

$$\left\{\begin{aligned} &\sum_2^n{}_k \left\{\frac{\delta p_i}{\delta \alpha_k}\left[\sum_2^n{}_h \Delta_{hk}\left(\frac{dV}{dp_h} - \frac{dV}{dp_1}\frac{\delta x_h}{\delta x_1}\right)\right]\right\} + \\ &+ \Delta\left\{\frac{dV}{dp_1}\frac{\delta p_i}{\delta x_1} + \frac{\partial V}{\partial z} p_i + \frac{\partial V}{\partial x_i}\right\} = 0 \qquad i = 2, 3, \ldots n. \end{aligned}\right. \tag{8}$$

Ora converrà distinguere il caso in cui le $p$ contengano nuove funzioni arbitrarie non contenute nelle equazioni integrali, da quello in cui ciò non accade. Nel primo caso ciascuna delle derivate di $p_i$ rapporto alle varie $\alpha$ conterrà linearmente una nuova funzione che non si trova in nessun altro termine della $i$-esima equazione (8) e quindi affinchè questa sia verificata si dovrà avere

$$\sum_2^n{}_h \Delta_{hk}\left(\frac{dV}{dp_k} - \frac{dV}{dp_1}\frac{\delta x_h}{\delta x}\right) = 0 \qquad k = 2, 3, \ldots n. \tag{8$_1$}$$

* Vedasi per es. MANSION op. citata, pag. 58.

Nel secondo caso ponendo $p_{ih} = \frac{dp_i}{dx_h}$ si deriverebbero nuovamente le (7) rapporto alle $x$ ed eseguendo sulle derivate delle $p_{ih}$ le medesime trasformazioni eseguite sulle derivate delle $p$, troveremmo delle equazioni analoghe alle (8), ove i coefficienti delle $\frac{\delta p_{ih}}{\delta \alpha_k}$ sarebbero gli stessi coefficienti delle $\frac{\delta p_i}{\delta \alpha_k}$ nelle (8); ora se le $p_{ih}$ contengono delle nuove funzioni arbitrarie si potrà ripetere il precedente ragionamento e si giungerà ugualmente alle ($8_1$), se invece ciò non accadesse si proseguirebbe nella derivazione e spingendo sufficientemente innanzi le derivazioni si giungerebbe sempre alle ($8_1$).

Ora poichè il determinante formato coi coefficienti $\Delta_{hk}$ delle equazioni ($8_1$) non è che una potenza di $\Delta$ e quindi è diverso da zero, si dovrà avere

$$(9) \qquad \frac{dV}{dp_h} - \frac{dV}{dp_1}\frac{\delta x_h}{\delta x_1} = 0 \qquad h = 2, 3, \ldots n.$$

Le (9) riducono le (8) alla seguente forma

$$(10) \qquad \frac{dV}{dz}p_i + \frac{\partial V}{\partial x_i} + \frac{dV}{dp_i}\frac{\delta p_i}{\delta x_1} = 0, \qquad i = 2, 3, \ldots n.$$

Derivando la (6) rapporto ad $x_1$ si ha

$$\frac{\partial V}{\partial x_1} + \frac{\partial V}{\partial z}p_1 + \sum_1^n{}_h \frac{dV}{dp_h}\frac{dp_h}{dx_1} = 0$$

ma rammentando la relazione già trovata

$$\frac{dp_1}{dx_1} = \frac{\delta p_1}{\delta x_1} - \sum_2^n{}_h \frac{dp_1}{dx_h}\frac{\delta x_h}{\delta x_1} = \frac{\delta p_1}{\delta x_1} - \sum_2^n{}_h \frac{dp_h}{dx_1}\frac{dV}{dp_h} \cdot \frac{1}{\frac{dV}{dp_1}}$$

sarà

$$(11) \qquad \frac{\partial V}{\partial x_1} + \frac{dV}{dz}p_1 + \frac{dV}{dp_1}\frac{\delta p_1}{\delta x_1} = 0.$$

Le equazioni (9), (10), (11) possono riunirsi sotto la forma

$$(12) \left\{ \begin{aligned} &\frac{\delta x_1}{\frac{dV}{dp_1}} = \frac{\delta x_2}{\frac{dV}{dp_2}} = \cdots = \frac{\delta x_n}{\frac{dV}{dp_n}} = \frac{\delta p_1}{-\frac{\partial V}{\partial x_1} - p_1\frac{\partial V}{\partial z}} = \frac{\delta p_2}{-\frac{\partial V}{\partial x_2} - p_2\frac{\partial V}{\partial z}} \\ &\qquad = \cdots = \frac{\delta p_n}{-\frac{\partial V}{\partial x_n} - p_n\frac{\partial V}{\partial z}} \end{aligned} \right.$$

e queste sono precisamente le equazioni date da CAUCHY. A queste $2n - 1$ equazioni aggiungendo la (6) avremo le $2n$ equazioni necessarie e sufficienti alla determinazione delle $2n$ funzioni $z$, $x_2$, $x_3, \ldots x_n$, $p_1$, $p_2, \ldots p_n$. Di queste equazioni $2n-1$ contengono le derivate delle funzioni incognite rispetto ad $x_1$, si presenteranno quindi dopo la integrazione $2n-1$ costanti arbitrarie; eliminando fra queste equazioni le $p$ otterremo $z$, $x_2, \ldots x_n$ espresse in funzione di $x_1$ e di $2n-1$ costanti arbitrarie che potremo rimpiazzare con $n-1$ argomenti $\alpha_2$, $\alpha_3, \ldots, \alpha_n$ e $n$ funzioni arbitrarie di questi argomenti. Tra le $n$ funzioni arbitrarie hanno luogo $n-1$ relazioni a derivate parziali. Infatti è facile vedere che si hanno le relazioni

$$(13)\qquad \frac{\delta z}{\delta \alpha_i} = \sum_2^n {}_h\, p_h \frac{\delta x_h}{\delta \alpha_i} \qquad i = 2, 3, \ldots n$$

$$(14)\qquad \frac{\delta z}{\delta x_1} = \frac{dz}{dx_1} + \sum_2^n {}_r \sum_2^n {}_s \frac{1}{\Delta} \Delta_{rs} \frac{\delta z}{\delta \alpha_r} \frac{\delta x_s}{\delta x_1}$$

$$(15)\qquad \frac{\delta p_1}{\delta \alpha_i} = \sum_2^n {}_h \left( \frac{\delta p_h}{\delta x_1} \frac{\delta x_h}{\delta \alpha_i} - \frac{\delta p_h}{\delta \alpha_i} \frac{\delta x_h}{\delta x_1} \right), \qquad i = 2, 3, \ldots n$$

$$(16)\qquad \sum_2^n {}_h \left( \frac{\delta p_h}{\delta \alpha_s} \frac{\delta x_h}{\delta \alpha_i} - \frac{\delta p_h}{\delta \alpha_i} \frac{\delta x_h}{\delta \alpha_s} \right) = 0 \qquad \begin{Bmatrix} i = 2, 3, \ldots n \\ s = 2, 3, \ldots n \end{Bmatrix}.$$

Queste sono in numero di $\dfrac{n(n+1)}{2}$, ma soltanto $n-1$ sono indipendenti fra loro.

Infatti abbiamo

$$(17)\qquad \frac{\delta z}{\delta x_1} = \frac{dz}{dx_1} + \sum_2^n {}_h \frac{dz}{dx_h} \frac{\delta x_h}{\delta x_1}$$

quindi combinando questa equazione colla (14) si ha

$$\sum_2^n {}_h \frac{\delta x_h}{\delta x_1} \left( \sum_2^n {}_r \frac{\Delta_{rh}}{\Delta} \frac{\delta z}{\delta \alpha_r} - \frac{dz}{dx_h} \right) = 0$$

e poichè dalle (13) si ha

$$\Delta p_k = \sum_2^n {}_h \frac{\delta z}{\delta \alpha_h} \Delta_{kh}$$

così si vede che la (14) è in forza della (17) una conseguenza delle (13).

Derivando le (13) rapporto ad $x_1$ e la (17) rapporto ad $\alpha_i$ abbiamo

$$\frac{\delta^2 z}{\delta \alpha_i \delta x_1} = \sum_2^n {}_h \left[ \frac{\delta p_h}{\delta x_1} \frac{\delta x_h}{\delta \alpha_i} + p_h \frac{\delta^2 x_h}{\delta \alpha_i \delta x_1} \right]$$

$$\frac{\delta^2 z}{\delta \alpha_i \delta x_1} = \frac{\delta p_1}{\delta \alpha_i} + \sum_2^n {}_h \left[ \frac{\delta p_h}{\delta \alpha_i} \frac{\delta x_h}{\delta x_1} + p_h \frac{\delta^2 x_h}{\delta \alpha_i \delta x_1} \right]$$

e quindi sottraendo queste due equazioni una dall'altra avremo

$$\frac{\delta p_1}{\delta \alpha_i} = \sum_2^n {}_h \left[ \frac{\delta p_h}{\delta x_1} \frac{\delta x_h}{\delta \alpha_i} - \frac{\delta p_h}{\delta \alpha_i} \frac{\delta x_h}{\delta x_1} \right]$$

e queste sono precisamente le (15).

Finalmente le (13) derivate rapporto alle $\alpha$ danno

$$\frac{\delta^2 \chi}{\delta \alpha_i \delta \alpha_k} = \sum_2^n {}_h \left[ \frac{\delta p_h}{\delta \alpha_k} \frac{\delta x_h}{\delta \alpha_i} + p_h \frac{\delta^2 x_h}{\delta \alpha_i \delta \alpha_k} \right]$$

$$\frac{\delta^2 \chi}{\delta \alpha_k \delta \alpha_i} = \sum_2^n {}_h \left[ \frac{\delta p_h}{\delta \alpha_i} \frac{\delta x_h}{\delta \alpha_k} + p_h \frac{\delta^2 x_h}{\delta \alpha_i \delta \alpha_k} \right]$$

quindi sottraendo queste equazioni una dall'altra si avrà

$$0 = \sum_2^n {}_h \left[ \frac{\delta p_h}{\delta \alpha_k} \frac{\delta x_h}{\delta \alpha_i} - \frac{\delta p_h}{\delta \alpha_i} \frac{\delta x_h}{\delta \alpha_k} \right]$$

e queste sono precisamente le (16). Resta così dimostrato che $\frac{n(n-1)}{2} + 1$ di quelle equazioni sono una conseguenza delle rimanenti. Il modo col quale si sono potute ottenere le (15), (16) mostra che esse danno la condizione affinchè l'espressione

$$\frac{\delta \chi}{\delta x_1} dx_1 + \frac{\delta \chi}{\delta \alpha_2} d\alpha_2 + \frac{\delta \chi}{\delta \alpha_3} d\alpha_3 + \cdots + \frac{\delta \chi}{\delta \alpha_n} d\alpha_n$$

sia un differenziale esatto.

6. Le equazioni integrali delle (12) danno, come si è visto, le $x_2, \ldots x_n \chi$ in funzione di $x_1$ e di costanti arbitrarie, che abbiamo rimpiazzato cogli argomenti $\alpha$ e con funzioni arbitrarie di questi, quindi queste equazioni possono servire a determinare le espressioni degli argomenti $\alpha$; nel § 4 invece abbiamo definito le $\alpha$ come soluzioni delle equazioni a derivate parziali (5), nasce quindi spontanea la domanda: le funzioni $\alpha$ definite per mezzo delle prime equazioni soddisfano esse alle equazioni (5)? Ora le (9) riducono le (5) alla forma

$$\sum_1^n {}_h \frac{\delta \alpha_i}{\delta x_h} \frac{dV}{dp_h} = 0 \qquad i = 2, 3, \ldots n.$$

Ma per integrare questo sistema si debbono cercare* $2(n-1)$ integrali delle equazioni:

$$\frac{d\alpha_2}{0} = \frac{d\alpha_3}{0} = \cdots = \frac{d\alpha_n}{0} = \frac{dx_1}{\frac{dV}{dp_1}} = \frac{dx_2}{\frac{dV}{dp_2}} = \cdots = \frac{dx_n}{\frac{dV}{dp_n}}$$

* Vedasi: Jacobi, Journal von Crelle, T. 2, pag. 321, oppure Mansion, op. cit., pag. 61.

ed ogni funzione di questi integrali uguagliata a zero soddisferà le (5). Ma le prime $n-1$ danno le condizioni $\alpha_i = \text{cost.}$ e le altre sono precisamente le prime $n-1$ equazioni (12). Ora le (12) sono verificate dalle espressioni trovate per le $x$ nella ipotesi che le $\alpha$ siano costanti, dunque le quantità $\alpha$ possono effettivamente prendersi per argomenti delle funzioni arbitrarie.

7. Può accadere che una relazione fra $z$ le $x$ e le $\alpha$ dedotta dal sistema di equazioni che costituisce l'integrale della (6) non soddisfi questa equazione quando si suppongono costanti le $\alpha$; od in altre parole che l'integrale generale della (6) determinato in questo modo non dia luogo ad un integrale completo quando vi si suppongono costanti le $\alpha$. Ma si può seguendo una via analoga a quella tenuta da AMPÈRE dedurre dall'integrale generale un integrale completo e conseguentemente anche l'integrale generale sotto la forma data da LAGRANGE. Se dalle equazioni integrali si cava il valore di

$$\frac{1}{\Delta}\sum_2^n {}_h \Delta_{hs}\frac{\delta z}{\delta \alpha_h}$$

che è quello di $p_s$ espresso in funzione di $x_1, \alpha_2, \alpha_3, \ldots \alpha_n$ e si rappresenta con $P_s$ questa espressione, potremo introdurre una nuova variabile $u$ definita dalla equazione

$$u = z - \sum_2^n {}_h P_h x_h. \tag{18}$$

Eliminando $z$ per mezzo di questa equazione dalle equazioni che danno $x_2, x_3, \ldots x_n, z$ in funzione di $x_1 \alpha_2 \ldots \alpha_n$ avremo $n$ equazioni fra le quali potremo eliminare le $n-1$ quantità $x_2, \ldots x_n$ e si otterrà così una relazione della forma

$$F(u, x_1, \alpha_2, \ldots \alpha_n) = 0. \tag{19}$$

Se in questa sostituiamo ad $u$ la sua espressione (18), essa insieme ad altre $n-1$ equazioni che al pari di questa siano una conseguenza del sistema integrale potrà rappresentare l'integrale generale della (6), talchè dovremo trovare, se da esse deduciamo il valore di $p_s$ espresso in funzione di $x_1, \alpha_2, \ldots \alpha_n$, la espressione $P_s$ trovata precedentemente.

La (19) derivata rapporto ad $\alpha_i$ darà

$$\frac{\delta F}{\delta u}\left[\frac{\delta z}{\delta \alpha_i} - \sum_2^n \frac{\delta P_h}{\delta \alpha_i} x_h - \sum_2^n P_h \frac{\delta x_h}{\delta \alpha_i}\right] + \frac{\delta F}{\delta \alpha_i} = 0$$

ossia

$$\frac{\delta z}{\delta \alpha_i} = \sum_2^n P_h \frac{\delta x_h}{\delta \alpha_i} + \sum_2^n x_h \frac{\delta P_h}{\delta \alpha_i} - \frac{1}{\frac{\delta F}{\delta u}}\frac{\delta F}{\delta \alpha_i}. \tag{20}$$

Ma è chiaro che si ha

$$\frac{\delta z}{\delta \alpha_i} = \sum p_h \frac{\delta x_h}{\delta \alpha_i}$$

per cui confrontando avremo

$$\sum_2^n{}_h \frac{\delta x_h}{\delta \alpha_i}(p_h - P_h) = \sum_2^n{}_h x_h \frac{\delta P_h}{\delta \alpha_i} - \frac{1}{\frac{\delta F}{\delta u}} \frac{\delta F}{\delta \alpha_i}$$

e perchè possa essere

$$p_h = P_h$$

sarà necessario che le altre equazioni del sistema sieno

$$\frac{\delta F}{\delta \alpha_i} - \frac{\delta F}{\delta u} \sum_2^n{}_h x_h \frac{\delta P_h}{\delta \alpha_i} = 0.$$

Per conseguenza

$$F(z - \sum P_h x_h,\ x_1,\ \alpha_2, \ldots \alpha_n) = 0$$

e

$$\frac{\delta F}{\delta \alpha_i} + \frac{\delta F}{\delta (z - \sum P_h x_h)} \cdot \frac{\delta (z - \sum P_h x_h)}{\delta \alpha_i} = 0$$

ossia la equazione $F = 0$ e le sue derivate rapporto alle $\alpha$ in quanto vi entrano esplicitamente uguagliate a zero costituiscono un sistema integrale. Questa forma è quella data da LAGRANGE all'integrale generale.

8. Applichiamo ora questo metodo a due esempi.

1.° Sia

$$x_1 x_2 x_3 \ldots x_n = p_1 p_2 p_3 \ldots p_n$$

l'equazione differenziale proposta. Le (12) danno

$$\frac{\delta x_h}{\delta x_1} = \frac{x_1 x_2 \ldots x_n}{p_2 p_3 \ldots p_n} \cdot \frac{1}{p_h}, \qquad \frac{\delta p_h}{\delta x_1} = \frac{x_1 x_2 \ldots x_n}{p_2 p_3 \ldots p_n} \cdot \frac{1}{x_h}$$

talchè si ha

$$p_h = \alpha_h x_h$$

e se si pone

$$a = \frac{1}{\alpha_2 \alpha_3 \ldots \alpha_n}$$

sarà

$$\frac{\delta x_h}{\delta x_1} = \frac{x_1}{x_h} \frac{a}{\alpha_h}$$

e quindi

$$x_h^2 = \frac{a}{\alpha_h} x_1^2 + \frac{b_h}{\alpha_h}$$

$$p_1 = \frac{x_1 x_2 \ldots x_n}{p_2 \ldots p_n} = x_1 a$$

le $b$ potranno considerarsi come le funzioni arbitrarie delle $\alpha$ che debbono introdursi per rendere generale l'integrale.

La $z$ si ottiene dalla equazione

$$dz = \left(p_1 + \sum_2^n p_h \frac{\delta x_h}{\delta x_1}\right) dx_1 + \sum_s \sum_h p_h \frac{\delta x_h}{\delta \alpha_s} \quad \alpha_s$$

$$= n a x_1 dx_1 + \sum_2^n {}_s d\alpha_s \left\{ -\frac{x_1^2 a n}{2\alpha_s} - \frac{b_s}{2\alpha_s} + \frac{1}{2} \sum_h \frac{\delta b_h}{\delta \alpha_s} \right\}$$

e se fra le funzioni arbitrarie $b$ si stabiliscono le relazioni (16), che nel nostro caso divengono

$$\frac{1}{\alpha_s} \frac{\delta b_s}{\delta \alpha_i} = \frac{1}{\alpha_i} \frac{\delta b_i}{\delta \alpha_s}$$

il secondo membro della precedente equazione diviene un differenziale esatto e si ottiene la funzione $z$ espressa per mezzo di $x_1 \alpha_2 \ldots \alpha_n$ senza la introduzione di nuove funzioni arbitrarie *. E poichè le equazioni di condizione fra le $b$ equivalgono alla condizione che la espressione

$$\sum_2^n {}_s \frac{b_s}{\alpha_s} d\alpha_s$$

sia un differenziale esatto, così si vede che una delle $b$ potrà sempre prendersi arbitrariamente e le altre si potranno scegliere in modo che questa condizione sia soddisfatta; la prima $b$ resterà a rappresentare la funzione arbitraria che si deve avere in $z$. In questo caso non si presentano che $n - 1$ funzioni arbitrarie, perchè la $z$ manca nella equazione data.

2.° Sia

$$z = p_1 p_2 \cdots p_n .$$

Le (12) daranno

$$\frac{\delta x_1}{p_2 p_3 \cdots p_n} = \frac{\delta x_2}{p_1 p_3 \cdots p_n} = \cdots = \frac{\delta p_1}{p_1} = \cdots = \frac{\delta p_n}{p_n}$$

e quindi

$$p_h = c_h p_1, \qquad \frac{\delta x_h}{\delta x_1} = \frac{1}{c_h}, \qquad x_h = \frac{x_1}{c_h} + \alpha_h$$

$$p_1^{n-1} = \frac{n-1}{\Pi(c)} x_1 + a$$

$$z = \Pi(c) \left[ \frac{n-1}{\Pi(c)} x_1 + a \right]^{\frac{a}{n-1}}$$

$$= (n-1)^{\frac{n}{n-1}} (x_1 c_1 + a_1)^{\frac{1}{n-1}} (x_2 c_2 + a_2)^{\frac{1}{n-1}} \ldots (x_n c_n + a_n)^{\frac{1}{n-1}}$$

* Devo qui far notare una svista in cui AMPÈRE è caduto a pag. 19 della sua Memoria inserita nel Cahier 18 del *Journal de l'École polytechnique;* quando $z$ non entra nella equazione $V = 0$ si hanno sempre soltanto $n - 1$ funzioni arbitrarie, perchè si hanno soltanto $2(n - 1)$ equazioni differenziali (nel caso di AMPÈRE una sola come è facile vedere).

ove per brevità si è posto

$$c_1 = \frac{1}{\Pi(c)}, \qquad a_1 = \frac{a}{n-1}, \qquad a_h = \frac{a\,\Pi(c)}{n-1} - \alpha_h c_h.$$

Questa equazione differenziale che non è che una estensione di quella notissima integrata da Lagrange ($z = pq$) avrebbe potuto integrarsi col metodo indicato dal Mansion nella sua opera a pag. 157, ma quel metodo conduce ad una forma meno simmetrica di questa.

Pisa, addì 5 Giugno 1879.

# DE FRACTIONIBUS QUIBUSDAM CONTINUIS

AUCTORE

**H. J. STEPHANO SMITH**

*Geometriæ apud Oxonienses Professore Saviliano.*

Art. I. Proposita æquatione

$$P_1 P_2 - R^2 = 1$$

olim demonstravimus fore *

$$\begin{aligned} P_1 &= (q_1, q_2, \ldots q_i, q_i, \ldots q_2, q_1), \\ P_2 &= (q_2, q_3, \ldots q_i, q_i, \ldots q_3, q_2), \\ R &= (q_1, q_2, \ldots q_i, q_i, \ldots q_3, q_2), \\ &= (q_2, q_3, \ldots q_i, q_i, \ldots q_2, q_1), \end{aligned}$$

---

* *Journal für die reine und angewandte Mathematik.* Vol. L., pag. 91. Verum hoc theorema ante nos invenerat vir clarissimus SERRET. Numeratorem fractionis continuæ

$$q_1 + \frac{1}{q_2 +} \frac{1}{q_3 +} \ldots \frac{1}{q_n}$$

per formulam $(q_1, q_2, q_3 \ldots q_n)$ denotamus; cujus proprietates a forma determinantali

$$\begin{vmatrix} q_1, & -1, & 0, & 0 \ldots\ldots\ldots 0 \\ 1, & q_2, & -1, & 0 \ldots\ldots\ldots 0 \\ 0, & 1, & q_3, & -1, \ldots\ldots\ldots 0 \\ 0, & 0, & 1, & q_4, \ldots\ldots\ldots 0 \\ \ldots & \ldots & \ldots & \ldots \\ 0, & 0, & 0, & 0 \ldots 1, \; q_{n-1}, \; -1 \\ 0, & 0, & 0, & 0 \ldots 0, \; 1, \; q_n \end{vmatrix}$$

pendere in commentatiuncula supra memorata observavimus. Ipsam autem fractionem

atque hinc haberi partitiones numerorum $P_1$ et $P_2$ in summas duorum quadratorum. Eadem fere methodo æquationes

$$P_1 P_2 - 2R^2 = \pm 1, \quad P_1 P_2 - 3R^2 = \pm 1,$$

tractari possunt ope lemmatis quod viro clarissimo J. J. SYLVESTER acceptum referimus;

« Sit $q, q_2, \ldots q_i, q_i, \ldots q_2, q_1$

» quotientium series ordine symmetrico disposita, e quibus alterni per
» numerum $\mu$ multiplicentur; determinans

$$» K = (q_1, \mu q_2, q_3, \ldots \mu q_3, q_2, \mu q_1)$$

» erit formæ $A^2 + \mu B^2$, designantibus $A$ et $B$ numeros inter se
» primos. »

Fit enim, si numerus $i$ par est,

$$(q_1, \mu q_2, q_3, \ldots \mu q_i) = (\mu q_1, q_2, \mu q_3 \ldots q_i);$$

si vero idem numerus impar est,

$$(\mu q_1, q_2, \mu q_3, \ldots \mu q_i) = \mu \times (q_1, \mu q_2, \ldots q_i).$$

Itaque erit aut

$$K = (q_1, \mu q_2, q_3, \ldots \mu q_i)^2 + \mu + (q_1, \mu q_2, \ldots q_{i-1})^2,$$

aut

$$K = (q_1, \mu q_2, q_3, \ldots \mu q_{i-1})^2 + \mu (q_1, \mu q_2, \ldots \mu q_{i-1}, q_i)^2.$$

Aperte autem confitemur totam hanc disquisitionem angustis finibus contineri; quam, annis ab hinc amplius viginti a nobis inchoatam, nunc demum longo post intervallo retractatam absolutamque, ideo arithmeticorum hominum judicio committere ausi sumus, quod elementis arithmeticæ incrementa etiam tenuissima afferre operæ pretium putamus. Quæstiones autem in eodem genere latius patentes

---

continuam ita significamus ut quotientium series uncinis quadratis includatur. Itaque habetur æquatio

$$[q_1, q_2, q_3, \ldots q_n] = \frac{(q_1, q_2, \ldots q_n)}{(q_2, \ldots q_n)}.$$

Cœterum in fractione periodica utimur punctis superpositis ad distinguendos primos atque ultimos periodorum quotientes. Sic exempli gratia erit

$$[a, b, c, \ldots \dot{q}_1, q_2, \ldots \dot{q}_n]$$

fractio continua constans e quotientibus *heteroclitis* $a, b, c, \ldots$ et periodo $q_1, q_2, \ldots q_n$ infinities repetita.

et nos olim attigimus, et fusius tractavit vir clarissimus M. A. STERN in egregia commentatione. *

Art. 2. Initium operis facimus ab æquatione

$$P_1 P_2 = 3 R_1^2 + 1;$$

in qua fiat

$$R_2 = R_1 - q_1 P_2,$$

$$P_3 = \frac{3 R_2^2 + 1}{P_2} = P_1 - 6 q_1 R_1 + 3 q_1^2 P_2,$$

et generaliter

$$R_n = R_{n-1} - q_{n-1} P_n,$$

$$P_{n+1} = \frac{3 R_n^2 + 1}{P_n};$$

ubi quotientes integros $q$ ita determinari volumus, ut fiant numeri residui $R$ quam minimi. Ponimus autem in æquatione data numeros $P_1, P_2$ (atque adeo omnes numeros $P$) esse positivos, et non impariter pares; $R_1$ autem numerum esse sive positivum sive negativum, quem positive sumptum per $[R_1]$ denotabimus. Præterea statuimus, quod licet, $[R_1]$ esse minorem quam $\frac{1}{2} P_1$. Erit ergo $P_1 > P_2$, $P_2 < \frac{3}{2} [R_1]$; unde patet quotientem $q_1$ evanescere non posse, et fore $[R_2] < \frac{1}{2} P_2$, $P_3 < \frac{3}{2} [R_2]$; ideoque $[R_1] > [R_2]$, $P_2 > P_3$; sive generaliter

$$\begin{cases} [R_s] > \frac{2}{3} P_{s+1}, \; [R_s] < \frac{1}{2} P_s, \\ [R_1] > [R_2] > [R_3] \ldots \\ P_1 > P_2 > P_3 \ldots \end{cases}$$

Itaque veniemus aliquando ad æquationem

$$P_i P_{i+1} - 3 R_i^2 = 1$$

---

* *Report on the theory of Numbers.* Art. 123 (Report of the British Association for the Advancement of Science for 1863).

*Journal für die reine und angewandte Mathematik.* Vol. LIII, pp. 1-102.

Præter autem Goepelii dissertationem (ibid. Vol. XLV, pp. 1-13) maxime memorabilis est commentatio clarissimi viri C. HERMITE (ibid, p. 191); quæ tamen a theoria continuarum fractionum paullo longius recedit.

in qua $P_{i+1} = 1$, $q_i = R_i$, quæque adeo omnium postrema erit. Tum vero habebuntur æquationes

$$R_i \;\; = (q_i),\; P_i = (q_i,\; 3\,q_i),$$

$$R_{i-1} = (q_{i-1},\; 3\,q_i,\; q_i),$$

$$P_{i-1} = (q_{i-1},\; 3\,q_i,\; q_i,\; 3\,q_{i-1}),$$

$$R_{i-2} = (q_{i-2},\; 3\,q_{i-2},\; q_i,\; 3\,q_i,\; q_{i-1}),$$

$$P_{i-2} = (q_{i-2},\; 3\,q_{i-1},\; q_i,\; 3\,q_i,\; q_{i-1},\; 3\,q_{i-2}),$$

. . . . . . . . . . . . . . . . . . . . . . . .

. . . . . . . . . . . . . . . . . . . . . . . .

$$R_1 = (q_1,\; 3\,q_2,\; q_3, \ldots 3\,q_3,\; q_2),$$

$$P_1 = (q_1,\; 3\,q_2,\; q_3, \ldots 3\,q_3,\; q_2,\; 3\,q_1);$$

quæ facile aliæ ex aliis probantur, ope formularum

$$R_{s-1} = q_{s-1}\,P_s + R_s$$

$$P_{s-1} = \frac{3\,R^2_{s-1} + 1}{P_s}\,.$$

Itaque ex data æquatione $P_1\,P_2 = 3\,R_1^2 + 1$ elicimus repræsentationes numerorum $P_1$ et $P_2$ per quadratum et triplicem quadrati.

*Exemplum.* Sit æquatio data, $1999 \times 436 = 3 \times 529^2 + 1$: erit

$$1999 = (1,\; 3,\; 1,\; -6,\; 1,\; 3,\; -2,\; 3,\; 1,\; 3)$$

$$= (1,\; 3,\; 1,\; -6)^2 + 3\,(1,\; 5,\; 1,\; -6,\; 1)^2$$

$$= 26^2 + 3 \times 21^2.$$

$$436 = (3,\; 1,\; -6,\; 1,\; 3\; -2,\; 3,\; 1)$$

$$= (3,\; 1,\; -6,\; 1)^2 + 3\,(1,\; 3,\; -2)^2$$

$$= 17^2 + 3 \times 7^2.$$

Art. 3. Statuamus in fractione continua

$$\frac{P_1}{3\,R_1} = [q_1,\; 3\,q_2,\; q_3 \cdots 3\,q_3,\; q_2,\; 3\,q_1]$$

hunc haberi quotientium completorum ordinem

$$\theta_1,\; 3\,\theta_2,\; \theta_3, \ldots \theta_i \text{ sive } 3\,\theta_i,\; 3\,\varphi_i \text{ sive } \varphi_i, \ldots \varphi_2,\; 3\,\varphi_1,$$

ita ut fiat

$$\frac{P_1}{3R_1} = \theta_1 = q_1 + \frac{1}{3\theta_2}, \quad \theta_2 = q_2 + \frac{1}{3\theta_3}, \ldots$$

$$\theta_i = q_i + \frac{1}{3\varphi_i}, \quad \varphi_i = q_i + \frac{1}{3\varphi_{i-1}}, \ldots$$

$$\varphi_2 = q_2 + \frac{1}{3\varphi_1}, \quad \varphi_1 = q_1.$$

Quantitatum $\theta$ et $\varphi$ ea est conditio ut semper evadat $[\theta] > \frac{2}{3}$, $[\varphi] > \frac{1}{\sqrt{3}}$. Quod ut certa demonstratione confirmetur, adnotamus primum, si inter quotientes $q$ duæ signis diversis unitates juxta positæ inveniantur, continuari signum secundæ unitatis in proximo quotiente. Sit enim, exempli causa, $q_1 = 1$, $q_2 = -1$; numeri $R_1$ et $-R_2$ erunt positivi, quia signa numerorum $q_s$, $R_s$ semper inter se conveniunt. Quum autem sit $P_2 < \frac{3}{2} R_1$, sequitur fore

$$-R_2 > \frac{1}{3} P_2, \quad P_3 = \frac{3R_2^2 + 1}{P_2} < -R_2, \quad R_3 = R_2 + P_3 < 0;$$

ideoque etiam $q_3 < 0$. Monemus tamen duos ultimos quotientes $q_{i-1}$ et $q_i$ unitates signis diversis esse posse; neque ulla lege adstringi signum quotientis duas unitates proxime antecedentis. His positis, apparet quantitatem $\varphi_{s+1}$ satisfacere conditioni supra memoratæ, si eidem ab ipsis $\varphi_s$, $\varphi_{s-1}, \ldots$ satisfiat. Quum enim sit

$$\varphi_{s+1} = q_{s+1} + \frac{1}{3\varphi_s}, \quad \varphi_s = q_s + \frac{1}{3\varphi_{s-1}}, \ldots$$

manifestum est signa ipsorum $\varphi_{s+1}$, $\varphi_s \ldots$ congruere cum signis quotientium $q_{s+1}$, $q_s \ldots$ Sit igitur, brevitatis causa, $q_{s+1}$ numerus positivus; erit certe

$$\varphi_{s+1} \geqq 1 + \frac{1}{3\varphi_s} \geqq 1 + \frac{1}{-3} + \frac{1}{\varphi_{s-1}} \geqq 1 + \frac{1}{-3} + \frac{1}{2}\,\frac{1}{3\varphi_{s-2}};$$

quia quotiens tertius $q_{s-1}$ unitas positiva esse nequit. Itaque ad extremum habebitur

$$\varphi_{s+1} \geqq [1, -\dot{3}, \dot{2}], \quad \text{sive} \quad \varphi_{s-1} \geqq \frac{1}{\sqrt{3}}.$$

Et similiter si est $[\theta_{s+1}] > \frac{2}{3}$, $[\theta_s] > \frac{2}{3}, \ldots$ erit etiam

$$[\theta_s] \geqq 1 + \frac{1}{-3} + \frac{1}{\theta_{s+2}} \geqq \frac{2}{3},$$

quia post quotientes $q_s = 1$, $q_{s+1} = -1$, necessario obtinet proximum locum quotiens negativus.

Sit $I\theta$ numerus integer qui omnium proxime accedit ad valorem ipsius $\theta$; nanciscimur ex antedictis æquationes sequentes

$$q_1 = I\theta_1, \quad q_2 = I\theta_2, \ldots \quad q_{i-1} = I\theta_{i-1}.$$

At vero est $q_i = \theta_i - \frac{1}{3\varphi_i}$; quumque fieri possit ut sit $[\varphi_i] < \frac{2}{3}$, æquatio $q_i = I\theta_i$ non semper valet. Valet tamen præterquam in eo casu, in quo est $q_{i-1}$ unitati æqualis, $[\theta_i] < 2$, et in quo insuper alternantur signa quantitatum $q_{i-2}$, $q_{i-1}$, $\theta_i$; quo in casu erit $[\varphi_i] < \frac{2}{3}$, $I[\theta_i] = 2$, $q_i$ unitas unitati $q_{i-1}$ contraria. Cujus rei exemplum præbet æquatio $52 \times 7 = 3 \times 11^2 + 1$, ubi fit

$$\frac{52}{33} = [2, -3, 1, 3, -1, 6].$$

Hic enim est $\theta_3 = \frac{14}{9}$, ideoque $I\theta_3 = 2$, quum sit tamen $q_3 = 1$.

Quodsi in fractione continua ad postremum quotientem, qui est $3q_1$, accedat quævis ejusdem signi quantitas, valores $\theta_1, \theta_2, \ldots \theta_i$ ipsos quidem aliquatenus turbatum iri manifestum est; sed nihilo secius permansuras æquationes $q_1 = I\theta_i$, $q_2 = I\theta_2, \ldots q_{i-1} = I\theta_{i-1}$, atque determinationem quotientis $q_i$ modo traditam. Quod patet ex ipsa demonstrationis forma.

Art. 4. Aequatio $P_1 P_2 = 3R_1^2 - 1$ ita facillime tractatur si scribatur $P_1 P_2 = -3R_1^2 + 1$, ut $P_2$ et $R_1$ numeri negativi evadant. Quo facto, determinentur numeri $P_3, P_4, \ldots P_{i+1}$; $R_2, R_3, \ldots R_i$; per æquationes hasce

$$R_2 = R_1 - q_1 P_2,$$

$$P_3 = \frac{-3R_2^2 + 1}{P_2}$$

. . . . . . . . . . . . . . . . . . . . . . . . . . . . . . . . . . . . . . .

. . . . . . . . . . . . . . . . . . . . . . . . . . . . . . . . . . . . . . .

(in quibus numeros $R$ quam minimos fieri intelligendum est) . . . donec perveniatur ad æquationem in qua sit $P_{i+1} = \varepsilon$, $R_i = \varepsilon q_i$, designante litera $\varepsilon$ unitatem $(-1)^i$ . . . Tum vero erit

$$\varepsilon P_1 = (q_1, -3q_2, \ldots q_2, -3q_1),$$

$$\varepsilon P_2 = (q_2, -3q_3, \ldots q_3, -3q_2),$$

$$\varepsilon R = (q_1, -3q_2, \ldots -3q_3, q_2);$$

unde apparet ipsos $P_1$ et $P_2$ fore formæ $y^2-3x^2$, aut formæ $3x^2-y^2$, prout $i$ par est aut impar.

Cœterum in æquatione penultima $R_i = R_{i-1} - q_{i-1} P_i$, si est $P_i = \pm 2$, oritur ambiguitas in determinatione quotientis $q_{i-1}$; quam ita tollimus ut quotientes $q_{i-1}$, $q_i$ (e quibus hic certe unitas erit) afficiantur signis contrariis. Facile autem demonstratur in serie quotientium $q_1, q_2, \ldots q_i$, si duæ eodem signo unitates juxta veniant, mutationem signi fieri in proximo quotiente. Hinc in fractione continua

$$-\frac{P_1}{3R_1} = [q_1, -3q_2, q_3, \ldots -3q_3, q_2, -3q_1]$$

si fiat deinceps

$$\frac{P_1}{-3R_1} = \theta_1 = q_1 + \frac{1}{3\theta_2}, \quad \theta_2 = q_2 + \frac{1}{-3\theta_3}, \ldots$$

$$\theta_i = q_i + \frac{1}{-3\varphi_i}, \quad \varphi_i = q_i + \frac{1}{-3\varphi_{i-1}}, \ldots$$

et sic porro, erit ut supra $[\varphi_s] > \frac{1}{\sqrt{3}}$, $[\theta_s] > \frac{2}{3}$. Quotientes autem $q_1$, $q_2, \ldots$ determinantur per æquationes $q_1 = I\theta_1$, $q_2 = I\theta_2, \ldots$; inter quas etiam extrema illa $q_i = I\theta_i$ locum sibi vindicat. Nam, si $q_i = \pm 1$, (qui solus est casus de quo dubitatio oriri potest) erit necessario $P_i = \pm 2$, atque discrepabunt inter se signa quotientium $q_{i-1}$, et $q_i$; quo fit ut valor absolutus ipsius $\varphi_i = q_i + \cfrac{1}{-3q_{i-1} + \cfrac{1}{\varphi_{i-2}}}$ unitate major evadat.

Quum autem numerus $\varepsilon P_1$ infinitis modis per formulam $y^2-3x^2$ repræsentari queat, ostendere convenit eam repræsentationem quæ continetur formula

$$\varepsilon P_1 = (q_1, -3q_2, \ldots q_2, -3q_1)$$

per numeros minimos fieri. Et generaliter quidem, si est

$$y^2 - Ax^2 = N, \quad t^2 - Au^2 = 1,$$

inveniri possunt in una eademque repræsentationum familia totidem repræsentationes repræsentatione data magis simplices quot habentur numeri $u$ fractione $\frac{2xy}{N}$ absolute minores. Etenim cum omnes indeterminati $x$ valores in hac formula $tx - uy$ comprehendantur, si qua est repræsentatio repræsentatione data magis simplex, habetur inæqualitas $(tx-uy)^2 < x^2$; quæ, eliminato numero $t$, convenit cum inæqualitate $[u] < \left[\frac{2xy}{N}\right]$. Jam vero, si $i = 2n$, habemus æquationem

$$P_1 = y^2 - 3x^2 = (q_1, -3q_2, \ldots q_{2n-1}, -3q_{2n})^2 - 3(q_1, -3q_2, \ldots q_{2n-1})^2,$$

in qua erit

$$\left[\frac{y}{3x}\right] = [\varphi_n] > 1;$$

ideoque

$$[y] < \sqrt{\frac{3P_1}{2}}, \; [x] < \sqrt{\frac{P_1}{6}}.$$

Sin autem $i = 2n + 1$, erit

$$P_1 = 3x^2 - y^2 = 3(q_1, -3q_2, \ldots q_{2n+1})^2 - (q_1, -3q_2, \ldots 3q_{2n})^2,$$

$$\left[\frac{x}{y}\right] = [\varphi_n] > 1, \; [x] < \sqrt{\frac{P_1}{2}}, \; y < \sqrt{\frac{P_1}{2}}.$$

Hinc in utroque casu habetur $\left[\frac{2xy}{P_1}\right] < 1$; unde apparet numeri $P_1$ repræsentationem magis simplicem exhiberi non posse in ea saltem familia, in qua fit $\sqrt{3} \equiv \frac{1}{R_1}$, mod $P_1$.

*Exemplum.* Sit æquatio proposita

$$20306 \times -5197 = -3(-5931)^2 + 1;$$

erit $\varepsilon = -1$,

$$\begin{aligned} 20306 &= -(1, 6, 1, -12, -1, 3, 4, -3, -2, -3) \\ &= 3(1, 6, 1, -12, -1)^2 - (1, 6, 1, -12)^2 \\ &= 3 \times 97^2 - 89^2. \\ 5197 &= (6, 1, -12, -1)^2 - 3(-2, -3, 4)^2 \\ &= 85^2 - 3 \times 26^2. \end{aligned}$$

Art. 5. Sit $\lambda$ numerus primus formæ $4n + 3$; atque in æquatione $\lambda\mu = 1 + AB$, tribuantur literæ $A$ singillatim valores $1, 2, 3, \ldots 2n + 1$: quo facto, erit $B$ unus aliquis ex iisdem numeris vel positive vel negative sumptus. Hinc patet in hac æquationum caterva binas inter se invicem respondere; quarum numerus cum impar sit, una super erit, quæ necessario hanc formam induet $\lambda\mu = \pm 3A^2 + 1$. Hinc per exclusionem nanciscimur demonstrationem non inelegantem notissimi theorematis; primos formæ $12n + 7$ esse etiam formæ $x^2 + 3y^2$; primos autem formæ $12n + 11$ habere formam $3x^2 - y^2$.

Ac simili fere modo demonstrari posset utramque formam $x^2+3y^2$, $x^2-3y^2$, primis $12n+1$ competere; neutram vero primis $12n+5$. Sed primos formæ $4n+1$ in præsens missos facimus. Nam repræsentationes primorum $4n+3$ per formas $x^2+3y^2$, $3x^2-y^2$ indagari possunt per evolutiones radicum quadratarum in fractiones continuas; quæ proprietas ad primos formæ $4n+1$ nequaquam pertinere videtur. Quo autem facilius intelligantur rationes evolutionum, quibus in hac quæstione utimur, pauca, licet aliunde nota, præmittenda sunt.

Art. 6. Sit $N$ integer non quadratus; $a$ integer ipso $\sqrt{N}$ proxime minor; quantitas $a+\sqrt{N}$ in fractionem continuam conversa dabit quotientium periodum ad hoc exemplar

$$2a,\ \mu_1,\ \mu_2,\ldots\mu_n,\ \beta,\ \mu_n,\ \mu_{n-1},\ldots\mu_1;$$

ubi primus quotiens quasi singularis est; cœteri ordine symmetrico circa quotientem medium $\beta$ hinc et hinc disponuntur. Cujus symmetriæ eo causa est, quod æquatio

$$(A)\qquad a^2-N-2ax+x^2=0,$$

a qua periodus originem trahit, *anceps* est, cum tertius in ipsa coefficiens secundum metiatur. Quod si evolutionem a quotiente medio incipimus, habebimus hanc periodi descriptionem,

$$\beta,\ \mu_n,\ \mu_{n-1},\ldots\mu_1,\ 2a,\ \mu_1,\ \mu_2,\ldots\mu_n,$$

quæ est plane ejusdem formæ cum periodo data. Hinc patet inter æquationes periodicas, præter primam illam, mediam quoque ancipitem esse. Cujus æquationis cognitio magnum momentum habet ad explorandam totius periodi naturam; sunt autem certi casus in quibus etiam sine evolutione innotescit. Sit, exempli causa, $N=\lambda_1\times\lambda_2$, designantibus literis $\lambda_1$ et $\lambda_2$ numeros primos formæ $4n+3$; sit etiam $\lambda_1>\lambda_2$; $b$ integer surdo $\sqrt{\frac{\lambda_1}{\lambda_2}}$ proxime minor. His positis, erit $2b$ quotiens medius in evolutione radicis $\sqrt{\lambda_1\times\lambda_2}$, et æquatio media hanc formam habebit

$$(B)\qquad \lambda_2 b^2-\lambda_1-2b\lambda_2 x+\lambda_2 x^2=0.$$

Cum enim $\lambda_1\times\lambda_2$ summa duorum quadratorum esse nequeat, duæ illæ æquationes ancipites, quæ in periodo inveniuntur, diversæ inter se esse debent; at preter duas æquationes $(A)$ et $(B)$ nulla alia existere potest, quæ et anceps sit, et characterem æquationis periodicæ præ se ferat. Unde videmus evolutiones radicum $\sqrt{\lambda\times\lambda_2}$ et $\sqrt{\frac{\lambda_1}{\lambda_2}}$ una eademque opera exhiberi; idque fieri per hujusmodi æquationes

$$a+\sqrt{\lambda_1\times\lambda_2}=\left[2\,a,\,\mu_1,\,\mu_2,\ldots\mu_n,\,b+\sqrt{\frac{\lambda_1}{\lambda_2}}\right]$$

$$b+\sqrt{\frac{\lambda_1}{\lambda_2}}=\left[2\,b,\,\mu_n,\,\mu_{n-1},\ldots\mu_1,\,a+\sqrt{\lambda_1\times\lambda_2}\right];$$

e quarum utravis concludimus fore

$$(C)\qquad\begin{cases}\lambda_2\times(\mu_1,\,\mu_2,\ldots\mu_n,\,b)=(a,\,\mu_1,\,\mu_2,\ldots\mu_n),\\ \lambda_1\times(\mu_1,\,\mu_2,\ldots\mu_n)=(a,\,\mu_1,\,\mu_2,\ldots\mu_n,\,b),\end{cases}$$

ita ut fiat

$$\lambda_1\times(\mu_1,\,\mu_2,\ldots\mu_n)^2-\lambda_2\times(\mu_1,\,\mu_2,\ldots\mu_n,\,b)^2=(-1)^n.$$

Art. 7. Sit *primo* $-\lambda_2$ ipsius $\lambda_1$ residuum quadraticum; erit $(-1)^n=+1$, atque ideo e numeris $(\mu_1,\mu_2,\ldots\mu_n)$ et $(\mu_1,\mu_2,\ldots\mu_n,b)$ hic impar, ille par erit. Hinc sequitur, æquationem $4\lambda_1x^2-\lambda_2y^2=1$ resolubilem esse; et, designantibus $a'$ et $b'$ numeros ipsis $2\sqrt{\lambda_1\lambda_2}$ et $2\sqrt{\frac{\lambda_1}{\lambda_2}}$ proxime minores, æquationem

$$\lambda_2x^2-2\,b'\lambda_2x+\lambda_2b'^2-4\lambda_1=0$$

occupare medium locum in periodo æquationis

$$x^2-2\,a'x+a'^2-4\,N=0;$$

hoc est, evolutiones quantitatum $a'+2\sqrt{\lambda_1\lambda_2}$, $b'+2\sqrt{\frac{\lambda_1}{\lambda_2}}$ eodem modo alteram ab altera pendere, quo evolutiones quantitatum $a+\sqrt{\lambda_1\lambda_2}$, $b+\sqrt{\frac{\lambda_1}{\lambda_2}}$.

Evoluta autem quantitate $a'+2\sqrt{\lambda_1\lambda_2}$ sit

$$2\,a',\,\nu_1,\,\nu_2,\ldots\nu_j,\,2\,b',\,\nu_j,\ldots\nu_2,\,\nu_1$$

quotientium periodus; habebimus æquationes sequentes antecedentibus $(C)$ consimiles

$$(D)\qquad\begin{cases}\lambda_2(\nu_1,\,\nu_2,\ldots\nu_j,\,b')=(a',\,\nu_1,\,\nu_2,\ldots\nu_j),\\ 4\lambda_1\,(\nu_1,\,\nu_2,\ldots\nu_j)=(a',\nu_1,\,\nu_2,\ldots\nu_j,\,b');\end{cases}$$

habebimus etiam solutionem æquationis $4\lambda_1x^2-\lambda_2y^2=1$, scilicet,

$$4\lambda_1\,(\nu_1,\,\nu_2,\ldots\nu_j)^2-\lambda_2\,(\nu_1,\,\nu_2,\ldots\nu_j,\,b')=1;$$

quæ quum convenire debeat cum solutione superius inventa (utraque enim minimos numeros exhibet qui æquationi satisfacere possunt) colligimus æquationes sequentes

$$(\mu_1, \mu_2, \ldots \mu_i) = 2\,(\nu_1, \nu_2, \ldots \nu_j),$$

$$(a, \mu_1, \mu_2, \ldots \mu_i) = (a', \nu_1, \nu_2, \ldots \nu_j),$$

$$(\mu_1, \mu_2, \ldots \mu_i, b) = (\nu\ , \nu_2, \ldots \nu_j, b'),$$

$$(a, \mu_1, \mu_2, \ldots \mu_i, b) = \frac{1}{2}\,(a', \nu_1, \nu_2, \ldots \nu_j, b');$$

e quibus patet quomodo, ex evolutione quantitatis $\sqrt{\lambda_1 \lambda_2}$, evolutiones quantitatum $2\sqrt{\lambda_1 \lambda_2}$ et $2\sqrt{\frac{\lambda_1}{\lambda_2}}$ derivari possint per conversionem fractionis vulgaris in fractionem continuam; si enim est

$$\frac{A}{B} = [a, \mu_1, \mu_2, \ldots \mu_n, b],$$

erit etiam

$$\frac{2A}{B} = [a', \nu_1, \nu_2, \ldots \nu_j, b'].$$

Sit, *secundo*, $\lambda_2$ ipsius $\lambda_1$ residuum quadraticum; erit $(-1)^n = -1$, $(\mu_1, \mu_2, \ldots \mu_n, b)$ par, $(\mu_1, \mu_2, \ldots \mu_n)$ impar; atque habebitur solutio æquationis $\lambda_1 x^2 - 4\lambda_2 y^2 = -1$. Unde derivari poterunt evolutiones quantitatum $\frac{1}{2}\sqrt{\lambda_1 \times \lambda_2}$, et $\frac{1}{2}\sqrt{\frac{\lambda_1}{\lambda_2}}$, quibus tamen in præsens opus non est.

Art. 8. Jam vero sit $\lambda_2 = 3$, $\lambda_1 = \lambda$ numerus primus formæ $12n + 7$; erit $-3$ ipsius $\lambda$ residuum quadraticum; atque habebitur ex antedictis æquatio

$$(a, \mu_1, \mu_2, \ldots \mu_n, b)\,(\mu_1, \mu_2, \ldots \mu_n) = 3 \times (\mu_1, \mu_2, \ldots \mu_n, b)^2 + 1;$$

quæ tamen, quia $(\mu_1, \mu_2, \ldots \mu_n)$ numerus est impariter par, non potest commode tractari per methodum supra (art. 2) traditam. Utendum est igitur evolutione quantitatis $2\sqrt{\frac{\lambda}{3}}$ quæ si statuitur esse

$$2b', \nu_j, \nu_{j-1}, \ldots \nu_1, 2a', \nu_1, \ldots \nu_{j-1}, \nu_j,$$

suppeditabit æquationem

$$(a', \nu_1, \nu_2, \ldots \nu_j, b')\,(\nu_1, \nu_2, \ldots \nu_j) = 3\,(\nu_1, \nu_2, \ldots \nu_j, b')^2 + 1,$$

in qua $(\nu_1, \nu_2, \ldots \nu_j)$ impar erit, $(a', \nu_1, \nu_2, \ldots \nu_j, b')$ pariter par. Itaque si in hac æquatione fiat

$$(a', \nu_1, \nu_2, \ldots \nu_j, b') = (k_0, 3k_1, k_2 \ldots 3k_2, k_1, 3k_0),$$

$$(\nu_1, \nu_2, \ldots \nu_j) = (3k_1, k_2, \ldots 3k_2, k_1).$$

$$(\nu_1, \nu_2, \ldots \nu_j, b') = (k_0, 3k_1, k_2, \ldots 3k_2, k_1),$$

evolutio quantitatis $2\sqrt{\frac{\lambda}{3}}$ ad sequentem formam redigetur

$$k_0 + 2\sqrt{\frac{\lambda}{3}} = [2\,k_0,\ 3\,k_1,\ k_2 \ldots 3\,k_2,\ k_1,\ 6\,k_0,\ k_1,\ 3\,k_2, \ldots k_2,\ 3\,k_1].$$

Quod facile demonstratur, si in evolutione vulgari quantitatis $2\sqrt{\frac{\lambda}{3}}$ quotientes $2a'$, $2b'$, interpositis cifris ita discerpantur ut fiat

$$\sqrt{\frac{\lambda}{3}} = [a',\ \nu_j,\ \nu_{j-1}, \ldots \nu_1,\ b',\ o,\ b',\ \nu_1, \ldots \nu_j,\ a',\ o,\ a'];$$

et si præterea intelligatur, quod in fractione infinita licitum est, quotientium seriem ita terminari ut una ex cifris interpositis locum extremum obtineat.

Sit $-A - 2B\theta + C\theta^2 = 0$ æquatio quadratica; numeri $ABC$ integri; determinans $B^2 + AC$ positivus. Sit item $q_1,\ q_2, \ldots q_n$ quotientium periodus per quam æquatio ista in se ipsam transit; ita ut fiat

$$\theta = [q_1,\ q_2, \ldots q_n,\ \theta];$$

habentur æquationes notissimæ

$$\frac{(q_2,\ q_3 \ldots q_n)}{A} = \frac{(q_1,\ q_2, \ldots q_n) - (q_2, \ldots q_{n-1})}{B} = \frac{(q_1,\ q_2 \ldots q_{n-1})}{C}.$$

in quibus si forte fiat aut $(q_1,\ q_2, \ldots q_{n-1}) = \mu\,(q_2,\ q_3, \ldots q_n)$, aut $(q_2,\ q_3, \ldots q_n) = \mu\,(q_1,\ q_2, \ldots q_{n-1})$, determinans æquationis erit formæ $x^2 + \mu\,y^2$. Quodsi in evolutione quantitatis $k_0 + 2\sqrt{\frac{\lambda}{3}}$ periodum ab illo quotiente inchoamus qui est aut triplex, aut tertia pars quotientis proxime antecedentis, habetur series aut hujus formæ

$$3\,k_i,\ k_{i-1}, \ldots 3\,k_2,\ k_1,\ 6\,k_0,\ k_1,\ 3\,k_2 \ldots k_2,\ 3\,k_1,\ 2\,k_0,\ 3\,k_1,\ k_2 \ldots 3\,k_{i-1},\ k_i,$$

aut hujus

$$k_i,\ 3\,k_{i-1}, \ldots 3\,k_2,\ k_1,\ 6\,k_0,\ k_1,\ 3\,k_2 \ldots k_2,\ 3\,k_1,\ 2\,k_0,\ 3\,k_1,\ k_2, \ldots k_{i-1},\ 3\,k_i.$$

prout numerus $i$ par est aut impar. Unde patet in æquatione periodica $P_{i+1} + 2\,Q_{i+1}\,x + P_{i-2}\,x^2 = 0$, e qua istam quotientium seriem originem trahere statuimus, fore vel $3\,P_{i+1} + P_{i+2} = 0$, vel $P_{i+1} + 3\,P_{i+2} = 0$, ita ut habeatur partitio numeri $12\,\lambda$, ac proinde ipsius $\lambda$, in quadratum et triplicem quadrati. Quo autem in æquatione $\lambda = A^2 + 3\,B^2$ valores numerorum $A$ et $B$ facilius investigentur, aperienda est via ad evolutionem quantitatis $k_0 + 2\sqrt{\frac{\lambda}{3}}$ sine operoso calculo inveniendam. Nimis enim molestum esset eam evolutionem a vulgari evolutione radicis $2\sqrt{\frac{\lambda}{3}}$ per transformationem supra traditam elicere.

Art. 9. Et primum quidem observamus in evolutione quantitatis $k_0 + 2\sqrt{\frac{\lambda}{3}}$, si alterni quotientes per ternarium dividantur, haberi periodum ejusdem plane formæ cum periodis primorum $4n+1$. Patet autem ex iis quæ antea (art. 3) disputavimus quotientes $k_0$, $k_1, \ldots k_{i-1}$ deinceps determinari posse eadem prope calculi forma quæ vulgo usitata est ad radices quadraticas evolvendas. Habemus enim schema hujusmodi, si incipimus ab æquatione

$$P_0 + 2\,Q_0 x + P_1 x^2 = 0,$$

in qua est $P_0 = 3\,k_0^2 - 4\lambda$, $Q_0 = -3\,k_0$, $P_1 = 3$, $k_0 = I\,2\sqrt{\frac{\lambda}{3}}$;

$$Q_1 = 2\,k_0 P_1 + Q_0,\ P_2 = \frac{Q_1^2 - 12\lambda}{P_1},\ k_1 = I\,\frac{-Q_1 - 2\sqrt{3\lambda}}{3\,P_2},$$

$$Q_2 = 3\,k_1 P_2 + Q_1,\ P_3 = \frac{Q_2^2 - 12\lambda}{P_2},\ k_2 = I\,\frac{-Q_2 + 2\sqrt{3\lambda}}{P_3},$$

$$Q_3 = k_2 P_3 + Q_2,\ P_4 = \frac{Q_3^2 - 12\lambda}{P_3},\ k_3 = I\,\frac{-Q_3 - 2\sqrt{3\lambda}}{3\,P_4},$$

$$Q_4 = 3\,k_3 P_4 + Q_3,\ P_5 = \frac{Q_4^2 - 12\lambda}{P_4},\ k_4 = I\,\frac{-Q_4 + 2\sqrt{3\lambda}}{P_5},$$

. . . . . . . . . . . . . . . . . . . . . . . . . . . . . . . . . . . . .

in quo videmus unumquemque numerorum $Q$ esse ternarii multiplum, sed contra alternos tantum e numeris $P$. Si ergo scribatur $Q_s = 3\,b_s$, $P_{2s} = a_{2s}$, $P_{2s+1} = 3\,a_{2s+1}$, habetur calculi forma paullo simplicior,

$$b_1 = 2\,k_0 a_1 + b_0,\ a_2 = \frac{3\,b_1^2 - 4\lambda}{a_1},\ k_1 = I\,\frac{-b_1 - 2\sqrt{\frac{\lambda}{3}}}{a_2},$$

$$b_2 = k_1 a_2 + b_1,\ a_3 = \frac{3\,b_2^2 - 4\lambda}{a_2},\ k_2 = I\,\frac{-b_2 + 2\sqrt{\frac{\lambda}{3}}}{a_3},$$

. . . . . . . . . . . . . . . . . . . . . . . . . . . . . . . . . . . .

$$b_s = k_{s-1} a_s + b_{s-1},\ a_{s-1} = \frac{3\,b_3^2 - 4\lambda}{a_s},\ k_s = I\,\frac{-b_s + (-1)^s\,2\sqrt{\frac{\lambda}{3}}}{a_{s+1}},$$

. . . . . . . . . . . . . . . . . . . . . . . . . . . . . . . . . . . . . .

vel, si notationem Gaussianam sequi placet

$$b_1 \equiv b_0, \text{ mod } a_1; \quad a_2 = \frac{3b_1^2 - 4\lambda}{a_1};$$

$$b_2 \equiv b_1, \text{ mod } a_2; \quad a_3 = \frac{3b_2^2 - 4\lambda}{a_2};$$

. . . . . . . . . . . . . . . . . . . . . . . . .

$$b_s \equiv b_{s-1}, \text{ mod } a_{s-1}; \quad a_s = \frac{3b_s^2 - 4\lambda}{a_{s-1}}$$

. . . . . . . . . . . . . . . . . . . . . . . . .

ubi numeros $b_s$, $k_{s-1} = \dfrac{b_s - b_{s-1}}{a_{s-1}}$, e congruentiis $b_s \equiv b_{s-1}$, mod $a_s$, ita determinari oportet ut $b_s$ quam proxime accedat ad valorem radicis $(-1)^{s+1} 2\sqrt{\dfrac{\lambda}{3}}$.

His in schematis determinationes numerorum

$$k_2 = I\theta_1, \quad k_2 = I\theta_2, \ldots k_{i-1} = I\theta_{i-1}$$

ex antedictis (art. 3) accuratas esse apparet; sed contra determinationem quotientis $k_i = I\theta_i$ falsam fore, si

$$\varphi_i = \left[\frac{-b_{i+1} + (-1)^{i+2} 2\sqrt{\dfrac{\lambda}{3}}}{a_{i+1}}\right] < \frac{2}{3};$$

hoc est, si in æquatione

$$4\lambda = a_{i+1}^2 + 3b_{i+1}^2$$

fiat $[b_{i+1}] < \dfrac{1}{12}[a_{i+1}]$. Quo circa calculus eo usque producendus est donec perveniatur ad æquationem in qua aut $a_{i+1} + a_{i+2} = 0$, aut $\dfrac{1}{2}a_i \pm 3b_i + 2a_{i+1} = 0$. Nam, si $[\varphi_i] > \dfrac{2}{3}$, æquatio quæ conditioni $a_{i+1} + a_{i+2} = 0$ satisfacit quæque ideo in toto schemate ultima est, calculi normam sequenti suo loco se offeret. Si vero est $[\varphi_i] < \dfrac{2}{3}$, ultima ista æquatio quodammodo extra ordinem calculi erit, quia fallit determinatio $k_i = I\theta_i$. Sed hoc in casu est necessario $k_i = \pm 1$, unde sequitur penultimam æquationem talem fore ut sit

$$\frac{1}{2}a_i \pm 3b_i + 2a_{i+1} = 0;$$

ujusmodi æquatio si quando se obtulerit, ipsa certe est proxima ante ultimam, atque, ut ad ultimam perveniatur, quotienti $k_i$ tribuendus est valor $\pm 1$; idque observandum est etiam si forte fiat $[\theta_i] > \frac{3}{2}$. Calculum autem numerorum $a$ et $b$ ulterius extendere omnino opus non est; cum in horum periodis semissis prior hanc habeat formam

$$a_1;\ a_2,\ a_3,\ \ldots a_i,\ a_{i+1},\ -a_{i+1},\ -a_i,\ \ldots -a_2;$$
$$b_1,\ b_2,\ b_3\ \ldots b_i;\ b_{i+1};\quad b_i,\quad b_{i-1},\ \ldots\ b_1;$$

altera autem semissis eosdem numeros signis mutatis eodem ordine repræsentet. Quæ omnia animadvertere operæ pretium est propter similitudinem primorum formæ $4n + 1$.

*Exemplum I.* Sit $\lambda = 199$; erit

$$I2\sqrt{\frac{\lambda}{3}} = 16,\ a_0 = -28,\ b_0 = -16,\ a_1 = 1.$$

Aequationes autem $P_s + 2\,Q_s x + P_{s+1} x^2 = 0$ brevitatis causa per notas sic scribimus $(a_s,\ b_s,\ a_{s+1})$; quo pacto habebimus ex calculi ordine has æquationes in primo periodi quadrante

(—28, —16, 1), (1, 16, —28), (—28, —12, 13),
(13, 14, —16), (—16, —18, —11), (—11, 15, 11):

unde fit $4 \times 199 = 11^2 + 3 \cdot 15^2$

$$16 + 2\sqrt{\frac{199}{3}} = [\dot{3}2,\ 3,\ 2,\ 6,\ -3,\ -9,\ 2,\ 6,\ 1,\ 66,\ 1,\ 6,\ 2,\ -9,\ -3,\ 6,\ 2,\ \dot{3}].$$

*Exemplum II.* Sit $\lambda = 607$; erit

$$I2\sqrt{\frac{\lambda}{3}} = 28;\ a_0 = -76,\ b_0 = -28,\ a_1 = 1.$$

Hinc oritur periodus

(—76, —28, 1), (1, 28, —76), (—76, —48, —59)
(—59, 11, 35), (35, —24, —20), (—20, 36, —73)
(—73, —37, —23), (—23, 32, —28), (—28, —24, 25)
(25, —26, —16), (—16, —22, 61), (61, 39, 35)
(35, —31, 13), (13, 34, 80), (80, —46, 49)
(49, 3, —49):....

unde fit $4 \times 607 = 49^2 + 3 \cdot 3^2$

$$28 + 2\sqrt{\frac{607}{3}} = [56, 3, -1, -3, -3, 3, -3, 6, -2, 9, 1, -6,$$
$$5, -3, +1, 3, -1, 15, -2, 3, 3, -6, 2, -9, -1, -9, -1,$$
$$-3, 1, 168, 1, -3, -1, -9, 1, -9, 2, -6, 3, 3, -2, 15,$$
$$-1, 3, 1, -3, 5, -6, 1, 9, -2, 6, -3, 3, -3, -3, -1, 3].$$

Observandum autem est hic in penultima æquatione (80, $-46$, 49), sive $(a_{14}, b_{14}, a_{15})$, haberi $40 - 3 \times 46 + 2 \times 49 = 0$, unde sequitur esse $k_{14} = 1$, quamvis sit $\frac{46+28}{49} > \frac{3}{2}$.

Art. 10. Quum autem numerus $4\lambda$ per formam $x^2 + 3y^2$ trifariam repræsentari possit, illa quidem repræsentatio, quæ numeros $x$ et $y$ pares habet, cum nostra convenire non potest. Ex duabus, quæ reliquæ sunt, una sola est in qua $x \equiv \pm 1$, mod 12; atque hæc illa est quam praebet æquatio $4\lambda = a^2_{i+1} + 3b^2_{i+1}$. Si enim $i$ impar est, habemus

$$3(k_0, 3k_1, \ldots 3k_i)^2 - 4\lambda(3k_1, k_2, \ldots 3k_i)^2 = P_{i+2} = 3a_{i+2}$$

sive

$$(k_0, 3k_1, \ldots 3k_i)^2 - 12\lambda(k_1, 3k_2, \ldots k_i)^2 = a_{i+2}.$$

Unde fit $a_{i+2} \equiv 1$, mod 12. Ac similiter, si numerus $i$ par est, erit $a_{i+1} \equiv 1$, mod 12.

Cæterum, ut ex inventa æquatione $4\lambda = a^2_{i+1} + 3b^2_{i+1}$, ipsius $\lambda$ repræsentatio habeatur, fiat $a_{i+1} \pm b_{i+1}$, $\equiv 0$, mod 4: quo pacto erit

$$\lambda = \left(\frac{a_{i+1} \mp 3b_{i+1}}{4}\right)^2 + 3\left(\frac{a_{i+1} \pm b_{i+1}}{4}\right)^2.$$

contra, si data fuerit æquatio $\lambda = A^2 + 3B^2$, fiat $A = 6\mu + 2\varepsilon_1$, $B = 2\nu + \varepsilon_2$, designantibus literis $\varepsilon_1$ $\varepsilon_2$ unitates, quarum altera ipsa æquatione definitur, altera ita capiatur ut $\mu + \nu$ par evadat. Quibus rite animadversis, habebuntur æquationes

$$4\lambda = (3\varepsilon_2 B - \varepsilon_1 A)^2 + 3(\varepsilon_1 A + \varepsilon_2 B)^2$$
$$3\varepsilon_2 B_1 - \varepsilon_1 A = (-1)^i a_{i+1} = (-1)^{i+1} a_{i+2},$$
$$\equiv 1, \text{ mod } 12;$$
$$[\varepsilon_1 A + \varepsilon_2 B] = (-1)^{i+1} b_{i+1};$$

nam $(-1)^{i+1} b_{i+1}$ certo numerus positivus est, cum debeat esse

$$[\varphi_i] = \left[\frac{-b_{i+1} + (-1)^{i+1} 2\sqrt{\frac{\lambda}{3}}}{a_{i+2}}\right] > \frac{1}{\sqrt{3}}.$$

Hinc nanciscimur theorema:

« Designante $\lambda = A^2 + 3B^2$ numerum primum formæ $12n+7$, resolubilia sunt hæc tria æquationum paria

$$x^2 - 3\lambda y^2 = 3\varepsilon_2 B - \varepsilon_1 A; \quad = 2\varepsilon_1 A; \quad = -3\varepsilon_2 B - \varepsilon_1 A;$$
$$\lambda x^2 - 3y^2 = 3\varepsilon_2 B - \varepsilon_1 A; \quad = 2\varepsilon_1 A; \quad = -3\varepsilon_2 B - \varepsilon_1 A;$$

cujus veritas facile colligitur ex æquivalentia formarum $(-4\lambda, 0, 3)$, $(-12\lambda, 0, 1)$, $(P_{i+1}, Q_{i+1}, P_{i+2})$.

Tres isti numeri $[3\varepsilon_2 B - \varepsilon_1 A]$, $[2\varepsilon_1 A]$, $[3\varepsilon_2 B + \varepsilon_1 A]$, qui repræsentant totidem valores indeterminati $x$ in æquatione

$$4\lambda = x^2 + 3y^2,$$

eo etiam nomine nobis memorandi sunt, quod, evoluta radice $\sqrt{3\lambda}$ in fractionem continuam vulgarem, inter denominatores quotientium completorum uno tractu veniunt. Atque, si est $A > 3B$, erit $2A$ medius, si vero $A < 3B$, erit idem vel primus vel postremus. Nam, si $A > 3B$, colligimus æquationes

$$3B - A - 2(3B + A)x + 2Ax^2 = 0$$
$$2A - 2(3B - A)x - (3B + A)x^2 = 0$$

alteram alteram excipere in periodo æquationis $-3\lambda + x^2 = 0$; utramque enim æquationi $-3\lambda + x^2 = 0$ æquivalere per demonstrationem theorematis præcedentis evincitur; utraque autem characterem æquationis periodicæ habet propter inæqualitatem $A > 3B$. Similiter, si $A < 3B$, æquationes

$$-2A - 2(3B - A)x + (3B + A)x^2 = 0$$
$$(3B + A) + 4Ax - (3B - A)x^2 = 0$$

deinceps occurrunt in eodem periodo. Hinc nanciscimur methodum non inelegantem solvendi æquationem $\lambda = A^2 + 3B^2$. Namque in evolvenda radice $\sqrt{3\lambda}$, inveniemus tres juxta denominatores, quarum medius æquatur extremorum summæ, idemque exsuperat radicem $\sqrt{3\lambda}$; ex his unus erit $2A$, reliqui duo habebunt valores impares $[3B \pm A]$.

*Exemplum.* Sit $\lambda = 139 = 8^2 + 3 \cdot 5^2$;

$$4 \times 139 = 16^2 + 3 \cdot 10^2 = (-23)^2 + 3 \cdot 3^2 = 7^2 + 3 \cdot 13^2.$$

Hic est $\varepsilon_1 A = 8$, $3\varepsilon_2 B - \varepsilon_1 A = -23$, $-3\varepsilon_2 B - \varepsilon_1 A = 7$. Atque erit ex evolutione nostra, cum sit $I2\sqrt{\frac{\lambda}{3}} = 14$,

$$(32, -14, 1), (1, 14, 32), (32, -18, 13), (13, 8, -28),$$
$$(-28), -20, -23), (-23, 3, 23);$$

... Unde fit $4 \times 139 = (-23)^2 + 3 \cdot 3^2$, $14 + 2\sqrt{\frac{139}{3}} =$

$[28, -3, -2, 3, -1, -3, 1, -6, -1, 84, -1, -6, 1, -3, -1, 3, -2, -3]$.

Contra ex evolutione vulgari æquationis

$$-17 - 40x + x^2 = 0,$$

orietur hujusmodi periodus

$$\begin{array}{lll} \ldots\ldots\ldots\ldots\ldots & (-17, -20, 1) & (1, 20, -17) \\ (-17, -14, 13) & (13, 12, -21) & (-21, -9, 16), \\ (16, 7, -23) & (-23, -16, 7), & (7, 19, -8), \\ (-8, -13, 31) & (31, +18, -3), & (3 - 18, 31)\ldots \end{array}$$

in qua habemus

$$20 + \sqrt{417} = [\dot{40}, 2, 2, 1, 1, 1, 5, 4, 1, 12, 1; 4, 5, 1, 1, 1, 2, \dot{2}];$$

videmus autem numeros $16, -23, 7$, inter coefficientes æquationum periodicarum comparere, id que accidere fere vergente ad finem primo periodi quadrante.

Art. 11. Numeri primi formæ $12n + 11$ similes aliquatenus proprietates habent. Namque ex evolutione vulgari

$$(A) \qquad b + \sqrt{\frac{\lambda}{3}} = [\dot{2}b, \mu_j, \mu_{j-1}, \ldots \mu_1, 2a, \mu_1', \ldots \dot{\mu}_j],$$

elicimus æquationem

$$-(a, \mu_1, \ldots \mu_j, b) \times (\mu_1, \ldots \mu_j) = -3(\mu_1, \mu_2, \ldots \mu_j, b^2 + 1.$$

Quæ cum æquatione $P_1 P_2 = -3 R_1^2 + 1$ ita comparetur ut fiat

$$\begin{aligned} P_1 &= (a, \mu_1, \ldots \mu_j, b) &&= \varepsilon(k_0, -3k_1, \ldots k_1, -3k_0), \\ P_2 &= -(\mu_1, \ldots \mu_j) &&= \varepsilon(-3k_1, k_2, \ldots -3k_2, k_1), \\ R_1 &= -(\mu_1, \mu_2, \ldots \mu_j, b) &&= \varepsilon(k_0, 3k_1, \ldots -3k_2, k_1), \\ -3R_1 &= (a, \mu_1, \mu_2, \ldots \mu_j) &&= \varepsilon(-3k_1, k_2, \ldots k_1, -3k_0). \end{aligned}$$

Quibus positis, facile perspicitur in evolutione ($A$) quotientium seriem

$$b, \mu_j, \mu_{j-1}, \ldots \mu_2, \mu_1, a$$

cum hac serie

$$k_0, -3k_1, k_2, \ldots k_1, -3k_0$$

sine fraude commutari posse. Erit itaque

$$(B) \quad k_0 + \sqrt{\frac{\lambda}{3}} = [2\dot{k}_0, -3k_1, k_2, \ldots -3k_2, k_1, -6k_0, k_1, -3k_2, \ldots k_2, -3\dot{k}_1].$$

Qua in evolutione altera ex æquationibus, quæ medium locum in prima periodi semisse tenent, dabit aut hanc æquationem

$$3\lambda = Q_{i+1}^2 - 3P_{i+2}^2,$$

aut hanc

$$3\lambda = Q_{i+1}^2, \; -3P_{i+1}^2,$$

prout scilicet numerus $i$ par est aut impar. Ponimus autem eodem fere quo supra modo

$$Q_s = 3b_s, \; P_{2s} = -a_{2s}, \; P_{2s+1} = 3a_{2s+1},$$

$$a_0 = \lambda - 3k_0^2, \; b_0 = -k_0 = -I\sqrt{\frac{\lambda}{3}}, \; a_1 = 1;$$

et calculum periodi instituimus secundum hoc schema

$$b_1 = 2k_0 a_1 + b_0; \quad a_2 = \frac{\lambda - 2b_1^2}{a_1}; \quad k_1 = I\frac{-b_1 - \sqrt{\frac{\lambda}{3}}}{a_2};$$

$$b_2 = k_1 a_2 + b_1; \quad a_3 = \frac{\lambda - 3b_2^2}{a_2}; \quad k_3 = I\frac{-b_2 + \sqrt{\frac{\lambda}{3}}}{a_3};$$

. . . . . . . . . . . . . . . . . . . . . . . . . . . . . . . . .

$$b_s = k_{s-1} a_s + b_{s-1}; \quad a_{s+1} = \frac{\lambda - 3b_s}{a_s}; \quad k_s = I\frac{-b_s + (-1)^s\sqrt{\frac{\lambda}{3}}}{a_{s+1}}$$

. . . . . . . . . . . . . . . . . . . . . . . . . . . . . . . . .

vel ex notatione Gaussiana

$$b_1 \equiv b_0, \quad \text{mod}\, a_1; \quad a_2 = \frac{\lambda - 3b_1^2}{a_1};$$

$$b_2 \equiv b_1, \quad \text{mod}\, a_2; \quad a_3 = \frac{\lambda - 3b_2^2}{a_2};$$

. . . . . . . . . . . . . . . . . . . . . . . . . . . . . . . . .

$$b_s \equiv b_{s-1}, \quad \text{mod}\, a_s; \quad a_{s+1} = \frac{\lambda - 3b_s^2}{a_s};$$

. . . . . . . . . . . . . . . . . . . . . . . . . . . . . . . . .

numeris $b_s$ ita determinatis ut quam proxime ad valorem radicis $(-1)^s\sqrt{\frac{\lambda}{3}}$ accedant. Cui calculo finis faciendus est cum primum æquatio $a_{i+1} + a_{i+2} = 0$ sese obtulerit; eo enim usque valet formula $k_s = I\theta_s$, quæ ulterius progredientem destituit. Periodi autem numerorum $a$, $b$, $k$, eandem plane descriptionem habent, quam supra exemplis illustravimus.

Quum autem in æquatione $\lambda = 3\,b_{i+1}^2 - a_{i+1}^2$ numerus $a_{i+1}$ par esse nequeat, evenire potest ut repræsentatio ipsius $\lambda$, quam ejus æquationis ope nanciscimur, non sit omnium simplicissima. Est tamen vel ipsa omnium simplicissima, vel proxima post simplicissimam. Habemus enim (art. 4)

$$[\varphi_i] = \left[\frac{-b_{i+1} + (-1)^{i+1}\sqrt{\frac{\lambda}{3}}}{a_{i+1}}\right] > 1;$$

hoc est,

$$\sqrt{\lambda + a_{i+1}^2} + \sqrt{\lambda} > [a_{i+1}\sqrt{3}],$$

ideoque etiam

$$[a_{i+1}] < \sqrt{3\lambda}, \quad [b_{i+1}] < 2\sqrt{\frac{\lambda}{3}}, \quad [a_{i+1}\,b_{i+1}] < 2\lambda.$$

At in æquatione $t^2 - 3u^2 = 1$, valores numeri $u$ sic procedunt, 1, 4, 15, ... unde concludimus, si fuerit $[b_{i+1}] < [a_{i+1}]$, unam fore eamque solam repræsentationem quæ per numeros minores fiat; quæ si est $\lambda = 3x^2 - y^2$, erit $y$ par, $x$ impar. Itaque si $A$ et $B$ minimi numeri exstant, per quos æquationi $\lambda = 12\,B^2 - A^2$ satisfieri possit, æquationes

$$x^2 - 3\lambda y^2 = \varepsilon A, \quad = 3\varepsilon A, \quad = 4(\varepsilon A \pm 3B),$$
$$3x^2 - \lambda y^2 = \varepsilon A, \quad = 3\varepsilon A, \quad = 4(\varepsilon A \pm 3B),$$

resolubiles erunt, signo unitatis $\varepsilon$ ita determinato ut fiat $\varepsilon A \equiv 1$, mod 3. Facile autem perspicitur æquationi

$$-4(3B - A - 2(6B - A)x + Ax^2 = 0$$

competere characterem æquationis periodicæ: cum sit

$$[A] < 3[B], \quad [B] > \frac{1}{2}\sqrt{\frac{\lambda}{3}}.$$

Quare vulgaris quoque evolutio radicis $\sqrt{3\lambda}$ suppeditat solutionem simplicissimam æquationis $\lambda = 12\,B^2 - A^2$; veniemus enim in ea evolutione ad æquationem $p_s + 2\,q_s\,x + p_{s+1}\,x^2 = 0$ in qua erit $\frac{1}{2}p_s = q_s + p_{s+1}$, ideoque etiam,

$$q_s \equiv p_{s+1}, \text{ mod } 6, \; \lambda = 12\left(\frac{p_{s+1} - q_s}{6}\right)^2 - p_{s+1}^2.$$

*Exemplum.* Sit $\lambda = 167$; erit $I\sqrt{\frac{\lambda}{3}} = 7$; atque habebimus ex evolutione nostra hanc periodi formam

(— 20, 7, 1), (1, + 7, — 20), (— 20, — 13, — 17)
(— 17, 4, 7), (7, — 3, — 20), (— 20, 17, — 35)
(— 35, — 18, — 23), (— 23, 5, 4), (4, — 7, — 5)
(5, 8, — 5) ...

Erit itaque $167 = 3 \cdot 8^2 - 5^2$,

$7 + \sqrt{\frac{167}{3}} = [14, -3, -1, 3, -1, -3, -1, 9, 3, -9, -3, 3, -1, 3, -1, 3, 1, -42, 1, 3, -1, 3, 1, 3, -3, -9, 3, 9, -1, 3, -1, 3, -1, -\dot{3}]$.

Evoluta autem radice $\sqrt{501}$ secundum methodum vulgatam invenimus periodum æquationum hanc ce

| | | |
|---|---|---|
| (— 17, — 22, 1), | (1, + 22, — 17), | (— 17, — 12, 21) |
| (21, 9, — 20), | (— 20, — 11, 19), | (19, 8, — 23) |
| (— 23, — 15, 12), | (12, 21, — 5), | (— 5, — 19, 28) |
| (28, 9, — 15), | (— 15, — 21, 4), | (4, + 19, — 35) |
| (— 35, — 16, 7), | (7, 19, — 20), | (— 20, — 21, 3) |
| (3, 21, — 20) . . . | | |

e quibus nona suppeditat solutionem æquationis $167 = 3 \times 8^2 - 5^2$, cum sit $\frac{1}{2} \times 28 = 19 - 5$. Erit præterea $22 + \sqrt{501} =$

$[44, 2, 1, 1, 1, 1, 3, 8, 1, 2, 10, 1, 5, 2, 14, 2, 5, 1, 10, 2, 1, 8, 3, 1, 1, 1, 1, \dot{2}]$.

Art. 12. Aequationes $P_1 P_2 = 2 R_1^2 + 1$, $P_1 P_2 = -2 R_1^2 + 1$, et repræsentationes inde orientes numerorum primorum per formas $2x^2 + y^2$, $2x^2 - y^2$, a GOEPELIO in commentatione inaugurali* longe pulcherrima (ex qua disquisitionem nostram delibatam esse libenter fatemur) tanta felicitate ope fractionum continuarum illustratæ sunt, ut eam rem iterum attingere prope supervacaneum sit. Tamen ne quis analogiam determinantium 2 et 3 a nobis prætermissam desideret, in vestigiis ejus viri paullisper immorari liceat. Et primum quidem adnotamus, ab æquatione $P_1 P_2 = 2 R_1^2 + 1$, eodem fere quo antea modo, perveniri posse ad æquationem

$$P_1 = (k_1, 2k_2, k_3, \ldots 2k_3, k_2, 2k_1);$$

eamque transformationem ita fieri posse ut quotientem unitati æqualem excipiat ejusdem signi quotiens. Ex quo apparet in fractione continua

$$\frac{P_1}{2R_1} = [k_1, 2k_2, \ldots k_2, 2k_1];$$

* *Journal für die reine und angewandte Mathematik.* Vol. XLV, pp. 1-13.

haberi æquationes $k_1 = I\theta$, $k_2 = I\theta_2, \ldots$ eamque legem etiam in extremo quotiente $k_i$ observari, nisi forte fiant signa quotientium $k_{i-1}$ et $\theta_i$ contraria, ac præterea $[\theta_i] < 2$; quo in casu erit $I\theta_i = \pm 2$, $k_i = \pm 1$. Nec secus in fractione continua quæ pendet ab æquatione $P_1 P_2 = -2R_1^2 + 1$, erit

$$\pm P_1 = (k_1, \; -2k_2, \; k_3, \ldots -2k_3, \; k_2, \; -2k_1),$$

$$-\frac{P_1}{2R_1} = [k_1, \; -2k_2, \; k_3 \ldots k_2, \; -2k_1],$$

$k_1 = I\theta_1$, $k_2 = I\theta_2, \ldots$ atque adeo $k_i = I\theta_i$, cum sit utique $\varphi_i > \frac{1}{2}(2 + \sqrt{2})$: quæ res item docet in neutra formarum æquivalentium $x^2 - 2y^2$, $2x^2 - y^2$, dari repræsentationem numeri $P_1$ repræsentatione nostra magis simplicem. Tum vero, designante $\lambda$ numerum primum formæ $4n + 3$, vel duplum talis numeri, atque evoluta radice $\sqrt{\lambda}$ secundum præcepta vulgata erit in media periodo hujusmodi æquatio anceps

$$-\frac{1}{2}(\lambda - b^2) - 2bx + 2x^2 = 0$$

(ea enim sola est quæ exsistere potest), ubi numerus $b$ ita determinatur ut $\frac{1}{2}(\lambda - b^2)$ integer atque positivus, idemque quam minimus fiat. Sit $a$ numerus integer surdo $\sqrt{\lambda}$ proxime minor; erit aut $a = b$, aut $a = b + 1$. Atque si est $a = b$, habebimus hujusmodi evolutionem

$$(A) \qquad \sqrt{\lambda} = \left[a, \; \mu_1, \; \mu_2, \ldots \mu_n, \; \frac{1}{2}a + \frac{1}{2}\sqrt{\lambda}\right],$$

unde nanciscimur æquationes

$$\left(\mu_1, \; \mu_2, \ldots \mu_n, \; \frac{1}{2}a\right) = \frac{1}{2}(a, \mu_1, \; \mu_2, \ldots \mu_n),$$

$$\left(a, \mu_1, \; \mu_2, \ldots \mu_n, \; \frac{1}{2}a\right) = \frac{1}{2}\lambda(\mu_1, \; \mu_2, \ldots \mu_n);$$

e quibus concludimus fore

$$(a, \; \mu_1, \; \mu_2, \ldots \mu_n)^2 - \lambda(\mu_1, \; \mu_2, \ldots \mu_n)^2 = (-1)^{n+1}2,$$

$$(\mu_1, \; \mu_2, \ldots \mu_n)(\mu_2, \ldots \mu_{n-1}) = 2(\mu_1, \; \mu_2, \ldots \mu_{n-1})^2 + (-1)^n.$$

Itaque, si fiat $\varepsilon = (-1)^n$, erit $\varepsilon = +1$, vel $\varepsilon = -1$, prout $\lambda$ $\left(\text{vel} \frac{1}{2}\lambda\right)$ est formæ $8n + 3$ aut formæ $8n + 7$; atque per transformationem jam sæpius in hac commentatione usitatam habebimus hujusmodi evolutionem

$$a+\sqrt{\lambda}=[2\dot{a},\ k_1,\ 2\varepsilon k_2,\ldots k_2,\ 2\varepsilon k_1,\ \varepsilon a,\ 2\varepsilon k_1,\ k_2,\ldots 2\varepsilon k_2,\ \dot{k}_1]$$

cujus veritas facili confirmatur, si formulam ex evolutione vulgari oriundam paullulum immutatam adhibemus,

$$a+\sqrt{\lambda}=\left[\dot{a},\ o,\ a,\ \mu_1,\ \mu_2,\ldots\mu_n,\ \frac{1}{2}a,\ o,\ \frac{1}{2}a,\ \mu_n,\ \mu_{n-1},\ldots\mu_2,\ \dot{\mu}_1\right].$$

Si autem est $a=b+1$, erit

$$\sqrt{\lambda}=\left[a,\ \mu_1,\ \mu_2,\ldots\mu_n,\ \frac{1}{2}(a-1+\sqrt{\lambda})\right],$$

quæ æquatio, si sic scribatur,

$$\sqrt{\lambda}=\left[a+1,\ o,\ -1,\ \mu_1,\ldots,\mu_n,\ -1,\ o,\ \frac{1}{2}(a+1+\sqrt{\lambda})\right],$$

abit in formam precedenti ($A$) similem, atque eodem prorsus modo tractari potest. Itaque habebitur evolutio ad hanc normam concinnata

$$a+1+\sqrt{\lambda}=[2(\dot{a}+1),\ k_1,\ 2\varepsilon k_2,\ldots k_2,\ 2\varepsilon k_1,\ \varepsilon(a+1),$$
$$2\varepsilon k_1,\ k_2,\ldots 2\varepsilon k_2,\ \dot{k}_1]$$

in qua observandum est quotientem $k_1$ negativum fore.

Schema autem calculi, quo ad has evolutiones utimur, hoc ferme est. Sit $\alpha_1=1$, $2\varepsilon\alpha_0=\beta_0^2-\lambda$, numero negativo $\beta_0$ ita determinato ut $\alpha_0$ integer atque idem quam minimus fiat. Tum sumpto ab æquatione

$$2\varepsilon\alpha_0+2\beta_0 x+\alpha_1 x^2=0$$

initio cæteras hoc pacto derivamus

$$\beta_1\equiv\beta_0,\ \text{mod}\ 2\alpha_1;\quad \alpha_2=\frac{\lambda-\beta_1^2}{2\varepsilon\alpha_1};$$

$$\beta_2\equiv\beta_1,\ \text{mod}\ 2\alpha_2;\quad \alpha_3=\frac{\lambda-\beta_2}{2\varepsilon\alpha_2};$$

. . . . . . . . . . . . . . . . . . . . . . . . . . . . . . . . . . .

$$\beta_s\equiv\beta_{s-1},\ \text{mod}\ 2\alpha_s;\quad \alpha_{s+1}=\frac{\lambda-\beta_s^2}{2\varepsilon\alpha_s};$$

. . . . . . . . . . . . . . . . . . . . . . . . . . . . . . . . . . .

ubi numeros impares $\beta_s$ ad valorem radicis $(-1)^s\sqrt{\lambda}$ quam proxime accedere, quotientes autem $k_s$ per æquationes $k_s = \frac{\beta_s - \beta_{s-1}}{2\,\varepsilon\,\alpha_s}$ determinari intelligendum est. Finis autem calculo faciendus est simul ac pervenerimus ad æquationem in qua est $\alpha_{i+1} + \alpha_{i+2} = 0$, quæque adeo suppeditat discerptionem quæsitam. Quando autem $\varepsilon = +1$, hoc est quando $\lambda$, vel $\frac{1}{2}\lambda$, est numerus primus formæ $8n+3$, fieri potest ut regula generalis in ultimo quotiente $k_i$ falsa sit; quæ exceptio tum locum habet cum in discerptione quæsita $\lambda = A^2 + 2B^2$ numerus $B$ major est quam $2A$. Quo in casu erit in penultima æquatione $\alpha_i \pm 2\beta_i + 3\alpha_{i+1} = 0$; atque, ut habeatur ad extremum $\alpha_{i+1} + \alpha_{i+2} = 0$, quotienti $k_i$ tribuendus erit valor $\pm 1$, etiamsi fiat $I\theta_i = \pm 2$.

Exemplis brevitatis causa supersedemus; illud unum adjicimus, pro numeris primis formæ $8n+3$, eorumque duplis æquationes

$$x^2 - \lambda y^2 = A, \quad = -2A, \quad = -A \pm 2B,$$

esse resolubiles, si quidem ponatur $\lambda = 2A^2 + B^2$, et numerus $A$ eo signo afficiatur, ut fiat $(-1)^{\frac{A-1}{2}} = 1$, vel $(-1)^{\frac{A-1}{2} + \frac{A^2-1}{8}} = 1$, prout est ipse $\lambda$ numerus primus, vel duplum numeri primi: quæ quidem conditiones ex ipsa æquationum forma oriuntur. Et similiter pro numeris primis formæ $8n+7$, eorumque duplis, æquationes

$$x^2 - \lambda y^2 = A, \quad = 2A_1 = 3A \pm 2B,$$

resolvi poterunt, designantibus literis $A$ et $B$ minimos numeros qui æquationi $\lambda = B^2 - 2A^2$ satisfaciunt, et determinato ut supra ipsius $A$ signo.

Art. 13. Coronidis loco observamus eandem fere fractionum continuarum transformationem utilitate non carere in theoria numerorum complexorum. Sit enim

$$\mu = a + bi, \quad \mu' = a - bi, \quad \mu.\mu' = a^2 + b^2 = N.\mu = N.\mu';$$

habebimus hujusmodi æquationem

$$\begin{aligned} K &= (\mu_1, \mu'_2, \mu_3, \ldots \mu'_{2n}, \mu_{2n}, \ldots \mu'_3, \mu_2, \mu'_1) \\ &= (\mu_1, \mu'_2, \ldots \mu'_{2n}) \times (\mu_{2n}, \ldots \mu_2, \mu'_1) \\ &\quad + (\mu_1, \mu'_2, \ldots \mu'_{2n-1}) \times (\mu'_{2n-1}, \ldots \mu_2, \mu'_1); \end{aligned}$$

unde sequitur determinantem $K$ summam esse duarum, quas vocant, normarum, hóc est, quattuor quadratorum. Ponatur ergo

$$P_1 P_2 = 1 + R_1 R'_1;$$

designantibus literis $P_1$, $P_2$ numeros positivos reales, $R_1$, $R'_1$ numeros complexos conjugatos; atque in hac æquatione fiat

$$R_2 = R_1 - \mu_1 P_2, \quad P_3 = \frac{1 + R_2 R'_2}{P_2},$$

et sic porro, numeris $R_s$ ita determinatis ut norma $R_s \times R'_s$ evadat quam minima. Hinc erit $P_1 > P_2 > P_3 \ldots$ atque ad extremum habebitur

$$P_1 = (\mu_1, \mu'_2, \mu_3, \ldots \mu'_3, \mu_2, \mu'_1);$$

quæ formula, cum universi numeri primi formulam $1 + x^2 + y^2$ metiantur, continet demonstrationem theorematis Fermatiani omnes omnino numeros esse summas quattuor quadratorum.

Plane autem eodem modo evincitur omnes numeros habere hanc formam $x^2 + y^2 + 3(u^2 + v^2)$, atque præterea hanc etiam $x^2 + 2y^2 + 3u^2 + 6v^2$. Quarum enuntiationum altera intra veritatem cadit, cum omnes numeri in alterutra harum formularum

$$x^2 + y^2 + 3u^2, \quad x^2 + 3u^2 + 3v^2$$

comprehendantur; id quod a viro clarissimo LEJEUNE DIRICHLET* jampridem demonstratum est: altera ea ipsa est quam olim summus in hac disciplina magister C. G. J. JACOBI** ex notissima formula elliptica originem trahere indicavit. Hoc autem loco satis erit demonstrare, proposita æquatione $\rho^2 + \rho + 1 = 0$, omnem numerum realem esse summam normæ simplicis et duplicis.

Sint igitur $A$, $B$, $P$ numeri reales, $A - B\rho$ numerus complexus integer continens radicem æquationis $\rho^2 + \rho + 1 = 0$; erit

$$A^2 + AB + B^2 = N(A - B\rho).$$

Quod si ponatur

$$A - B\rho = \mu P + a - b\rho,$$

numerus complexus $\mu$ ita determinari potest ut sit

$$N.(a - b\rho) < \frac{1}{2}(P^2 - 1).$$

Fiat enim, quod utique licet, $a \equiv A$, $b \equiv B$, mod. $P$, $[a] \leqq \frac{1}{2}P$, $[b] \leqq \frac{1}{2}P$. Hic, si signa numerorum $a$ et $b$ contraria sunt, habebimus

* *Journal für die reine und angewandte Mathematik.* Vol. XL, pp. 231-232.
** Ibid. Vol. XXI.

manifesto $N.(a-b\rho)<\frac{1}{4}P^2<\frac{1}{2}(P^2-1)$. Si vero hæc signa conveniunt inter se, atque est præterea uterque numerus $a$ et $b$ minor quam $\frac{P-1}{\sqrt{6}}$, erit iterum $N(a-b\rho)<\frac{1}{2}(P-1)^2<\frac{1}{2}(P^2-1)$. Quod si alter eorum, velut $a$, eum limitem superaverit, faciendum erit $a'=a\pm P$, $[a']<P$, ita ut habeatur, si quidem $P\geqq 5$,

$$N.(a'-b\rho)<\frac{1}{6}(P\sqrt{6}-P+1)^2<\frac{1}{2}(P^2-1);$$

experiendo autem invenitur eadem lege teneri numeros quinario minores.

Hinc patet calculum quo sæpius jam usi sumus accommodari posse ad æquationem

$$P_1 P_2 = 1 + 2(A_1^2 + A_1 B_1 + B_1^2);$$

in qua si fiat

$$A_2 - B_2\rho = A_1 - B_1\rho - \mu P_2,$$

$$P_3 = \frac{1 + 2(A_2^2 + A_2 B_2 + B_2^2)}{P_2},$$

et sic porro, ea lege ut normæ $A^2+AB+B^2$ semper quam minimæ evadant, veniemus tandem ad æquationem

$$P_1 = (\mu_1,\ 2\mu'_2,\ \mu'_3, \ldots 2\mu'_3,\ \mu_2,\ 2\mu'_1),$$

quæ continet demonstrationem theorematis, cum omnis numerus impar metiatur formulam $1+2x^2+6y^2$, vel, si mavis, formulam

$$1+2(x^2+xy+y^2).$$

Simile fere theorema oritur ab æquatione $\sigma^2+\sigma+2=0$. Universi enim numeri primi, præter septenarium, metiuntur formulam $1+x^2+7y^2$, hoc est, formulam $1+x^2+xy+2y^2$: ac præterea, posito

$$P_1 P_2 = 1 + A_1^2 + A_1 B_1 + 2B_1^2,$$

utique fieri potest

$$P_1^2 > A_1^2 + A_1 B_1 + 2B_1^2 > P_2^2.$$

Unde patet numerum quemcumque integrum summam esse duarum normarum; vel, quod idem est, in hac formula

$$x^2+xy+2y^2+u^2+uv+2v^2$$

comprehendi. Omnes itaque numeri pariter pares in hac forma continentur

$$x^2 + y^2 + 7u^2 + 7v^2;$$

impares autem, atque impariter pares aut in illa aut in hac certe

$$x^2 + 2y^2 + 7(u^2 + 2v^2).$$

Oxoniæ, MDCCCLXXIX.

# SOPRA I SISTEMI LINEARI TRIPLAMENTE INFINITI
## DI CURVE ALGEBRICHE PIANE

*MEMORIA*

DEL

**D.r ETTORE CAPORALI**

*Professore nella R. Università di Napoli.*

Oggetto di questo lavoro è la soluzione dei principali problemi di geometria enumerativa, che si presentano nello studio dei sistemi lineari triplamente infiniti di curve piane. Il modo di ricerca consiste nel far dipendere tali questioni da più semplici considerazioni stereometriche: dimodochè le proprietà che seguono, si possono anche riassumere nello studio di una superficie rappresentata punto per punto sul piano del sistema lineare, in modo che le sue sezioni piane abbiano per imagini le curve del sistema stesso.

I primi risultati generali su questo argomento, furono pubblicati da CLEBSCH nella sua Memoria: *Ueber die Abbildung algebraischer Flächen, insbesondere der vierten und fünften Ordnung**, e nell'altra *Ueber Flächen vierter Ordnung, welche eine Doppelcurve zweiten Grades besitzen***; e questi risultati sono riprodotti sotto forma geometrica ai §§ 1 e 3 di questa Memoria. CAYLEY in una nota *On the transformation of unicursal surfaces****, ottiene alcune formole che si riferiscono al presente soggetto, mediante un procedimento il quale non è immune da obbiezioni, come l'autore stesso fa osservare: queste formole si troveranno al § 3, dedotte con metodo rigoroso.

Gli altri paragrafi contengono la ricerca del numero delle curve

* *Math. Annalen,* I.

** Giornale di CRELLE-BORCHARDT, 69.

*** *Math. Annalen,* III.

del sistema dotate di tre punti doppî o d'un punto doppio ed una cuspide, ovvero di un contatto di due rami. Ho evitato quanto più ho potuto l'uso delle note formole, di SALMON e CAYLEY, che legano fra loro le singolarità ordinarie d'una superficie, le quali avrebbero condotto più rapidamente ad alcune delle formole citate: e ciò perchè intendo sopratutto di offrire nuovi esempî del partito che si può trarre dalla rappresentazione piana di una superficie, per lo studio della superficie medesima.

Nell'ultimo paragrafo sono indicate sommariamente le rappresentazioni piane di alcune superficie che si presentano in quest'ordine di considerazioni. Si noterà una superficie del 5° ordine dotata di tre rette doppie concorrenti in un punto, della quale non credo fosse nota la rappresentazione.

## § 1.

### GENERALITÀ. — SISTEMI LINEARI RECIPROCI.

1. Sia dato un sistema lineare tre volte infinito di curve algebriche piane dell'ordine $n$; le curve del sistema abbiano in comune $\sigma$ punti (fondamentali) $h_1 h_2, \ldots h_\sigma$, multipli rispettivamente secondo $r_1, r_2, \ldots r_\sigma$ per una curva qualunque del sistema. Supporremo che i punti fondamentali abbiano posizioni arbitrarie affatto indipendenti fra di loro; e supporremo inoltre che il sistema lineare non abbia altra particolarità all'infuori di quella che risulta dall'esistenza dei punti fondamentali: vale a dire si possa ritenere determinato per mezzo di quattro curve affatto generali fra quelle dotate dei punti multipli suddetti.*

Indichiamo con $N$ il numero delle intersezioni variabili di due curve qualunque del sistema, con $p$ il genere di una curva qualunque del sistema stesso e con $\Theta$ il numero delle condizioni alle quali essa è assoggettata, oltre a quelle rappresentate dai punti fondamentali. Si avranno le equazioni

$$p = \frac{1}{2}(n-1)(n-2) - \sum \frac{r}{2}(r-1) \qquad N = n^2 - \sum r^2$$

$$\Theta = \frac{n}{2}(n+3) - \sum \frac{r}{2}(r+1) - 3,$$

* Veggasi il n.° 3.

dalle quali si deducono le altre

$$(a) \qquad \sum r = 3n - N + 2p - 2, \qquad \sum r^2 = n^2 - N,$$

$$(b) \qquad \Theta = N - p - 2,$$

nelle quali il simbolo $\sum$ s'intende esteso a tutti i punti fondamentali.

2. Chiameremo *curva fondamentale* una curva la quale abbia la proprietà di non essere incontrata in punti variabili da una curva qualunque del sistema. È chiaro che una curva fondamentale deve essere pienamente determinata dai punti fondamentali pei quali passa: se perciò indichiamo con $\nu$ l'ordine di una curva fondamentale e con $s_1, s_2, \ldots s_\sigma$ gli ordini di moltiplicità, per questa curva, dei punti fondamentali, saranno soddisfatte le condizioni

$$(c) \qquad \sum s r = n\nu, \qquad (d) \qquad \sum s(s+1) = \nu(\nu+3).$$

Se assoggettiamo una curva $\Phi_n$ del sistema a passare per un punto della curva fondamentale $\Phi_\nu$, la curva deve necessariamente decomporsi nella $\Phi_\nu$ ed in una curva $\Phi_{n-\nu}$ dell'ordine $n-\nu$. Per queste due curve il numero delle intersezioni non assorbite dai punti fondamentali sarà dato dall'espressione

$$\nu(n-\nu) - \sum s(r-s),$$

ovvero, per la $(c)$,

$$\sum s^2 - \nu^2.$$

Ora questo numero deve essere per lo meno eguale all'unità, come si vede subito riflettendo che ci deve essere almeno una $\Phi_n$ la quale abbia un punto doppio in un punto arbitrario della $\Phi_\nu$*: perciò deve essere

$$\sum s^2 \geqq \nu^2 + 1.$$

Questa condizione combinata colla $(d)$ dà l'altra

$$\sum s(s-1) \geqq (\nu-1)(\nu-2);$$

perciò deve essere

$$(e) \qquad \sum s(s-1) = (\nu-1)(\nu-2),$$

ossia, per la $(d)$,

$$(f) \qquad \sum s = 3\nu - 1$$

L'equazione $(e)$ dice che, nelle ipotesi fatte al numero precedente, *ogni curva fondamentale deve essere razionale.*

---

* Escludo il caso che la posizione di un nuovo punto doppio per una $\Phi_n$ sia vincolata a quelle dei punti fondamentali: caso del quale, nelle ipotesi del n.° 1, non conosco che un esempio, il quale sarà più innanzi considerato (n.° 40).

3. Sia

(*g*) $$r_1 \geqq r_2 \geqq r_3 \geqq r_4 \geqq \ldots \geqq r_\sigma.$$

Se in luogo di $sr$ si scrive $r + r + r + \ldots$ ($s$ volte), il primo membro della equazione ($c$) si comporrà di $\sum s$ termini, ovvero, in virtù della ($f$) di $3\nu - 1$ termini. La ($c$) potrà dunque scriversi nella forma

$$\varepsilon_1 + \varepsilon_2 + \varepsilon_3 + \ldots + \varepsilon_{\nu-1} + \varepsilon_\nu = n\nu,$$

dove $\varepsilon_1, \varepsilon_2, \ldots, \varepsilon_{\nu-1}$, sono ciascuna la somma di tre dei numeri $r$ ed $\varepsilon_\nu$ è la somma di due di essi; se perciò in luogo di ogni quantità $\varepsilon$ si sostituisce la somma $r_1 + r_2 + r_3$, in conseguenza delle ($g$) l'equazione precedente darà

$$r_1 + r_2 + r_3 > n.$$

Ciò dimostra che *quando nel sistema vi è almeno una curva fondamentale, esso è riducibile ad un altro di ordine minore, mediante una trasformazione quadratica razionale.*

Noi aggiungeremo alle ipotesi del n.° 1, quella che il sistema non contenga curve fondamentali*: quando ne possedesse, lo si potrà, per successive trasformazioni quadratiche, ridurre ad un sistema che non abbia curve fondamentali e che perciò rientri in quelli che ci proponiamo di studiare.

4. Il ragionamento del numero precedente cade in difetto quando il sistema possegga due soli punti fondamentali e la retta che li congiunge sia una retta fondamentale ($r_1 + r_2 = n$). Perciò le formole che saranno date in seguito non sono direttamente applicabili a questo caso: ma riuscirà facile al lettore di vedere quali modificazioni si debbono portare ai ragionamenti che seguono, per fare la trattazione diretta del caso speciale suindicato.

5. Abbiasi un sistema lineare $\Phi$ di curve dell'ordine $n$ e siano verificate le ipotesi qui sopra adottate. Il sistema contiene un numero triplamente infinito di reti; le Jacobiane di queste reti costituiscono un altro sistema triplamente infinito $\Psi$, che è anch'esso lineare. Infatti, presi ad arbitrio tre punti del piano, vi sono tre curve $\Phi$ le

---

* Così noi ci ritroviamo nelle medesime ipotesi adottate da Clebsch (loco citato). In queste medesime ipotesi si pone il Cayley nella citata Memoria (quantunque non lo dichiari espressamente), poichè approfitta dei risultati di Clebsch: perciò il termine correttivo $\omega$ che l'autore aggiunge ad alcune sue formole è sempre nullo nei casi in cui possono aver luogo i ragionamenti fatti dall'autore medesimo. Infatti è facile riconoscere che quando due sistemi lineari sono dedotti l'uno dall'altro mediante trasformazioni quadratiche, e sono entrambi privi di curve fondamentali, posseggono lo stesso numero di punti fondamentali.

quali rispettivamente hanno in ciascuno di essi un punto doppio: queste tre curve determinano una rete e la Jacobiana di questa rete è la sola curva $\Psi$ che passa pei tre punti dati.

Due curve $\Psi_1$ e $\Psi_2$ sono le Jacobiane di due reti di curve $\Phi$, le quali hanno in comune un fascio; il numero delle curve di questo fascio dotate di un punto doppio (fuori dei punti fondamentali) è*

$$3(n-1)^2 - \sum (r-1)(3r+1).$$

Questi punti, doppî per le $\Phi$, sono punti comuni alle due curve $\Psi_1$ e $\Psi_2$.

Le curve $\Psi$ sono dell'ordine $3(n-1)$ e per un punto fondamentale $h_\nu$ ($r$-plo per le $\Phi$) passano con $3r-1$ rami**. Perciò le $\Psi_1$ e $\Psi_2$, oltre ai punti suindicati, e ai punti fondamentali, si intersecano in un altro numero di punti espresso da

$$9(n-1)^2 - \sum (3r-1)^2 - \{3(n-1)^2 - \sum (r-1)(3r+1)\}$$
$$= 6(n-1)^2 - 2\sum (3r^2-2r+1).$$

Questi punti, per essere sulle $\Psi_1$ e $\Psi_2$, godono della proprietà che le rette polari d'ognuno di essi rispetto alle curve del sistema $\Phi$, concorrono tutte in un medesimo punto: e perciò sono punti comuni a tutte le curve $\Psi$. Riassumendo abbiamo:

*Le Jacobiane delle reti contenute nel sistema* $\Phi$, *formano un nuovo sistema lineare* $\Psi$ *di curve dell'ordine* $3(n-1)$, *le quali passano* $3r-1$ *volte per ogni punto fondamentale r-plo per le* $\Phi$ *ed hanno inoltre in comune*

$$6(n-1)^2 - 2\sum (3r^2-2r+1)$$

*punti* $C$. *I punti* $C$ *sono quelli per ognuno dei quali le rette polari rispetto a tutte le curve del sistema* $\Phi$ *concorrono in uno stesso punto.*

6. Consideriamo un punto $C$ e sia $C'$ il punto nel quale concorrono le rette polari di $C$ rispetto alle curve $\Phi$. La retta polare di $C$ rispetto ad una curva $\Phi$ passante per $C$, deve essere la retta $CC'$: vale a dire, *tutte le curve* $\Phi$ *che passano per* $C$, *toccano la retta* $CC'$. Inversamente, i punti $C$ sono i soli punti del piano che siano punti di contatto per una rete di curve $\Phi$.

7. La ricerca analoga per il sistema $\Psi$, fornisce non un numero finito di punti, ma un luogo geometrico. Sia infatti $\Phi_1$, una curva del sistema $\Phi$ dotata di una cuspide $P$; pel punto $P$ passerà una rete di curve $\Psi$ che sono le Jacobiane di una infinità di reti le quali hanno tutte in comune la curva $\Phi_1$.

---

* CREMONA, *Sopra alcune questioni nella teoria delle curve piane*, n.° 8. *Annali di Tortolini,* t. VI, Roma, 1864.

** Ibid. n.° 19, Cfr. p. es. CLEBSCH-LINDEMAN.

Ma si sa che quando una curva d'una rete possiede una cuspide, la Jacobiana della rete passa per la cuspide toccando la tangente cuspidale; dunque *ogni punto stazionario per una curva* $\Phi$, *è punto di contatto per una rete di curve* $\Psi$. Uno qualunque di questi punti è perciò doppio per un fascio di curve $\Psi$: vale a dire è doppio per *una* curva di *ogni* rete appartenente al sistema. Quindi *il luogo delle cuspidi delle curve* $\Phi$ *fa parte della Jacobiana di ogni rete di curve* $\Psi$.

È facile riconoscere come si completi la Jacobiana di una rete di curve $\Psi$. Infatti le curve di questa rete sono Jacobiane di una infinità di reti di curve $\Phi$, le quali avranno tutte in comune una certa curva $\Phi_1$ *. Se una delle curve $\Psi$ ha un punto doppio, esso è punto comune a tutte le curve $\Phi$ della rete corrispondente; e perciò è un punto di $\Phi_1$.

*Dunque la Jacobiana di una rete di curve* $\Psi$ *si compone di una curva* $\Phi$ *e del luogo delle cuspidi del sistema* $\Phi$. Perciò facendo astrazione di quest' ultima parte comune a tutte le Jacobiane, si ha che *si passa dal sistema* $\Psi$ *al sistema* $\Phi$, *come dal sistema* $\Phi$ *al sistema* $\Psi$. I due sistemi $\Phi$ e $\Psi$ li diremo *sistemi reciproci*.

8. La Jacobiana di una rete di curve $\Psi$, deve essere (5) un luogo dell'ordine $3\{3(n-1)-1\}$ passante per ogni punto fondamentale $h_r$ con $3(3r-1)-1$ rami e passante due volte per ogni punto $C$. Staccandone la parte variabile che è una curva $\Phi$, si trova:

*Il luogo delle cuspidi delle curve* $\Phi$ *è una curva* $H$ *dell' ordine* $4(2n-3)$ *la quale passa* $4(2r-1)$ *volte per ogni punto fondamentale* $h_r$ *e passa con due rami per ogni punto* $C$.

9. Le curve $\Phi$ che passano per un punto $C$ formano una rete e toccano tutte la retta $CC'$; perciò vi sarà un fascio di curve $\Phi$ che hanno in $C$ un punto doppio e in questo vi saranno due curve $\Phi$ per le quali $C$ è una cuspide. Le tangenti cuspidali $a$ ed $a'$ di queste due curve, sono le tangenti in $C$ alla curva $H$.

Fra le curve $\Phi$ che hanno in $C$ un punto doppio, ve ne sarà una $\Phi_0$ per la quale uno dei rami tocca la retta $CC'$. Siano $\gamma$ e $\gamma'$ i due punti di questo ramo successivi a $C$: la curva $\Phi_0$ e una curva $\Psi$ passante pei punti $C$, $\gamma$ e $\gamma'$, hanno in $A$ quattro punti comuni: e lo stesso avviene per tutte le curve del fascio determinato da quelle due. Dunque: *per ogni punto* $C$, *vi è un fascio di curve* $\Phi$ *che hanno in esso un contatto quadripunto.*

---

* Due reti appartenenti ad un medesimo sistema hanno in comune un fascio: tre reti appartenenti ad uno stesso sistema hanno una curva comune.

10. Prendendo la Jacobiana della rete delle curve $\Phi$ passanti per un punto $C^*$, si trova che fra le curve $\Psi$ ve ne ha una per la quale il punto $C$ è triplo; e le tangenti sono la retta $CC'$ e le rette $a$ ed $a'$ (numero precedente). Sia $\Psi_0$ questa curva e sia $\Psi_1$ un'altra curva $\Psi$ tangente in $C$ alla retta $CC'$: le due curve hanno in $C$ quattro intersezioni e lo stesso avverrà di tutte le curve del fascio che esse determinano. Dunque *un punto $C$ è punto base di contatto quadripunto per una infinità di fasci di curve $\Psi$.*

Il fascio delle curve $\Phi$ che hanno un punto doppio in $C$, appartiene ad una serie semplicemente infinita di reti di curve $\Phi$; le loro Jacobiane $\Psi$ formano un fascio ed hanno tutte in $C$ un punto doppio colle tangenti $a$ ed $a'$**. Sia $\Psi'$ una delle curve di questo fascio; anche la curva $\Psi_0$ appartiene al fascio e per $\Psi_0$ e $\Psi'$ il punto $C$ assorbe otto intersezioni; lo stesso avverrà dunque per tutte le curve del fascio. Se ne conclude che *vi è un fascio di curve $\Psi$ le quali passano due volte per un punto $C$, hanno ivi le medesime tangenti $a$ ed $a'$ e si osculano fra di loro secondo ognuno dei rami.*

## § 2.

## COSTRUZIONE DI UNA SUPERFICIE $\Sigma$ RAPPRESENTATA PUNTO PER PUNTO SUL PIANO DEL SISTEMA.

11. Si assumano nel sistema cinque curve $\Phi_1, \Phi_2, \Phi_3, \Phi_4, \Phi_5$, delle quali quattro qualunque non appartengano ad una medesima rete: e si facciano corrispondere ordinatamente a cinque piani $\Pi_1$, $\Pi_2$, $\Pi_3$, $\Pi_4$, $\Pi_5$, dei quali quattro qualunque non passino per un medesimo punto. Inoltre al piano determinato dalla retta $\Pi_1\Pi_2$ e dal punto $\Pi_3\Pi_4\Pi_5$ si faccia corrispondere la curva del sistema che è comune al fascio $\Phi_1\Phi_2$ e alla rete $\Phi_3\Phi_4\Phi_5$; e così analogamente per ognuno dei 10 piani diagonali del pentaedro. In tal modo, per ogni spigolo del pentaedro, si hanno tre piani ai quali corrispondono ordinatamente tre curve $\Phi$ di un fascio; perciò tutti i piani passanti per lo spigolo e le curve del fascio, si corrisponderanno proiettivamente in modo determinato. Di più per un vertice del pentaedro, p. es. $\Pi_1\Pi_2\Pi_3$, si hanno quattro piani (le facce ed il piano diagonale) ai quali corrispondono rispettivamente quattro curve della rete $\Phi_1\Phi_2\Phi_3$; perciò tutti

* Cfr. CREMONA, *Introduzione ad una teoria geometrica delle curve piane.*

** Per la natura delle considerazioni che possono servire a dimostrarlo, veggasi al l. c. alla nota precedente.

i piani passanti per quel vertice e le curve della rete, si corrisponderanno proiettivamente in modo determinato.

Ciò posto, presa nello spazio una retta qualunque $R$, ai dieci piani che la congiungono ai vertici $\Pi_1 \Pi_2$, $\Pi_1 \Pi_3$, ecc., corrisponderanno nelle reti $\Phi_1 \Phi_2$, $\Phi_1 \Phi_3$, ecc., dieci curve le quali apparterranno ad un medesimo fascio; e le curve di questo fascio corrisponderanno in modo determinato ai piani della retta $R$. Inoltre, preso ad arbitrio un punto $P$ dello spazio, ai piani che lo congiungono agli spigoli $\Pi_1 \Pi_2$, $\Pi_1 \Pi_3$, ecc., corrisponderanno rispettivamente nei fasci $\Phi_1 \Phi_2$, ecc., dieci curve appartenenti ad una medesima rete; e le curve di questa corrisponderanno in modo determinato ai piani della stella $P$. Infine si potrà determinare la curva del sistema corrispondente ad un piano qualunque $\Pi$, prendendo su di esso tre punti non in linea retta e cercando la curva comune alle tre reti corrispondenti ai punti medesimi.

In tal modo è costruita una corrispondenza una ad uno fra le curve del sistema ed i piani dello spazio, in modo che ai piani di un fascio corrispondono le curve di un fascio, ai piani di una stella le curve di una rete e viceversa.

12. Indichiamo con $\Pi_0$ il piano sul quale sono situate le curve del sistema $\Phi$. Un punto qualunque $P$ di $\Pi_0$ determina una rete di curve $\Phi$ passanti per esso, le quali non hanno in generale (oltre ai fondamentali) altri punti comuni*; a queste curve corrispondono i piani di una stella, della quale indicheremo il centro con $P'$. I punti $P'$ corrispondenti a tutti i punti del piano, saranno situati sopra una superficie, che chiameremo $\Sigma$. Evidentemente *la superficie* $\Sigma$ *e il piano* $\Pi_0$, *si corrispondono punto per punto.***

Si considerino un piano qualunque $\Pi$ e la curva $\Phi$ ad esso corrispondente. Preso un punto qualunque $P$ di questa curva, poichè fra le curve della rete che esso determina c'è anche la $\varphi$, il punto $P'$ corrispondente sarà situato sul piano $\Pi$. Dunque *le curve* $\Phi$ *sono le imagini delle sezioni piane della superficie* $\Sigma$.

Poichè per un punto fondamentale $r$-plo passano $r$ rami dell'imagine d'una sezione piana qualunque, ne segue che *ad un punto fondamentale* $r$*-plo di* $\Pi_0$ *corrisponde sulla superficie* $\Sigma$ *una curva dell'ordine* $r$.

---

* Fra i casi che sono compresi nelle ipotesi fatte al n.° 1, conosco soltanto quello citato nella nota al n.° 2, nel quale i punti del piano siano coniugati due a due.

** Fanno eccezione i punti fondamentali; a tutti i punti infinitamente vicini ad un punto fondamentale, corrispondono sulla superficie i punti di una curva razionale.

Siccome due curve $\varphi$ si incontrano in $N$ punti non fondamentali (1), ne segue che *la superficie* $\sum$ *è dell' ordine* $N$.

13. La sezione fatta nella superficie $\sum$ con un piano tangente essendo dotata di un punto doppio, avrà per imagine una curva $\Phi$ dotata di punto doppio; perciò quelle fra le curve $\Phi$ di una rete che posseggono un punto doppio, rappresentano le sezioni dei piani condotti, a toccare la superficie, da un determinato punto dello spazio. Ne segue che *le curve* $\Psi$ (5) *sono le imagini delle curve di contatto dei coni circoscritti alla superficie* $\sum$.

Il genere di una curva $\Psi$, ossia

$$\frac{1}{2}(3n-4)(3n-5)-\frac{1}{2}\sum(3r-1)(3r-2),$$

sarà eguale al genere di una di queste curve di contatto e quindi anche al genere del cono circoscritto, le cui generatrici corrispondono una ad uno ai loro punti di contatto. Adoperando le formole ($a$) si trova dunque che *i coni circoscritti alla superficie* $\sum$ *sono del genere* $9p-\sigma+1$*.

In quanto all' ordine del cono medesimo, esso è dato dall' ordine della sua curva di contatto e perciò dal numero dei punti (non fondamentali) comuni ad una curva $\Phi$ e ad una curva $\Psi$. Si trova quindi senza difficoltà che l'ordine del cono circoscritto è

$$2(N+p-1).$$

Il numero dei piani che si possono condurre per una retta a toccare la superficie, è dato evidentemente dal numero delle curve $\Phi$ di un dato fascio, che posseggono un punto doppio. Questo numero è stato già indicato (3): trasformandolo mediante le equazioni ($a$), si trova che:

*La classe della superficie* $\sum$ *è* $N+4p+\sigma-1$.

14. Avendo determinato nel numero precedente l'ordine, la classe e il genere del cono circoscritto, tutte le sue singolarità possono essere conosciute. In particolare, cercando il numero dei suoi piani stazionarî e bitangenti, si ha che *per un punto qualunque dello spazio passano* $24p$ *piani stazionarî della superficie* $\sum$, *e*

$$\frac{1}{2}\left\{(N+4p+\sigma)^2-86p-5N-3\sigma+4\right\}$$

*piani bitangenti.*

---

* Perciò il numero dei punti fondamentali del sistema non supera $9p+1$.

Riferendosi al piano rappresentativo, questo risultato si enuncia così:

*In una rete di curve* $\Phi$, *ve ne sono* $24p$ *dotate di una cuspide** e

$$\frac{1}{2}\left\{(N+4p+\sigma)^2-86p-5N-3\sigma+4\right\}$$

*dotate di due punti doppî.***

15. Calcolando il numero delle generatrici doppie e stazionarie del cono circoscritto, si trova ancora:

*In una rete di curve* $\Phi$ *vi sono*

$$3(N+6p-\sigma-1)$$

*fasci di curve che si osculano e*

$$2\{(N+p)^2-17p-5N+2\sigma+4\}$$

*fasci di curve che hanno fra loro un doppio contatto.*

## § 3.

### CURVA DOPPIA E PUNTI TRIPLI DELLA SUPERFICIE $\Sigma$.

16. Nel piano $\Pi_0$ vi debbono essere delle coppie di punti (in numero semplicemente infinito) per le quali passa una rete, invece che un fascio, di curve $\Phi$: due punti $P$ e $P_1$ d'una di queste coppie corrispondono evidentemente ad un medesimo punto $P'$ della superficie $\Sigma$, il quale sarà perciò doppio per la superficie medesima. Poichè le sezioni piane della superficie sono dell'ordine $N$ e del genere $p$, si ha che *la superficie* $\Sigma$ *possiede una curva doppia dell'ordine* $\frac{1}{2}(N-1)(N-2)-p$.

* Veggasi CREMONA, *Sopra alcune questioni nella teoria delle curve piane. Annali di Tortolini*, tom. VI. Roma, 1864. Non credo che queste formole siano state date colla stessa generalità. Il signor KÖHLER, nel tomo I del *Bulletin de la Société mathématique de France,* considera una rete di prime polari rispetto ad una curva fondamentale; e dimostra che se questa possiede un punto $r$-plo, il numero delle cuspidi della Steineriana è diminuito di $12(r-1)(r-2)$ unità. L'autore aggiunge che egli crede, quantunque non abbia potuto dimostrarlo, che il risultato si estenda ad una rete qualunque. Le formole date qui sopra, confermano l'opinione del signor KÖHLER.

** È necessario notare che alcune delle formole che presentiamo, subiscono qualche modificazione, quando il sistema possiede qualche punto fondamentale semplice. Il lettore troverà al n.° 35 le avvertenze relative a questo soggetto.

Poichè in un punto $C$ (6) si toccano tutte le curve $\Phi$ di una rete, in quel punto coincidono i due punti $P$ e $P_1$ d'una delle coppie suddette. Dunque (5) *la curva doppia possiede* $2(N+4p-\sigma-1)$ *punti cuspidali, i quali hanno per imagini i punti* $C$ *.

17. Cerchiamo l'imagine della curva doppia. È chiaro che l'intersezione della superficie $\Sigma$ con una superficie qualunque dell'ordine $L$, ha per imagine una curva dell'ordine $Ln$ che passa per un punto $h_r$ con $Lr$ rami. Se la superficie di cui si tratta è la prima polare di un punto qualunque $O$ dello spazio rispetto alla superficie $\Sigma$, l'intersezione si compone della curva doppia e della curva di contatto del cono circoscritto alla $\Sigma$ col vertice in $O$. Perciò l'imagine, che è una curva dell'ordine $(N-1)n$ la quale passa per un punto $h_r$ con $(N-1)r$ rami, si comporrà della imagine della curva doppia e di una curva $\Psi$ (13). Staccando quindi dalla imagine completa quest'ultima parte, si trova che:

*Il luogo delle coppie di punti del piano* $\Pi_0$ *le quali non determinano un fascio di curve* $\Phi$, *è una curva* $\Delta$ *dell'ordine* $(N-h)n+3$, *la quale passa per ogni punto fondamentale r-plo con* $(N-4)r+1$ *rami* **.

Risulta dal numero precedente che *la curva* $\Delta$ *passa per ogni punto* $C$ *toccando la retta* $CC'$ (6).

18. Sia $O$ il vertice di un cono circoscritto alla superficie $\Sigma$. Se uno dei piani tangenti alla superficie in un punto $P'$ della curva doppia passa per $O$, $P'$ apparterrà alla curva di contatto del cono circoscritto; perciò il numero dei piani, tangenti lungo la curva doppia, che passano per $O$, è dato dal numero dei punti comuni alla curva doppia e alla curva di contatto del cono circoscritto di vertice $N$. Si intende che da questi punti comuni debbono essere eccettuati i punti cuspidali della curva doppia pei quali anche passa la curva di contatto (5) ***. Calcolando nel piano $\Pi_0$ le intersezioni

---

* Sono i punti che furono studiati la prima volta da Cayley sotto la denominazione di *pinch-points* (Cayley, *On a singularity of surfaces, Quarterly Journal,* vol. 9, 1868). Tralascio di far rilevare come dalle proprietà dei punti $C$ (8, 9 e 10) si passi alle proprietà dei punti cuspidali; questo potrà farsi agevolmente, mediante le considerazioni che saranno svolte in seguito. Si consulti anche in proposito Zeuthen, *Révision et extension des formules numériques de la théorie des surfaces réciproques, Math. Ann.* X.

** Veggasi Clebsch, *Ueber die Abbildung algebraischer Flächen, ecc., Math. Ann.* I Band. Il ragionamento precedente è stato tradotto da Clebsch in un sottile processo d'eliminazione.

*** Le prime polari toccano la superficie fondamentale nei punti cuspidali della curva doppia.

della curva $\Delta$ con una curva $\Psi$ (non assorbite dai punti fondamentali e dai punti $C$), che sono

$$3(n-1)\{(N-4)n+3\}-\sum\{(N-4)r+1\}(3r-1)$$
$$-2(N+3p-\sigma-1),$$

si trova che *la sviluppabile dei piani tangenti alla superficie* $\Sigma$ *lungo la curva doppia, è della classe*

$$\alpha=(N-1)(2N-7)+2p(N-11)+3\sigma.$$

19. Nel piano $\Pi_0$ vi debbono essere delle terne di punti (in numero finito) per le quali passa una rete di curve $\Phi$: poichè ciò equivale a due sole condizioni. Tre punti $P, P_1, P_2$ d'una di queste terne, corrispondono naturalmente ad uno stesso punto $P'$ della superficie, il quale sarà perciò triplo per la superficie medesima. Siccome ciascuna delle tre coppie $PP_1$, $PP_2$, $P_1P_2$, deve appartenere alla curva $\Delta$, così i tre punti $P, P_1, P_2$ saranno doppî per la curva medesima; ed anche: il punto $P'$, triplo per la superficie, lo sarà pure per la curva doppia.

Il numero dei punti tripli si trova facilmente mediante la considerazione delle superficie seconde polari dei punti dello spazio rispetto alla $\Sigma$; infatti quando la superficie fondamentale ha una curva doppia, la seconda polare di un punto $O$ incontra questa curva doppia nei punti pei quali uno dei piani tangenti in essi passa per $O$. Nel nostro caso la seconda polare passerà anche pei punti tripli; dimodochè indicando con $t$ il numero di questi ultimi, si avrà

$$3t+\alpha=(N-2)\left\{\frac{1}{2}(N-1)(N-2)-p\right\},$$

dove $\alpha$ è stata determinata al numero precedente. Si trova quindi:

*La superficie* $\Sigma$ *possiede*

$$t=\frac{1}{6}(N-1)(N^2-8N+18)-p(N-8)-\alpha$$

*punti tripli, i quali sono tripli anche per la curva doppia*.*

*Ovvero: sul piano* $\Pi_0$ *vi sono* $t$ *terne di punti per ciascuna delle quali passa una rete di curve* $\Phi$: *questi* $3t$ *punti sono doppî per la curva* $\Delta$.

* Cfr. Cayley, *On the transformation of unicursal surfaces, Math. Ann.* III. Il procedimento di Cayley è fondato sulla ipotesi che l'imagine della intersezione residuale colla $\Sigma$ d'una superficie qualunque passante per la curva doppia, non sia soggetta ad altre condizioni che a quelle rappresentate dal passaggio pei punti fondamentali; ipotesi che si conferma, ma che non si può assumere *a priori*, come l'autore stesso osserva. Questo fatto sarà dimostrato più innanzi (41).

20. Il genere della curva $\Delta$, per ciò che è stato stabilito (17 e 19), è*

$$P=\frac{1}{2}\{(N-4)n+2\}\{(N-4)n+1\}-\frac{1}{2}\sum\{(N-4)r+1\}(N-4)r-3t$$

ossia

$$P=(N-3)^2+2p(N-10)+3(\sigma-1).$$

21. Il cono che proietta la curva doppia da un punto $O$ qualunque dello spazio, sega inoltre la superficie secondo una curva $H'$ per la quale sono tripli i punti tripli della superficie e sono doppî i punti nei quali s' appoggiano alla curva doppia le corde ad essa condotte da $O$. L'imagine della completa intersezione del cono colla superficie, è (17) una curva dell'ordine $\left\{\frac{1}{2}(N-1)(N-2)-p\right\}n$, la quale passa per un punto $h_r$ con $\left\{\frac{1}{2}(N-1)(N-2)-p\right\}r$ rami e passa tre volte per i vertici dei triangoli che corrispondono ai punti tripli; staccandone la curva $\Delta$ che ne deve far parte, si ha che l'imagine della curva $H'$ è una curva $H$ dell' ordine

$$\frac{n}{2}(N^2-5N-2p+10)-3,$$

la quale passa per ogni punto $h_r$ con $\frac{r}{2}(N^2-5N-2p+10)-1$ rami e passa semplicemente pei vertici dei triangoli corrispondenti ai punti tripli.

Si può calcolare il numero delle intersezioni delle curve $\Delta$ ed $H$ (fuori dei punti fondamentali); chiamandolo $A$, si trova

$$A=\frac{1}{2}(N-1)(N-3)(N^2-4N+6)-2p(N^2-5N-p+10)+\sigma.$$

Ora in questo numero sono comprese, per quel che s'è detto, sei intersezioni per ogni punto triplo della superficie e quattro intersezioni per ogni corda che da $O$ si conduce alla curva doppia. Evidentemente gli ulteriori punti d' intersezione della curva $H'$ colla curva doppia, sono nei punti pei quali uno dei piani tangenti alla superficie

---

* L' espressione di $P$ data da CLEBSCH (loco citato) non è esatta: egli non ha tenuto conto dei $3t$ punti doppî. Negli esempî trattati in quel lavoro, si ha $t=0$.

passa per $O$. Se dunque si indica con $h$ il numero dei punti doppî apparenti della curva doppia, si avrà

$$A = 6t + 4h + \alpha.$$

Sia $P'$ il genere della curva doppia: allora

$$P' = \frac{1}{2}\left\{\frac{1}{2}(N-1)(N-2) - p - 1\right\}\left\{\frac{1}{2}(N-1)(N-2) - p - 2\right\} - h - 3t;$$

e quindi, per l'equazione precedente,

$$4P' = \frac{1}{2}(N^2 - 3N - 2p)(N^2 - 3N - 2p - 2) + \alpha - A - 6t.$$

Infine sostituendo per $\alpha$, $t$ ed $A$ i loro valori (18, 19 e 21), si trova che *il genere della curva doppia è*

$$P' = \frac{1}{2}(N-3)(N-4) + p(N-12) + 2(\sigma - 1)\text{*}.$$

22. Indicando con $k$ il numero dei punti $C$ (16), si trova che fra il genere $P'$ della curva doppia e quello (20) $P$ della sua imagine, esiste la relazione

$$k = 2(P-1) - 4(P'-1):$$

questo risultato confrontato con una nota formola di ZEUTHEN**, costituisce una verifica dei valori trovati.

23. Abbiamo veduto (17) che i punti della curva $\Delta$ sono coniugati due a due, due punti coniugati essendo comuni ad una rete di curve $\Phi$: determiniamo l'inviluppo delle rette che contengono queste coppie di punti.

Preso ad arbitrio nel piano $\Pi_0$ un punto $P$, si chiamino corrispondenti due raggi $x$ ed $x'$ uscenti da $P$, che vanno a due punti coniugati della curva $\Delta$. Poichè un raggio $x$ incontra in $(N-4)n + 3$ punti la curva, fra i raggi $x$ ed $x'$ vi sarà una corrispondenza

$$[(N-4)n + 3,\ (N-4)n + 3],$$

la quale ammette $2n(N-4) + 6$ raggi uniti. Ogni raggio che contiene due punti coniugati di $\Delta$, conta per due fra questi elementi uniti; inoltre sono raggi uniti quelli che vanno ai $k$ punti $C$. Se ne deduce che:

---

* Si posseggono ora sufficienti dati per calcolare le altre caratteristiche della curva doppia. Si trova, per esempio, che *le tangenti della curva doppia generano una sviluppabile dell'ordine* $2(N-2)(N-3) + 2p(N-13) + 4(\sigma - 1)$.

** ZEUTHEN, *Nouvelle démonstration des thorèmes sur les séries de points correspondants sur deux courbes. Math. Ann.*

*L'inviluppo delle rette che contengono due punti comuni ad una rete di curve Φ, è una curva I della classe*

$$(N-4)(n-1)-4p+\sigma.$$

È evidente che le tangenti della curva $I$ e i punti della curva doppia della superficie $\Sigma$, si corrispondono una ad uno. *Perciò la curva I è del genere $P'$* (21). Inoltre essa, in generale, non ha flessi. Si hanno così i dati per calcolare tutte le altre caratteristiche della curva; e si trova:

*La curva I è dell'ordine*

$$(N-4)(N+2n-5)+2p(N-16)+6(\sigma-1).$$

## § 4.

### PIANI STAZIONARÎ DELLA SUPERFICIE Σ. CURVE Φ DOTATE DI UN CONTATTO DI DUE RAMI (TACNODE).

24. Quando una curva Φ possiede una cuspide, è l'imagine della sezione fatta nella superficie Φ da un piano tangente stazionario. Quindi *la curva H* (8), *luogo delle cuspidi delle curve Φ, è l'imagine della curva parabolica della superficie* $\Sigma$. Dal genere delle curve $H$ e dal numero dei suoi punti d'intersezione con una curva Φ qualunque, si deduce:

*La curva parabolica della superficie $\Sigma$ è dell'ordine*

$$4(N+2p-2)$$

*e del genere*

$$64p-6N-8\sigma+21.$$

25. È noto che la sviluppabile dei piani tangenti stazionarî coincide col luogo delle rette osculatrici alla superficie nei punti della curva parabolica. E poichè queste rette corrispondono una ad uno ai loro punti di contatto, ne segue che il genere della sviluppabile è eguale a quello della curva parabolica. Dunque: *la sviluppabile dei piani tangenti stazionarî è del genere* $64p-6N-8\sigma+21$.

26. Cerchiamo l'ordine di questa sviluppabile: e perciò consideriamo una sua generatrice come una retta comune ad un piano stazionario ed al cono quadrico polare del suo punto di contatto rispetto alla superficie $\Sigma$ *.

* Veggasi, per questo procedimento, CREMONA, *Mémoire de géométrie pure sur les surfaces du troisième ordre,* § 61 (Giornale di CRELLE-BORCHARDT, vol. 67).

Presa una retta $R$ qualunque, da un punto $x$ di essa si possono condurre $24p$ piani stazionarî (14); i coni quadrici polari dei loro punti di contatto, segano la retta $R$ secondo $48p$ punti $x'$. Viceversa, la seconda polare di un punto $x'$ della retta $R$ (superficie dell'ordine $N-2$) sega la curva parabolica in $(4HN+2p-2)(N-2)$ punti (24); e i piani tangenti in questi punti, determinano sulla retta $R$ altrettanti punti $x$. Il numero delle coincidenze d'un punto $x$ con un punto $x'$, è perciò

$$4(N-2)\ (N+2p-2)+48p.$$

Ora, poichè la retta osculatrice in un punto parabolico è contata due volte nella intersezione del corrispondente piano stazionario col cono quadrico polare del punto stesso, ne segue che ogni punto nel quale la retta $R$ è incontrata da una retta osculatrice in un punto parabolico, assorbirà due dei punti uniti suddetti.

Ma vi sono anche punti uniti d'altra specie. È noto che la hessiana della superficie $\sum$, passa tre volte per la curva doppia della superficie medesima; in un punto qualunque $M$ di questa curva doppia, i piani tangenti alla hessiana sono i due piani tangenti alla superficie $\sum$ e un altro piano che diremo $\mu$. Vi è sulla curva doppia un numero finito di punti pei quali il piano $\mu$ coincide con uno degli altri due piani tangenti. Sia $M$ uno di questi punti; poichè la curva parabolica è l'ulteriore intersezione di $\sum$ e della sua hessiana, passerà per $M$. E quando un punto percorrendo la curva parabolica si avvicina indefinitamente ad $M$, il piano tangente stazionario corrispondente tende a coincidere col piano $\mu$ come posizione limite. Perciò ogni punto del piano $\mu$ si può considerare come comune al piano tangente stazionario e al cono quadrico polare di $M$; e quindi il punto in cui il piano $\mu$ incontra la retta $R$, è un punto unito nella corrispondenza dei punti $x$ ed $x'$. Se dunque si indica con $\nu$ l'ordine della sviluppabile dei piani tangenti stazionarî e con $\mu$ il numero dei punti $M$, si avrà

$$2\nu+\mu=4(N-2)\ (N+2p-2)+48p.$$

Il numero $\mu$ è subito ottenuto calcolando le intersezioni (oltre i punti fondamentali e i punti $C$) delle curve $\Delta$ ed $H$ imagini della curva doppia e della curva parabolica. Si ha

$$\mu=4\,(2n-3)\ \{(N-4)\,n+3\}-4\sum\{(N-4)\,r+1\}\,(2r-1)$$
$$-4\,(N+4p-\sigma-1)$$

ossia

$$\mu=4\,(N-2)\ (N-3)+8p\,(N-8)+8\,(\sigma-1).$$

Perciò, ricavando $\nu$, si trova:

*La sviluppabile dei piani tangenti stazionarî è dell'ordine*

$$2\,(N + 24p - 2\,\sigma).$$

27. Ora conosciamo di questa sviluppabile l'ordine (26), la classe (14) e il genere (25); possiamo quindi determinare le altre sue caratteristiche. In particolare si trova che *il numero dei piani tangenti inflessionali della sviluppabile dei piani stazionarî, è*

$$\beta = 2\,(64\,p - 7\,N - 6\,\sigma + 20).$$

La sezione fatta nella superficie $\Sigma$ da un piano tangente stazionario, possiede nel punto di contatto una cuspide; ma se in quel piano coincidono due piani stazionarî consecutivi, la singolarità della sezione piana, nel punto di contatto, consiste di due punti doppî infinitamente vicini, ossia d'un semplice contatto fra due rami della sezione medesima. In tal caso la medesima singolarità si ritrova nella imagine di quella sezione sul piano rappresentativo. Ne segue che:

*Fra le curve* $\Phi$ *ve ne sono*

$$2\,(64\,p - 7\,N - 6\,\sigma + 20)$$

*dotate d'un contatto di due rami* (*tacnode*).

## § 5.

### CURVE $\Phi$ DOTATE DI DUE PUNTI DOPPÎ, OVVERO DI UN PUNTO DOPPIO E D'UNA CUSPIDE, O DI TRE PUNTI DOPPÎ.

28. Si immagini nello spazio stabilita una reciprocità fra i suoi punti ed i suoi piani. Allora i piani corrispondenti ai punti della superficie $\Sigma$, invilupperanno una seconda superficie $\Theta$ correlativa alla prima e che sarà perciò dell'ordine (13) $N + 4p + \sigma - 1$ e della classe $N$.

I punti delle superficie $\Sigma$ e $\Theta$ saranno fra loro riferiti uno ad uno, facendo corrispondere ad ogni punto di $\Sigma$, il punto dove il piano corrispondente (per dualità) tocca $\Theta$. Il piano $\Pi_0$ potrà considerarsi come piano rappresentativo anche per la superficie $\Theta$; infatti ai punti di una sezione piana di $\Theta$ corrisponderanno sopra $\Sigma$ i punti di contatto d'un cono circoscritto: e a questi punti poi corrispondono sul piano $\Pi_0$ i punti d'una curva $\Psi$ (13). Dunque *le curve* $\Psi$ *sono le imagini delle sezioni piane di una superficie* $\Theta$ *cor-*

*relativa alla superficie* $\Sigma$. Reciprocamente le curve $\Phi$ sono le imagini delle curve di contatto dei coni circoscritti alla superficie $\Theta$.

È anche chiaro che *la curva H è l'imagine d'una curva cuspidale di* $\Theta$.

Inoltre ad un piano bitangente di $\Sigma$ corrisponde un punto doppio di $\Theta$. Perciò (14) la superficie $\Theta$ possiede una curva doppia dell'ordine

$$\frac{1}{2}\{(N+4p+\sigma)^2-86p-5N-3\sigma+4\}.$$

I punti $C$, essendo comuni a tutte le curve $\psi$, rappresentano rette della superficie $\Theta$. Più precisamente queste rette sono elementi di sviluppabile*.

29. Cerchiamo l'imagine della curva doppia di $\Theta$. Rammentando che le sezioni piane di $\Theta$ hanno per imagini le curve $\Psi$, si ha (analogamente a quel che fu detto (17) per la superficie $\Sigma$) che l'intersezione della superficie $\Theta$ con una superficie dell'ordine $L$ ha per imagine una curva dell'ordine $3L(n-1)$ la quale passa con $L(3r-1)$ rami per ogni punto $h_r$ e con $L$ rami per ogni punto $C$. Perciò l'intersezione completa di $\Theta$ colla prima polare (rispetto a $\Theta$) di un punto qualunque dello spazio, deve avere per imagine un luogo dell'ordine

$$3(n-1)(N+4p+\sigma-2)$$

il quale passi

$$(3r-1)(N+4p+\sigma-2)$$

volte per un punto $h_r$ e $N+4p+\sigma-2$ volte per un punto $C$.

Ma la prima polare di un punto $O$ rispetto a $\Theta$, sega $\Theta$ secondo la curva doppia, la tocca lungo la curva cuspidale e la incontra inoltre secondo la curva di contatto del cono circoscritto di vertice $O$. Perciò l'imagine suddetta si compone della imagine della curva doppia di $\Theta$, della curva $H$ contata tre volte e di una curva $\Phi$. Staccando da quella imagine queste ultime parti, si trova che:

*L'imagine della curva doppia di* $\Theta$, ovverosia *l'imagine della curva di contatto dei piani bitangenti della superficie* $\Sigma$, *è una curva K dell'ordine*

$$3(n-1)(N+4p+\sigma)-31n+42$$

*la quale passa*

$$(3r-1)(N+4p+\sigma)-31r+14$$

---

* In ogni punto d'una di queste la superficie $\Theta$ ha il medesimo piano tangente (pinch-plane). Veggasi la nota al n.° 16.

*volte per ogni punto* $h_r$ *e passa* $N+4p+\sigma-8$ *volte per ogni punto* $C$.

*La curva* $K$ *suddetta è il luogo delle coppie di punti doppî delle curve* $\Phi$.

30. Cercando le intersezioni della curva $K$ con una curva $\Phi$, si trova che *la curva di contatto dei piani bitangenti della superficie* $\sum$ *è dell'ordine*

$$2(N+p-1)(N+4p+\sigma)-17N-28(p-1).$$

31. I punti $\beta$ della curva $H$ (27) appartengono anche alla curva $K$, poichè in ciascuno di essi coincidono due punti doppî d'una curva $\Phi$. Il piano tangente alla superficie $\sum$ in un punto di imagine $\beta$, è, come abbiamo detto, piano inflessionale per la sviluppabile dei piani stazionarî e piano tangente ordinario per la sviluppabile dei piani bitangenti. Se ci riferiamo invece alla superficie $\Theta$, si avrà dunque che un punto $\beta$ è l'imagine di un punto della superficie, il quale è stazionario per la curva cuspidale e semplice per la curva doppia; di un punto cioè il quale assorbe due intersezioni di queste due curve. Lo stesso dovrà avvenire per le imagini $H$ e $K$: dimodochè se ne conclude che *le curve* $H$ *e* $K$ *si toccano nei* $\beta$ *punti del n.° 27.*

32. Le curve $H$ e $K$ hanno anche altri punti in comune. Infatti vi sarà un numero finito di piani che hanno colla superficie $\sum$ un contatto ordinario in un punto e un contatto stazionario in un altro punto. Se $A$ è il punto di contatto stazionario per uno di questi piani, evidentemente per $A$ passeranno tanto la curva parabolica quanto la curva di contatto dei piani bitangenti. Se dunque si indica con $\gamma$ il numero dei piani che hanno un contatto semplice e uno stazionario, le curve $H$ e $K$ avranno ancora $\gamma$ punti comuni. Calcolando quindi il numero totale delle intersezioni delle due curve (non assorbite dai punti fondamentali e dai punti $C$), si ha l'equazione

$$\begin{aligned}2\beta+\gamma=4(2n-3)\{3(n-1)(N+4p+\sigma)-31n+42\}\\-4\sum\{(3r-1)(N+4p+\sigma)-31r+14\}(2r-1)\\-4(N+4p-\sigma-1)(N+4p+\sigma-8)\end{aligned}$$

dalla quale, ponendo per $\beta$ il suo valore (numero precedente) si ricava che:

*Il numero delle curve* $\Phi$ *che sono dotate di un punto doppio e d'una cuspide, è*

$$\gamma=24p(N+4p+\sigma-25)+48(N+\sigma-3).$$

33. Finalmente vi sono delle curve $\Phi$ dotate di tre punti doppî, le quali sono imagini di sezioni fatte nella superficie $\sum$ da piani tri-

tangenti. Il loro numero può essere determinato calcolando le intersezioni della curva doppia di $\Theta$ colla seconda polare di un punto $O$ rispetto alla stessa superficie. Questa seconda polare passa per i punti tripli della curva nodale (indicheremo il loro numero con $\tau$), tocca la curva medesima nei $\beta$ punti stazionarî della curva cuspidale ed ha con essa un contatto tripunto nelle sue $\gamma$ cuspidi: inoltre la seconda polare e la curva nodale si segano nei punti pei quali uno dei piani tangenti alla superficie $\Theta$ passa pel polo $O$. Si chiami $q$ il numero di questi ultimi punti, sia $b$ l'ordine della curva nodale: si ha la formola

$$b(N+4p+\sigma-3)=q+2\beta+3\gamma+3\tau.$$

Il numero $b$ è stato determinato al n.° 14; il numero $q$ è stato trovato al n.° 30. Sostituendo i loro valori insieme a quelli di $\beta$ e $\gamma$ e ricavando $\tau$, si trova finalmente:

*Il numero delle curve $\Phi$ dotate di tre punti doppî è*

$$\tau=\frac{1}{6}(N+4p+\sigma)^3-(N+4p+\sigma)(2N+41p+\sigma)$$
$$-\frac{1}{6}(175N-3434p+223\sigma)+106.$$

## § 6.

### MODIFICAZIONI NECESSARIE IN ALCUNI CASI PARTICOLARI. ESEMPÎ DI ECCEZIONI ALLA TEORIA GENERALE.

34. Se alcuni dei punti fondamentali pel sistema $\Phi$ sono semplici ($r=1$), alcune delle formole precedenti hanno bisogno d'una correzione. Sia $P$ uno di questi punti: esso rappresenta (12) una retta $R$ della superficie $\Sigma$. Fra i piani bitangenti che passano per un punto $O$ dello spazio, vi è il piano $OR$: l'immagine della sezione fatta da questo piano ha un punto doppio in $P$: perciò a quel piano bitangente non corrisponde una curva $\Phi$ dotata di due punti doppî. Quindi *il numero delle curve $\Phi$ d'una rete dotate di due punti doppî* (dato al n.° 14) *va diminuito d'una unità per ogni punto fondamentale semplice della rete.*

La retta $R$ fa parte evidentemente della curva di contatto dei piani bitangenti: perciò il punto $P$ si deve staccare dalla imagine di questa curva. Dunque *la curva $K$ passa per un punto fondamentale semplice con un ramo di più di quelli dati dalle formole generali* (29).

È noto che il numero delle curve d'un fascio dotate d'un punto doppio diminuisce di sette unità pel fatto che un punto base semplice diventi doppio. Vi sono quindi $N + 4p + \sigma - 8$ curve $\Phi$ dotate d'un punto doppio in $P$ e d'un altro punto doppio altrove; queste curve sono imagini delle sezioni di altrettanti piani tritangenti passanti per la retta della superficie, quantunque non siano propriamente curve $\Phi$ dotate di tre punti doppî. Dunque *il numero delle curve* $\Phi$ *dotate di tre punti doppî* (33) *va diminuito di* $N + 4p + \sigma - 8$ *unità per ogni punto fondamentale semplice.*

Fra le curve $\Phi$ che hanno un punto doppio in $P$, ve ne sono due dotate d'una cuspide: esse corrispondono ai due piani stazionarî passanti per la retta $R$. Ciascuno di questi piani sega la superficie $\Phi$ secondo la retta $R$ e secondo una curva d'ordine $N - 1$ la quale tocca la retta $R$ in un punto parabolico: questo punto è perciò un punto $\beta$ (27). È noto anzi che la retta $R$ è tangente alla curva parabolica nei due punti parabolici situati sulla retta medesima. Si conclude dunque che: *i quattro rami della curva* $H$ *che passano per un punto fondamentale semplice, ammettono due sole tangenti distinte.* Inoltre *ogni punto fondamentale semplice diminuisce di due unità il numero dei punti* $\beta$.

35. Se le curve $\Phi$ ammettono un punto fondamentale doppio $P_1$, esso rappresenta una conica $\Gamma$ della superficie $\Sigma$; l'imagine della curva piana che insieme a $\Gamma$ completa una sezione della superficie è una curva $\Phi$ la quale passa tre volte per $P_1$; dunque la sezione fatta dal piano di $\Gamma$, si compone della conica e d'una curva dell'ordine $N - 2$ la quale incontra $\Gamma$ tre volte (fuori della curva doppia). Vale a dire, il piano di $\Gamma$ è un piano tritangente, senza che perciò si abbia in $\Pi_0$ una curva $\Phi$ propriamente dotata di tre punti doppî. Dunque *ogni punto fondamentale doppio diminuisce di una unità il numero delle curve* $\Phi$ *dotate di tre punti doppî.*

36. Se una curva del piano $\Pi_0$ ha con qualunque curva $\Phi$ una sola intersezione fuori dei punti fondamentali, essa rappresenta una retta della superficie $\Sigma$. Questa curva perciò farà parte della curva $K$ e sarà bitangente alla curva $H$.

37. Avvertenze speciali sono anche necessarie pel caso che il sistema $\Phi$ ammetta un punto fondamentale $P$ d'ordine $r = n - 1$. Allora è facile vedere che non vi sono curve $\Phi$ proprie le quali posseggano una cuspide: e che il luogo $H$ si riduce al gruppo delle rette che congiungono $P$ ai punti $C$, ciascuna contata due volte. Si ha in questo caso $\beta = 0$, $\gamma = 0$. Del resto non v'è alcuna difficoltà nel modificare i procedimenti generali secondo questo caso richiede.

38. Certe proprietà relative ai punti d'intersezione delle curve piane, possono in alcuni casi far cadere in difetto i ragionamenti svolti nelle ricerche precedenti. I due esempî che seguono, possono illustrare a sufficienza questa asserzione.

È facile riconoscere che *essendo data una curva F dell'ordine* $\nu$ *con un punto O multiplo secondo* $\rho$, *non si possono prendere su di essa ad arbitrio più di*

$$S = n\nu - r\rho - \frac{1}{2}(\nu - 1)(\nu - 2) + \frac{\rho}{2}(\rho - 1)$$

*punti, per farvi passare una curva propria* $\Phi$ *dell'ordine n la quale passi inoltre r volte per O.* Infatti una curva $\Phi$ la quale passi per $S + 1$ punti dati arbitrariamente sopra $F$, sarebbe completamente determinata da altri

$$\frac{1}{2}(n - \nu)(n - \nu + 3) - \frac{1}{2}(r - \rho)(r - \rho + 1)$$

punti arbitrarî; ma una tale curva si comporrebbe della curva $F$ e della curva (determinata pienamente) d'ordine $n - \nu$ passante per i rimanenti punti e inoltre passante $\nu - \rho$ volte per $O$.

In particolare per $\nu = n - 1$, $\rho = r - 1$, $r = n - 2$, si ha che data una curva $F$ dell'ordine $n$ con un punto $O$ $(n - 2)$-plo, tutte le curve dell'ordine $n - 1$ le quali passano $n - 3$ volte per $O$ e passano per $3(n - 1)$ punti fissi di $F$, incontrano questa curva in altri $n - 3$ punti fissi.

Ciò posto se si assumono sulla curva $F$ $3n - 4$ punti fissi, le curve $\Phi$, le quali passano per questi punti ed hanno inoltre $n - 2$ rami passanti per $O$, formano un sistema triplamente infinito, il quale, in virtù del teorema precedente, si sottrae alle proprietà generali stabilite in addietro, quantunque i suoi punti fondamentali siano in posizione affatto arbitraria, perchè sono precisamente tanti quanti ce ne vogliono per determinare la curva $F$. Infatti, pel teorema precedente, le $n - 2$ intersezioni variabili di una curva $\Phi$ colla curva $F$, sono tali che una determina tutte le altre; e perciò la curva $F$ è l'imagine di una retta multipla secondo $n - 2$ per la superficie $\Sigma$, la quale in questo caso è dell'ordine $n$.

Queste superficie sono state ampiamente studiate, anche sotto il punto di vista della loro rappresentazione piana *.

39. Un altro esempio è fornito dal sistema triplamente infinito di curve del 6° ordine, completamente determinato da 8 punti doppî

* Veggasi p. es., NOETHER, *Ueber Flächen welche Schaaren rationaler Curven besitzen, Math. Ann.* III.

fondamentali. Facendo nelle formole generali $n=6$, $p=2$, $\sigma=8$, $N=4$, si trovano manifestamente risultati contraddittorî. Infatti è stato dimostrato * che tutte le curve di questo sistema le quali passano per un punto arbitrario del piano, passano anche per un altro punto determinato dal primo. Perciò applicando la costruzione fondamentale data al n.° 11, mentre ad ogni punto del piano del sistema corrisponde un punto della superficie $\Sigma$, viceversa ad un punto di questa corrispondono due punti coniugati del piano **.

Non è difficile riconoscere che in questo caso la superficie $\Sigma$ è un cono di 2° grado, le cui generatrici sono rappresentate dalle cubiche passanti per gli 8 punti fondamentali, mentre il nono punto comune a queste curve rappresenta il vertice del cono.

## § 7.

### SUPERFICIE CHE CONTENGONO LA CURVA DOPPIA DELLA SUPERFICIE $\Sigma$. SUPERFICIE $\Sigma$ DEI PRIMI SEI ORDINI.

40. Sia $S$ la residua intersezione colla superficie $\Sigma$ di una superficie dell'ordine $k$ passante per la curva doppia di $\Sigma$ e dotata perciò di $t$ punti doppî nei punti tripli della curva doppia medesima. In generale la curva d'intersezione di una data superficie dell'ordine $N$ con una dell'ordine $k$, per $k \geqq N-3$, è determinata da

$$\frac{1}{6}(k+1)(k+2)(k+3)-\frac{1}{6}(k-N+1)(k-N+2)(k-N+3)-1$$

condizioni ***. Nel nostro caso però, siccome la seconda superficie passa per la curva doppia di $\Sigma$, che è dell'ordine $\delta$ e del genere $P'$ con $t$ punti tripli, per avere il numero delle condizioni che determinano la residua intersezione $S$ delle due superficie, bisogna diminuirne il numero precedente di $k\delta-P'-2t+1$ unità ****. Quindi

---

* BERTINI, *Ricerche sulle trasformazioni univoche involutorie nel piano. Annali di Matematica.*

** Cfr. le note ai numeri 2 e 12.

*** JACOBI, *De relationibus quae locum habere debent inter puncta intersectionis, ecc. Crelle,* 15, 1836. — Veggasi anche CREMONA, *Preliminari di una teoria geometrica delle superficie. Accad. di Bologna,* 2.ª serie, tomo 6°.

**** CAYLEY, *On the transformation of unicursal surfaces. Math. Ann.* III. — Per queste riduzioni si può vedere NOETHER, *Sulle curve multiple di superficie algebriche, Ann. di Mat.*, serie 2.ª, vol. 5°.

una curva $S$ è determinata da

$$\Gamma = \frac{1}{2} Nk(k - N + 4) + \frac{1}{6}(N-1)(N-2)(N-3) - k\delta + P' + 2t - 1$$

condizioni; ovvero, ponendo

$$\delta = \frac{1}{2}(N-1)(N-2) - 2p$$

e sostituendo per $P'$ e $t$ i loro valori (19 e 21), da

$$\Gamma = \frac{k}{2}(Nk - 2N^2 + 7N + 2p - 2) + \frac{1}{2}(N-1)(N-2)(N-4) - (N-4)p$$

condizioni.

D'altra parte l'imagine della curva $S$ deve essere una curva dell'ordine $(k - N + 4)n - 3$ la quale passa per ogni punto fondamentale $h_r$ con $(k - N + 4)r - 1$ rami. Perciò indicando con $\Omega$ le condizioni alle quali questa imagine è soggetta e che non sono rappresentate dai suoi passaggi pei punti fondamentali, si avrà ancora

$$\Gamma = \frac{n}{2}(k - N + 4)\{(k - N + 4)n - 3\} - \sum \frac{r}{2}\{(k - N + 4)r + 1\}(k - N + 4) - \Omega.$$

Riducendo e paragonando colla espressione precedente, si trova $\Omega = 0$. Dunque:

*Qualunque curva dell'ordine $(k - N + 4)n - 3$ situata sul piano $\Pi_0$ e passante $(k - N + 4)r - 1$ volte per ogni punto fondamentale $r$-plo, è l'imagine della residuale intersezione della superficie $\sum$ con una superficie dell'ordine $k$.*

41. Se nel valore di $\Gamma$ si fa $k = N - 3$ *, si trova $\Gamma = p - 1$. Quindi:

Per la curva doppia della superficie $\sum$, si possono far passare $p$ superficie, linearmente indipendenti dell'ordine $N - 3$ **.

42. Vogliamo dare l'elenco delle superficie $\sum$ dei primi sei ordini, che si incontrano nello studio dei sistemi lineari soggetti alle ipotesi fatte al § 1.

1.° Superficie del 2° ordine. Le curve $\Phi$ sono coniche con due punti comuni.

---

* Per la curva doppia di $\Sigma$ non passa nessuna superficie dell'ordine $N - 4$, poichè la superficie $\Sigma$ è del genere zero.

** Questa proprietà è un caso particolare del seguente teorema più generale: il numero delle superficie linearmente indipendenti dell'ordine $N - 3$, che si possono far passare $r - 1$ volte per ogni curva $r$-pla ed $s - 2$ volte per ogni punto $s$-plo di una superficie dell'ordine $N$, è $\pi + p$: dove $\pi$ è il genere della superficie e $p$ quello delle sue sezioni piane.

2.° Superficie gobba del 3° ordine. Le curve Φ sono coniche con un punto comune *.

3.° Superficie generale del 3° ordine. Le curve Φ sono cubiche con sei punti comuni **.

4.° Superficie gobba del 4° ordine con una curva nodale del 3° ordine. Le curve Φ sono del 3° ordine ed hanno in comune un punto doppio ed uno semplice ***.

5.° Superficie (di Steiner) del 4° ordine con tre rette doppie concorrenti in un punto. Le curve Φ sono coniche di un sistema affatto generale ****.

6.° Superficie del 4° ordine con una conica doppia. Le curve Φ sono cubiche con cinque punti comuni *****.

7.° Superficie del 4° ordine con una retta doppia. Le curve Φ sono del 4° ordine ed hanno in comune un punto doppio ed 8 punti semplici ******.

8.° Superficie gobba del 5° ordine, luogo delle rette trisecanti d'una curva gobba del 6° ordine con un punto triplo (genere uno). Le curve Φ sono cubiche con un punto doppio comune. La superficie possiede una conica situata in un piano il quale contiene tre trisecanti della curva gobba ed è tritangente per la superficie.

9.° Superficie del 5° ordine con una curva doppia del 5° ordine che ha un punto triplo. Le curve Φ sono cubiche con quattro punti comuni *******.

---

* CREMONA, Istituto Lombardo, 1867. — CLEBSCH, *Crelle*, vol. 67. — CLEBSCH, *Bemerkung über die Geometrie auf den Windschiefen Flächen dritter Ordnung, Math. Ann.*, vol. 1.° (1869), ecc.

** CREMONA, *Mémoire sur les surfaces du troisième ordre, Crelle* 68. — CLEBSCH, *Die Geometrie auf die Flächen dritter Ordnung, Crelle* 65. — CLEBSCH, *Ueber die ebene Abbildung einer Fläche dritter Ordnung, Math. Ann.* V, *ecc.*

*** CLEBSCH, *Ueber die ebene Abbildung der geradlinigen Flächen vierten Grades, welche eine Doppelcurve dritten Grades besitzen, Math. Ann.* II, *ecc.*

**** CREMONA, *Rendiconti dell' Istituto Lombardo* 1867. — CLEBSCH, *Ueber die Steiner'sche Fläche, Crelle* 67, *ecc.*

***** KUMMER, *Crelle* 64. — CLEBSCH, *Ueber Flächen vierter Ordnung welche eine Doppelcurve zweiten Grades besitzen, Crelle* 69. — STURM, *Ueber die Flächen mit einer endlichen Zahl von (einfachen) Geraden, Math. Ann.* IV. — GEISER, *Crelle* 70. — CREMONA, Istituto Lombardo, marzo 1871, ecc.

****** CLEBSCH, *Ueber die Abbildung algebraischer Flächen, insbesondere der vierten und fünften Ordnung, Math. Ann.* I. — STURM, l. c. *ecc.*

******* CLEBSCH, *Ueber den Zusammenhang einer Klasse von Flächen. — Abbildungen mit der Zweitheilung der Abel' schen Functionen, Math. Ann.* III. — CREMONA, *Ueber die Abbildung algebraischer Flächen, Math. Ann.* IV. — STURM, l. c. — CAPORALI, *Sulla superficie del 5° ordine dotata d'una curva doppia del 5° ordine, Ann. di Mat.*, serie 2.a tomo 7.°

10.° Superficie del 5° ordine con una curva doppia del 4° ordine e 1ª specie. Le curve Φ sono del 4° ordine ed hanno in comune un punto doppio e 7 punti semplici *.

11.° Superficie del 5° ordine con una curva doppia del 3° ordine. Le curve Φ sono quartiche con 11 punti comuni **.

12.° *Superficie del 5° ordine con tre rette doppie concorrenti in un punto. Le curve Φ sono del 6° ordine ed hanno in comune 7 punti doppî e tre punti semplici.*

43. Vi sono inoltre da enumerare le seguenti specie di superficie del 6° ordine:

1.° Luogo delle trisecanti d'una curva gobba del 10° ordine con quattro punti tripli (genere tre), per la quale non passa alcuna superficie del 3° ordine. Le curve Φ sono del 4° ordine con un punto triplo ed un punto semplice in comune.

2.° Curva doppia del 9° ordine e genere uno, con quattro punti tripli, per la quale passa una superficie del 3° ordine con quattro punti doppî. Le curve Φ sono cubiche con tre punti comuni. La superficie possiede sei rette situate due a due in sei piani (tritangenti). Vi sono ancora sei piani tritangenti ciascuno dei quali contiene tre coniche della superficie e 18 altri piani tritangenti ognuno dei quali contiene una retta, una conica ed una cubica. La superficie possiede tre specie di piani bitangenti: 1.° piani passanti per una retta; 2.° piani che contengono una conica, i quali inviluppano tre sviluppabili della 4ª classe; 3.° piani che contengono due cubiche, i quali inviluppano una sviluppabile della 6ª classe e del 12° ordine ***.

3.° Curva doppia dell'8° ordine e genere tre con due punti tripli, la quale si ottiene come intersezione di due superficie del 3° ordine con due punti doppî comuni. Le curve Φ sono del 4° ordine ed hanno in comune un punto doppio e sei punti semplici. La superficie possiede 12 rette situate due a due in sei piani.

4.° Curva doppia del 7° ordine e del genere tre con un punto triplo, la quale può servire di base ad una rete di superficie del 3° ordine con un punto doppio. Le curve Φ sono del 4° ordine ed hanno 10 punti comuni. La superficie possiede 10 rette.

---

* Clebsch, *Abhandlungen der Gesellschaft der Wissenschaften zu Göttingen*, vol. 15. — Clebsch, *Math. Ann.* III. l. c. — Sturm, l. c. — Noether, *Ueber Flächen welche Schaaren rationaler Curven besitzen*, *Math. Ann.* III.

** Clebsch, *Math. Ann.* l. c. — Sturm, l. c.

*** Abbiamo moltiplicato gli enunciati in questo esempio, sul quale il lettore si può esercitare, come applicazione dei risultati generali.

5.° Curva doppia del 7° ordine e del genere cinque. Le curve Φ sono del 5° ordine ed hanno in comune un punto triplo e 10 punti semplici.

6.° Curva doppia costituita da una retta e da una curva del 6° ordine e del genere due che ha due punti doppî sulla retta. Le curve Φ sono del 6° ordine ed hanno in comune 7 punti doppî e due semplici. La superficie possiede due rette.

7.° Curva doppia del 6° ordine e genere uno, con un punto triplo. Le curve Φ sono del 6° ordine ed hanno in comune 6 punti doppî e 6 punti semplici. La superficie possiede 6 rette *.

8.° Curva doppia del 6° ordine e genere tre. Le curve Φ sono del 5° ordine ed hanno in comune due punti doppî ed 11 punti semplici. La superficie possiede 12 rette.

9.° Curva doppia costituita da una retta e da una curva del 5° ordine con due punti doppî sulla retta medesima. Le curve Φ sono del 7° ordine ed hanno in comune un punto triplo, 8 punti doppî e due punti semplici. La superficie possiede due rette.

Napoli, luglio 1879.

---

* CREMONA, *Math. IV*, pag. 221.

# INTORNO AD UNA GENERALIZZAZIONE

## DI ALCUNI TEOREMI DI MECCANICA

*NOTA*

DI

**VALENTINO CERRUTI**

*Professore nella R. Università di Roma.*

In questo breve lavoro mi propongo di generalizzare alcuni teoremi noti di meccanica, e mi occupo principalmente de' casi in cui delle equazioni differenziali del moto di un punto o di un sistema esistono uno o più integrali lineari rispetto alle componenti delle velocità ognuno con una sola costante arbitraria isolata *. Con ciò io sfioro appena un soggetto assai vasto e che meriterebbe di essere studiato a fondo **.

1. Consideriamo anzitutto il caso di un punto materiale sollecitato da forze le cui componenti $X, Y, Z$ secondo tre assi ortogonali sieno funzioni della sola posizione del punto stesso. Perchè le

* Alcuni problemi di questa natura, limitatamente al caso del moto di un punto in un piano, vennero già considerati dal signor G. Bertrand nella sua Memoria: *Sur quelques-unes des formes les plus simples que puissent présenter les intégrales des équations différentielles du mouvement d'un point matériel.* V. Jour. de Liouv. Série II, t. 2, pag. 113-140.

** Tutti gli integrali generali conosciuti della meccanica, che dipendono dalle velocità, ne contengono algebricamente le componenti. In ognuno non figura che una sola costante arbitraria isolata: *ex. g.* negli integrali primi del moto del centro di gravità, negli integrali delle aree, delle forze vive, nei quattro integrali che si incontrano nello studio del moto interno di un sistema di punti che si attraggono o si respingono tra loro, ecc. Alla stessa categoria d'integrali debbono pure riferirsi altri, che si presentano in certi problemi particolari.

equazioni del moto ammettano un integrale della forma

(1) $$A x' + B y' + C z' + D = h,$$

dove $x'$, $y'$, $z'$ sono le componenti della velocità secondo gli assi; $A$, $B$, $C$, $D$ funzioni delle sole coordinate $(x, y, z)$ del punto ed $h$ una costante arbitraria, dovrà aversi identicamente

$$A X + B Y + C Z + \frac{\partial A}{\partial x} x'^2 + \frac{\partial B}{\partial y} y'^2 + \frac{\partial C}{\partial z} z'^2$$
$$+ \left(\frac{\partial B}{\partial z} + \frac{\partial C}{\partial y}\right) y' z' + \left(\frac{\partial C}{\partial x} + \frac{\partial A}{\partial z}\right) z' x' + \left(\frac{\partial A}{\partial y} + \frac{\partial B}{\partial x}\right) x' y'$$
$$+ \frac{\partial D}{\partial x} x' + \frac{\partial D}{\partial y} y' + \frac{\partial D}{\partial z} z' = 0,$$

ossia

(2) $$A X + B Y + C Z = 0,$$

$$\frac{\partial A}{\partial x} = 0, \quad \frac{\partial B}{\partial y} = 0, \quad \frac{\partial C}{\partial z} = 0, \quad \frac{\partial B}{\partial z} + \frac{\partial C}{\partial y} = 0, \quad \frac{\partial C}{\partial x} + \frac{\partial A}{\partial z} = 0,$$
$$\frac{\partial A}{\partial y} + \frac{\partial B}{\partial x} = 0, \quad \frac{\partial D}{\partial x} = 0, \quad \frac{\partial D}{\partial y} = 0, \quad \frac{\partial D}{\partial z} = 0.$$

Ne deduciamo tosto, che $D$ dev'essere costante, e per $A$, $B$, $C$ le espressioni

(3) $$A = l + r y - q z, \quad B = m + p z - r x, \quad C = n + q x - p y$$

in cui $l$, $m$, $n$, $p$, $q$, $r$ sono sei costanti affatto qualunque.

Cioè *le equazioni differenziali del moto di un punto materiale ammetteranno un integrale della forma* (1), *se le linee d'azione della forza sollecitante appartengono ad un complesso lineare* (che chiameremo $\Omega$); e *l'integrale*

(4) $$l x' + m y' + n z' + p(z y' - z' y) + q(x z' - x' z) + r(y x' - y' x) = h$$

*esprimerà rimanere costante per tutta la durata del moto il momento della quantità di moto del punto rispetto al complesso* $\Omega$.

L'integrale (4) è il più generale della forma, che noi stiamo considerando, compatibilmente colle supposizioni fatte sulle $X$, $Y$, $Z$, $A$, $B$, $C$; ma tenute ferme tali supposizioni quanto alle $A$, $B$, $C$, un integrale della forma (4) può tuttavia aver luogo in condizioni molto più generali quanto alle $X$, $Y$, $Z$. Invero la relazione (2) esige soltanto che si abbia

$$X = B\Theta_3 - C\Theta_2, \quad Y = C\Theta_1 - A\Theta_3, \quad Z = A\Theta_2 - B\Theta_1,$$

in cui le $\Theta_1$, $\Theta_2$, $\Theta_3$ possono contenere le coordinate, le componenti della velocità ed il tempo in un modo qualsiasi. L'esistenza dell'integrale (4) introduce un vincolo alla direzione non alla grandezza della forza, ma non prescrive alcuna limitazione alla direzione ed alla grandezza della velocità *, qualunque sia il valore attribuito ad $h$ purchè diverso da zero: per $h = 0$ invece le tangenti alla trajettoria debbono appartenere al complesso $\Omega$. Invero

*Una curva qualunque può sempre essere liberamente descritta da un punto sollecitato da una forza, la cui linea d'azione varii in un complesso lineare assegnato ad arbitrio.*

Imperocchè se $\lambda$, $\mu$, $\nu$ rappresentano i coseni di direzione della normale al piano osculatore della curva, insieme colla (2) reggerà ancora l'equazione

$$\lambda X + \mu Y + \nu Z = 0,$$

e quindi

$$X = \Theta(\mu C - \nu B), \quad Y = \Theta(\nu A - \lambda C), \quad Z = \Theta(\lambda B - \mu A), \tag{6}$$

dove $\Theta$ è una funzione da determinarsi. Ora detti rispettivamente $a$, $b$, $c$; $\alpha$, $\beta$, $\gamma$ i coseni di direzione della tangente e della normale principale: $v$, $\rho$, $s$ la velocità del mobile, il raggio del circolo osculatore e l'arco della curva, e finalmente posto per compendio

$$A a + B b + C c = \tau,$$

anzitutto l'integrale (4) ci darà

$$v = \frac{h}{\tau} \tag{7}$$

ed in seguito le equazioni del moto si potranno mettere sotto la forma

$$\left\{\begin{aligned} -\frac{a h^2}{\tau^3}\frac{d\tau}{ds} + \frac{\alpha h^2}{\rho \tau^2} &= \Theta(\mu C - \nu B), \\ -\frac{b h^2}{\tau^3}\frac{d\tau}{ds} + \frac{\beta h^2}{\rho \tau^2} &= \Theta(\nu A - \lambda C), \\ -\frac{c h^2}{\tau^3}\frac{d\tau}{ds} + \frac{\gamma h^2}{\rho \tau^2} &= \Theta(\lambda B - \mu A), \end{aligned}\right. \tag{8}$$

da tutte e tre le quali, come è facile verificare, si ricava per $\Theta$ lo stesso valore. Quindi, assegnata la curva ed il complesso lineare,

* Per $h$ non zero le rette del complesso $\Omega$ sono rette secondo cui la velocità diventa infinita.

una qualunque delle (8) servirà a determinare la grandezza di $\Theta$ ed in seguito le (6) forniranno i valori delle componenti della forza. Viceversa, dati $\Theta$ ed il complesso, nelle (8) avremo le equazioni differenziali della trajettoria.

Come caso particolare si deduce da questo teorema che *una curva qualunque può essere liberamente descritta da un punto sollecitato da una forza incontrante costantemente una retta fissa.*

Le equazioni (7) ed (8) forniscono una estensione allo spazio a tre dimensioni di proprietà notissime del moto centrale.

2. Perchè insieme coll'integrale (4) sussista anche quello delle forze vive, la funzione $V$ delle forze deve soddisfare all'equazione a derivate parziali

$$A\frac{\partial V}{\partial x}+B\frac{\partial V}{\partial y}+C\frac{\partial V}{\partial z}=0.$$

In questo caso pertanto le superficie equipotenziali $V=$ cost. hanno per normali rette del complesso $\Omega$, e sono quindi superficie elicoidali aventi per asse e per parametro l'asse ed il parametro del dato complesso. Le linee di forza poi saranno curve descritte sopra una famiglia di cilindri colle generatrici parallele all'asse del complesso: questi cilindri sopra un piano perpendicolare all'asse del complesso tracciano una famiglia di curve seganti ad angolo retto quelle che vi sono segnate dalle superficie equipotenziali. Combinando quanto precede con una proprietà notissima del moto di un punto su una superficie, si ricava subito che l'integral primo dell'equazione differenziale delle geodetiche delle superficie $V=$ cost. è lineare rispetto alla derivata prima; proprietà caratteristica e conosciuta delle superficie elicoidali.

Mediante l'integrale delle forze vive

$$x'^2+y'^2+z'^2=2V+k \tag{9}$$

eliminando dall'integrale (4) il tempo e ritenuto per $a$, $b$, $c$ il significato loro attribuito più sopra, si ottiene

$$(Aa+Bb+Cc)^2\,(2V+k)=h^2\,(a^2+b^2+c^2) \tag{10}$$

cioè *le rette, tangenti alle diverse trajettorie corrispondenti alle diverse condizioni iniziali che lasciano inalterati i valori di* $h$ *e* $k$, *si possono intendere distribuite nel fascio di complessi di secondo grado determinato dal complesso immaginario* $a^2+b^2+c^2=0$ *e dal complesso lineare* $Aa+Bb+Cc=0$ *contato due volte.*

I coni (rotondi) corrispondenti ai punti di una superficie determinata $V$ appartengono ad un medesimo complesso del fascio: questo complesso cambia passando dall'una all'altra delle superficie $V$. Questi coni si scindono in due piani (immaginarî), la cui equazione complessiva è

$$(11)\quad (Aa + Bb + Cc)^2 - (A^2 + B^2 + C^2)(a^2 + b^2 + c^2) = 0$$

in tutti i punti della superficie

$$(12)\qquad h^2 = (2V + k)(A^2 + B^2 + C^2),$$

la quale è pure elicoidale ed ha per asse e per parametro l'asse ed il parametro del complesso $\Omega$. Questa superficie, che noi incontriamo qui in un caso particolarissimo, ha un significato meccanico assai importante: è il luogo de' punti in cui la direzione della forza è normale a quella del movimento, è l'inviluppo delle trajettorie, divide lo spazio in due regioni, una accessibile e l'altra inaccessibile al mobile, sempre quando beninteso si tengano ferme le supposizioni fatte superiormente intorno alle condizioni iniziali. Le trajettorie inviluppano le eliche della superficie; le tangenti a queste eliche, rette comuni alle coppie di piani (11), appartengono ad un noto complesso di secondo grado, e le tangenti alle loro trajettorie ortogonali fanno parte del complesso $\Omega$: queste trajettorie ortogonali sono perciò, cosa conosciutissima, geodetiche della superficie.

Se $h = 0$ la superficie si scinde nel cilindro (immaginario)

$$A^2 + B^2 + C^2 = 0,$$

e nella superficie

$$2V + k = 0,$$

luogo de' punti a cui il mobile giunge con velocità nulla.

3. Supponiamo che il punto debba rimanere sopra una superficie fissa per la quale sia

$$ds^2 = E\,du^2 + 2F\,du\,dv + G\,dv^2$$

l'espressione del quadrato dell'elemento lineare: perchè le equazioni del moto

$$(13)\quad \begin{cases} Eu'' + Fv'' + \dfrac{1}{2}\dfrac{\partial E}{\partial u}u'^2 + \dfrac{\partial E}{\partial v}u'v' + \left(\dfrac{\partial F}{\partial v} - \dfrac{1}{2}\dfrac{\partial G}{\partial u}\right)v'^2 = P \\[2ex] Fu'' + Gv'' + \left(\dfrac{\partial F}{\partial u} - \dfrac{1}{2}\dfrac{\partial E}{\partial v}\right)u'^2 + \dfrac{\partial G}{\partial u}u'v' + \dfrac{1}{2}\dfrac{\partial G}{\partial v}v'^2 = Q \end{cases}$$

ammettano un integrale della forma

$$(14)\qquad Au' + Bv' + C = h$$

dovrà aversi identicamente

$$A u'' + B v'' + \frac{\partial A}{\partial u} u'^2 + \left(\frac{\partial A}{\partial v} + \frac{\partial B}{\partial u}\right) u' v' + \frac{\partial B}{\partial v} v'^2 +$$

$$+ \frac{\partial C}{\partial u} u' + \frac{\partial C}{\partial v} v' = 0,$$

ossia

$$P(A G - B F) + Q(B E - A F) = 0,$$

$$A\left(F\frac{\partial F}{\partial u} - \frac{F}{2}\frac{\partial E}{\partial v} - \frac{G}{2}\frac{\partial E}{\partial u}\right) + B\left(\frac{F}{2}\frac{\partial E}{\partial v} - E\frac{\partial F}{\partial u} + \frac{E}{2}\frac{\partial F}{\partial v}\right)$$

$$(15) \qquad + (E G - F^2)\frac{\partial A}{\partial u} = 0,$$

$$A\left(F\frac{\partial G}{\partial u} - G\frac{\partial E}{\partial v}\right) + BF\left(\frac{\partial E}{\partial v} - E\frac{\partial G}{\partial u}\right) + (EG - F^2)\left(\frac{\partial A}{\partial v} + \frac{\partial B}{\partial u}\right) = 0,$$

$$A\left(\frac{F}{2}\frac{\partial G}{\partial v} - G\frac{\partial F}{\partial v} + \frac{G}{2}\frac{\partial G}{\partial u}\right) + B\left(F\frac{\partial F}{\partial v} - \frac{F}{2}\frac{\partial G}{\partial u} - \frac{E}{2}\frac{\partial G}{\partial v}\right)$$

$$+ (E G - F^2)\frac{\partial B}{\partial v} = 0,$$

$$\frac{\partial C}{\partial u} = 0, \qquad \frac{\partial C}{\partial v} = 0.$$

Ma le equazioni ora scritte dalla seconda alla quinta coincidono con quelle che debbono essere verificate, perchè l'equazione delle geodetiche abbia un integrale primo lineare rispetto ad $u'$ e $v'$ della forma (14)*: quindi

*Soltanto pel moto di un punto sopra una superficie elicoidale può esistere un integrale lineare rispetto alle componenti della velocità della forma* (14), *quando la forza sollecitante il punto non dipende che dalla posizione del punto stesso.*

L'integrale (14) si ridurrà dunque nel nostro caso al noto integrale primo delle geodetiche per le superficie applicabili su quelle di rotazione.

Non sarà tuttavia inutile aggiungere qualche parola su questo argomento. Prendendo per linee coordinate le eliche della superficie e le loro trajettorie ortogonali si avrà

$$d s^2 = d u^2 + G d v^2$$

---

* Questo risultato può essere notevolmente esteso, come farò vedere in altra occasione.

dove $G$ è funzione della sola $u$, ed in luogo delle equazioni (15) le seguenti

$$(16)\quad \begin{cases} A P G + B Q = 0 \\ \dfrac{\partial A}{\partial u} = 0, \quad B \dfrac{\partial G}{\partial u} = G\left(\dfrac{\partial A}{\partial v} + \dfrac{\partial B}{\partial u}\right), \quad A \dfrac{\partial G}{\partial u} + 2 \dfrac{\partial B}{\partial v} = 0; \end{cases}$$

quanto al $C$ sappiamo dover essere costante. Tra la terza e la quarta di queste equazioni eliminando $B$ si trova

$$(17)\qquad \frac{2}{A}\frac{\partial^2 A}{\partial v^2} + \frac{1}{G}\left(\frac{\partial G^2}{\partial u^2} - G\frac{\partial^2 G}{\partial u^2}\right) = 0.$$

Ma $A$ non contiene $u$ e $G$ non contiene $v$, epperò questa relazione non può aver luogo indipendentemente da una speciale espressione di $G$ in funzione di $u$ che per $A = 0$. Nel qual caso la terza delle equazioni (16) conduce alla relazione

$$B = \lambda G$$

con $\lambda$ costante e la prima esige che sia $Q = 0$. Con ciò l'integrale (14) diventa

$$(18)\qquad G v' = h,$$

del quale possiamo giovarci per eliminare dalle (13) il tempo e ricavare l'espressione

$$(19)\qquad P = \frac{h^2}{G}\left[\frac{d}{dv}\left(\frac{1}{G}\frac{du}{dv}\right) - \frac{1}{2}\frac{d \,.\log G}{du}\right].$$

La condizione $Q = 0$ importa sostanzialmente che la forza sollecitante il punto sia contenuta nel piano osculatore alla linea $v = \text{cost.}$ che passa pel punto stesso: ma riflettendo che le normali alla superficie e le tangenti alle linee $v = \text{cost.}$ appartengono al complesso $\Omega$, si vede che, comunque la forza sia diretta in questo piano, in qualunque modo il suo valore dipenda dalla posizione, dalla velocità e dal tempo, l'integrale (18) continuerà sempre a sussistere, perchè in ogni caso la risultante della forza in discorso e della reazione della superficie cade sempre secondo una retta del complesso $\Omega$.

Data arbitrariamente la trajettoria che dev' essere descritta dal punto sulla superficie, la (19) ci farà conoscere la componente $P$ della forza risultante contenuta nel piano tangente ed inversamente, data $P$, la (19) integrata ci farà conoscere la trajettoria. La (19) è pel moto di un punto su una superficie elicoidale ciò che un'altra espressione ben nota è pel moto in un piano di un punto attirato verso un centro fisso.

La (17) può per una certa classe di superficie aver luogo anche se $A$ è diverso da zero. Ma in questo caso deve aversi

$$\frac{1}{A}\frac{d^2 A}{d v^2}=\gamma, \quad \frac{1}{G}\left[\left(\frac{d G}{d u}\right)^2 - G\frac{d^2 G}{d u^2}\right]+2\gamma=0$$

denotando con $\gamma$ una costante qualunque. Dalla seconda di queste equazioni con una prima integrazione si trae

$$\left(\frac{d.\sqrt{G}}{d u}\right)^2=-\gamma+\gamma_1 G,$$

dove $\gamma_1$ è la costante d'integrazione: questo primo integrale combinato nuovamente coll'equazione differenziale ci dà

$$\frac{1}{\sqrt{G}}\frac{d^2.\sqrt{G}}{d u^2}=\gamma_1$$

ossia *perchè l'equazione* (17) *possa aver luogo anche per A diverso da zero, la superficie dev'essere a curvatura costante.*

Proseguendo, le equazioni ora scritte ci dànno successivamente

$$A=\alpha \cosh.(v\sqrt{\gamma}+\alpha_1), \quad \sqrt{G}=\sqrt{\frac{\gamma}{\gamma_1}}\cosh.(u\sqrt{\gamma_1}+\gamma_2),$$

e le equazioni terza e quarta delle (16)

$$B=\lambda G-\frac{\alpha}{2\sqrt{\gamma}}\,\mathrm{sen\,h}.(v\sqrt{\gamma}+\alpha_1)\frac{d G}{d u};$$

e finalmente dalla prima delle (16) si trae

$$P=\Theta B, \quad Q=-\Theta A G;$$

in queste espressioni $\alpha$, $\alpha_1$, $\gamma_2$, $\lambda$ sono costanti arbitrarie e $\Theta$ una funzione arbitraria delle coordinate, della velocità e del tempo.

Tornando al caso dell'integrale (18), se ha luogo il teorema delle forze vive, $P$ sarà necessariamente funzione della sola $u$ ed alla equazione (19) si può sostituire un'altra soltanto di primo ordine in cui oltre alla $h$ entra la costante $k$ somministrata dal teorema delle forze vive. L'inviluppo delle trajettorie corrispondenti ai medesimi valori di $h$ e $k$ si compone di una o più linee $u=$ cost. e tra queste a seconda dell'espressione di $P$ può figurare una o più volte la $u=0$. Pertanto nel moto di un punto in un piano, attirato verso un centro fisso $F$ da una forza $P$ funzione della sola distanza $u$ del punto dal centro fisso, l'inviluppo delle trajettorie corrispondenti ai medesimi valori di $h$ e $k$ si comporrà di uno o più circoli col centro in $F$. Tra questi può figurare in certi casi una o più volte il circolo di raggio zero ed allora tutte le trajettorie, qualunque sieno $h$ e $k$, hanno in $F$ un fuoco. In particolare questo succede se $P$ è della forma $\frac{\mu}{u^m}$ per $m > 1$.

4. Passiamo ora a considerare il caso di due integrali

$$A x' + B y' + C z' = h,$$
$$A_1 x' + B_1 y' + C_1 z' = h_1,$$

della forma (1). Perchè possano coesistere, le linee d'azione della forza dovranno appartenere a due complessi lineari $\Omega$, $\Omega_1$ e quindi saranno raggi della congruenza da essi determinata. Combinando fra loro i due integrali si ottiene

$$(h_1 A - h A_1) x' + (h_1 B - h B_1) y' + (h_1 C - h C_1) z' = 0,$$

e per conseguenza

*le trajettorie apparterranno ad un complesso lineare contenente la congruenza.*

Variando le circostanze iniziali, si può fare in guisa che esso sia uno qualunque del fascio $\Omega$, $\Omega_1$. In particolare i raggi della congruenza possono essere trajettorie.

Le componenti della forza saranno espresse per

$$X = \Theta (B C_1 - B_1 C), \quad Y = \Theta (C A_1 - C_1 A), \quad Z = \Theta (A B_1 - A_1 B),$$

dove $\Theta$ è una funzione arbitraria degli elementi del moto.

Osserviamo ancora che

*una curva appartenente ad un complesso lineare $\Omega$ può sempre essere liberamente descritta da un punto materiale sollecitato da una forza, le cui linee d'azione sieno rette di una congruenza lineare contenuta nel complesso.*

Infatti oltre al complesso dato $\Omega$, considerisi un altro $\Omega_1$: per un teorema già dimostrato la curva può essere liberamente descritta da un punto sollecitato da una forza, la cui linea d'azione varii nel complesso $\Omega_1$: ma la forza è contenuta nel piano osculatore alla curva, e questo ha il suo polo rispetto ad $\Omega$ nel punto stesso della curva: quindi le linee d'azione della forza sono rette comuni a' due complessi $\Omega$ ed $\Omega_1$.

Nel fascio esistono due complessi speciali aventi per assi le direttrici della congruenza: rispetto a queste direttrici, e a queste direttrici soltanto, ha luogo il teorema delle aree inteso nel senso ordinario. Quando le due direttrici sono immaginarie, i due integrali sono immaginarî coniugati e dalla loro combinazione nascono due integrali reali, che però non hanno più il carattere degli integrali delle aree. Se le due direttrici coincidono in una retta sola, uno de' due integrali conserva ancora il carattere del teorema delle aree, ma il secondo rientra nel tipo generale degli integrali lineari che abbiamo considerato fin qui.

Le rette di una congruenza lineare in generale non possono mai essere normali ad una superficie; quindi insieme co' due integrali ora mentovati non può mai sussistere quello delle forze vive; salvo quando le due direttrici della congruenza si incontrino a distanza finita od infinita: ma in tal caso oltre a' due integrali lineari, di cui ci occupiamo, ne esiste ancora un terzo, ciò che noi per ora vogliamo escludere.

Pel moto di un punto su una superficie non possono mai coesistere due integrali della forma (14), salvo per le superficie a curvatura costante, quando la forza applicata è nulla o normale alla superficie.

5. Perchè coesistano tre integrali distinti

$$(20)\quad \begin{cases} Ax' + By' + Cz' = h, \quad A_1 x' + B_1 y' + C_1 z' = h_1, \\ A_2 x' + B_2 y' + C_2 z' = h_2 \end{cases}$$

della forma (1), le linee d'azione della forza debbono necessariamente appartenere a tre complessi lineari $\Omega$, $\Omega_1$, $\Omega_2$. Quindi esse costituiranno uno de' due sistemi di generatrici rettilinee dell'iperboloide gobbo determinato da' tre complessi: e la forza non avrà valore diverso da zero che ne' punti di questo iperboloide. D'altra parte la trajettoria non può che essere una asintotica di esso e precisamente una qualunque delle linee di forza, secondo cui dev' essere di necessità diretta la velocità iniziale, perchè le equazioni (20) dieno per $x'$, $y'$, $z'$ valori finiti e non privi di significato meccanico. Pertanto questo caso è affatto ideale: il solo caso che possa per noi avere importanza è quello, in cui esistono tre integrali delle aree nel senso ordinario *.

6. Si può dare un po' più di generalità ai risultati conseguiti sin qui ove, mantenute fisse le supposizioni fatte sulle $A$, $B$, $C$, le $X$, $Y$, $Z$ sieno funzioni tali che il secondo membro della (2) invece di ridursi a zero riesca una funzione determinata del tempo. Avrà ancora luogo in tal caso l'integrale (4), ma nel secondo membro si troverà aumentata la costante $h$ di una funzione del tempo. Inte-

* Da tutto quello che s'è detto sinora, è facile raccogliere che, se la trajettoria descritta da un punto è piana, qualunque sieno le condizioni iniziali, la forza sollecitante sarà costantemente diretta ad un punto fisso.

grali della forma (4) possono anche nell'ipotesi attuale esistere o uno, o due, o tre: linee d'azione della forza o della velocità possono essere rette qualunque dello spazio, ad eccezione di quelle che fanno parte de' complessi $\Omega$, $\Omega_1$, $\Omega_2$ salvo, per posizioni speciali del mobile.

7. Pei sistemi materiali in movimento sussistono teoremi, che hanno con quelli finora dimostrati, pel caso di un punto solo, la più stretta analogia e che basterà enunciare, perchè la loro dimostrazione non offre difficoltà.

1.° Il complesso $\Phi$ determinato dalle forze agenti sopra un sistema di punti materiali sia costantemente in involuzione con un complesso lineare $\Omega$ e sia compatibile coi legami del sistema ad ogni istante il moto infinitesimo definito dal complesso $\Omega$: sarà

$$(21)\quad l\,\Sigma\,\mu.\,x' + m\,\Sigma\,\mu.\,y' + n\,\Sigma\,\mu.\,z' + p\,\Sigma\,\mu.\,(z\,y' - y\,z') + q\,\Sigma\,\mu.\,(x\,z' - z\,x') + r\,\Sigma\,\mu.\,(y\,x' - x\,y') = \text{cost.}$$

un integrale delle equazioni del moto: $l$, $m$, $n$, $p$, $q$, $r$ sono le coordinate del complesso $\Omega$ e $\mu$ la massa di un punto qualunque del sistema stesso *.

2.° Se il complesso $\Phi$ è costantemente in involuzione con due complessi lineari $\Omega$, $\Omega_1$ e sono ad ogni istante compatibili coi legami del sistema i moti infinitesimi che essi definiscono, esisteranno due integrali della forma (21): il teorema delle aree sussisterà per due rette dello spazio (reali e distinte o coincidenti, ovvero immaginarie), assi de' complessi speciali appartenenti al fascio $\Omega$, $\Omega_1$.

3.° Se le condizioni precedenti hanno luogo per tre complessi $\Omega$, $\Omega_1$, $\Omega_2$ non appartenenti allo stesso fascio, esisteranno tre integrali della forma (21), ed il teorema delle aree varrà per tutte le generatrici di un medesimo sistema dell'iperboloide luogo degli assi de' complessi speciali della rete $\Omega$, $\Omega_1$, $\Omega_2$.

4.° Se le medesime condizioni hanno luogo per quattro complessi linearmente indipendenti, si avranno quattro integrali della forma (21) ed il teorema delle aree varrà per tutte le rette di una congruenza lineare, ecc.

5.° Se per cinque complessi linearmente indipendenti, cinque saranno gli integrali della forma in discorso, ed il teorema delle aree avrà luogo per tutte le rette del complesso $\Phi$ (che nel caso attuale non può cambiare col tempo).

6.° Se finalmente le stesse condizioni sussistono per sei com-

* Cfr. la mia Nota *Nuovo teorema generale di meccanica.* Atti della R. Accademia de' Lincei. Serie 3ª. Transunti, vol. II. Roma, 1878.

plessi linearmente indipendenti, il teorema delle aree reggerà per tutte le rette dello spazio.

8. A questi teoremi si può evidentemente dare la medesima estensione, che al n.º 7 venne indicata pel caso del moto di un punto materiale.

9. Se un corpo può rotare liberamente attorno a due rette $L$ ed $L'$ che si segano, esso potrà rotare liberamente anche intorno a qualsivoglia retta che esca dal loro punto d'incontro: pertanto se le forze applicate al sistema ammettono una funzione, quando è nulla la somma de' loro momenti rispetto ad $L$ e ad $L'$, è pure nulla la somma de' loro momenti rispetto a qualsivoglia retta che passa pel punto che esse hanno in comune. Laonde avendo luogo in tal caso il teorema delle aree rispetto alle due rette $L$ ed $L'$, esso avrà pure luogo per qualsivoglia retta passante pel loro punto d'incontro.

Similmente se un corpo può liberamente rotare attorno a due assi fissi $L$ ed $L'$ che non s'incontrano (nè a distanza finita, nè a distanza infinita), esso potrà rotare liberamente altresì attorno a qualsivoglia retta dello spazio, e se le forze applicate al sistema ammettono una funzione, quando la somma de' loro momenti è nulla rispetto ad $L$ e ad $L'$, è pure nulla rispetto a qualsivoglia retta dello spazio. Laonde avendo luogo in tal caso il teorema delle aree rispetto alle due rette $L$ ed $L'$, esso avrà pure luogo rispetto a qualsivoglia retta dello spazio.

Roma, settembre 1879.

# SUGLI ASSI DI EQUILIBRIO

DEL

Dott. **GIUSEPPE BARDELLI**

*Professore nel R. Istituto Tecnico Superiore di Milano.*

La teoria degli assi di equilibrio è dovuta a MÖBIUS, il quale vi dedicò un intero capitolo della sua classica opera: *Lehrbuch der Statik* (1837). Della quistione si occuparono in seguito altri geometri, i quali, anzichè a stabilire nuove proprietà, mirarono piuttosto a variare i metodi di ricerca, ed a presentare in altra forma, o ad illustrare, i risultati di MÖBIUS. Indottomi a studiare di nuovo l'importante argomento, m'è parso che qualche osservazione ch'ebbi occasione di fare su di esso, ed alcune conseguenze a cui sono arrivato, le quali non credo siano già conosciute, avessero bastante interesse per formare oggetto di una pubblicazione.

## I.

Il problema fondamentale sugli assi d'equilibrio si può così enunciare: *Dato un sistema di forma invariabile in equilibrio, trovare le condizioni a cui debba soddisfare affinchè, trasportato in una nuova posizione, e quivi applicate ai suoi punti le medesime forze in intensità ed in direzione che rispettivamente li sollecitavano prima, esso rimanga ancora in equilibrio; e determinare inoltre quella nuova posizione.*

È per sè evidente che le condizioni di equilibrio del sistema nella prima posizione valgono anche se esso passasse in un'altra posizione qualunque mediante un moto di semplice traslazione. Importerà pertanto considerare solamente il caso in cui il passaggio dall'una all'altra posizione risulti dalla rotazione intorno ad un asse; e potremo altresì supporre che questo sia condotto per un punto scelto ad arbitrio nello spazio, perocchè è noto che ad una rotazione finita $\theta$ di un sistema invariabile intorno ad un asse fisso si può sostituire una rotazione eguale intorno ad un asse parallelo passante per un punto qualunque, la quale sia susseguita da una traslazione $2\delta \operatorname{sen}\frac{1}{2}\theta$ diretta in un piano perpendicolare ai due assi, e comprendente l'angolo $90^\circ - \frac{1}{2}\theta$ colla distanza $\delta$ di questi.

Ciò premesso, riferiscasi il sistema nella primitiva posizione ad una terna di assi ortogonali aventi origine in un punto dell'asse di rotazione, di cui diremo $l$, $m$, $n$ i coseni di direzione, e siano $x$, $y$, $z$ le coordinate di uno qualunque de' suoi punti, $\rho$ ed $r$ le distanze che questo ha rispettivamente dall'asse di rotazione e dall'origine. Effettuata la rotazione $\theta$ del sistema, il punto imaginato sarà venuto in una nuova posizione, le cui coordinate $x_1$, $y_1$, $z_1$ soddisfaranno alle seguenti equazioni:

$$(1)\qquad \begin{aligned} l(x_1 - x) + m(y_1 - y) + n(z_1 - z) &= 0 \\ x(x_1 - x) + y(y_1 - y) + z(z_1 - z) &= -2\rho^2 \operatorname{sen}^2 \frac{1}{2}\theta \\ (x_1 - x)^2 + (y_1 - y)^2 + (z_1 - z)^2 &= 4\rho^2 \operatorname{sen}^2 \frac{1}{2}\theta, \end{aligned}$$

delle quali, la prima esprime che durante il movimento del sistema, il punto $x$, $y$, $z$ non esce dal piano perpendicolare all'asse di rotazione, la seconda che il punto stesso conserva la medesima distanza dall'origine, e quindi dall'asse, l'ultima che il raggio $\rho$ ha ruotato dell'angolo $\theta$.

Poste le denominazioni:

$$(2)\qquad \begin{aligned} a &= mz - ny \\ b &= nx - lz \\ c &= ly - mx \end{aligned}$$

e quindi:

$$a^2 + b^2 + c^2 = \rho^2,$$

sostituisco alle (1) il sistema dl equazioni lineari rispetto alle $x_1$ $y_1$ $z_1$:

$$\begin{aligned} a(x_1 - x) + b(y_1 - y) + c(z_1 - z) &= S \\ l(x_1 - x) + m(y_1 - y) + n(z_1 - z) &= 0 \\ x(x_1 - x) + y(y_1 - y) + z(z_1 - z) &= -2\rho^2 \operatorname{sen}^2 \frac{1}{2}\theta, \end{aligned}$$

in cui $S$ è quantità da determinarsi. Risolvendo avremo:

$$\rho^2 (x_1 - x) = S a - 2 \rho^2 (b n - c m) \operatorname{sen}^2 \frac{1}{2} \theta$$

$$\rho^2 (y_1 - y) = S b - 2 \rho^2 (c l - a n) \operatorname{sen}^2 \frac{1}{2} \theta$$

$$\rho^2 (z_1 - z) = S c - 2 \rho^2 (a m - b l) \operatorname{sen}^2 \frac{1}{2} \theta .$$

Quadrando queste e sommando, tenendo conto della terza delle (1), otteniamo:

$$S = \pm \rho^2 \operatorname{sen} \theta ,$$

e però sostituendo nelle precedenti:

$$x_1 - x = \pm a \operatorname{sen} \theta - 2 (b n - c m) \operatorname{sen}^2 \theta$$
$$y_1 - y = \pm b \operatorname{sen} \theta - 2 (c l - a n) \operatorname{sen}^2 \theta$$
$$z_1 - z = \pm c \operatorname{sen} \theta - 2 (a m - b l) \operatorname{sen}^2 \theta .$$

Ma per le (2) abbiamo:

$$b n - c m = x - l p$$
$$c l - a n = y - m p$$
$$a m - b l = z - n p ,$$

in cui per brevità si è posto:

(3) $$p = l x + m y + n z ,$$

e quindi le precedenti diverranno:

$$x_1 - x = \pm a \operatorname{sen} \theta + 2 (l p - x) \operatorname{sen}^2 \frac{1}{2} \theta$$

$$y_1 - y = \pm b \operatorname{sen} \theta + 2 (m p - y) \operatorname{sen}^2 \frac{1}{2} \theta$$

$$z_1 - z = \pm c \operatorname{sen} \theta + 2 (n p - z) \operatorname{sen}^2 \frac{1}{2} \theta ;$$

il doppio segno nei secondi membri corrisponde al senso da assumersi come positivo, allorchè le rotazioni avvengono intorno agli assi coordinati. Ricordando i valori di $a$, $b$, $c$, è facile riconoscere che, se riterremo il segno superiore, le rotazioni osservate dagli assi delle coordinate positive $x\, y\, z$, saranno pure positive quando si effettuano nei versi rispettivi $y z$, $z x$, $x y$; e però alla terna degli assi stessi viene attribuito il senso $x\,y\,z$ per positivo. Ammesso ciò avremo definitivamente:

$$
(4)\qquad
\begin{aligned}
x_1 &= x\cos\theta + a\,\mathrm{sen}\,\theta + 2\,l\,p\,\mathrm{sen}^2\frac{1}{2}\theta\\
y_1 &= y\cos\theta + b\,\mathrm{sen}\,\theta + 2\,m\,p\,\mathrm{sen}^2\frac{1}{2}\theta\\
z_1 &= z\cos\theta + c\,\mathrm{sen}\,\theta + 2\,n\,p\,\mathrm{sen}^2\frac{1}{2}\theta.
\end{aligned}
$$

## II.

Siano: $P$, $\alpha$, $\beta$, $\gamma$, l'intensità della forza applicata al punto di coordinate $x$, $y$, $z$, del sistema, ed i suoi coseni di direzione; per l'equilibrio saranno soddisfatte le note equazioni

$$
(5)\quad\begin{cases}
\sum P\alpha = 0 & \sum P\beta = 0 & \sum P\gamma = 0\\
\sum P(y\gamma - z\beta) = 0 & \sum P(z\alpha - x\gamma) = 0 & \sum P(x\beta - y\alpha) = 0.
\end{cases}
$$

Le equazioni della prima terna essendo evidentemente verificate anche dopo avvenuta la rotazione $\theta$ del sistema, questo sarà in equilibrio nella seconda posizione, se avremo:

$$
(6)\quad \sum P(y_1\gamma - z_1\beta) = 0 \quad \sum P(z_1\alpha - x_1\gamma) = 0 \quad \sum P(x_1\beta - y_1\alpha) = 0,
$$

nelle quali i valori delle $x_1\ y_1\ z_1$ ci sono forniti dalle (4), e queste ci danno tosto:

$$
y_1\gamma - z_1\beta = (y\gamma - z\beta)\cos\theta + (b\gamma - c\beta)\,\mathrm{sen}\,\theta + 2p(m\gamma - n\beta)\,\mathrm{sen}^2\frac{1}{2}\theta,
$$

per la quale e per le altre due analoghe, nonchè per la seconda terna delle (5), le precedenti divengono:

$$
(7)\qquad
\begin{aligned}
&\mathrm{sen}\,\theta \sum P(b\gamma - c\beta) + 2\,\mathrm{sen}^2\frac{1}{2}\theta \sum Pp\,(m\gamma - n\beta) = 0\\
&\mathrm{sen}\,\theta \sum P(c\alpha - a\gamma) + 2\,\mathrm{sen}^2\frac{1}{2}\theta \sum Pp\,(n\alpha - l\gamma) = 0\\
&\mathrm{sen}\,\theta \sum P(a\beta - b\alpha) + 2\,\mathrm{sen}^2\frac{1}{2}\theta \sum Pp\,(l\beta - m\alpha) = 0.
\end{aligned}
$$

Ponganasi le denominazioni:

$$
(8)\qquad
\begin{aligned}
A &= \sum Px\alpha & D &= \sum Py\gamma = \sum Pz\beta & L &= B + C\\
B &= \sum Py\beta & E &= \sum Pz\alpha = \sum Px\gamma & M &= C + A\\
C &= \sum Pz\gamma & F &= \sum Px\beta = \sum Py\alpha & N &= A + B;
\end{aligned}
$$

e ricordando i valori di $a$, $b$, $c$, $p$ dati dalle (2), (3) formeremo facilmente le seguenti espressioni:

$$\sum P(b\gamma - c\beta) = -lL + mF + nE$$

$$\sum Pp(m\gamma - n\beta) = m(lE + mD - nN) - n(lF - mM + nD)$$

ed altre quattro analoghe. Se poniamo ora per brevità:

$$(9) \qquad \begin{aligned} \Phi &= -Ll + Fm + En \\ \Psi &= \quad Fl - Mm + Dn \\ \Theta &= \quad El + Dm - Nn, \end{aligned}$$

le (6) si trasformeranno nelle seguenti:

$$\Phi \operatorname{sen} \theta + 2(m\Theta - n\Psi)\operatorname{sen}^2 \frac{1}{2}\theta = 0$$

$$\Psi \operatorname{sen} \theta + 2(n\Phi - l\Theta)\operatorname{sen}^2 \frac{1}{2}\theta = 0$$

$$\Theta \operatorname{sen} \theta + 2(l\Psi - m\Phi)\operatorname{sen}^2 \frac{1}{2}\theta = 0.$$

Dividasi ciascuna di queste per $\operatorname{sen}^2 \frac{1}{2}\theta$, con che escluderemo tutte le rotazioni eguali ad un multiplo di $2\pi$, le quali non farebbero che ricondurre il sistema alla primitiva posizione; otterremo così:

$$(10) \qquad \begin{aligned} &\Phi \operatorname{cotg} \tfrac{1}{2}\theta - \Psi n + \Theta m = 0 \\ &\Phi n + \Psi \operatorname{cotg} \tfrac{1}{2}\theta - \Theta l = 0 \\ &-\Phi m + \Psi l + \Theta \operatorname{cotg} \tfrac{1}{2}\theta = 0. \end{aligned}$$

A queste equazioni possiamo soddisfare, o ponendo separatamente eguali a zero le quantità $\Phi$, $\Psi$, $\Theta$, o ritenendo nullo il risultato della loro eliminazione. Cominciamo dal considerare questo secondo caso; avremo dunque:

$$\begin{vmatrix} \operatorname{cotg} \frac{1}{2}\theta & -n & m \\ n & \operatorname{cotg} \frac{1}{2}\theta & -l \\ -m & l & \operatorname{cotg} \frac{1}{2}\theta \end{vmatrix} = 0$$

da cui:

$$\operatorname{cotg}^3 \frac{1}{2}\theta + \operatorname{cotg}\frac{1}{2}\theta = 0$$

ed escludendo le soluzioni imaginarie:

$$\operatorname{cotg}\frac{1}{2}\theta = 0, \tag{11}$$

cioè, indicandosi con $n$ un numero intero qualunque:

$$\theta = (2n + 1)\pi,$$

e però la rotazione $\theta$ trasporterà il sistema in una posizione che si potrà dire *supplementare* rispetto alla sua posizione originaria. Soddisfatta la (11), le (10) riduconsi alle due seguenti:

$$\frac{\Phi}{l} = \frac{\Psi}{m} = \frac{\Theta}{n},$$

ossia, ricordando i valori di $\Phi$, $\Psi$, $\Theta$, e ponendo eguale ad $S$ ciascuno dei precedenti rapporti avremo:

$$\begin{aligned} -Ll + Fm + En &= Sl \\ Fl - Mm + Dn &= Sm \\ El + Dm - Nn &= Sn. \end{aligned} \tag{12}$$

Queste equazioni sono identiche nella forma a quelle che servono alla determinazione degli assi principali d'inerzia di un corpo, o dei diametri principali di una superficie di second'ordine. L'eliminazione delle $l$, $m$, $n$ dalle medesime conduce ad un'equazione cubica in $S$, che sappiamo ammettere sempre radici reali, corrispondentemente alle quali si avranno tre direzioni ortogonali che saranno assi di equilibrio del sistema per rotazioni $\theta$ eguali ad un multiplo dispari di $\pi$, e per queste il sistema stesso va ad occupare posizioni supplementari della primitiva. Potremo pertanto enunciare il seguente teorema: *Dato un sistema di forma invariabile in equilibrio, esistono sempre tre direzioni ortogonali fra loro, intorno a ciascuna delle quali ruotando il sistema di un angolo* $\theta = (2n + 1)\pi$, *esso viene in una nuova posizione d'equilibrio, quando non variino nè in grandezza, nè in direzione le forze applicate ai suoi punti.* — Le direzioni ora determinate, che si possono supporre condotte per un punto arbitrario dello spazio, si denomineranno *assi principali di equilibrio* del sistema.

Si riferisca il sistema ai suoi tre assi principali di equilibrio passanti per l'origine degli assi coordinati, ed indichiamo colle stesse lettere, ma accentate, le quantità ad essi relative definite dalle (8);

inoltre, diciamo $S_1\ S_2\ S_3$ i valori reali di $S$, e con facili trasformazioni noi troveremo:

$$(13)\quad \begin{cases} D_1 = E_1 = F_1 = 0 \\ A_1 = S_1 + H, \quad B_1 = S_2 + H, \quad C_1 = S_3 + H \end{cases}$$

dove:

$$H = A + B + C.$$

La quantità $H$ non dipende che dalla posizione dell'origine degli assi coordinati; infatti chiamando $r$ la distanza che questa ha dal punto d'applicazione di $P$, e $\varphi$ l'angolo compreso dalle direzioni di $r$ e di $P$, abbiamo facilmente:

$$H = \sum P r \cos \varphi.$$

La prima terna delle precedenti equazioni esprime le proprietà che *in qualunque sistema in equilibrio si possono sempre scegliere per assi coordinati tre direzioni tali che le sei sommatorie:*

$$\sum P y \gamma, \quad \sum P z \beta, \quad \sum P z \alpha, \quad \sum P x \gamma, \quad \sum P x \beta, \quad \sum P y \alpha$$

*riescano separatamente nulle.*

Le altre equazioni ci forniscono una interpretazione meccanica dei valori di $S$. Si decompongano le forze del sistema parallelamente alla direzione $l$, $m$, $n$ (uno qualunque dei tre assi principali d'equilibrio), e del sistema risultante si prenda il momento rispetto al piano passante per l'origine e perpendicolare alla direzione anzidetta. Detto $\mu$ tale momento, esso sarà dato dall'equazione

$$\mu = l \sum P x \cos \omega + m \sum P y \cos \omega + n \sum P z \cos \omega$$

essendo:

$$\cos \omega = l \alpha + m \beta + n \gamma,$$

ed anche:

$$\mu = l(Al + Fm + En) + m(Fl + Bm + Dn) + n(El + Dm + Cn),$$

e ricordando le (8) ed il valore di $H$:

$$\mu = S + H;$$

e però i valori di $S$ differiscono per una costante dai valori dei momenti rispetto ai piani determinati dagli assi principali d'equilibrio dei tre sistemi di forze parallele dedotti dal dato decomponendone le forze parallelamente agli stessi assi. Ciascuno di questi tre sistemi è in equilibrio; infatti le condizioni che debbono verificarsi, affinchè sia in equilibrio il sistema di forze parallele alla direzione $l$, $m$, $n$, sono:

$$\sum P \cos \omega = 0, \quad \frac{\sum P x \cos \omega}{l} = \frac{\sum P y \cos \omega}{m} = \frac{\sum P z \cos \omega}{n}.$$

La prima di queste è evidentemente soddisfatta a motivo delle (5), e le altre due, pel valore di cos $\omega$ e per le (8), ponno essere scritte nel seguente modo:

$$\frac{Al+Fm+En}{l}=\frac{Fl+Bm+Dn}{m}=\frac{El+Dm+Cn}{n}.$$

Questi tre rapporti, in causa delle (12), sono appunto eguali tra loro ed eguali ad $S+H$; onde il detto sistema è in equilibrio. Risulta da ciò che la determinazione degli assi principali d'equilibrio corrisponde alla ricerca delle direzioni secondo le quali debbono decomporsi le forze del sistema in equilibrio, affinchè si ottengano sistemi di forze parallele pure in equilibrio; come anche alla ricerca dei piani passanti per un punto fisso (nel nostro caso l'origine degli assi coordinati) e rispetto a cui riesca massimo o minimo il momento del sistema di forze parallele dedotto dal dato nel modo accennato.

Quando si considerino momenti del sistema non rispetto a piani perpendicolari agli assi principali di equilibrio, ma rispetto a piani qualunque passanti per l'origine, l'espressione trovata di $\mu$, omogenea di secondo grado rispetto alle $l$, $m$, $n$, ci fornisce il modo di ridurre lo studio dei momenti stessi, e quindi anche degli assi di equilibrio, a quello di una superficie di secondo ordine avente il centro nell'origine ed i cui diametri principali coincidono cogli assi principali d'equilibrio. Così la teoria di cui ci occupiamo presenta altre analogie, oltre le già notate, con quella dei momenti d'inerzia.

## III.

Passiamo ora alla considerazione del caso in cui alle equazioni (10) si soddisfaccia ponendo:

$$\Phi=\Psi=\Theta=0$$

cioè:

$$\begin{aligned}-Ll+Fm+En&=0\\ Fl-Mm+Dn&=0\\ El+Dm-Nn&=0.\end{aligned}\tag{14}$$

Perchè queste equazioni siano verificate è necessario che, posto:

$$\Delta=\begin{vmatrix}-L & F & E\\ F & -M & D\\ E & D & -N\end{vmatrix}\tag{15}$$

abbiasi

$$(16) \qquad \Delta = 0,$$

allora esisterà una direzione, ed in generale una sola, i cui coseni $l$, $m$, $n$ verranno determinati da due qualunque delle (14) combinate colla:

$$(17) \qquad l^2 + m^2 + n^2 = 1,$$

ed intorno alla quale ruotando il sistema di un angolo qualunque, l'equilibrio non viene disturbato, sempre che siano adempite le solite condizioni circa le intensità e le direzioni delle forze. È questa direzione che viene propriamente denominata *asse di equilibrio del sistema* da tutti gli autori cominciando da MÖBIUS.

L'esistenza dell'asse d'equilibrio è subordinata alla condizione $\Delta = 0$; ed è chiaro che l'asse stesso coinciderà allora con uno degli assi principali, corrispondentemente al quale riescirà nullo il valore di $S$; imperocchè il determinante $\Delta$ altro non è che il termine indipendente dall'incognita nell'equazione cubica che serve a determinare la $S$ stessa. Gli altri due assi principali avranno una direzione completamente determinata dall'equazione quadratica a cui si riduce quella di terzo grado spogliata della radice $S = 0$.

Se i determinanti minori di $\Delta$ corrispondenti agli elementi intorno alla diagonale principale sono separatamente nulli, riescono pur nulli i minori corrispondenti agli elementi principali e viceversa, ed i valori di $l$ $m$ $n$, si presentano in forma indeterminata. Si hanno in tal caso infiniti assi di equilibrio, e delle radici dell'equazione in $S$ due sono nulle, e la terza eguaglia il trinomio:

$$-(L + M + N).$$

Dipendentemente dal valore di quest'ultima radice si ha un'asse principale d'equilibrio i cui coseni di direzione sono proporzionali alle quantità:

$$\frac{1}{D}, \quad \frac{1}{E}, \quad \frac{1}{F},$$

e siccome a motivo delle (14) si ha:

$$\frac{l}{D} + \frac{m}{E} + \frac{n}{F} = 0,$$

così tutte le rette perpendicolari a quello sono assi d'equilibrio ed anche assi principali.

Se tutti gli elementi del determinante $\Delta$ fossero nulli, allora ogni retta dello spazio sarebbe ad un tempo asse d'equilibrio, ed asse principale; le tre radici dell'equazione cubica sarebbero nulle, ed il sistema risulterebbe astatico. Riassumendo, quando è adempita la condizione:

$$\Delta = 0,$$

*vi ha in generale un asse unico di equilibrio, coincidente con uno degli assi principali; ma ve ne ponno essere infiniti, i quali sono tutti paralleli ad uno dei piani degli assi principali quando il sistema non è astatico, o sono rette qualunque dello spazio in quest'ultimo caso.*

## IV.

Suppongansi gli assi coordinati coincidenti cogli assi principali di equilibrio, e quindi:

$$D = E = F = 0. \tag{18}$$

L'equazione cubica in $S$ assumerà la forma:

$$(S + L)\,(S + M)\,(S + N) = 0, \tag{19}$$

la condizione (16) verrà sostituita dalla:

$$L\,M\,N = 0 \tag{20}$$

ed i coseni di direzione dell'asse d'equilibrio dovranno soddisfare alle equazioni:

$$L\,l = M\,m = N\,n = 0. \tag{21}$$

A seconda che delle tre quantità $L$, $M$, $N$ una sola, o due o tutte si annullino, il sistema di forma invariabile ammetterà un asse solo d'equilibrio, oppure ne ammetterà infiniti paralleli ad un piano fisso, o riescirà astatico.

Consideriamo alcuni casi particolari, ed abbiasi innanzi tutto un sistema di forze parallele; ritenute allora le $\alpha$, $\beta$, $\gamma$ costanti in valore assoluto per ciascuna forza componente, le (18), ricordando le (8), diverranno:

$$\alpha \sum Py = \alpha \sum Pz = \beta \sum Pz = \beta \sum Px = \gamma \sum Px = \gamma \sum Py = 0 \tag{22}$$

alle quali possiamo soddisfare in due modi, o ponendo eguale a zero una sola delle quantità $\alpha$, $\beta$, $\gamma$ con che risultano le equazioni:

$$\sum Px = \sum Py = \sum Pz = 0,$$

ed il sistema sarà quindi astatico; oppure ritenendo nulle due delle dette quantità, ad esempio $\alpha$ e $\beta$, nel qual caso le (22) equivarranno alle seguenti:

$$\alpha = 0, \quad \beta = 0, \quad \gamma = 1, \quad \sum P x = \sum P y = 0.$$

Ricorrendo alle (8) troveremo in corrispondenza a queste condizioni

$$L = M, \quad N = 0$$

e per le (21)

$$l = 0, \quad m = 0, \quad n = 1,$$

mentre la (20) è soddisfatta, e la (19) diviene:

$$S(S + \sum P z)^2 = 0,$$

e per tanto: *un sistema di forze parallele in equilibrio, e non astatico, ammette un asse principale parallelo alla direzione delle forze, il quale è anche asse unico di equilibrio, ed ogni retta ad esso perpendicolare è pure asse principale.*

In secondo luogo si consideri un sistema di forze agenti nel piano dato per l'equazione:

$$p\xi + q\eta + r\zeta = 0$$

dove:

$$p^2 + q^2 + r^2 = 1.$$

Per la forza generica $P$ del sistema dovranno essere adempite le seguenti condizioni:

$$(23) \quad \begin{cases} p x + q y + r z = 0 \\ p\alpha + q\beta + r\gamma = 0; \end{cases}$$

se moltiplichiamo la prima di queste successivamente per $P\alpha$, $P\beta$, $P\gamma$ e sommiamo ciascuna volta le equazioni che si ottengono attribuendo a $P$ tutti i valori delle componenti date, tenuto conto delle (18) avremo:

$$(24) \qquad p \sum P x \alpha = q \sum P y \beta = r \sum P z \gamma = 0.$$

A queste equazioni saremmo pure arrivati partendo dalla seconda delle (23) moltiplicata successivamente per $Px$, $Py$, $Pz$.

Escludendo il caso dell'astaticità, in cui i tre coefficienti di $p$, $q$, $r$ nelle (24) sarebbero separatamente nulli, consideriamo i casi in cui alle equazioni stesse si soddisfaccia supponendo eguali a zero uno solo o due dei detti coefficienti. Siano adunque dapprima:

$$\sum P x \alpha \gtrless 0, \quad \sum P y \beta \gtrless 0, \quad \sum P z \gamma = 0,$$

risulterà allora:

$$p = 0 \quad q = 0 \quad r = 1,$$

cioè le forze agiranno nel piano delle $xy$, e quindi gli assi principali saranno la perpendicolare al piano e due rette determinate in esso dalle condizioni (18), che riduconsi alle due:

$$\sum P y \alpha = \sum P x \beta = 0.$$

Le equazioni (21) divengono:

$$l \sum P y \beta = m \sum P x \alpha = n (\sum P x \alpha + \sum P y \beta) = 0,$$

le quali esprimono che vi sarà un asse unico di equilibrio perpendicolare al piano, quando si abbia:

$$\sum P x \alpha + \sum P y \beta = 0.$$

In secondo luogo si ritengano soddisfatte le (24) dalle ipotesi:

$$\sum P x \alpha = \sum P y \beta = 0, \quad \sum P z \gamma \gtrless 0,$$

e di conseguenza:

$$r = 0.$$

Rimanendo le $p$, $q$ indeterminate, le forze saranno dirette in un piano qualunque passante per l'asse delle $z$; l'equazione (19) si trasforma nella:

$$S (S + \sum P z \gamma)^2 = 0,$$

e quindi, qualunque retta perpendicolare all'asse principale esistente nel piano delle forze, è pure asse principale. Le equazioni (21) divengono:

$$l \sum P z \gamma = m \sum P z \gamma = n\, 0 = 0$$

da cui:

$$l = 0 \quad m = 0 \quad n = 1,$$

e pertanto l'asse principale nel piano delle forze è anche asse di equilibrio.

La possibilità dell'esistenza di un asse d'equilibrio nel piano delle forze, che non mi consta sia stata notata prima, importa una modificazione nell'enunciato delle condizioni a cui deve soddisfare una retta, affinchè sia asse di equilibrio di un sistema qualunque, condizioni, che sono espresse dalle equazioni (18), (20), (21). Supposto che sia asse di equilibrio quello delle coordinate $z$, dovrà essere:

$$N = \sum P x \alpha + \sum P y \beta = 0,$$

e però il sistema dedotto dal dato projettandone le forze sul piano perpendicolare alla retta data, deve ammettere per asse di equilibrio *questa stessa retta.* Comunemente si suol dire che il sistema projettato deve avere asse d'equilibrio, senza l'aggiunta precedente, il che non completa le condizioni richieste, perchè, in relazione alla discussione fatta, potrebbe intendersi anche l'asse d'equilibrio nel piano delle forze.

Per un'osservazione già fatta, le proprietà ora esposte sui sistemi piani dipendono dal ritenere soddisfatta dagli elementi della componente generica $P$ l'una o l'altra delle equazioni (23); e di conseguenza esse si estendono ai sistemi di forze applicate ai punti di un piano e dirette comunque nello spazio, ed ai sistemi di forze applicate a punti qualunque, ma dirette parallelamente ad un piano fisso.

## V.

La soluzione particolare del problema sugli assi di equilibrio contenuta nei paragrafi I e II, cioè la determinazione degli assi principali, non m'è risultato che sia già stata esposta dagli autori che trattarono in modo diretto e speciale il problema stesso. Essa è per così dire sfuggita loro in conseguenza, ritengo, dei metodi meccanici od analitici a cui generalmente si attennero. Alcuni, come il DARBOUX *, ricorsero alle relazioni di cinematica concernenti lo spostamento elementare di un sistema rigido, le quali si possono dedurre dalle (4) supponendo in esse l'angolo $\theta$ evanescente, e le applicarono alla rotazione infinitesima del sistema di forma invariabile in equilibrio. È per se ovvio come con questo metodo non potesse includersi il caso della rotazione finita, per la quale il sistema viene trasportato nella posizione supplementare della primitiva. Il DARBOUX stesso però incontra le tre direzioni degli assi principali d'equilibrio, ma come conseguenza di ricerche più generali sull'equilibrio dei sistemi. Altri, come MÖBIUS **, SCHELL ***, BRIOSCHI ****, CHELINI *****, usarono della trasformazione delle coordinate ortogonali, e, ritenendo individuata la seconda posizione del sistema di forze mediante i valori dei nove coseni di direzione di una terna di

* *Mémoire sur l'equilibre astatique, etc.*, pag. 9. Bordeaux, 1877.

** *Lehrbuch der statik,* pag. 237. Leipzig, 1837.

*** *Theorie der Bevegung und der Kräfte,* pag. 582. Leipzig, 1870.

**** *La statica dei sistemi di forma invariabile,* pag. 72. Milano, 1858.

***** *Dei moti geometrici nello spostamento di una figura invariabile,* pag. 63. Bologna, 1862.

assi fissi al sistema e mobili con esso, rispetto ad una terna fissa nello spazio, cercarono quali dovessero essere i valori di tali coseni per cui le condizioni di equilibrio fossero verificate anche nella seconda posizione. Ma in ciò fare si veniva ad introdurre nelle equazioni un fattore dipendente da $\theta$, e che escludeva in seguito l'ipotesi $\theta = (2n+1)\pi$, per la quale il fattore stesso diventava nullo od infinito.

Siano $a_1\ b_1\ c_1,\ a_2\ b_2\ c_2,\ a_3\ b_3\ c_3$ i coseni di direzione delle due terne imaginate di assi ortogonali, adottando le denominazioni (8); le equazioni che debbono essere soddisfatte per l'equilibrio del sistema nella seconda posizione, cioè le (6) trasformate, sono:

$$(25)\qquad \begin{aligned} &b_1 E + b_2 D + b_3 C - c_1 F - c_2 B - c_3 D = 0 \\ &c_1 A + c_2 F + c_3 E - a_1 E - a_2 D - a_3 C = 0 \\ &a_1 F + a_2 B + a_3 D - b_1 A - b_2 F - b_3 E = 0. \end{aligned}$$

Il MÖBIUS, e con esso lo SCHELL, eliminano da queste equazioni i coseni $a_1$, $b_2$, $c_3$; ed a tal uopo moltiplicano le medesime in ordine, prima per $1 + a_1$, $b_1$, $c_1$, poi per $a_2$, $1 + b_2$, $c_2$; infine per $a_3$, $b_3$, $1 + c_3$, e sommano ciascuna volta i risultati. Ottengono così le equazioni:

$$\begin{aligned} -L(b_3 - c_2) + F(c_1 - a_3) + E(a_2 - b_1) &= 0 \\ F(b_3 - c_2) - M(c_1 - a_3) + D(a_2 - b_1) &= 0 \\ E(b_3 - c_2) + D(c_1 - a_3) - N(a_2 - b_1) &= 0, \end{aligned}$$

nelle quali suppongono che le differenze $b_3 - c_2$, $c_1 - a_3$, $a_2 - b_1$ ammettano un fattore comune pel quale dividono le equazioni stesse. Ora tal fattore, in conseguenza di formule che daremo tra poco, e per la dimostrazione stessa di MÖBIUS *, eguaglia $2 \operatorname{sen} \theta$, e quindi annullasi per valori di $\theta$ multipli dispari di $\pi$. Pertanto le equazioni precedenti non possono più valere per la determinazione degli assi principali d'equilibrio.

Usando delle note relazioni date la prima volta da O. RODRIGUEZ, per le quali i nove coseni $a_1\ b_1\ c_1 \ldots$ si esprimono razionalmente mediante tre indeterminate $\lambda$, $\mu$, $\nu$, BRIOSCHI e CHELINI sostituiscono alle superiori altre tre equazioni in cui entrano queste stesse indeterminate invece dei coseni. Per ottenere ciò moltiplicano

* *Lehrbuch der Statik*, pag. 245.

ciascuna delle (25) pel fattore:

$$h = 1 + \lambda^2 + \mu^2 + \nu,$$

il quale risulta eguale ad: $\dfrac{1}{\cos^2 \frac{1}{2}\theta}$ *, e diventa quindi infinito per $\theta = (2n + 1)\pi$. Onde anche con questo metodo non potevasi avere la determinazione degli assi principali d'equilibrio. E qui non trovo inopportuno notare come le accennate relazioni del RODRIGUEZ, valevoli ad individuare la rispettiva posizione di due terne di assi ortogonali, diventano illusorie quando una di queste ottengasi mediante una semirotazione dell'altra intorno ad una retta qualunque. Questo inconveniente non presentano le analoghe formule di trasformazione dovute a MONGE, le quali sono pure razionali, ma intere, o quelle trascendenti notissime di EULERO.

Le equazioni (25) possono servire alla ricerca degli assi principali d'equilibrio, quando si sostituiscano in esse i valori dei nove coseni espressi per mezzo dell'angolo $\theta$ e dei coseni di direzione dell'asse, $l, m, n$. A tal uopo converrà ricorrere alle seguenti relazioni, stabilite la prima volta da EULERO, e di cui una dimostrazione elementare venne da me data in altra occasione**:

$$a_1 = 2\,l^2 \operatorname{sen}^2 \frac{1}{2}\theta + \cos\theta, \quad b_1 = 2\,l\,m \operatorname{sen}^2 \frac{1}{2}\theta - n \operatorname{sen}\theta,$$

$$a_2 = 2\,l\,m \operatorname{sen}^2 \frac{1}{2}\theta + n \operatorname{sen}\theta, \quad b_2 = 2\,m^2 \operatorname{sen}^2 \frac{1}{2}\theta + \cos\theta,$$

$$a_3 = 2\,l\,n \operatorname{sen}^2 \frac{1}{2}\theta - m \operatorname{sen}\theta, \quad b_3 = 2\,m\,n \operatorname{sen}^2 \frac{1}{2}\theta + l \operatorname{sen}\theta,$$

$$c_1 = 2\,l\,n \operatorname{sen}^2 \frac{1}{2}\theta + m \operatorname{sen}\theta,$$

$$c_2 = 2\,m\,n \operatorname{sen}^2 \frac{1}{2}\theta - l \operatorname{sen}\theta,$$

$$c_3 = 2\,n^2 \operatorname{sen}^2 \frac{1}{2}\theta + \cos\theta.$$

Fatte le sostituzioni, tenuto conto delle (8), ed usando delle deno-

* BRIOSCHI, *La Statica dei sistemi di forma invariabile*. Nota aggiunta.

** *Rendiconti* del R. Istituto Lombardo. Serie II, vol. II, 1869.

minazioni (9); le (25) diverranno:

$$\Phi \operatorname{sen} \theta + 2 (m \Theta - n \Psi) \operatorname{sen}^2 \frac{1}{2} \theta = 0$$

$$\Psi \operatorname{sen} \theta + 2 (n \Phi - l \Theta) \operatorname{sen}^2 \frac{1}{2} \theta = 0$$

$$\Theta \operatorname{sen} \theta + 2 (l \Psi - m \Phi) \operatorname{sen}^2 \frac{1}{2} \theta = 0,$$

le quali divise per $\operatorname{sen}^2 \frac{1}{2} \theta$ ci forniscono le equazioni (10), da cui dipendono le soluzioni generale e particolare del problema sugli assi di equilibrio, e che noi abbiamo già trovate usando delle formule relative alla rotazione finita di un sistema solido.

Milano, il giorno 30 marzo 1880.

# SUR L'ÉQUATION DE RICCATI

PAR

M.r G. DARBOUX

*Maître de Conférences à l'Ecole Normale supérieure de Paris.*

Considérons l'équation différentielle

$$\frac{dy}{dx} = p + 2qy + ry^2 \tag{1}$$

où $p$, $q$, $r$ désignent des fonctions quelconques de $x$; je dis que si elle admet comme solutions particulières toutes les racines d'une équation algébrique

$$f(y) = 0 \tag{2}$$

dont les coefficients sont des fonctions de $x$, elle admettra aussi comme solutions particulières les racines de tous les covariants du polynome $f(y)$.

En effet on sait, que l'intégrale générale de l'équation (1) est, par rapport à la constante arbitraire $C$, de la forme

$$y = \frac{Cu + v}{Cu' + v'} \tag{3}$$

et par conséquent le rapport anharmonique de quatre solutions particulières quelconques sera constant. Cette propriété explique pourquoi l'on peut obtenir l'intégrale générale, $y$, de l'équation quand on connait trois solutions particulières $y_1$, $y_2$, $y_3$. Il suffit d'égaler à une constante le rapport anharmonique

$$\frac{y - y_2}{y - y_3} : \frac{y_1 - y_2}{y_1 - y_3}$$

que forme $y$ avec $y_1$, $y_2$, $y_3$.

Ce point étant admis, on voit que si l'équation (2) est de degré supérieur à trois, le rapport anharmonique de quatre quelconques de ses racines devra être constant. Or toute racine d'un covariant donne lieu, avec trois racines quelconques de la forme fondamentale, à un rapport anharmonique, qui est constant ou qui dépend seulement des rapports anharmoniques des racines de cette forme; ce rapport anharmonique sera donc constant dans tous les cas et par conséquent la racine considérée du covariant sera une solution particulière de l'équation différentielle proposée.

Considérons, par exemple, l'équation différentielle

$$3(4-\alpha^2)\frac{dy}{dx} = y^2 - yx - 3 \tag{4}$$

qui a été étudiée par M. Cayley (*Messenger of mathematics*, 1874, p. 69) et qui se présente dans la théorie de la transformation du troisième ordre des fonctions elliptiques. Cette théorie nous apprend que l'équation différentielle sera vérifiée par les racines de l'équation

$$f(y) = y^4 - 6y^2 - 4yx - 3 = 0.$$

Il faut donc que le rapport anharmonique des racines de cette forme soit constant. En effet, si l'on calcule les invariants $i$ et $j$ on trouve

$$\left\{\begin{aligned} i &= 0 \\ j &= 4-\alpha^2. \end{aligned}\right. \tag{5}$$

Formons le Hessien de la forme $f$; nous trouverons

$$H = y^4 + 2\alpha y^3 + 6y^2 + 2yx + \alpha^2 - 3 = 0 \tag{6}$$

et on reconnaitra aisément que l'équation (4) admet encore comme solutions particulières le racines de ce Hessien.

Enfin si l'on forme le covariant $T$, on trouvera

$$T = \alpha y^6 + 12y^5 + 15\alpha y^4 + 10\alpha^2 y^3 + 15\alpha y^2 + (36-6\alpha^2)y + 9\alpha - 2\alpha^3 \tag{7}$$

et les racines de $T$ donneront de nouvelles solutions. On sait que l'on a entre $f$, $T$, $H$ la relation

$$T^2 = 4H^3 - (4-\alpha^2)f^3. \tag{8}$$

Il est aisé de déduire des remarques précédentes la solution générale de l'équation (4). Considérons en effet le covariant *absolu*

$$\frac{H^3}{T^2} - C.$$

Les racines de ce covariant seront des solutions de l'équation proposée, et comme elles dépendent de la constante $C$ l'intégrale générale de l'équation proposée sera

$$\frac{H^3}{T^2} - C = 0. \tag{9}$$

On peut encore en vertu de l'identité (8) lui donner l'une des deux formes

$$\left\{\begin{aligned} 4C - 1 &= \frac{(4-\alpha^2)f^3}{T^2} \\ \frac{(4-\alpha^2)f^3}{H^3} &= 4 - \frac{1}{C}. \end{aligned}\right. \tag{10}$$

On vérifiera tous ces résultats en se servant de la méthode que j'ai indiquée dans mon Mémoire: *Sur les équations différentielles;* (*Bulletin des Sciences Mathématiques,* t. 2, 2e série).

Si les racines d'un équation

$$f(y, \alpha) = 0 \tag{11}$$

doivent être des solution de l'équation (4) on devra avoir pour chacune de ces racines

$$\Delta f = 3(4-\alpha^2)\frac{\partial f}{\partial \alpha} + \frac{\partial f}{\partial y}(y^2 - y\alpha - 3) = 0. \tag{12}$$

Le premier membre est un polynome en $y$ qui doit s'annuler pour toutes les racines de l'équation (11); il doit donc être divisible par $f(y, \alpha)$ et l'on doit avoir *identiquement*

$$\Delta f = (My + N)f.$$

En supposant que le degré de $f(y, \alpha)$ soit $n$, on trouve que $M$ doit être égal à $n$ et l'identité à vérifier devient

$$\Delta f = m(y - \theta)f, \tag{13}$$

$\theta$ étant une certaine fonction de $x$.

Le symbole $\Delta$ jouit des mêmes propriétés que la dérivée, c'est-à-dire on a

$$\Delta\varphi(u, v, w) = \varphi'_u \Delta u + \varphi'_v \Delta v + \varphi'_w \Delta w.$$

Cela posé, on trouvera sans peine

$$\begin{aligned} \Delta f &= 4(y-\alpha)f \\ \Delta H &= (4y - 6\alpha)H \\ \Delta T &= (6y - 9\alpha)T \\ \Delta(4-\alpha^2) &= -6\alpha\,.\,(4-\alpha^2) \end{aligned}$$

et par conséquent

$$\Delta\left(\frac{H^3}{T^2} - C\right) = \Delta\left(\frac{H^3}{T^2}\right) = 0$$

$$\Delta\left(\frac{(4-\alpha^2)f^3}{T^2} - C'\right) = \Delta\left(\frac{(4-\alpha^2)f^3}{T^2}\right) = 0.$$

L'intégrale peut donc prendre l'une des formes

$$\frac{H^3}{T^2} - C = 0 \qquad \frac{(4-\alpha^2)f^3}{T^2} - C' = 0,$$

ce qui est conforme aux résultats établis.

Je vais maintenant terminer en vérifiant par un calcul direct le théorème établi au commencement de cet article.

Reprenons l'équation proposée

$$\frac{dy}{dx} = p + 2qy + ry^2;$$

si toutes les racines de l'équation

$$f(y) = 0$$

satisfont à cette équation, on devra avoir pour toutes ces racines

$$\frac{\partial f}{\partial x} - \frac{\partial f}{\partial y}(p + 2qy + ry^2) = 0.$$

Par conséquent le premier membre de cette équation devra être divisible identiquement par $f(y)$ et le quotient sera du premier degré en $y$. On trouve facilement que le coefficient de $y$ est $nr$, et par conséquent on peut donner à ce quotient la forme

$$n(ry + q) + \mu$$

$\mu$ étant une fonction inconnue de $x$. Ainsi l'on doit avoir

$$\frac{\partial f}{\partial x} + \frac{\partial f}{\partial y}(p + 2qy + ry^2) = [n(ry + q) + \mu]f(y),$$

ce que l'on peut écrire

$$\frac{\partial f}{\partial x} + \frac{\partial f}{\partial y}(p + qy) + \left(y\frac{\partial f}{\partial y} - nf\right)(q + ry) = \mu . f(y).$$

Rendons cette équation homogène en remplaçant $y$ par $\frac{y_1}{y_2}$ et en chassant le dénominateur $y_2 . f(y)$ deviendra $f(y_1, y_2)$ et si l'on pose

$$\psi(y_1, y_2) = py_2^2 + 2qy_1y_2 + ry_1^2$$

l'équation précédente pourra s'écrire

$$\frac{\partial}{\partial x} f(y_1, y_2) + \frac{1}{2}\left(\frac{\partial f}{\partial y_1}\frac{\partial \psi}{\partial y_2} - \frac{\partial f}{\partial y_2}\frac{\partial \psi}{\partial y_1}\right) = \mu f(y_1, y_2)$$

ou plus simplement

(14) $$\frac{\partial f}{\partial x} + \frac{1}{2}(f, \psi) = \mu f.$$

Dans la dérivée $\frac{\partial f}{\partial x}$, $y_1$ et $y_2$ sont traités comme des constantes. Adoptons les notations d'ARONHOLD et de CLEBSCH. Posons

$$f(y_1, y_2) = (a_1 y_1 + a_2 y_2)^n = a_y^n$$
$$\psi(y_1, y_2) = (p_1 y_1 + p_2 y_2)^2 = p_y^2.$$

Quand on prend la dérivée $\frac{\partial f}{\partial x}$ tous les coefficients de $f$ sont remplacés par leur dérivées; il faut donc adopter un autre symbole et poser

$$\frac{\partial f}{\partial x} = \alpha_y^n.$$

Nous voyons d'ailleurs que lorsqu'on remplacera tous les coefficients de $f$ par leurs dérivées, il foudra substituer $\alpha$ à $a$.

Avec ces notations l'équation (14) devient

(15) $$\alpha_y^n + n\, a_y^{n-1} p_y (a p) = \mu\, a_y^n.$$

Si l'on a une autre solution particulière $b_y^{n'}$ elle satisfera à une équation analogue

(16) $$\beta_y^{n'} + n' b_y^{n'-1} p_y (b p) = \mu' b_y^n$$

où $\beta$, $\mu'$ ont des significations semblables à celles de $\alpha$, $\mu$. Cela posé, tous les covariants des formes $a_y^n b_y^{n'}$ se formant au moyen des superpositions (Ueberschriebungen) des deux formes, il suffira, pour vérifier notre théorème, de montrer que la superposition

$$H = a_y^{n-\theta} b_y^{n'-\theta} (a b)^\theta$$

est encore une solution particulière c'est-à-dire que

$$\frac{\partial H}{\partial x} + \frac{1}{2}(H, p)$$

est divisible par $H$.

Or $H$ dépend des coefficients des deux formes $a_x^n$, $b_y^{n'}$ et pour prendre sa dérivée par rapport à $x$, il suffira de considérer successivement les coefficients de $a_x^n$ et de $b_y^{n'}$ comme variables; c'est-à-dire de remplacer successivement $a$ par $\alpha$ et $b$ par $\beta$, ce qui donne

$$\frac{\partial H}{\partial x} = (\alpha b)^\theta \alpha_y^{n-\theta} b_y^{n'-\theta} + (a\beta)^\theta a_y^{n-\theta} \beta_y^{n'-\theta}.$$

On forme de même $(H, p)$ et l'on trouve

$$\frac{1}{2}(H, p) = (n - \theta)\, a_y^{n-1-\theta} b_y^{n'-\theta} p_y (ab)^\theta (ap)$$
$$+ (n' - \theta)\, a_y^{n-\theta} b_y^{n'-\theta-1} p_y (ab)^\theta (bp).$$

Il n'y a plus à faire que des calculs purement algébriques et à montrer qu'en tenant compte des équations identiques (15), (16) auxquelles satisfont les symboles $a$, $b$, $p$, $\alpha$, $\beta$, l'expression $\frac{\partial H}{\partial x} + \frac{1}{2}(H, p)$ ne diffère de $H$ que par un facteur, fonction de $x$.

Pour cela, dans l'équation (15) remplaçons $y_1$, $y_2$ par $y_1 + \lambda z_1$, $y_2 + \lambda z_2$ et prenons le coefficient de $\lambda^\theta$ dans les deux membres. Nous aurons ainsi l'équation

$$\alpha_y^{n-\theta} \alpha_z^\theta + (n - \theta)\, a_y^{n-1-\theta} a_z^\theta p_y (ap) + \theta\, a_y^{n-\theta} a_z^{\theta-1} p_z (ap)$$
$$= \mu\, a_y^{n-\theta} a_z^\theta.$$

Remplaçons-y $z_1$, $z_2$ respectivement par $b_2$, $-b_1$ et multiplions par $b_y^{n'-\theta}$, nous aurons

$$\alpha_y^{n-\theta} (ab)^\theta b_y^{n'-\theta} + (n - \theta)\, a_y^{n-1-\theta} b_y^{n'-\theta} p_y (ab)^\theta$$
$$+ \theta\, a_y^{n-\theta} b_y^{n'-\theta} (ab)^{\theta-1} (ap)(bp) = \mu\, a_y^{n-\theta} b_y^{n'-\theta} (ab)^\theta.$$

On aurait de même, en échangeant les symboles $a$ et $b$

$$\beta_y^{n'-\theta} a_y^{n-\theta} (a\beta)^\theta + (n' - \theta)\, a_y^{n-\theta} b_y^{n'-\theta-1} p_y (ab)^\theta$$
$$- \theta\, a_y^{n-\theta} b_y^{n'-\theta} (ab)^{\theta-1} (ap)(bp) = \mu' a_y^{n-\theta} b_y^{n'-\theta} (ab)^\theta.$$

En ajoutant ces deux équations on trouve

$$\frac{\partial H}{\partial x} + \frac{1}{2}(H, p) = (\mu + \mu') H$$

ce qui démontre le théorème.

Je ferai remarquer, en terminant, que ce théorème permet de définir les cas dans lesquels l'équation différentielle proposée peut avoir des intégrales algébriques.

Laissons de côté les cas faciles où l'équation admettrait comme solutions particulières les racines d'équations du second, du troisième ou du quatrième degré.

Supposons que l'équation admette comme solution particulières toutes les racines d'un équation

$$f(y) = 0$$

d'ordre supérieur à quatre. Elle admettra donc aussi comme solutions particulières les racines de tous les covariants. Je prends parmi ces covariants celui qui est de degré moindre et qui est par hypothèse de degré supérieur à quatre; car autrement on retomberait sur un des cas écartés. Il *devra jouir de la propriété que tous les covariants soient de degré supérieur au sien.* Or cette propriété, comme l'a montré M. GORDAN, caractérise les formes étudiées par M. KLEIN et qui peuvent être transformées en elles-mêmes par des substitutions linéaires. Ce point une fois établi, on est conduit sans difficulté à tous les cas dans lesquels l'équation proposée s'intégre algébriquement. J'aurai l'occasion de revenir sur ce sujet.

Paris, juin 1880.

# SUR DEUX ALGORITHMES ANALOGUES

# À CELUI DE LA MOYENNE

# ARITHMÉTICO-GÉOMETRIQUE DE DEUX ELÉMENTS.

*LETTRE*

DE

**M.r C. W. BORCHARDT**

À

M.r **L. CREMONA.**

Cher ami et confrère,

Vous avez bien voulu me permettre de vous envoyer une Note scientifique pour faire partie du volume destiné à la mémoire de votre éminent compatriote Chelini, que j'ai eu l'avantage de connaître en 1844 pendant mon séjour à Rome. Cette aimable invitation m'encourage à vous offrir quelques considérations sur deux algorithmes analogues à celui de la moyenne arithmético-géométrique, mais d'un caractère plus élémentaire.

Je montrerai que la méthode, qui dans le volume 58 de mon Journal m'a conduit à déterminer par une équation différentielle du premier ordre la moyenne arithmético-géométrique, s'applique avec le même succès aux deux algorithmes qui font le sujet de cette Note, et qu'il y a même ici des circonstances qui simplifient notamment le résultat.

L'algorithme des moyennes arithmético-géométriques de deux éléments étant, comme on sait,

$$m_1 = \frac{m+n}{2}, \quad n_1 = \sqrt{mn},$$

je considère en premier lieu l'algorithme suivant.

Soient $m, n$ deux quantités positives, et posons

$$(1)\quad \left\{\begin{array}{ll} m_1 = \dfrac{m+n}{2}, & n_1 = \sqrt{m_1 n} \\ m_2 = \dfrac{m_1+n_1}{2}, & n_2 = \sqrt{m_2 n_1} \\ \dots\dots\dots\dots & \end{array}\right.$$

de sorte que l'on a

$$n^2 - m^2 = 4(n_1^2 - m_1^2) = 16(n_2^2 - m_2^2) = \dots;$$

les quantités $m_i$, $n_i$ convergeront pour des valeurs croissantes de $i$ vers la même limite $\omega$.

Désignons par $f(m,n)$ une fonction qui reste invariable, lorsqu'on remplace $m$, $n$ par $m_1$, $n_1$; elle sera nécessairement fonction de $\omega$ seul. Soit

$$\frac{\partial f}{\partial m} = \mu, \quad \frac{\partial f}{\partial n} = \nu$$

$$\frac{\partial f}{\partial m_1} = \mu_1, \quad \frac{\partial f}{\partial n_1} = \nu_1,$$

entre $\mu$, $\nu$ et $\mu_1$, $\nu_1$ on aura les deux relations linéaires

$$4\mu = 2\mu_1 + \frac{n_1}{m_1}\nu_1,$$

$$4\nu = 2\mu_1 + \left(\frac{n_1}{m_1} + 2\frac{m_1}{n_1}\right)\nu_1$$

d'où

$$u = m\mu + n\nu = u_1 = m_1\mu_1 + n_1\nu_1.$$

Mais la fonction linéaire $u = m\mu + n\nu$ de $\mu$, $\nu$ n'est pas la seule qui reste invariable lorsqu'on remplace $m$, $n$, $\mu$, $\nu$ par $m_1$, $n_1$, $\mu_1$, $\nu_1$. Une seconde fonction

$$v = n\mu + m\nu$$

a une propriété analogue exprimée par l'équation

$$n v = n(n\mu + m\nu) = n_1 v_1 = n_1(n_1\mu_1 + m_1\nu_1).$$

Comme $u$ et $v$ sont, de même que $\omega$, des fonctions homogènes de $m$, $n$, on peut définir par les équations doubles suivantes les ex pressions

$$\lambda = m\left(v\frac{\partial u}{\partial m} - u\frac{\partial v}{\partial m}\right) = -n\left(v\frac{\partial u}{\partial n} - u\frac{\partial v}{\partial n}\right)$$

$$\lambda_1 = m_1\left(v_1\frac{\partial u_1}{\partial m_1} - u_1\frac{\partial v_1}{\partial m_1}\right) = -n_1\left(v_1\frac{\partial u_1}{\partial n_1} - u_1\frac{\partial v_1}{\partial n_1}\right).$$

Cela posé, il y a entre $\lambda$, $\lambda_1$ la relation simple

$$\frac{\lambda}{m} = \frac{1}{4n_1}(\lambda_1 - u_1 v_1)$$

qui, multipliée par $n^2 - m^2 = 4(n_1^2 - m_1^2)$, se transforme en

$$\frac{n^2 - m^2}{m}\lambda = \frac{n_1^2 - m_1^2}{n_1}(\lambda_1 - u_1 v_1).$$

En y ajoutant l'équation

$$\frac{1}{n}(n^2 v^2 - m n u v) = \frac{1}{n}(n_1 v_1^2 - m n_1 u_1 v_1),$$

on trouve

$$\frac{n^2 - m^2}{m}\lambda + n v^2 - m u v = \frac{n_1^2 - m_1^2}{n_1}\lambda_1 + m_1 v_1^2 - \frac{m_1^2}{n_1}u_1 v_1$$

c'est-à-dire qu'en prenant

$$L = \frac{n^2 - m^2}{m}\lambda + n v^2 - m u v$$

$$L_1 = \frac{n_1^2 - m_1^2}{m_1}\lambda_1 + n_1 v_1^2 - m_1 u_1 v_1$$

on a $L = \frac{m_1}{n_1}L_1$, ou, ce qui est la même chose,

$$n L = n_1 L_1.$$

Il est évident que lorsque les variables $m$, $n$ coincident en la même valeur, $L$ s'évanouit. Mais l'équation $n L = n_1 L_1$ appliquée un nombre indefini de fois montre que pour des valeurs quelconques de $m$, $n$ on a

$$L = 0.$$

En posant

$$\frac{m}{n} = x, \quad \frac{u}{v} = z$$

l'équation $L = 0$ se transforme en

$$(2) \qquad (1 - x^2)\frac{dz}{dx} - xz + 1 = 0.$$

Le quotient

$$z = \frac{u}{v} = \frac{m\mu + n\nu}{n\mu + m\nu}$$

est toujours le même, quelque soit la fonction $f$ de $\omega$, de laquelle on est parti. Or, je dis qu'on a simplement

$$z = \frac{n}{\omega}.$$

En effet, dans le cas particulier de $f = \frac{1}{\omega}$ et en posant

$$r = \frac{n}{\omega} = nf$$

on aura

$$u = m\mu + n\nu = -\frac{1}{\omega},$$

$$nu = -\frac{n}{\omega} = -r.$$

De plus, en désignant par $r'$, $z'$ les dérivées de $r$, $z$ par rapport à $x$, on a

$$n^2\mu = r', \quad n^2\nu = -(xr' + r),$$

$$nv = n(n\mu + m\nu) = (1 - x^2)r' - xr,$$

d'où

$$z = \frac{u}{v} = -\frac{r}{(1 - x^2)r' - xr},$$

et de là

$$\frac{r'}{r} = \frac{1}{1 - x^2} \cdot \frac{xz - 1}{z},$$

ce qui, à l'aide de l'équation différentielle (2), se réduit à

$$\frac{r'}{r} = \frac{z'}{z},$$

d'où

$$r = cz$$

$c$ désignant une constante.

Supposons à présent que $m < n$, $x < 1$; alors l'équation différentielle (2) étant mise sous la forme

$$\frac{d}{dx}(\sqrt{1 - x^2} \cdot z) + \frac{1}{\sqrt{1 - x^2}} = 0$$

donne

$$\sqrt{1 - x^2} \cdot z = \text{const.} - \text{arc} \sin x.$$

Comme $z$ doit rester fini pour $m = n$, c'est-à-dire pour $x = 1$, la constante ne peut être que $\frac{\pi}{2}$, d'où

$$\sqrt{1 - x^2} \,.\, z = \text{arc}\ \cos x = \text{arc}\ \sin \sqrt{1 - x^2}$$

ce qui fait voir que pour des valeurs infiniment petites de $\sqrt{1 - x^2}$, $z$ devient égale à l'unité. Comme d'ailleurs $r$ a la même valeur pour $x = 1$, la constante $c$ est $= 1$, et l'on a

$$\frac{n}{\omega} = z$$

ce qui donne

(3) $$\omega = \frac{n\sqrt{1 - x^2}}{\text{arc}\cos x} = \frac{\sqrt{n^2 - m^2}}{\text{arc}\cos\frac{m}{n}}.$$

Si au contraire $m > n$, $x > 1$, l'équation différentielle (2) étant mise sous la forme

$$\frac{d}{dx}(\sqrt{x^2 - 1} \,.\, z) - \frac{1}{\sqrt{x^2 - 1}} = 0$$

donne

$$\sqrt{x^2 - 1} \,.\, z = \log(x + \sqrt{x^2 - 1}) + \text{const.}$$

Mais la seconde partie de cette équation dévant s'évanouir pour $x = 1$, la constante est $= 0$, donc

$$\sqrt{x^2 - 1} \,.\, z = \log(x + \sqrt{x^2 - 1})$$

et comme, pour des valeurs infiniment petites de $\sqrt{1 - \frac{1}{x^2}}$, $z$ converge vers $\frac{1}{x}$, c'est-à-dire vers l'unité, on a aussi dans ce cas

$$z = r$$

d'où

(4) $$\omega = \frac{\sqrt{m^2 - n^2}}{\log\frac{m + \sqrt{m^2 - n^2}}{n}}.$$

---

Comme second exemple on pourrait considérer l'algorithme donné par les équations

(5) $$\left\{\begin{array}{ll} N_1 = \sqrt{MN}, & M_1 = \frac{M + N_1}{2} \\ N_2 = \sqrt{M_1 N_1}, & M_2 = \frac{M_1 + N_2}{2} \\ \ldots\ldots & \ldots\ldots \end{array}\right.$$

mais cet algorithme se réduit immédiatement au précédent en posant

$$M = m, \quad N = \frac{n^2}{m}$$

ce qui conduit à

$$M_1 = m_1, \quad N_1 = n$$
$$M_2 = m_2, \quad N_2 = n_1$$
$$\cdots\cdots\cdots\cdots$$

de sorte que la limite $\Omega$ de l'algorithme (5) est donné par

$$\Omega = \frac{\sqrt{M(N-M)}}{\arccos\sqrt{\frac{M}{N}}}$$

pour $M < N$, et par

$$\Omega = \frac{\sqrt{M(M-N)}}{\log\frac{\sqrt{M}+\sqrt{M-N}}{\sqrt{N}}}$$

pour $M > N$.

---

Pour $m < n$ l'algorithme (1) contient la règle connue pour calculer les circonférences des polygones à $2p$ côtés inscrits et circonscrits à un cercle donné, ces circonférences étant connues pour les polygones à $p$ côtés.

En posant

$$m = \frac{R}{\operatorname{tg}\varphi}, \quad n = \frac{R}{\sin\varphi}$$

la limite $\omega$ se réduit à

$$\omega = \frac{R}{\varphi}.$$

Si, en particulier, on fait, $p$ désignant un nombre entier,

$$m = \frac{1}{p\operatorname{tg}\frac{\pi}{p}}, \quad n = \frac{1}{p\sin\frac{\pi}{p}}$$

on trouve

$$\omega = \frac{1}{\pi}.$$

Dans le cas de $p = 4$, cela fait voir qu'en partant des valeurs

$$m = \frac{1}{4}, \quad n = \frac{1}{2\sqrt{2}}$$

l'algorithme (1) conduit à la limite $\frac{1}{\pi}$.

De même en posant dans l'algorithme (5) et pour $M < N$

$$M = \frac{R\cos\varphi}{\sin\varphi}, \quad N = \frac{R}{\sin\varphi\cos\varphi}$$

la limite $\Omega$ se réduit à

$$\Omega = \frac{R}{\varphi}.$$

Si, en particulier, on fait

$$M = \frac{\cos\frac{\pi}{p}}{p\sin\frac{\pi}{p}}, \quad N = \frac{1}{p\sin\frac{\pi}{p}\cos\frac{\pi}{p}}.$$

on trouve

$$\Omega = \frac{1}{\pi}.$$

Dans le cas de $p = 4$, cela fait voir qu'en partant des valeurs rationnelles

$$M = \frac{1}{4}, \quad N = \frac{1}{2}$$

l'algorithme (5) conduit à la limite

$$\Omega = \frac{1}{\pi}.$$

---

Excusez, cher ami et confrère, le long retard de cette lettre, prolongé en dernier lieu par une maladie, dont je ne suis pas encore guéri.*

Berlin, 5 mai 1880.

---

* Forse la stessa malattia che doveva in breve rapire l'illustre matematico alla scienza, alla famiglia ed agli amici; già il 27 giugno egli non era più tra i vivi! È dunque probabile che questo sia l'ultimo lavoro di lui, tanto benemerito e per la propria attività scientifica e per aver continuato e mantenuto in onore l'importante Giornale fondato da Crelle. (L. C.).

SOPRA

# UNA FORMA BINARIA DELL'OTTAVO ORDINE

*NOTA*

DI

**F. BRIOSCHI**

*Professore nel R. Istituto Tecnico Superiore di Milano.*

---

È noto che essendo $f(z_1, z_2)$ una forma binaria dell'ordine $n$ pari, il covariante $g$ dell'ordine $2(n-4)$ che si ottiene dalla operazione:

$$g = \frac{1}{2}(ff)_4$$

può essere identicamente eguale a zero, nei soli tre casi di $n=4$, 6, 12. Se la forma $f$ è dell'ottavo ordine, il covariante $g$ è pure dello stesso ordine. Di qui la domanda alla quale rispondesi in questo scritto: quali sono le proprietà della forma $f$ dell'ottavo ordine che soddisfa identicamente alla relazione:

(1) $$g = \rho f$$

supposto $\rho$ costante?

In un mio lavoro *La théorie des formes dans l'intégration des équations différentielles linéaires du second ordre,* pubblicato alcuni anni ora sono nei *Mathematische Annalen* (Bd. XI) ho dimostrato che indicando con $z_1$, $z_2$ due integrali particolari dell'equazione differenziale del secondo ordine:

$$\frac{d^2 z}{dx^2} = Pz$$

nella quale:

$$P = \frac{1}{2}\frac{dp}{dx} + \frac{1}{4}p^2 - q$$

e $p, q$ sono funzioni razionali di $x$; se si pone:

$$f(z_1, z_2) = \varphi(x) \tag{2}$$

ed

$$h(z_1, z_2) = -\varphi^{2\frac{n-2}{n}} y$$

essendo $h$ l'hessiano della forma $f$, si ha in generale:

$$g = -\frac{\varphi^{2\frac{n-4}{n}}}{(n-2)(n-3)} [y'' - 6(n-2)^2 y^2] \tag{3}$$

dove $y'' = \frac{d^2 y}{d\omega^2}$ e:

$$d\omega = C \frac{dx}{\varphi^{\frac{2}{n}}}. \qquad (C \text{ costante})$$

Se $n = 8$ e per la (1) $g = \rho\varphi$ la equazione differenziale (3) diventa la:

$$y'' - 6^3 . y^2 + 30\rho = 0$$

che integrata dà:

$$y'^2 - 144 y^3 + 60\rho y = D. \qquad (D \text{ costante}) \tag{4}$$

Si indichi con $k(z_1, z_2)$ il covariante della forma $f$ che si ottiene dalla:

$$k = 2(fh)$$

come si è dimostrato nella Memoria sopra citata, si ha in generale:

$$k = \frac{1}{n-2} \varphi^{3\frac{n-2}{n}} y'.$$

quindi nel caso qui considerato:

$$k = \frac{1}{6} \varphi^{\frac{9}{4}} y'$$

per la quale e per le (2) si può dare alla (4) la forma seguente:

$$k^2 + 4h^3 - \frac{5}{3}\rho h f^3 = \frac{1}{36} D f^{\frac{9}{2}}.$$

Questa equazione, dovendo essere soddisfatta identicamente, dimostra tosto essere $D = 0$, e si avranno così le:

$$(5)\quad \begin{cases} y'^2 = 12\, y\, (12\, y^2 - 5\, \rho) \\ k^2 + 4\, h^3 - \frac{5}{3}\, \rho\, h\, f^3 = 0. \end{cases}$$

Il valore di $\rho$ si ottiene dalla (1) nel modo che segue. Pongasi:

$$\frac{1}{2}(f f)_8 = A, \qquad \frac{1}{3}(f g)_8 = B$$

saranno $A$, $B$ due invarianti di $f$ l'uno del secondo, l'altro del terzo grado; ora siccome dalla (1) si deduce la:

$$(f g)_8 = \rho\, (f f)_8$$

sarà:

$$(6)\qquad \rho = \frac{3}{2}\, \frac{B}{A}.$$

Pongo ora nella prima delle (5):

$$(7)\qquad 12\, y^2 = 5\, \rho\, \xi$$

la equazione stessa si trasforma facilmente nella:

$$\xi' = 4 \sqrt{6}\, \sqrt[4]{15\, \rho}\, .\, \xi^{\frac{3}{4}} \sqrt{\xi - 1}$$

la quale, essendo, come si è veduto sopra:

$$d\, \omega = C \frac{d\, x}{\varphi^{\frac{1}{4}}}$$

conduce alla:

$$(8)\qquad \frac{d\, x}{d\, \xi} = M \frac{\varphi^{\frac{1}{4}}}{\xi^{\frac{3}{4}} \sqrt{\xi - 1}}$$

posto:

$$M = \frac{1}{4 \sqrt{6}\, \sqrt[4]{15\, \rho}\, .\, C}.$$

Dalla equazione superiore si ha tosto:

$$\frac{d \log \frac{d\, x}{d\, \xi}}{d\, \xi} = \frac{1}{4}\, \frac{\varphi'(x)}{\varphi(x)}\, \frac{d\, x}{d\, \xi} - \frac{3}{4}\, \frac{1}{\xi} + \frac{1}{2}\, \frac{1}{1 - \xi}$$

la quale derivata nuovamente rispetto a $\xi$ dà:

$$\frac{d^2 \log \frac{dx}{d\xi}}{d\xi^2} = \frac{1}{16\varphi^2}(4\varphi\varphi'' - 3\varphi'^2)\left(\frac{dx}{d\xi}\right)^2 - \frac{1}{4}\frac{\varphi'}{\varphi}\frac{dx}{d\xi}\left[\frac{3}{4}\frac{1}{\xi} - \frac{1}{2}\frac{1}{1-\xi}\right] +$$
$$+ \frac{3}{4}\frac{1}{\xi^2} + \frac{1}{2}\frac{1}{(1-\xi)^2}.$$

Si otterrà quindi pel valore della espressione:

$$[x]_\xi = \frac{d^2 \log \frac{dx}{d\xi}}{d\xi^2} - \frac{1}{2}\left(\frac{d \log \frac{dx}{d\xi}}{d\xi}\right)^2$$

la:

$$[x]_\xi = \frac{1}{32\varphi^2}(8\varphi\varphi'' - 7\varphi'^2)\left(\frac{dx}{d\xi}\right)^2 + \frac{15}{32}\frac{1}{\xi^2} + \frac{3}{8}\frac{1}{(1-\xi)^2} + \frac{3}{8}\frac{1}{\xi(1-\xi)}.$$

Ma dalla stessa Memoria sopra indicata si ha che il valore dell'hessiano $h$ espresso in funzione di $\varphi$, $p$, $q$ e delle loro derivate rispetto ad $x$ è il seguente:

$$h = \frac{1}{7 \cdot 8^2 C^2}[8\varphi\varphi'' - 7\varphi'^2 - 64 P\varphi^2]$$

si avrà dunque:

$$[x]_\xi = 2P\left(\frac{dx}{d\xi}\right)^2 + 14C^2\frac{h}{\varphi^2}\left(\frac{dx}{d\xi}\right)^2 + \frac{15}{32}\frac{1}{\xi^2} + \frac{3}{8}\frac{1}{(1-\xi)^2} + \frac{3}{8}\frac{1}{\xi(1-\xi)}.$$

Rammentando ora che per la seconda delle (2) si ha:

$$\frac{h}{\varphi\sqrt{\varphi}} = -y$$

ossia per la (7):

(9)
$$\frac{h}{\varphi\sqrt{\varphi}} = -\frac{\sqrt{15\rho}}{6}\sqrt{\xi}$$

si otterrà per la (8) che:

$$C^2\frac{h}{\varphi^2}\left(\frac{dx}{d\xi}\right)^2 = \frac{1}{4^2 \cdot 6^2}\frac{1}{\xi(1-\xi)}$$

e sostituendo si avrà:

$$[x]_\xi = 2P\left(\frac{dx}{d\xi}\right)^2 + \frac{15}{32}\frac{1}{\xi^2} + \frac{3}{8}\frac{1}{(1-\xi)^2} + \frac{115}{288}\frac{1}{\xi(1-\xi)}.$$

Infine se poniamo:

$$z = \frac{a z_1 + b z_2}{c z_1 + d z_2} \qquad (a,\ b,\ c,\ d \text{ costanti})$$

si ha la formola di trasformazione:

$$[z]_\xi = [x]_\xi + [z]_x \left(\frac{dx}{d\xi}\right)^2$$

inoltre, come è noto, la:

$$[z]_x = -2P$$

sarà quindi:

$$[z]_\xi = \frac{15}{32}\frac{1}{\xi^2} + \frac{3}{8}\frac{1}{(1-\xi)^2} + \frac{115}{288}\frac{1}{\xi(1-\xi)}$$

ossia:

(10)
$$[z]_\xi = \frac{1-\lambda^2}{2\xi^2} + \frac{1-\nu^2}{2(1-\xi)^2} - \frac{\lambda^2-\mu^2+\nu^2-1}{2\xi(1-\xi)}$$

nella quale le $\lambda$, $\mu$, $\nu$ hanno i valori:

$$\lambda = \frac{1}{4}, \quad \mu = \frac{1}{3}, \quad \nu = \frac{1}{2}.$$

Questi valori di $\lambda$, $\mu$, $\nu$ dimostrano che la forma binaria dell'ottavo ordine $f(z_1, z_2)$ qui considerata non costituisce un tipo speciale, ma che essa appartiene al tipo dell'ottaedro. Infatti indicando con $F(z_1, z_2)$ una forma binaria del sesto ordine per la quale il covariante:

$$G = \frac{1}{2}(FF)_4$$

sia identicamente eguale a zero, e con $H(z_1, z_2)$, $K(z_1, z_2)$ i covarianti di essa formati come gli $h$, $k$ lo sono colla $f$ si ha la relazione:

(11)
$$K^2 + 4H^3 + \frac{1}{18}\alpha F^4 = 0$$

essendo $\alpha$ l'invariante quadratico di $F$. Se $z$ rappresenta anche in questo caso il rapporto fra gli integrali particolari $z_1$, $z_2$ e si pone:

$$\eta = -\frac{72H^3}{\alpha F^4}$$

si ha inoltre:

$$[z]_\eta = \frac{1-l^2}{2\eta^2} + \frac{1-n^2}{2(1-\eta)^2} - \frac{l^2-m^2+n^2-1}{2\eta(1-\eta)}$$

nella quale $l = \frac{1}{3}$, $m = \frac{1}{4}$, $n = \frac{1}{2}$.

Ora se in quest'ultima equazione si pone $\eta = \frac{1}{\xi}$, la equazione stessa si trasforma nella (10), perciò rammentando il valore (9) di $\xi$ si avrà che:

$$\frac{12}{5\rho}\frac{h^2}{f^3} = -\frac{\alpha F^4}{72 H^3};$$

saranno cioè:

$$f = a H, \qquad h = b F^2$$

essendo $a$, $b$ due costanti che devono soddisfare all'equazione:

$$\frac{b^2}{a^3} = -\frac{5}{4 \cdot 6^3}\rho\,\alpha.$$

Le due equazioni superiori danno tosto:

$$k = -a b F K$$

e sostituendo questi valori di $f$, $h$, $k$ nella seconda delle (5) si avrà:

$$K^2 - \frac{5}{3}\rho\frac{a}{b} H^3 + 4\frac{b}{a^2} F^4 = 0$$

la quale posta a confronto colla (11) dà per $a$ e per $b$ i valori:

$$a = -30\frac{\rho}{\alpha}, \qquad b = \frac{25}{2}\frac{\rho^2}{\alpha}$$

che appunto soddisfano la superiore.

Si ha così il teorema seguente: *La forma binaria dell'ottavo ordine $f$ per la quale il covariante, pure dell'ottavo ordine, $g = \frac{1}{2}(ff)_4$ soddisfa identicamente alla relazione $g = \rho f$, essendo $\rho$ costante, non differisce che di un fattore costante dall'hessiano di una forma del sesto ordine di cui il corrispondente covariante G sia identicamente nullo.*

Si può giungere a questo risultato anche per altra via, la quale ci fornirà altresì il tipo *normale* di queste forme $f$. Sieno:

$$f(z_1, z_2) = a_0 z_1^8 + 8 a_1 z_1^7 z_2 + \ldots + a_8 z_2^8$$
$$g(z_1, z_2) = c_0 z_1^8 + 8 c_1 z_1^7 z_2 + \ldots + c_8 z_2^8.$$

Nella seconda delle quali:

$$c_0 = a_0 a_4 - 4 a_1 a_3 + 3 a_2^2$$

$$c_1 = \frac{1}{2}(a_0 a_5 - 3 a_1 a_4 + 2 a_2 a_3)$$

$$c_2 = \frac{1}{14}(3 a_0 a_6 - 4 a_1 a_5 - 11 a_2 a_4 + 12 a_3^2)$$

$$c_3 = \frac{1}{14}(a_0 a_7 + 2 a_1 a_6 - 12 a_2 a_5 + 9 a_3 a_4)$$

$$c_4 = \frac{1}{70}(a_0 a_8 + 12 a_1 a_7 - 22 a_2 a_6 - 36 a_3 a_5 + 45 a_4^2)$$

$$c_5 = \frac{1}{14}(a_1 a_8 + 2 a_2 a_7 - 12 a_3 a_6 + 9 a_4 a_5)$$

$$c_6 = \frac{1}{14}(3 a_2 a_8 - 4 a_3 a_7 - 11 a_4 a_6 + 12 a_5^2)$$

$$c_7 = \frac{1}{2}(a_3 a_8 - 3 a_4 a_7 + 2 a_5 a_6)$$

$$c_8 = a_4 a_8 - 4 a_5 a_7 + 3 a_6^2.$$

Se $g = \rho f$ dovrà essere:

$$c_r = \rho\, a_r$$

la quale condizione è soddisfatta supponendo $a_0$, $a_2$, $a_3$, $a_5$, $a_6$, $a_8$ eguali a zero essendo pei valori superiori pure eguali a zero $c_0$, $c_2$, $c_3$, $c_5$, $c_6$, $c_8$. Si hanno inoltre le:

$$c_1 = -\frac{3}{2} a_1 a_4, \quad c_4 = \frac{3}{70}(4 a_1 a_7 + 15 a_4^2), \quad c_7 = -\frac{2}{3} a_4 a_7.$$

Gli invarianti $A$, $B$ definiti più sopra avranno in questa ipotesi i seguenti valori:

$$A = -8 a_1 a_7 + 35 a_4^2, \quad B = 3 a_4 (4 a_1 a_7 + 5 a_4^2)$$

e quindi sarà:

$$\rho = \frac{3}{2}\frac{B}{A} = \frac{9}{2}\,\frac{a_4 (4 a_1 a_7 + 5 a_4^2)}{-8 a_1 a_7 + 35 a_4^2}.$$

Le tre relazioni $c_1 = \rho a_1$, $c_4 = \rho a_4$, $c_7 = \rho a_7$ si riducono alle due

$$\rho = -\frac{3}{2} a_4 \quad \text{e} \quad 2 a_1 a_7 + 25 a_4^2 = 0$$

e questo valore di $\rho$ posto nella superiore conduce nuovamente a quest' ultima equazione. Si ha così una sola relazione alla quale devono soddisfare i coefficienti $a_1$, $a_4$, $a_7$ della forma binaria dell' ottavo ordine:

$$f(z_1, z_2) = 8 a_1 z_1^7 z_2 + 70 a_4 z_1 z_2^4 + 8 a_7 z_1 z_2^7,$$

perchè sia $g = \rho f$. Se infine supponiamo $a_7 = -1$, $8 a_1 = 1$, si ha dalla relazione stessa $10 a_4 = 1$, cioè la forma:

$$f(z_1, z_2) = z_1^7 z_2 + 7 z_1^4 z_2^4 - 8 z_1 z_2^7$$

avrà la proprietà indicata.

Questa espressione per la forma $f$ si è già presentata al professore GORDAN nella sua interessante Memoria: *Binäre Formen mit verschwindenden Covarianten,* pubblicata nel dodicesimo volume dei *Mathematische Annalen.* Egli osserva che sostituendo nella medesima alle $z_1$, $z_2$ le:

$$z_1 = \frac{a_1}{b_1} y_1 + \frac{a_2}{b_2} y_2, \quad z_2 = \frac{1}{b_1} y_1 + \frac{1}{b_2} y_2$$

nelle quali sono:

$$a_1 = 1 + \sqrt{3}, \quad a_2 = 1 - \sqrt{3}$$

$$b_1 = [7 + 4\sqrt{3}]^{\frac{1}{8}}, \quad b_2 = [7 - 4\sqrt{3}]^{\frac{1}{8}}$$

la forma $f$ si trasforma nella:

$$f = 108 (y_1^8 - 14 y_1^4 y_2^4 + y_2^8)$$

ossia:

$$f = -108 H$$

essendo $H$ l'hessiano della forma del sesto ordine:

$$F = 6 y_1 y_2 (y_1^4 + y_2^4)$$

per la quale il covariante $G = 0$. Infine il professore GORDAN osserva altresì essere l'hessiano di $f$ o di $H$ un quadrato, ed abbiamo infatti trovato più sopra che l'hessiano stesso non differisce che di un coefficiente costante dal quadrato della forma $F$.

Novembre 1880.

# IL RISULTANTE DI DUE FORME BINARIE
## L'UNA CUBICA E L'ALTRA BIQUADRATICA

*NOTA*

DI

**F. BRIOSCHI**

*Professore nel R. Istituto Tecnico Superiore di Milano.*

Il sistema simultaneo di due forme binarie l'una cubica, l'altra di quarto ordine, fu, alcuni anni ora sono, argomento di una interessante dissertazione inaugurale del professore GUNDELFINGER.* Il sistema, comprendendo in esso la cubica e la biquadratica, si compone di 64 forme e precisamente si hanno:

| | | | | |
|---|---|---|---|---|
| 1 | Covariante | di | sesto | ordine |
| 2 | » | » | quinto | » |
| 5 | » | » | quarto | » |
| 8 | » | » | terzo | » |
| 12 | » | » | secondo | » |
| 16 | » | » | primo | » |
| 20 | Invarianti | | | |
| N. 64. | | | | |

In questo breve scritto aggiungiamo ai risultati del signor GUNDELFINGER il valore del *risultante* di quelle due forme binarie espresso in funzione di alcuni fra gli indicati invarianti. Sieno $u(x_1, x_2)$ la forma del quarto ordine, $v(x_1, x_2)$ quella del terzo. Posto:

$$u_1 = \frac{1}{4}\frac{du}{dx_1}, \quad u_{11} = \frac{1}{3 \cdot 4}\frac{d^2 u}{dx_1^2} \dots v_1 = \frac{1}{3}\frac{dv}{dx_1} \dots$$

* *Zur Theorie des simultanen Systems einer cubischen und einer biquadratischen binären formen.* Stuttgart, 1869.

ed indicando con $(u\,v)$, $(u\,v)_2$, $(u\,v)_3$ ... le espressioni:

$$(u\,v) = u_1 v_2 - u_2 v_1, \quad (u\,v)_2 = u_{11} v_{22} - 2\,u_{12} - v_{12} u_{22} v_{11}$$

$$(u\,v)_3 = u_{111} v_{222} - 3\,u_{112} v_{221} + 3\,u_{122} v_{211} - u_{222} v_{111}$$

la forma $u$ ammette, come è noto, il sistema di forme simultanee:

$$u, \quad h = \frac{1}{2}(u\,u)_2, \quad k = 2\,(u\,h), \quad i = \frac{1}{2}(u\,u)_4, \quad j = \frac{1}{3}(u\,h)_4$$

legate fra loro dalla relazione:

$$k^2 + 4\,h^3 - i\,u^2\,h + j\,u^3 = 0$$

e la $v$ il sistema:

$$v, \quad w = (v\,v)_2, \quad Q = (v\,w), \quad A = \frac{1}{2}(w\,w)_2$$

fra le quali sussiste la:

$$Q^2 + \frac{1}{2} w^3 + A\,v^2 = 0.$$

Si indichino con $p$, $t$, $\omega$ i tre seguenti covarianti, simultanei alle due forme $u$, $v$, degli ordini primo, secondo e terzo:

$$p = (u\,v)_3, \quad t = \frac{1}{2}(u\,w)_2 \quad \omega = (k\,v)_3$$

e formiamo coi medesimi gli invarianti:

$$B = \frac{1}{2}(t\,w)_2, \quad M = (v\,p^3)_3, \quad F = (t\,p^2)_2, \quad P = (Q\,\omega)_3$$

gli ultimi tre dei quali sono del 7.° grado nei coefficienti di $u$ e di $v$, e cioè del terzo grado rispetto ai coefficienti di $u$ e del quarto rispetto a quelli di $v$.

Il *risultante* $\Delta$, il quale è pure del 7.° grado, si esprime in funzione dei tre invarianti $M$, $F$, $P$ e degli invarianti $A$, $B$, $i$, $j$ nel modo seguente:

$$\Delta = 27\,(5\,j\,A + i\,B) - (M + 45\,F + 54\,P).$$

Per verificare l'esattezza di questo risultato supponiamo:

$$u = a_0 x_1^4 + 4\,a_1 x_1^3 x_2 + 6\,a_2 x_1^2 x_2^2 + 4\,a_3 x_1 x_2^3 + a_4 x_2^4$$

$$v = x_1^3 - x_2^3$$

saranno, come è noto:

$$i = a_0 a_4 - 4\,a_1 a_3 + 3\,a_2^2,$$

$$j = a_0 a_2 a_4 + 2\,a_1 a_2 a_3 - a_0 a_3^2 - a_1^2 a_4 - a_2^3$$

inoltre:

$$w = -2\,x_1 x_2, \quad Q = -(x_1^3 + x_2^3), \quad A = -1$$

e quindi:

$$p = -(u_{111} + u_{222}), \quad t = u_{12}, \quad \omega = -(k_{111} + k_{222})$$

per le quali:

$$B = t_{12} = a_2$$

$$M = -(a_0 + a_3)^3 - (a_1 + a_4)^3$$

$$F = a_1 (a_1 + a_4)^2 - 2\,a_2 (a_1 + a_4)(a_0 + a_3) + a_3 (a_0 + a_3)^2$$

$$P = 3\,a_2 a_3 a_4 + 3\,a_0 a_1 a_2 - a_1 a_4^2 - a_0^2 a_3 - 2\,a_1^3 - 2\,a_3^3.$$

Sostituendo questi valori nella espressione per $\Delta$ si ottiene la:

$$\Delta = (a_0 + 4a_3)^3 + (a_4 + 4a_1)^3 + 6^3 . a_2^3 - 3 . 6 . a_2 (a_0 + 4a_3)(a_4 + 4a_1)$$

come appunto deve essere.

UEBER

# POTENTIALE $n$-FACHER MANNIGFALTIGKEITEN

VON

**L. KRONECKER.**

Die Uebertragung des Potentials eines nicht auf seine Hauptaxen bezogenen Ellipsoids* auf $n$-fache Mannigfaltigkeiten führt zu einem Ausdruck von bemerkenswerther Einfachheit.

## I.

Ist für alle Werthe $r$, $s = 0, 1, \ldots n$, wobei $n > 2$ vorauszusetzen ist,

$$a_{rs} = a_{sr}, \qquad b_{rs} = b_{sr}$$

und $D(t)$ die Determinante der Grössen $a_{rs} + tb_{rs}$, und zwar

$$D(t) = -|a_{rs} + tb_{rs}| \qquad (r, s = 0, 1, \ldots n),$$

ist ferner $\delta_{rs} = 0$ oder $1$, je nachdem die beiden Indices $r$, $s$ von einander verschieden oder einander gleich sind**, so sind die durch die Gleichungen

$$(A) \qquad \sum_r (a_{rs} + tb_{rs}) f_{pr} = \delta_{ps} \qquad (p, r, s = 0, 1, \ldots n)$$

definirten Grössen $f_{pr}$ die Unterdeterminanten jenes Systems, dividirt durch die Determinante. Wird nun nach $t$ differentiirt, alsdann mit

* Vgl. DIRICHLET'S: *Untersuchungen über ein Problem der Hydrodynamik*, § 4. *Abhandlungen der Königl. Gesellschaft der Wissenschaften zu Göttingen*, Bd. VIII.

** Vgl. meine: *Bemerkungen zur Determinanten-Theorie*, im 72 Bande des *Borchardtschen Journals.*

$f_{qs}$ multiplicirt und über alle Werthe von $s$ summirt, so kommt

$$\sum_{r,s}(a_{rs}+t\,b_{rs})f'_{pr}\,f_{qs} = -\sum_{r,s} b_{rs}f_{pr}f_{qs} \qquad (p,\ q,\ r,\ s=0,\ 1,\dots\ n),$$

oder unter Anwendung der Relation $(A)$

$$(B) \qquad f'_{pq} = -\sum_{r,s} b_{rs}f_{pr}f_{qs} \qquad (p,\ q,\ r,\ s=0,\ 1,\dots\ n),$$

wo $f'$ die nach $t$ genommene Ableitung von $f$ bedeutet. Ueberdiess ist die Ableitung $D'(t)$ durch die Gleichung

$$D'(t) = D(t)\sum_{r,s} b_{rs}f_{rs} \qquad (r,\ s=0,\ 1,\dots\ n)$$

bestimmt. Setzt man nunmehr

$$(C)\ \ F(t)=\sum_{r,s} f_{rs}z_r z_s, \quad F_r(t)=2\sum_{s} f_{rs}z_s, \quad F_{rs}=2f_{rs} \qquad (r,\ s=0,\ 1,\dots\ n),$$

so ist $F_r$ die nach $z_r$ genommene Ableitung von $F$ und $F_{rs}$ die nach $z_r$ und $z_s$ genommene zweite Ableitung von $F$, und für die nach $t$ genommene Ableitung von $F$, welche mit $F'(t)$ bezeichnet werden soll, kommt

$$F'(t) = \sum_{p,q} f'_{pq}z_p z_q \qquad (p,\ q=0,\ 1,\dots\ n)$$

oder mit Benutzung der Relationen $(B)$ und $(C)$

$$(D) \qquad 4F'(t) = -\sum_{r,s} b_{rs}F_r(t)F_s(t) \qquad (r,\ s=0,\ 1,\dots\ n)$$

und endlich

$$(E) \qquad 2D'(t) = D(t)\sum_{r,s} b_{rs}F_{rs} \qquad (r,\ s=0,\ 1,\dots\ n).$$

Dies vorausgeschickt, sei

$$V = \int_{t^0} F(t)\,\Phi(t)\,dt.$$

Die Function $\Phi(t)$ und die obere Grenze des Integrals $V$ sei von den Variabeln $z$ unabhängig. Alsdann ist, wenn man die nach $z_r$ und resp. die nach $z_r$ und $z_s$ genommenen Ableitungen von $t^0$ und $V$ mit $t^0_r$, $t^0_{rs}$, $V_r$, $V_{rs}$ und den Ausdruck

$$F(t^0)\left[t^0_r t^0_s \Phi'(t^0) + t^0_{rs}\Phi(t^0)\right] + \Phi(t^0)\left[t^0_r t^0_s F'(t^0) + t^0_r F_s(t^0) + t^0_s F_r(t^0)\right]$$

mit $U$ bezeichnet,

$$V_{rs} = -U + \int_{t^0} F_{rs}(t)\,\Phi(t)\,dt.$$

Setzt man nun einerseits $t^0$ von den Variabeln $z$ unabhängig andrerseits aber $t^0$ durch die Gleichung $F(t^0) = 0$ mit den Variabeln $z$ verbunden voraus, so wird im letzteren Falle

$$t_r^0 F'(t^0) + F_r(t^0) = 0$$

und also je nach den beiden Fällen

$$U = 0 \quad \text{oder} \quad U \,.\, F'(t^0) = -\Phi(t^0) F_r(t^0) F_s(t^0).$$

Hiernach erhält man mit Berücksichtigung der Gleichungen $(D)$ und $(E)$ das Resultat, dass je nach den beiden über $t^0$ gemachten Voraussetzungen

$$\sum_{r,s} b_{rs} V_{rs} - 2\int_{t^0} \Phi(t)\, d\log D(t) = 0 \quad \text{oder} \quad -4\Phi(t^0) \qquad (r, s = 0, 1, \ldots n)$$

wird, und hieraus folgt, dass wenn die obere Grenze des Integrals $V$ unendlich gross und

$$\Phi(t) = c D(t)^{-\frac{1}{2}}$$

angenommen wird, je nach den beiden Voraussetzungen

$$\sum_{r,s} b_{rs} V_{rs} = 4 c D(t^0)^{-\frac{1}{2}} \quad \text{oder} \quad = 0$$

ist. Man braucht daher nur die speciellen Festsetzungen

$$b_{0s} = 0, \qquad b_{ik} = \delta_{ik} \qquad (s = 0, 1, \ldots n; \;\; i, k = 1, 2, \ldots n)$$

und

$$c = -\frac{1}{4} \varpi D(t^0)^{\frac{1}{2}}$$

zu treffen, damit

$$\Delta \int_{t^0}^{\infty} F(t) \Phi(t)\, dt = -\varpi \quad \text{oder} \quad = 0$$

werde, je nachdem die untere Grenze $t^0$ von den Variabeln $z$ unabhängig oder durch die Gleichung $F(t^0) = 0$ bestimmt angenommen wird. Das Zeichen $\Delta$ hat hierbei die übliche Bedeutung:

$$\Delta V(z_1, z_2, \ldots z_n) = \sum_k V_{kk} \qquad (k = 1, 2, \ldots n),$$

und $\varpi$ soll den Inhalt der $(n-1)$ fachen sphärischen Mannigfaltigkeit $z_1^2 + z_2^2 + \ldots + z_n^2 = 1$ angeben*. Ueberdies ist noch $z_0 = 1$ zu nehmen und die Grössen $a_{rs}$ sind als reell und so beschaffen vor-

* Vgl. meinen Aufsatz: *Ueber Systeme von Functionen mehrer Variabeln*, im *Monatsbericht der Berliner Akademie der Wissenschaften* vom März, 1869, pag. 169 und 173.

auszusetzen, dass $F(0)$ nur für endliche Werthe der Variabeln $\zeta$ negativ, also $F(0) < 0$ ein endliches Gebiet von $n$-facher Mannigfaltigkeit ist. Soll nun $\Delta V$ für Punkte $(\zeta)$, die im Innern der geschlossenen $(n-1)$-fachen Mannigfaltigkeit $F(0) = 0$ d. h. in dem Gebiete $F(0) < 0$ liegen, den Werth $-\tilde{\omega}$, für aeussere Punkte aber den Werth Null haben, so braucht man nur für innere Punkte $t^0$ constant und für aeussere Punkte $t^0$ durch die Gleichung $F(t^0) = 0$ bestimmt auzunehmen. Da aber auf der Begrenzung $F(0) = 0$ der Werth von $t^0$ gleich Null ist, so muss, wenn $V$ eine stetige Function der Punkte $(\zeta)$ sein soll, für die inneren Punkte $t^0 = 0$ genommen werden. Die hieraus resultirende Bestimmung von $V$ kann folgendermassen formulirt werden: *Es ist*

$$(F) \qquad V = -\frac{1}{4}\tilde{\omega} D(0)^{\frac{1}{2}} \int F(t) \,.\, D(t)^{-\frac{1}{2}} dt,$$

*wenn $F(t)$ und $D(t)$ durch die Entwickelung der Determinante*

$$\begin{vmatrix} Z, & 1, & \zeta_1, & \zeta_2, \ldots & \zeta_n \\ 1, & a_{00}, & a_{01}, & a_{02}, \ldots, & a_{0n} \\ \zeta_1, & a_{10}, & a_{11}+t, & a_{12}, \ldots & a_{1n} \\ \zeta_2, & a_{20}, & a_{21}, & a_{22}+t, \ldots & a_{2n} \\ \cdots & \cdots & \cdots & \cdots & \cdots \\ \cdots & \cdots & \cdots & \cdots & \cdots \\ \zeta_n, & a_{n0}, & a_{n1}. & a_{n2}, \ldots & a_{nn}+t \end{vmatrix}$$

*als lineare Function von $Z$ in der Form*

$$[F(t) - Z]\, D(t)$$

*bestimmt sind, und wenn die Integration im Sinne wachsender Werthe von $t$ über alle diejenigen positiven Werthe von $t$ erstreckt wird, wofür $F(t) < 0$ ist.*

Das demgemäss mit $V$ bezeichnete Integral ist eine überall stetige Function der reellen Variabeln $\zeta_1, \zeta_2, \ldots \zeta_n$ oder des Punktes $(\zeta)$ und verschwindet für unendlich entfernte Punkte. Auch die ersten Ableitungen $V_k$ sind durchweg stetig, die zweiten Ableitungen $V_{ik}$ sind nur in der $(n-1)$ fachen Mannigfaltigkeit $F(0) = 0$ unstetig. Der Werth von $\sum_k V_{kk}$ oder $\Delta V$ ist in dem von dieser $(n-1)$ fachen Mannigfaltigkeit umschlossenen *inneren* Bereiche d. h. im Gebiete $F(0) < 0$ gleich $-\tilde{\omega}$, im *äusseren* Bereiche $F(0) > 0$ aber gleich

Null. Diese Eigenschaften von $V$ genügen für den Nachweis, dass

$$V(z_1, z_2, \dots z_n) = \int P(z, z')\, dv'$$

ist, wenn $P(z, z')$ das *elementare Potential* der Punkte $(z)$ und $(z')$ bedeutet d. h. wenn

$$P(z, z') = \frac{1}{n-2} \Big[\sum_k (z_k - z'_k)^2\Big]^{-\frac{1}{2}(n-2)} \qquad (k = 1, 2, \dots n)$$

ist, wenn ferner $dv'$ das Inhaltselement der $n$-fachen Mannigfaltigkeit $(z')$ bezeichnet, und wenn endlich die Integration über das ganze Gebiet dieser Mannigfaltigkeit erstreckt wird, in welchem die Function $F(0)$, wenn die Variabeln $z$ darin durch die Variabeln $z'$ ersetzt werden, einen negativen Werth hat.

## II.

Um den erwähnten Nachweis zu führen, gehe ich von der Formel der partiellen Integration aus, welche ich unter No. (3) auf pag. 189 des *Monatsberichts der Berliner Akademie der Wissenschaften* vom März 1869 gegeben habe,

$$(G) \qquad \int \sum_k P_k Q_k\, dv + \int P \sum_k Q_{kk}\, dv = \int P \frac{\partial Q}{\partial p}\, dw.$$

Die beiden Integrale links sind über eine $n$-fache Mannigfaltigkeit $F_0(z_1, z_2, \dots z_n) < 0$ zu erstrecken, das Integral rechts über die Begrenzungs-Mannigfaltigkeit $F_0 = 0$, welche zugleich die ganze *natürliche Begrenzung* bilden muss. Vertauscht man in der Formel $(G)$ die beiden Functionen $P$ und $Q$ mit einander und subtrahirt die dadurch entstehende Formel von $(G)$, so kommt:

$$(H) \quad -\int Q \sum_k P_{kk}\, dv = -\int P \sum_k Q_{kk}\, dv + \int \left(P \frac{\partial Q}{\partial p} - Q \frac{\partial P}{\partial p}\right) dw,$$

wo übrigens der nach $p$ genommene Differentialquotient wie in meiner schon citirten Abhandlung vom März 1869 durch die Gleichung

$$\Big[\sum_k F_{0k}^2\Big]^{\frac{1}{2}} \frac{\partial Q}{\partial p} = \sum_k Q_k F_{0k}$$

definirt wird. Nimmt man in der mit $(G)$ bezeichneten Formel $P = 1$, so kommt

$$\int \Delta Q\, dv = \int \frac{\partial Q}{\partial p}\, dw,$$

und wenn man hierin

$$F_0 = \sum_k (z_k - z_k')^2 - R^2 \quad \text{und} \quad Q = P(z, z')$$

setzt:

$$\int \Delta P(z, z') dv = -\tilde{\omega},$$

wenn die Integration links über den Bereich $\sum_k (z_k - z_k')^2 < R^2$ erstreckt wird. Hieraus folgt aber, dass allgemein

$$(J) \qquad \int Q \Delta P(z, z') dv = -\tilde{\omega} Q(z_1', z_2', \ldots z_n')$$

wird, wenn über einen Bereich $F_0 < 0$ integrirt wird, in welchem $Q$ endlich bleibt, und in welchem der Punkt $(z')$ liegt; die Formel $(H)$ ergiebt demgemäss unter denselben Bedingungen die Gleichung

$$(K) \quad \tilde{\omega} Q(z_1', z_2', \ldots z_n') = -\int P(z, z') \Delta Q dv + \int \left(P \frac{\partial Q}{\partial p} - Q \frac{\partial P}{\partial p}\right) dw.$$

Liegt der Punkt $(z')$ nicht in dem Bereiche $F_0 < 0$, so wird die rechte Seite der Gleichung gleich Null, da ja die Integration über ein grösseres Gebiet erstreckt und für den ganzen Bereich, wo $F_0 > 0$ ist, $Q = 0$ angenommen werden kann. Hierbei zeigt sich übrigens, dass, da

$$-\int P(z, z') \Delta Q dv + \int P(z, z') \frac{\partial Q}{\partial p} dw$$

beim Durchgang des Punktes $(z')$ durch $F_0(z_1', z_2', \ldots z_n') = 0$ stetig ist, das Integral

$$-\int Q \frac{\partial P}{\partial p} dw \quad \text{oder} \quad \frac{\partial}{\partial p'} \int P(z, z') Q dw$$

sich beim Durchgang des Punktes $(z')$ vom Bereich $F_0(z_1', z_2', \ldots z_n') < 0$ nach $F_0(z_1', z_2', \ldots z_n') > 0$ plötzlich um $\tilde{\omega} Q(z_1^0, z_2^0, \ldots z_n^0)$ ändert. Wird nunmehr in der Formel $(H)$ $P = F_0$ gesetzt, so kommt

$$(L) \qquad \int Q \Delta F_0 dv = \int F_0 \Delta Q dv + \int Q \left[\sum_k F_{0k}^{\,2}\right]^{\frac{1}{2}} dw,$$

und wenn man hierin für die Function des Punktes $(z)$, die mit $F_0$ bezeichnet ist,

$$P(z, z') - P(z, z'') \frac{P(0, z')}{P(0, z'')}$$

setzt, wo die Punkte $(z')$ und $(z'')$ durch die Relationen

$$z''_h \sum_k z'^2_k = z'_h r_0^2 \qquad (h, k = 1, 2, \ldots n)$$

mit einander verbunden sein sollen, so erfüllen die auf $F_0 = 0$ liegenden Punkte $(z^0)$ die sphärische Mannigfaltigkeit $\sum z_k^{0^2} = r_0^2$, und jedem Punkte $(z')$ im Innern $F_0 < 0$ entspricht ein Punkt $(z'')$ im Aeussern $F_0 > 0$. Die linke Seite der Gleichung $(L)$ reducirt sich mit Hülfe der Gleichung $(J)$ für jeden inneren Punkt $(z')$ auf $-\bar{\omega}$, multiplicirt mit dem Werthe von $Q$, und es kommt daher, wenn zur Abkürzung $Q(z)$ für $Q(z_1, z_2, \ldots z_n)$ gesetzt wird,

$$(M) \qquad -\bar{\omega} Q(z') = \int F_0 \Delta Q \, dv + \int G(z^0) Q(z^0) \, dw,$$

wo

$$F_0 = P(z, z') - P(z, z'') \left(\frac{r_0}{r_1}\right)^{n-2}$$

$$G(z^0) = \frac{r_1^2 - r_0^2}{r_0} \left(r_1^2 + r_0^2 - 2 \sum_k z_k^0 z'_k\right)^{-\frac{1}{2}n}$$

$$z''_h = z'_h \left(\frac{r_0}{r_1}\right)^2 \qquad \sum_k z'^2_k = r_1^2$$

ist, und die erste Integration rechts über die $n$-fache Mannigfaltigkeit $\sum_k z_k^2 < r_0^2$ die zweite über deren Begrenzung zu erstrecken ist. Die Formel $(M)$ liefert die Bestimmung der Function $Q$ im Innern einer sphärischen Mannigfaltigkeit durch die Werthe von $\Delta Q$ und durch diejenigen, welche $Q$ selbst auf der Begrenzung hat. Lässt man den Radius $r_0$ ins Unendliche wachsen, so reducirt sich die Gleichung $(M)$ auf folgende:

$$(N) \qquad Q(z') = -\frac{1}{\bar{\omega}} \int P(z, z') \Delta Q \, dv,$$

wenn $Q$ für unendlich entfernte Punkte verschwindet und auch $\Delta Q$ nur innerhalb eines endlichen Bereichs von Null verschieden ist. Da die obige Function $V$ diese Eigenschaften besitzt, so ist in der Gleichung $(M)$ der zu führende Nachweis enthalten. Uebrigens ist es (Vgl. Hrn. C. Neumann's bezügliche Arbeiten) für das Bestehen der Gleichung $(N)$, wenn rechts über die gesammte $n$-fache Mannigfaltigkeit integrirt wird, offenbar ausreichend, dass das Integral convergent sei, dass der Mittelwerth von $Q$ auf jeder unendlich grossen sphärischen Mannigfaltigkeit verschwinde, und dass in den bei der

Herleitung gebrauchten Integralen keinerlei natürliche Begrenzung vorkomme.

Ich bemerke schliesslich, dass die vorstehenden Entwickelungen vor mehr als zehn Jahren aus meinen Untersuchungen über Systeme von Functionen mehrer Variabeln hervorgegangen und bereits in der am 27 October 1870 abgehaltenen Sitzung der Akademie der Wissenschaften zu Berlin von mir vorgetragen worden sind.

Berlin, Juni 1880.

# SOPRA LA PROPAGAZIONE DEL CALORE

*MEMORIA*

DI

**ENRICO BETTI**

*Professore nella R. Università di Pisa.*

È noto che la propagazione del calore in un corpo solido qualunque che occupa uno spazio $S$ è determinata dallo stato iniziale, dalle condizioni al contorno $\sigma$ che limita lo spazio $S$ e dalla equazione a derivate parziali *

$$(1) \qquad \frac{\partial V}{\partial t} - \sum_i \frac{\partial}{\partial x_i} \sum_s a_{is} \frac{\partial V}{\partial x_s} = 0,$$

nella quale $V$ denota la temperatura nel tempo $t$ in un punto dello spazio $S$, che ha per coordinate cartesiane $x_1$, $x_2$, $x_3$, ed i coefficienti $a_{is}$ sono in generale funzioni delle coordinate, dipendenti dalle conducibilità nelle differenti direzioni, dalla densità e dal calorico specifico del corpo nel punto $(x_1\ x_2\ x_3)$.

Nel tempo iniziale $t = 0$ la temperatura $V_0$ sia espressa da una funzione arbitrariamente data in tutto lo spazio $S$:

$$(2) \qquad V_0 = f(x_1,\ x_2,\ x_3).$$

Se il corpo sia isolato in uno spazio del quale è data in tutto il tempo la temperatura $v$, sopra la superficie $\sigma$ dovrà esser verificata in tutto il tempo la equazione **

$$(3) \qquad h(V - v) = \sum_i \alpha_i \sum_s a_{is} \frac{\partial V}{\partial x_s},$$

* Vedi Lamé, *Leçons sur la théorie analytique de la Chaleur*, pag. 27.
** Ivi, pag. 30.

nella quale $h$ denota la conducibilità esterna ed $\alpha_1$, $\alpha_2$, $\alpha_3$ sono i coseni degli angoli che la normale alla superficie $\sigma$ diretta verso l'interno dello spazio $S$ fa cogli assi delle $x_1$, $x_2$, $x_3$.

Sia $U$ una funzione del tempo $t$ e delle coordinate, la quale insieme colla sua derivata prima rispetto al tempo e colle sue derivate prime e seconde rispetto alle coordinate si conservi finita e continua in tutto lo spazio $S$ e in tutto il tempo da $t = o$ a $t = t_1$.

Moltiplichiamo la equazione (1) per $U\,d\,t\,d\,S$ e integriamo, estendendo la integrazione a tutto lo spazio $S$ e a tutto il tempo $t_1$. Denotando rispettivamente con $V_1$, $U_1$ e con $V_0$, $U_0$ i valori di $V$ ed $U$ corrispondenti a $t = t_1$ e a $t = o$, avremo

$$(4)\quad \int_S V_1 U_1\,d\,S - \int_S V_0 U_0\,d\,S + \int_0^{t_1} d\,t \int d\,\sigma \sum_i \alpha_i \left( U \sum_s a_{is} \frac{\partial V}{\partial x_s} - V \sum a_{si} \frac{\partial U}{\partial x_s} \right) + \int_0^{t_1} d\,t \int_S \left( \frac{\partial U}{\partial t} + \sum_i \frac{\partial}{\partial x_i} \sum_s a_{si} \frac{\partial U}{\partial x_s} \right) V\,d\,S = 0.$$

Sia ora $t'$ un valore di $t$ maggiore di $t_1$ ed $U$ sia tale che quando uno spazio $s$ qualunque non contiene un punto $(x_1', x_2', x_3')$ si abbia

$$(5)\quad \lim_{t_1 = t'} \int_s U\,d\,s = 0,$$

e quando uno spazio $s'$ contenga il punto $(x_1', x_2', x_3')$ sia invece

$$(6)\quad \lim_{t_1 = t'} \int_{s'} U\,d\,s' = \omega,$$

ed $U$ si conservi sempre dello stesso segno finchè $t_1$ non supera $t'$.

Decomponiamo lo spazio $S$ in due parti: una $s'$ che contenga il punto $(x_1'\ x_2'\ x_3')$ e l'altra $s$ che non lo contenga. Denotando con $V'$ un valore compreso tra il massimo e il minimo dei valori che prende $V_1$ in $s'$, e con $V^0$ uno compreso tra il massimo e il minimo di quelli che prende in $s$, avremo

$$(7)\quad \int_S V_1 U_1\,d\,S = \int_{s'} V_1 U_1\,d\,s' + \int_s V_1 U_1\,d\,s = V' \int_{s'} U_1\,d\,s' + V^0 \int_s U_1\,d\,s,$$

e ponendo mente alle equazioni (5) e (6), otterremo

$$(8)\qquad \lim_{t_1 = t'} \int_S V_1 U_1 \, d\, S = V' \omega.$$

Ma la equazione (6) vale qualunque sia la grandezza di $s'$. Quindi diminuendo indefinitamente $s'$, se la funzione $V$ ha un limite determinato coll'avvicinarsi al punto $(x_1' \; x_2' \; x_3')$, $V'$ sarà il valore di $V$ in questo punto nel tempo $t = t'$ e passando al limite, la equazione (4) diverrà

$$(9)\qquad V' \omega = \int_S V_0 U_0 \, d\, S -$$

$$\int_0^{t'} d\, t \int_\sigma d\, \sigma \sum_i \alpha_i \left\{ U \sum_s a_{is} \frac{\partial V}{\partial x_s} - V \sum_s a_{si} \frac{\partial U}{\partial x_s} \right\}$$

$$+ \int_0^{t'} d\, t \int_S V \left( \frac{\partial U}{\partial t} + \sum_i \frac{\partial}{\partial x_i} \sum_s a_{si} \frac{\partial U}{\partial x_s} \right) d\, S.$$

Se oltre alle condizioni notate sopra, la funzione $U$ soddisfa anche in tutto lo spazio $S$ alla equazione

$$(10)\qquad \frac{\partial U}{\partial t} + \sum_i \frac{\partial}{\partial x_i} \sum_s a_{si} \frac{\partial U}{\partial x_s} = 0,$$

la equazione (9) diverrà

$$(11)\qquad \omega V' = \int_S V_0 U_0 \, d\, S +$$

$$\int_0^{t'} d\, t \int_\sigma d\, \sigma \sum_i \alpha_i \left( V \sum_s a_{si} \frac{\partial U}{\partial x_s} - U \sum_s a_{is} \frac{\partial V}{\partial x_s} \right),$$

e se la funzione $V$ soddisfa anche alla equazione (3) sarà

$$(12)\qquad \omega V' = \int_S V_0 U_0 \, d\, S +$$

$$\int_0^{t'} d\, t \int_\sigma \left[ h\, U v - V \left( h\, U - \sum_i \alpha_i \sum_s a_{si} \frac{\partial U}{\partial x_s} \right) \right] d\, \sigma .$$

Quando la $U$ soddisfacesse sopra $\sigma$ alla equazione

$$(13)\qquad h\, U = \sum \alpha_i \sum_s a_{si} \frac{\partial U}{\partial x_s},$$

avremmo

$$(14)\qquad V' = \frac{1}{\omega} \int_S V_0 U_0 \, d\, S + \frac{1}{\omega} \int_0^{t'} d\, t \int_\sigma h\, U v \, d\, \sigma,$$

e quindi il valore di $V'$, in ogni punto interno allo spazio $S$, sarebbe espresso per funzioni date.

Se la conducibilità è uguale in due direzioni qualunque opposte l'una all'altra, sarà *

$$a_{is} = a_{si},$$

e se il corpo è omogeneo i coefficienti $a_{is}$ saranno costanti. In questo caso una funzione $U$ che soddisfa alle equazioni (5), (6) e (10) è la seguente:

$$U = \frac{e^{-\frac{\varphi}{4(t'-t)}}}{(t'-t)^{\frac{3}{2}}}, \tag{15}$$

nella quale si ha

$$\varphi = \sum_i \sum_s A_{is}(x_i - x_i')(x_s - x_s'), \tag{16}$$

e posto

$$D = \begin{vmatrix} a_{11} & a_{12} & a_{13} \\ a_{21} & a_{22} & a_{33} \\ a_{31} & a_{32} & a_{33} \end{vmatrix}, \tag{17}$$

i coefficienti $A_{is}$ sono determinati dall'equazioni

$$A_{is} = \frac{\partial D}{\partial a_{is}} \cdot \frac{1}{D}.$$

Effettuando le derivazioni e rammentando alcune proprietà elementari dei determinanti si dimostra facilmente che la funzione $U$ soddisfa alla equazione (10).

Per dimostrare che la funzione $U$ soddisfa alle equazioni (5) e (6) osserviamo primieramente che la funzione $\varphi$ con una conveniente trasformazione di coordinate prende la forma:

$$\varphi = \frac{(x_1 - x_1')^2}{a^2} + \frac{(x_2 - x_2')^2}{b^2} + \frac{(x_3 - x_3')^2}{c^2},$$

dove le costanti $a$, $b$, $c$ sono le radici di una equazione di terzo grado, ed abbiamo

$$a\,b\,c = \frac{1}{\begin{vmatrix} A_{11} & A_{12} & A_{13} \\ A_{21} & A_{22} & A_{23} \\ A_{31} & A_{32} & A_{33} \end{vmatrix}^{\frac{1}{2}}} = \sqrt{D} \tag{18}$$

---

* Vedi LAMÉ, *Leçons sur la théorie analytique de la Chaleur*, pag. 11.

Decomponiamo lo spazio $S$ in due parti: una delle quali $s'$ sia un parallelepipedo col centro nel punto $(x_1'\ x_2'\ x_3')$ e coi lati paralleli agli assi e di lunghezza $2\varepsilon_1$, $2\varepsilon_2$, $2\varepsilon_3$. L'altra parte denotiamola con $s$. Avremo evidentemente

$$\int_s U\,d\,S \leq \left[\int_{\varepsilon_1+x_1'}^{\infty} + \int_{-\infty}^{x_1'-\varepsilon_1}\right] \frac{e^{-\frac{(x_1-x_1')^2}{4a^2(t'-t)}}\,d\,x_1}{\sqrt{t'-t}}\,.$$

$$\left[\int_{\varepsilon_2+x_2'}^{\infty} + \int_{-\infty}^{x_2'-\varepsilon_2}\right] \frac{e^{-\frac{(x_2-x_2')^2}{4b^2(t'-t)}}\,d\,x_2}{\sqrt{t'-t}} \cdot \left[\int_{\varepsilon_3+x_3'}^{\infty} + \int_{-\infty}^{x_3'-\varepsilon_3}\right] \frac{e^{-\frac{(x_3-x_3')^2}{4c^2(t'-t)}}}{\sqrt{t'-t}}\,d\,x_3\,.$$

Ponendo

$$\frac{x_1-x_1'}{2a\sqrt{t'-t}} = z_1, \quad \frac{x_2-x_2'}{2b\sqrt{t'-t}} = z_2, \quad \frac{x_3-x_3'}{2c\sqrt{t'-t}}, = z_3,$$

si ottiene

$$\int_s U\,d\,s \leq 2^6\,a\,b\,c \int_{\frac{\varepsilon_1}{2a\sqrt{t'-t}}}^{\infty} e^{-z^2}\,d\,z \,. \int_{\frac{\varepsilon_2}{2b\sqrt{t'-t}}}^{\infty} e^{-z^2}\,d\,z \,. \int_{\frac{\varepsilon_3}{2c\sqrt{t'-t}}}^{\infty} e^{-z^2}\,d\,z\,.$$

Ora

$$\int_{\eta}^{\infty} e^{-z^2}\,d\,z = \frac{1}{z'}\int_{\eta}^{\infty} e^{-z^2}\,z\,d\,z = \frac{e^{-\eta^2}}{2z'}\,,$$

dove $z'$ denota un valore non minore di $\eta$. Onde

$$\lim_{\eta=\infty} \int_{\eta}^{\infty} e^{-z^2}\,d\,z = 0,$$

e quindi

$$\lim_{t=t'} \int_s U\,d\,s = 0.$$

Lo spazio $s'$ nella equazione (6) quando è soddisfatta la (5) può prendersi grande quanto si vuole. Avremo quindi

$$\lim_{t=t'} \int_{s'} U\,d\,s' = \lim_{t=t'} \int_{-\infty}^{\infty} \frac{e^{-\frac{(x_1-x_1')^2}{4a^2(t'-t)}}\,d\,x_1}{\sqrt{t'-t}} \int_{-\infty}^{\infty} \frac{e^{-\frac{(x_2-x_2')^2}{4b^2(t'-t)}}\,d\,x_2}{\sqrt{t'-t}} \int_{-\infty}^{\infty} \frac{e^{-\frac{(x_3-x_3')^2}{4c^2(t'-t)}}\,d\,x_3}{\sqrt{t'-t}}\,.$$

$$= 8\,a\,b\,c \int_{-\infty}^{\infty} e^{-z^2}\,d\,z \int_{-\infty}^{\infty} e^{-z^2}\,d\,z \int_{-\infty}^{\infty} e^{-z^2}\,d\,z = 8\,a\,b\,c\sqrt{\pi^3} = 8\sqrt{\pi^3 D}\,.$$

Dunque colla funzione $U$ data dalla formula (15) saranno soddisfatte le equazioni (5) e (6), avremo

$$\omega = 8\sqrt{\pi^3 D},$$

e la equazione (11) diverrà

$$(19)\qquad V' = \frac{1}{8\sqrt{\pi^3 D}} \int_S \frac{V_0 e^{-\frac{\varphi}{4t'}} dS}{t'^{\frac{3}{2}}}$$
$$+ \frac{1}{8\sqrt{\pi^3 D}} \int_0^{t'} dt \int_\sigma d\sigma \sum_i \alpha_i \sum_s a_{is} \left( V \frac{\partial U}{\partial x_s} - U \frac{\partial V}{\partial x_s} \right).$$

Poniamo

$$\varphi_n = \sum_i \sum_s A_{is} (x_i - \xi_i^{(n)}) (x_s - \xi_s^{(n)}),$$

e i punti di coordinate $(\xi_1^{(n)}\ \xi_2^{(n)}\ \xi_3^{(n)})$ siano esterni allo spazio $S$; ogni serie della forma

$$\frac{e^{-\frac{\varphi}{4(t'-t)}} + \sum_n B_n e^{-\frac{\varphi_n}{4(t'-t)}}}{(t'-t)^{\frac{3}{2}}},$$

quando siano convergenti in ugual grado le serie delle derivate prime rapporto al tempo, e delle derivate seconde rapporto alle coordinate dei suoi termini, darà una funzione $U$ che soddisfarà alle equazioni (5), (6) e (10), ed $\omega$ per tutte avrà lo stesso valore. Quando possano determinarsi i coefficienti $B_n$ in modo che sopra $\sigma$ sia soddisfatta la equazione (13), dalla equazione (14) risulterà compiutamente risoluto il problema della propagazione del calore.

Determiniamo ora il limite di $V'$ dato dalla formula (19) col crescere indefinitamente del tempo $t'$. Osserviamo che si ha

$$\int_S \frac{V_0 e^{-\frac{\varphi}{4t'}} dS}{t'^{\frac{3}{2}}} = \frac{V_0' e^{-\frac{\varphi'}{4t'}}}{t'^{\frac{3}{2}}} S,$$

dove $V_0'$ e $\varphi'$ sono valori di $V_0$ e $\varphi$ compresi tra i massimi e i minimi valori di $V_0$ e $\varphi$ nello spazio $S$, e quindi

$$\lim_{t'=\infty} \int_S V_0 U_0 \, dS = 0.$$

Abbiamo inoltre

$$\int_0^{t'} U\,dt = \int_0^{t'} \frac{e^{-\frac{\varphi}{4(t'-t)}}}{(t'-t)^{\frac{3}{2}}}\,dt = \frac{4}{\sqrt{\varphi}}\int_0^{\infty} e^{-z^2}\,dz = \frac{2\sqrt{\pi}}{\sqrt{\varphi}}.$$

Pertanto la equazione (19) diviene

$$(20)\qquad V' = \frac{1}{4\pi\sqrt{D}}\int_\sigma d\sigma \sum \alpha_i \sum_s a_{is}\left(V\frac{\partial \frac{1}{\sqrt{\varphi}}}{\partial x_s} - \frac{1}{\sqrt{\varphi}}\frac{\partial V}{\partial x_s}\right).$$

Quando

$$a_{is} = 0, \quad a_{ii} = 1$$

abbiamo

$$D = 1, \quad \varphi = (x_1 - x_1')^2 + (x_2 - x_2')^2 + (x_3 - x_3')^2 = r^2$$

la equazione (20) diviene

$$V' = \frac{1}{4\pi}\int_\sigma \left(V\frac{\partial \frac{1}{r}}{\partial p} - \frac{1}{r}\frac{\partial V}{\partial p}\right) d\sigma,$$

che è la formula di GREEN.

Quando lo spazio $S$ è infinito in tutte le direzioni la temperatura e le sue derivate sono eguali a zero sopra tutto il contorno $\sigma$, che in questo caso è una sfera di raggio infinito; quindi la equazione (19) diviene

$$V' = \frac{1}{8\sqrt{\pi^3 D}}\int_C \frac{V_0 e^{-\frac{\varphi}{4t'}} dS}{t'^{\frac{3}{2}}},$$

dove $C$ denota la porzione di spazio in cui per $t = o$ la funzione $V$ è differente da zero.

Se il corpo è isotropo avremo

$$a_{is} = 0, \quad a_{ii} = k = \frac{K}{c\rho},$$

dove $K$ denota la conducibilità, $c$ il calorico specifico e $\rho$ la densità. Onde

$$\varphi = \frac{(x_1 - x_1')^2 + (x_2 - x_2')^2 + (x_3 - x_3')^2}{k} = \frac{r^2}{k}$$

$$D = k^3$$

$$(21)\qquad V' = \frac{1}{4\pi k\sqrt{\pi}}\int_C \frac{V_0 e^{-\frac{r^2}{4kt'}} dS}{\sqrt{4kt'^3}}.$$

Il professore BELTRAMI ha osservato che questo valore di $V'$ moltiplicato per $4\pi k\, dt'$ e integrato tra $o$ e $\infty$ dà una funzione che è uguale alla funzione potenziale newtoniana di una massa distribuita nello spazio $C$ colla densità $V_0$; qual è il significato fisico di questa funzione? *

Per rispondere a questa dimanda consideriamo un elemento piano $d\omega$ nel punto $(x_1'\ x_2'\ x_3')$ e sia $p'$ una direzione normale a $d\omega$. Denotando con $d^2 q$ la quantità di calore che attraversa l'elemento $d\omega$ nella direzione normale $p'$ nel tempo $dt$; avremo

$$d^2 q = -K \frac{\partial V'}{\partial p'} d\omega\, dt = -c \rho k \frac{\partial V'}{\partial p'} d\omega\, dt.$$

Sostituendo il valore di $V'$ dato dalla equazione (21), moltiplicando per $dt'$ e integrando tra $t' = o$ e $t' = \tau$, otterremo la quantità di calore $dq$ che attraverserà $d\omega$ nella direzione $p'$ nel tempo $\tau$, cioè

$$dq = -\frac{d\omega}{4\pi\sqrt{\pi}} \frac{\partial}{\partial p'} \int_C V_0 c \rho\, dS \int_0^\tau \frac{e^{-\frac{r^2}{4kt'}} dt}{\sqrt{4kt^3}}$$

ed anche

$$(22)\quad dq = -\frac{d\omega}{4\pi} \frac{\partial}{\partial p'} \int_C \frac{c \rho V_0\, dS}{r} + \frac{d\omega}{2\pi\sqrt{\pi}} \frac{\partial}{\partial p'} \int_C \frac{c \rho V_0\, dS}{r} \int_0^{\frac{r}{2\sqrt{k\tau}}} e^{-z^2} dz.$$

Ora sia $H_0$ la quantità di calore contenuta in una porzione del mezzo che occupa uno spazio uguale alla unità, quando la temperatura è zero, ed $H$ la quantità di calore contenuta nella stessa porzione, quando la temperatura è $V_0$; avremo

$$H - H_0 = c \rho V_0.$$

Chiamiamo *intensità calorifica* la differenza $H - H_0$ e denotiamola con $\mu$. La equazione (22) diverrà

$$(23)\quad dq = -\frac{d\omega}{4\pi} \frac{\partial}{\partial p'} \int_C \frac{\mu\, dS}{r} + \frac{d\omega}{2\pi\sqrt{\pi}} \frac{\partial}{\partial p'} \int_C \frac{\mu\, dS}{r} \int_0^{\frac{r}{2\sqrt{k\tau}}} e^{-z^2} dz.$$

* Vedi *Il Nuovo Cimento*. Serie III, tomo I, pag. 20.

Il primo termine del secondo membro è una quantità indipendente da $k\tau$, ed il secondo converge a zero col crescere di $k\tau$. Quindi il primo termine dà il limite verso cui converge col crescere di $\tau k$ la quantità di calore che durante il tempo $\tau$ attraversa $d\omega$ nella direzione $p'$; ma esso è anche uguale al prodotto di $\frac{d\omega}{4\pi}$ per la componente secondo la direzione opposta a $p'$ dell'azione newtoniana esercitata sopra una massa uguale alla unità concentrata nel punto $(x_1' \; x_2' \; x_3')$ da una massa distribuita in $C$ colla densità uguale alla intensità calorifica iniziale; dunque abbiamo il seguente teorema:

*Se un mezzo isotropo, che si estende all'infinito in tutte le direzioni, nel tempo $t=0$ ha alla temperatura zero tutti i suoi punti, tranne quelli che occupano una porzione di spazio $C$, i quali hanno temperature espresse da una funzione qualunque $V_0$, il limite verso cui converge, col crescere del rapporto della conducibilità al prodotto del calorico specifico per la densità, la quantità di calore che durante un tempo dato $\tau$ piccolo quanto si vuole attraverserà un elemento piano $d\omega$ in una direzione normale $p'$, sarà uguale al prodotto di $\frac{d\omega}{4\pi}$ per la componente secondo la direzione opposta a $p'$ dell'azione newtoniana che eserciterebbe sopra una massa uguale alla unità concentrata nel punto per cui è condotto l'elemento $d\omega$ una massa distribuita in $C$ colla densità in ogni punto uguale alla intensità calorifica iniziale corrispondente.*

Pisa, 6 Novembre 1880.

# UEBER QUADRATISCHE KUGELCOMPLEXE
## UND CONFOCALE CYCLIDEN

VON

**THEODOR REYE**

*Professor an der Universität Strassburg.*

1. In der neueren Kugelgeometrie erweist sich der Begriff des Normalen als ausserordentlich fruchtbar. Wir legen ihn den Definitionen der linearen Kugelsysteme zu Grunde, indem wir sagen: Die Gesammtheit aller Kugeln, welche drei resp. zwei beliebige Kugeln rechtwinklig schneiden, heisst ein Kugelbüschel resp. Kugelbündel, und alle zu einer gegebenen Kugel (der Orthogonalkugel) normalen Kugeln bilden ein Kugelgebüsch. Zwei Kugelgebüsche haben demnach allemal einen Kugelbündel mit einander gemein, und drei beliebige Gebüsche, oder ein Kugelbündel und ein -Gebüsch durchdringen sich in einem Kugelbüschel; auch ergiebt sich leicht, dass zu jedem Kugelbüschel ein Bündel orthogonaler Kugeln gehört, und dass ein Kugelgebüsch oder -Bündel jeden Kugelbüschel enthält, welcher zwei seiner Kugeln verbindet. Auf den Begriff des Normalen gründen wir ferner einerseits das wichtige Princip der reciproken Radien (die Inversion), anderseits die Polarentheorie der Kugel und des Kreises *, indem wir von der Definition ausgehen: Zwei Punkte heissen einander zugeordnet und liegen invers bezüglich einer Kugel $k$, wenn jede durch sie gehende Kugel zu $k$ normal ist. Auch die fundamentale Theorie der harmonischen Gebilde mit ihren vielfachen Anwendungen lässt sich unmittelbar auf den Begriff des Normalen zurückführen; denn vier Punkte eines Kreises

* Vgl. Reye, *Synthetische Geometrie der Kugeln und linearen Kugelsysteme*, Leipzig, 1879, §§ 3 und 7. Im Folgenden citiren wir diese *synthetische Kugelgeometrie* mit S. K. G.; eine Italienische Uebersetzung derselben hat Prof. Misani soeben bei Hoepli in Mailand herausgegeben.

sind harmonisch, wenn zwei derselben invers liegen bezüglich der Kugel, welche den Kreis in den übrigen beiden Punkten rechtwinklig schneidet. Bei allen diesen Sätzen gelten Ebenen und Gerade als Kugeln und Kreise von unendlich grossen Radien.

2. Der Begriff des Normalen lässt sich, wie in der vorhin citirten Druckschrift gelehrt wird, auch auf lineare Kugelsysteme ausdehnen. Wir nennen nämlich zwei derartige Systeme normal, wenn das eine und folglich jedes entweder aus Orthogonalkugeln des andern besteht oder durch alle Orthogonalkugeln des andern geht. Von zwei zu einander normalen Kugelgebüschen sind demnach die beiden Orthogonalkugeln zu einander normal. Zwei Kugelbüschel sind normal, wenn der eine durch zwei Orthogonalkugeln des andern geht. Von zwei normalen Kugelbündeln gehen durch einen beliebigen Punkt des Raumes zwei sich rechtwinklig schneidende Kreise (*S. K. G.*, N. 147); die beiden Axen der Bündel kreuzen sich rechtwinklig, und auch ihre beiden Central-Ebenen sind zu einander normal. Bei der DUPIN'schen Cyclide treten zwei normale Kugelbündel auf. Alle Kugeln, welche zwei gegebene Kugeln $k$, $k_1$ unter den schiefen Winkeln $w$ und $w_1$ schneiden, liegen in zwei zu dem Büschel $kk_1$ normalen Kugelgebüschen, und zwar bilden sie zwei quadratische Kugelsysteme zweiter Stufe (*S. K. G.*, N. 157). Eine Kugel ist normal zu jedem Kugelbüschel oder -Bündel, von welchem sie eine Orthogonalkugel ist.

3. In der Geometrie des Raumes von drei Dimensionen hängt bekanntlich die Lehre vom Normalen mit einer singulaeren Fläche zweiten Grades innig zusammen, nämlich mit dem unendlich fernen, imaginaeren Kugelkreise; und zwar sind zwei Ebenen oder Gerade, oder eine Ebene und eine Gerade zu einander normal, wenn sie bezüglich dieses Kreises conjugirt sind. Ebenso ist in der Kugelgeometrie die Lehre vom Normalen mit einem Kugelcomplexe zweiten Grades eng verknüpft; doch ist derselbe weder imaginaer noch singulaer, sondarn besteht aus allen unendlich kleinen oder « Punktkugeln » des Raumes. Zwei Kugeln oder lineare Kugelsysteme oder eine Kugel und ein derartiges System sind, wie wir sehen werden, zu einander normal, wenn sie in Bezug auf diesen Complex aller Punktkugeln conjugirt sind. Und gleichwie eine Schaar confocaler Flächen zweiten Grades von unendlich vielen (imaginaeren) Ebenen eingehüllt wird, die auch den unendlich fernen Kugelkreis berühren, so wird eine Schaar confocaler Kugelcomplexe zweiten Grades von unendlich vielen (reellen) Kugelgebüschen eingehüllt, welche auch den Punktkugel-Complex berühren. Bei der Begründung dieser merk-

würdigen Beziehungen werden wir auf eigenthümlichem Wege direct zu dem Systeme orthogonaler Cycliden gelangen, welches 1864 von MOUTARD * und gleichzeitig von DARBOUX ** entdeckt und seitdem besonders von letzterem *** vielseitig untersucht wurde.

4. Die Gleichung einer Kugel in rechtwinkligen Coordinaten sei:

$$\alpha_0(x^2+y^2+z^2)-2\alpha_1 x-2\alpha_2 y-2\alpha_3 z+\alpha_4=0;$$

wir erhalten dann für die Coordinaten $\xi$, $\eta$, $\zeta$ ihres Mittelpunktes und für ihre Potenz $p$ im Anfangspunkte der Coordinaten die Ausdrücke:

$$\xi=\frac{\alpha_1}{\alpha_0}, \qquad \eta=\frac{\alpha_2}{\alpha_0}, \qquad \zeta=\frac{\alpha_3}{\alpha_0}, \qquad p=\frac{\alpha_4}{\alpha_0},$$

während ihr Radius $r$ sich aus der Gleichung ergiebt:

$$r^2=\xi^2+\eta^2+\zeta^2-p \text{ oder } \alpha_0^2 r^2=\alpha_1^2+\alpha_2^2+\alpha_3^2-\alpha_0\alpha_4.$$

Die Coefficienten $\alpha_i$ der Gleichung wollen wir die « Coordinaten der Kugel » nennen, weil durch ihre Verhältnisse die Lage und Grösse der Kugel bestimmt ist; wir bezeichnen die Kugel durch ($\alpha_0$, $\alpha_1$, $\alpha_2$, $\alpha_3$, $\alpha_4$) oder kürzer durch $\alpha$. Wenn $\alpha_0$ verschwindet, so ist die Kugel eine Ebene, und $\alpha_1$, $\alpha_2$, $\alpha_3$, $\frac{1}{2}\alpha_4$ können als deren Coordinaten aufgefasst werden; sind auch $\alpha_1$, $\alpha_2$ und $\alpha_3$ Null, so liegt diese Ebene unendlich fern. Die Kugel ist eine Punktkugel, wenn ihr Radius $r$ verschwindet, also $\alpha_1^2+\alpha_2^2+\alpha_3^2-\alpha_0\alpha_4=0$ ist.

5. Zwei Kugeln $\alpha$, $\beta$ sind zu einander normal, wenn ihre Coordinaten $\alpha_i$, $\beta_i$ der Gleichung:

$$\alpha_1\beta_1+\alpha_2\beta_2+\alpha_3\beta_3-\frac{1}{2}(\alpha_0\beta_4+\alpha_4\beta_0)=0$$

genügen. Sind nämlich ($\xi$, $\eta$, $\zeta$) und ($\xi_1$, $\eta_1$, $\zeta_1$) die Mittelpunkte, $r$ und $r_1$ die Radien der beiden Kugeln, so schneiden letztere sich rechtwinklig, wenn:

$$r^2+r_1^2=(\xi-\xi_1)^2+(\eta-\eta_1)^2+(\zeta-\zeta_1)^2$$

und folglich

$$2(\xi\xi_1+\eta\eta_1+\zeta\zeta_1)=p+p_1$$

---

* MOUTARD in den *Nouvelles Annales de Mathématiques,* 1864, pag. 536.

** DARBOUX in den *Annales scientifiques de l'Ecole Normale Sup.,* 1865, p. 62 und 1866, p. 98.

*** DARBOUX, *Sur une classe remarquable de courbes et de surfaces algébriques,* Paris, 1873, 8°. Vgl. CASEY, *On cyclides and sphero-quartics,* in den *Philos. Transactions,* London, 1871.

ist; diese Gleichung aber geht in die obige über wegen:

$$\xi = \frac{\alpha_1}{\alpha_0}, \qquad \xi_1 = \frac{\beta_1}{\beta_0}, \qquad \eta = \frac{\alpha_2}{\alpha_0}, \ldots, \qquad p_1 = \frac{\beta_4}{\beta_0}.$$

Alle Kugeln, welche eine gegebene Kugel $\alpha$ rechtwinklig schneiden, haben bekanntlich im Centrum der letzteren die Potenz $r^2$, wenn $r$ der Radius von $\alpha$; auch aus diesem umkehrbaren Satze ergiebt sich leicht die obige Formel.

6. Fassen wir die Kugelcoordinaten $\alpha_i$ als veränderliche Grössen auf, so können wir jede beliebige Kugel durch sie darstellen. Die Gesammtheit aller Kugeln, deren Coordinaten einer gegebenen homogenen Gleichung genügen, heisst ein Kugelcomplex; die gemeinschaftlichen Kugeln von zwei oder drei beliebigen Complexen bilden eine Kugelcongruenz resp. Kugelschaar, welche durch die Gleichungen jener Complexe « dargestellt » wird. Ein algebraischer Kugelcomplex heisst linear, quadratisch oder vom $n^{ten}$ Grade, wenn seine (algebraische) Gleichung bezüglich der Coordinaten $\alpha_i$ vom ersten, zweiten resp. $n^{ten}$ Grade ist. Beispielsweise bilden alle Kugeln $\alpha$, welche eine gegebene Kugel $\beta$ rechtwinklig schneiden, einen linearen Complex (5), dagegen alle Kugeln von gegebenem Radius $r$ und insbesondere alle Punktkugeln einen quadratischen Complex (4).

7. Ein linearer Complex ist nichts anderes als ein Kugelgebüsch. Wird nämlich der Complex dargestellt durch die Gleichung:

$$a_0\alpha_0 + a_1\alpha_1 + a_2\alpha_2 + a_3\alpha_3 + a_4\alpha_4 = 0,$$

so sind alle seine Kugeln $\alpha$ normal zu der Kugel $\beta$, deren Coordinaten aus den Gleichungen:

$$\beta_0 = -2a_4, \qquad \beta_1 = a_1, \qquad \beta_2 = a_2, \qquad \beta_3 = a_3, \qquad \beta_4 = -2a_0$$

sich ergeben (5). Diese Kugel $\beta$ ist die Orthogonalkugel eines mit dem Complexe identischen Kugelgebüsches und zugleich der Ort aller Punktkugeln desselben; in ihrem Centrum haben alle Kugeln des Complexes gleiche Potenz (5). Die Ebenen des Gebüsches bilden einen Ebenenbündel, denn sie gehen alle durch den Mittelpunkt der Orthogonalkugel $\beta$. Ist letztere eine Ebene, also $a_4 = 0$, so heisst das Gebüsch ein symmetrisches und besteht aus allen Kugeln, deren Mittelpunkte in dieser « Symmetrie-Ebene » $\beta$ liegen.

8. Der lineare Complex ist durch die Verhältnisse der fünf Constanten $a_i$ seiner Gleichung bestimmt; diese Verhältnisse aber können so berechnet werden, dass der Complex durch vier gegebene Kugeln geht. Durch vier beliebige Kugeln kann folglich ein und im Allgemeinen nur ein Kugelgebüsch gelegt werden. Ein

Kugelbündel resp. Büschel wird durch zwei resp. drei lineare Gleichungen dargestellt, und ist durch drei resp. zwei beliebige von seinen Kugeln bestimmt. Vier Kugelgebüsche haben allemal eine Kugel mit einander gemein; die Verhältnisse der Coordinaten dieser Kugel ergeben sich im Allgemeinen eindeutig aus den vier Gleichungen der Gebüsche. Zwei Kugelbündel oder ein Kugelbüschel und ein Gebüsch haben folglich auch eine, und im Allgemeinen nur eine Kugel mit einander gemein.

9. Die Gleichung eines quadratischen Kugelcomplexes:

$$a_{00}\alpha_0^2 + 2a_{01}\alpha_0\alpha_1 + 2a_{02}\alpha_0\alpha_2 + \ldots + a_{33}\alpha_3^2 + 2a_{34}\alpha_3\alpha_4 + a_{44}\alpha_4^2 = 0$$

lässt sich kürzer schreiben: $\sum a_{ik}\alpha_i\alpha_k = 0$, indem wir die Summation auf die Werthe 0, 1, 2, 3, 4 der Indices $i$ und $k$ erstrecken und $a_{ik} = a_{ki}$ setzen. Der Complex ist bestimmt durch die Verhältnisse der 15 Constanten $a_{ik}$, also auch durch 14 beliebige von seinen Kugeln. Die Ebenen des quadratischen Complexes umhüllen eine Fläche zweiter Classe, deren Gleichung in Ebenen-Coordinaten sich ergiebt, wenn in der Complex-Gleichung $\alpha_0 = 0$ gesetzt wird (4). Der Ort aller Punktkugeln des Complexes ist eine Cyclide, d. h. eine Fläche vierter Ordnung, welche mit jeder Kugel eine Raumcurve vierter Ordnung gemein hat und somit den unendlich fernen imaginaeren Kreis zweimal enthält. Setzt man in der Complexgleichung:

$$\frac{\alpha_1}{\alpha_0} = \xi, \quad \frac{\alpha_2}{\alpha_0} = \eta, \quad \frac{\alpha_3}{\alpha_0} = \zeta, \quad \frac{\alpha_4}{\alpha_0} = \xi^2 + \eta^2 + \zeta^2 = \rho^2,$$

so erhält man die Punktgleichung dieser Cyclide in der Form:

$$a_{00} + 2a_{01}\xi + \ldots + a_{22}\eta^2 + 2a_{23}\eta\zeta + a_{33}\zeta^2 +$$
$$+ 2(a_{04} + a_{14}\xi + a_{24}\eta + a_{34}\zeta)\rho^2 + a_{44}\rho^4 = 0.$$

Die Gleichung einer beliebigen Kugel bilden wir, indem wir $\rho^2 = \xi^2 + \eta^2 + \zeta^2$ einer linearen Function von $\xi$, $\eta$, $\zeta$ gleichsetzen; dadurch aber geht die Cyclidengleichung über in diejenige einer Fläche zweiter Ordnung, welche mit der Kugel eine auf der Cyclide liegende Raumcurve vierter Ordnung gemein hat. Diese Raumcurve kann in zwei Kreise zerfallen. Die Cyclide zerfällt in die unendlich ferne Ebene und eine Fläche dritter Ordnung, wenn $a_{44}$ verschwindet.

10. Zwei Kugeln $\alpha$, $\alpha'$ heissen conjugirt in Bezug auf den quadratischen Kugelcomplex $\sum a_{ik}\alpha_i\alpha_k = 0$, wenn ihre Coordinaten der bilinearen Gleichung $\sum a_{ik}\alpha_i\alpha'_k = 0$ genügen. Einer beliebigen Kugel $\alpha$ sind demnach alle Kugeln eines Kugelgebüsches conjugirt, welches nach bekannten Analogieen die « Polare » der Kugel $\alpha$ bezüglich des quadratischen Complexes genannt wird; umgekehrt möge

$\alpha$ die Polare des Gebüsches heissen. Wenn einer Kugel irgend zwei Kugeln eines Büschels conjugirt sind, so ist ihr der Büschel, d. h. jede Kugel desselben, conjugirt (1). Wegen $a_{ik} = a_{ki}$ ändert sich die Gleichung $\sum a_{ik} \alpha_i \alpha'_k = 0$ nicht, wenn die Kugeln $\alpha$ und $\alpha'$ mit einander vertauscht werden; von zwei conjugirten Kugeln liegt folglich jede in der Polare der andern. Eine Kugel $\alpha'$ ist nur dann sich selbst conjugirt und in ihrer eigenen Polare enthalten, wenn sie dem quadratischen Complexe angehört; denn nur in diesem Falle ist $\sum a_{ik} \alpha'_i \alpha'_k = 0$.

11. Man beweist leicht (vgl. *S. K. G.*, N. 190), dass zwei conjugirte Kugeln $\alpha$, $\alpha'$ harmonisch getrennt sind durch die beiden Kugeln des quadratischen Complexes, welche mit ihnen in einem Kugelbüschel liegen; wenn jedoch die Kugel $\alpha$ dem Complexe angehört, so berührt der Büschel $\alpha\alpha'$ in ihr den Complex, und wenn auch $\alpha'$ zu dem Complexe gehört, so geht derselbe durch alle Kugeln des Büschels. Die Polare einer Complexkugel $\alpha$ kann demnach von einem den Complex in $\alpha$ berührenden Kugelbüschel beschrieben werden; wir wollen deswegen sagen, diese Polare oder das sie bildende Kugelgebüsch « berühre den quadratischen Complex » in der Kugel $\alpha$. Die Polaren von zwei beliebigen Kugeln eines Büschels durchdringen sich in einem Kugelbündel, die Polaren aller Kugeln des letzteren aber durchdringen sich in dem Büschel (10). Wir nennen den Büschel und den Bündel « reciproke Polaren » bezüglich des quadratischen Complexes, weil die Polare von jeder Kugel des einen durch den anderen geht. Ueberhaupt heisst ein Kugelsystem die Polare eines anderen, wenn es von den Polaren der Kugeln desselben eingehüllt wird. Zwei lineare Kugelsysteme nennen wir conjugirt, wenn das eine und folglich jedes die Polare des andern enthält oder in ihr enthalten ist.

12. Der Complex aller Punktkugeln ist ein quadratischer, und je zwei zu einander normale Kugeln sind bezüglich desselben conjugirt (vgl. *S. K. G.*, N. 193). Denn die Gleichung:

$$\alpha_1^2 + \alpha_2^2 + \alpha_3^2 - \alpha_0 \alpha_4 = 0$$

repraesentirt den Punktkugel-Complex (4), und wenn:

$$\alpha_1 \alpha'_1 + \alpha_2 \alpha'_2 + \alpha_3 \alpha'_3 - \tfrac{1}{2} (\alpha_0 \alpha'_4 + \alpha_4 \alpha'_0) = 0$$

ist, so sind die Kugeln $\alpha$, $\alpha'$ sowohl conjugirt bezüglich dieses Complexes (10), als auch zu einander normal (5). Ueberhaupt ist jede Kugel die Orthogonalkugel ihrer Polare bezüglich dieses Complexes, jeder Kugelbüschel ist die Polare des Bündels seiner Orthogonalkugeln, und zwei lineare Kugelsysteme sind zu einander normal, wenn sie bezüglich des Punktkugel Complexes conjugirt sind (2, 11).

13. Wenn die Discriminante $\sum \pm a_{00} a_{11} a_{22} a_{33} a_{44}$ des quadratischen Kugelcomplexes $\sum a_{ik} \alpha_i \alpha_k = 0$ verschwindet, so giebt es eine Kugel $\alpha'$, deren Coordinaten den fünf linearen Gleichungen:

$$a_{i0} \alpha'_0 + a_{i1} \alpha'_1 + a_{i2} \alpha'_2 + a_{i3} \alpha'_3 + a_{i4} \alpha'_4 = 0 \text{ für } i = 0,\ 1,\ 2,\ 3,\ 4$$

zugleich Genüge leisten. Dieselbe ist jeder beliebigen Kugel $\alpha$ conjugirt bezüglich des Complexes, und ihre Polare wird unbestimmt; denn die Gleichung $\sum a_{ik} \alpha_i \alpha'_k$ ist für alle Werthe der $\alpha_i$ identisch erfüllt. Der quadratische Complex geht durch die Kugel $\alpha'$ und durch jeden Kugelbüschel, welcher $\alpha'$ mit einer anderen Complexkugel verbindet (11); er kann durch einen solchen Büschel beschrieben werden ähnlich wie eine Kegelfläche durch eine Gerade. Man beweist leicht, dass jeder andere durch $\alpha'$ gehende Kugelbüschel mit dem Complexe die Kugel $\alpha'$ zweimal gemein hat, dass also $\alpha'$ eine « Doppelkugel » des Complexes ist. Wir nennen diesen quadratischen Kugelcomplex einen « singulaeren »; die Kugelbüschel, welche eine beliebige Kugel $\alpha'$ mit den Berührungsebenen einer Fläche zweiter Classe verbinden, bilden einen solchen singulaeren Complex (9). Auf die noch specielleren quadratischen Complexe, welche einen Büschel oder gar einen Bündel von Doppelkugeln enthalten, gehen wir nicht näher ein.

14. Die Doppelkugel $\alpha'$ des singulaeren Complexes habe in ihrem Centrum $C$ die Potenz $-q$, sodass $q$ das Quadrat ihres Radius bezeichnet. Wählen wir dann den Punkt $C$ zum Coordinaten-Anfange, so ist (4):

$$\alpha'_1 = \alpha'_2 = \alpha'_3 = 0 \text{ und } \alpha'_4 = -\alpha'_0 q,$$

und die Gleichungen (13) für die Coordinaten der Doppelkugel gehen über in:

$$a_{00} = a_{04} q = a_{44} q^2, \qquad a_{10} = a_{14} q, \qquad a_{20} = a_{24} q, \qquad a_{30} = a_{34} q.$$

Wegen dieser Gleichungen aber wird der quadratische Complex durch reciproke Radien vom Centrum $C$ und der Potenz $q$ in sich selbst transformirt, oder mit anderen Worten: Der Complex und seine Cyclide sind zu sich selbst invers bezüglich der Doppelkugel $\alpha'$. Nämlich durch die reciproken Radien werden zwei Kugeln $\alpha$ und $\beta$ in einander transformirt, wenn:

$$\alpha_0 = \beta_4, \qquad \alpha_1 = q\beta_1, \qquad \alpha_2 = q\beta_2, \qquad \alpha_3 = q\beta_3, \qquad \alpha_4 = q^2 \beta_0$$

ist (*S. K. G.*, N. 177); durch diese Substitution aber geht die Complexgleichung $\sum a_{ik}\alpha_i\alpha_k = 0$ wegen der vorhergehenden Gleichungen in $q^2\sum a_{ik}\beta_i\beta_k = 0$, also in sich selbst über, und dasselbe gilt von der Gleichung:

$$\sum a_{ik}\alpha_i\alpha_k + \lambda(\alpha_1^2 + \alpha_2^2 + \alpha_3^2 - \alpha_0\alpha_4) = 0,$$

worin $\lambda$ ein willkürlicher Parameter. Sind die inversen Kugeln $\alpha$, $\beta$ zwei Punktkugeln des Complexes, so liegen sie auf dessen Cyclide und mit $C$ in einer Geraden. Die Cyclide wird von jeder sie berührenden Kugel, welche im Punkte $C$ die Potenz $q$ hat und somit zu der Doppelkugel $\alpha'$ normal ist (5), in zwei inversen Punkten berührt; ihre Schnittlinie mit dieser doppelt berührenden Kugel (9) muss in zwei Kreise zerfallen.

15. Die Gleichung (9) der Cyclide des singulaeren Complexes erhält durch die obigen Werthe der $a_{i0}$ die einfachere Form:

$$a_{11}\xi^2 + 2a_{12}\xi\eta + \ldots + a_{33}\zeta^2 + 2(a_{14}\xi + a_{24}\eta + a_{34}\zeta)(\rho^2 + q) + a_{44}(\rho^2 + q)^2 = 0,$$

worin $\rho^2 = \xi^2 + \eta^2 + \zeta^2$ ist. Setzen wir $\rho^2 + q = 2(a\xi + b\eta + c\zeta)$, so haben wir die Gleichung einer beliebigen Kugel, welche im Coordinaten-Anfange $C$ die Potenz $q$ hat; $a$, $b$, $c$ sind die Coordinaten ihres Centrums. Die Gleichung der Cyclide verwandelt sich dadurch in diejenige einer Kegelfläche zweiter Ordnung, deren Schnittcurve mit der Kugel auf der Cyclide liegt. Setzen wir die Discriminante dieser Kegelfläche gleich Null, so erhalten wir die Bedingung dafür, dass die Kegelfläche in zwei Ebenen und jene Schnittcurve in zwei Kreise zerfällt, dass also die Cyclide von der Kugelfläche doppelt berührt wird. Diese Bedingungsgleichung kann leicht auf folgende Form gebracht werden:

$$\begin{vmatrix} 0 & a & b & c & -\frac{1}{2} \\ a & a_{11} & a_{21} & a_{31} & a_{41} \\ b & a_{12} & a_{22} & a_{32} & a_{42} \\ c & a_{13} & a_{23} & a_{33} & a_{43} \\ -\frac{1}{2} & a_{14} & a_{24} & a_{34} & a_{44} \end{vmatrix} = 0;$$

sie ist quadratisch für die Coordinaten $a$, $b$, $c$ des Kugelcentrums und repraesentirt mittelst derselben diejenige Fläche zweiten Grades, welche von den Ebenen des singulaeren Complexes eingehüllt wird (9). Die Cyclide wird also doppelt berührt von jeder Kugel, deren Centrum auf dieser Fläche zweiten Grades liegt und welche zu der Doppelkugel des singulaeren Complexes normal ist. Die Schnittlinie der Doppelkugel mit der Fläche zweiten Grades ist der Ort einer die Cyclide doppelt berührenden Punktkugel und heisst deshalb « Focalcurve » der Cyclide; sie ist eine Raumcurve vierter Ordnung.

16. Rein geometrisch ergiebt sich das eben Bewiesene aus folgenden Erwägungen. Der singulaere Complex besteht aus allen Kugelbüscheln, welche die Doppelkugel $\alpha'$ mit den Ebenen des Complexes, d. h. mit den Berührungs-Ebenen der erwähnten Fläche zweiten Grades verbinden; eine Kugel aber ist Orthogonalkugel von drei dieser Büschel und geht durch die drei Paar Punktkugeln derselben, wenn sie zu $\alpha'$ normal ist und in ihren Mittelpunkte die Ebenen der drei Büschel sich schneiden. Rücken diese drei Ebenen einander unendlich nahe, so wird ihr Schnittpunkt ein Punkt der Einhüllungsfläche; zugleich vereinigen sich die drei Paar Punktkugeln, und die zu $\alpha'$ normale Kugel berührt die Cyclide des Complexes in zwei Punkten, welche bezüglich der Doppelkugel $\alpha'$ invers liegen.

17. Sind $\sum a_{ik}\alpha_i\alpha_k = 0$ und $\sum b_{ik}\alpha_i\alpha_k = 0$ die Gleichungen von irgend zwei quadratischen Kugel-Complexen, und ist $\lambda$ ein willkürlicher Parameter, so repraesentirt die Gleichung:

$$\sum a_{ik}\alpha_i\alpha_k + \lambda\sum b_{ik}\alpha_i\alpha_k = 0 \text{ oder } \sum(a_{ik} + \lambda b_{ik})\alpha_i\alpha_k = 0$$

einen dritten quadratischen Complex, welcher durch alle gemeinschaftlichen Kugeln der beiden ersteren geht. Derselbe beschreibt, wenn $\lambda$ sich ändert, einen « Büschel quadratischer Kugel-Complexe »; letzterer ist durch zwei seiner Complexe oder durch deren Congruenz völlig bestimmt, und durch jede Kugel, welche nicht in allen seinen Complexen enthalten ist, geht ein einziger derselben. Die Ebenen der verschiedenen Complexe des Büschels umhüllen eine Schaar von Flächen zweiter Classe; die Cycliden der Complexe bilden im Allgemeinen einen Flächenbüschel.

18. Wenn zwei Kugeln $\alpha$, $\alpha'$ conjugirt sind in Bezug auf irgend zwei Complexe des Büschels, so sind sie « bezüglich des Complexbüschels », d. h. bezüglich aller seiner Complexe conjugirt; denn aus den Gleichungen:

$$\sum(a_{ik} + \lambda_1 b_{ik})\alpha_i\alpha'_k = 0 \text{ und } \sum(a_{ik} + \lambda_2 b_{ik})\alpha_i\alpha'_k = 0, \text{ worin } \lambda_1 \gtrless \lambda_2$$

folgt $\sum a_{ik}\alpha_i\alpha'_k = 0$ und $\sum b_{ik}\alpha_i\alpha'_k = 0$, hieraus aber:

$$\sum(a_{ik} + \lambda b_{ik})\alpha_i\alpha'_k = 0.$$

Der Complexbüschel enthält fünf singulaere quadratische Complexe; die Parameter derselben sind die fünf Werthe von $\lambda$, für welche die Discriminante der Gleichung $\sum(a_{ik} + \lambda b_{ik})\alpha_i\alpha_k = 0$ verschwindet (13). Die Doppelkugeln dieser fünf singulaeren Complexe sind paarweise conjugirt in Bezug auf je zwei derselben (13) und folglich auch bezüglich des Complexbüschels. Je vier dieser fünf Doppelkugeln liegen in einem Kugelgebüsch, welches die Polare der fünften ist bezüglich aller Complexe des Büschels.

19. Die Complexe des Büschels:

$$\sum a_{ik} \alpha_i \alpha_k + \lambda (\alpha_1^2 + \alpha_2^2 + \alpha_3^2 - \alpha_0 \alpha_4) = 0,$$

welchen ein beliebiger quadratischer Kugelcomplex mit demjenigen der Punktkugeln bestimmt, haben alle ihre Punktkugeln mit einander gemein; ihre Cycliden sind folglich identisch. Eine beliebige Cyclide ist demnach der Ort aller Punktkugeln von unendlich vielen quadratischen Complexen; dieselben bilden einen Complexbüschel, und unter ihnen giebt es fünf singulaere Complexe (18). Die fünf Doppelkugeln der letzteren sind zu einander normal, weil sie bezüglich des Complexbüschels und somit auch bezüglich des Punktkugel-Complexes conjugirt sind (18); ihre Coordinaten genügen den fünf Gleichungen:

$$a_{00} \alpha_0 + a_{10} \alpha_1 + a_{20} \alpha_2 + a_{30} \alpha_3 + \left(a_{40} - \frac{\lambda}{2}\right) \alpha_4 = 0,$$
$$a_{01} \alpha_0 + (a_{11} + \lambda) \alpha_1 + a_{21} \alpha_2 + a_{31} \alpha_3 + a_{41} \alpha_4 = 0,$$
$$a_{02} \alpha_0 + a_{12} \alpha_1 + (a_{22} + \lambda) \alpha_2 + a_{32} \alpha_3 + a_{42} \alpha_4 = 0,$$
$$a_{03} \alpha_0 + a_{13} \alpha_1 + a_{23} \alpha_2 + (a_{33} + \lambda) \alpha_3 + a_{43} \alpha_4 = 0,$$
$$\left(a_{04} - \frac{\lambda}{2}\right) \alpha_0 + a_{14} \alpha_1 + a_{24} \alpha_2 + a_{34} \alpha_3 + a_{44} \alpha_4 = 0,$$

aus welchen sich durch Eliminirung der $\alpha_i$ die Gleichung fünften Grades für die Parameter $\lambda$ der fünf singulaeren Complexe ergiebt. Sind diese Parameter und damit die Coordinaten der fünf Doppelkugeln alle reell, so sind vier dieser Kugeln reell, und die fünfte hat ein reelles Centrum, aber einen rein imaginaeren Radius.

20. Die Cyclide sowie jeder Complex des Büschels ist in Bezug auf jede dieser fünf Doppelkugeln zu sich selbst invers oder « anallagmatisch », kann also auf fünf verschiedene Arten durch reciproke Radien in sich selbst transformirt werden (14). Iede der fünf Doppelkugeln ist normal zu zweifach unendlich vielen Kugeln, welche die Cyclide doppelt berühren und in je zwei Kreisen schneiden; der Ort der Mittelpunkte dieser doppelt berührenden Kugeln ist die Fläche zweiten Grades, welche von den Ebenen des die Doppelkugel enthaltenden singulaeren Complexes eingehüllt wird (15). Die Cyclide hat fünf Focalcurven, in welchen die fünf Doppelkugeln und die zugehörigen fünf Flächen zweiten Grades sich schneiden (15). Letztere sind confocal; denn überhaupt umhüllen die Ebenen der verschiedenen Complexe des vorliegenden Büschels eine Schaar von

confocalen Flächen zweiten Grades, welche durch die Tangential-Gleichung:

$$a_{11}\alpha_1^2 + 2a_{12}\alpha_1\alpha_2 + \ldots + 2a_{34}\alpha_3\alpha_4 + a_{44}\alpha_4^2 + \lambda(\alpha_1^2 + \alpha_2^2 + \alpha_3^2) = 0$$

dargestellt werden. Die Cyclide enthält zehn Kreisschaaren, und die Doppelkugeln der fünf singulaeren Complexe sind zu den Kreisen von je zwei dieser zehn Schaaren normal. Die doppelt berührenden Ebenen der Cyclide umhüllen fünf Kegelflächen zweiter Ordnung, welche mit den fünf Doppelkugeln concentrisch und von den Asymptotenkegeln der zugehörigen Flächen zweiten Grades Ergänzungskegel sind.

21. Die Polare einer Kugel $\alpha$ bezüglich des quadratischen Kugelcomplexes $\sum a_{ik}\alpha_i\alpha_k = 0$ ist ein Kugelgebüsch und wird durch die Gleichung $\sum a_{ik}\alpha_i\alpha'_k = 0$ dargestellt (10), in welcher die $\alpha'_k$ laufende Kugelcoordinaten bezeichnen. Für die Orthogonalkugel $\beta$ dieses Gebüsches erhalten wir deshalb folgende Coordinaten (7):

$$(A)\quad \begin{cases} \beta_4 = -2(a_{00}\alpha_0 + a_{10}\alpha_1 + a_{20}\alpha_2 + a_{30}\alpha_3 + a_{40}\alpha_4), \\ \beta_1 = \quad a_{01}\alpha_0 + a_{11}\alpha_1 + a_{21}\alpha_2 + a_{31}\alpha_3 + a_{41}\alpha_4, \\ \beta_2 = \quad a_{02}\alpha_0 + a_{12}\alpha_1 + a_{22}\alpha_2 + a_{32}\alpha_3 + a_{42}\alpha_4, \\ \beta_3 = \quad a_{03}\alpha_0 + a_{13}\alpha_1 + a_{23}\alpha_2 + a_{33}\alpha_3 + a_{43}\alpha_4, \\ \beta_0 = -2(a_{04}\alpha_0 + a_{14}\alpha_1 + a_{24}\alpha_2 + a_{34}\alpha_3 + a_{44}\alpha_4). \end{cases}$$

Ist $\alpha$ eine Kugel des quadratischen Complexes, so liegt sie in ihrer Polare und ist zu $\beta$ normal, sodass wir haben:

$$0 = -\tfrac{1}{2}\beta_4\alpha_0 + \beta_1\alpha_1 + \beta_2\alpha_2 + \beta_3\alpha_3 - \tfrac{1}{2}\beta_0\alpha_4.$$

Aus diesen Gleichungen erhalten wir durch Eliminirung der $\alpha_i$ folgende quadratische Gleichung für die Coordinaten $\beta_i$ der Orthogonalkugel eines Gebüsches, welches den quadratischen Complex in irgend einer Kugel $\alpha$ berührt:

$$(B)\quad \begin{vmatrix} 0 & -\tfrac{1}{2}\beta_4 & \beta_1 & \beta_2 & \beta_3 & -\tfrac{1}{2}\beta_0 \\ -\tfrac{1}{2}\beta_4 & a_{00} & a_{10} & a_{20} & a_{30} & a_{40} \\ \beta_1 & a_{01} & a_{11} & a_{21} & a_{31} & a_{41} \\ \beta_2 & a_{02} & a_{12} & a_{22} & a_{32} & a_{42} \\ \beta_3 & a_{03} & a_{13} & a_{23} & a_{33} & a_{43} \\ -\tfrac{1}{2}\beta_0 & a_{04} & a_{14} & a_{24} & a_{34} & a_{44} \end{vmatrix} = 0.$$

22. Die Gleichung (*B*) repraesentirt einen quadratischen Kugelcomplex, welcher zu dem gegebenen $\sum a_{ik}\alpha_i\alpha_k = 0$ in folgenden Beziehungen steht. Die beiden quadratischen Complexe sind reciproke Polaren (11) in Bezug auf den Punktkugelcomplex; denn der

eine und folglich jeder von ihnen wird eingehüllt von den Kugelgebüschen, deren Orthogonalkugeln den anderen Complex bilden. Die beiden Complexe sind durch die Substitution $(A)$ projectiv auf einander bezogen, sodass jeder Kugel des einen eine Kugel des andern entspricht; und zwar sind zwei homologe Kugeln der Complexe conjugirt in Bezug auf jeden derselben und zugleich zu einander normal. Ist die Kugel $\beta$ normal zu allen Kugeln, welche einer beliebigen Kugel $\alpha$ conjugirt sind bezüglich des einen Complexes, so ist $\alpha$ normal zu allen Kugeln, welche der $\beta$ conjugirt sind bezüglich des andern Complexes; die Kugel $\alpha$ ist folglich, wenn $\beta$ mit ihr zusammenfällt, die Orthogonalkugel ihrer Polaren bezüglich *beider* Complexe.

23. Die Polare der Kugel $\alpha$ bezüglich des Complexes

$$\sum a_{ik}\,\alpha_i\,\alpha_k = 0$$

hat nur dann eine mit $\alpha$ identische Orthogonalkugel $\beta$, wenn in den Gleichungen $(A)$ die Coordinaten $\beta_i$ zu den $\alpha_i$ proportional sind. Setzen wir aber $\beta_i = -\lambda\,\alpha_i$ für $i = 0, 1, 2, 3, 4$, so erhalten wir für die Coordinaten der Kugel $\alpha$ dieselben fünf Gleichungen, welchen wir schon bei einer anderen Untersuchung (19) begegnet sind. Daraus folgt: Nur die fünf zu einander normalen Kugeln, in Bezug auf welche der quadratische Complex nebst seiner Cyclide zu sich selbst invers ist, sind die Orthogonalkugeln ihrer eigenen Polaren. Uebrigens sind diese fünf Kugeln auch bezüglich des Complexes $(B)$ die Orthogonalkugeln ihrer respectiven Polaren (22); auch die Cyclide von $(B)$ ist bezüglich dieser Kugeln zu sich selbst invers, und ihre fünf Focalcurven liegen auf denselben.

24. Wenn von den beiden Complexen $\sum a_{ik}\,\alpha_i\,\alpha_k = 0$ und $(B)$ der erstere eine Doppelkugel $\alpha'$ hat, also durch einen dieselbe enthaltenden Kugelbüschel beschrieben werden kann (13), so wird der letztere von einem Kugelgebüsche doppelt berührt und kann durch einen in dem Gebüsche enthaltenen Kugelbündel umschrieben oder eingehüllt werden. Der Complex $(B)$ reducirt sich in diesen Falle auf eine quadratische Kugelcongruenz, und zwar besteht er aus den Orthogonalkugeln der doppelt unendlich vielen Gebüsche, welche den ersteren Complex in allen Kugeln je eines Büschels berühren oder vielmehr osculiren. Um diese Congruenz näher zu bestimmen, verlegen wir wie früher (14) den Coordinatenanfang in das Centrum $C$ der Doppelkugel $\alpha'$ und setzen demgemäss:

$$a_{00} = a_{04}\,q = a_{44}\,q^2, \qquad a_{10} = a_{14}\,q, \qquad a_{20} = a_{24}\,q, \qquad a_{30} = a_{34}\,q,$$

indem wir mit $-q$ die Potenz von $\alpha'$ in ihrem Centrum $C$ bezeichnen.

Die Formeln ($A$) gehen dadurch über in:

$$\beta_1 = a_{11}\alpha_1 + a_{21}\alpha_2 + a_{31}\alpha_3 + a_{41}(\alpha_4 + q\alpha_0),$$
$$\beta_2 = a_{12}\alpha_1 + a_{22}\alpha_2 + a_{32}\alpha_3 + a_{42}(\alpha_4 + q\alpha_0),$$
$$\beta_3 = a_{13}\alpha_1 + a_{23}\alpha_2 + a_{33}\alpha_3 + a_{43}(\alpha_4 + q\alpha_0),$$
$$-\tfrac{1}{2}\beta_0 = a_{14}\alpha_1 + a_{24}\alpha_2 + a_{34}\alpha_3 + a_{44}(\alpha_4 + q\alpha_0) = -\tfrac{1}{2}\frac{\beta_4}{q};$$

ausserdem haben wir (21), wenn die Kugel $\alpha$ dem singulaeren Complexe angehört:

$$0 = \beta_1\alpha_1 + \beta_2\alpha_2 + \beta_3\alpha_3 - \frac{\beta_0}{2}(\alpha_4 + q\alpha_0).$$

Durch Eliminirung der $\alpha_i$ erhalten wir hieraus die beiden Gleichungen der Congruenz:

$$\frac{\beta_4}{\beta_0} = q \quad \text{und} \quad \begin{vmatrix} 0 & \beta_1 & \beta_2 & \beta_3 & -\tfrac{1}{2}\beta_0 \\ \beta_1 & a_{11} & a_{21} & a_{31} & a_{41} \\ \beta_2 & a_{12} & a_{22} & a_{32} & a_{42} \\ \beta_3 & a_{13} & a_{23} & a_{33} & a_{43} \\ -\tfrac{1}{2}\beta_0 & a_{14} & a_{24} & a_{34} & a_{44} \end{vmatrix} = 0.$$

Zufolge der ersteren Gleichung haben alle Kugeln der Congruenz im Centrum der Doppelkugel $\alpha'$ die Potenz $q$, sind also zu $\alpha'$ normal (14); zufolge der letzteren liegen ihre Mittelpunkte $\left(\frac{\beta_1}{\beta_0}, \frac{\beta_2}{\beta_0}, \frac{\beta_3}{\beta_0}\right)$ auf der Fläche zweiten Grades, welche von den Ebenen des Complexes $\sum a_{ik}\alpha_i\alpha_k = 0$ eingehüllt wird. Der Complex ($B$) reducirt sich folglich (15) auf die Congruenz derjenigen Kugeln, welche zu der Doppelkugel des singulaeren Complexes $\sum a_{ik}\alpha_i\alpha_k = 0$ normal sind und die Cyclide desselben doppelt berühren.

25. Die Polare einer Punktkugel ($\xi_1$, $\eta_1$, $\zeta_1$) bezüglich des beliebigen Complexes $\sum a_{ik}\alpha_i\alpha_k = 0$ hat eine Orthogonalkugel, welche dargestellt wird (4, 21) durch:

$$(a_{00} + a_{10}\xi_1 + a_{20}\eta_1 + a_{30}\zeta_1 + a_{40}\rho_1^2) + (a_{01} + a_{11}\xi_1 + \ldots + a_{41}\rho_1^2)\xi +$$
$$+ (a_{02} + a_{12}\xi_1 + \ldots + a_{42}\rho_1^2)\eta + (a_{03} + a_{13}\xi_1 + \ldots + a_{43}\rho_1^2)\zeta +$$
$$+ (a_{04} + a_{14}\xi_1 + \ldots + a_{44}\rho_1^2)\rho^2 = 0,$$

wenn $\rho_1^2 = \xi_1^2 + \eta_1^2 + \zeta_1^2$ und $\rho^2 = \xi^2 + \eta^2 + \zeta^2$. Für die Polarebene des Punktes ($\xi_1$, $\eta_1$, $\zeta_1$) bezüglich dieser Kugelfläche ergiebt sich hieraus die Gleichung:

$$2a_{00} + a_{01}(3\xi_1 + \xi) + \ldots + 2a_{04}(\rho_1^2 + \xi_1\xi + \eta_1\eta + \zeta_1\zeta) + a_{11}\xi_1(\xi_1 + \xi) +$$
$$+ a_{12}(\xi_1\eta + 2\xi_1\eta_1 + \xi\eta_1) + \ldots + a_{34}[\rho_1^2(\zeta_1 + \zeta) + 2\zeta_1(\xi_1\xi + \eta_1\eta + \zeta_1\zeta)] +$$
$$+ 2a_{44}\rho_1^2(\xi_1\xi + \eta_1\eta + \zeta_1\zeta) = 0.$$

Dieselbe Gleichung aber erhalten wir für die Polarebene des Punktes $(\xi_1, \eta_1, \zeta_1)$ bezüglich der Cyclide des Complexes, welche dargestellt wird durch:

$$a_{00} + 2a_{01}\xi + \ldots + 2a_{04}\rho^2 + a_{11}\xi^2 + 2a_{12}\xi\eta + \ldots + a_{33}\zeta^2 + \\ + 2a_{34}\zeta\rho^2 + a_{44}\rho^4 = 0.$$

Die Polarebenen des Punktes $(\xi_1, \eta_1, \zeta_1)$ bezüglich jener Orthogonalkugel und dieser Cyclide sind folglich identisch. Wenn insbesondere der Punkt auf der Cyclide liegt, so ergiebt sich: Die Polare einer Punktkugel $(\xi_1, \eta_1, \zeta_1)$ des quadratischen Complexes bezüglich desselben hat eine Orthogonalkugel, welche die zugehörige Cyclide in Punkte $(\xi_1, \eta_1, \zeta_1)$ berührt.

26. Wir wollen nunmehr in den Gleichungen der N. 21 setzen:

$$a_{11} + \lambda,\ a_{22} + \lambda,\ a_{33} + \lambda,\ a_{04} - \frac{\lambda}{2} \text{ statt resp. } a_{11},\ a_{22},\ a_{33},\ a_{04};$$

wir erhalten dann einerseits einen Büschel von quadratischen Kugelcomplexen, deren Cycliden zusammenfallen, nämlich:

$$\sum a_{ik}\alpha_i\alpha_k + \lambda(\alpha_1^2 + \alpha_2^2 + \alpha_3^2 - \alpha_0\alpha_4) = 0,$$

anderseits eine « Schaar » quadratischer Complexe, welche durch die Gleichung:

$$(B_1) \quad \begin{vmatrix} 0 & -\frac{1}{2}\beta_4 & \beta_1 & \beta_2 & \beta_3 & -\frac{1}{2}\beta_0 \\ -\frac{1}{2}\beta_4 & a_{00} & a_{10} & a_{20} & a_{30} & a_{40} - \frac{\lambda}{2} \\ \beta_1 & a_{01} & a_{11} + \lambda & a_{21} & a_{31} & a_{41} \\ \beta_2 & a_{02} & a_{12} & a_{22} + \lambda & a_{32} & a_{42} \\ \beta_3 & a_{03} & a_{13} & a_{23} & a_{33} + \lambda & a_{43} \\ -\frac{1}{2}\beta_0 & a_{04} - \frac{\lambda}{2} & a_{14} & a_{24} & a_{34} & a_{44} \end{vmatrix} = 0$$

dargestellt wird. Der Punktkugel-Complex ist sowohl in dem Büschel als auch in der Schaar enthalten, denn für $\lambda = \infty$ gehen die beiden Gleichungen über in:

$$\alpha_1^2 + \alpha_2^2 + \alpha_3^2 - \alpha_0\alpha_4 = 0 \text{ und } \beta_1^2 + \beta_2^2 + \beta_3^2 - \beta_0\beta_4 = 0.$$

Iedem Complexe des Büschels entspricht in der Schaar seine Polare bezüglich des Punktkugel-Complexes.

27. Die Complexschaar $(B_1)$ wird eingehüllt von den doppelt unendlich vielen Kugelgebüschen, deren Orthogonalkugeln sich auf die Punkte der Cyclide des Büschels reduciren (22); die Kugeln, in welchen ein beliebiges dieser Gebüsche die Complexe $(B)$ berührt, bilden einen Kugelbüschel, indem sie (25) die Cyclide des Complex-

büschels in der Punktkugel des Gebüsches tangiren. Iedes andere Kugelgebüsch wird von einem einzigen Complexe der Schaar berührt (vgl. 17). Diejenigen fünf Complexe der Schaar, welche den singulaeren Complexen des Büschels entsprechen, reduciren sich auf quadratische Kugelcongruenzen; sie bestehen aus den Kugeln, welche die Cyclide des Büschels doppelt berühren und zu je einer von den Doppelkugeln $\alpha'$ der fünf singulaeren Complexe normal sind (24). Die fünf Focalcurven dieser Cyclide sind der Ort aller Punktkugeln von je einer der fünf Congruenzen. Die Complexe der Schaar und ihre Cycliden sind bezüglich der nämlichen fünf Kugeln $\alpha'$ zu sich selbst invers, wie die Complexe und die Cyclide des Büschels (23).

28. Die Gleichung $(B_1)$ ist für den Parameter $\lambda$ von vierten Grade; durch eine beliebige Kugel $\beta$ gehen deshalb vier Complexe der Schaar. Das Kugelgebüsch, von welchem $\beta$ die Orthogonalkugel ist, wird folglich von vier Complexen des Büschels berührt, und zwar ist das Gebüsch in Bezug auf jeden dieser vier Complexe die Polare der zugehörigen Berührungskugel. Die vier Berührungskugeln sind demnach paarweise conjugirt in Bezug auf je zwei der vier Complexe, also auch bezüglich des Complexbüschels (18); sie sind folglich zu einander normal (19) und bilden mit $\beta$ zusammen eine Gruppe von fünf zu einander rechtwinkligen Kugeln. Auch die vier Kugelgebüsche, deren Orthogonalkugeln sie sind, sind somit zu einander normal, und da sie die vier durch $\beta$ gehenden Complexe der Schaar in $\beta$ berühren, so können wir sagen: Die vier durch eine beliebige Kugel $\beta$ gehenden Complexe der Schaar $(B_1)$ sind in $\beta$ zu einander normal.

29. Ist $\beta$ eine Punktkugel, so ist von den vier durch $\beta$ gehenden Complexen der Schaar $(B_1)$ einer der Punktkugelcomplex, und die Polare von $\beta$ bezüglich desselben hat eine mit $\beta$ zusammenfallende Orthogonalkugel. Die Orthogonalkugeln der Polaren von $\beta$ bezüglich der übrigen drei Complexe schneiden sich rechtwinklig im Punkte $\beta$, und weil jede von ihnen die Cyclide des zugehörigen Complexes in $\beta$ berührt (25), so ergiebt sich: Die drei durch einen beliebigen Punkt $\beta$ gehenden Cycliden der Complexe $(B_1)$ schneiden sich rechtwinklig in $\beta$. Die sämmtlichen Cycliden der Schaar $(B_1)$ bilden demnach ein System orthogonaler Cycliden, und zwar ein beliebiges, weil eine dieser Flächen nebst dem zugehörigen Complexe willkürlich angenommen werden kann (21). Nach DUPIN's Theorem schneiden sich die orthogonalen Cycliden in ihren Krümmungslinien, und letztere sind folglich algebraisch. Fünf dieser orthogonalen Cycliden reduciren sich auf sphaerische Raumcurven

vierter Ordnung, nämlich auf die Focalcurven der Cyclide des Complexbüschels (27); drei andere zerfallen in die unendlich ferne Ebene und Flächen dritter Ordnung (9).

30. Wir erhalten die Gleichung der orthogonalen Cycliden in einer von der DARBOUX'schen ganz verschiedenen Form, wenn wir in $(B_1)$ einsetzen:

$$\beta_1 = \beta_0 \xi, \qquad \beta_2 = \beta_0 \eta, \qquad \beta_3 = \beta_0 \zeta, \qquad \beta_4 = \beta_0 (\xi^2 + \eta^2 + \zeta^2) = \beta_0 \rho^2.$$

Um jedoch zu zeigen, dass diese Gleichung den Parameter $\lambda$ nur im dritten Grade enthält, multipliciren wir die zweite Zeile der Determinante $(B_1)$ mit $\beta_0$ und addiren zu ihr die mit resp. $-\lambda$, $\beta_1$, $\beta_2$, $\beta_3$, $\beta_4$ multiplicirte erste, dritte, vierte, fünfte und sechste Zeile, verfahren sodann ebenso mit der zweiten Colonne. Die Gleichung $(B_1)$ geht dann über in:

$$\begin{vmatrix} 0 & \beta_0^2 r^2 & \beta_1 & \beta_2 & \beta_3 & -\frac{1}{2}\beta_0 \\ \beta_0^2 r^2 & u - \lambda \beta_0^2 r^2 & u_1 & u_2 & u_3 & u_4 \\ \beta_1 & u_1 & a_{11}+\lambda & a_{21} & a_{31} & a_{41} \\ \beta_2 & u_2 & a_{12} & a_{22}+\lambda & a_{32} & a_{42} \\ \beta_3 & u_3 & a_{13} & a_{23} & a_{23}+\lambda & a_{43} \\ -\frac{1}{2}\beta_0 & u_4 & a_{14} & a_{24} & a_{34} & a_{44} \end{vmatrix} = 0.$$

wenn zur Abkürzung gesetzt wird:

$$u = \sum a_{ik} \beta_i \beta_k, \qquad u_i = a_{i0}\beta_0 + a_{i1}\beta_1 + \ldots + a_{i4}\beta_4$$

und

$$\beta_0^2 r^2 = \beta_1^2 + \beta_2^2 + \beta_3^2 - \beta_0 \beta_4.$$

Setzt man in diese Gleichung die obigen Werthe von $\beta_1$, $\beta_2$, $\beta_3$, $\beta_4$ ein, wodurch $r^2 = 0$ wird, so verwandelt sie sich in folgende, für $\lambda$ cubische Gleichung der orthogonalen Cycliden:

$$(C) \qquad \begin{vmatrix} 0 & 0 & \xi & \eta & \zeta & -\frac{1}{2} \\ 0 & v & v_1 & v_2 & v_3 & v_4 \\ \xi & v_1 & a_{11}+\lambda & a_{21} & a_{31} & a_{41} \\ \eta & v_2 & a_{12} & a_{22}+\lambda & a_{32} & a_{42} \\ \zeta & v_3 & a_{13} & a_{23} & a_{33}+\lambda & a_{43} \\ -\frac{1}{2} & v_4 & a_{14} & a_{24} & a_{34} & a_{44} \end{vmatrix} = 0,$$

worin

$$v = a_{00} + 2a_{01}\xi + \ldots + 2a_{34}\zeta\rho^2 + a_{44}\rho^4$$

und

$$v_i = a_{i0} + a_{i1}\xi + a_{i2}\eta + a_{i3}\zeta + a_{i4}\rho^2$$

ist. Da dieselbe bekanntlich nur reelle Wurzeln $\lambda$ hat, so sind die drei durch einen reellen Punkt gehenden Cycliden dieses Systemes alle drei reell. Werden die $a_{i4}$ und damit auch $v_4$ gleich Null gesetzt, so repraesentirt die Gleichung $(C)$ eine Schaar confocaler Flächen zweiter Ordnung, von welchen eine $(v = 0)$ beliebig angenommen werden kann.

31. Zu den orthogonalen Cycliden des Systemes $(C)$ gehört auch die Cyclide des Complexbüschels

$$\sum a_{ik} x_i x_k + \lambda(x_1^2 + x_2^2 + x_3^2 - x_0 x_4) = 0.$$

Dieselbe wird nämlich dargestellt durch die Gleichung $v = 0$; und da $-\frac{1}{4}v$ der Coefficient von $\lambda^3$ in der Gleichung $(C)$ ist, so geht letztere für $\lambda = \infty$ über in $v = 0$. Vertauscht man die Cyclide $v = 0$ mit irgend einer anderen des Systemes, so erhält man statt der Schaar $(B_1)$ zu einander normaler quadratischer Complexe eine andere Schaar $(B')$; das zu letzterer gehörige System orthogonaler Cycliden ist aber mit dem früheren identisch. Die beiden Systeme haben nämlich zunächst jene beiden Cycliden mit einander gemein, dann aber auch jede dritte, weil diese die beiden ersteren in je einer Krümmungslinie rechtwinklig schneiden muss. Mit einer Cyclide sind ja auch ihre Krümmungslinien gegeben, und durch jede derselben kann (29) ein Büschel von Cycliden gelegt werden, von welchen aber nur eine zu der ersteren Cyclide orthogonal ist. Weil demnach das System aus jeder seiner Cycliden ganz ebenso wie aus der ursprünglich angenommenen $v = 0$ abgeleitet werden kann, so ergiebt sich (29): Die orthogonalen Cycliden sind confocal und haben die fünf ausgearteten Cycliden des Systemes $(C)$ zu gemeinschaftlichen Focalcurven.

Strassburg, den 22 October 1880.

---

ALCUNI TEOREMI

# SULLE FUNZIONI DI UNA VARIABILE COMPLESSA

DI

**ULISSE DINI**

*Professore nella R. Università di Pisa.*

1. Il teorema « sulla esistenza di una funzione di una variabile » complessa $z$ finita continua e monodroma in tutto il piano, che di- » viene infinitesima soltanto in punti dati arbitrariamente, ma dei » quali ne cade soltanto un numero finito in ogni porzione finita del » piano $z$ » fu dato per un caso particolare, ma molto importante, dal prof. BETTI nel vol. III degli *Annali* del TORTOLINI, pag. 82.

Il caso considerato dal BETTI è quello in cui gli infinitesimi sono del primo ordine, e le distanze dei loro indici non scendono mai al disotto di una certa quantità $d$; WEIERSTRASS poi dette il teorema pel caso generale nelle *Abhandlungen der Berl. Akad. der Wissenschaften* pel 1876.

Il BETTI, facendo i suoi studî sulle funzioni di una variabile complessa con speciale riguardo alle applicazioni che egli voleva farne alle funzioni Jacobiane ed ellittiche, non estese il suo teorema al caso generale; però bastava fare una leggiera modificazione al processo seguìto per ottenere la dimostrazione generale.

Ciò risulta chiaramente da quanto espongo in questo paragrafo.

S'indichino con $\alpha_1$, $\alpha_2, \ldots$, $\alpha_n, \ldots$ i punti che noi vogliamo prendere come infinitesimi di una funzione monodroma finita e continua, e siano $m_1$, $m_2, \ldots$, $m_n, \ldots$ gli ordini di questi infinitesimi.

Escludiamo il caso in cui questi punti siano in numero finito, perchè allora la funzione è subito costruita, e supponiamo naturalmente (dietro la condizione posta sopra) che sia lim $\alpha_n = 0$; e pel caso che questi punti $\alpha_1$, $\alpha_2, \ldots$ costituiscano una serie doppiamente infinita, intendiamo che essi siano aggruppati con leggi determinate, e poi siano riuniti in un solo i fattori o i termini, corrispondenti ai punti dei varî gruppi, nei prodotti infiniti o nelle serie che avremo da considerare.

Ammesso allora dapprima che nessuna delle quantità $\alpha_1, \alpha_2, \ldots$ sia zero, incominciamo dall'osservare che volendo costruire una funzione che si annulla soltanto per $z = \alpha_1, \alpha_2, \ldots, \alpha_n, \ldots$ degli ordini $m_1, m_2, \ldots, m_n, \ldots$, la cosa più naturale è quella di costruire subito il prodotto infinito $\Pi\left(1 - \frac{z}{\alpha_n}\right)^{m_n}$; ma questo prodotto non sarà ordinariamente convergente, come non lo sarà la serie dei logaritmi $\sum m_n \log\left(1 - \frac{z}{\alpha_n}\right)$.

S'intende però che se ai fattori di questo prodotto si aggiungono dei fattori esponenziali $e^{\varphi_n(z)}$, ove $\varphi_n(z)$ è una funzione intera di $z$, in modo da ridurlo all'altro $\Pi\left(1 - \frac{z}{\alpha_n}\right) e^{\varphi_n(z)}$, potrà darsi che esso e la serie corrispondente $\sum\left\{m_n \log\left(1 - \frac{z}{\alpha_n}\right) + \varphi_n(z)\right\}$ siano convergenti, incondizionatamente e in ugual grado, in ogni spazio finito $s$ che non comprende punti $\alpha_n$, insieme alla serie delle derivate

$$\sum\left\{\frac{-m_n}{\alpha_n - z} + \varphi'_n(z)\right\};$$

e allora, per noti teoremi generali, è certo che il prodotto medesimo sarà una funzione di $z$ che soddisfa alle condizioni volute.

Ora, per vedere se e come possono sempre determinarsi le funzioni $\varphi_n(z)$ in modo da far sì che le serie

$$(1) \qquad \sum\left\{m_n \log\left(1 - \frac{z}{\alpha_n}\right) + \varphi_n(z)\right\},$$

$$(2) \qquad \sum\left\{-\frac{m_n}{\alpha_n - z} + \varphi'_n(z)\right\}$$

convergano incondizionatamente e in ugual grado in ogni spazio finito che non comprende punti $\alpha_n$, osserviamo che, qualunque sia il valore finito di $z$ che si considera, e qualunque siano le funzioni $\varphi_n(z)$ che poi saranno scelte, le nostre serie potranno decomporsi ciascuna in due parti l'una delle quali sia finita, e l'altra sia una serie nella quale le quantità $\alpha_n$ che vi figurano hanno moduli superiori a quello di $z$; e basterà evidentemente limitarsi a considerare queste ultime parti.

Ora, se $\mathrm{mod}\,\frac{z}{\alpha_n} < 1$, si ha:

$$\log\left(1-\frac{z}{\alpha_n}\right) = -\frac{z}{\alpha_n} - \frac{z^2}{2\alpha_n^2} - \ldots - \frac{z^{p-1}}{(p-1)\alpha_n^{p-1}} - \frac{z^p}{p\alpha_n^p} - \ldots,$$

$$-\frac{1}{\alpha_n - z} = -\frac{1}{\alpha_n} - \frac{z}{\alpha_n^2} - \ldots - \frac{z^{p-2}}{\alpha_n^{p-1}} - \frac{z^{p-1}}{\alpha_n^p} - \ldots,$$

e si può anche scrivere

$$\log\left(1-\frac{z}{\alpha_n}\right) = -\frac{z}{\alpha_n} - \frac{z^2}{2\alpha_n^2} - \ldots - \frac{z^{p-1}}{(p-1)\alpha_n^{p-1}} - \mu_p\frac{z^p}{\alpha_n^p},$$

$$-\frac{1}{\alpha_n - z} = -\frac{1}{\alpha_n} - \frac{z}{\alpha_n^2} - \ldots - \frac{z^{p-2}}{\alpha_n^{p-1}} - \nu\frac{z^{p-1}}{\alpha_n^p},$$

essendo $\mu_p$ e $\nu$ quantità i cui moduli, qualunque sia il numero $p$ che si prende, sono inferiori a numeri finiti $\mu'$ e $\nu'$ che possono riguardarsi anche come indipendenti da $z$ e da $\alpha_n$ se $\mathrm{mod}\,\frac{z}{\alpha_n}$ è discosto da 1 più di un certo numero $\eta$; dunque le funzioni $\varphi_n(z)$ dovranno essere determinate in modo che le serie

$$(3)\quad \sum\left\{-m_n\left(\frac{z}{\alpha_n} + \frac{z^2}{2\alpha_n^2} + \ldots + \frac{z^{p-1}}{(p-1)\alpha_n^{p-1}}\right) - m_n\mu_p\frac{z^p}{\alpha_n^p} + \varphi_n(z)\right\},$$

$$(4)\quad \sum\left\{-m_n\left(\frac{1}{\alpha_n} + \frac{z}{\alpha_n^2} + \ldots + \frac{z^{p-2}}{\alpha_n^{p-1}}\right) - m_n\nu\frac{z^{p-1}}{\alpha_n^p} + \varphi'_n(z)\right\}$$

risultino convergenti incondizionatamente e in ugual grado nella porzione di piano $s$ che si considera, quando, come supponiamo, queste serie incominciano dai termini pei quali $\mathrm{mod}\,\alpha_n > \mathrm{mod}\,z$, e meglio anche $\mathrm{mod}\,\frac{z}{\alpha_n} < 1 - \eta$, essendo $\eta$ diverso da zero.

Nel caso del prof. Betti, avendo egli anticipatamente dimostrato che le serie $\sum\frac{1}{\alpha_n^q}$ sono sempre convergenti incondizionatamente per $q > 2$, e talvolta anche per $q = 2$, bastava evidentemente prendere $p = 3$ nelle formole precedenti, e prendere poi per $\varphi_n(z)$ convenienti funzioni di primo o di secondo grado, le quali, distruggendo i termini coi divisori $\alpha_n$ e $\alpha_n^2$, riducevano subito convergenti le serie (3) e (4)*. E in certi casi poi bastava anche aggruppare convenientemente i termini della serie, per distruggere quelli che avreb-

* Il Betti considerava soltanto la serie (3) perchè coi processi d'allora non ci si preoccupava della serie delle derivate.

bero potuto portare la divergenza, e allora si poteva anche prendere $\varphi_n(z) = 0$.

Limitandosi così al caso di $p$ non superiore a 3, il BETTI ha limitato il suo teorema; ma se avesse lasciato che il $p$ potesse anche superare il 3 e anche variare con $n$, il teorema, colle poche osservazioni che ora faremo, sarebbe stato dimostrato fin d'allora pel caso generale.

Si ammetta infatti che i numeri $p$, che ora indicheremo con $p_n$, possano anche variare nei singoli termini della serie determinandoli convenientemente; e mentre questi numeri $p_n$ dovranno determinarsi per ogni termine delle serie (1) e (2) e indipendentemente da $z$, si ammetta però ancora, come già del resto dicemmo, che le serie (3) e (4) incomincino soltanto da quei termini pei quali con $z$ compreso nel campo $s$ che si considera si ha $\bmod \frac{z}{\alpha_n} < 1 - \gamma$.

Si osservi poi che, dopo di avere fissato a piacere il numero $\gamma$, è certo che corrispondentemente a ciascuno dei punti $\alpha_1, \alpha_2, \ldots$ o dei termini delle serie (1) e (2) si può determinare un numero $p_n$ talmente grande che il prodotto $m_n (1 - \gamma)^{p_n}$, o la somma dei prodotti corrispondenti ai termini che si debbono riunire onde seguire le leggi di aggruppamento delle quantità $\alpha_1, \alpha_2, \ldots \alpha_n \ldots$ stabilite in principio, sia inferiore al termine corrispondente di una serie convergente a termini positivi; e noi determineremo, appunto con questa condizione, i numeri $p_n$ per ogni termine delle serie (1) e (2). Allora, determinate in questo modo le $p_n$ per *ognuno* dei termini delle serie (1) e (2), si vede chiaramente che le parti $m_n \mu_{p_n} \frac{z^{p_n}}{\alpha_n^{p_n}}$, $\sum m_n \nu \frac{z^{p-1}}{\alpha_n^{p}}$ delle serie (3) e (4) quando s'incomincino ai termini pei quali in tutto $s$ si ha $\bmod \frac{z}{\alpha_n} < 1 - \gamma$ convergono incondizionatamente e anche in ugual grado entro $s$. D'altra parte è chiaro che se nelle serie (1) e (2) prendiamo in ogni termine $\varphi_n(z) = m_n \sum_{t=1}^{p_n - 1} \frac{z^t}{t \alpha_n^t}$ ove le $p_n$ hanno i valori ora determinati, le serie stesse (1) e (2) per ogni campo $s$ possono ciascuna scomporsi in due parti una delle quali è finita e l'altra è tale che, quando $z$ è entro $s$, per i suoi termini si ha appunto $\bmod \frac{z}{\alpha_n} < 1 - \gamma$, e quindi per essa si ha convergenza incondizionata e in ugual grado; dunque si può ora evidentemente concludere che altrettanto accade delle serie medesime

(1) e (2) quando si prende $\varphi_n(z) = m_n \sum_{t=1}^{p_n-1} \frac{z^t}{t\alpha_n^t}$, e in conseguenza il prodotto $\Pi\left(1 - \frac{z}{\alpha_n}\right)^{m_n} e^{m_n \sum_{t=1}^{p_n-1} \frac{z^t}{t\alpha_n^t}}$ - rappresenta appunto la funzione cercata.

L'arbitrarietà poi che si ha nella scelta del numero $n$ e nella determinazione dei numeri $p_n$, e la circostanza che moltiplicando la funzione ora ottenuta per un fattore esponenziale $e^{\varphi(z)}$, ove $\varphi(z)$ è una funzione intera di $z$, restano ancora soddisfatte le condizioni precedenti, ci portano anche a concludere che delle funzioni cercate ne esiste sempre un numero infinito, che evidentemente non possono differire l'una dall'altra che per un fattore che, dovendo essere una funzione monodroma finita e continua in tutto il piano senza infinitesimi a distanza finita, è necessariamente una esponenziale della forma $e^{\psi(z)}$ essendo $\psi(z)$ una funzione intera.

Infine l'esclusione che abbiamo fatta dell'infinitesimo $z = 0$ può togliersi subito perchè, trovata la funzione che corrisponde agli altri infinitesimi col processo precedente, moltiplicandola per $z^t$ se $t$ è l'ordine dell'infinitesimo $z = 0$, si ottiene subito la funzione che ha tutti gli infinitesimi dati.

2. Considerazioni che hanno con queste una grandissima analogia mi hanno condotto a dimostrare il teorema del sig. MITTAG-LEFFLER « sulla esistenza di infinite funzioni monodrome e continue » in tutto il piano che ammettono soltanto infiniti di dati ordini $m_1$, » $m_2, \ldots, m_n, \ldots$ in punti dati ad arbitrio $a_1, a_2, \ldots, a_n, \ldots$ ma che » soddisfanno alla solita condizione che di essi ne cade soltanto un » numero finito in ogni porzione finita del piano $z$; e nell'ipotesi » che nello sviluppo della funzione per frazioni semplici siano dati » arbitrariamente tutti gli elementi che nell'intorno dei punti d'in- » finito determinano le parti della funzione che divengono infinite » insieme ad alcuni termini delle parti che restano finite. »

In altre parole, se la funzione che si cerca, nell'intorno del punto d'infinito $a_n$ d'ordine $m_n$, deve prendere la forma

$$\frac{A_{n,1}}{z - a_n} + \frac{A_{n,2}}{(z - a_n)^2} + \ldots + \frac{A_{n,m_n}}{(z - a_n)^{m_n}} + w_1(z)$$

ove $w_1(z)$ nell'intorno del punto $a_n$ ha il carattere di una funzione intera, s'intende che insieme ad $a_n$ e insieme a $m_n$ siano dati i coefficienti $A_{n,1}, A_{n,2}, \ldots, A_{n,m_n}$ e siano dati i primi $q_n$ coefficienti nello sviluppo di $w_1(z)$ sotto la forma

$$B_{n,0} + B_{n,1}(z - a_n) + B_{n,2}(z - a_n)^2 + \ldots + B_{n,q_n-1}(z - a_n)^{q_n-1} +$$
$$+ B_{n,q_n}(z - a_n)^{q_n} + \ldots$$

Per dimostrare completamente questo teorema, noi incominceremo dal considerare il caso in cui pei varî punti d'infinito $a_n$ sono dati soltanto i loro ordini d'infinito, e i coefficienti $A_{n,1}$, $A_{n,2}, \ldots, A_{n,m_n}$; e per questo osserveremo che la cosa più naturale sarebbe quella di incominciare col considerare la serie

$$\sum \left\{ \frac{A_{n,1}}{z - a_n} + \frac{A_{n,2}}{(z - a_n)^2} + \ldots + \frac{A_{n,m_n}}{(z - a_n)^{m_n}} \right\},$$

estesa ai varî punti d'infinito $a_1, a_2, \ldots, a_{m_n}$ riuniti o no in gruppi secondo leggi determinate; però questa serie non è ordinariamente convergente.

Conviene dunque cambiare i suoi termini in modo da avere la convergenza incondizionata e in ugual grado per essa e per la serie delle derivate in ogni campo finito che non comprende punti $a_1, a_2, \ldots, a_n, \ldots$ senza perdere la proprietà che ora hanno i varî termini di divenire rispettivamente infiniti nei punti $a_1, a_2, \ldots, a_n, \ldots$; e per questo è naturale cercare se ciò possa ottenersi considerando invece la serie

$$(5) \qquad \sum \left\{ \frac{A_{n,1}}{z - a_n} + \frac{A_{n,2}}{(z - a_n)^2} + \ldots + \frac{A_{n,m_n}}{(z - a_n)^{m_n}} + \varphi_n(z) \right\},$$

ove $\varphi_n(z)$ è una funzione intera di $z$ che deve determinarsi convenientemente.

Ora, per vedere se e come questa determinazione possa farsi, osserviamo prima in generale che se $\mathrm{mod}\, z < \mathrm{mod}\, a$, si ha:

$$\frac{1}{(z-a)^r} = \pm \frac{1}{a^r\left(1 - \frac{z}{a}\right)^r} = \pm \frac{1}{a^r} \left\{ 1 + (r)_1 \frac{z}{a} + (r)_2 \frac{z^2}{a^2} + \ldots + (r)_p \frac{z^p}{a^p} + \ldots \right\},$$

con

$$(r)_p = \frac{r(r+1)(r+2)\ldots(r+p-1)}{1 \cdot 2 \cdot 3 \ldots p};$$

e siccome, se $z'$ è un numero il cui modulo è compreso fra quelli di $z$ e di $a$, si ha:

$$\mathrm{mod}\left\{ (r)_p \frac{z^p}{a^p} + (r)_{p+1} \frac{z^{p+1}}{a^{p+1}} + \ldots \right\} < \lambda \left\{ \left(\frac{z'}{a}\right)_1^p + \left(\frac{z'}{a}\right)_1^{p+1} + \ldots \right\}$$

ovvero

$$\operatorname{mod}\left\{(r)_p \frac{z'^p}{a^p} + (r)_{p+1} \frac{z'^{p+1}}{a^{p+1}} + \dots\right\} < \frac{\lambda \left(\frac{z'}{a}\right)_1^p}{1 - \left(\frac{z'}{a}\right)_1}$$

ove $\left(\frac{z'}{a}\right)_1$ è il modulo di $\frac{z'}{a}$, e $\lambda$ è il limite superiore dei moduli di $(r)_t \left(\frac{z}{z'}\right)^t$ per $t \geqq p$ ed è certamente finito perchè la serie $\sum (r)_p \left(\frac{z'}{z}\right)^p$ è convergente, così si potrà scrivere:

$$\frac{1}{(z-a)^r} = \pm \frac{1}{a^r}\left\{1 + (r)_1 \frac{z}{a} + (r)_2 \frac{z^2}{a^2} + \dots + (r)_{p-1} \frac{z^{p-1}}{a^{p-1}} + \lambda_{r,z'} \frac{\left(\frac{z'}{a}\right)^p}{1 - \left(\frac{z'}{a}\right)_1}\right\},$$

essendo $\lambda_{r,z'}$ un numero il cui modulo non supera quello di $\lambda$ e quindi neppure quelli dei numeri $(r)_t \left(\frac{z}{z'}\right)^t$ per $t \geqq p$.

Similmente si troverà:

$$\frac{d}{dz} \frac{1}{(z-a)^r} = \pm \frac{1}{a^r}\left\{(r)_1 \frac{1}{a} + 2\,(r)_2 \frac{z}{a^2} + \dots + (p-1)\,(r)_{p-1} \frac{z^{p-2}}{a^{p-1}} + \mu_{r,z'} \frac{\frac{z'^{p-1}}{a^p}}{1 - \left(\frac{z'}{a}\right)_1}\right\},$$

ove le $\mu_{r,z'}$ hanno i moduli inferiori a quelli dei prodotti $t\,(r)_t \left(\frac{z}{z'}\right)^{t-1}$ per $t \geqq p$; quindi se poniamo per abbreviare:

$$(6)\quad \begin{cases} B_0 = -\dfrac{A_{n,1}}{a_n} + \dfrac{A_{n,2}}{a_n^2} - \dfrac{A_{n,3}}{a_n^3} + \dots \pm \dfrac{A_{n,m_n}}{a_n^{m_n}}, \\ B_1 = -\dfrac{A_{n,1}}{a_n^2} + (2)_1 \dfrac{A_{n,2}}{a_n^3} - (3)_1 \dfrac{A_{n,3}}{a_n^4} - \dots \pm (m_n)_1 \dfrac{A_{n,m_n}}{a_n^{m_n+1}}, \\ \dots\dots\dots\dots\dots\dots\dots\dots \\ B_{p-1} = -\dfrac{A_{n,1}}{a_n^p} + (2)_{p-1} \dfrac{A_{n,2}}{a_n^{p+1}} - (3)_{p-1} \dfrac{A_{n,3}}{a_n^{p+2}} + \dots \pm (m_n)_{p-1} \dfrac{A_{n,m_n}}{a_n^{m_n+p-1}}, \end{cases}$$

la parte della serie (5) che proviene dai termini pei quali $\operatorname{mod} a_n > \operatorname{mod} z$, potrà porsi sotto la forma:

$$\sum\left[B_0 + B_1 z + B_2 z^2 + \dots + B_{p-1} z^{p-1} + \frac{1}{1 - \left(\frac{z'}{a}\right)_1}\left\{\frac{A_{n,1}\lambda_{1,z'}}{a_n} + \frac{A_{n,2}\lambda_{2,z'}}{a_n^2} + \right.\right.$$

$$\left.\left. + \dots + \frac{A_{n,m_n}\lambda_{m_n,z'}}{a_n^{m_n}}\right\}\left(\frac{z'}{a_n}\right)^p + \varphi_n(z)\right];$$

e se $A'_n$ è il massimo dei moduli delle $A_{n,1}, A_{n,2}, \ldots A_{n,m}$, e $\lambda'_{n,z'}$ è il massimo di quelli delle $\lambda_{1,z'}, \lambda_{2,z'}, \ldots$ si potrà scrivere

$$(7)\quad \sum \left\{ B_0 + B_1 z + B_2 z^2 + \ldots + B_{p-1} z^{p-1} + \frac{\lambda_n A'_n \lambda'_{n,z'}}{1 - \left(\frac{z'}{a_n}\right)_1} \left(\frac{z'}{a_n}\right)^p + \varphi_n(z) \right\}$$

essendo $\lambda_n$ una quantità il cui modulo è inferiore ad uno, ed è anche piccolo a piacere quando il modulo di $a_n$ è abbastanza grande; e similmente quella parte della serie derivata della (5) che proviene dai termini pei quali $\mathrm{mod}\, a_n > \mathrm{mod}\, z$, si potrà scrivere

$$(8)\quad \sum \left\{ B_1 + 2 B_2 z + \ldots + (p-1) B_{p-1} z^{p-2} + \frac{\mu A'_n \mu'_{n,z'}}{1 - \left(\frac{z'}{a_n}\right)_1} \left(\frac{z'}{a_n}\right)^{p-1} + \varphi'_n(z) \right\}$$

ove $\mu'_{n,z'}$ è il massimo fra i moduli delle quantità $\mu_{1,z'}, \mu_{2,z'}, \ldots \mu_{m_n,z'}$, e $\mu_n$ è una quantità il cui modulo è inferiore ad uno, ed è anche piccolo a piacere se $a_n$ è abbastanza grande.

Prendiamo ora ad esaminare le serie

$$(9)\qquad \sum \frac{\lambda_n A'_n \lambda'_{n,z'}}{1 - \left(\frac{z'}{a_n}\right)_1} \left(\frac{z'}{a_n}\right)^p, \qquad \sum \frac{\mu_n A'_n \mu'_{n,z'}}{1 - \left(\frac{z'}{a_n}\right)_1} \left(\frac{z'}{a_n}\right)^{p-1}$$

formate con parti dei termini delle (7) e (8) per $z$ compreso in un certo campo finito $s$, ammettendo che queste serie incomincino da quei termini pei quali, con $z$ compreso in questo campo, si ha sempre $\mathrm{mod}\frac{z}{a_n} < 1 - \gamma$, essendo $\gamma$ numero fisso diverso da zero; e osserviamo intanto che, essendo $\frac{z'}{a_n} = \frac{z}{a_n}\frac{z'}{z}$, se si prende $z' = \frac{z}{1-\gamma_1}$ con $\gamma_1 < \gamma$, per es. $\gamma_1 = \frac{\gamma}{2}$, si verrà a soddisfare alla condizione $\mathrm{mod}\, z < \mathrm{mod}\, z' < a_n$, e al tempo stesso si avrà $\mathrm{mod}\frac{z'}{a_n} < 1 - \gamma'$ con $\gamma'$ diverso da zero.

Si aggiunge che, siccome quando $\frac{z'}{z} = \frac{1}{1-\gamma_1}$ le quantità $\lambda'_{n,z'}$ sono inferiori al massimo dei numeri $(r)_t (1-\gamma_1)^t$ per $t \geqq p$ e $r = 1, 2, \ldots, m_n$, o al limite superiore dei numeri $(m_n)_t (1-\gamma_1)^t$ per $t \geqq p$, e le $\mu'_{n,z'}$ sono inferiori al limite superiore dei numeri $t\,(m_n)_t (1-\gamma_1)^{t-1}$ per $t \geqq p$, basta osservare che questi numeri

$$(m_n)_t (1-\gamma_1)^t, \qquad t\,(m_n)_t (1-\gamma_1)^{t-1}$$

tendono a zero al crescere indefinito di $t$ per concludere che in ogni termine della serie (5) le $p$ potranno prendersi sempre talmente grandi che i numeri $(m_n)_t(1-\eta_1)^t$, $t(m_n)_t(1-\eta_1)^{t-1}$ per $t \geq p$ siano inferiori a un numero finito $c$; e allora è certo che le $\lambda'_{n,s'}$, $\mu'_{n,s'}$ nei termini che ora noi consideriamo delle (6) o (7) saranno inferiori allo stesso numero $c$. Oltre a ciò prendendo questi numeri $p$ abbastanza grandi si può anche soddisfare alla condizione che in ogni termine della (5) il prodotto $A'_n(1-\eta')^{p-1}$, o la somma dei prodotti corrispondenti ai termini che devono riunirsi nella (5) per fare l'aggruppamento già stabilito in principio, sia inferiore al termine corrispondente di una serie convergente a termini positivi; dunque, determinate le $p$ in questo modo per ognuno dei termini della serie (5), è certo che le serie (9), per $z$ compreso nel campo $s$, quando i loro termini incominciano dai valori di $n$ pei quali si ha sempre $\mathrm{mod}\frac{z}{a_n} < 1-\eta, \ldots$, sono convergenti incondizionatamente e in ugual grado entro $s$.

Ma determinate in questa guisa le $p$ per ogni termine della serie (5), e formate poi le corrispondenti $B_0, B_1, \ldots B_{p-1}$ per mezzo delle (6), niuno ci impedisce di prendere in ogni termine della (5) $\varphi_n(z) = -B_0 - B_1 z - B_2 z^2 - \ldots - B_{p-1} z^{p-1}$, e allora la serie (5) e la serie corrispondente delle derivate, per $z$ compreso nel solito campo $s$, si scompongono in una parte finita, e in un altra per la quale si ha $\mathrm{mod}\frac{z}{a_n} < 1-\eta, \ldots$ e questa viene ad essere appunto la prima o la seconda delle serie (9) che abbiamo visto ora essere convergenti, ecc.; dunque si può ora evidentemente asserire che la serie (5) quando vi si prenda:

$$\varphi_n(z) = -B_0 - B_1 z - B_2 z^2 - \ldots - B_{p-1} z^{p-1},$$

e i numeri $p$ siano determinati nel modo indicato sopra, rappresenta una funzione di $z$ che soddisfa alle condizioni volute.

L'arbitrarietà poi che si ha nella scelta dei numeri $\eta$ e $\eta_1$, e nella determinazione dei numeri $p$, insieme alla circostanza che le condizioni che si richiedono per la nostra funzione continuano ad essere soddisfatte anche se alla funzione trovata si aggiunge una funzione intera qualsiasi, ci portano ad affermare che delle funzioni cercate ne esiste un numero infinito che evidentemente non possono differire l'una dall'altra che per una funzione intera; talchè il teorema del sig. MITTAG-LEFFLER è così dimostrato pel caso che pei punti $a_n$ siano dati soltanto i coefficienti $A_{n,1}, A_{n,2}, \ldots A_{n,m_n}$.

Aggiungiamo che il processo precedente non si applicherebbe

al termine della serie (5) nel quale fosse $a_n = 0$, quando il punto zero fosse un infinito, ma ciò evidentemente non è di alcuno ostacolo per le nostre conclusioni, poichè un termine finito in una serie non ha influenza sulla convergenza della serie medesima.

3. Dimostrato così il teorema di MITTAG-LEFFLER pel caso che siano dati soltanto i coefficienti $A_{n,1}, A_{n,2}, \ldots A_{n,m_n}$ per ogni punto d'infinito $a_n$, si può trattare subito anche il caso in cui sono dati al tempo stesso anche i coefficienti $B_{n,0}, B_{n,1}, \ldots B_{n,q_n-1}$ di $q_n$ termini della parte intiera dello sviluppo nell'intorno di $a_n$; giacchè si trova subito che la funzione cercata risulta ora dal prodotto di una qualunque delle funzioni intere $\theta(z)$ che divengono infinitesime degli ordini $q_1, q_2, \ldots q_n, \ldots$ nei punti $a_1, a_2, \ldots a_n, \ldots$ moltiplicata per una funzione $\varphi(z)$ che diviene infinita degli ordini $m_1 + q_1$, $m_2 + q_2, \ldots, m_n + q_n, \ldots$ negli stessi punti, e che può costruirsi coi processi del paragrafo precedente, poichè per essa vengono ad esser dati soltanto i coefficienti relativi alla parte frazionaria dello sviluppo nell'intorno degli stessi punti.

Supposto infatti che $\theta(z)$ sia una funzione che si annulla nel punto $a_n$ e dell'ordine $q_n$, e soppressi gli indici $n$ per semplicità di scrittura, avremo:

$$\theta(z) = (z-a)^q \{M_0 + M_1(z-a) + M_2(z-a)^2 + \ldots + M_{m-1}(z-a)^{m-1} + \\ + M_m(z-a)^m + \ldots + M_{m+q}(z-a)^{m+q} + \ldots\}$$

ove $M_0, M_1, M_2, \ldots$ saranno quantità determinate, e $M_0$ sarà differente da zero; e se si determina una funzione $\varphi(z)$ per la quale si abbia nell'intorno di $a$:

$$\varphi(z) = \frac{P_1}{z-a} + \frac{P_2}{(z-a)^2} + \ldots + \frac{P_q}{(z-a)^q} + \frac{P_{q+1}}{(z-a)^{q+1}} + \\ + \ldots + \frac{P_{m+q}}{(z-a)^{m+q}} + Q_0 + Q_1(z-a) + \ldots,$$

allora, eseguendo il prodotto $\varphi(z)\theta(z)$, si vede subito che onde nell'intorno di $a$ esso si comporti come la funzione cercata, cioè sia della forma:

$$\frac{A_1}{z-a} + \frac{A_2}{(z-a)^2} + \ldots + \frac{A_m}{(z-a)^m} + B_0 + B_1(z-a) + \ldots + B_{q-1}(z-a)^{q-1} + \ldots$$

ove $A_1, A_2, \ldots A_m, B_0, B_1, \ldots B_{q-1}$ sono i coefficienti dati relativi al punto $a$, basta che per le $P_1, P_2, \ldots P_q, \ldots P_{m+q}$ siano presi i valori che risultano dalle seguenti equazioni:

$$\begin{array}{llll} M_0 P_{m+q} & & & = A_m, \\ M_1 P_{m+q} & + M_0 P_{m+q-1} & & = A_{m-1}, \\ \dots & \dots & \dots & \dots \\ M_{m-1} P_{m+q} & + M_{m-2} P_{m+q-1} & + \dots + M_0 P_{q+1} & = A_1, \\ M_m P_{m+q} & + M_{m-1} P_{m+q-1} & + \dots + M_0 P_q & = B_0, \\ \dots & \dots & \dots & \dots \\ M_{m+q-1} P_{m+q} & + M_{m+q-2} P_{m+q-1} & + \dots + M_0 P_1 & = B_{q-1}; \end{array}$$

dunque poichè, essendo $M_0$ diverso da zero, queste equazioni danno sempre valori determinati per le $P_1, P_2, \dots, P_{m+q}$, si conclude, come volevamo, che determinati con queste equazioni per ogni punto $a_1$, $a_2, \dots a_n, \dots$ i valori corrispondenti delle quantità $P$, e costruita poi coi processi del paragrafo precedente o in altro modo la funzione $\varphi(z)$ cui queste quantità sono relative, il prodotto $\varphi(z)\,\theta(z)$ darà una funzione che soddisfa alle condizioni volute, talchè il teorema di MITTAG-LEFFLER può dirsi ora completamente dimostrato.

E evidentemente anche in questo caso si hanno infinite funzioni che soddisfanno alle condizioni volute, e queste funzioni differiscono l'una dall'altra soltanto per funzioni intere che nei punti $a_1$, $a_2, \dots, a_n, \dots$ divengono infinitesime degli ordini $q_1, q_2, \dots q_n, \dots$.

4. Osserviamo poi che nella dimostrazione fatta nel paragrafo precedente non si esclude che alcuni dei numeri $m_1, m_2, \dots m_n, \dots$ e alcuni dei primi coefficienti $B$ corrispondenti siano uguali allo zero, e che in conseguenza i punti corrispondenti $a_1, a_2, \dots a_n, \dots$ invece di essere infiniti siano infinitesimi, o più generalmente in essi la funzione sia finita e prenda valori dati ad arbitrio insieme ad alcune delle sue derivate; però nel caso degli infinitesimi il numero $q$ corrispondente deve essere preso superiore almeno di una unità all'ordine $t$ d'infinitesimo della funzione cercata nel punto cui esso si riferisce, e il relativo $B_t$, se non è dato, può prendersi a piacere purchè diverso da zero onde le quantità corrispondenti $P_1, P_2, \dots$ non vengano tutte eguali allo zero, e la funzione $\varphi(z)$ possa ancora determinarsi coi processi del § 2. Da ciò, osservando che i nostri processi non escludono che le funzioni $\theta(z)$ e $\varphi(z)$ vengano ad avere anche altri infinitesimi, si deduce subito anche il teorema che dice che « esistono » infinite funzioni monodrome e continue di cui sono dati arbitraria- » mente i punti d'infinito e alcuni di quelli d'infinitesimo insieme ai » loro ordini, e insieme talvolta ad alcuni punti nei quali la funzione » deve esser finita e diversa da zero, quando pei punti d'infinito

» sono dati i soliti coefficienti della parte frazionaria nello sviluppo » corrispondente ai loro intorni, insieme ad alcuni di quelli della » parte intera, e per gli altri punti sono dati i valori dei primi coef- » ficienti negli sviluppi corrispondenti ai loro intorni, o, il che è lo » stesso, sono dati i valori della funzione e di un numero finito delle » sue derivate. »

In particolare dunque supponendo che le $m_1, m_2, \ldots, m_n, \ldots$ siano tutte uguali a zero si può affermare che « esistono infinite » funzioni monodrome finite e continue in tutto il piano che in punti » dati ad arbitrio $a_1, a_2, \ldots, a_n, \ldots$ prendono dati valori sì esse che » un numero finito delle loro derivate. »

S'intende che si ammette sempre che dei punti $a_1, a_2, \ldots, a_n, \ldots$ ne cada soltanto un numero finito in ogni porzione finita del piano $z$; e s'intende pure che, se i coefficienti dati $A$ o $B$ non sono consecutivi, i teoremi precedenti sussistono ancora, poichè nulla ci impedisce di prendere pei coefficienti che non sono determinati quei valori che più ci piace, e di prendere per gli altri i valori dati, e così si ricade evidentemente nei casi già considerati.

5. Questi risultati del resto possono essere completati nel modo seguente.

Si osservi che, come già abbiamo notato, le funzioni di cui è parola nell'ultimo paragrafo, oltre ad avere gli infiniti e gli infinitesimi dati, avranno talvolta anche altri infinitesimi, potendo darsi che questi si trovino nella funzione $\theta(z)$ dalla quale si parte, o nell'altra $\varphi(z)$ che viene poi determinata. Fondandosi però sull'ultimo teorema del paragrafo precedente è facile dimostrare che « possono » sempre costruirsi infinite funzioni monodrome e continue che am- » mettono *soltanto* gli infiniti e gli infinitesimi dati degli ordini che » pure sono dati, e che soddisfanno alle solite condizioni precedenti » relative al modo di comportarsi negli intorni di questi punti d'in- » finito o d'infinitesimo, e in altri punti prendono valori dati ad ar- » bitrio sì esse che un numero finito delle loro derivate ».

S'indichi infatti con $w_1(z)$ una funzione che abbia per infiniti e per infinitesimi soltanto gli infiniti e gli infinitesimi dati della funzione cercata, e degli ordini respettivi. Questa funzione potrà ottenersi sempre costruendo due funzioni intere di $z$ che abbiano per infinitesimi, l'una soltanto gli infinitesimi, e l'altra soltanto gli infiniti della funzione cercata degli ordini respettivi, e poi facendone il quoziente; e quando con altri processi si fosse costruita una funzione $w_2(z)$ che oltre agli infiniti e infinitesimi dati ne avesse anche altri, si potrebbero sempre costruire coi processi del § 1 due funzioni intere $\chi(z)$ e $\chi_1(z)$ che avessero per infinitesimi, e degli ordini respettivi, soltanto questi infiniti o infinitesimi che vi fossero in più, e allora il prodotto $w_2(z)\dfrac{\chi(z)}{\chi_1(z)}$ non avrebbe altro che gli infiniti e gli infinitesimi dati degli ordini che pure sono dati; talchè si può ammettere sempre di partire da una funzione $w_1(z)$ che abbia soltanto questi infiniti e infinitesimi dati degli ordini respettivi.

In generale però questa funzione $w_1(z)$ non soddisfarà alle altre condizioni che saranno date per gli stessi punti d'infinitesimo o d'infinito, e per quelli nei quali sono dati i valori della funzione, e di alcune delle derivate; ma valendosi dell'ultimo teorema del paragrafo precedente è facile vedere che può sempre determinarsi una funzione intera $\psi(z)$ di $z$ tale che la funzione $w(z) = w_1(z)e^{\psi(z)}$ (che evidentemente avrà sempre gli infiniti e gli infinitesimi dati) soddisfaccia anche alle altre condizioni ora indicate.

Supponiamo infatti che nell'intorno di uno dei punti dati $a$ la funzione cercata debba prendere la forma:

$$\frac{A_1}{z-a}+\frac{A_2}{(z-a)^2}+\ldots+\frac{A_m}{(z-a)^m}+B_0+B_1(z-a)+$$
$$+\ldots+B_{q-1}(z-a)^{q-1}+\ldots$$

ove, per comprendere tutti i casi, non si esclude che alcune delle $A$ e anche tutte siano eguali a zero, e in questo caso anche alcune delle $B_0$, $B_1$, $B_2, \ldots$ $B_{q-1}$ possano esse pure essere uguali a zero *senza però esserlo tutte;* poichè quando le $B$ che sono date fossero tutte uguali a zero, niuno ci impedisce di stabilire di prendere per la seguente quel valore *diverso da zero* che più ci piace, e considerare allora anche questa come data.

Si ammetta poi che per la funzione $w_1(z)$ dalla quale si parte nell'intorno di $a$ si abbia invece:

$$w_1(z)=\frac{A'_1}{z-a}+\frac{A'_2}{(z-a)^2}+\ldots+\frac{A'_m}{(z-a)^m}+B'_0+B'_1(z-a)+$$
$$+\ldots+B'_{q-1}(z-a)^{q-1}+\ldots$$

e si ponga per semplicità $e^{\psi(z)}=F(z)$. Nell'intorno di $a$ si avrà:

$$w(z)=\left\{\frac{A'_m}{(z-a)^m}+\frac{A'_{m-1}}{(z-a)^{m-1}}+\ldots+\frac{A'_2}{(z-a)^2}+\frac{A'_1}{z-a}+\right.$$
$$\left.+B'_0+B'_1(z-a)+\ldots+B'_{q-1}(z-a)^{q-1}+\ldots\right\}\left\{F(a)+\right.$$
$$\left.+\frac{F'(a)}{1}(z-a)+\frac{F''(a)}{1\,.\,2}(z-a)^2+\ldots+\frac{F^{(m+q-1)}(a)}{\pi(m+q-1)}(z-a)^{m+q-1}+\ldots\right\},$$

dunque onde il secondo membro si riduca alla forma voluta, basterà che siano soddisfatte le eguaglianze:

$$A'_m F(a) = A_m$$

$$A'_{m-1} F(a) + A'_m \frac{F'(a)}{1} = A_{m-1}$$

$$A'_{m-2} F(a) + A'_{m-1} \frac{F'(a)}{1} + A'_m \frac{F''(a)}{1 \cdot 2} = A_{m-2}$$

. . . . . . . . . . . . . . . . . . . . . . . . . . . . . . . . . . . . .

$$A'_1 F(a) + A'_2 \frac{F'(a)}{1} + A'_3 \frac{F''(a)}{1 \cdot 2} + \ldots + A'_m \frac{F^{(m-1)}(a)}{\pi(m-1)} = A_1,$$

$$B'_0 F(a) + A'_1 \frac{F'(a)}{1} + A'_2 \frac{F''(a)}{1 \cdot 2} + \\ + \ldots + A'_{m-1} \frac{F^{(m-1)}(a)}{\pi(m-1)} + A'_m \frac{F^{(m)}(a)}{\pi(m)} = B_0,$$

. . . . . . . . . . . . . . . . . . . . . . . . . . . . . . . . . . . . .

$$B'_{m+q-1} F(a) + B'_{m+q-2} \frac{F'(a)}{1} + \ldots + A'_m \frac{F^{(m+q-1)}(a)}{\pi(m+q-1)} = B_{m+q-1}.$$

Ora, per le nostre ipotesi, $A_m$ e $A'_m$ non possono essere zero altro che insieme, ma questo caso può evidentemente escludersi a meno che non sia $m = 0$. In questo caso poi, se anche alcune delle prime quantità $B$, ad es.: $B_0, B_1, \ldots, B_{t-1}$ sono zero, e $B_t$ è diversa da zero, si avrà pure $B'_0 = B'_1 = \ldots = B'_{t-1} = 0$, e $B'_t$ sarà diversa da zero, e allora le equazioni precedenti incomincieranno da quella che ha nel secondo membro $B_t$, e i coefficienti di $F(a)$, $\frac{F'(a)}{1}, \ldots$ nei primi membri verranno tutti eguali a $B'_t$; dunque evidentemente queste equazioni possono sempre rendersi soddisfatte con un valore diverso da zero di $F(a)$, e con valori convenienti di alcune delle derivate $F'(a)$, $F''(a), \ldots$

Ma, avendosi $e^{\psi(z)} = F(z)$, basta eseguire le derivazioni per veder subito che questi valori di $F(a)$, $F'(a)$, $F''(a), \ldots$ portano alla determinazione di altrettante delle quantità $\psi(a)$, $\psi'(a)$, $\psi''(a), \ldots$; e in conseguenza $\psi(z)$ viene così ad essere una funzione intera di $z$ di quelle che si determinano colla condizione che in punti dati sì esse che alcune delle loro derivate prendano valori dati; dunque, poichè per l'ultimo teorema del paragrafo precedente questa determinazione può sempre farsi, evidentemente resta ora dimostrato anche il teorema che abbiamo enunciato sopra.

6. I processi precedenti, oltre a dimostrarci l'esistenza delle funzioni cercate, ci danno anche un modo di costruirle; e in sostanza le varie questioni si riducono tutte ai casi considerati nei §§ 1 e 2, e più specialmente a quello del § 2.

Nei casi particolari però si possono seguire altri processi, e io incominciando dalle funzioni del § 1 trovo opportuno di considerare il caso in cui gli infinitesimi dati $\alpha_1, \alpha_2, \ldots, \alpha_n, \ldots$ sono tali che la serie $\sum \frac{1}{\alpha_n^s}$ per un certo valore finito di $s$ converga incondizionatamente, e se $\alpha'_n$ è il modulo di $\alpha_n$, gli ordini dati $m_1, m_2, \ldots, m_n, \ldots$ per gli stessi infinitesimi sono sempre finiti o almeno sono tali che si può scrivere $m_n = c_n \alpha'^t_n$ essendo $c_n$ un numero inferiore a un numero finito, e $t$ un altro numero finito.

Con queste ipotesi infatti si vede subito che se non è convergente la serie logaritmica $\sum m_n \log\left(1 - \frac{z}{\alpha_n}\right)$, lo sarà però evidentemente la serie delle derivate $(s+t)^{\circ}$, cioè

$$\sum 1 \cdot 2 \cdot 3 \ldots (s+t-1) \frac{m_n}{\alpha_n^{s+t}\left(1 - \frac{z}{\alpha_n}\right)^{s+t}}$$

e questa convergenza sarà incondizionata e uniforme in ogni campo finito che non comprende punti $\alpha_n$; quindi integrando questa serie termine a termine $s+t$ volte di seguito lungo curve che vadano al punto $z$ da punti $\beta_{s+t}, \beta_{s+t-1}, \ldots, \beta_2, \beta_1$ arbitrariamente scelti ma diversi da $\alpha_1, \alpha_2, \ldots, \alpha_n, \ldots$ quando queste curve non passano per questi punti $\alpha_1, \alpha_2, \ldots, \alpha_n, \ldots$ e l'ultima non gira neppure attorno ad essi, si formeranno altrettante serie convergenti incondizionatamente e in ugual grado in ogni porzione finita del piano $z$ che non comprende punti $\alpha_1, \alpha_2, \ldots, \alpha_n, \ldots$; e l'ultima di queste serie cioè

$$\sum m_n \int_{\beta_1}^{z} dz \int_{\beta_2}^{z} dz \ldots \int_{\beta_{s+t}}^{z} \frac{d^{s+t} \log\left(1 - \frac{z}{\alpha_n}\right)}{dz^{s+t}} dz,$$

verrà ad essere appunto della forma

$$\sum \left\{ m_n \log\left(1 - \frac{z}{\alpha_n}\right) + \varphi_n(z) \right\},$$

ove le $\varphi_n(z)$ sono funzioni intere determinate del grado $s+t-1$; talchè evidentemente il prodotto

$$\Pi \left(1 - \frac{z}{\alpha_n}\right)^{m_n} e^{\varphi_n(z)}$$

o

$$\Pi\left(1-\frac{z}{\alpha_n}\right)^{m_n} e^{m_n\int_{\beta_1}^{z} dz\int_{\beta_2}^{z} dz\dots\int_{\beta_{s+t}}^{z}\frac{d^{s+t}\log\left(1-\frac{z}{\alpha_n}\right)}{dz^{s+t}}dz - m_n\log\left(1-\frac{z}{\alpha_n}\right)}$$

o anche

$$\Pi\left[e^{m_n\int_{\beta_1}^{z} dz\int_{\beta_2}^{z} dz\dots\int_{\beta_{s+t}}^{z}\frac{d^{s+t}\log\left(1-\frac{z}{\alpha_n}\right)}{dz^{s+t}}dz}\right]$$

darà appunto la funzione cercata.

In particolare dunque, nel caso che gli infinitesimi $\alpha_1$, $\alpha_2,\dots$, $\alpha_n,\dots$ siano tutti di ordine finito, e soddisfacciano alla condizione che pose il prof. BETTI nel suo teorema, quella cioè che la distanza dei loro indici non scenda mai al disotto di una certa quantità diversa da zero $d$, allora, bastando prendere $s=3$, $t=0$, la funzione cercata viene ad essere la seguente:

$$\Pi\left(1-\frac{z}{\alpha_n}\right)^{m_n} e^{\frac{-2m_n}{\alpha^3_n}\int_{\beta_1}^{z} dz\int_{\beta_2}^{z} dz\int_{\beta_3}^{z}\frac{dz}{\left(1-\frac{z}{\alpha_n}\right)^3} - m_n\log\left(\frac{z}{\alpha_n}\right)},$$

ovvero

$$\Pi\left(1-\frac{z}{\alpha_n}\right)^{m_n} e^{m_n\left\{-\log\left(1-\frac{\beta_1}{\alpha_n}\right)+\frac{\frac{z}{\alpha_n}-\beta_1}{1-\frac{\beta_2}{\alpha_n}}+\frac{\left(\frac{z}{\alpha_n}-\beta_2\right)^2}{2\left(1-\frac{\beta_3}{\alpha_n}\right)^2}\right\}};$$

e in questa le $\beta_1$, $\beta_2$, e $\beta_3$ possono anche prendersi uguali fra loro e anche uguali a zero, e così la funzione si trasforma nell'altra più semplice

$$\Pi\left(1-\frac{z}{\alpha_n}\right)^{m_n} e^{\frac{m_n z}{\alpha_n}+\frac{m_n z^2}{2\alpha^2_n}},$$

che, quando le $m_n$ sono uguali ad uno, sopprimendo alcuni fattori esponenziali, si riduce appunto a quella del prof. BETTI.

7. Un processo simile si ha pel caso delle funzioni del § 2, quando gli infiniti dati $a_1$, $a_2,\dots$, $a_n,\dots$ sono tali che la serie $\sum\frac{1}{a^s_n}$ per un certo valore finito di $s$ è convergente incondizionatamente, e, se $a'_n$, $A'_{1,n}$, $A'_{2,n},\dots$ $A'_{r,n},\dots$ $A'_{m_n,n}$ sono i moduli della $a_n$ e dei

coefficienti dati $A_{1,n}$, $A_{2,n}$,.., $A_{r,n}$,..., $A_{m_n,n}$, gli ordini $m_1$, $m_2$,... $m_n$,... degli infiniti, e questi moduli $A'_{1,n}$, $A'_{2,n}$,... $A'_{r,n}$,..., $A'_{m_n,n}$ sono sempre inferiori a un numero finito, o almeno sono tali che si può scrivere $m_n = c_n a'^{1-\varepsilon}_n$, $A'_{r,n} = d_n a'^{\tau_r}_n$, essendo $c_n$ e $d_n$ numeri inferiori a numeri finiti $c$ e $d$, $\varepsilon$ un numero finito compreso fra zero e I ma diverso da zero, e $\tau_r$ essendo pure finito o almeno tale che si abbia $\tau_r - r \leqq \tau$ ove $\tau$ è un numero che se è positivo è inferiore a un numero finito.

Con queste ipotesi, infatti, si vede subito che se non è convergente la serie:

$$\sum\left\{\frac{A_{1,n}}{z-a_n}+\frac{A_{2,n}}{(z-a_n)^2}+\ldots+\frac{A_{r,n}}{(z-a_n)^r}+\ldots+\frac{A_{m_n,n}}{(z-a_n)^{m_n}}\right\},$$

lo sarà però quella delle derivate di un ordine $p$ non inferiore al numero finito $\dfrac{s+\tau+\text{I}-\varepsilon}{\varepsilon}$, cioè:

$$\sum(-\text{I})^p\left\{\text{I}.2\ldots p\frac{A_{1,n}}{(z-a_n)^{1+p}}+2.3\ldots(p+\text{I})\frac{A_{2,n}}{(z-a_n)^{2+p}}+\ldots+\right.$$

$$\left.+r(r+\text{I})\ldots(r+p-\text{I})\frac{A_{r,n}}{(z-a_n)^{r+p}}+\ldots+m_n(m_n+\text{I})\ldots(m_n+p-\text{I})\frac{A_{m_n,n}}{(z-a_n)^{m_n+p}}\right\}$$

giacchè se si indica con $\xi_n$ il modulo della quantità $\text{I}-\dfrac{z}{a_n}$, che per $n$ abbastanza grande è prossimo ad uno quanto si vuole, i moduli dei termini di questa serie saranno inferiori ai numeri:

$$m_n(m_n+\text{I})\ldots(m_n+p-\text{I})\,d\,a'^{\tau-p}_n\left\{\frac{\text{I}}{\xi_n^{1+p}}+\frac{\text{I}}{\xi_n^{2+p}}+\ldots+\frac{\text{I}}{\xi_n^{m_n+p}}\right\},$$

i quali astrazion fatta da un fattore finito sono inferiori a

$$\left(\text{I}+\frac{p-\text{I}}{m_n}\right)^p m_n^{p+1}\,a'^{\tau-p}_n$$

o anche, sempre facendo astrazione da un fattor finito, sono inferiori a $a'^{\tau+1-\varepsilon-p\varepsilon}_n$ o a $\dfrac{\text{I}}{a'^{s}_n}$; dunque, poichè la convergenza di questa serie ha luogo anche incondizionatamente e in ugual grado, integrandola $p$ volte di seguito lungo curve che vadano al punto $z$ dai punti $\beta_p$, $\beta_{p-1}$,..., $\beta_2$, $\beta_1$ arbitrariamente scelti, ma diversi dai punti $a_1$, $a_2$,..., $a_n$,... si formeranno altrettante serie convergenti al modo stesso, e l'ultima di queste serie, cioè:

$$\sum\int_{\beta_1}^{z}dz\int_{\beta_2}^{z}dz\ldots\int_{\beta_p}^{z}\frac{d^p}{dz^p}\left\{\frac{A_{1,n}}{z-a_n}+\frac{A_{2,n}}{(z-a_n)^2}+\ldots+\frac{A_{m_n,n}}{(z-a_n)^{m_n}}\right\}dz,$$

verrà ad essere appunto della forma:

$$\sum \left\{ \frac{A_{1,n}}{z - a_n} + \frac{A_{2,n}}{(z - a_n)^2} + \dots + \frac{A_{m_n,n}}{(z - a_n)^{m_n}} + \varphi_n(z) \right\},$$

ove $\varphi_n(z)$ è una funzione intera del grado $p - 1$, e quindi essa darà appunto la funzione cercata.

8. Nei casi particolari poi anche questo processo potrà venire semplicizzato, e così, ad es., in ogni termine potremo lasciare di eseguire le derivazioni e poi inversamente le integrazioni su quelle parti $\frac{A_{r,n}}{(z - a_n)^r}$ per le quali, avendosi $A'_{r,n} = d_n a'^{\tau_r}_n$, la differenza $\tau_r - r$ è negativa e non inferiore ad $s$ in valore assoluto, purchè il numero di queste parti considerate in ogni termine separatamente non superi mai un certo numero finito; e ciò per la ragione che queste parti da sè formano già una serie convergente, ecc. Per la stessa ragione poi in certi casi su alcune di queste parti basterà eseguire un numero minore di derivazioni e d'integrazioni, ecc.

In particolare, supponendo che gli infiniti $a_1, a_2, \dots, a_n, \dots$ siano tutti d'ordine finito e i coefficienti $A$ siano finiti, e, come nel caso del teorema del prof. Betti, le distanze fra i punti $a_1, a_2, \dots, a_n, \dots$ non scendano mai al disotto di una certa quantità diversa da zero, basterà prendere $s = 3$, $\varepsilon = 1$, e applicare una doppia derivazione e poi una doppia integrazione soltanto ai termini $\frac{A_{1,n}}{z - a_n}$ pei quali $\tau = -1$, e una derivazione e una integrazione semplice ai termini $\frac{A_{2,n}}{(z - a_n)^2}$ pei quali $\tau = -2$; e così in questo caso la funzione cercata sarà la seguente:

$$\sum \left\{ 2 A_{1,n} \int_{\beta_1}^{z} dz \int_{\beta_2}^{z} \frac{dz}{(z - a_n)^3} - 2 A_{2,n} \int_{\beta_0}^{z} \frac{dz}{(z - a_n)^3} + \frac{A_{3,n}}{(z - a_n)^3} + \dots + \frac{A_{m_n,n}}{(z - a_n)^{m_n}} \right\},$$

ovvero:

$$\sum \left\{ A_{1,n} \left[ \frac{1}{z - a_n} - \frac{1}{\beta_1 - a_n} + \frac{z - \beta_1}{(\beta_2 - a_n)^2} \right] + A_{2,n} \left[ \frac{1}{(z - a_n)^2} - \frac{1}{(\beta_0 - a_n)^2} \right] \right.$$
$$\left. + \frac{A_{3,n}}{(z - a_n)^3} + \dots + \frac{A_{m_n,n}}{(z - a_n)^{m_n}} \right\},$$

o anche:

$$\sum \left\{ A_{1,n} (\beta_1 - z) \left[ \frac{1}{(z - a_n)(\beta_1 - a_n)} + \frac{1}{(\beta_2 - a_n)^2} \right] + \right.$$
$$\left. + 2 A_{2,n} \frac{(\beta_0 - z)(\beta_0 + z - 2 a_n)}{(z - a_n)^2 (\beta_0 - a_n)^2} + \frac{A_{3,n}}{(z - a_n)^3} + \dots + \frac{A_{m_n,n}}{(z - a_n)^{m_n}} \right\},$$

e questa, con prendere $\beta_0 = \beta_1 = \beta_2 = 0$, si riduce all'altra più semplice

$$\Sigma\left\{\frac{A_{1,n}z^2}{a_n^2(z-a_n)} + \frac{2A_{2,n}z(2a_n - z)}{a_n^2(z-a_n)^2} + \frac{A_{3,n}}{(z-a_n)^3} + \ldots + \frac{A_{m_n,n}}{(z-a_n)^{m_n}}\right\},$$

che è evidentemente convergente, ecc.

9. Questi processi potrebbero estendersi anche ad altri casi fondandosi sulla circostanza che si ha sempre

$$\frac{1}{(z-a)^r} = \int_{\beta_1}^{z} dz \int_{\beta_2}^{z} dz \ldots \int_{\beta_p}^{z} \frac{d^p}{dz^p}\left[\frac{1}{(z-a)^r}\right] dz + \text{funz. int.}$$

ovvero

$$\frac{1}{(z-a)^r} = (-1)^p r(r+1)\ldots(r+p-1)\int_{\beta_1}^{z} dz \int_{\beta_2}^{z} dz \ldots \int_{\beta_p}^{z} \frac{dz}{(z-a)^{r+p}} + \text{funz. int.}$$

e osservando anche che se $s_1, s_2, \ldots s_p$ sono le lunghezze delle linee d'integrazione, e $\xi$ il minimo modulo di $1 - \frac{z}{a}$ su queste linee, l'integrale che figura nel secondo membro ha un modulo che non è superiore a $\frac{s_1 s_2 \ldots s_p}{a'^{r+p}\xi^{r+p}}$ essendo $a'$ il modulo di $a$. Infatti formando la serie

$$\Sigma\left\{A_{1,n}\int dz \int dz \ldots \int \frac{d^{p_1}}{dz^{p_1}}\left(\frac{1}{z-a_n}\right) + A_{2,n}\int dz \int dz \ldots \int \frac{d^{p_2}}{dz^{p_2}}\left[\frac{1}{(z-a_n)^2}\right] + \ldots\right.$$
$$\left. + A_{m_n,n}\int dz \int dz \ldots \int \frac{d^{p_{m_n}}}{dz^{p_{m_n}}}\left[\frac{1}{(z-a_n)^{m_n}}\right]\right\},$$

ove i limiti superiori degli integrali sono tutti uguali a $z$, e gli inferiori possono prendersi a piacere, purchè diversi dai punti $a_1, a_2, \ldots, a_n, \ldots$, dalla formola precedente si vede chiaramente che in molti casi, assai più estesi di quelli considerati nel § 6, questa serie sarà convergente e rappresenterà la funzione cercata, ecc.

S'intende poi che questi metodi per trovare le funzioni che hanno dati infiniti possono applicarsi anche alla determinazione delle funzioni considerate ai § 3 e 4, poichè i casi ivi considerati si riducono sempre a quelli di funzioni di cui sono dati gli infiniti, ecc.

Pisa, Ottobre 1880.

EINIGE BEMERKUNGEN

# UEBER DIE LAMÉ'SCHEN FUNKTIONEN

VON

**L. SCHLÄFLI**

*Professor an der Universität Bern.*

---

In seinen *Leçons sur les fonctions inverses des transcendantes* (Paris 1857) S. 279, definirt LAMÉ eine Classe von ganzen Funktionen der Halbaxen einer Fläche zweiten Grades durch folgende Bedingung.

Die Halbaxenquadrate der Flächen seien mit $A$, $B$, $C$ bezeichnet, die Unterschiede $A-B$, $B-C$ seien positiv und constant, so dass ein System confocaler Flächen entsteht. Es sei ferner

$$dt = \frac{dA}{2\sqrt{ABC}},$$

also $\sqrt{A-C}\,.\,t$ Argument elliptischer Funktionen im Sinne von JACOBI, und $P$ eine ganze Funktion $n^{ten}$ Grades der Halbaxen, welche in die Form

$$A^{\alpha} B^{\beta} C^{\gamma} Q$$

gebracht werden kann, wo $2\alpha^2 = \alpha$, $2\beta^2 = \beta$, $2\gamma^2 = \gamma$, und wo $Q$ eine ganze Funktion von $A$ bedeutet, deren Grad $\nu$ durch

$$2(\alpha + \beta + \gamma + \nu) = n$$

bestimmt ist; endlich sei

$$\frac{1}{P}\frac{d^2P}{dt^2}$$

eine ganze Funktion von $A$ (die dann nothwendig vom ersten Grade sein wird); dann ist $P$ eine LAMÉ'sche Funktion $n^{ter}$ Ordnung.

Ich will nun ohne Hülfe bestimmter Integrale zeigen, dass die Wurzeln der Gleichung $Q = 0$ sämmtlich von einander verschieden und reell, und innerhalb gewisser Gränzen eingeschlossen sind; ferner dass die $\nu + 1$ Funktionen $Q$, die zur selben Gruppe $(\alpha, \beta, \gamma)$ von Exponenten gehören, sämmtlich von einander verschieden sind, dass also für die $n^{te}$ Ordnung die durch die Lehre von den Potentialfunktionen geforderte volle Zahl $2n + 1$ der Funktionen $P$ vorhanden ist. In Bezug auf die Entwicklung einer Funktion des Punktes der Ellipsoidfläche nach Producten je zweier übereinstimmender $P$-funktionen verschiedener Argumente werde ich das auf die ganze Ellipsoidfläche sich erstreckende Doppelintegral, das bei der Bestimmung der Coefficienten die Rolle des Nenners spielt, auf das bekannte Integral von CAUCHY mit geschlossenem Wege zurückführen.

Es seien $A = x - a$, $B = x - b$, $C = x - c$, wo $a < b < c$. Weil $\frac{d^2P}{dt^2}$ in Bezug auf die linearen Abmessungen um zwei Grade höher ist als $P$, so muss $\frac{1}{P} \cdot \frac{d^2P}{dt^2}$ eine lineare Funktion von $x$ sein. Also hat, wenn man vor der Hand den Exponenten $\alpha, \beta, \gamma$ noch keine Bedingung auflegt,

$$\frac{1}{2}\frac{1}{ABC} \cdot \frac{1}{P}\frac{d^2P}{dt^2} = 2\frac{Q''}{Q} + \frac{Q'}{Q}\sum\frac{4\alpha+1}{x-a} + \sum\frac{4\beta\gamma+\beta+\gamma}{(x-b)(x-c)} + \sum\frac{\alpha(2\alpha-1)}{(x-a)^2}.$$

die Form $\frac{f}{x-a} + \frac{g}{x-b} + \frac{h}{x-c}$, wo $f, g, h$ Constante bedeuten, die von selbst schon der Gleichung $f + g + h = 0$ genügen werden. Wäre nun zum Beispiel $\alpha$ grösser als $\frac{1}{2}$, die hier gebrauchte Funktion $Q$ dagegen nicht durch $x - a$ theilbar, so wäre der vorliegende Ausdruck mit dem Unstetigkeitsterm

$$\frac{\alpha(2\alpha-1)}{(x-a)^2}$$

zweiten Grades behaftet und könnte der Bedingung nicht genügen. Nimmt man jetzt wieder $2\alpha^2 = \alpha, \ldots$ an, wie im Anfang, und versteht unter $Q$ die dortige ganze Funktion $\nu^{ten}$ Grades, so erkennt man, dass keine Wurzel der Gleichung $Q = 0$ weder mit $a$, noch mit $b$, noch mit $c$ zusammen fallen kann. Jetzt ist:

$$(1) \qquad 2\frac{Q''}{Q} + \frac{Q'}{Q}\sum\frac{4\alpha+1}{x-a} + \sum\frac{2(\beta+\gamma)^2}{(x-b)(x-c)} = \sum\frac{f}{x-a}.$$

Wäre ferner $Q = (x - x_1)^r R$, wo $r$ eine ganze, 1 übertreffende Zahl und $R$ eine ganze Funktion $(\nu - r)^{ten}$ Grades bedeutet, die nicht durch $x - x_1$ theilbar ist, so enthielte $2\,Q'' : Q$ den Unstetigkeitsterm $2\,r\,(r - 1)\,(x - x_1)^{-2}$, der durch keinen der übrigen Unstetigkeitsterme aufgehoben würde; daher kann die Gleichung $Q = 0$ keine mehrfache Wurzel haben. Es sei

$$Q = (x - x_1)(x - x_2)\ldots(x - x_\nu) = \Pi\,(x - x_1),$$

auf der linken Seite der Gleichung (1) muss der Coefficient von $1 : (x - x_1)$ verschwinden; also ist

$$(2)\quad \left\{\begin{aligned} &\frac{4}{x_1 - x_2} + \frac{4}{x_1 - x_3} + \ldots + \frac{4}{x_1 - x_\nu} + \frac{4\alpha + 1}{x_1 - a} + \\ &\qquad\qquad + \frac{4\beta + 1}{x_1 - b} + \frac{4\gamma + 1}{x_1 - c} = 0, \\ &-\frac{4}{x_1 - x_2} + \frac{4}{x_2 - x_3} + \ldots + \frac{4}{x_2 - x_\nu} + \frac{4\alpha + 1}{x_2 - a} + \\ &\qquad\qquad + \frac{4\beta + 1}{x_2 - b} + \frac{4\gamma + 1}{x_2 - c} = 0, \\ &\ldots\ldots\ldots\ldots\ldots\ldots\ldots\ldots\ldots\ldots \end{aligned}\right.$$

ein System von $\nu$ Gleichungen, das gerade hinreicht, um die $\nu$ Unbekannten $x_1, \ldots$ zu bestimmen. Es frägt sich, ob einige von diesen imaginär sein können. Weil $a$, $b$, $c$ reell sind, so sind die imaginären Unbekannten paarweise conjugirt. Diejenigen zwei, in denen die imaginäre Componente den absolut grössten Werth hat (oder wenigstens von keiner andern übertroffen wird) seien $x_1$, $x_2$. Zieht man die erste Gleichung des Systems von der zweiten ab und dividirt durch $x_1 - x_2$, so kömmt

$$-\frac{8}{(x_1 - x_2)^2} + \frac{4}{(x_1 - x_3)(x_2 - x_3)} + \frac{4}{(x_1 - x_4)(x_2 - x_4)} + \\ + \ldots + \sum \frac{4\alpha + 1}{(x_1 - a)(x_2 - a)} = 0.$$

Wären nur $x_1$, $x_2$ imaginär, so wären alle Terme der linken Seite dieser Gleichung positiv, die Gleichung ist also unmöglich. Es seien daher $x_3$, $x_4$ imaginär und conjugirt; man setze

$$x_1 = \varepsilon + i\zeta, \quad x_2 = \varepsilon - i\zeta, \quad x_3 = \eta + i\vartheta, \quad x_4 = \eta - i\vartheta,$$

wo $\zeta$, $\vartheta$ positiv seien, wo also nach der Voraussetzung $\zeta \gtreqless \vartheta$ ist. Dann ist

$$(x_1 - x_3)(x_2 - x_3) + (x_1 - x_4)(x_2 - x_4) = 2\left[(\varepsilon + \eta)^2 + \zeta^2 - \vartheta^2\right]$$

und kann nicht negativ sein. Der erste Term der linken Seite der vorliegenden Gleichung ist $2\zeta^{-2}$, also nothwendig positiv; die Summe der zwei folgenden kann nicht negativ sein, und das selbe gilt von der Summe irgend zweier anderer Terme, die sich auf zwei conjugirte Unbekannte, wie $x_3$, $x_4$, beziehen; jeder Einzelterm, der zu einer reellen Unbekannten gehört, ist positiv; und die drei letzten auf $a$, $b$, $c$ bezüglichen Terme sind nothwendig positiv, weil $4\alpha+1,\ldots$ nur der positiven Werthe 1 und 3 fähig sind; die Gleichung ist also unmöglich. Die $\nu$ Unbekannten sind daher alle reell und sowohl von einander als von $a$, $b$, $c$ verschieden.

Wäre $x_1$ die (numerisch, nicht absolut) kleinste der Unbekannten und zugleich kleiner als $a$, so wären in der linken Seite der ersten Gleichung des Systems (2) alle Terme negativ, die Gleichung also unmöglich. Alle $\nu$ Unbekannten sind daher grösser als $a$. Wäre $x_1$ die grösste der Unbekannten und zugleich grösser als $c$, so wären alle jene Terme positiv, die Gleichung also auch unmöglich. Die $\nu$ Unbekannten liegen folglich alle zwischen $a$ und $c$.

Wenn man:

$$Q = x^\nu - d_1 x^{\nu-1} + d_2 x^{\nu-2} + \ldots + (-1)^\nu d_\nu$$

setzt und die Gleichung (1) mit $ABCQ$ multipliciert und nach Potenzen von $x$ ordnet, so bekömmt man die Relationen

$$(3)\quad \begin{cases} (\lambda+1)(2n-2\lambda-1)\,d_{\lambda+1} = \\ \qquad = \left[(2n-1)\,d_1 - 2\sum \lambda\,(n-2\alpha-\lambda)\,a\right] d_\lambda \\ + \sum (\nu-\lambda+1)(2\nu+4\alpha-2\lambda+1)\,bc\,.\,d_{\lambda-1} + \\ \qquad + 2(\nu-\lambda+1)(\nu-\lambda+2)\,abc\,.\,d_{\lambda-2} \end{cases}$$

für $\lambda = 1, 2, \ldots \nu$, wenn man $d_0 = 1$, $d_{-1} = 0$, $d_{\nu+1} = 0$ setzt. Sie machen es möglich $d_\lambda$ als ganze Funktion $\lambda^{ten}$ Grades von $d_1$ darzustellen und geben zuletzt eine Gleichung $(\nu+1)^{ten}$ Grades für die Unbekannte $d_1 = x_1 + x_2 + \ldots + x_\nu$; die Gleichung sei mit (4) bezeichnet. Hat man eine ihrer Wurzeln $d_1$ gewählt, so ist das zugehörige Polynom $Q$ einfach bestimmt. Wenn keiner der Unbekannten $x_1, x_2, \ldots x_\nu$ gestattet wird, unendlich gross zu werden, so hat also das System (2) nur $(\nu+1)!$ Lösungen, obgleich jede einzelne Gleichung desselben, in ganze Form gebracht, den $(\nu+1)^{ten}$ Grad erreicht. Auch das zusammenfallen von zwei Unbekannten mit $a$, oder $b$, oder $c$, und dasjenige von drei Unbekannten müssen ausgeschlossen werden. Ich weiss kein einfacheres Mittel um die Anzahl brauchbarer Losüngen des Systems (2) zu finden, als die Kette (3) von Relationen, dieselbe, die auch Lamé gebraucht.

Kann die Gleichung (4) gleiche Wurzeln haben? das heisst: kann das System (2) mehrfache Lösungen haben? Wenn ja, so müssen die aus dem Systeme abgeleiteten Differentialgleichungen zugleich bestehen können, obgleich ihre Anzahl diejenige der Verhältnisse der Differentiale $d x_1, d x_2, \ldots, d x_\nu$ um 1 übertrifft. Diese Verhältnisse werden alle reell sein, weil die Coefficienten von $d x_1, d x_2, \ldots$ alle reell sind. Man kann daher die Differentiale durch proportionale reelle und endliche Werthe $-X_1, -X_2, \ldots, -X_\nu$ ersetzen und bekömmt das System

$$4 \frac{X_1 - X_2}{(x_1 - x_2)^2} + 4 \frac{X_1 - X_3}{(x_1 - x_3)^2} + \ldots + 4 \frac{X_1 - X_\nu}{(x_1 - x_\nu)^2} + \\ + \sum (4 \alpha + 1) \frac{X_1}{(x_1 - a)^2} = 0,$$

$$-4 \frac{X_1 - X_2}{(x_1 - x_2)^2} + 4 \frac{X_2 - X_3}{(x_2 - x_3)^2} + \ldots + 4 \frac{X_2 - X_\nu}{(x_2 - x_\nu)^2} + \\ + \sum (4 \alpha + 1) \frac{X_2}{(x_2 - a)^2} = 0.$$

. . . . . . . . . . . . . . . . . . . . . . . . . . . . . . . . . . . .

Multipliciert man diese Gleichungen der Reihe nach mit $X_1, X_2, \ldots, X_\nu$ und addiert, so kömmt

$$4 \sum \frac{(X_1 - X_2)}{(x_1 - x_2)^2} + \sum \left( \frac{4 \alpha + 1}{(x_1 - a)^2} + \frac{4 \beta + 1}{(x_1 - b)^2} + \frac{4 \gamma + 1}{(x_1 - c)^2} \right) X_1^2 = 0;$$

(Das erste Summenzeichen bezieht sich auf alle $\frac{\nu(\nu - 1)}{2}$ Combinationen von je zwei Zeigern, das zweite auf alle $\nu$ Zeiger). Die linke Seite der Gleichung besteht daher aus lauter positiven Termen; die Gleichung ist unmöglich. Zur Exponentengruppe $(\alpha, \beta, \gamma)$ gehören also $\nu + 1$ von einander verschiedene ganze Funktionen $Q$. Hieraus folgt dann weiter, dass es $(2 n + 1)$ verschiedene LAMÉ'sche Funktionen $n^{ter}$ Ordnung gibt.

Es gibt keine zwei zur selben Exponentengruppe $(\alpha, \beta, \gamma)$ gehörende Lösungen des Systems (2), bei denen in dasselbe Intervall, zum Beispiel von $a$ bis $b$, gleich viele Unbekannte fielen; sondern man kann die $\nu + 1$ (wenn man von Permutationen der Unbekannten absieht) Lösungen so ordnen, dass bei der $(\lambda + 1)^{ten}$ Lösung die Unbekannten $x_1, x_2, \ldots, x_\lambda$ in das Intervall von $a$ bis $b$, und die $\nu - \lambda$ übrigen in das Intervall von $b$ bis $c$ fallen. Um diese Behauptung zu beweisen, sehe ich mich genöthigt, von einem Ellipsoid aus zu gehen, das sehr wenig von einem Umdrehungsellipsoid verschieden ist. Wenn in der Kette (3) von Relationen $a = b = 0$ angenommen wird, so werden dieselben zweigliedrig; man kann alle Werthe von $d_1$ rational darstellen; die Polynome $Q$ werden zu begrenzten hypergeometrischen Reihen, die mit Potenzen von $x$ multipliciert sind; und man kann die $\nu+1$ Lösungen des Systems (2) so ordnen, dass bei der $(\lambda+1)^{ten}$ Lösung $\lambda$ Unbekannte $x_1, x_2, \ldots, x_\lambda$ mit 0 zusammen fallen, während die $\nu-\lambda$ übrigen innerhalb des Intervalls von 0 bis $c$ liegen. Nimmt man dann $a$, $b$ sehr klein an, so kann man sich davon überzeugen, dass die $\lambda$ Unbekannten, die vorhin mit 0 zusammenfielen, nun innerhalb des kleinen Intervalls von $a$ bis $b$ liegen. Lässt man jetzt den Unterschied $b-a$ allmälig wachsen, so werden auch die $\nu+1$ Gruppen von $\nu$ Unbekannten sich bewegen; weil aber keine derselben durch $b$ hindurch gehen kann, so verhält sich auch im allgemeinen Falle des dreiaxigen Ellipsoids die Sache so, wie behauptet ward.

Ich gehe zur Betrachtung des Doppelintegrales über, das bei der Entwicklung einer Funktion des Punktes der Ellipsoidfläche nach LAMÉ'schen Producten als Nenner des Ausdruckes für einen Coefficienten auftritt. Es ist zwar nicht unumgänglich nöthig, wird aber doch das Verständniss erleichtern, wenn ich das JACOBI'sche System elliptischer Functionen gebrauche. $2K$, $2iK'$ seien die Perioden; die Funktionen sinam$u$, cosam$u$, $\Delta$am$u$ werde ich mit $Su$, $Cu$, $Du$ bezeichnen; der algebraische Modul und der complementäre seien

$$k=\sqrt{\frac{b-a}{c-a}},\quad l=\sqrt{\frac{c-b}{c-a}};$$

die ersten Halbaxenquadrate des zweischaligen Hyperboloids, des einschaligen, des Ellipsoids seien

$$A''=(c-a)\,k^2\,S^2\,u,\quad A'=(c-a)\,k^2\,S^2\,v,\quad A=(c-a)\,k^2\,S^2\,w.$$

Dann ist $u$ reell, $v$ und $w$ sind dagegen imaginär; bei $v$ steht es frei, $K$ als reelle Componente anzunehmen, und bei $w$ mag $K'$ imaginäre Componente sein. Während das erste Halbaxenquadrat von 0 an alle positiven Werthe bis $b-a$, dann bis $c-a$, endlich bis zum positiven Unendlichen durchläuft, geht das Argument auf der zugehörigen Ebene in gerader Linie von 0 bis $K$ und heisst $u$, folgt dann der geraden Linie von $K$ bis $K+iK'$ und heisst $v$, geht enlich gerade von $K+iK'$ bis $iK'$ und heisst $w$. Bei diesem Gange des ersten Halbaxenquadrats ist $du$ positiv, $dv$ nördlich lateral, $dw$ negativ. Beginnt das Product der drei Halbaxen mit dem positiven Werthe

$$\sqrt{A''\,B''\,C''}=(c-a)^{\frac{3}{2}}\,k^2\,Su\,Cu\,Du,$$

so ist

$$\sqrt{A' B' C'} = (c-a)^{\frac{3}{2}} k^2 Sv \; Cv \, Dv,$$

südlich lateral, und

$$\sqrt{A B C} = (c-a)^{\frac{3}{2}} k^2 \, Sw \, Cw \, Dw$$

negativ. Wenn die Abkürzung $dt = \dfrac{dA}{2\sqrt{ABC}}$ gilt, so hat man

$$dt'' = \frac{du}{\sqrt{c-a}}, \quad dt' = \frac{dv}{\sqrt{c-a}}, \quad dt = \frac{dw}{\sqrt{c-a}}.$$

Für die Verwandlung der rechtwinkligen Coordinaten $x$, $y$, $z$ eines Punktes in die elliptischen Coordinaten $u$, $v$, $w$ gelten die Formeln

$$\frac{x}{\sqrt{c-a}} = k^2 Su \; Sv \; Sw, \quad \frac{y}{\sqrt{c-a}} = -\frac{k^2}{l} Cu \; Cv \; Cw,$$

$$\frac{z}{\sqrt{c-a}} = \frac{i}{l} Du \; Dv \; Dw.$$

Wenn $u$, $v$, $w$ in den oben angegebenen Intervallen liegen, so sind $x$, $y$, $z$ alle positiv. Hält man $w$ und $v$ in irgend einer der angegebenen Lagen fest und lässt $u$ von o bis $4K$ gehen, so bekömmt man für $(Su, Cu)$ nach einander die Zeichencombinationen $++$, $+-$, $--$, $-+$, also auch für $(x, y)$, während $z$ positiv bleibt. Nun halte man $u$ in irgend einem der durchlaufenen Werthe fest und lasse $v$ von $K$ bis $K + 2iK'$ gehen; dann bleiben: $Sv$ positiv, $Cv$ südlich lateral, und nur $Dv$ sinkt von $l$ auf $-l$ herab; $x$, $y$ bleiben also in dem positiven oder negativen Zustand, den sie schon hatten, und nur $z$ geht aus dem positiven in den negativen über. Auf diese Weise beschreibt der Punkt die ganze Oberfläche des Ellipsoids $(w)$. Soll er endlich den ganzen Raum beschreiben, so braucht man nur noch $w$ von $K + iK'$ nach $iK'$ gehen zu lassen.

Wenn nun

$$f(t', t'') = \ldots + C \, . \, P(t') \, P(t'') + \ldots$$

die erwähnte Entwicklung einer Funktion des Punktes $(t', t'')$ der Oberfläche des gegebenen Ellipsoides nach LAMÉ'schen Producten anzeigt, so ist

$$\int\int f(t', t'') \, (A' - A'') \, P(t') \, P(t'') \, dt' \, dt'' =$$
$$= C \, . \int\int (A' - A'') \, P^2(t') \, P^2(t'') \, dt' \, . \, dt'',$$

wenn beide Integrationen sich über die ganze Oberfläche erstrecken.

Das Doppelintegral rechts, das im Ausdruck für den Coefficienten $C$ als Nenner auftritt, sei mit $I$ bezeichnet. Weil $(A'-A'')\,P^2(t')\,P^2(t'')$ in entsprechenden Punkten der acht Theile der Oberfläche denselben Werth annimmt, so ist

$$I = 8 \begin{vmatrix} \int P^2(t'')\,dt'' & \int A''\,P^2(t'')\,dt'' \\ \int P^2(t')\,dt' & \int A'\,P^2(t')\,dt' \end{vmatrix},$$

wo $\sqrt{c-a\,t''}$ von 0 bis $K$, und $\sqrt{c-a\,t'}$ von $K$ bis $K+iK'$ geht. Es sei

$$P^2(t)\,dt = dU, \quad A\,P^2(t)\,dt = dV,$$

abgesehen davon, welcher der drei Flächengattungen $t$ (oder wenn man will, $A$) angehöre; $U$ und $V$ sind Integrale zweiter Art, die nur für $A=\infty$ unendlich gross werden, resp. von den Ordnungen $x^{n-\frac{1}{2}}$, $x^{n+\frac{1}{2}}$, wenn wieder wie früher $A = x-a, \ldots$ gesetzt wird. Versieht man eine zweiblättrige zur Ausbreitung der Funktion $\sqrt{ABC}$ und der mit ihr gleichverzweigten Integrale bestimmte $x$—Ebene mit den Verzweigungspunkten $\infty$, $a$, $b$, $c$ und verbindet zum Beispiel den Westpunkt mit $a$ durch eine gerade Uebergangslinie, ebenso $b$ und $c$, so kehren $U$, $V$ nach einem vollständigen Umlaufe (bei dem nur die erste Uebergangslinie von $x$ passirt wird) um das endliche Gebiet von $a$, $b$, $c$, auf ihre ursprünglichen Werthe zurück. Die Perioden der zwei Functionen $U$, $V$, welche den Perioden $2K$, $2iK'$ des Arguments entsprechen, seien $2U_1$, $2U_2$; $2V_1$, $2V_2$, so dass $I = 8(U_1 V_2 - U_2 V_1)$.

Man betrachte nun das einfache Integral $\int U\,dV$, bei dem das Argument $\sqrt{c-a\,t} = w$ von $-K$ bis $K$, dann nach $K+2iK'$, von da nach $-K+2iK'$ geht und endlich nach $-K$ zurück kehrt. Für diesen Weg ergibt sich $4(U_1 V_2 - U_2 V_1) = \frac{1}{2} I$ als Werth des Integrals. Der Weg umschliesst einen einzigen Unstetigkeitspunkt, nämlich $iK'$, kann also auf einen kleinen rechtläufigen Kreis um diesen Punkt zusammen gezogen werden. Es ist aber bequemer den Weg auf die zweiblättrige $x$-Ebene über zu tragen. Oberes Blatt heisse dasjenige, in welchem die Funktion $\sqrt{ABC}$ auf der Strecke von $a$ bis $b$ positiv, auf der Strecke von $c$ bis zum Ostpunkt also negativ ist. Dem rechtläufigen Wege längs des Umfangs des Periodenrechtecks auf der Argumentebene entspricht dann auf der $x$-Ebene ein Weg, der im untern Blatt von $b$ nach $a$ geht, hier durch die Uebergangslinie ins obere Blatt tritt, nach $b$ geht, der Uebergangslinie $bc$ auf der Nordseite des obern Blattes folgt und auf ihrer Südseite im obern Blatt nach $b$ zurückkehrt, von da im obern Blatt nach $a$ geht, und von hier an sich mit Blattwechsel widerholt, bis der Anfangspunkt $b$ wieder erreicht ist. Erweitert man diesen Weg gegen den Horizont hin, so bildet er im rückläufigen Sinne einen doppelten (weil in beiden Blättern befindlichen) Umlauf um das endliche Gebiet von $a, b, c$ (in Wahrheit also einen vollständigen positiven Umlauf um den Verzweigungspunkt $\infty$). Für diesen Weg ist nun

$$\frac{1}{2} I = \int U(x-a)\, dU = \frac{1}{2}\{U^2(x-a)\} - \frac{1}{2}\int U^2\, dx,$$

wo $\frac{1}{2}\{U^2(x-a)\}$ verschwindet. Macht man den Weg in Bezug auf das endliche Gebiet rechtläufig, so ist

$$I = \int U^2\, dx;$$

man hat also $U^2$ nach fallenden Potenzen von $x$ zu entwickeln, bis der Term $N : x$ erscheint; dann ist

$$I = 4\pi \,.\, N.$$

Wegen $U^2$ ist es gleichgültig, ob man im Ostpunkt des obern Blattes $\sqrt{ABC}$ negativ oder positiv annehme; man kann daher die Entwicklung von $\frac{1}{2}(ABC)^{-\frac{1}{2}}$ mit dem Term $\frac{1}{2} x^{-\frac{3}{2}}$ beginnen; $P^2$ beginnt mit $x^n$ und ist eine ganze Function von $x$; die Entwicklung von

$$\frac{P^2}{\sqrt{ABC}} \text{ sei } x^{n-\frac{3}{2}} + \gamma_1 x^{n-\frac{5}{2}} + \gamma_2 x^{n-\frac{7}{2}} + \ldots + \gamma_{2n} x^{-n-\frac{3}{2}} + \ldots;$$

dann ist

$$U = \frac{1}{2n-1} x^{n-\frac{1}{2}} + \frac{1}{2n-3} \gamma_1 x^{n-\frac{3}{2}} + \ldots +$$

$$+ \gamma_{n-1} x^{\frac{1}{2}} - \gamma_n x^{-\frac{1}{2}} - \frac{1}{3} \gamma_{n+1} x^{-\frac{3}{2}} + \ldots - \frac{1}{2n+1} \gamma_{2n} x^{-n-\frac{1}{2}} + \ldots;$$

folglich

$$N = -\frac{2}{(2n-1)(2n+1)} \gamma_{2n} - \frac{2}{(2n-3)(2n-1)} \gamma_1 \gamma_{2n-1} + \ldots -$$

$$- \frac{2}{1 \,.\, 3} \gamma_{n-1} \gamma_{n+1} + \gamma_n \,.$$

Weil die Entwicklung von $U$ keinen Term mit dem Exponenten $-1$ enthalten kann, so ist $\int U dx = 0$; daher hat eine additive Integrationsconstante, die zu $U$ hinzu treten könnte, auf den Werth von $\int U^2 dx$ keinen Einfluss. (Wenn man, wie hier geschehen ist, über die Integrationsconstante so verfügt, dass die Funktion $U$ nach einem einmaligen (also unvollständigen) Umlaufe um das endliche Gebiet von $x$ in ihren entgegengesetzten Werth übergeht, mit andern Worten, dass sie in zwei über einander fallenden Punkten beider Blätter (also für $u$ und $2iK' - u$) entgegengesetzte Werthe annimmt, so hat sie für $u = 0$ den Werth $-U_2$). Die Entwicklung von $U^2$ besteht aus einer ganzen Funktion $T$, $(2n-1)^{ten}$ Grades, von $x$, die ihren Werth nicht ändert, wenn die Zeichen $x$, $a$, $b$, $c$ durch

$$x - \varepsilon,\ a - \varepsilon,\ b - \varepsilon,\ c - \varepsilon$$

ersetzt werden, und aus einer unendlichen Reihe, die mit dem Term $N : x$ beginnt und nach natürlichen Potenzen von $1 : x$ fort schreitet. Daher ist:

$$N = \lim. x\,(U^2 - T)$$
$$(x = \infty)$$

von der erwähnten Constanten $\varepsilon$ unabhängig; nur eine Funktion von $c - a$ und $b - a$, und zwar eine algebraische Funktion von derselben Classe wie die LAMÉ'sche Funktion $P$ selbst hinsichtlich ihrer constanten Elemente. Im Werthe $4 i \pi N$ des gesuchten Nenners oder Doppelintegrales $I$ ist keine andere transcendente Zahl als der Factor $\pi$ enthalten, worüber LAMÉ P. 309 seine Verwunderung mit folgenden Worten ausspricht:

*Cette forme imprévue, ce retour inespéré au seul nombre $\pi$, cette espèce de refus d'amener de nouvelles complications, constituent le caractère le plus important de la solution générale qui nous occupe.*

Der *refus d'amener de nouvelles complications* findet sicher in ganz ausgezeichnetem Maasse statt, weit mehr als mir hier zu zeigen gelungen ist; denn die hier angegebene Art, $N$ zu berechnen, ist beinahe ebenso beschwerlich, wie die von LAMÉ gelehrte. Es ist sehr wahrscheinlich, dass $N$ durch ein einziges Product dargestellt werden kann.

Weil die Zeit zum Abschlusse dieser Sammlung von Abhandlungen drängt, die veranstaltet worden ist, um das Andenken an den seligen Herrn CHELINI zu ehren, so sehe ich mich genöthigt, eine unvollendete Untersuchung der Oeffentlichkeit zu übergeben und bitte deshalb den geneigten Leser um Nachsicht.

Ich hatte nur zwei den Gegenstand betreffende Bücher zur Hand, das erwähnte von LAMÉ und HEINE's *Theorie der Kugelfunctionen* (Berlin, 1878). Dem Doppelintegral *I* widmet Herr HEINE nur einen kurzen Absatz, der das wesentliche der LAMÉ'schen Behandlung mittheilt; und die andern Sätze, auf denen die Möglichkeit der LAMÉ'schen Funktionen beruht, sind entweder mit Hülfe bestimmter Integrale oder der STURM'schen Methode bewiesen (P. 374). Meine Beweise sind von denen, welche die Herren LAMÉ und HEINE gegeben haben, so völlig verschieden, ich möchte sagen elementar, dass ich es gewagt habe, sie hiemit der Oeffentlichkeit zu übergeben.

Bern, 30 November 1880.

---

UEBER DIE

# ABSPIEGELUNG DER SONNENFLECKENPERIODE

IN DEN ZU ROM

# BEOBACHTETEN MAGNETISCHEN VARIATIONEN.

*NOTE*

VON

**RUDOLF WOLF**

*Professor am eidgen. Polytechnicum.*

Es dürfte als ziemlich *allgemein bekannt* zu betrachten sein, dass es *mir* schon im Jahre 1852 gelungen ist nachzuweisen, dass:

1. die von SCHWABE in Dessau kurz zuvor auf Grund eigener Beobachtungen vermuthete, aber damals noch mehr bezweifelte als beachtete Periodicität in der Häufigkeit der Sonnenflecken *wirklich bestehe,* — sich rückwärts bis auf die Zeit der Entdeckung der Sonnenflecken durch FABRICIUS, GALILEI, SCHEINER und HARRIOT verfolgen lasse, — und von einem Minimum oder Maximum bis zu einem nächstfolgenden Minimum oder Maximum jeweilen *durchschnittlich 11 1/9 Jahre* verfliessen, — dass auch:

2. die von LAMONT in München aus eigenen Beobachtungen geschlossene Periodicität in den Jahresmitteln der täglichen Excursionen der Declinationsnadel sich rückwärts so weit verfolgen lasse, als überhaupt zuverlässige Variationsbeobachtungen existiren, und von einem Minimum oder Maximum bis zu einem nächstfolgenden Minimum oder Maximum ebenfalls *durchschnittlich 11 1/9 Jahre* verfliessen, — dass ferner:

3. der von SCHWABE und LAMONT übersehene, und dann später von Letzterem sonderbarer Weise sogar bestrittene, dagegen von SABINE und GAUTIER unabhängig von mir bemerkte Parallelismus in jenen Reihen ebenfalls nicht nur ein momentaner sei, wie Manche glauben machen wollten, sondern dass die beidseitigen Minimas oder Maximas der Sonnenflecken und Variationen von *jeher*

zusammen gefallen seien, und zwar *nicht nur durchschnittlich, sondern effectiv,* und somit unzweifelhaft zwischen den beiden Erscheinungen *ein inniger Zusammenhang* bestehe, — dass endlich:

4. dieselbe Periode muthmasslich auch in der Häufigkeit des *Nordlichtes* auftrete, ja sogar vielleicht in manchen *Witterungserscheinungen,*

und dass *in Folge dieses Nachweises,* in welchem ich beiläufig auch die wahrscheinliche Verwandtschaft zwischen dem Sonnenfleckenphänomene und dem Lichtwechsel mancher Sterne hervorgehoben hatte, nicht nur das (allerdings mit einzelnen rühmlichen Ausnahmen) seit vielen Dezennien so ziemlich vernachlässigte Studium der Sonnenoberfläche plötzlich einen raschen Aufschwung nahm, sondern sich überhaupt die früher nur durch wenige Einzelnheiten repräsentirte, und nunmehr mit einem ganzen Kapitel von grosser Tragweite bereicherte *cosmische Physik* alsbald zu einem Hauptarbeitsfelde der Astronomen und Physiker aufschwang.

Es würde mich viel zu weit führen hier die seit 1852 nicht nur durch mich selbst, sondern namentlich auch durch die KIRCHHOFF, CARRINGTON, SPÖRER, LOCKYER, JANSSEN, ZÖLLNER, FAYE, SECCHI, FRITZ, TACCHINI, MELDRUM, GOULD, etc. etc. in der cosmischen Physik erzielten Erfolge auch nur in Kürze zu behandeln, und ich muss mich daher auf eine einzelne, von *mir* verfolgte Specialität beschränken: Die Einführung der sog. *Relativzahlen,* in welche theils die Anzahl der zu einer bestimmten Zeit auf der Sonne vorhandenen Bildungsstellen von Flecken (Gruppen) mit dem Gewichte 10, theils die Gesammtzahl der in ihnen gezählten Flecken und Punkte (gewissermassen die Ausdehnung der Gruppen, welche früher durch keine direkten Messungen bestimmt worden war) mit dem Gewichte 1 eintrat, während ein aus correspondirenden Beobachtungen abgeleiteter Factor auf ein und dasselbe Instrument (einen vierfüssigen Fraunhofer mit Vergrösserung 64) und einen bestimmten Beobachter (mich selbst) reducirte, ermöglichte es mir in den folgenden Jahren nach und nach aus allen seit der Mitte des vorigen Jahrhunderts angestellten, und von mir allenthalben zusammengesuchten Fleckenzählungen oder Fleckenzeichnungen ein ziemlich homogenes Material zum genauen Studium des Verlaufes der Sonnenfleckenperiode und des Zusammenhanges derselben mit andern Naturerscheinungen zu gewinnen, und namentlich für den Zeitraum von 1749 bis 1880 *für jeden Monat und jedes Jahr* eine den Fleckenstand repräsentirende *mittlere Relativzahl* zu berechnen. Von dieser nun also bereits an 1 $^{1}/_{3}$ Jahrhundert beschlagenden doppelten

Zahlenreihe gibt die beigegebene Tabelle in der mit $r$ überschriebenen Columne als Muster die auf die 20 Jahre 1859 bis 1878 bezüglichen mittlern jährlichen Relativzahlen, und es ergeben sich aus dieser Zahlenreihe auf den ersten Blick, oder auch indem man sie (bei den Abscissen z. B. $1^{c.m.}$ für das Jahr, und bei den Ordinaten $1^{mm}$ für die Einheit der Relativzahlen wählend) durch eine Curve darstellt, theils der charakteristische Gang der Erscheinung überhaupt, theils die Zeitpunkte von Maximum und Minimum.

Nachdem ich so eine die Fleckenhäufigkeit scharf repräsentirende Zahlenreihe gewonnen hatte, lag es für mich nahe dieselbe mit den da und dort aus den magnetischen Variationsbeobachtungen erhaltenen Zahlenreihen zu vergleichen, und mir namentlich die Frage zu stellen, ob sich nicht etwa die Variationen $v$ nach der eine Scalenänderung repräsentirenden Formel

$$v = a + b \, . \, r$$

aus den Relativzahlen $r$ berechnen lassen; denn, wenn dies möglich sein sollte, so wäre ja damit ein neuer unumstösslicher Beweis für den innigen Zusammenhang der Erscheinungen auf der Sonne mit den betreffenden Erscheinungen auf der Erde geleistet. Die Rechnung ergab mir nun wirklich, dass sich die an den verschiedensten Orten der Erde bestimmten Jahresmittel der Declinationsvariationen mit relativ grosser Genauigkeit durch solche Formeln darstellen lassen, und so fand ich z. B. von 1859 hinweg für:

| | | | | | |
|---|---|---|---|---|---|
| Toronto | $v = 7',96 + 0{,}040 \, . \, r$ | | Prag | $v = 5',77 + 0{,}048 \, . \, r$ | |
| Greenwich | 6,67 | 39 | Christiania | 4,86 | 41 |
| Paris | 8,24 | 76 | Petersburg | 6,18 | 40 |
| München | 6,50 | 46 | Nertschinsk | 3,50 | 26 |

etc. etc. Jede neue Rechnung dieser Art ergab mir ein neues Spiegelbild meiner Sonnenfleckenperiode auf der Erde, und aus der Gesammtheit meiner Formeln erkannte ich, dass zwar für die beiden Constanten meiner Formel aus jeder Reihe etwas andere Werthe folgen, dass aber nur $a$ von Ort zu Ort wesentlich wechsle oder mehr localer Natur sei, dagegen $b$ einen nahe constanten Werth besitze und (wenigstens für Mitteleuropa) ohne grossen Fehler gleich 0,045 gesetzt werden könne, so dass also annähernd der Sonneneinfluss auf die Variation für jeden Ort durch

$$\Delta \, r' = 0{,}045 \, . \, r$$

gegeben werde. Die in der mit $r'$ überschriebenen Columne der Tafel eingetragenen Werthe sind nach dieser Formel berechnet.

| Jahr | r | | Δ r | | v | | v′ | | v″ | |
|---|---|---|---|---|---|---|---|---|---|---|
| | r | m′ — r | Δ r′ | Δ r″ | v | m″ — v | v′ | v — v′ | v″ | v — v″ |
| 1859 | 93,8 | — 39,4 | 4,13′ | 3,94′ | 10,87′ | — 2,35′ | 10,23′ | 0,64′ | 10,17′ | 0,70′ |
| 60 | 95,7 * | — 41,3 | 4,21 | 4,02 | 10,96 * | — 2,44 | 10,31 | 0,65 | 10,25 | 0,71 |
| 61 | 77,2 | — 22,8 | 3,40 | 3,24 | 9,77 | — 1,25 | 9,50 | 0,27 | 9,47 | 0,30 |
| 62 | 59,1 | — 4,7 | 2,60 | 2,48 | 8,88 | — 0,36 | 8,70 | 0,18 | 8,71 | 0,17 |
| 63 | 44,0 | 10,4 | 1,94 | 1,85 | 7,88 | 0,64 | 8,04 | — 0,16 | 8,08 | — 0,20 |
| 1864 | 46,9 | 7,5 | 2,06 | 1,96 | 8,32 | 0,20 | 8,16 | 0,16 | 8,18 | 0,14 |
| 65 | 30,5 | 23,9 | 1,34 | 1,28 | 7,42 | 1,10 | 7,44 | — 0,02 | 7,51 | — 0,09 |
| 66 | 16,3 | 38,1 | 0,72 | 0,68 | 7,19 | 1,33 | 6,82 | 0,37 | 6,91 | 0,28 |
| 67 | 7,3 * | 47,1 | 0,32 | 0,31 | 6,52 * | 2,00 | 6,42 | 0,10 | 6,54 | — 0,02 |
| 68 | 37,3 | 17,1 | 1,64 | 1,57 | 7,24 | 1,28 | 7,74 | — 0,50 | 7,80 | — 0,56 |
| 1869 | 73,9 | — 19,5 | 3,25 | 3,10 | 8,86 | — 0,34 | 9,35 | — 0,49 | 9,33 | — 0,47 |
| 70 | 139,1 * | — 84,7 | 6,12 | 5,64 | 11,18 * | — 2,66 | 12,22 | — 1,04 | 11,87 | — 0,69 |
| 71 | 111,2 | — 56,8 | 4,99 | 4,67 | 11,14 | — 2,62 | 11,09 | 0,05 | 10,90 | 0,24 |
| 72 | 101,7 | — 47,3 | 4,57 | 4,27 | 10,46 | — 1,94 | 10,67 | — 0,21 | 10,50 | — 0,04 |
| 73 | 66,3 | — 11,9 | 2,92 | 2,78 | 8,94 | — 0,42 | 9,02 | — 0,08 | 9,01 | — 0,07 |
| 1874 | 44,6 | 9,8 | 1,96 | 1,87 | 8,02 | 0,50 | 8,06 | — 0,04 | 8,10 | — 0,08 |
| 75 | 17,1 | 37,3 | 0,75 | 0,72 | 6,98 | 1,54 | 6,85 | 0,13 | 6,95 | 0,03 |
| 76 | 11,3 | 43,1 | 0,50 | 0,47 | 6,87 | 1,65 | 6,60 | 0,27 | 6,70 | 0,17 |
| 77 | 12,3 | 42,1 | 0,54 | 0,52 | 6,57 | 1,96 | 6,64 | — 0,08 | 6,75 | — 0,19 |
| 78 | 3,4 * | 51,0 | 0,15 | 0,14 | 6,26 * | 2,26 | 6,25 | 0,01 | 6,37 | — 0,11 |

Vor einiger Zeit erhielt ich von P. FERRARI aus Rom, in Ergänzung von Mittheilungen, welche ich schon früher, erst durch P. SECCHI und dann ebenfalls durch ihn, empfangen hatte, die in Rom ermittelten Variationsbestimmungen der letzten Jahre, so dass ich nun im Ganzen auch für diese Localität eine zwanzigjährige und somit hinlängliche Reihe von Werthen (sie sind in der Tabelle in der mit $v$ überschriebenen Columne eingetragen) besass, um sie mit Aussicht auf Erfolg der Discussion und Rechnung unterwerfen zu können, — was sich nun auch, wie die dieser Tage abgeschlossenen betreffenden Studien zeigen, in schönster Weise bewahrheitet hat. Schon die unmittelbare Vergleichung der Reihen $r$ und $v$ zeigt ihren entsprechenden Gang, und namentlich das schönste Zusammentreffen der beidseitigen Maximas und Minimas. Noch deutlicher tritt die Uebereinstimmung hervor, wenn man aus den beiden Reihen die Mittelwerthe

$$m' = \frac{1}{20} \sum r = 54{,}45\,, \qquad m'' = \frac{1}{20} \sum v = 8'{,}516,$$

berechnet, und diese mit den einzelnen Werthen vergleicht, d. h. die in die Tabelle eingetragenen Werthe $m' - r$ und $m'' - v$ bildet. Diese Letztern zeigen einen so übereinstimmenden systematischen Gang, dass man kaum mehr im Zweifel über den Parallelismus der beiden Reihen bleiben kann. Die aus ihnen folgenden Werthe

$$\sum (m' - r)^2 = 29375{,}86, \qquad \Delta r = \sqrt{\frac{\sum (m' - r)^2}{20}} = \pm\, 38{,}3\,,$$

$$\sum (m'' - v)^2 = \quad 54{,}5250\,, \qquad \Delta v = \sqrt{\frac{\sum (m'' - v)^2}{20}} = \pm\, 1{,}65,$$

zeigen zugleich, dass die Summen der Abweichungsquadrate und die mittleren Abweichungen in beiden Reihen gross genug sind, um die Grundlagen für weitere Studien bilden zu können, und der Umstand, dass:

$$\Delta v : \Delta r = 0{,}043 \quad \text{nahe mit} \quad b = 0{,}045$$

übereinstimmt, lässt erwarten, dass letzterer Mittelwerth wirklich auch für Rom nahezu gelten werde. Und in der That, wenn man die $\Delta r'$ von den $v$ abzieht, und den Mittelwerth

$$a = \frac{1}{20} \sum (v - \Delta r') = 6{,}10$$

dieser Differenzen berechnet, so stellt die daraus gebildete Formel

$$v' = 6{,}10 + 0{,}045\,.\,b$$

nahezu die Variationen von Rom dar, wie wir aus unserer Tabelle sehen, in welche die nach dieser Formel berechneten $v'$, und überdiess die Differenzen $v - v'$ eingetragen sind; denn Letztere sind gegenüber den frühern Differenzen $m'' - v$ klein geworden, zeigen durchaus nicht mehr einen systematischen Gang, und ergeben

$$\sum (v - v')^2 = 2{,}8585 \,, \qquad \Delta v' = \sqrt{\frac{\sum (v - v')^2}{20}} = \pm\, 0{,}38 \,,$$

so dass die Summe der Abweichungsquadrate auf $^1/_{19}$ der früheren, und die mittlere Abweichung nahe auf $^1/_5$ reducirt worden ist. — Trotz dieses ganz erfreulichen Resultates glaubte ich doch auch noch den Versuch machen zu sollen, die für Rom passendste Formel

$$v = a + b \,.\, r$$

ohne eine solche Voraussetzung zu bestimmen, und erhielt nun aus den 20 Gleichungen

$$10{,}87 = a + b \,.\, 93{,}8 \qquad 10{,}96 = a + b \,.\, 95{,}7 \qquad 9{,}77 = a + b \,.\, 77{,}2, \text{ etc.}$$

nach den Regeln der Methode der kleinsten Quadrate die Normalgleichungen

$$170{,}320 = 20 \,.\, a + 1089{,}0 \,.\, b \qquad 10506{,}436 = 1089{,}0 \,.\, a + 88671{,}86 \,.\, b$$

aus welchen sich $a = 6{,}23$ und $b = 0{,}042$ ergeben, so dass als beste Variationsformel für Rom

$$v'' = 6{,}23 + 0{,}042 \,.\, r$$

hervorgeht, eine Formel, die nur wenig von der Frühern abweicht. Berechnet man aber nach dieser Formel die $\Delta r'' = 0{,}042 \,.\, r$, die $v''$ und $v - v''$, so erhält man die in die Tabelle eingetragenen Werthe, und aus ihnen

$$\sum (v - v'')^2 = 2{,}4186, \qquad \Delta v'' = \sqrt{\frac{\sum (v - v'')^2}{20}} = \pm\, 0{,}35 \,,$$

so dass wirklich die Summe der Abweichungsquadrate und die mittlere Abweichung noch etwas kleiner geworden sind, namentlich aber die bei ersterer Rechnung für 1870 erhaltene grosse Differenz wesentlich reducirt worden ist. — Als Schlussresultat darf wohl ausgesprochen werden, *dass sich auch,* wie schon im Titel gegenwärtiger Note betont worden ist, *in den zu Rom bestimmten Variationen die Sonnenfleckenperiode in schönster Weise abspiegelt.*

Zürich im Januar 1881.

---

# UEBER DIE DREIFACHEN SECANTEN

## EINER ALGEBRAISCHEN RAUMCURVE

VON

**C. F. GEISER**

*Professor am eidgen. Polytechnikum.*

### I.

Die Schnittcurve $C_{2n}$ einer Fläche $n^{ten}$ Grades $F_n$ mit einer Fläche zweiten Grades $F_2$ wird von jeder Erzeugenden dieser letztern in $n$ Punkten getroffen. Sucht man also, unter der selbstverständlichen Voraussetzung, dass $n$ grösser als zwei sei, den Ort aller derjenigen Geraden, welche der Schnittcurve in drei Punkten begegnen, so erhält man $F_2$ selbst. Aber diese ist mehrfach zu zählen: da nämlich $n$ Punkte auf $\frac{n(n-1)(n-2)}{1.2.3}$ Arten zu dreien combinirt werden können, so ist jede Erzeugende eben so oft als dreifache Secante zu rechnen; zudem wird durch die eine Schaar ihrer Erzeugenden die Fläche zweiten Grades bereits vollständig bedeckt, so dass in Berücksichtigung der zweiten Schaar die gefundene Zahl verdoppelt werden muss, um anzugeben, wie oft $F_2$ durch die Secanten beschrieben wird. Wir haben also den Satz:

*Die dreifachen Secanten der Schnittcurve einer Fläche zweiten mit einer Fläche $n^{ten}$ Grades bilden eine Regelfläche vom Grade $4.\frac{n(n-1)(n-2)}{1.2.3}$, welche identisch ist mit der $2.\frac{n(n-1)(n-2)}{1.2.3}$ fach gelegten Fläche zweiten Grades.*

Lassen wir $F_2$ in ein Ebenenpaar $E_1$ $E_2$ zerfallen, so zerfällt auch die Secantenfläche, und zwar in die Secantenflächen die den Schnitten von $E_1$ et $E_2$ mit $F_n$ entsprechen und in die Regelflächen aus denjenigen Geraden gebildet, welche dem einen ebenen Schnitte einmal, dem andern zweimal begegnen. Was zunächst die letztern anbetrifft, so bemerken wir, dass *wenn eine dreifache Secante einer*

*Curve durch einen Doppelpunkt derselben geht, dieser nur für einen Schnittpunkt zählt,* (wenn nicht die Secante in der Ebene der Tangenten an beide sich dort schneidenden Zweige liegt) und also nur für einen der beiden Curvenzweige gilt. Eine Gerade, welche durch einen der $n$ Schnittpunkte von $E_1$, $E_2$, $F_n$ geht und in $E_1$ liegt, wird also dem Schnitte von $E_2$ und $F_n$ einmal begegnen, und um dreifache Secante zu sein, den Schnitt von $E_1$ und $F_n$ zweimal treffen müssen. Da aber nach Abzug des Ausgangspunktes $n - 1$ Schnittpunkte übrig bleiben, die auf $\frac{(n-1)(n-2)}{1 \cdot 2}$ Arten zu zweien combinirt werden können, so zählt die Gerade eben so oft als dreifache Secante, und das in $E_1$ gelegene Strahlbüschel, dessen Mittelpunkt der Ausgangspunkt ist, gehört als Regelfläche $\frac{(n-1)(n-2)}{1 \cdot 2}^{ten}$ Grades dem Orte der dreifachen Secanten an. Von den $n$ Schnittpunkten der Flächen $E_1$, $E_2$, $F_n$ wird jeder einmal in $E_1$ und einmal in $E_2$ gezählt, demzufolge bilden die sämmtlichen Geraden, welche überhaupt einem der ebenen Schnitte von $F_n$ einmal, dem andern zweimal begegnen, eine Fläche vom Grade $n(n-1)(n-2)$.

Wenn nun die dreifachen Secanten eines ebenen Schnittes der $F_n$ eine Regelfläche vom Grade $x$ bilden, so hat man zufolge der Formel für die Fläche zweiten Grades:

$$4 \cdot \frac{n(n-1)(n-2)}{1 \cdot 2 \cdot 3} = n(n-1)(n-2) + 2x$$

oder

$$x = -\frac{1}{6} n(n-1)(n-2)$$

Um diess eigenthümliche Resultat zu erklären, bemerken wir, dass jede Gerade in der Ebene $E$, für deren Schnitt mit $F_n$ als dreifache Secante $\frac{n(n-1)(n-2)}{1 \cdot 2 \cdot 3}$ mal zu zählen ist; aber durch alle diese Geraden wird $E_1$ unendlich oft bedeckt. Es tritt also der nämliche Umstand ein, wie bei der Geraden in der Ebene, welche im gewöhnlichen Sinne unendlich viele Wendepunkte besitzt, aber als Curve ersten Grades aufgefasst nach den Plücker'schen Formeln deren $-3$ ergibt.* (Für die Doppeltangenten ist die nämliche Bemerkung zu machen: man würde geometrisch für eine Gerade schliessen, dass sie unendlich oft als ihre eigene Doppeltangente auftrete, während

* Vergl. auch: STURM, *Flächen dritter Ordnung.* N. 70, pag. 225.

die Plücker'schen Formeln die Zahl 4 ergeben). Wir sprechen demzufolge jetzt den Satz aus:

*In algebraischem Sinne aufgefasst erscheinen die dreifachen Secanten einer Fläche ersten Grades mit einer Fläche $n^{ten}$ Grades als eine Regelfläche vom Grade* $-\frac{1}{6}n(n-1)(n-2)$.

## II.

Die Schnittcurve $C_{3n}$ einer Fläche dritten Grades $F_3$ und einer Fläche $n^{ten}$ Grades $F_n$ trifft jede der 27 Geraden auf $F_3$ $n$ mal. Führt man also eine der bekannten Abbildungen von $F_3$ auf eine Ebene aus, bei denen die Geraden der einen Hälfte einer Doppelsechs zu den sechs Fundamentalpunkten werden, so wird $C_{3n}$ zu einer ebenen Curve $3n^{ten}$ Grades $\mathfrak{C}_{3n}$, welche in den Fundamentalpunkten $n$ fache Punkte besitzt, sonst aber im Allgemeinen weder Doppel-noch Rückkehrpunkte hat. Daraus ergibt sich das Geschlecht $p$ von $\mathfrak{C}'_{3n}$ als

$$p = \frac{(3n-1)(3n-2)}{1 \cdot 2} - 6\frac{n(n-1)}{1 \cdot 2} = \frac{3n^2-3n+2}{1 \cdot 2}$$

Diese Zahl gibt zugleich das Geschlecht von $C_{3n}$ und jeder ihrer von einem beliebigen Punkte aus auf eine beliebige Ebene ausgeführten Centralprojectionen an. Eine solche Projection ist demzufolge im Allgemeinen eine ebene Curve $3n^{ten}$ Grades mit $6 \cdot \frac{n(n-1)}{1 \cdot 2}$ wirklichen Doppelpunkten, *d. h.*: *Die Schnittcurve einer Fläche dritten mit einer Fläche $n^{ten}$ Grades hat im Allgemeinen* $6 \cdot \frac{n(n-1)}{1 \cdot 2}$ *scheinbareDoppelpunkte.* Wird die Projection von einem Punkte auf $C_{3n}$ selbst ausgeführt, so wird sie zu einer ebenen Curve vom Grade $3n-1$, deren Geschlecht wieder $p$ ist, also wird die Anzahl $d$ ihrer wirklichen Doppelpunkte aus der Gleichung

$$\frac{(3n-2)(3n-3)}{1 \cdot 2} - d = p \quad \text{als} \quad 3n^2 - 6n + 2$$

gefunden. Kehren wir zur $C_{3n}$ zurück, so haben wir den Satz: *Von einem Punkte der Schnittcurve einer Fläche dritten mit einer Fläche $n^{ten}$ Grades gehen $3n^2-6n+2$ Gerade aus, welche ihr noch in zwei weitern Punkten begegnen;* mit andern Worten: *Durch einen Punkt von $C_{3n}$ gehen $3n^2-6n+2$ dreifache Secanten.*

Die geradlinige Fläche $F_x$, welche von den dreifachen Secanten der aus $F_3$ und $F_n$ erzeugten Schnittcurve $C_{3n}$ gebildet wird, schneidet die $F_3$ in einer Curve $C_{3x}$ vom Grade $3x$. Die $C_{3x}$ ist reductibel, da einer ihrer Theile aus den 27 Geraden von $F_3$, der andere Theil aus der $C_{3n}$ besteht. Was die 27 Geraden anbetrifft, so erscheint jede derselben $\frac{n(n-1)(n-2)}{1.2.3}$ mal als dreifache Secante (entsprechend den $\frac{n(n-1)(n-2)}{1.2.3}$ Combinationen zu dreien ihrer $n$ Schnittpunkte mit $F_n$) und von der $C_{3n}$ wissen wir, dass sie als $(3n^2-6n+2)$ fache Curve in $F_x$ erscheint. (Weil so viele Erzeugende von $F_x$ durch jeden ihrer Punkte hindurchgehen). Es ergibt sich also zur Bestimmung von $x$ die Gleichung:

$$3x = \frac{n(n-1)(n-2)}{1.2.3} . 27 + (3n^2-6n+2)\,3n$$

oder

$$x = \frac{n}{2}(3n-2)(3n-5)$$

und damit der Satz: *Die dreifachen Secanten der Schnittcurve einer Fläche dritten Grades mit einer Fläche $n^{ten}$ Grades bilden eine Regelfläche vom Grade* $\frac{n}{2}(3n-2)(3n-5)$.

Lassen wir die Fläche dritten Grades $F_3$ in eine Ebene $E$ und eine Fläche zweiten Grades $F_2$ zerfallen, so können wir das Schlussresultat in I bestätigen. In der That, die Regelfläche der dreifachen Secanten der Schnittcurve von $F_3$ et $F_n$ besteht aus den dreifachen Secanten des Schnittes $(F_2, F_n) = C_{2n}$, den Geraden welche $C_{2n}$ zweimal und $(E, F_n) = C_n$ einmal begegnen, den Geraden welche $C_{2n}$ einmal und $C_n$ zweimal treffen, endlich aus den dreifachen Secanten von $C_n$. Die dreifachen Secanten von $C_{2n}$ haben wir in I bestimmt; die Geraden, welche $C_{2n}$ zweimal, $C_n$ einmal schneiden, bilden eine Regelfläche $F_x$ deren Grad $x$ wie folgt gefunden wird: Projicirt man $C_{2n}$ von einem beliebigen Punkte der $F_2$ aus auf eine beliebige Ebene, so erhält man eine ebene Curve $\mathfrak{C}_{2n}$ mit zwei $n$ fachen Punkten, deren Geschlecht $p = \frac{(2n-1)(2n-2)}{1.2} - 2 . \frac{n(n-1)}{1.2}$ ist. Demzufolge hat jede, von einem willkürlichen Punkte des Raumes aus genommene Centralprojection der $C_{2n}$ im Ganzen $n(n-1)$ Doppelpunkte und demnach $C_{2n}$ selbst $n(n-1)$ scheinbare Doppelpunkte. (Die Projection der $C_{2n}$ von einem ihrer Punkte aus ist eine ebene

Curve vom Grade $2n-1$ mit zwei $(n-1)$ fachen Punkten). Da also von jedem Punkte auf $C_n$ $n(n-1)$ Doppelsecanten nach $C_{2n}$ ausgehen, so ist $C_n$ eine $n(n-1)$ fache Curve auf $F_x$. Der Kegelschnitt $(F_2, E)$ hat mit $C_n$ $2n$ Punkte gemein und jede der $\frac{2n(2n-1)}{1.2}$ Verbindungsgeraden von zweien derselben zählt als $(n-2)$ fache Erzeugende der $F_x$, weil sie $C_n$ ausser in den zwei Ausgangspunkten noch in $n-2$ andern Punkten trifft, deren jedem sie zugeordnet werden muss. Da jetzt der vollständige Schnitt von $F_x$ et $E$ hergestellt ist, so haben wir

$$x = n.n(n-1) + n(2n-1)(n-2) = n(3n^2-6n+2)$$

Die Geraden, welche $C_n$ doppelt, $C_{2n}$ einfach treffen und welche eine Regelfläche $F_y$ vom Grade $y$ bilden mögen, liegen in $E$ und gehen durch einen der $2n$ Schnittpunkte von $E$, $F_2$ und $F_n$. Eine Gerade durch einen solchen Schnittpunkt wird $C_n$ noch in $n-1$ Punkten begegnen, die auf $\frac{(n-1)(n-2)}{1.2}$. Arten zu zweien combinirt werden können, d. h. das Strahlbüschel um den Schnittpunkt herum gehört als Regelfläche $\frac{(n-1)(n-2)^{ten}}{1.2}$ Grades der $F_y$ an, so dass also

$$y = 2n.\frac{(n-1)(n-2)}{1.2}$$

ist. Bezeichnet man endlich mit $z$ den Grad der Regelfläche der dreifachen Secanten für den ebenen Schnitt $C_n$, so hat man:

$$4.\frac{n(n-1)(n-2)}{1.2.3} + n(3n^2-6n+2) + 2n.\frac{(n-1)(n-2)}{1.2} + \\ + z = \frac{n}{2}.(3n-2)(3n-5)$$

woraus sich $z = -\frac{1}{6}n(n-1)(n-2)$ und damit das früher gefundene Resultat ergibt.

Wenn $F_3$ in drei Ebenen $E_1$, $E_2$, $E_3$ zerfällt, welche $F_n$ resp. in $C_n^1$, $C_n^2$, $C_n^3$ schneidet, so zerfällt die Regelfläche der dreifachen Secanten des Schnittes $(F_3, F_n)$ in folgende Theile:

1. Die dreifachen Secanten jedes der ebenen Schnitte bilden nach I eine Regelfläche vom Grade $-\frac{1}{6}n(n-1)(n-2)$, sie müssen also zusammen als vom Grade $-\frac{1}{2}n(n-1)(n-2)$ aufgefasst werden.

2. Die Geraden, die $C_n^1$ einmal, $C_n^2$ zweimal begegnen sind nach I als Regelfläche vom Grade $\frac{n(n-1)(n-2)}{2}$ anzusehen. Da sechs derartige Combinationen gebildet werden können, so muss man sämmtliche Geraden, die einem ebenen Schnitte einmal, einem andern zweimal begegnen, als Fläche $3n(n-1)(n-2)^{ten}$ Grades zählen.

3. Die Regelfläche $F_x$ der Geraden, welche jedem der drei ebenen Schnitte einmal begegnen findet sich wie folgt: Ein Punkt auf $C_n^1$ bestimmt als Scheitel mit $C_n^2$ und $C_n^3$ zwei Kegel $n^{ten}$ Grades, von denen $n$ gemeinschaftliche Kanten nach den $n$ gemeinschaftlichen Punkten von $C_n^2$ und $C_n^3$ gehen. Die übrigen $n^2-n$ zeigen an, dass in der gesuchten Regelfläche $C_n^1$ als $n(n-1)$ fache Curve auftritt. Jeder der $n$ Schnittpunkte von $C_n^1$ und $C_n$ kann mit jedem gemeinschaftlichen Punkte von $C_n^1$ und $C_n^3$ durch eine Gerade verbunden werden, welche $C_n^1$ noch in $n-2$ Punkten trifft und demzufolge $(n-2)$ mal als gemeinschaftliche Secante von $C_n^1$, $C_n^2$, $C_n^3$ anzusehen ist. Der Schnitt von $E_1$ und $F_x$ enthält also ausser der vielfachen Curve noch $n^2$ Erzeugende, die $n-2$ mal zu zählen sind und man hat demnach

$$x = n(n-1) \,.\, n + n^2(n-2) = n^2(2n-3)\ *.$$

Die Identität

$$-\frac{1}{2}n(n-1)(n-2) + 3n(n-1)(n-2) + n^2(2n-3) =$$

$$= \frac{n}{2}(3n-2)(3n-5)\,.$$

zeigt, dass die speciellen Entwicklungen das nämliche Resultat ergeben, wie die allgemeinen.

## III.

Wir sind jetzt in den Stand gesetzt die Aufgabe zu lösen: Welches ist der Grad $x$ der Regelfläche, welche von den dreifachen

* Die Regelfläche die aus den Geraden gebildet wird, welche den Raumcurven $C_p$, $C_q$, $C_r$ von den Graden $p$, $q$, $r$ gleichzeitig begegnen, hat den Grad $2pqr$. Haben zwei der Curven einen Punkt gemein, so sondert sich von der Fläche ein Kegel ab, der ihn zum Mittelpunkte und die dritte Curve zur Leitlinie hat. Wendet man diess auf drei ebene Schnitte einer $F_n$ an, so erhält man wieder das oben angegebene Resultat.

Secanten der vollständigen Schnittcurve $m \,.\, n^{ten}$ Grades einer Fläche $m^{ten}$ und einer Fläche $n^{ten}$ Grades gebildet wird. Es ist $x$ eine Function von $m$ und $n$ welche sich nach den bereits gefundenen Resultaten für $m = 1, 2, 3$ resp. auf

$$-\frac{1}{6} n (n-1)(n-2), \quad \frac{2}{3} n (n-1)(n-2), \quad \frac{n}{2}(3n-2)(3n-5)$$

reduzirt. Diese Function ist symmetrisch in Bezug auf $m$ und $n$, also nach beiden vom dritten Grade, sie muss zudem für $m$ oder $n = 0$ verschwinden; damit haben wir hinreichende Bedingungen zur Bestimmung derselben nach der Methode der unbestimmten Coefficienten. Man findet unter Anwendung leichter Reductionen:

$$x = \frac{1}{6} m \,.\, n \,(m \,.\, n - 2) \,.\, \{2\, m \,.\, n - 3\,(m+n) + 4\}.$$

Das nämliche Resultat wird auch erreicht, indem man eine der beiden Flächen, $z\,.\,B$ diejenige $n^{ten}$ Grades zunächst in Ebenen zerfallen lässt. Die Regelfläche $F_x$ löst sich dann auf in die $m$ Regelflächen, welche den dreifachen Secanten je der $m$ einzelnen ebenen Schnitte von $F_n$ entsprechen von denen jede den Grad $-\frac{1}{6} n (n-1)(n-2)$ hat; ferner in die $m\,(m-1)$ Regelflächen, deren Erzeugende einen ebenen Schnitt einmal, einen andern zweimal treffen und von denen jede als vom Grade $\frac{n\,(n-1)\,(n-2)}{2}$ zählt; endlich in die

$$\frac{m\,(m-1)\,(m-2)}{1 \,.\, 2 \,.\, 3}$$

Regelflächen aus Secanten bestehend, von denen jede drei verschiedene ebene Schnitte trifft und deren Grad jeweilen $n^2\,(2\,n-3)$ beträgt. Die Summe

$$m \,.\, -\frac{1}{6} n\,(n-1)\,(n-2) + m\,(m-1) \,.\, \frac{n\,(n-1)\,(n-2)}{2} +$$
$$+ \frac{m\,(m-1)\,(m-2)}{1 \,.\, 2 \,.\, 3} \,.\, n^2\,(2\,n-3)$$

stimmt in der That mit dem vorigen Werthe von $x$ überein.

Da die vollständige Schnittcurve $p^{ten}$ Grades ($p = m \,.\, n$) einer Fläche $m^{ten}$ und einer Fläche $n^{ten}$ Grades $h = \frac{1}{2} m \,.\, n \,.\, (m-1)\,(n-1)$

scheinbare Doppelpunkte hat *, so findet man durch Elimination von $m+n$ aus den beiden Gleichungen

$$h = \frac{1}{2} p . \{p - (m+n) + 1\} \text{ und } x = \frac{1}{6} p (p-2) \{2p - 3(m+n) + 4\}$$

$$x = (p-2) . \left\{ h - \frac{p(p-1)}{6} \right\}$$

d. h.: *Die dreifachen Secanten einer Vollcurve $p^{ten}$ Grades mit $h$ scheinbaren Doppelpunkten bilden eine Regelfläche vom Grade*

$$(p-2) \left\{ h - \frac{p(p-1)}{6} \right\}.$$

Man bestätigt leicht, dass die Curve $(h - p + 2)$ fach der Fläche angehört.

## IV.

Sind eine algebraische Raumcurve (Voll-oder Theilcurve) $C_{p'}^{h'}$ vom $p'^{ten}$ Grade mit $h'$ scheinbaren Doppelpunkten und eine Gerade $G$ im Ramne gegeben, so kann man nach der Regelfläche $F_x$ fragen, die von sämmtlichen Geraden gebildet wird, welche $G$ einmal, $C_{p'}^{h'}$ zweimal treffen. Von jedem Punkte auf $G$ gehen $h'$ Gerade aus, welche $C_{p'}^{h'}$ zweimal treffen, also ist $G$ eine $h'$ fache Gerade auf $F_x$. Eine durch $E$ gehende Ebene ergibt mit $C_{p'}^{h'}$ $p'$ Schnittpunkte, die zu $\frac{p'(p'-1)}{1 . 2}$ einfachen Geraden auf $F_x$ Veranlassung geben. Der vollständige Schnitt von $E$ und $F_x$ und damit $F_x$ selbst ist also vom Grade $x = \frac{p'(p'-1)}{1 . 2} + h'$. Eine Raumcurve $C_{p''}^{h''}$ trifft $F_x$ in $p''$. $\left\{\frac{p'(p'-1)}{1 . 2} + h'\right\}$ Punkten. Diese Zahl gibt also den Grad derjenigen Fläche, welche von den Geraden gebildet wird, die $C_{p'}^{k'}$ zweimal,

* Die Zahl der scheinbaren Doppelpunkte ist unabhängig von derjenigen der wirklichen, man erhält sie also wenn man die beiden Flächen in $m$, resp. $n$ Ebenen auflöst. Die $m . n$ Schnittgeraden erzeugen in einer beliebigen Centralprojection auf eine beliebige Ebene $\frac{1}{2} m . n (m . n - 1)$ Schnittpunkte, die Zahl der wirklichen Begegnungspunkte im Raume ist $\frac{1}{2} m . n (m + n - 2)$, die Differenz gibt den Werth von $h$.

$C_{p''}^{h''}$ einmal treffen. Wenn die beiden Curven einen gemeinschaftlichen Punkt haben, so sondert sich von der gefundenen Fläche der Kegel ab, welcher diesen Punkt zum Mittelpunkt und $C_{p'}^{h'}$ zur Leitlinie hat. Diess gibt den Satz:

*Haben zwei Raumcurven $C_{p'}^{h'}$ et $C_{p''}^{h''}$ miteinander s Punkte gemein, so bilden die Geraden, welche der ersten Curve zweimal, der zweiten einmal begegnen, eine Regelfläche vom Grade*

$$p'' . \left\{ \frac{p'(p'-1)}{1.2} + h' \right\} - s(p'-1).$$

Constituiren die beiden Curven zusammen eine Vollcurve $C_p^h$ so besteht die Regelfläche der dreifachen Secanten dieser Vollcurve aus verschiedenen Theilen. Nämlich:

1. aus der eben bestimmten Regelfläche, deren Erzeugende $C_{p'}^{h'}$ zweimal, $C_{p''}^{h''}$ einmal treffen, und deren Grad

$$g' = p'' \left\{ \frac{p'(p'-1)}{1.2} + h' \right\} - s(p'-1) \text{ ist;}$$

2. aus der Regelfläche, deren Erzeugende $C_{p'}^{h'}$ einmal, $C_{p''}^{h''}$ zwei mal treffen; sie ist vom Grade

$$g'' = p' . \left\{ \frac{p''(p''-1)}{1.2} + h'' \right\} - s(p''-1); \text{ endlich}$$

3. aus einer Restfläche, deren Grad

$$g = (p-2) \left\{ h - \frac{p(p-1)}{6} \right\} - g' - g''$$

sein muss. Vermittelst der beiden Relationen

$$p = p' + p'', \quad h = h' + h'' + p'p'' - s$$

kann $g$ auf die Form gebracht werden

$$g = (p'-2) \left\{ h' - \frac{p'(p'-1)}{6} \right\} + (p''-2) \left\{ h'' - \frac{p''(p''-1)}{6} \right\}.$$

Aber aus geometrischen Gründen ist klar, dass die Regelfläche $g^{ten}$ Grades aus zwei Theilen besteht, den Flächen der dreifachen Secanten für $C_{p'}^{h'}$ und $C_{p''}^{h''}$. Die Gradzahlen derselben, das eine Mal von $p'$ und $h'$, das andere Mal von $p''$ und $h''$ abhängig, werden durch die beiden Theile ausgedrückt, in welche wir $g$ zerlegt haben und die gleichgeartet sind, wie der Ausdruck für die Gradzahl der Regelfläche der dreifachen Secanten der Curve $C_p^h$. Da der angewandte Auflösungsprocess beliebig oft angewandt werden kann, so erkennen wir, *dass das am Schlusse von III für Vollcurven ausgesprochene Resultat auch für Theilcurven gilt.*

## V.

Wir kehren zur vollen Schnittcurve $C_{m.n}$ zweier Flächen $F_m$ et $F_n$ zurück und setzen voraus, dass in einem gegebenen Punkte $P$ derselben die beiden Flächen die nämliche bestimmte Tangentialebene $E$ besitzen. Zudem möge $P$ im Schnitte $(F_m, E)$ ein $p$ facher, im Schnitte $(F_n, E)$ ein $q$ facher Punkt sein, was eintreffen kann, ohne dass $P$ in der einen oder andern Fläche ein vielfacher Punkt ist, welchen Fall wir zunächst ausschliessen wollen. Wird jetzt in $E$ eine Gerade durch $P$ gelegt, so schneidet sie $F_m$ in $p$, $F_n$ in $q$ Punkten und sie erscheint eben so oft als dreifache Secante von $C_{m.n}$ als drei der $p$ erstgenannten Punkte mit dreien der $q$ nachfolgenden combinirt werden können. Ebenso oft erscheint $E$ als Theil der Regelfläche der dreifachen Secanten der $C_{m.n}$, d. h. von dieser Regelfläche, welche im Allgemeinen irreductibel ist, sondert sich in dem speciellen Falle die

$$\frac{p(p-1)(p-2)}{1.2.3} \cdot \frac{q(q-1)(q-2)}{1.2.3}$$

fach gelegte Ebene $E$ ab.

Wir behandeln noch die Annahme, dass $P$ in $F_m$ ein $p$ facher, in $F_n$ ein $q$ facher Punkt sei. Typisch wird dieselbe veranschaulicht, indem man annimmt, $F_m$ bestehe aus einem Kegel $p^{ten}$ Grades $K_p$ mit dem Mittelpunkte $P$ und aus einer beliebigen, nicht durch $P$ gehenden Fläche des $(m-p)^{ten}$ Grades $F_{m-p}$, $F_n$ aber sei aus einem Kegel $q^{ten}$ Grades $K_q$ mit $P$ als Mittelpunkt und einer nicht durch $P$ gehenden Fläche des $(n-q)^{ten}$ Grades $F_{n-q}$ zusammengesetzt. Der Schnitt $(F_m, F_n) = C_{m.n}$ zerfällt in vier Theile, die wir mit $(F_{m-p}, F_{n-q}) = C_{(m-p).(n-q)}$, $(F_{m-p}, K_q) = C_{(m-p).q}$, $(F_{n-q}, K_p) = C_{(n-q).p}$, $(K_p, K_q) = C_{p.q}$ bezeichnen und von denen die drei ersten irreductibel sein können, während die vierte aus $p.q$ durch $P$ gehenden Geraden besteht.

Zu der Regelfläche der dreifachen Secanten von $C_{m.n}$ gehören die dreifachen Secanten jedes der genannten Theile. Für $C_{(m-p).(n-q)}$ kann die Regelfläche derselben nach der allgemeinen Methode gefunden werden, ebenso für $C_{(m-p).q}$ et $C_{(n-q).p}$, wo beidemal ein Zerfallen eintritt, indem bei der der erstern zugehörigen Regelfläche der Kegel $K_q$ als $\frac{(m-p)(m-p-1)(m-p-2)}{1.2.3}$ facher, bei der zweiten $K_p$ als $\frac{(n-q)(n-q-1)(n-q-2)}{1.2.3}$ facher Bestandtheil erscheint.

$C_{p.q}$ aber bietet die Eigenthümlichkeit, dass jede beliebige der *zweifach* unendlich vielen durch $P$ gehenden Geraden

$$\frac{p(p-1)(p-2)}{1.2.3}\cdot\frac{q(q-1)(q-2)}{1.2.3}$$

mal als dreifache Secante angesehen werden darf — von einer Regelfläche dieser Secanten (die aus *einfach* unendlich vielen Geraden bestehen müsste) ist hier keine Rede mehr.

Man muss weiter den Ort der Geraden bestimmen, die einen der vier Theile zweimal, einen andern einmal treffen, was zu zwölf verschiedenen Combinationen Veranlassung gibt. Da man die Gradzahlen kennt und ausserdem die Zahl der scheinbaren Doppelpunkte leicht findet, so hat man in jedem der einzelnen Fälle nur noch die Anzahl der Begegnungspunkte zu finden; werden in der Bezeichnung der beiden Curven alle vier Indices $m-p$, $n-q$, $p$, $q$ verwendet, so ist sie gleich Null, treten nur drei Indices auf, so ist sie dem Producte derselben gleich. Wo $C_{p.q}$ als eine der beiden Curven zu nehmen ist, tritt Zerfallen ein: soll sie einmal geschnitten werden, in $p.q$, soll sie zweimal geschnitten werden, in $\frac{1}{2}p.q(p.q-1)$ Bestandtheile (die letztern sind eben). Es kommen endlich hinzu die Geraden, welche drei der vier Theile je einmal treffen (vier Combinationen); zu der Bestimmung der Gradzahlen aller entstehenden Regelflächen liegen alle nöthigen Anhaltspunkte vor, auch ist man im Stande anzugeben, wie oft nun der Kegel mit $P$ als Mittelpunkt und dem Schnitt $(F_m, F_n)$ als Leitlinie in das Gesammtresultat eintritt. Vor allem aus aber sieht man, dass für unsere Annahme nach Absonderung der doppelt unendlich vielen Lösungen, die den Geraden durch $P$ entsprechen, die dreifachen Secanten des Vollschnittes eine Regelfläche bilden, die einen um

$$\frac{1}{6}p\cdot q(p\cdot q-2)\{2p\cdot q-3(p+q)+4\}$$

geringern Grad besitzt, als die dem allgemeinen Falle $(F_m, F_n)$ entsprechende.

Von diesem Resultate aus, das für die *Vollcurve* und *einen* gemeinschaftlichen vielfachen Punkt gegeben ist, schreitet man vor zur Annahme mehrerer solcher Punkte und kann im fernern zu analogen Resultaten für Theilcurven gelangen. Aehnlich behandelt man den Fall, wo $F_m$ und $F_n$ eine mehrfache Curve ($p$ fach für $F_m$, $q$ fach für $F_n$) gemein haben, der dadurch merkwürdig ist, dass man zunächst die *dreifach* unendlich vielen Lösungen abzusondern hat, die den sämmtlichen dieser Curve einmal begegnenden Geraden entsprechen.

## VI.

Die vorstehenden Betrachtungen sind einer eingehenderen Untersuchung über die in einem Flächenbüschel dritten Grades enthaltenen geraden Linien entnommen *. Diese Geraden bilden eine Regelfläche, deren Erzeugende dreifache Secanten der Grundcurve des Büschels sind. Die characteristischen Zahlen so wie die Singularitäten der Fläche (Gradzahl, vielfache Curven, vielfache Punkte, etc.) sind für die gewöhnliche irreductible Grundcurve als Specialfälle in den umfangreichen Resultaten der Herren CAYLEY et ZEUTHEN ** über Raumcurven und Regelflächen enthalten; sobald aber die Grundcurve in gewisser Weise zerfällt, treten Ausnahmefälle von den allgemeinen Zahlen ein, die eine einlässlichere Beachtung verdienen.

Indem die Ausnahmefälle gehörig interpretirt werden, führen sie auf einem ganz elementaren Wege zu den allgemeinen Resultaten zurück. Während Herr CAYLEY neben einigen wirklichen Eliminationen hauptsächlich Functionalgleichungen zur Bestimmung der nöthigen Zahlwerthe anwendet und Herr ZEUTHEN sich des CHASLES'schen Princips der Correspondenz bedient, kommt hier Alles auf den Satz zurück: dass von den Lösungen eines Systems algebraischer Gleichungen keine verloren gehen, wenn die allgemeinen Gleichungen durch specielle des nämlichen Grades ersetzt werden. (Es sei denn, dass überhaupt an Stelle einer endlichen Anzahl von Lösungen deren unendlich viele treten). Kennt man also die Lösungen für den Specialfall, so genügt diess, um die Anzahl derselben für den allgemeinen Fall festzustellen. Und so wie es beim Correspondenzprincip, wie Herr ZEUTHEN in seiner Abhandlung bemerkt, wesentlich darauf ankommt, die sämmtlichen Coincidenzen und deren Multiplicität zu finden, so verlangt auch die Elementarmethode, dass in jedem zu behandelnden Falle die Vielfachheit der singulären Lösungen (die, wie aus dem behandelten Beispiele hervorgeht, unter Umständen durch eine negative Zahl gegeben sein kann) richtig bestimmt werde.

* STURM, *Flächen dritter Ordnung.* N.° 59, pag. 193.

** CAYLEY, *Phil. Transactions* Bd. 153. — ZEUTHEN, *Annali di Matem.* Serie II, Bd. III. — Vergl. auch: CREMONA, *Oberflächen, Erster Theil*, Cap. II und *Zweiter Theil*, Cap. IV.

Man kann dann namentlich alle diejenigen Probleme für Raumcurven in einfachster Weise behandeln, deren Lösung nur von ihrem Grade und der Anzahl ihrer scheinbaren Doppelpunkte abhängt. Die Beschränktheit des an dieser Stelle zugewiesenen Raumes bedingt, dass eine ausführlichere Darstellung des Gegenstandes einer andern Gelegenheit vorbehalten werden muss.

Küssnach-Zürich den 1ten Jan. 1881.

# UNA FORMOLA FONDAMENTALE

CONCERNENTE

# I DISCRIMINANTI DELLE EQUAZIONI DIFFERENZIALI

E

# DELLE LORO PRIMITIVE COMPLETE

DI

**FELICE CASORATI**

*Professore nella Regia Università di Pavia.*

---

Per brevità, consideriamo soltanto un'equazione differenziale di primo ordine tra due variabili $x$, $y$ e dell'$m$-esimo grado rispetto ai differenziali $d\,x$, $d\,y$, cioè un'equazione della forma

$$(1)\qquad \varphi(d\,x,\,d\,y) = \varphi_0\,d\,x^{m} + \varphi_1\,d\,x^{m-1}\,d\,y + \ldots + \varphi_m\,d\,y^m = 0$$

dove $\varphi_0, \varphi_1, \ldots, \varphi_m$ significhino funzioni dei simboli $x, y$. Ed imaginiamo che essa ammetta la primitiva completa

$$(2)\qquad f(\Omega) = f_0\,\Omega^m + f_1\,\Omega^{m-1} + \ldots + f_m = 0,$$

$f_0, f_1, \ldots, f_m$ essendo funzioni di $x$ e $y$, ed $\Omega$ la costante arbitraria.

In tal caso la (1) si potrà ottenere dalla (2) eliminando la costante arbitraria tra la (2) stessa e la sua differenziale immediata

$$d\,f(\Omega) = d\,f_0\,\Omega^m + d\,f_1\,\Omega^{m-1} + \ldots + d\,f_m = 0.$$

Però il risultante di quest'eliminazione, ossia il determinante

$$(3)\qquad \begin{vmatrix} f_0 & f_1 & \vdots & 0 \\ 0 & f_0 & \vdots & 0 \\ \cdots & \cdots & \cdots & \cdots \\ 0 & 0 & \vdots & f_m \\ d\,f_0 & d\,f_1 & \vdots & 0 \\ 0 & d\,f_0 & \vdots & 0 \\ \cdots & \cdots & \cdots & \cdots \\ 0 & 0 & \vdots & d\,f_m \end{vmatrix} = 0$$

coincide bensì colla (1) in quanto al grado di $dx:dy$, ma potrà differirne nei coefficienti.

Indicando con

$$(4)\qquad \begin{matrix} \chi_0, \chi_1, \ldots, \chi_m \\ \psi_0, \psi_1, \ldots, \psi_m \end{matrix}$$

le derivate prime delle

$$(5)\qquad f_0, f_1, \ldots, f_m$$

rispetto ad $x$ e $y$, e sostituendo a ciascun differenziale $df_r$ la espressione $\chi_r\, dx + \psi_r\, dy$, lo sviluppo del determinante (3) prenderà la forma

$$(3)'\qquad F(dx, dy) = F_0\, dx^m + F_1\, dx^{m-1} dy + \ldots + F_m\, dy^m = 0$$

dove i coefficienti $F_0, F_1, \ldots, F_m$ significano espressioni intere nei simboli (4) e (5), le quali si possono pensare in forma di somme di determinanti ottenibili dal (3) col sostituire alle linee formate coi differenziali linee formate colle derivate (4). Questi coefficienti dovranno essere proporzionali a quelli della (1). Perciò potremo porre

$$(6)\qquad F_0 = \theta\varphi_0, \quad F_1 = \theta\varphi_1, \ldots, \quad F_m = \theta\varphi_m .$$

Consideriamo ormai i discriminanti delle equazioni (1), (2), (3)′, che indicheremo con le lettere $\varsigma$, $g$, $G$ e potremo imaginare sotto la forma

$$\varsigma = \begin{vmatrix} m\varphi_0 & (m-1)\varphi_1 & \vdots & 0 \\ 0 & m\varphi_0 & \vdots & 0 \\ \cdots & \cdots & \cdots & \cdots \\ 0 & 0 & \vdots & \varphi_{m-1} \\ \varphi_1 & 2\varphi_2 & \vdots & 0 \\ 0 & \varphi_1 & \vdots & 0 \\ \cdots & \cdots & \cdots & \cdots \\ 0 & 0 & \vdots & m\varphi_m \end{vmatrix}, \quad g = \begin{vmatrix} mf_0 & (m-1)f_1 & \vdots & 0 \\ 0 & mf_0 & \vdots & 0 \\ \cdots & \cdots & \cdots & \cdots \\ 0 & 0 & \vdots & f_{m-1} \\ f_1 & 2f_2 & \vdots & 0 \\ 0 & f_1 & \vdots & 0 \\ \cdots & \cdots & \cdots & \cdots \\ 0 & 0 & \vdots & mf_m \end{vmatrix},$$

$$G = \begin{vmatrix} mF_0 & (m-1)F_1 & \vdots & 0 \\ 0 & mF_0 & \vdots & 0 \\ \cdots & \cdots & \cdots & \cdots \\ 0 & 0 & \vdots & F_{m-1} \\ F_1 & 2F_2 & \vdots & 0 \\ 0 & F_1 & \vdots & 0 \\ \cdots & \cdots & \cdots & \cdots \\ 0 & 0 & \vdots & mF_m \end{vmatrix}.$$

I discriminanti $G$ e $\varsigma$ hanno manifestamente, per le (6), il rapporto $\theta^{2m-2}$ tra di loro,

(7) $$G = \theta^{2m-2}\varsigma.$$

Ma non è del pari evidente che $G$ contenga $g$, e quale sia il rapporto di $G$ a $g$. Ora la formola, che è oggetto di questo articolo, si riferisce appunto a questo rapporto, e significa che esso è il quadrato di una espressione $k$ composta in modo razionale intero coi simboli (4) e (5). La formola è dunque

(8) $$G = g\,k^2,$$

dalla quale e dalla (7) si ha poi il rapporto di $\varsigma$ a $g$

(9) $$\theta^{2m-2}\varsigma = g\,k^2.$$

Per trovare la formola (8) cominciamo a notare che, posto

(2)′ $$f(\Omega) = f_0(\Omega - \omega_1)(\Omega - \omega_2)\ldots(\Omega - \omega_m),$$

si avrà

(10) $$g = f_0^{2m-2}(\omega_1 - \omega_2)^2(\omega_1 - \omega_3)^2\ldots(\omega_{m-1} - \omega_m)^2 = f_0^{2m-2}\prod_{\mu,\nu}(\omega_\mu - \omega_\nu)^2.$$

Scrivendo la differenziale $df(\Omega) = 0$ come segue

$$\chi(\Omega)\,dx + \psi(\Omega)\,dy = 0,$$

potremo esprimere il risultante (3) o (3)′ dell'eliminazione di $\Omega$ fra $f = 0$ e $df = 0$ anche sotto la forma

$$F(dx, dy) = f_0^m\,[\chi(\omega_1)\,dx + \psi(\omega_1)dy]\,[\chi(\omega_2)\,dx + \psi(\omega_2)\,dy]\ldots$$
$$\ldots[\chi(\omega_m)\,dx + \psi(\omega_m)\,dy] = 0.$$

Messi così in evidenza i fattori lineari (rispetto a $dx$, $dy$) di $F$, si vede che il discriminante $G$ si può esprimere mediante il prodotto di tutte le differenze

(11) $$\chi(\omega_\mu)\,\psi(\omega_\nu) - \chi(\omega_\nu)\,\psi(\omega_\mu)$$

che si possono formare pigliando $\omega_\mu$, $\omega_\nu$ fra le $\omega_1, \omega_2, \ldots, \omega_m$. Avremo dunque

(12) $$G = f_0^{2m(m-1)}\prod_{\mu,\nu}[\chi(\omega_\mu)\,\psi(\omega_\nu) - \chi(\omega_\nu)\,\psi(\omega_\mu)]^2.$$

Essendo la differenza (11) evidentemente divisibile per $\omega_\mu - \omega_\nu$, questa espressione di $G$ fa vedere, senz'altro, che $G$ è divisibile per $g$, e che il quoziente è il quadrato di una espressione razionale ed intera nei simboli (4) e (5), del grado $\frac{m(m-1)}{2}$ rispetto ai simboli di ciascuna delle righe (4), e del grado $(m-1)^2$ rispetto ai simboli (5).

Però osserveremo altresì che la differenza (11) può esprimersi in forma di somma

$$\begin{vmatrix} \chi(\omega_\mu) & \chi(\omega_\nu) \\ \psi(\omega_\mu) & \psi(\omega_\nu) \end{vmatrix} = \sum_{\alpha,\beta} \begin{vmatrix} \chi_{m-\alpha} & \chi_{m-\beta} \\ \psi_{m-\alpha} & \psi_{m-\beta} \end{vmatrix} \begin{Vmatrix} \omega_\mu^\alpha & \omega_\mu^\beta \\ \omega_\nu^\alpha & \omega_\nu^\beta \end{Vmatrix},$$

dove $\alpha$, $\beta$ devono prendere i valori $0, 1, \ldots m$, ovvero in forma di prodotto di due matrici

$$\begin{vmatrix} \chi(\omega_\mu) & \chi(\omega_\nu) \\ \psi(\omega_\mu) & \psi(\omega_\nu) \end{vmatrix} = \begin{Vmatrix} \chi_0 & \chi_1 & \ldots & \chi_{m-1} & \chi_m \\ \psi_0 & \psi_1 & \ldots & \psi_{m-1} & \psi_m \end{Vmatrix} \begin{Vmatrix} \omega_\mu^m & \omega_\mu^{m-1} & \omega_\mu & 1 \\ \omega_\nu^m & \omega_\nu^{m-1} & \omega_\nu & 1 \end{Vmatrix};$$

laonde si può scrivere

$$(12)' \quad G = \left[ f_0^{m(m-1)} \prod_{\mu,\nu} \begin{Vmatrix} \chi_0 & \chi_1 & \ldots & \chi_m \\ \psi_0 & \psi_1 & \ldots & \psi_m \end{Vmatrix} \begin{Vmatrix} \omega_\mu^m & \omega_\mu^{m-1} & \ldots & 1 \\ \omega_\nu^m & \omega_\nu^{m-1} & \ldots & 1 \end{Vmatrix} \right]^2.$$

Nel caso più semplice, cioè di $m = 2$, il prodotto $\Pi$ consta di un solo fattore e si ha

$$f_0^2 \begin{Vmatrix} \chi_0 & \chi_1 & \chi_2 \\ \psi_0 & \psi_1 & \psi_2 \end{Vmatrix} \begin{Vmatrix} \omega_1^2 & \omega_1 & 1 \\ \omega_2^2 & \omega_2 & 1 \end{Vmatrix} = (\omega_1 - \omega_2) \begin{vmatrix} f_0 & f_1 & f_2 \\ \chi_0 & \chi_1 & \chi_2 \\ \psi_0 & \psi_1 & \psi_2 \end{vmatrix};$$

quindi il rapporto di $G$ a $f_0^2\,(\omega_1 - \omega_2)^2$, ossia a $g$, è il quadrato di *

$$k = \begin{vmatrix} f_0 & f_1 & f_2 \\ \chi_0 & \chi_1 & \chi_2 \\ \psi_0 & \psi_1 & \psi_2 \end{vmatrix}.$$

Terminerò, facendo notare, per suggerimento del mio maestro, prof. F. BRIOSCHI, che si può giungere alla determinazione di $k$, partendo dalla considerazione della forma

$$\Phi = \begin{vmatrix} f_{11} & f_{12} & f_{22} \\ \chi_{11} & \chi_{12} & \chi_{22} \\ \psi_{11} & \psi_{12} & \psi_{22} \end{vmatrix}$$

composta colle derivate parziali del second'ordine, rispetto alle variabili $\xi_1$, $\xi_2$, delle tre forme $f(\xi_1, \xi_2)$, $\chi(\xi_1, \xi_2)$, $\psi(\xi_1, \xi_2)$, che hannosi da $f(\Omega)$, $\chi(\Omega)$, $\psi(\Omega)$ ponendovi $\xi_1 : \xi_2$ invece di $\Omega$.

---

* La formola analoga a questa pel caso di un'equazione differenziale fra tre variabili si può vedere nella Nota *Sulle soluzioni singolari delle equazioni alle derivate parziali,* stampata nel Vol. 9°, Serie II, dei *Rendiconti del R. Istituto Lombardo.*

Sia, per esempio, $m = 2$. La forma $\Phi$ non conterrà $\xi_1$, $\xi_2$ e sarà precisamente il determinante sopra indicato.

Sia $m = 3$. La $\Phi$ sarà del terz' ordine. Formato di essa il covariante cubico, si avranno i tre invarianti simultanei

$$(f\Theta)_3, \quad (\chi\Theta)_3, \quad (\psi\Theta)_3,$$

il primo dei quali sarà il $k$.

Sia, per ultimo, $m = 4$. La $\Phi$ sarà del sest' ordine. Formisi il covariante biquadratico $Q$ della medesima

$$Q = (\Phi\Phi)_4;$$

quindi i due covarianti $P$, $L$

$$P = (\Phi Q)_2, \quad L = (\Phi Q)_4,$$

il primo del sesto, l'altro del second'ordine. Si formi poi il covariante $\Theta$

$$\Theta = (PL),$$

il quale sarà del sest' ordine, e del sesto grado rispetto ai coefficienti di $\Phi$, e quindi del sesto riguardo ai coefficienti delle $f$, $\chi$, $\psi$ separatamente, e cumulativamente del 18° grado. Colla $f$ formisi il covariante

$$\theta = (fh),$$

essendo $h$ l'Hessiano di $f$; $\theta$ è del sest' ordine, e del terzo grado nei coefficienti di $f$. Sarà finalmente

$$k = (\Theta\theta)_6,$$

invariante simultaneo del 21° grado; cioè del 6° nei coefficienti di ciascuna delle $\chi$, $\psi$ e del 9° in quelli di $f$.

La formola (8) si mostra particolarmente feconda di conseguenze nel caso in cui l'equazione (1) si supponga algebrico-differenziale. Allora le funzioni $\varphi_0, \varphi_1, \ldots, \varphi_m$ si possono ritenere razionali, intere e prime tra loro, e quindi intero anche il moltiplicatore $\theta$. Tuttavia le applicazioni, che presi a farne per quando $m$ sia maggiore di 2, non le ho potute finora condurre a tal grado di compimento da crederne opportuna la pubblicazione. Perciò qui mi limito a ricordare al lettore le applicazioni relative al caso di $m = 2$, contenute nella *Nuova teoria delle soluzioni singolari delle equazioni differenziali, ecc.*, stampata nel Tomo 3°, Serie II, degli *Atti della R. Accademia dei Lincei* *, a cui fa seguito la *Nota concernente la teoria delle soluzioni singolari, ecc.*, stampata nel Vol. 3°, Serie III, delle *Memorie della Classe di scienze fisiche, ecc.* dell'Accademia medesima.

---

Riprodotta nel Tomo 3°, Serie II, del *Bulletin des Sciences math. et astronomiques.*

Pavia, 20 febbraio 1881.

SULLE

# CURVE GOBBE RAZIONALI DEL 5.° ORDINE

DI

**EUGENIO BERTINI**

*Professore nella R. Università di Pavia.*

---

Questa Nota deve essere considerata come un primo tentativo di ricerche intorno alle curve del 5.° ordine (che indico brevemente col nome di *quintiche*) gobbe, razionali, prive di punti doppî; delle quali prendo qui a studiare soprattutto la più generale che denomino di 1.ª specie.

## LE DUE SPECIE DI QUINTICHE.

1. Una quintica gobba può sempre ottenersi da una quartica (curva del 4.° ordine) per una trasformazione quadratica. Si prenda, nello spazio della quintica, per conica fondamentale una sua conica cinquisecante (cioè appoggiata alla quintica in cinque punti) e per punto fondamentale un punto della quintica stessa. Nell' altro spazio corrisponde alla quintica una quartica appoggiata in tre punti alla conica fondamentale (e non contenente il punto fondamentale).

2. Ora si ha la proprietà: *Per ogni punto dello spazio passa una (sola) conica quadrisecante di una quartica gobba razionale e appoggiata in due punti ad una conica trisecante della quartica stessa.* Infatti si indichi con $C_4$ la quartica e con $C_2$ una conica trisecante di $C_4$. La conica $C_2$ non può giacere sulla superficie $\Sigma$ di 2.° ordine passante per $C_4$ e però incontra $\Sigma$ in un punto (esterno a $C_4$), pel quale passa una retta $T$ trisecante di $C_4$. Le superficie di 3.° ordine passanti per $C_4$, $C_2$, $T$ costituiscono evidentemente un sistema lineare doppiamente infinito. Quelle di queste superficie che passano per un punto $x$ appartengono quindi ad un fascio, di cui la curva base si compone di $C_4$, $C_2$, $T$ e di una nuova conica $C_2'$ contenente il punto $x$. Il

piano di $C_2'$ sega $C_4$, $C_2$, $T$ in sette punti, uno de' quali sarà centro del fascio di rette residue intersezioni (oltre $C_2'$) prodotte dal piano stesso nel fascio di superficie del 3.° ordine e gli altri sei giaceranno sopra $C_2'$. Se il detto centro fosse un punto di $C_4$, la conica $C_2'$ si appoggierebbe a $C_2$ in due punti e a $T$ in un punto ed esisterebbe quindi una superficie del 2.° ordine passante per $C_2$, $C_2'$, $T$, che, avendo nove punti sopra $C_4$, sarebbe la superficie $\Sigma$; il che è assurdo, essendo $x$ arbitrario. Per la stessa ragione non può quel centro essere un punto di $C_2$, giacchè $C_2'$ avrebbe cinque punti sopra $\Sigma$. Il centro del fascio di rette è adunque un punto di $T$ e però la conica $C_2'$ è quadrisecante di $C_4$ e si appoggia a $C_2$ in due punti: ed è la sola, passante per $x$, dotata di queste proprietà, giacchè una tal conica ha sette punti sopra una superficie del 3.° ordine, passante per $x$, del suddetto sistema lineare.

3. Effettuando la trasformazione quadratica indicata nel n.° 1, si conclude, per la proprietà del n.° 2, che *la quintica gobba razionale, dalla quale nasce per una trasformazione quadratica una quartica gobba razionale, ammette necessariamente una (sola) retta quadrisecante.*

4. Se la quintica gobba razionale, per quella trasformazione quadratica, conduce ad una quartica piana razionale, tale quartica sarà con punto triplo, il quale dovrà giacere sulla conica fondamentale del relativo spazio. Giacchè, se la quartica possedesse tre punti doppî, la quintica dovrebbe avere due punti doppî, ciò che escludiamo. Segue subito che *la quintica gobba razionale, dalla quale nasce per trasformazione quadratica una quartica piana razionale, ammette infinite quadrisecanti, che sono le generatrici di una superficie di 2.° ordine passante per la quintica.*

5. Le quintiche gobbe razionali (prive di punti doppî) sono adunque di due specie *; quelle che diremo di 1.ª specie e indicheremo con $C_5^1$ con una sola quadrisecante, le altre, $C_5^2$, di 2.ª specie, con infinite quadrisecanti **.

* Cfr. SALMON-FIEDLER, *Analytische Geometrie des Raumes*, t. II, pag. 141 (terza edizione).

** Le coordinate $x_1$, $x_2$, $x_3$, $x_4$ di un punto di una quintica razionale sono funzioni di 5.° grado di un parametro $h$. Sostituendo tali funzioni nell'equazione di un piano

$$\alpha_1 x_1 + \alpha_2 x_2 + \alpha_3 x_3 + \alpha_4 x_4 = 0,$$

si ha una equazione di 5.° grado in $h$, di cui le radici $h_1$, $h_2$, $h_3$, $h_4$, $h_5$ sono i parametri dei cinque punti della quintica esistenti in quel piano. Le relazioni fra i coefficienti e le radici, eliminando le $\alpha_1$, $\alpha_2$, $\alpha_3$, $\alpha_4$ che vi entrano linearmente ed omogeneamente, danno due relazioni fra le cinque quantità $[h]_1$, $[h]_2$, $[h]_3$, $[h]_4$, $[h]_5$,

6. La projezione di $C_5^1$, da un suo punto (fuori della quadrisecante), deve essere una curva di quart'ordine con tre punti doppî. Quindi *da ciascun punto di* $C_5^1$ *partono tre trisecanti.*

Considerando i fasci di piani intorno a due trisecanti ed alla quadrisecante si conclude facilmente che la $C_5^1$ può imaginarsi ottenuta come *luogo del punto comune ai piani corrispondenti di tre fasci projettivi, due doppî involutorî, il terzo semplice.*

---

indicando con $[h]_r$ la somma dei prodotti ad $r$ ad $r$ dei cinque parametri considerati. Queste due relazioni sono le condizioni necessarie e sufficienti perchè i cinque punti dati dai parametri stessi esistano in un piano. Quelle due relazioni, ordinate rispetto a $h_5$ (ad esempio), divengono

$$h_5 H + K = 0, \quad h_5 H' + K' = 0,$$

ove $H, H', K, K'$ sono funzioni (lineari) di $(h)_1, (h)_2, (h)_3, (h)_4$, rappresentando con $(h)_r$ la somma dei prodotti $r$ ad $r$ di $h_1, h_2, h_3, h_4$. Se le due equazioni precedenti sono soddisfatte, qualsiasi $h_5$, cioè se si ha

$$H = 0, H' = 0, K = 0, K' = 0,$$

i quattro punti dati dai parametri $h_1, h_2, h_3, h_4$ sono in linea retta, cioè si ha una quadrisecante. L'equazione di 4.° grado che dà questi parametri si ottiene quindi facilmente calcolando il sistema di valori di $(h)_1, (h)_2, (h)_3, (h)_4$ che soddisfanno alle quattro equazioni precedenti. Scrivendo che l'equazione di 4.° grado è identicamente soddisfatta si hanno infinite quadrisecanti.

Per esempio, considerando una corda intersezione dei piani osculatori ne' suoi estremi (delle quali esistono sedici per una quintica), si possono scrivere per le coordinate dei punti di una quintica le espressioni seguenti

$$\begin{aligned} x_1 &\equiv h^3 (h - m) \\ x_2 &\equiv h^2 (h^3 - A_1 h^2 + A_2 h - A_3) \\ x_3 &\equiv h^3 - B_1 h^2 + B_2 h - B_3 \\ x_4 &\equiv h (h - n) \end{aligned}$$

e si trovano fra i parametri di cinque punti di un piano le due relazioni

$$\begin{aligned} n B_3 (h)_3 - B_3 (h)_4 + (B_2 + n B_1)(h)_5 - n B_3 A_3 = 0 \\ m B_3 (h)_1 - B_3 (h)_2 + (h)_5 + A_2 B_3 - m A_1 B_3 = 0. \end{aligned}$$

Se la quartica è di 2.ª specie deve essere

$$n = \frac{A_3}{A_2} = \frac{B_3}{B_2}, \; m = A_1 = B_1$$

e quindi, per essa, le espressioni delle coordinate diventano

$$\begin{aligned} x_1 &\equiv h^3 (h - m) \\ x_2 &\equiv h^4 (h - m) + A_2 h^2 (h - n) \\ x_3 &\equiv h^2 (h - m) + B_2 (h - n) \\ x_4 &\equiv h \; (h - n). \end{aligned}$$

I fasci projettivi che hanno per asse una trisecante e la quadrisecante generano una superficie gobba di 3.° grado. Si hanno così *infinite superficie gobbe di 3.° grado passanti per* $C_5^1$, *le quali costituiscono un fascio*, avendo (oltre $C_5^1$) la quadrisecante per retta doppia comune.

La quintica $C_5^2$ può ottenersi come *luogo del punto comune ai piani corrispondenti di tre fasci projettivi, due semplici, il terzo triplo involutorio.* Risulta quindi *dall'intersezione della superficie di 2.° ordine sulla quale esiste e di una superficie gobba di quarto grado avente una quadrisecante della quintica per retta tripla.*

## LA SUPERFICIE LUOGO DELLE TRISECANTI DI UNA QUINTICA DI 1.ª SPECIE.

7. *La superficie S luogo delle trisecanti di una* $C_5^1$ *è dell'8.° ordine.* Infatti * un piano mobile intorno ad una retta $T$ arbitraria sega $C_5^1$ in cinque punti che generano una involuzione del 5.° ordine. I punti di appoggio delle trisecanti formano un sistema simmetrico del 6.° grado**. Le 24 coppie di elementi corrispondenti comuni a questo sistema e all'involuzione *** dànno otto trisecanti appoggiate a $T$.

*Per la superficie S la quintica* $C_5^1$ *è tripla e la quadrisecante quadrupla.* La prima proprietà è evidente (n.° 6). La seconda si ottiene dalla dimostrazione precedente, imaginando la retta $T$ appoggiata alla quadrisecante. Delle 24 coppie comuni all'involuzione e al sistema simmetrico del 6.° ordine sono assorbite 12 dai quattro punti d'appoggio della quadrisecante; poichè, ciascuno di questi punti essendo doppio per il sistema simmetrico e semplice per l'involuzione, ogni coppia di essi rappresenta due soluzioni. La retta $T$ incontra adunque (oltre la quadrisecante) quattro trisecanti.

Che la quadrisecante sia quadrupla per $S$ risulta anche da quest'altra considerazione. Una superficie gobba di 3.° grado passante per $C_5^1$ (n.° 6) non può avere, all'infuori di $C_5^1$, della trisecante e della quadrisecante che sono rispettivamente direttrici semplice e doppia della superficie, alcun punto comune con $S$. Altrimenti, la trisecante passante per un tal punto giacerebbe sulla superficie gobba di 3.° grado e quindi si appoggierebbe alla sua direttrice doppia, cioè alla quadrisecante, il che non può essere. Ne risulta che la qua-

* Cfr. E. WEYR, *Intorno alle curve gobbe razionali.* (Giorn. di Mat. di Napoli, vol. IX, pag. 217.)

** Cfr. E. WEYR, *Beiträge zur Curvenlehre,* pag. 9 (Wien, 1880.)

*** Cfr. E. WEYR, *Beiträge* citati, pag. 19.

drisecante deve rappresentare una linea dell' 8.° ordine comune alla superficie gobba di 3.° grado e ad $S$.

8. Dalle proprietà precedenti segue immediatamente che *la superficie S luogo delle trisecanti è di genere zero,* cioè che *le trisecanti di una $C_5^1$ costituiscono una serie razionale.*

9. La rappresentazione univoca della superficie $S$ sopra un piano $\pi$ si ottiene immediatamente, imaginando una retta mobile appoggiata a $C_5^1$ e alla quadrisecante $Q$. Questa retta incontra ulteriormente $S$ in un punto e $\pi$ nella imagine del punto stesso. I punti fondamentali del piano rappresentativo sono i cinque punti $p_1, p_2, p_3, p_4, p_5$ intersezioni di $\pi$ e $C_5^1$ e il punto $q$ traccia di $Q$ sullo stesso piano. Un punto $p$ è 4.uplo, essendo l'imagine della quartica piana secondo cui il piano $p\,Q$ sega $S$; e il punto $q$ è 9.uplo, giacchè il cono che projetta $C_5^1$ da $q$ sega $S$ in una linea rimanente del nono ordine. Una retta $p\,q$ è l'imagine di un punto fondamentale di $S$, quello cioè in cui $p\,q$ incontra nuovamente $S$. Ne risulta che la retta $p\,q$ non sega l'imagine di una sezione piana fuori dei punti $p, q$. Adunque le imagini delle sezioni piane sono linee del 13.° ordine, ciò che si dimostra con facilità anche direttamente.

Effettuando sul piano $\pi$ due successive trasformazioni quadratiche (che manifestamente sono possibili) si ha la rappresentazione d'ordine minimo. Nella quale le imagini delle sezioni piane sono curve di 5.° ordine che hanno a comune un punto quadruplo 1 e un punto semplice 2. Il punto 1 è l'imagine di una retta di $S$ (trisecante di $C_5^1$) e il punto 2 l'imagine di una quartica piana di $S$ (in un piano per $Q$); retta e quartica affatto arbitrarie. Il loro punto comune (punto arbitrario di $S$) è un punto fondamentale di $S$, che ha per imagine la retta 12. Le trisecanti hanno per imagini le rette del fascio di centro 1 e però la quadrisecante quattro di tali rette. Le rette del fascio 2 rappresentano le quartiche piane sezioni di $S$ coi piani passanti per $Q$. La $C_5^1$ è rappresentata da una curva $\Gamma$ del 6.° ordine avente in 1, 2 punti tripli, come risulta (per esempio) dall' osservare che una retta dei fasci 1, 2 deve incontrarla in tre punti (fuori del centro del fascio) e che la 12 non la incontra esternamente ai punti 1, 2. I punti di $\Gamma$ si distribuiscono in terne di punti, ciascuna terna rappresentando un punto di $C_5^1$. *I tre punti di ciascuna terna sono in una retta del fascio* 2, poichè una tal retta rappresenta una quartica piana avente un punto triplo sopra $C_5^1$.

10. Si consideri una linea d'ordine $n$ esistente sulla superficie $S$. La sua imagine sia d'ordine $n_1$ ed abbia i punti 1, 2 multipli secondo $r_1$, $r_2$. Dovrà essere

$$5\,n_1 - 4\,r_1 - r_2 = n\,.$$

Inoltre, la retta 12 rappresentando un punto arbitrario della superficie, si può, senza scemare di generalità, ritenere che l'imagine non seghi la retta 12 fuori dei punti 1, 2, cioè si può porre

$$r_1 + r_2 = n_1,$$

e però si avrà

$$4n_1 - 3r_1 = n.$$

Dovendo poi essere $r_1 \leq n_1 - 1$, si ottiene

$$n_1 + 3 \leq n$$

e però $n \geq 4$. Adunque *sopra $S$ non esistono rette (oltre le trisecanti di $C_5^1$), nè coniche, nè cubiche.* Se si pone $n = 4$, deve essere $n_1 = 1$, $r_1 = 0$, $r_2 = 1$; cioè *sopra $S$ non esistono quartiche, all'infuori delle quartiche piane sezioni dei piani passanti per la quadrisecante.* Se si fa $n = 5$, si trova $n_1 = 2$, $r_1 = r_2 = 1$: onde *sopra $S$ esiste una tripla infinità di quintiche (razionali) rappresentate dalle coniche passanti per 1, 2.*

Ciascuna di queste quintiche non può esistere in un piano, giacchè la residua intersezione del piano stesso e di $S$ dovrebbe essere una cubica. Dunque le *quintiche suddette sono gobbe.* Inoltre *alcune sono di 1.ª specie, altre di 2.ª specie.* Infatti si osservi dapprima che hanno tutte a comune con $C_5^1$ la quadrisecante $Q$. Poi nel piano rappresentativo consideriamo una retta (partente dal punto 1) imagine di una trisecante $T$ e sieno $p_1$, $p_2$, $p_3$ i tre punti ne' quali quella retta sega ulteriormente l'imagine $\Gamma$ di $C_5^2$. Se $p_1'$, $p_1''$; $p_2'$, $p_2''$; $p_3'$, $p_3''$ sono i punti che rispettivamente costituiscono, insieme a $p_1$, $p_2$, $p_3$, terne di punti di $\Gamma$ (n.° 9), è chiaro che una conica per 1, 2, che passi per $p_1'$, $p_2'$ (ad esempio) e non per i punti $p_3'$, $p_3''$, è l'imagine di una quintica che ha per trisecante $T$ e però di una quintica di 1.ª specie. Invece una conica per 1, 2 che passi per $p_1'$, $p_2'$, $p_3'$ (ad esempio) è l'imagine di una quintica che ha per quadrisecante $T$ (tre punti di appoggio essendo sopra $C_5$). Questa quintica ha adunque due quadrisecanti $Q$, $T$ ed è per conseguenza di 2.ª specie. Sulla superficie $S$ si passa con continuità dalle quintiche di 1.ª specie a quelle di 2.ª.

| | | | | | |
|---|---|---|---|---|---|
| Se $n = 6$ | si ottiene | $n_1 = 3$, | $r_1 = 2$, | $r_2 = 1$, |
| » $n = 7$ | » » | $n_1 = 4$, | $r_1 = 3$, | $r_2 = 1$, |
| » $n = 8$ | » » | $n_1 = 5$, | $r_1 = 4$, | $r_2 = 1$, |
| » $n = 9$ | » » | $n_1 = 6$, | $r_1 = 5$, | $r_2 = 1$, |
| | | $n_1 = 3$, | $r_1 = 1$, | $r_2 = 2$, |
| » $n = 10$ | » » | $n_1 = 7$, | $r_1 = 6$, | $r_2 = 1$, |
| | | $n_1 = 4$, | $r_1 = 2$, | $r_2 = 2$. |

Può notarsi che, delle curve esistenti sopra $S$, tutte quelle di ordine inferiore a 10 sono razionali, si appoggiano in un punto a ciascuna trisecante (arbitraria) ed hanno $Q$ per quadrisecante, tranne una classe di curve (razionali) di nono ordine che incontrano $Q$ in otto punti e ogni trisecante in due.

### CONICHE CINQUISECANTI DELLA QUINTICA DI 1.ª SPECIE.

11. Sia $C_2$ una conica cinquisecante di $C_5^1$. Essa non può giacere sulla superficie $S$ (n.° 10) e però incontra questa superficie in un punto pel quale passerà una trisecante $T$. Le superficie del 3.° ordine che contengono $C_5^1$, $C_2$, $T$ formano un sistema lineare semplicemente infinito, cioè un fascio $\varphi$. La curva base del fascio è composta di $C_5^1$, $C_2$, $T$ e della quadrisecante $Q$. Onde *queste quattro linee sono segate da un piano arbitrario in nove punti base di un fascio di cubiche.* Segue che per *un punto dello spazio passa una sola conica cinquisecante appoggiata ad una trisecante,* giacchè in ogni piano condotto per il punto esiste, per la proprietà precedente, un nuovo punto della conica.

12. La sezione prodotta nel fascio $\varphi$ dal piano $\pi$ della conica $C_2$ è (oltre $C_2$) un fascio di rette avente il centro nel punto $\pi Q$. Un piano arbitrario $\pi_1$ che passi per questo punto sega quindi $\pi$ in una retta appartenente ad una superficie del fascio $\varphi$ e per conseguenza taglierà inoltre questa superficie in una conica cinquisecante di $C_5^1$ e appoggiata a $T$. Reciprocamente, avendosi una tal conica, il suo piano $\pi_1$ sega il fascio $\varphi$ in un fascio di cubiche, del quale, essendo sei punti base su quella conica, i tre punti base residui, cioè le intersezioni di $\pi_1$ con $C_2$, $Q$, giaciono in linea retta. Dunque il piano $\pi_1$ passa per il punto $\pi Q$. Si conclude che:

*Le coniche cinquisecanti, appoggiate ad una trisecante, giaciono in piani passanti per un punto della quadrisecante.*

Ogni trisecante individua in tal modo un punto di $Q$ (che si dirà, in seguito, *corrispondente* a quella trisecante) e, come è chiaro, reciprocamente: il che conferma il risultato del n.° 8.

13. Tra le coniche cinquisecanti appoggiate a $T$, quelle passanti per un punto comune a $C_5^1$, $T$ debbono ivi toccare il piano di $T$ e della tangente nel punto stesso a $C_5^1$. Ne discende che le due trisecanti $T'$, $T''$ passanti per quel punto (oltre $T$) costituiscono una conica cinquisecante appoggiata a $T$. Ovvero si può osservare che la superficie del fascio $\varphi$ contenente $T'$ (per esempio),

ha nel suddetto punto un punto doppio, giacchè il piano delle trisecanti $T$, $T'$ non può contenere la tangente a $C_5^1$ nel loro punto comune. Segue che quella superficie passa anche per $T''$. Allora può ripetersi il ragionamento del n.° 12. Abbiamo adunque la seguente proprietà:

*Il vertice del triedro formato dai piani delle tre coppie di trisecanti partenti dai tre punti di appoggio di una trisecante giace sulla quadrisecante.*

14. Un piano mobile intorno ad una retta $R$ contiene in ogni sua posizione una conica cinquisecante. Il luogo di queste coniche passa semplicemente per $C_5^1$. Una trisecante di $C_5^1$, oltre ai punti d'appoggio, ha col luogo un solo punto comune, quello della conica situata nel piano per $R$ e pel punto corrispondente alla trisecante (n.° 12). Segue che *la superficie luogo delle coniche cinquisecanti, che giaciono in piani per una retta, è una superficie del 4.° ordine.* Se la retta è $i$-secante (cioè si appoggia in $i$ punti a $C_5^1$) la superficie, per $i=0$, $i=1$, $i=2$, ha la retta doppia e i punti d'appoggio tripli; per $i=3$ la superficie è gobba ed ha la retta tripla. Se la retta si appoggia alla quadrisecante $Q$ e, in un punto $x$, a $C_5^1$, la superficie si spezza nel piano $xQ$ e in una superficie del 3.° ordine che ha un punto doppio nel punto $x$.

15. Consideriamo il luogo delle coniche cinquisecanti passanti per un punto $x$ di $C^1$ e appoggiate ad una $i$-secante ($i=0, 1, 2, 3$), esclusi i luoghi del 4.° ordine formati dalle coniche per $x$ e per ciascuno dei punti d'appoggio della $i$-secante (n.° 14). Poichè le coniche cinquisecanti passanti per $x$ e per un altro punto di $C_5^1$ costituiscono una superficie del 4.° ordine, per la quale $C_5^1$ è semplice (n.° 14), è chiaro che, per il luogo considerato, la $C_5^1$ è multipla secondo $4-i$. Una trisecante ha quindi comuni col luogo, nei punti d'appoggio, $12-3i$ punti; e incontra ulteriormente il luogo stesso in $3-i$ punti. Quest'ultima proprietà segue da ciò che le coniche per $x$ appoggiate alla trisecante, sono quelle che giaciono in piani (di un fascio) passanti per $x$ e pel punto corrispondente alla trisecante (n.° 12), le quali (n.° 14) costituiscono una superficie del 3.° ordine contenente $C_5^1$. Adunque *il luogo delle coniche cinquisecanti che passano per un punto di* $C_5^1$ *e si appoggiano ad una i-secante è una superficie dell'ordine* $15-4i$ *ed ha* $C_5'$ *multipla secondo* $4-i$.

16. Abbiasi ora una $i$-secante $R_i$, ed una $j$-secante $R_j$. Le coniche cinquisecanti appoggiate ad amendue costituiscono una superficie che ha $C_5$ multipla secondo $15-4i-4j+ij$, giacchè in tanti punti (oltre quelli d'appoggio) la $R_i$ (per esempio) incontra la superficie luogo delle coniche che si appoggiano ad $R_j$ e passano per un punto di $C_5^1$.

Nel caso particolare, nel quale $R_i$ (ad esempio) è una trisecante, la superficie ha adunque $C_5^1$ multipla secondo $3-j$: e, siccome una trisecante arbitraria non la può incontrare fuori di $C_5^1$, giacchè una conica cinquisecante non può incontrare due trisecanti, l'ordine della superficie stessa è $3(3-j)$.

Nel caso generale, una trisecante arbitraria incontra la superficie (fuori dei punti d'appoggio) in $3(3-j)-i(3-j)$ punti, essendo questo, per il caso particolare ora considerato, il numero delle coniche cinquisecanti che incontrano $R_i$, $R_j$ e la trisecante. Dunque *la superficie luogo delle coniche cinquisecanti appoggiate ad una i-secante e ad una j-secante è dell'ordine* $54-15i-15j+4ij$ *ed ha* $C_5$ *multipla secondo* $15-4i-4j+ij$.

17. Una $h$-secante incontra la superficie precedente in

$$54-15(h+i+j)+4(hi+ij+jh)-hij$$

punti. *Tante sono adunque le coniche cinquisecanti appoggiate a tre rette, h-secante, i-secante, j-secante* ($h, i, j, = 0, 1, 2, 3$), all'infuori di quelle che passano pei punti d'appoggio. Delle quali si trova, con facili considerazioni, essere $hij$ quelle passanti per tre punti di appoggio (uno per ciascuna retta), $4(hi+ij+jh)-3hij$ quelle passanti per due (cfr. n.° 14), e infine $15(h+i+j)-8(hi+ij+jh)+3hij$ le altre passanti per un sol punto (cfr. n.° 15).

In particolare *esistono quattro coniche cinquisecanti che incontrano tre rette bisecanti* (in punti esterni a $C_5^1$). Un semplice computo mostra che, per queste coniche, per le tre corde e per $C_5^1$ passa una superficie del 4.° ordine. Laonde ogni piano sega quelle linee in 16 punti di una quartica. Per esempio, il *piano di una conica taglia le altre tre in sei punti esistenti sopra una conica.*

18. Un aiuto efficacissimo nello studio di certe questioni relative alla quintica di 1.ª specie si ha nella trasformazione univoca che nasce dalla quintica stessa. Le superficie del 3.° ordine, che passano per $C_5^1$ e quindi per la quadrisecante $Q$, formano un sistema omaloidico*. Si ottiene quindi una trasformazione del 3.° grado, di cui l'inversa ha gli stessi caratteri. Alla quintica di uno spazio corrisponde nell'altro la superficie luogo delle trisecanti, alla quadrise-

* Cfr. Cremona, *Sulle trasformazioni razionali nello spazio* (*Rendiconti del R. Ist. Lombardo*, vol. IV, fascicoli 9 e 10.) — *Ueber die Abbildung algebraischer Flächen* (*Nachrichten von der k. Gesellschaft der Wissenschaften zu Göttingen*; 3 maggio 1871; e *Math. Ann.* tomo IV.)

cante corrisponde la quadrisecante. Alle rette di uno spazio corrispondono nell'altro le cubiche (gobbe) appoggiate in otto punti alla quintica.

Ad una superficie gobba di 3.° grado che passa per $C_5^1$ deve corrispondere nell'altro spazio un piano per la quadrisecante: onde, all'infuori del fascio già considerato nel n.° 6, *non possono esistere altre superficie gobbe di 3.° grado passanti per* $C_5^1$. La quale proprietà si trova con semplicità anche direttamente, ricordando che la residua intersezione di una superficie del 3.° ordine contenente $C_5^1$ e di $S$ (cfr. n.° 9) si compone di trisecanti.

Ai piani tangenti di una quintica corrispondono nell'altro spazio superficie del 3.° ordine con punto doppio: alle coniche cinquisecanti le rette secanti in un punto (appoggiate a cinque trisecanti), alle rette bisecanti le rette bisecanti (appoggiate a due trisecanti); ecc.

19. Cerchiamo, per esempio, l'ordine del luogo delle coniche cinquisecanti che incontrano in due punti una conica $i$-secante di $C_5^1$. A questa conica corrisponde nell'altro spazio una curva $\Gamma$ razionale d'ordine $6-i$ che incontra $C_5^1$ in $16-3i$ punti; e la ricerca proposta si trasforma nell'altra del luogo delle rette che incontrano $\Gamma$ in due punti e $C_5^1$ in un punto. Questo luogo, con noti procedimenti e tenendo presente che $\Gamma$ ammette per ogni punto dello spazio $\frac{(5-i)(4-i)}{2}$ rette bisecanti, si trova essere dell'ordine $(5-i)(9-2i)$ e avere $\Gamma$ multipla secondo $9-2i$ e la quintica del relativo spazio multipla secondo $\frac{(5-i)(4-i)}{2}$. Ritornando allo spazio primitivo, ne risulta facilmente che *il luogo delle coniche cinquisecanti, che contengono due punti di una data conica i-secante, è una superficie dell'ordine* $(5-i)(11-2i)$, *per la quale quella conica è* $(9-2i)^{\text{pla}}$ *e la* $C_5^1$ *multipla secondo* $\frac{(5-i)(6-i)}{2}$. Se la conica data è il circolo imaginario all'$\infty$, si ha il luogo dei circoli cinquisecanti.

20. Qual è il luogo delle coniche cinquisecanti passanti per un punto $x$? A questo luogo corrisponde, nell'altro spazio, per la suddetta trasformazione univoca, il cono che projetta dal punto corrispondente la quintica relativa. Se ne deduce che *la superficie* $\Sigma$ *luogo delle coniche cinquisecanti passanti per un punto* $x$ *è del 7.° ordine ed ha nel punto* $x$ *un punto quintuplo.* Per $\Sigma$ la $C_5^1$ è doppia e sono rette doppie le sei bisecanti $D_1, D_2, \ldots D_6$ di $C_5^1$ partenti da $x$. Inoltre appartengono alla superficie la retta $K$ uscente da $x$, appoggiata a $C_5^1$, $Q$

e le 12 trisecanti che incontrano (fuori di $C_5^1$) le sei rette doppie sunnominate.

La superficie $\Sigma$ è rappresentabile univocamente sul piano. Per ottenerne la effettiva rappresentazione, facciamo partire dal punto $x$ una retta arbitraria $R$. Un punto $\mu$ di $\Sigma$ individua una conica cinquisecante incontrata da una sola trisecante (in un punto esterno a $C_5^1$). Projettando il punto $\mu$, dalla retta $R$, sulla trisecante, si individua un punto $m$ di $S$. Viceversa, dato $m$ è individuato $\mu$. Così facendo si ha la rappresentazione di $\Sigma$ sopra $S$. Punti fondamentali sopra $S$ sono gli otto punti in cui $R$ fora $S$, ai quali corrispondono otto coniche $\Gamma_1, \Gamma_2, \ldots \Gamma_8$ di $\Sigma$. Inoltre le due coniche $\Gamma'$, $\Gamma''$ di $\Sigma$ situate in piani per $R$ (cfr. n.° 14)* incontrano $S$ in altri due punti doppî fondamentali. Una retta doppia $D$ incontra due trisecanti ed è evidente che i punti d'incontro sono punti fondamentali (semplici) di $S$, ai quali corrisponde la stessa retta $D$. Si hanno così 12 punti semplici fondamentali di $S$. Un altro punto semplice fondamentale è quello in cui $S$ è incontrata (ulteriormente) da $K$, il quale rappresenta la $K$ medesima. Sulla superficie $\Sigma$ sono punti fondamentali (semplici) i due punti (oltre $x$) in cui $R$ incontra le coniche $\Gamma'$, $\Gamma''$ e gli otto punti (esterni ad $R$) nei quali le coniche $\Gamma_1, \Gamma_2, \ldots \Gamma_8$ intersecano $S$. A questi dieci punti (semplici) fondamentali di $\Sigma$ corrispondono altrettante trisecanti (rette di $S$). Infine al punto $x$ di $\Sigma$ corrisponde sopra $S$ una linea del 13.° ordine, giacchè in un piano per $R$ esistono, fuori di $R$, cinque punti di essa corrispondenti alle cinque direzioni uscenti da $x$ e poste in quel piano, e inoltre l'imagine di $x$ deve passare semplicemente per i punti in cui $R$ fora $S$, giacchè le coniche $\Gamma_1, \Gamma_2 \ldots \Gamma_8$ corrispondenti a quei punti passano (semplicemente) per $x$.

Passando al piano rappresentativo di $S$ si ottiene facilmente la rappresentazione piana di $\Sigma$. Per la quale il punto 2 è un punto doppio (alla trisecante che esso rappresenta sopra $S$ corrispondendo sopra $\Sigma$ una conica) e si hanno altri dieci punti doppî $\gamma'$, $\gamma''$, $\gamma_1$, $\gamma_2, \ldots \gamma_8$ imagini delle coniche $\Gamma'$, $\Gamma''$, $\Gamma_1, \Gamma_2, \ldots \Gamma_8$ e tredici punti semplici $s$, $s_1$, $s_1'$, $s_2$, $s_2'$, $\ldots s_6$, $s_6'$ imagini delle rette $K, D_1, D_2 \ldots D_6$ (una retta $D_i$ avendo per imagine due punti $s_i$, $s_i'$). Oltre a ciò si osservi che, indicando con $n$ l'ordine delle imagini delle sezioni piane di $\Sigma$, il punto 1 sarà, per esse, $(n-2)^{\text{uplo}}$, per essere il fascio di

* I piani delle coniche cinquisecanti, passanti per un punto $x$, inviluppano un cono di 2.° grado. Questi piani e i piani del fascio di asse $R$ sono i piani partenti da $x$ e tangenti (altrove) a $\Sigma$.

rette di centro 1 l'imagine (delle trisecanti di $S$ e però) delle coniche di $\Sigma$.

Ad una sezione piana di $S$, la quale (n.° 9) ha per imagine una linea del 5.° ordine avente in 1 un punto quadruplo, passante semplicemente per 2 e (in generale) non contenente i punti $s$, $\gamma$, corrisponde sopra $\Sigma$ una linea del 23.° ordine, poichè in un piano per $R$ si hanno otto punti, esterni ad $R$, corrispondenti a quelli comuni al piano e alla sezione piana di $S$ e, sopra $R$, il punto $x$ è multiplo secondo 13 e sono semplici i punti (oltre $x$) in cui $R$ fora $\Sigma$. Adunque deve essere

$$5n - 4(n - 2) - 2 = 23,$$

da cui si trae $n = 17$. Cioè *le imagini delle sezioni piane di* $\Sigma$ *sono curve del 17.° ordine che hanno a comune un punto 1 multiplo secondo* 15, *undici punti doppî* $2, \gamma', \gamma'', \gamma_1, \gamma_2, \ldots \gamma_8$, e *tredici punti semplici* $s, s_1, s_1', s_2, s_2' \ldots s_6, s_6'$. È evidente che tutti i punti fondamentali sono semplici per l'imagine di $x$, tranne il punto 1 che sarà $(\mu - 1)^{\text{uplo}}$ rappresentando con $\mu$ l'ordine di quella linea. Si avrà quindi

$$17\mu - 15(\mu - 1) - 22 - 13 = 0,$$

onde l'imagine di $x$ è una linea del 10.° ordine. Analogamente, essendo i punti fondamentali $2, \gamma', \gamma'', \gamma_1, \gamma_2, \ldots \gamma_8$ quintupli, il punto $s$ semplice, i punti $s_i$, $s_i'$ doppî e il punto 1 multiplo secondo $\nu - 5$ per l'imagine di $C_5^1$, di cui $\nu$ indichi l'ordine, si trova che deve essere

$$17\nu - 15(\nu - 5) - 110 - 1 - 24 = 10$$

e però la detta imagine è del 35.° ordine.

Per trovare la rappresentazione d'ordine minimo, si noti dapprima che, sul piano rappresentativo $\pi$, può farsi una trasformazione univoca del 5.° ordine, di cui 1 sia punto quadruplo e $\gamma_1, \gamma_2, \ldots \gamma_8$ punti semplici. La possibilità di tale trasformazione risulta dall'osservare che, nella rappresentazione di $S$, i punti $\gamma_1, \gamma_2 \ldots \gamma_8$ sono imagini di otto punti sopra una retta (la $R$) e per conseguenza esiste un fascio di quintiche (non spezzantisi) aventi in 1 un punto quadruplo e passanti per $2, \gamma_1, \gamma_2, \ldots \gamma_8$. Quella trasformazione univoca conduce ad un piano $\pi_1$, nel quale le imagini delle sezioni piane di $\Sigma$ sono curve del 9.° ordine aventi un punto settuplo 1, tre punti doppî $2, \gamma', \gamma''$ e tredici punti semplici $s, s_i, s_i'$ (mantenendo le denominazioni dei punti primitivi sopra $\pi$ ai loro corrispondenti od omologhi sopra $\pi_1$). Dico ora che, nel piano $\pi_1$, nè i punti $2, \gamma', \gamma''$, sono tutti successivi (in diverse direzioni) al punto 1, nè possono i medesimi e un punto semplice $s$ (ad esempio) essere tutti in linea retta. Altrimenti, nel piano $\pi$, o dovrebbe esistere una quartica (fondamentale per la trasformazione univoca) avente in 1 un punto triplo e passante per 2, $\gamma'$, $\gamma''$, $\gamma_1$, $\gamma_2 \ldots \gamma_8$, ovvero dovrebbe esistere una quintica avente in 1 un punto quadruplo e contenente i punti $s$, 2, $\gamma'$, $\gamma''$, $\gamma_1$, $\gamma_2 \ldots \gamma_8$; cioè si avrebbe una quartica o una quintica che dovrebbe far parte dell'imagine di $C_5^1$ (la prima avendo 145 punti e la seconda 176 punti comuni con questa imagine). Si può adunque passare dal piano $\pi_1$ ad un nuovo piano $\pi_2$ con una trasformazione quadratica per la quale sieno fondamentali il punto 1 e i punti $\gamma'$, $\gamma''$ (ad esempio) e, sopra $\pi_2$, non saranno successivi ad 1 (l'omologo del punto 1 sopra $\pi_1$) i punti 2, $s$ (i corrispondenti dei punti 2, $s$ sopra $\pi_1$). Sicchè sarà possibile coi punti 1, 2, $s$ una seconda trasformazione quadratica (quei punti non potendo essere manifestamente in linea retta). Così si ottiene infine la rappresentazione di ordine minimo di $\Sigma$.

In tale rappresentazione *le imagini delle sezioni piane sono curve di 6.° ordine che hanno a comune un punto $q$ quadruplo e tredici punti semplici $s$, $s_1$, $s_1'$, $s_2$, $s_2'$, $\ldots s_6$, $s_6'$. Il punto $s$ rappresenta la retta $Q$ e gli altri punti semplici, a due a due, le sei rette doppie $D$. Il punto $q$ è l'imagine di una curva piana del 4.° ordine* (avente in $x$ un punto triplo), residua intersezione del piano per $R$ (diverso dal piano $RQ$) che contiene una conica di $\Sigma$ (cfr. n.° 14). L'imagine di $x$ è una curva del 4.° ordine che ha in $q$ un punto triplo e passa semplicemente per i punti $s_i$, $s_i'$ (e non per $s$). L'imagine di $C_5^1$ è del 9.° ordine, ha i punti $q$, $s$ quadrupli e i punti $s_i$, $s_i'$ doppî. I punti di essa si distribuiscono in coppie, ogni coppia rappresentando un punto di $C_5^1$.

Le sezioni piane di $\Sigma$, fatte coi piani condotti per $x$, hanno per imagini coniche per i punti $q$, $s$. Ne segue dapprima che, il fascio di rette di centro $q$ rappresentando le coniche di $\Sigma$ (cinquisecanti di $C_5^1$), il fascio di centro $s$ rappresenta le curve di 5.° ordine rimanenti intersezioni dei piani di quelle coniche. Evidentemente questi due fasci di rette sono projettivi e sono corrispondenti i raggi $qs_i$, $ss_i'$ (e $qs'_i$, $ss_i$). Adunque i *quattordici punti $q$, $s$, $(qs_i, ss_i')$, $(qs_i', ss_i)$ stanno sopra una conica* (imagine della linea di contatto del cono di 2.° ordine circoscritto a $\Sigma$ e avente il vertice in $x$). Due punti dell'imagine di $C_5^1$, che formano una coppia, congiunti con $q$, $s$, dànno rette che s'incrociano su quella conica.

Inoltre le coniche per $q$, $s$, $s_i$, $s_i'$ sono le imagini delle sezioni fatte coi piani passanti per la retta $D_i$. Il piano $D_i D_j$ segherà adunque $\Sigma$ in una linea (del 3.° ordine, avente un punto doppio sopra $C_5^1$) la quale avrà per imagine una conica passante per $q$, $s$, $s_i$, $s_i'$, $s_j$, $s_j'$.

Si può osservare ancora che il fascio di piani che ha per asse $R$ deve avere per imagine un fascio di rette, di cui il centro si trovi sull'imagine di $C_5^1$ (e formi una coppia col residuo punto comune ad $sq$ e a quella imagine). Considerando di quel fascio i piani $R\,D_i$, si conclude che *le sei rette* $s_i\,s_i'$ *concorrono in un punto* (dell'imagine di $C_5^1$). Ciò segue altresì dall'ultima proprietà, prendendo fasci di cubiche, di cui ciascuno abbia i punti base in $q$, $s$ e nei punti di tre coppie $s_i$, $s_i'$. Il nono punto base è il detto punto di concorso.

Ecc. ecc.

Pavia, febbraio 1881.

# SUI
# MOMENTI *OBLIQUI* DI UN SISTEMA DI PUNTI
E
# SULL' « IMAGINÄRES BILD » DI HESSE

*MEMORIA*

DI

**GIUSEPPE JUNG**

*Professore nel R. Istituto Tecnico Superiore di Milano.*

---

1. Per facilitare la ricerca degli assi principali d'inerzia di un corpo, relativi ai varii punti dello spazio, e per rendere intuitiva la distribuzione dei piani di momento costante, HESSE * fa uso di una quadrica imaginaria da lui chiamata l' « imaginäres Bild » del corpo, e messa in evidenza già prima da REYE, il quale molto elegantemente se n'era servito per ridurre a forma più semplice il problema della rotazione dei corpi **. HESSE giustificando all'ultimo della sua *Vorlesung* l'introduzione di quella quadrica imaginaria conclude « aber es giebt unter den confocalen Oberflächen keine einzige, welche sich dem Körper *analytisch* so anschmiegt, als das im Anfange der Vorlesung definirte, imaginäre Bild des Körpers. » Nella notevole Memoria *Trägheits-und höhere Momente eines Massensystemes in Bezug auf Ebenen* ***, REYE ritornò in seguito sull'argomento; quivi l'« imaginäres Bild » diviene la « seconda Nullfläche » o « quadrica dei momenti nulli ».

Nel presente scritto considero un sistema (discreto o continuo) di punti $o_i$ affetti da coefficienti $m_i$, e arrivo *per via sintetica* (n.[i] 3-10) a una rappresentazione analoga alla precedente, ma più generale;

---

* *Vorlesungen über analytische Geometrie des Raumes,* dritte Auflage, 1876, 25.[a] Vorlesung.

** REYE, *Beitrag zu der Lehre von den Trägheitsmomenten* (Zeitschrift f. Mathematik u. Physik) t. X.

*** Crelle, t. 72.

in quanto che essa conduce bensì a una quadrica imaginaria, quando tutti i coefficienti sono di ugual segno (come avviene nel caso delle masse trattato da Hesse), ma può dar luogo nel caso generale a una quadrica reale. Questa rappresentazione nasce così spontanea, che, a conferma dell'idea di Reye e di Hesse, si può veramente considerare come il fondamento naturale della teorica dei momenti di secondo grado, dei momenti resistenti, del nocciolo, ecc.; la quale teorica per tal via può svincolarsi da ogni idea meccanica e stabilirsi in modo puramente geometrico, giusta i concetti del Chelini *. Mi limiterò a dare brevi cenni sulla maniera di svolgere la detta teoria da questo punto di vista (n.[i] 11-16), e mi gioverò della nominata rappresentazione per trattare due sole questioni: una (n.[i] 17, 18) relativa alla riduzione di un sistema di $n$ punti $o_i . m_i$ a un sistema *equivalente* di quattro soli punti, l'altra (n.[i] 2 e 19-22) relativa ai *momenti obliqui*.

2. Nelle ordinarie applicazioni di meccanica quando si parla di momento d'inerzia rispetto a un piano (o rispetto a un asse se i punti $o_i . m_i$ sono in un piano) si sottintende sempre che nella somma $\sum_1^n {}_i m_i x_i^2$ le distanze $x_i$ dei punti dati dal piano siano misurate perpendicolarmente a quest'ultimo: di maniera che variando il piano dei momenti, rimane costante l'obliquità delle $x_i$ rispetto a questo piano, mentre variano tanto le grandezze quanto la direzione comune delle $x_i$. Però in certe questioni nelle quali si presenta quella somma è necessario di considerare le distanze $x_i$ come misurate parallelamente a una direzione fissa $\lambda$: di maniera che variando il piano dei momenti, mentre rimane fissa la direzione, variano le

* Ecco come il Chelini spiega lo scopo dell'elegante sua Memoria: *Sulla composizione geometrica dei sistemi di rette, di aree e di punti* (Mem. Accad. Bologna, serie II, t. X, 1870). «Esporre le leggi geometriche che presiedono alla «composizione e trasformazione dei sistemi, sia di rette, sia di aree, sia di punti «affetti da coefficienti, *rimossa ogni idea di forza e di velocità,* tale è l'og«getto del presente scritto. In altre Memorie ho più volte toccato questo argo«mento, ma sempre parzialmente: qui mi propongo soprattutto di metterne in ri«lievo il principio di unità che ne informa ed anima per così dire tutte le parti, «collegandole in una teoria semplice ed elementare. La quale, ove fosse introdotta «nell'insegnamento, aprirebbe un accesso oltre modo piano ed attraente (secondo «che a me pare) non solo alla geometria analitica e sintetica, *ma ben anche «alla meccanica;* essendomi studiato di rendere puramente geometrici i grandi «concetti di Poinsot e Chasles sulla composizione e riduzione delle forze e delle «rotazioni simultanee, ecc., ecc.» Penetrato e inspirato da queste idee, cercai di estendere e sviluppare i concetti del Chelini, e mi venne fatto un lavoro (ancora inedito) dal quale stacco la parte che pubblico nella presente Memoria.

grandezze e l'obliquità delle $x_i$ rispetto al piano. Il primo caso è stato completamente studiato, non il secondo ch'io sappia; la teoria comune ad entrambe scaturisce del resto facilmente dalle proprietà del sistema antipolare subordinato ai punti dati (n.° 9), nè qui è il luogo di svilupparla completamente.

Il momento di grado $r$ rispetto a un piano $\alpha$ — cioè la quantità $\sum_1^n{}_i\, m_i x_i^r$ — si dirà per brevità nel primo caso *momento normale,* e *momento obliquo* (*di direzione* $\lambda$) o anche semplicemente *momento* ($\lambda$) nel secondo caso; e così le distanze di punti da piani si distingueranno in *distanze normali* e *distanze* ($\lambda$).

Rispetto a uno stesso piano il *momento normale* è sempre minore del *momento* ($\lambda$), qualunque sia la direzione $\lambda$. D'altronde i due momenti essendo proporzionali, la distinzione sarebbe affatto inutile ove si avesse a considerare un *unico* piano di momenti; invece essa diviene efficace e opportuna quando si devono paragonare i momenti presi rispetto a piani *diversi*. Per esempio, mentre l' inviluppo dei piani di ugual momento statico *normale* è una sfera, quello dei piani di ugual momento statico *in direzione* $\lambda$ si riduce a due soli punti. Come altro esempio è noto che le quadriche omofocali a quella dei momenti d' inerzia nulli sono gl' inviluppi dei piani di momento (normale) costante; ma è chiaro che mentre rispetto ai piani tangenti di una di queste quadriche sono uguali i *momenti normali*, ed anche, evidentemente, i *momenti obliqui* (*aventi un' obliquità costante*, per es. di 45°, *rispetto a ogni piano*), sono invece differenti in generale i *momenti obliqui* (*di direzione* $\lambda$). Data ad arbitrio una direzione $\lambda$, si può dunque domandare come siano distribuiti nello spazio i *piani di momento* ($\lambda$) *costante;* trovata la risposta (n.° 19), ne faccio applicazione ad alcuni esempii offerti dalla teorica degli errori d'osservazione e delle formole empiriche (n.$^i$ 23-25).

3. Il baricentro o centro di 1.° grado di un sistema $S \equiv (o_1 . m_1, o_2 . m_2, \ldots o_n . m_n)$ di punti $o_i$ affetti da coefficienti $m_i$ ($i = 1, 2, \ldots n$) è *geometricamente* definito * tanto nel caso che $\sum m_i = m$ sia diverso da zero quanto nel caso contrario. Quando $\sum m_i = o$ ** il baricentro è all'infinito in una determinata direzione $AB$, che si può ottenere congiungendo per esempio $A$ (uno dei punti dati $o_i$) col baricentro $B$ degli altri $n - 1$; se per avventura $A \equiv B$, ogni punto è baricentro degli $n - 1$ rimanenti e il sistema $S$ non ha baricentro. Da una nota proprietà caratteristica del centro di 1.° grado (sia esso a distanza

* Möbius, *Der barycentrische Calcul* (1827), § 2-8; Chelini, l. c. parte III, § 1.
** Möbius, l. c. § 9-11.

finita o infinita) si può ricavare come corollario quest'altra definizione che vale anche pel baricentro di un'*estensione* *, cioè:

Il baricentro (centro di 1.° grado) di un sistema $S$ è l'inviluppo dei piani di momento statico $(\sum m_i x_i)$ nullo. Esso dipende esclusivamente dalla posizione dei punti $o_i$ e dai rapporti di $n-1$ coefficienti $m_i$ all'$n$-esimo; è dunque individuato quando è dato il sistema $S$.

In quanto segue supporremo sempre $\sum m_i = m$ diverso da zero; onde il baricentro di $S$ sarà un punto $O$ situato a distanza finita.

4. Per centro di 2.° grado del sistema $S$, rispetto a un piano $\alpha$, s'intende il centro di 1.° grado $A$ dei punti $o_i . M_i \equiv o_i . m_i x_i$, ove $x_i$ sono le distanze ($\lambda$) dei punti $o_i$ da $\alpha$ (n.° 2). I coefficienti $M_i = m_i x_i$ sono i momenti statici rispetto $\alpha$ dei punti dati $o_i . m_i$; siccome essi variano proporzionalmente alle $x_i$, e queste distanze, al mutare di $\lambda$, variano pure proporzionalmente fra loro, così $A$ resta invariato qualunque sia la direzione delle $x_i$. Dunque dato $S$, il centro di 2.° grado dipende esclusivamente dalla posizione del piano dei momenti, e ad ogni piano $\alpha$ corrisponde uno ed un solo centro di 2.° grado $A$.

Se $\alpha$ passa per $O$, $A$ è all'infinito in una direzione determinata, perchè allora $\sum m_i x_i = \sum M_i = 0$.

5. Quando i punti $o_i$ non sono tutti in un piano, a piani DIFFERENTI corrispondono DIFFERENTI centri di 2.° grado. — Infatti se $UT$ è l'intersezione di due piani $\alpha, \alpha'$, si prenda per direzione $\lambda$ la retta $Uo_1$, e sieno rispettivamente $x_i$ e $x_i'$ le distanze ($\lambda$) dei punti $o_i$ dai piani $\alpha$ e $\alpha'$; perchè a questi corrisponda uno stesso centro di 2.° grado $A \equiv A'$ è necessario che i coefficienti $M_i$ e $M_i'$ ossia le $x_i$ e le $x_i'$ siano proporzionali; ma per $i = 1$, $x_1 = x'_1 = Uo_1$; dunque

$$x_i = x_i' \quad (i = 1, 2, \dots n).$$

Se $UT$ è all'infinito, cioè se i due piani sono paralleli e $c$ è la loro distanza in una direzione arbitraria $\lambda$, si ha $x_i = x_i' + c$, epperò, dovendo essere $x_i : x_i' =$ cost., si arriva alla stessa conclusione: $x_i = x_i'$. Il che esige — contro l'ipotesi — che i punti $o_i$ siano tutti in un piano passante per $UT$; dunque i centri di 2.° grado $A$ e $A'$ dei piani $\alpha$ e $\alpha'$ non coincidono, c. d. d.

Se i punti $o_i$ sono tutti in un piano si possono prendere i momenti rispetto a una retta (asse di momento) contenuta nel piano,

* CHELINI, l. c. III, § 1.

e, come precedentemente, si dimostra che quando il sistema $S$ è piano, se tutt'i punti che lo costituiscono non sono allineati in una retta, ad assi DIFFERENTI corrispondono DIFFERENTI centri di 2.° grado.

6. I piani passanti per $A$ hanno i loro centri di 2.° grado in $\alpha$. — Infatti sia $\beta$ un piano per $A$, $B$ il suo centro di 2.° grado, $y_i$ la sua distanza dal punto $o_i$ $(i = 1, 2, \ldots n)$ e si formi la somma $\sum m_i x_i y_i$ (*momento di deviazione* di $S$ relativo ai piani $\alpha$, $\beta$) estesa a tutt'i punti del sistema. Siccome

$$\sum m_i x_i y_i = \sum (m_i x_i) y_i = \sum M_i y_i$$

è il momento statico dei punti $o_i . M_i$ rispetto al piano $\beta$ e $\beta$ passa per $A$, centro di 1.° grado di questi punti, sarà (n.° 3):

$$\sum m_i x_i y_i = 0;$$

ma, posto $N_i = m_i y_i$, è pure

$$\sum m_i x_i y_i = \sum (m_i y_i) x_i = \sum N_i x_i$$

uguale al momento statico dei punti $o_i . N_i$ rispetto al piano $\alpha$; e poichè questo momento è nullo (n.° 3) $\alpha$ passa per $B$, centro di 1.° grado dei punti $o_i . N_i$. Se due piani contenenti ciascuno il centro di 2.° grado dell'altro si dicono *conjugati*, si è così dimostrato che il momento di deviazione dei punti $o_i . m_i$ relativo a due piani conjugati è nullo.

In simil modo si dimostra il teorema inverso: se il momento di deviazione $\sum m_i x_i y_i$ relativo a due piani è nullo, i due piani sono conjugati.

7. Di qui si raccoglie inoltre: il centro di 2.° grado di un piano è l'inviluppo di tutti i suoi piani conjugati. E siccome, quando il sistema $S$ è gobbo, i differenti piani passanti per $A$ hanno centri di 2.° grado differenti (n.° 5), e situati in $\alpha$ (n.° 6), in quest'ipotesi si ha anche il teorema reciproco cioè: un piano (punteggiato) è il luogo dei centri di 2.° grado di tutt'i suoi piani conjugati.

8. Per conseguenza quando il sistema $S$ dei punti $o_i . m_i$ è gobbo, i piani e i punti dello spazio si corrispondono *univocamente* per modo, che se quelli descrivono una stella intorno a un punto $A$, questi sul corrispondente piano $\alpha$ descrivono un sistema punteggiato, vale a dire i piani $\alpha$ e i relativi centri di 2.° grado $A$ sono gli elementi corrispondenti di due spazii reciproci projettivi. E poichè a un piano $\beta$ passante per $A$, corrisponde un punto $B$ di $\alpha$; e a un piano $\gamma$ passante per $\overline{AB}$, corrisponde un punto $C$ della retta $\overline{\alpha\beta}$; e final-

mente al piano $ABC \equiv \delta$, il punto $\alpha\beta\gamma \equiv D$, ne viene che alle facce del tetraedro $ABCD$, considerate come elementi del primo spazio, corrispondono nel secondo spazio i vertici opposti: onde* i due spazii sono in posizione involutoria ossia formano un *sistema polare* $\mathfrak{S}$, nel quale $ABCD$ è un tetraedro conjugato (Quadrupel harmonischer Punkte, Pol-Tetraeder).

9. Questo sistema $\mathfrak{S}$ così individuato dal sistema gobbo di punti $(o_i \,.\, m_i) \equiv S$ si dirà il *sistema antipolare subordinato ad* $S$; e i suoi elementi corrispondenti (cioè un qualsivoglia piano di momenti e il relativo centro di 2.° grado) si diranno *piano antipolare* e *antipolo*. Siccome ai piani per $O$ corrispondono esclusivamente punti del piano $\omega$ all'infinito (n.° 3, 4), $O$ è l'antipolo di $\omega$; onde: il baricentro dei punti dati $o_i \,.\, m_i$ è il centro del subordinato sistema antipolare $\mathfrak{S}$.

10. Il sistema $\mathfrak{S}$ non degenera in un sistema polare piano se non quando tutt' i punti $o_i$ sono in un piano; nè degenera in una semplice involuzione di punti, se non quando tutti gli $o_i$ sono allineati in una retta (n.° 5).

11. Se $\alpha$ è un piano fisso e $\beta$ un piano variabile, il loro momento di deviazione $\sum m_i x_i y_i$ varia in generale con $\beta$, e diviene uguale al *momento d'inerzia* $\sum m_i x_i^2 = h^2 \,.\, \sum m_i \equiv I_h$ relativo ad $\alpha$, quando i due piani coincidono. Onde (n.° 6): il momento d'inerzia relativo a un piano contenente il proprio antipolo è nullo, e viceversa: un piano di momento nullo è conjugato a sè medesimo epperò contiene il proprio antipolo.

Ma per le proprietà dei sistemi polari i piani contenenti i proprii antipoli inviluppano una superficie del 2.° ordine (la *quadrica direttrice*, la « Ordnungsfläche » di $\mathfrak{S}$) la quale è in pari tempo il luogo dei punti situati nei proprii piani antipolari. Dunque dato $S$, cioè dati NELLO SPAZIO i punti $o_i m_i$, o non esistono piani di momento nullo, o, se uno ne esiste, ve ne sono infiniti: cioè tutti i piani tangenti della quadrica direttrice (QUADRICA DEI MOMENTI NULLI) del sistema $\mathfrak{S}$ subordinato ad $S$; infatti se $S$ è gobbo questo sistema antipolare è in ogni modo reale e non degenere (n.° 5), e quindi o non vi è direttrice o se esiste è una quadrica *effettiva* (non degenere).

12. Supponiamo i coefficienti $m_i$ tutti positivi (come sarebbero, per esempio, ove essi esprimessero masse concentrate nei punti $o_i$ o elementi di una estensione omogenea a 1, 2 o 3 dimen-

* REYE, *Die Geometrie der Lage*, zweite vermehrte Auflage (1880); t. II, pag. 66.

sioni). In tal caso non vi sono piani di momento nullo, perchè $\sum m_i x_i^2$ è essenzialmente positivo, e quindi non esiste la quadrica direttrice, o se si vuole* la quadrica direttrice è imaginaria ed è rappresentata dal sistema antipolare $\mathfrak{S}$. Le involuzioni dei punti reciproci situate sui diametri di $\mathfrak{S}$ (rette baricentriche di $\mathfrak{S}$) sono tutte *equiverse* e le loro potenze $OA \,.\, OA' = -k^2$ negative; in altri termini se $OA$ incontra in $A'$ il piano antipolare di $A$ (punto arbitrario), i punti reciproci $A$ e $A'$ sono sempre separati da $O$ ed $\omega$.

13. Sia $A$ l'antipolo di $\alpha$ e si determini il piano $\alpha_0$ simmetrico di $\alpha$ rispetto ad $O$. Ripetendo la costruzione per tutti i punti dello spazio, si hanno in $A$ e $\alpha_0$ gli elementi corrispondenti di un nuovo sistema polare $\mathfrak{S}_0$, il cui centro coincide in $O$ con quello di $\mathfrak{S}$; inoltre per ogni piano diametrale la direzione conjugata in $\mathfrak{S}_0$ coincide con la direzione conjugata in $\mathfrak{S}$. La quadrica direttrice del sistema ausiliario $\mathfrak{S}_0$ (che altrove** ho chiamato la *quadrica centrale* del primitivo sistema $\mathfrak{S}$) in quest'ipotesi dei coefficienti positivi è manifestamente un ellissoide reale: infatti (n.° 12) su ogni diametro l'involuzione dei punti $A$, $A_0'$ reciproci in $\mathfrak{S}_0$ è *contraversa* epperò la relativa potenza $OA \,.\, OA'_0 = k^2$ è positiva ($A_0'$ punto d'incontro del diametro $OA$ col piano $\alpha_0$). I punti diametralmente opposti di questo ellissoide e i relativi piani tangenti godono della proprietà di essere elementi reciproci nel sistema antipolare $\mathfrak{S}$. Perciò si può definire l'*ellissoide centrale* $\boldsymbol{E}$ di $\mathfrak{S}$ come il luogo dei punti simmetrici e reciproci in $\mathfrak{S}$ e come l'inviluppo dei piani simmetrici e reciproci in $\mathfrak{S}$. — I poli (all'infinito) dei piani diametrali di $\boldsymbol{E}$ coincidono con gli antipoli di questi piani.

14. Il sistema antipolare $\mathfrak{S}$ subordinato ai punti $o_i \,.\, m_i$ ($m_i$ positivi) corrisponde precisamente all' « imaginäres Bild » di Hesse, come sopra ho accennato, e può facilmente costruirsi mediante l'ellissoide centrale $\boldsymbol{E}$. Infatti se è dato $\alpha$, trovatone il polo $A_0$ rispetto $\boldsymbol{E}$, il punto simmetrico di $A_0$ è l'antipolo di $\alpha$; se è dato $A$, trovatone il piano polare $\alpha_0$ rispetto $\boldsymbol{E}$, il piano simmetrico di $\alpha_0$ è l'antipolare di $A$.

Si noti ancora che come la quadrica direttrice di $\mathfrak{S}$, quando esiste, può rappresentare il vincolo reale fra i piani dei momenti e i corrispondenti centri di secondo grado dei punti $o_i \,.\, m_i$; così, quando

* Schröter, *Theorie der Oberflächen zweiter Ordnung und der Raumkurven dritter Ordnung als Erzeugnisse projektivischer Gebilde* (1880), pag. 515.

** Vedi le mie *Ricerche intorno ai sistemi polari*. Rendic. Ist. Lomb. t. XII tradotte anche nei *Nouvelles Annales de Mathématiques*, 2.ª serie, t. XVIII, (1879).

essa è imaginaria, il vincolo reale fra i piani e i punti corrispondenti di un sistema polare $\mathfrak{S}$ può intendersi rappresentato da un gruppo $S$ di punti $o_i . m_i$. Per esempio, i vertici di un triangolo determinano un sistema polare piano e i vertici di un tetraedro determinano un sistema polare gobbo, nei quali rispettivamente sono conjugati il triangolo e il tetraedro dati, qualunque siano del resto i valori dei coefficienti $m_i$ che si vogliano attribuire a quei punti (n.° 17).

15. Stabilite nel modo consueto le relazioni

$$\sum_{i=1}^{i=n}{}_\alpha m_i . x_i^2 = h_\alpha^2 . m \qquad \sum_{i=1}^{i=n}{}_{\alpha'} m_i : x_i'^2 = k_{\alpha'}^2 . m$$
$$= d_\alpha . a . m \qquad\qquad = d . q . m$$
$$= (d_\alpha^2 + k_{\alpha'}^2) . m$$

[nelle quali i primi membri indicano i momenti ($\lambda$) d'inerzia relativi a un piano $\alpha$ e al piano baricentrico parallelo $\alpha'$; $h_\alpha$ e $k_{\alpha'}$ i corrispondenti raggi ($\lambda$) d'inerzia; $d_\alpha$ e $a$ le distanze ($\lambda$) di $\alpha$ da $O$ e dal suo antipolo $A$; $d$ e $q$ le distanze ($\lambda$) di $O$ da un piano *arbitrario* e dal relativo antipolo] si riconosce facilmente che il momento ($\lambda$) relativo a un piano baricentrico $\alpha'$ è $= \overline{OP}^2 . m$, $\overline{OP}$ essendo il segmento di direzione $\lambda$ limitato da uno dei piani tangenti di $E$ paralleli ad $\alpha'$; se $\lambda$ ha la direzione conjugata ad $\alpha'$, $\overline{OP}$ coincide con $\overline{OM}$, semidiametro di $E$ conjugato ad $\alpha'$. Cosicchè i momenti d'inerzia di $S$ si possono rappresentare nel modo ordinario in uno qualunque degli ellissoidi omotetici ad $E$. Pare dunque ovvio di assumere, e noi assumeremo per definizione, come ELLISSOIDE CENTRALE D'INERZIA dei punti $o_i . m_i$, l'ellissoide centrale $E$ del sistema antipolare subordinato $\mathfrak{S}$.

16. La stella dei piani concorrenti in un punto $X$ è reciproca in $\mathfrak{S}$ alla stella dei raggi che da $X$ ne projettano gli antipoli (i quali sono situati nel piano $\xi$ antipolare di $X$). La quadrica di centro $X$ rispetto alla quale $O$ è polo di $\xi$ e inoltre sono reciproche queste due stelle — che consteranno perciò dei suoi piani diametrali e dei corrispondenti suoi diametri conjugati — si dirà la QUADRICA DEL PUNTO $X$ e si dinoterà col simbolo $(X)$.

Quando i coefficienti $m_i$ sono positivi la $(X)$ è un ellissoide; perchè $X$ e $\xi$ essendo, in questa ipotesi, separati da $O$ e $\omega$, (n.[i] 12-15) tutt' i suoi diametri sono reali. Dalle relazioni del numero precedente si ricava che se $\alpha$ è un piano per $X$, il suo momento ($\lambda$) è $= \overline{XQ}^2 . m$, essendo $\overline{XQ}$ il segmento di direzione $\lambda$ limitato da uno dei piani tangenti di $(X)$ paralleli ad $\alpha$; $XQ$ coincide col semidiametro $\overline{XN}$ di $(X)$ conjugato ad $\alpha$, ove $\lambda$ abbia la direzione conjugata a questo piano. Dunque gli ellissoidi d'inerzia di $X$ sono omotetici a $(X)$; e noi assumeremo per definizione l'ellissoide $(X)$ come ELLISSOIDE D'INERZIA del punto $X$.

Così ogni punto dello spazio ha un unico ellissoide d'inerzia *geometricamente definito;* quello del baricentro coincide con l'ellissoide centrale.

17. Se ai vertici $A_r$ di un tetraedro qualsivoglia si attribuiscono dei coefficienti $\mu_r$, il gruppo di quattro punti:

$$S' \equiv (A_1 . \mu_1, \ A_2 . \mu_2, \ A_3 . \mu_3, \ A_4 . \mu_4)$$

determina un sistema antipolare $\mathfrak{S}'$ nel quale è conjugato — quali pur siano del resto i coefficienti $\mu_r$ — il tetraedro dato. Infatti se $a_r$ ($r = 1, 2, 3, 4$) è la distanza ($\lambda$) del vertice $A_r$ dalla faccia opposta $\alpha_r$ del tetraedro, i momenti statici dei quattro punti rispetto al piano $\alpha_r$ sono: $o$; $o$; $o$; $M_r = a_r \mu_r$; epperò $A_r$ è il centro di 2.° grado di $\alpha_r$ (n.° 4).

Se invece di essere affatto arbitrario, questo tetraedro è conjugato nel sistema antipolare $\mathfrak{S}$ subordinato ad $n$ punti dati:

$$S \equiv (o_1 . m_1, \ o_2 . m_2, \ldots o_n . m_n),$$

i due sistemi $\mathfrak{S}'$ e $\mathfrak{S}$ sono identici, purchè i loro centri, cioè i baricentri di $S'$ e di $S$, coincidano; infatti un sistema polare è individuato dal centro e da un tetraedro conjugato.

E se oltre a ciò fra i coefficienti $\mu_r$ e $m_i$ ha luogo la relazione:

$$\mu_1 + \mu_2 + \mu_3 + \mu_4 = \sum m_i = m,$$

i due sistemi $S'$ ed $S$ hanno ugual momento d'inerzia rispetto a qualsivoglia piano (n.° 15) ossia, adottando la denominazione di REYE*, *sono equivalenti riguardo ai momenti di 2.° grado.*

18. Dato $S$ e assunto ad arbitrio un tetraedro $A_1 A_2 A_3 A_4$ conjugato nel suo sistema antipolare $\mathfrak{S}$, è sempre possibile di determinare $\mu_1 \mu_2 \mu_3 \mu_4$ in modo da sodisfare alle dette due condizioni. Infatti il momento statico di $S'$ rispetto ad $\alpha_r$ essendo $= a_r \mu_r$, se con $d_r$ si indica la distanza ($\lambda$) di questo piano dal baricentro $O$ di

* L. c. Crelle's Journal, t. 72, pag. 300.

$S$, a raggiungere lo scopo basterà porre:

$$a_r \mu_r = d_r (\mu_1 + \mu_2 + \mu_3 + \mu_4) = d_r m$$

ossia prendere:

$$\mu_r = \frac{d_r}{a_r} . m;$$

il segno di $\mu_r$ si accorda con quello di $m$ se $A_r$ e $O$ si trovano dalla stessa banda di $\alpha_r$ (ciò che, per esempio, ha sempre luogo quando tutt'i coefficienti $m_i$ hanno ugual segno); nel caso contrario i segni di $\mu_r$ e di $m$ sono opposti. Cosicchè un sistema gobbo $S$ di quanti si vogliano punti affetti da coefficienti può in infiniti modi essere sostituito da un sistema $S'$ equivalente riguardo ai momenti di 2.° grado e contenente *quattro* soli punti.

Questo teorema è dovuto a Reye, come gli è dovuta l'osservazione che in tal guisa il difficile problema della rotazione di un corpo pesante (caso particolare di un sistema di punti affetti da coefficienti) è ricondotto a quello della rotazione di soli quattro punti invariabilmente fra loro connessi*. È però interessante notare che la mia dimostrazione essendo puramente geometrica, viene a essere *sinteticamente* dimostrato anche il *teorema algebrico* sulla rappresentazione di una funzione omogenea ed intera del 2.° grado come somma di quattro quadrati reali.**

19. Sia $\sum m_i . x_i^2 = h^2 . m = I_h^{(\lambda)}$ il momento ($\lambda$) relativo a un piano arbitrario e si suppongano tutt'i coefficienti positivi; ammesso che vi siano altri piani di ugual momento ($\lambda$), cerchiamone l'inviluppo $K_h^{(\lambda)}$.

Da un punto qualsivoglia $X$, sopra una retta di direzione $\lambda$ la quale incontri in $N$ l'ellissoide d'inerzia $(X)$, si prenda un segmento $XQ \doteq h$. Secondo che $XQ$ è minore, maggiore o uguale ad $XN$, il cono $Q_2$ (di vertice $Q$) circoscritto ad $(X)$ è rispettivamente imaginario, reale, o si riduce al piano tangente in $N$: nel primo caso per $X$ non passano piani dell'inviluppo; nel terzo caso ne passa uno solo, ed è il piano diametrale di $(X)$ conjugato alla direzione $\lambda$, cioè avente il proprio antipolo nella retta $\overline{XQ}$; nel secondo caso finalmente tutt'i piani per $X$ paralleli ai piani tangenti di $Q_2$ appartengono all'inviluppo (n.° 16) e sono a loro volta i piani tangenti di

* Reye, *Beitrag*, ecc. (l. c.); e Crelle's Journal, t. 72, § 5 e introduzione della Memoria *Trägheits-und höhere Momente, ecc.*, già citata.

** Crelle's Journal l. c. t. 72, pag. 312, 313.

un cono $X_2$ uguale ed omotetico a $Q_2$. Dunque l'inviluppo $K_h^{(\lambda)}$ è della 2.ª classe e perciò esso è anche il luogo dei punti $X$ pei quali passa un solo suo piano tangente. Il baricentro $O$ è il centro di $K_h^{(\lambda)}$; infatti se un punto giace in $K_h^{(\lambda)}$, vi giacerà anche il simmetrico (rispetto ad $O$), in quanto che gli ellissoidi d'inerzia dei punti simmetrici sono manifestamente uguali ed omotetici. Prendendo ora su $OM$, semidiametro di $\boldsymbol{E}$ parallelo a $(\lambda)$, un segmento $OP = h$, sarà necessariamente $OP = OM$ oppure $OP > OM$: nel 1.° caso il piano diametrale (baricentrico) $\mu$ conjugato ad $OM$ è l'*unico* piano appartenente all'inviluppo $K_h^{(\lambda)}$; nel 2.° caso vi appartengono sia i piani $\mu'$, $\mu''$ paralleli a $\mu$ e distanti da $O$, nella direzione $\lambda$, della quantità $\sqrt{\overline{OP}^2 - \overline{OM}^2}$, sia ancora tutti i piani tangenti del cono $O_2$ uguale e omotetico al cono $P_2$ circoscritto ad $\boldsymbol{E}$.

Onde concludendo: Il richiesto inviluppo $K_h^{(\lambda)}$ è un iperboloide a due falde toccato dai piani $\mu'$, $\mu''$ testè definiti e il cui cono asintotico $O_2$ ha i piani tangenti paralleli a quelli del cono di vertice $P$, circoscritto all'ellissoide centrale dei punti dati.

Per ogni punto di $K_h^{(\lambda)}$, il diametro parallelo a $\lambda$ del corrispondente ellissoide d'inerzia è evidentemente $= 2\,h$. Epperò si ha anche il teorema: Il luogo dei punti i cui ellissoidi d'inerzia hanno ugual diametro in una direzione $(\lambda)$ è un iperboloide a due falde, coincidente con uno degli iperboloidi (n.° 20) di momento $(\lambda)$ costante.

20. Tenendo fissa la direzione $\lambda$, variano con $h$ tanto il momento $I_h^{(\lambda)}$ quanto l'iperboloide $K_h^{(\lambda)}$; quando $h$ raggiunge il valor minimo $OM$, $K_h^{(\lambda)}$ si riduce al piano $\mu$, al quale per ciò compete il minimo momento $(\lambda) = \overline{OM}^2 . \sum m_i$. Variando anche $\lambda$, varia la serie degli iperboloidi di momento $(\lambda)$ costante, ma si ha in ogni modo il teorema: Il piano di minimo momento misurato in una direzione arbitraria passa pel baricentro ed è alla medesima conjugato nell'ellissoide centrale dei punti $o_i . m_i$.

21. La *sfera ortogonale** di $K_h^{(\lambda)}$, quando esiste, è il luogo dei punti pei quali passano tre piani ortogonali di ugual momento $(\lambda)$; infatti da ogni punto di questa sfera si possono condurre tre piani ortogonali tangenti a $K_h^{(\lambda)}$.

Dunque mentre per ogni punto dello spazio passa una terna di piani ortogonali di ugual momento *normale* (e più generalmente

* SCHRÖTER, l. c. pag. 534; HESSE, l. c. pag. 373.

di momenti uguali aventi la stessa obliquità rispetto a ciascuno dei tre piani) non vi passa *in generale* alcuna terna di piani ortogonali di ugual momento ($\lambda$).

22. Queste proprietà sussistono con le debite modificazioni anche quando i punti dati sono in un piano, nel qual caso è pure piano il subordinato sistema antipolare $\mathfrak{S}$ (n.° 10). Per esempio, se i coefficienti $m_i$ sono positivi, gli assi di momento ($\lambda$) costante ed $= I_h^{(\lambda)}$ inviluppano una determinata iperbole $K_h^{(\lambda)}$ avente il centro nel baricentro del sistema; l'asse di minimo momento ($\lambda$) è il diametro conjugato a $\lambda$ dell'ellisse centrale del sistema; ecc.

23. Per dare un esempio nel quale i precedenti teoremi trovano applicazione, supponiamo che rispetto a tre assi coordinati $x, y, z$ i punti

$$o_1, \quad o_2, \ldots\ldots o_n$$

siano le imagini dei risultati

$$(x_1 y_1 z_1), \quad (x_2 y_2 z_2), \ldots\ldots (x_n y_n z_n)$$

di $n$ osservazioni di un fenomeno * la cui legge sia rappresentabile da una *funzione lineare*

$$y = a + b\,x + c\,z,$$

e assumiamo che la misura di precisione della $i$:$^{ma}$ osservazione sia espressa da $\sqrt{m_i}$ ove $i = 1, 2, \ldots n$. In tale ipotesi le equazioni dei piani tangenti di un medesimo iperboloide $K_h^{(y)}$ somministrano tutte le funzioni lineari alle quali corrisponde un UGUALE ERROR MEDIO (n.° 19); mentre l'equazione del piano baricentrico, conjugato al diametro parallelo ad $y$ dell'ellissoide centrale $\boldsymbol{E}$, somministra la funzione lineare cui corrisponde il minimo error medio (n.° 20), cioè quella stessa che si ricaverebbe applicando il principio dei minimi quadrati.

24. Che se invece fossero ($\xi_i$, $\eta_i$) i risultati delle $n$ osservazioni, e la legge del fenomeno fosse rappresentabile dalla *funzione parabolica*

$$(\eta) \qquad \eta = a + b\,\xi^p + c\,\xi^q$$

---

* Cfr. nei Rendic. Ist. Lomb. t. XIII (1880) le mie Note: *Soluzione geomeccanica di alcuni problemi d'interpolazione*, e *Compensazione degli errori proporzionali per un dato sistema di osservazioni dirette*. V. anche COLLIGNON, *Hydraulique*, 2.e édition (1880), *Supplément*, pag. 639.

basterebbe supporre che i punti $o_i$ abbiano le coordinate

$$x_i = \xi_i^p, \quad y_i = \eta_i, \quad z_i = \xi_i^q, \quad i = 1, 2, \ldots n,$$

per concludere dal n.° precedente il teorema: i piani tangenti di un medesimo iperboloide $K_h^{(y)}$ somministrano i parametri di tutte le funzioni paraboliche della forma ($\eta$) alle quali corrisponde UN UGUALE ERROR MEDIO; e i parametri del piano diametrale di **E**, conjugato alla direzione $y$, coincidono con quelli della parabola ($\eta$) di minimo ottenuta col metodo dei minimi quadrati.

25. Se in questa stessa ultima ipotesi la legge del fenomeno fosse al contrario esprimibile dalla *funzione lineare*:

$$\eta = a + b\,\xi;$$

presi in un piano due assi coordinati $\xi$, $\eta$, determinati i punti $o_i$ di coordinate ($\xi_i$, $\eta_i$) e mantenuto ai coefficienti $m_i$ il significato sopra definito, tutte le funzioni lineari cui corrisponde un UGUALE ERROR MEDIO sarebbero rappresentate dalle tangenti di una medesima iperbole $K_h^{(\eta)}$; e il diametro conjugato a $\eta$ nell'ellisse centrale dei punti $o_i \,.\, m_i$ rappresenterebbe la funzione di minimo data dal metodo dei minimi quadrati (n.° 22).

Milano, aprile 1881.

# SULLA TEORIA DEGLI ASSI DI ROTAZIONE

DI

**EUGENIO BELTRAMI**

*Professore nella R. Università di Pavia.*

Nei suoi *Elementi di Meccanica,* in parecchie delle sue Memorie e specialmente negli ultimi suoi lavori, il compianto CHELINI si è molto occupato della teoria degli assi di rotazione e dei centri di oscillazione e di percossa, teoria che offre largo campo d'applicazione ai concetti del POINSOT, a lui tanto graditi e famigliari.

Un altro valente geometra italiano, il professore TURAZZA, ha pure egregiamente contribuito ad allargare la suddetta dottrina, mostrando, in base ai ricordati concetti, che molte proprietà degli assi permanenti rientrano, come casi particolari, in proprietà relative agli assi di rotazione in generale.

Queste interessanti ricerche gettano molta luce sopra una questione fondamentale di dinamica, e dovrebbero oggimai far parte integrante di qualunque trattato di meccanica razionale e di qualunque corso di lezioni intorno a questa scienza. Effettivamente lo stesso CHELINI ha dato, nei suoi *Elementi di meccanica razionale* (Bologna, 1860), uno sviluppo maggiore del consueto alle teorie cui alludiamo, ed il professore TURAZZA ne ha fatto la base del suo ottimo libro intitolato *Il moto dei sistemi rigidi* (Padova, 1868).

Ciò nondimeno queste teorie non sono ancora entrate nel comune dominio quanto si dovrebbe desiderare che fossero, il che, a mio avviso, deve attribuirsi, almeno in parte, ai metodi che i due egregi professori hanno adoperati per lo svolgimento di queste dottrine, metodi senza dubbio appropriati ed eleganti, se si considerino in sè stessi, ma che forse non quadrano interamente coll'ordinaria maniera di trattazione degli argomenti di meccanica analitica.

Il Chelini si vale infatti quasi sempre di considerazioni geometriche, semplici ed ingegnose sì, ma che richieggono una traduzione, non sempre facile ed immediata, quando si voglia farne l'applicazione a problemi da svolgersi col calcolo. Il professore Turazza si è servito anche del calcolo, ma facendo quasi sempre scelte particolari di variabili e d'assi, con che le formole diventano più semplici e di più semplice deduzione, ma perdono quell'uniformità e quella simmetria che non solo permettono di rilevarne più prontamente il significato, ma ne rendono altresì più manifeste le mutue attinenze ed i caratteri distintivi.

Ora a me sembra che la teoria svolta dagli egregi geometri testè menzionati si possa presentare in modo da conseguire questi vantaggi, senza rinunciare alla semplicità, anzi ponendo nella più chiara luce possibile la vera indole geometrica della questione. Le pagine che seguono contengono i primi fondamenti d'una esposizione informata a questi principî, esposizione alla quale io non prefiggo altro scopo che quello di rendere maggiormente note ed apprezzate, se è possibile, le ricerche dei due valenti italiani, e che io arresto a quel punto in cui lo studioso che voglia più profondamente addentrarsi nella questione non può far di meglio che ricorrere alle loro Memorie originali.

Con ciò credo anche di cooperare, benchè in minima parte, ad uno dei principali intenti dell'ottimo Chelini, a quello, cioè, di perfezionare la forma didattica delle singole teorie cui Egli rivolse la mente.

Consideriamo un sistema rigido, del quale sia $M$ la massa totale e sieno $a$, $b$, $c$ i raggi d'inerzia rispetto ai tre assi principali del baricentro, che assumeremo come assi coordinati delle $x$, $y$, $z$. Sieno $u$, $v$, $w$ le componenti, rispetto a questi assi, della velocità istantanea del baricentro e $p$, $q$, $r$ le analoghe componenti della rotazione istantanea del sistema intorno ad un asse $E$, passante per il baricentro stesso.

Trasportando all'origine tutte le quantità di moto che animano il corpo si ha, come è noto, una risultante le cui componenti sono

$$Mu, \quad Mv, \quad Mw,$$

ed una coppia risultante, le cui componenti sono

$$Ma^2p, \quad Mb^2q, \quad Mc^2r.$$

Affinchè il moto istantaneo equivalga ad una semplice rotazione, bisogna che si abbia

(1) $$pu + qv + rw = 0,$$

ed in tal caso le coordinate di un punto qualunque dell'asse di rotazione (parallelo ad $E$) soddisfanno alle equazioni

$$(1)_a \qquad \begin{cases} u + qz - ry = 0, \\ v + rx - pz = 0, \\ w + py - qx = 0, \end{cases}$$

delle quali una è conseguenza delle altre due, in virtù della relazione (1).

Affinchè invece le quantità di moto ammettano una risultante unica, bisogna che si abbia

$$(2) \qquad a^2 p u + b^2 q v + c^2 r w = 0,$$

ed in tal caso le coordinate di un punto qualunque dell'asse d'impulso, cioè della retta d'azione di questa risultante (perpendicolare ad $E$), soddisfanno alle equazioni

$$(2)_a \qquad \begin{cases} a^2 p + v z - w y = 0, \\ b^2 q + w x - u z = 0, \\ c^2 r + u y - v x = 0, \end{cases}$$

delle quali una è conseguenza delle altre due, in virtù della relazione (2).

Quando le due relazioni (1) e (2) sono soddisfatte ad un tempo, si ha

$$(3) \qquad \frac{pu}{b^2 - c^2} = \frac{qv}{c^2 - a^2} = \frac{rw}{a^2 - b^2},$$

epperò la direzione dell'asse di rotazione determina quella dell'asse d'impulso e reciprocamente.

Moltiplicando ordinatamente le equazioni $(1)_a$ per

$$a^2 p, \quad b^2 q, \quad c^2 r$$

e sommando, con riguardo alla relazione (2), si ha

$$(4) \qquad \begin{vmatrix} x & y & z \\ p & q & r \\ a^2 p & b^2 q & c^2 r \end{vmatrix} = 0.$$

Così, moltiplicando ordinatamente le equazioni $(2)_a$ per

$$\frac{u}{a^2}, \quad \frac{v}{b^2}, \quad \frac{w}{c^2}$$

e sommando, con riguardo alla relazione (1), si ha

$$(5)\qquad \begin{vmatrix} x & y & z \\ u & v & w \\ \frac{u}{a^2} & \frac{v}{b^2} & \frac{w}{c^2} \end{vmatrix} = 0.$$

Le equazioni (4), (5) definiscono evidentemente due piani passanti pel baricentro e contenenti rispettivamente l'asse di rotazione e l'asse d'impulso. I coefficienti della prima equazione dipendono soltanto dai rapporti $p:q:r$, quelli della seconda dipendono soltanto dai rapporti $u:v:w$. Si deve dunque concludere che, fissata la direzione dell'asse di rotazione, se la rotazione intorno ad esso deve generare un sistema di quantità di moto riducibili a risultante unica, bisogna che l'asse di rotazione giaccia in un determinato piano passante per il baricentro; e, reciprocamente, fissata la direzione dell'impulso trasmesso al corpo, se quest'impulso deve generare un moto istantaneo equivalente ad una semplice rotazione, bisogna che l'asse di impulso giaccia in un determinato piano passante per il baricentro.

Per ben comprendere la ragione di questi due teoremi basta osservare che, nella doppia ipotesi d'un moto di semplice rotazione producente risultante unica di quantità di moto, ipotesi rappresentata dalle equazioni (3), il fissare la direzione dell'asse di rotazione equivale (3) a fissare la direzione del moto del baricentro, e poichè questo moto avviene sempre normalmente al piano condotto pel baricentro e per l'asse, ne segue che la direzione dell'asse di rotazione determina completamente la posizione del detto piano. Reciprocamente, il fissare la direzione dell'impulso equivale (3) a fissare la direzione dell'asse di rotazione, e poichè questa direzione è sempre coniugata (nell'ellissoide centrale) al piano condotto per il baricentro e per la retta d'impulso, ne segue che la direzione di quest'asse determina completamente la posizione del detto piano.

Subordinatamente a questo punto di vista è bene osservare che, in virtù delle equazioni (3), l'equazione (4), formata colle componenti di rotazione, è equivalente alla

$$(4)_a \qquad u\,x + v\,y + w\,z = 0,$$

formata colle componenti di traslazione; e l'equazione (5), formata colle componenti di traslazione, è equivalente alla

$$(5)_a \qquad a^2p\,x + b^2q\,y + c^2r\,z = 0,$$

formata colle componenti di rotazione. Di queste due ultime equazioni $(4)_a$ e $(5)_a$, che risultano direttamente dalle $(1)_a$, e rispettivamente dalle $(2)_a$, moltiplicando ordinatamente per $x, y, z$ e sommando, la prima rappresenta il piano condotto per il baricentro normalmente alla direzione del moto di questo punto, e la seconda rappresenta il piano diametrale dell'ellissoide centrale coniugato alla direzione dell'asse di rotazione. Questi due piani sono perpendicolari fra loro (2).

Da quanto precede risulta chiaramente che la doppia ipotesi rappresentata dalle equazioni (1) e (2), oppure dalle equazioni (3), impone una condizione necessaria tanto all'asse di rotazione quanto all'asse d'impulso. Il primo diventa ciò che si chiama un *asse permanente,* il secondo ciò che diremo un *asse di percossa.* Le direzioni di due assi corrispondenti, di rotazione e di percossa, sono al tempo stesso fra loro perpendicolari (1) e coniugate (2) rispetto all'ellissoide centrale, sono, cioè, le direzioni dei due assi di una sezione piana del detto ellissoide.

Il punto in cui un asse permanente è incontrato dal piano ad esso perpendicolare, contenente il corrispondente asse di percossa, si chiama *centro di permanenza;* il punto in cui un asse di percossa è incontrato dal piano ad esso perpendicolare, contenente il corrispondente asse di rotazione, si chiama *centro di percossa.* Le equazioni dei due piani ora menzionati si ottengono moltiplicando ordinatamente per

$$qw - rv, \quad ru - pw, \quad pv - qu$$

tanto le equazioni $(2)_a$ quanto le equazioni $(1)_a$, e sommando ciascuna volta. Si ottiene così, nel primo caso, l'equazione

$$(6) \qquad (px + qy + rz)(u^2 + v^2 + w^2) = \begin{vmatrix} p & q & r \\ u & v & w \\ a^2p & b^2q & c^2r \end{vmatrix}$$

e, nel secondo caso, l'equazione $(4)_a$.

Dalle due equazioni (4), (5) si deducono le formole seguenti, che devono considerarsi come fondamentali nella teoria degli assi permanenti.

Se con $\varkappa$ e $\lambda$ s'indicano due qualità indeterminate, l'equazione (4) dà

$$(4)_b \qquad \begin{cases} x = (\varkappa + a^2\lambda)\, p, \\ y = (\varkappa + b^2\lambda)\, q, \\ z = (\varkappa + c^2\lambda)\, r, \end{cases}$$

dove $x$, $y$, $z$ sono le coordinate di un punto qualunque del piano in cui giaciono tutti gli assi permanenti, la direzione dei quali è definita dai rapporti $p:q:r$. Quando si fa variare solamente $\varkappa$, il punto si sposta lungo uno stesso asse permanente; quando si fa variare solamente $\lambda$, esso passa da un asse permanente ad un altro.

Così, se con $\mu$ e $\nu$ s'indicano due altre quantità indeterminate, l'equazione (5) dà

$$(5)_b \qquad \begin{cases} x = \left(\mu + \dfrac{\nu}{a^2}\right) u, \\ y = \left(\mu + \dfrac{\nu}{b^2}\right) v, \\ z = \left(\mu + \dfrac{\nu}{c^2}\right) w \end{cases}$$

dove $x$, $y$, $z$ sono le coordinate di un punto qualunque del piano in cui giaciono tutti gli assi di percossa la direzione dei quali è definita dai rapporti $u:v:w$. Quando si fa variare solamente $\mu$, il punto si sposta lungo uno stesso asse di percossa; quando si fa variare solamente $\nu$, esso passa da un asse di percossa ad un altro.

Se con $\varkappa_x$, $\varkappa_y$, $\varkappa_z$ s'indicano i valori di $\varkappa$ corrispondenti ai punti in cui un asse permanente incontra i tre piani principali del baricentro $x=0$, $y=0$, $z=0$, si ha

$$\varkappa_x : \varkappa_y : \varkappa_z = a^2 : b^2 : c^2,$$

epperò il rapporto dei due segmenti determinati sull'asse permanente dai detti tre piani, ovvero il rapporto anarmonico dei quattro punti in cui l'asse permanente incontra i tre piani suddetti e il piano all'infinito, è dato da

$$(\varkappa_x \varkappa_y \varkappa_z \infty) = \frac{a^2 - c^2}{c^2 - b^2}.$$

Questo rapporto è dunque costante per tutti gli assi permanenti e non varia se ad $a^2$, $b^2$, $c^2$ si aggiunge una stessa quantità. Ne segue che gli assi permanenti di qualunque corpo formano un complesso tetraedrale i cui piani fondamentali sono i piani principali del corpo e il piano all'infinito. Tutti i corpi che, avendo a comune il baricentro e gli assi principali, hanno ellissoidi centrali omociclici, posseggono l'identico complesso di assi permanenti. L'equazione di questo complesso è l'equazione (2) sotto la condizione (1).

Così, se con $\mu_x$, $\mu_y$, $\mu_z$ s'indicano i valori di $\mu$ corrispondenti ai punti in cui un asse di percossa incontra i tre piani principali del baricentro $x = 0$, $y = 0$, $z = 0$, si ha

$$\mu_x : \mu_y : \mu_z = \frac{1}{a^2} : \frac{1}{b^2} : \frac{1}{c^2},$$

epperò il rapporto dei due segmenti determinati sull'asse di percossa dai detti tre piani, ovvero il rapporto anarmonico dei quattro punti in cui l'asse di percossa incontra i tre piani suddetti e il piano all'infinito, è dato da

$$(\mu_x \mu_y \mu_z \infty) = \frac{\frac{1}{a^2} - \frac{1}{c^2}}{\frac{1}{c^2} - \frac{1}{b^2}}.$$

Questo rapporto è dunque costante per tutti gli assi di percossa e non varia se ad $\frac{1}{a^2}$, $\frac{1}{b^2}$, $\frac{1}{c^2}$ si aggiunge una stessa quantità. Ne segue che gli assi di percossa di qualunque corpo formano un complesso tetraedrale i cui piani fondamentali sono i piani principali del corpo ed il piano all'infinito. Tutti i corpi che, avendo a comune il baricentro e gli assi principali, hanno ellissoidi centrali omofocali, posseggono l'identico complesso di assi di percossa. L'equazione di questo complesso è l'equazione (1), scritta nella forma

$$\frac{1}{a^2} a^2 p u + \frac{1}{b^2} b^2 q v + \frac{1}{c^2} c^2 r w = 0,$$

sotto la condizione (2).

Se i valori $(4)_b$ delle $x, y, z$ si sostituiscono nelle equazioni $(1)_a$ si trova

$$(4)_c \qquad \begin{cases} u = \lambda (b^2 - c^2) q r, \\ v = \lambda (c^2 - a^2) r p, \\ w = \lambda (a^2 - b^2) p q, \end{cases}$$

donde

$$(3)_a \qquad \frac{p u}{b^2 - c^2} = \frac{q v}{c^2 - a^2} = \frac{r w}{a^2 - b^2} = \lambda p q r.$$

Parimente, se i valori $(5)_b$ delle $x, y, z$ si sostituiscono nelle equazioni $(2)_a$ si trova

$$(5)_c \qquad \begin{cases} p = -\dfrac{\nu (b^2 - c^2) v w}{a^2 b^2 c^2}, \\ q = -\dfrac{\nu (c^2 - a^2) w u}{a^2 b^2 c^2}, \\ r = -\dfrac{\nu (a^2 - b^2) u v}{a^2 b^2 c^2}, \end{cases}$$

donde

$$(3)_b \qquad \frac{p\,u}{b^2 - c^2} = \frac{q\,v}{c^2 - a^2} = \frac{r\,w}{a^2 - b^2} = -\frac{\nu\,u\,v\,w}{a^2 b^2 c^2}.$$

Le due costanti $\lambda$ e $\nu$ che, come abbiamo notato, definiscono rispettivamente un asse permanente ed un asse di percossa, sono dunque legate, quando questi assi sono fra loro corrispondenti, dalla relazione

$$(7) \qquad a^2 b^2 c^2\, p\, q\, r\, \lambda + u\, v\, w\, \nu = 0,$$

la quale, secondo che si vogliano assumere come date le componenti di rotazione, oppure le componenti di traslazione, prende, in virtù delle equazioni $(4)_c$, $(5)_c$, le due forme seguenti:

$$(7)_a \left\{ \begin{array}{l} a^2 b^2 c^2 + (b^2 - c^2)(c^2 - a^2)(a^2 - b^2)\, p\, q\, r\, \lambda^2 \nu = 0, \\ a^4 b^4 c^4 - (b^2 - c^2)(c^2 - a^2)(a^2 - b^2)\, u\, v\, w\, \lambda\, \nu^2 = 0. \end{array} \right.$$

Dalle equazioni $(5)_b$ si deduce

$$(8) \qquad u = \frac{x}{\mu + \frac{\nu}{a^2}}, \quad v = \frac{y}{\mu + \frac{\nu}{b^2}}, \quad w = \frac{z}{\mu + \frac{\nu}{c^2}}.$$

Ora se il punto $(x, y, z)$ si considera come un centro di percossa, le sue coordinate debbono soddisfare all'equazione $(4)_a$: quindi per un tal punto si ha

$$(8)_a \qquad \frac{x^2}{\mu + \frac{\nu}{a^2}} + \frac{y^2}{\mu + \frac{\nu}{b^2}} + \frac{z^2}{\mu + \frac{\nu}{c^2}} = 0.$$

Quest'equazione, in cui entra il parametro arbitrario $\frac{\mu}{\nu}$, rappresenta un sistema di coni quadrici, omofocali tra loro ed a quello d'equazione

$$a^2 x^2 + b^2 y^2 + c^2 z^2 = 0.$$

D'altronde la direzione $(u, v, w)$ dell'asse di percossa è identica, in virtù delle equazioni (8), a quella della normale al cono quadrico $(8)_a$ sul quale si trova il punto $(x, y, z)$. Dunque, poichè sono due i coni quadrici del sistema $(8)_a$ che passano per ogni punto dello spazio e poichè essi vi si intersecano ad angolo retto, si ha il teorema seguente: Ogni punto dello spazio è centro di percossa per due distinti assi di percossa, perpendicolari fra loro ed alla retta che congiunge quel punto col baricentro: questi due assi sono le normali ai due coni quadrici del sistema $(8)_a$ che passano per il punto dato.

Con ciò è assegnata la legge di distribuzione degli assi di percossa nello spazio.

Analogamente, dalle equazioni $(4)_b$ si deduce

$$(9) \qquad p = \frac{x}{\varkappa + a^2\lambda}, \quad q = \frac{y}{\varkappa + b^2\lambda}, \quad r = \frac{z}{\varkappa + c^2\lambda}.$$

Ora se il punto $(x, y, z)$ si considera come un centro di permanenza, le sue coordinate debbono soddisfare all'equazione (6), la quale, in virtù delle formole $(4)_c$, si può scrivere più semplicemente così:

$$(6)_a \qquad p x + q y + r z = \frac{1}{\lambda};$$

quindi per un tal punto si ha

$$(9)_a \qquad \frac{x^2}{a^2 + \frac{\varkappa}{\lambda}} + \frac{y^2}{b^2 + \frac{\varkappa}{\lambda}} + \frac{z^2}{c^2 + \frac{\varkappa}{\lambda}} = 1.$$

Quest'equazione, in cui entra il parametro variabile $\frac{\varkappa}{\lambda}$, rappresenta un sistema di quadriche omofocali tra loro ed a quella d'equazione

$$\frac{x^2}{a^2} + \frac{y^2}{b^2} + \frac{z^2}{c^2} = 1.$$

D'altronde la direzione $(p, q, r)$ dell'asse permanente è identica, in virtù delle equazioni (9), a quella della normale alla quadrica $(9)_a$ sulla quale si trova il punto $(x, y, z)$. Dunque, poichè sono tre le quadriche del sistema $(9)_a$ che passano per ogni punto dello spazio e poichè esse vi si intersecano ad angoli retti, si ha il teorema seguente: Ogni punto dello spazio è centro di permanenza per tre distinti assi permanenti perpendicolari fra loro: questi tre assi sono le normali alle tre quadriche del sistema $(9)_a$ che passano per il punto dato.

Con ciò è assegnata la legge di distribuzione degli assi permanenti nello spazio.

Questa legge è notissima; non sembra che lo sia egualmente quella stabilita dianzi per gli assi di percossa, la quale, se può parere meno importante, è tuttavia così semplice da meritare d'essere menzionata insieme colla precedente.

Adottiamo, per comodo, le abbreviazioni seguenti:

$$p^2 + q^2 + r^2 = \theta^2,$$
$$u^2 + v^2 + w^2 = \omega^2,$$
$$a^2p^2 + b^2q^2 + c^2r^2 = H,$$
$$\frac{u^2}{a^2} + \frac{v^2}{b^2} + \frac{w^2}{c^2} = K,$$
$$a^4p^2 + b^4q^2 + c^4r^2 = L.$$

Sostituendo i valori $(4)_b$ nell'equazione $(6)_a$ si ha

$$\varkappa\,\theta^2 + \lambda\,H = \frac{1}{\lambda}:$$

quindi il centro di permanenza è definito dalle coordinate

$$(10)\qquad \begin{aligned} x &= \left\{(a^2\theta^2 - H)\,\lambda + \frac{1}{\lambda}\right\}\frac{p}{\theta^2},\\ y &= \left\{(b^2\theta^2 - H)\,\lambda + \frac{1}{\lambda}\right\}\frac{q}{\theta^2},\\ z &= \left\{(c^2\theta^2 - H)\,\lambda + \frac{1}{\lambda}\right\}\frac{r}{\theta^2}, \end{aligned}$$

Sostituendo invece i valori $(5)_b$ nell'equazione $(4)_a$ si ha

$$\mu\,\omega^2 + \nu\,K = 0:$$

quindi il centro di percossa è definito dalle coordinate

$$(11)\qquad \left\{\begin{aligned} x &= \nu\left(\frac{\omega^2}{a^2} - K\right)\frac{u}{\omega^2},\\ y &= \nu\left(\frac{\omega^2}{b^2} - K\right)\frac{v}{\omega^2},\\ z &= \nu\left(\frac{\omega^2}{c^2} - K\right)\frac{w}{\omega^2}. \end{aligned}\right.$$

Se nelle formole (10) si conservano costanti le quantità $p$, $q$, $r$, od anche solo i rapporti $p:q:r$, e si fa variare $\lambda$, si ottengono i varii centri di permanenza d'un fascio d'assi permanenti di direzione data. Il luogo di questi centri è una conica, i cui punti all'infinito corrispondono a $\lambda = 0$ ed a $\lambda = \infty$: questa conica è quindi un'iperbole equilatera il cui centro è il baricentro e i cui assintoti sono le due rette ortogonali

$$\frac{x}{p}=\frac{y}{q}=\frac{z}{r},\qquad \frac{x}{(a^2\theta^2-H)p}=\frac{y}{(b^2\theta^2-H)q}=\frac{z}{(c^2\theta^2-H)r},$$

la prima delle quali è la retta già designata con $E$, la seconda è la retta perpendicolare ad $E$ condotta per il baricentro nel piano (4).

Se nelle formole (11) si conservano costanti le quantità $u$, $v$, $w$, od anche solo i rapporti $u:v:w$, e si fa variare $\nu$, si ottengono i varii centri di percossa di un fascio d'assi di percossa di direzione data. Il luogo di questi centri è una retta, la quale evidentemente non è altro che l'intersezione dei due piani $(4)_a$ e (5) (per la definizione stessa di centro di percossa).

Perchè le formole (10) (11) rappresentino centri corrispondenti di permanenza e di percossa bisogna che le quantità $p$, $q$, $r$, $u$, $v$, $w$ sieno legate dalle relazioni $(4)_c$, $(5)_c$.

Le diverse formole fin quì stabilite permettono di determinare in ogni caso l'asse ed il centro di percossa quando è dato l'asse permanente, e viceversa. Vi è però una relazione metrica fra questi elementi che permette di stabilire direttamente il passaggio dall'uno all'altro, e che viene frequentemente invocata a tal uopo. Questa relazione, come primo avvertì il prof. TURAZZA, non è punto peculiare al caso che abbiamo considerato finora, al caso, cioè della simultanea sussistenza delle condizioni (1) e (2), ma ha un carattere più generale.

Per dimostrare questa proprietà supponiamo che, restando pur sempre il moto del solido equivalente ad una semplice rotazione, le quantità di moto generate non sieno più, in generale, riducibili a risultante unica, talchè, posto per brevità

$$a^2pu+b^2qv+c^2rw=s,$$

la quantità $s$ sia, in generale, diversa da zero. In tale supposizione le equazioni $(1)_a$ continuano a rappresentare l'asse di rotazione, che diventa una retta qualunque, ma le equazioni $(2)_a$ cessano di sussistere e sono surrogate dalle seguenti

$$(12)\qquad \begin{cases} a^2p+vz-wy=\dfrac{su}{\omega^2}, \\[2ex] b^2q+wx-uz=\dfrac{sv}{\omega^2}, \\[2ex] c^2r+uy-vx=\dfrac{sw}{\omega^2}, \end{cases}$$

che rappresentano l'asse centrale delle quantità di moto, il quale può essere, per semplicità, designato tuttavia col nome di asse d'impulso, ed è ancora perpendicolare all'asse di rotazione.

Da queste equazioni si deduce

$$(12)_a \qquad a^2 p x + b^2 q y + c^2 r z = \frac{s}{\omega^2}(u x + v y + w z)$$

quale equazione del piano condotto per l'asse d'impulso e per il baricentro, talchè, se si chiama *centro d'impulso* il punto in cui l'asse d'impulso incontra il piano normale $(4)_a$ passante per l'asse di rotazione e per il baricentro, si scorge che, per tutti gli assi di rotazione di direzione $(p, q, r)$, il centro d'impulso giace nel piano $(5)_a$, cioè nel piano diametrale dell'ellissoide centrale coniugato alla direzione suddetta. Questo piano non è più perpendicolare al piano $(4)_a$ e non contiene più gli assi d'impulso: questi, come i corrispondenti assi di rotazione, riempiono ora tutto lo spazio, ed i loro centri d'impulso riempiono tutto il piano $(5)_a$. Il piano condotto per l'asse d'impulso normalmente all'asse di rotazione è ancora rappresentato dall'equazione (6).

Moltiplicando ordinatamente le equazioni $(1)_a$ per $u, v, w$ e sommando, si ha

$$(13) \qquad \begin{vmatrix} x & y & z \\ p & q & r \\ u & v & w \end{vmatrix} - \omega^2 = 0.$$

Moltiplicando ordinatamente le equazioni (12) per $p, q, r$ e sommando, si ha

$$(14) \qquad \begin{vmatrix} x & y & z \\ p & q & r \\ u & v & w \end{vmatrix} + H = 0.$$

Quest'ultimo risultato è indipendente da $s$, e non differisce quindi da quello che si sarebbe ottenuto operando similmente sulle equazioni $(2)_a$, relative all'ipotesi $s = 0$. A questa circostanza è dovuta la generalità del teorema cui alludevamo e che ora procediamo a dimostrare.

Le due equazioni (13), (14) rappresentano due piani paralleli, condotti il primo per l'asse di rotazione, il secondo per l'asse d'impulso corrispondente. Si immagini un terzo piano, parallelo ai precedenti e condotto per il baricentro, piano la cui equazione è

$$\begin{vmatrix} x & y & z \\ p & q & r \\ u & v & w \end{vmatrix} = 0$$

e che evidentemente è sempre compreso fra quei due. Essendo

$$\begin{vmatrix} p & q & r \\ u & v & w \end{vmatrix}^2 = \theta^2\omega^2,$$

se si designano con $d$ e con $\delta$ le distanze assolute di quest'ultimo piano dal primo e dal secondo dei due piani (13), (14), si ha

$$d = \frac{\omega}{\theta}, \quad \delta = \frac{H}{\theta\,\omega}$$

donde

$$d\,.\,\delta = \frac{H}{\theta^2} = \frac{a^2p^2 + b^2q^2 + c^2r^2}{p^2 + q^2 + r^2} = e^2,$$

dove $e$ designa il raggio d'inerzia del sistema rispetto all'asse $E$, condotto per il baricentro parallelamente all'asse di rotazione. Si può dunque dire che la minima distanza $d + \delta$ dell'asse di rotazione dal corrispondente asse d'impulso è divisa dall'asse $E$ in due segmenti $d$ e $\delta$ tali che si ha sempre

$$(15) \qquad d\,.\,\delta = e^2,$$

dove $e$ è una quantità che dipende soltanto dalla direzione di $E$, cioè dai rapporti $p:q:r$. Il piede della perpendicolare $d + \delta$ sull'asse d'impulso è il centro d'impulso; il piede della stessa perpendicolare sull'asse di rotazione è un punto che il prof. TURAZZA chiama *centro di rotazione*, e che gode evidentemente della proprietà che, trasportando in esso tutte le quantità di moto, si ottiene una coppia di momento minore che per ogni altro punto dell'asse di rotazione.

La proprietà generale cui alludevamo è quella contenuta nell'equazione (15). Combinata colla proprietà che ha il centro d'impulso di trovarsi nell'intersezione dei due piani $(4)_a$, $(5)_a$, essa serve ad individuare in ogni caso la posizione di questo punto, a stabilire la reciprocità a due a due degli assi di rotazione paralleli, ecc.

Per determinare le coordinate del centro d'impulso, si osservi che dalle equazioni $(4)_a$, $(5)_a$ si hanno già le relazioni

$$\frac{x}{c^2rv - b^2qw} = \frac{y}{a^2pw - c^2ru} = \frac{z}{b^2qu - a^2pv},$$

cosicchè non rimane che da determinare il valore comune di questi tre rapporti nel detto punto. A tal fine basta ricordare che le coordinate di questo punto debbono soddisfare all'equazione (14), oppure alle equazioni (12). Nell'uno o nell'altro modo si trova

$$(16)\qquad \begin{cases} x = \dfrac{c^2 r\,v - b^2 q\,w}{\omega^2}, \\[2ex] y = \dfrac{a^2 p\,w - c^2 r\,u}{\omega}, \\[2ex] z = \dfrac{b^2 q\,u - a^2 p\,v}{\omega^2}. \end{cases}$$

Nell'ipotesi particolare $s = 0$, si può, coll'aiuto delle relazioni $(5)_c$, che son conseguenze di quest'ipotesi, eliminare dalle espressioni precedenti le $p$, $q$, $r$: si ricade allora sulle formole (11) relative al centro di percossa.

Il centro di rotazione si ottiene conducendo dal centro d'impulso una retta di direzione

$$(q\,w - r\,v, \quad r\,u - p\,w, \quad p\,v - q\,u),$$

la quale incontra necessariamente l'asse di rotazione nel punto cercato. Ora, in virtù delle formole (16), un punto qualunque di questa retta è rappresentato dalle coordinate

$$(17)\qquad \begin{cases} x = \dfrac{(c^2 + \rho)\,r\,v - (b^2 + \rho)\,q\,w}{\omega^2}, \\[2ex] y = \dfrac{(a^2 + \rho)\,p\,w - (c^2 + \rho)\,r\,u}{\omega^2}, \\[2ex] z = \dfrac{(b^2 + \rho)\,q\,u - (a^2 + \rho)\,p\,v}{\omega^2}, \end{cases}$$

dove $\rho$ è un parametro indeterminato. Per assegnare il valore che questo parametro assume nel punto cercato, basta ricordare che le coordinate di questo punto debbono soddisfare all'equazione (13), oppure alle equazioni $(1)_a$. Nell'uno o nell'altro modo si trova

$$(17)_a \qquad H + \omega^2 + \rho\,\theta^2 = 0,$$

talchè introducendo nelle formole (17) il valore di $\rho$ dato da questa relazione si hanno le coordinate dal centro di rotazione. Nell'ipotesi particolare $s = 0$, si può, coll'aiuto delle relazioni $(4)_c$, che sono conseguenze di quest'ipotesi, eliminare dalle espressioni precedenti le $u, v, w$: si ricade allora sulle formole (10) relative al centro di permanenza. [Ad agevolare tale riduzione è bene tener presente l'identità

$$\omega^2 = \lambda^2 (L\theta^2 - H^2)$$

che segue dalle equazioni $(4)_c$].

Abbiamo già veduto che i centri d'impulso relativi ad assi di rotazione paralleli stanno tutti in un piano, cioè nel piano $(5)_a$. Cerchiamo ora il luogo dei centri di rotazione corrispondenti.

Dalle equazioni (17) si deduce

$$(a^2 + \rho) p x + (b^2 + \rho) q y + (c^2 + \rho) r z = 0,$$

ossia, per la relazione $(17)_a$,

$$(18) \qquad \theta^2 (a^2 p x + b^2 q y + c^2 r z) - (H + \omega^2)(p x + q y + r z) = 0.$$

È questa l'equazione del piano passante per il centro di rotazione (17) e per la retta comune ai due piani

$$a^2 p x + b^2 q y + c^2 r z = 0, \quad p x + q y + r z = 0,$$

retta che diremo $F$, e che è al tempo stesso perpendicolare alla retta $E$ e coniugata ad essa nell'ellissoide centrale, talchè la sua direzione è quella degli assi di percossa corrispondenti agli assi permanenti di direzione $E$. I coefficienti dell'equazione (18) non dipendono che dai rapporti $p : q : r : \omega$. Ora il centro di rotazione giace anche sull'asse di rotazione, epperò le sue coordinate soddisfanno alle equazioni $(1)_a$; e poichè queste danno

$$\omega^2 = \begin{vmatrix} p & q & r \\ x & y & z \end{vmatrix}^2$$

ossia

$$(18)_a \qquad \omega^2 = \theta^2 (x^2 + y^2 + z^2) - (p x + q y + r z)^2,$$

è chiaro che eliminando $\omega^2$ fra le due equazioni (18) e $(18)_a$ si avrà l'equazione del luogo cercato.

Dunque il luogo geometrico dei centri di rotazione d'un sistema d'assi paralleli è rappresentato dall'equazione

$$(19) \qquad \begin{aligned} \{H + \theta^2 (x^2 + y^2 + z^2) - (p x + q y + r z)^2\} (p x + q y + r z) \\ - \theta^2 (a^2 p x + b^2 q y + c^2 r z) = 0, \end{aligned}$$

ed è quindi una superficie di terz'ordine.

Si rileva agevolmente la disposizione e la struttura di questa superficie, considerandola sotto l'aspetto in cui ci si è presentata, cioè come luogo delle successive intersezioni delle due superficie (18) e $(18)_a$, per $\omega$ variabile da 0 ad $\infty$. La prima di queste superficie è, come già notammo, un piano mobile intorno alla retta $F$: quando $\omega = 0$, questo piano, la cui equazione diventa

$$(18)_b \quad \theta^2(a^2 p x + b^2 q y + c^2 r z) - H(p x + q y + r z) = 0,$$

contiene la retta $E$; quando $\omega = \infty$, nel qual caso l'equazione diventa

$$(18)_c \quad p x + q y + r z = 0,$$

il piano è invece perpendicolare alla stessa retta $E$. La superficie $(18)_a$ è cilindrica, a sezione retta circolare, e precisamente è il luogo di tutti gli assi di rotazione paralleli alla retta $E$ ed aventi da questa retta una medesima distanza $\frac{\omega}{\theta}$ $(= d)$. Per $\omega = 0$ essa si riduce a due piani immaginarii aventi a comune la retta reale $E$; i quali due piani, insieme col piano $(18)_c$, costituiscono [come risulta dall'equazione (19)] il cono assintotico della superficie di terz'ordine.

Di quì risulta che, per $\omega = 0$, l'intersezione del piano (18) colla quadrica $(18)_a$ è la retta $E$ contata due volte, cosicchè questa retta giace per intero sulla cubica ed il piano $(18)_b$ è tangente a questa in tutti i punti della retta stessa, il cui punto all'infinito è un punto biplanare della cubica. Per $\omega$ crescente da 0 ad $\infty$ l'intersezione è un'ellisse che, dapprima infinitamente allungata, va successivamente deformandosi per guisa che, mentre l'asse minore, sempre diretto secondo la retta $F$ (la quale giace per intero sulla cubica), va costantemente aumentando, l'asse maggiore, dapprima decrescente, torna a crescere insieme coll'altro e tende ad avere con esso il rapporto 1, che è raggiunto soltanto quando ambidue sono infiniti.

Il baricentro giace sulla cubica ed è centro di essa. Il piano

$$(18)_d \quad (b^2 - c^2) q r x + (c^2 - a^2) r p y + (a^2 - b^2) p q z = 0,$$

normale ai due precedenti $(18)_b$ e $(18)_c$, contiene tutti gli assi maggiori delle ellissi generatrici ed è un piano di simmetria della superficie. Esso non è altro che il piano (4) in cui giaciono gli assi permanenti di direzione $E$.

Per ridurre a forma più semplice l'equazione (19) e per mettere in evidenza una proprietà importante della cubica, consideriamo i tre piani ortogonali rappresentati dalle equazioni $(18)_b$, $(18)_c$, $(18)_d$.

Nella prima di queste equazioni la somma dei quadrati dei coefficienti è $=\theta^2(L\theta^2-H^2)$, nella seconda è $=\theta^2$, nella terza è $=L\theta^2-H^2$. Se dunque si pone

$$(20)\quad \begin{cases} \dfrac{(b^2-c^2)\,q\,r\,x+(c^2-a^2)\,r\,p\,y+(a^2-b^2)\,p\,q\,z}{\sqrt{L\theta^2-H^2}}=\xi, \\[2ex] \dfrac{\theta^2(a^2p\,x+b^2q\,y+c^2r\,z)-H(p\,x+q\,y+r\,z)}{\theta\sqrt{L\theta^2-H^2}}=\eta, \\[2ex] \dfrac{p\,x+q\,y+r\,z}{\theta}=\zeta, \end{cases}$$

le quantità $\xi$, $\eta$, $\zeta$ si possono considerare come le coordinate del punto qualunque $(x, y, z)$ rispetto ai tre nuovi piani coordinati $\xi=0$, $\eta=0$, $\zeta=0$. I coseni delle due terne sono dati dal quadro:

| | $x$ | $y$ | $z$ |
|---|---|---|---|
| $\xi$ | $\dfrac{(b^2-c^2)\,q\,r}{\sqrt{L\theta^2-H^2}}$ | $\dfrac{(c^2-a^2)\,r\,p}{\sqrt{L\theta^2-H^2}}$ | $\dfrac{(a^2-b^2)\,p\,q}{\sqrt{L\theta^2-H^2}}$ |
| $\eta$ | $\dfrac{(a^2\theta^2-H)\,p}{\theta\sqrt{L\theta^2-H^2}}$, | $\dfrac{(b^2\theta^2-H)\,q}{\theta\sqrt{L\theta^2-H^2}}$, | $\dfrac{(c^2\theta^2-H)\,r}{\theta\sqrt{L\theta^2-H^2}}$ |
| $\zeta$ | $\dfrac{p}{\theta}$ | $\dfrac{q}{\theta}$ | $\dfrac{r}{\theta}$ |

il quale permette di esprimere immediatamente le $x$, $y$, $z$ in funzione delle $\xi$, $\eta$, $\zeta$. Per lo scopo nostro basta far uso della relazione

$$x^2+y^2+z^2=\xi^2+\eta^2+\zeta^2$$

e delle (20), mercè le quali l'equazione (19) si riduce subito alla forma semplice

$$(20)_a\qquad \theta^2(\xi^2+\eta^2)\,\zeta-\eta\sqrt{L\theta^2-H^2}=0.$$

Scrivendo quest'equazione nella forma

$$\xi^2+\left(\eta-\frac{\sqrt{L\theta^2-H^2}}{2\,\theta^2\,\zeta}\right)^2=\left(\frac{\sqrt{L\theta^2-H^2}}{2\,\theta^2\,\zeta}\right)^2,$$

si scorge che le sezioni fatte nella cubica dai piani $\zeta = costante$, cioè dai piani perpendicolari agli assi di rotazione, sono circonferenze che hanno i loro centri sull' iperbole equilatera

$$\xi = 0, \quad \eta \zeta = \frac{\sqrt{L\theta^2 - H^2}}{2\theta^2}$$

e che sono tangenti al piano $\eta = 0$. L'esistenza di queste sezioni circolari è una conseguenza necessaria del fatto che tutte le superficie cilindriche $(18)_a$ contengono i punti ciclici del piano $\zeta = 0$. Questi punti ciclici sono punti doppii della cubica.

Dall'essere un' iperbole equilatera la linea dei centri delle suddette circonferenze segue che sono pure iperbole equilatere le sezioni della cubica coi piani passanti per la retta $E$ (prescindendo da questa retta stessa). Quella, fra queste iperboli, che giace nel piano di simmetria $\xi = 0$, è stata già incontrata precedentemente come luogo dei centri di permanenza degli assi permanenti di direzione $E$.

Colle nuove coordinate $\xi$, $\eta$, $\zeta$ l'equazione del piano $(5)_a$, in cui stanno tutti i centri d'impulso, diventa

$$\eta \sqrt{L\theta^2 - H^2} + H\zeta = 0. \tag{21}$$

Le due superficie $(20)_a$ e (21) non hanno in comune altri punti reali che quelli della retta $\eta = \zeta = 0$, cioè della retta $F$.

Se fra le coordinate di due punti $(\xi, \eta, \zeta)$, $(\xi', \eta', \zeta')$ dello spazio si pongono le relazioni

$$\xi' = -\frac{H\xi}{\theta^2(\xi^2 + \eta^2)}, \quad \eta' = -\frac{H\eta}{\theta^2(\xi^2 + \eta^2)}, \quad \zeta' = \zeta,$$

si ottiene una corrispondenza univoca involutoria, in cui la cubica $(20)_a$ ed il piano (21) sono superficie corrispondenti. La cubica $(20)_a$ viene così ad essere rappresentata sul piano (21) in guisa che ogni punto della cubica, considerato come centro di rotazione, è rappresentato dal corrispondente centro d'impulso, e viceversa. Questa correlazione non è, in fondo, che quella da cui dipende la reciprocità a due a due degli assi di rotazione paralleli.

Si potrebbero trattare, in modo analogo, altre questioni relative a luoghi geometrici di centri d'impulso: ma preferiamo rimandare il lettore ai lavori del prof. TURAZZA, il quale ha considerato parecchi casi dei più importanti. Ci limitiamo ad aggiungere alcune formole, ricavate dalle precedenti, ed atte ad agevolare queste ricerche.

Designiamo con $x$, $y$, $z$ le coordinate di un punto qualunque dell'asse di rotazione e con $x_1$, $y_1$, $z_1$ quelle del corrispondente centro d'impulso. Queste ultime si possono considerare come individuate dalle tre equazioni $(5)_a$, $(4)_a$ e (14). Se dalla seconda e terza di queste si eliminano le $u$, $v$, $w$ mediante le equazioni $(1)_a$ si hanno dunque, fra le $x_1$, $y_1$, $z_1$ le tre equazioni

$$(22)\quad \left\{\begin{array}{l} a^2 p\, x_1 + b^2 q\, y_1 + c^2 r\, z_1 = 0, \\ \begin{vmatrix} x_1 & y_1 & z_1 \\ p & q & r \\ x & y & z \end{vmatrix} = 0, \quad \begin{Vmatrix} p & q & r \\ x & y & z \end{Vmatrix} \begin{Vmatrix} p & q & r \\ x_1 & y_1 & z_1 \end{Vmatrix} + H = 0. \end{array}\right.$$

Ora le due prime danno, designando con $\sigma$ una indeterminata,

$$x_1 = \sigma(p\Theta - Hx), \quad y_1 = \sigma(q\Theta - Hy), \quad z_1 = \sigma(r\Theta - Hz),$$

dove per brevità si è posto

$$\Theta = a^2 p\, x + b^2 q\, y + c^2 r\, z.$$

Sostituendo questi valori nella terza equazione (22) si trova

$$\sigma = \frac{1}{\begin{Vmatrix} p & q & r \\ x & y & z \end{Vmatrix}^2},$$

epperò si hanno queste nuove espressioni delle coordinate del centro d'impulso

$$(23)\quad \left\{\begin{array}{l} x_1 = \dfrac{p\Theta - Hx}{\begin{Vmatrix} p & q & r \\ x & y & z \end{Vmatrix}^2}, \\[2ex] y_1 = \dfrac{q\Theta - Hy}{\begin{Vmatrix} p & q & r \\ x & y & z \end{Vmatrix}^2}, \\[2ex] z_1 = \dfrac{r\Theta - Hz}{\begin{Vmatrix} p & q & r \\ x & y & z \end{Vmatrix}^2}, \end{array}\right.$$

mediante le quali il detto punto è determinato dalla direzione dell'asse di rotazione e dalle coordinate di un punto qualunque di quest'asse.

Se, per esempio, questo punto fosse il centro di rotazione, l'equazione (19) rappresenterebbe, considerandovi le $x$, $y$, $z$ come costanti e le $p$, $q$, $r$ come coordinate di un punto riferito ad assi condotti per $(x, y, z)$ parallelamente ai primitivi, il cono (di terz'ordine) costituito da tutti gli assi di rotazione che hanno il centro nel punto arbitrario $(x, y, z)$. Per ciascun sistema di valori dei rapporti $p:q:r$ soddisfacenti a tale equazione, cioè per ciascuna generatrice di questo cono considerata come asse di rotazione, le formole (23) darebbero quindi il corrispondente centro di impulso.

Le tre equazioni (22) possono anche servire all'eliminazione dei rapporti $p:q:r$. Il risultato di questa eliminazione può essere posto sotto la forma seguente

$$(24)\quad \begin{vmatrix} a^2x & b^2y & c^2z \\ a^2x_1 & b^2y_1 & c^2z_1 \end{vmatrix}\begin{Vmatrix} x & y & z \\ x_1 & y_1 & z_1 \end{Vmatrix} + \begin{vmatrix} x & y & z \\ x_1 & y_1 & z_1 \end{vmatrix}^2 (a^2xx_1 + b^2yy_1 + c^2zz_1) = 0$$

e costituisce una relazione simmetrica fra le coordinate $x$, $y$, $z$ d'un punto qualunque d'un asse di rotazione e le coordinate $x_1$ $y_1$ $z_1$ del centro d'impulso relativo a quest'asse.

Quando $(x_1, y_1, z_1)$ è un punto dato, la precedente equazione rappresenta la superficie rigata luogo degli assi di rotazione che hanno in quel punto il centro d'impulso. Questa superficie di terzo ordine fu già incontrata dal prof. TURAZZA nelle prelodate sue ricerche: la forma sotto cui si presenta quì la sua equazione ci permette di precisarne più da vicino la natura.

Osserviamo primieramente che l'equazione (24) si può considerare come risultante dall'eliminazione d'un parametro $k$ fra le due equazioni

$$(24)_a\quad \begin{cases} a^2xx_1 + b^2yy_1 + c^2zz_1 = k, \\ \begin{vmatrix} a^2x & b^2y & c^2z \\ a^2x_1 & b^2y_1 & c^2z_1 \end{vmatrix}\begin{Vmatrix} x & y & z \\ x_1 & y_1 & z_1 \end{Vmatrix} + k\begin{vmatrix} x & y & z \\ x_1 & y_1 & z_1 \end{vmatrix}^2 = 0. \end{cases}$$

La seconda di queste, ossia l'equazione

$$(b^2c^2 + k)(yz_1 - zy_1)^2 + (c^2a^2 + k)(zx_1 - xz_1)^2 + (a^2b^2 + k)(xy_1 - yx_1)^2 = 0$$

può scriversi in questo modo.

$$\begin{vmatrix} \dfrac{x}{\sqrt{b^2c^2 + k}} & \dfrac{y}{\sqrt{c^2a^2 + k}} & \dfrac{z}{\sqrt{a^2b^2 + k}} \\ \dfrac{x_1}{\sqrt{b^2c^2 + k}} & \dfrac{y_1}{\sqrt{c^2a^2 + k}} & \dfrac{z_1}{\sqrt{a^2b^2 + k}} \end{vmatrix}^2 = 0,$$

e però equivale alla seguente:

(24)$_b$
$$\left(\frac{x^2}{b^2c^2+k}+\frac{y^2}{c^2a^2+k}+\frac{z^2}{a^2b^2+k}\right)\left(\frac{x_1^{\ 2}}{b^2c^2+k}+\frac{y_1^{\ 2}}{c^2a^2+k}+\frac{z_1^{\ 2}}{a^2b^2+k}\right)$$
$$-\left(\frac{xx_1}{b^2c^2+k}+\frac{yy_1}{c^2a^2+k}+\frac{zz_1}{a^2b^2+k}\right)^2=0.$$

Sotto quest' ultima forma essa rappresenta la coppia dei piani tangenti condotti dal punto fisso $(x_1, y_1, z_1)$ al cono quadrico

(24)$_c$
$$\frac{x^2}{b^2c^2+k}+\frac{y^2}{c^2a^2+k}+\frac{z^2}{a^2b^2+k}=0;$$

mentre la prima delle due equazioni (24)$_a$ rappresenta un piano parallelo al piano diametrale dell' ellissoide d' inerzia

(25)
$$a^2xx_1+b_1^{\ 2}yy_1+c^2zz_1=0$$

coniugato colla retta

(25)$_a$
$$\frac{x}{x_1}=\frac{y}{y_1}=\frac{z}{z_1}$$

che passa per il baricentro e per il centro d' impulso $(x_1, y_1, z_1)$, retta che è comune a ciascuna coppia di piani (24)$_b$. Dunque la superficie di terz' ordine (24) è una superficie gobba a piano direttore, che ha la retta (25)$_a$ per direttrice doppia e la retta all' infinito del piano (25) per direttrice semplice; cioè gli assi di rotazione che hanno il centro d' impulso in un punto dato sono tutti paralleli al piano diametrale dell' ellissoide d' inerzia coniugato al diametro che passa per questo punto e si appoggiano tutti a questa retta, da ogni punto della quale se ne spiccano due.

Il sistema di coni quadrici omofocali (24)$_c$ è identico al sistema (8)$_a$, poichè si passa dall' equazione dell' uno a quella dell' altro ponendo

$$k=\frac{a^2b^2c^2\mu}{\nu}.$$

Fra questi coni ve ne sono due, ortogonali fra loro, che passano per il punto $(x\ , y_1, z_1)$: essi corrispondono alle due radici (sempre reali) $k'$ e $k''$ dell' equazione quadratica

$$\frac{x_1^{\ 2}}{b^2c^2+k}+\frac{y_1^{\ 2}}{c^2a^2+k}+\frac{z_1^{\ 2}}{a^2b^2+k}=0.$$

Le normali a questi due coni nel detto punto sono, come abbiamo

già veduto, gli assi di percossa che hanno ivi il loro centro di percossa. I piani tangenti agli stessi coni sono evidentemente i piani doppii dell'involuzione costituita dalle coppie $(24)_b$, e gli assi di rotazione contenuti in questi piani [assi ciascun dei quali conta per due, in quanto si considera come sezione della superficie col corrispondente piano $(24)_a$] sono gli assi permanenti cui corrispondono gli anzidetti assi di percossa.

Pongasi per brevità

$$(b^2c^2+k)(c^2a^2+k)(a^2b^2+k)=f(k), \qquad \frac{x\,x_1}{b^2c^2+k}+\frac{y\,y_1}{c^2a^2+k}+\frac{z\,z_1}{a^2b^2+k}=\Pi.$$

Le equazioni dei piani doppii sono $(24)_b$, (26)

$$\Pi'=0, \qquad \Pi''=0,$$

dove l'accento semplice o doppio designa la sostituzione $k=k'$ o $k=k''$. Questi due piani sono ortogonali. Si trova facilmente l'identità

$$\left|\begin{matrix} a^2x & b^2y & c^2z \\ a^2x_1 & b^2y_1 & c^2z_1 \end{matrix}\right\| \begin{matrix} x & y & z \\ x_1 & y_1 & z_1 \end{matrix}\right| + k\left|\begin{matrix} x & y & z \\ x_1 & y_1 & z_1 \end{matrix}\right|^2$$

$$=\frac{(k''-k)\,f(k')\,\Pi'^2+(k-k')\,f(k'')\,\Pi''^2}{k'-k''},$$

dalla quale risulta che l'involuzione $(24)_b$ è egualmente rappresentata dall'equazione

$$(k''-k)\,f(k')\,\Pi'^2+(k-k')\,f(k'')\cdot\Pi''^2=0.$$

Le due quantità $f(k')$, $f(k'')$ sono di segno contrario: quindi i due piani rappresentati da quest'equazione non sono reali che quando $k$ è compreso nell'intervallo fra $k'$ e $k''$.

Sia ora $\rho$ la distanza del baricentro da un punto qualunque $(x, y, z)$ della retta $(25)_a$, e sia $\rho_1$ il valore di $\rho$ per il punto $(x_1, y_1, z_1)$. Si ha

$$\frac{x}{x_1}=\frac{y}{y_1}=\frac{z}{z_1}=\frac{\rho}{\rho_1},$$

epperò $(24)_a$

$$k=\frac{a^2x_1^2+b^2y_1^2+c^2z_1^2}{\rho_1^2}\,\rho\,\rho_1=e_1^2\,\rho\,\rho_1,$$

dove $e_1$ è il raggio d'inerzia del corpo intorno alla retta $(25)_a$. I punti di questa retta dai quali partono assi di rotazione reali, col centro d'impulso in $(x_1, y_1, z_1)$, sono quelli pei quali $\rho$ è compreso fra

$$\frac{k'}{e_1^2\rho_1} \quad \text{e} \quad \frac{k''}{e_1^2\rho_1};$$

questi valori di $\rho$ sono amendue di segno contrario a $\rho_1$, perchè le radici $k'$ e $k''$ sono negative, quindi i detti punti formano un segmento finito, di lunghezza

$$=\frac{k'-k''}{e_1^2\rho_1}$$

situato dalla parte opposta del dato centro d'impulso rispetto al baricentro. Gli estremi di questo segmento sono i punti cuspidali della superficie gobba. Da ciascuno di essi parte una sola generatrice, che è un asse permanente: i piani passanti per la direttrice e per queste due generatrici sono perpendicolari fra loro. Da ogni punto intermedio del segmento partono due generatrici, cioè due assi di rotazione, i cui piani sono egualmente inclinati sui due piani precedenti. Fuori del segmento non esiste alcun asse di rotazione reale che abbia il centro d'impulso nel punto dato.

Essendo l'equazione (24) simmetrica rispetto alle due terne di coordinate $x$, $y$, $z$ ed $x_1$, $y_1$, $z_1$, la superficie gobba testè considerata è anche il luogo dei centri d'impulso di tutti gli assi di rotazione che passano per il punto $(x_1, y_1, z_1)$; e poichè il centro d'impulso d'un asse di rotazione è sempre nel piano passante per quest'asse e per il baricentro, ne segue che ogni generatrice della superficie gobba è il luogo dei centri d'impulso di tutti gli assi di rotazione che passano per il punto $(x_1, y_1, z_1)$ e che giaciono nel piano determinato da quella generatrice e dalla direttrice doppia. È sotto questo aspetto che la detta superficie si è presentata al professore TURAZZA.

La superficie in discorso è anche analoga (benchè più generale) a quella considerata dal signor BALL e denominata *cilindroide* dal signor CAYLEY.

L'intervento di queste superficie di terz'ordine, dotate di proprietà meccaniche, è uno dei fatti che dovrebbero maggiormente invogliare gli studiosi ad estendere ed approfondire questo genere di questioni.

Pavia, febbrajo 1881.

# INTORNO AD UN TESTAMENTO INEDITO

DI

# NICOLÒ TARTAGLIA

Nel novembre del 1879 il Ch.$^{mo}$ Sig. Comm. Prof. Luigi Cremona avendomi gentilmente invitato a dare qualche comunicazione pel presente volume, accettai ben volentieri quest'onorevole invito, lietissimo di potermi così associare ad illustri scienziati nell'onorare la memoria del compianto P. Domenico Chelini al quale mi strinse per circa sei lustri la più soave amicizia. Offro per tanto come un tenue attestato della mia riconoscenza un testamento inedito di Nicolò Tartaglia, celebre matematico Bresciano, morto nel giorno 13 di dicembre del 1557. Intorno a questo testamento, del quale due esemplari non interamente identici, sono riportati più oltre, parmi opportuno il dare qui appresso alcune notizie.

Nella prima sala del R. Archivio Notarile di Venezia, situato nel Campo detto de' Frari sotto il civico numero 3002, trovasi una vetrina, lunga 3 metri, alta 1 metro, che racchiude sol tanto documenti eminentemente storici. Questa vetrina è divisa in 6 scompartimenti, ciascuno de' quali è di 1 metro e 50 centimetri, e nel secondo de' quali si conserva un foglio alto 215 millimetri, largo 312 millimetri, le cui prime due pagine contengono l'originale d'un testamento di Nicolò Tartaglia, celebre matematico del secolo decimosesto, nativo di Brescia, de' 10 di dicembre del 1557. Un *fac simile* eseguito dal Sig. Alarico Carli di tutto ciò che trovasi scritto in questo foglio è riprodotto più oltre in autolitografia. La terza pagina dello stesso foglio è interamente bianca. Nella pagina 4ª del foglio medesimo si legge:

« MDLVII. Die Veneris
» Decimo m(ensi)s Xbris
» Testamentum. D. Nicolai
» Tartalea Doctoris Ma-
» thematicar(um) .q. d. Mi-
» chaelis de Brixia, de
» quo rogatus fui ego
» Rochus de Benedictis
» .q. d. Antonij pub.cus
» Venetiar(um) auct.e Not.s
» sub die sup.ta

» obijt, Die Lune hora
» septima Noctis: xiij.
» Xbris sup.ta. »

Questa nota dimostra che il suddetto Nicolò Tartaglia morì a sette ore della notte dal lunedì 13 al martedì 14 dicembre del 1557 (1). Quindi è chiaro 1.° che erroneamente Guglielmo Libri (2), Giovanni Cristiano Poggendorff (3), il Sig. Odoardo Merlieux (4), il D.r Ermanno Hankel (5), ed altri (6), lo dissero morto nel 1559; 2.° ch'errò an-

(1) Dal 18 aprile al 13 dicembre del 1557 correndo 240 giorni, cioè 34 settimane e 2 giorni, ed il primo de' medesimi 240 giorni essendo stata la Domenica di Pasqua (L'ART || DE VÉRIFIER LES DATES, ecc. PAR UN RELIGIEUX DE LA CONGRÉGATION DE SAINT MAUR, || Réimprimé, ecc. Par M. DE SAINT-ALLAIS, ecc. TOME PREMIER || A PARIS, ecc. 1818, pag. 213, col. 16, lin. 2), il 240°, cioè il 13 dicembre fu un lunedì, come si legge nella nota riportata di sopra.

(2) HISTOIRE || DES || SCIENCES MATHÉMATIQUES || EN ITALIE, ecc. PAR GUILLAUME LIBRI. || TOME TROISIÈME. || A PARIS, || CHEZ JULES RENOUARD ET C.ie, LIBRAIRES, || RUE DE TOURNON, N° 6. || 1840, pag. 157, lin. 14—15. — HISTOIRE || DES || SCIENCES MATHÉMATIQUES || EN ITALIE, ecc. PAR || GUILLAUME LIBRI. || TOME TROISIÈME. || DEUXIÈME ÉDITION. || HALLE a/s., || H. W. SCHMIDT. || 1865, pag. 157, lin. 14—15.

(3) BIOGRAPHISCH-LITERARISCHES || HANDWÖRTERBUCH || ZUR GESCHICHTE || DER EXACTEN WISSENSCHAFTEN, ecc. GESAMMELT || VON || J. C. POGGENDORFF, ecc. ZWEITER BAND. || M-Z || LEIPZIG. 1863 || VERLAG VON JOHANN AMBROSIUS BARTH, col. 1069, lin. 32—39.

(4) NOUVELLE || BIOGRAPHIE GÉNÉRALE, ecc. Tome Quarante-Quatrième, ecc. M DCCC LXV, col. 887, lin. 23—24, articolo « TARTAGLIA (*Nicolò*) », firmato (col. 896, lin. 20): « E. MERLIEUX ».

(5) ZUR GESCHICHTE DER MATHEMATIK || IN || ALTERTHUM UND MITTELALTER. || VON || DR. HERMANN HANKEL, || WEIL. ORD. PROFESSOR DER MATH. AN DER UNIVERSITÄT ZU TÜBINGEN. || LEIPZIG, || DRUCK UND VERLAG VON B. G. TEUBNER. || 1874, pag. 366, lin. 34—36, pag. 367, lin. 1—2.

(6) NUOVA || ENCICLOPEDIA || POPOLARE ITALIANA, ecc. QUARTA EDIZIONE || interamente riveduta ed accresciuta di più migliaja di articoli e di molte incisioni sì in legno che in rame. || VOLUME VIGESIMOSECONDO. || TORINO || DALLA SOCIETÀ L'UNIONE TIPOGRAFICO-EDITRICE || Via Carlo Alberto, N. 33, casa Pomba || 1865, pag. 602, col. 1, lin. 16—17, Dispensa 464, Tannico acido—Tartaro stibiato.

che Olry Terquem dicendolo morto nei 1556 (¹); 3.° che più lungi dal vero andarono Nicolò Comneno Papadopoli (²) e Cristoforo Saxe (³) dicendolo morto nel 1560, Giorgio Mattia König affer-

---

(¹) BULLETIN || DE || BIBLIOGRAPHIE, D'HISTOIRE || ET DE || BIOGRAPHIE MATHÉMATIQUES, || PAR M. TERQUEM, ecc. TOME DEUXIÈME. || PARIS, || MALLET-BACHELIER, IMPRIMEUR LIBRAIRE || DU BUREAU DES LONGITUDES, DE L'ÉCOLE IMPÉRIALE POLYTECHNIQUE, || Quai des Augustins, 55. || 1856, pag. 196, lin. 3—4. Décembre 1856.

(²) Nella sua « HISTORIA GYMNASII PATAVINI », ecc. si legge (NICOLAI COMNENI || PAPADOPOLI || HISTORIA || GYMNASII PATAVINI, ecc. TOMUS II. || VENETIIS, MDCCXXVI, ecc. pag. 211, lin. lunghe 13—14, 40):

« Ibi per senex decessit, ut habet Rubeus, ex quo sua Ghilinus habet (2), anno
» MDLX.
» (2) Theatr. Vol. 2. q. 200. & seq. »

Nell'opera intitolata « ELOGI || HISTORICI || DI || BRESCIANI || ILLUSTRI || TEATRO || » DI || OTTAVIO || ROSSI || IN BRESCIA CŌ PRIVILEGIO || PER BARTOLOMEO FONTANA » CON LICENZA DE' SVPERIORI MDCXX », presso le linee 7—8 della pagina 386, nelle quali incomincia l'articolo « Nicolò Tartaglia », trovasi nel margine laterale esterno « 1560 ». Girolamo Ghilini parlando di Nicolò Tartaglia dice (TEATRO || D'HVOMINI || LETTERATI || Aperto || DALL'ABBATE || GIROLAMO GHILINI || Academico Incognito. || *VOLVME SECONDO.* || IN VENETIA, Per li Guerigli, MDCXLVII. || Con Licenza de' Superiori, & Priuilegio, pag. 201, lin. 2—4):

« *Fio-*
» *rì egli circa gli anni* 1560, *e morì in Vinezia, sdegnato in vn certo modo di finir la*
» *vita nella sua Patria, per causa d'alcuni disgusti in essa hauuti.* »

Leonardo Cozzando dà termine al suo articolo relativo al medesimo Nicolò Tartaglia scrivendo (DELLA || LIBRARIA || BRESCIANA, || NVOVAMENTE APERTA || *DA* || LEONARDO COZZANDO. || *PARTE PRIMA*, ecc. IN BRESCIA M.DC.LXXXV. || Per Gio: Maria Rizzardi, || *Con Licenza de' Sup.*, pag. 273, lin. 4—6):

« Fiorì
» circa gli anni 1560. & hebbe sepoltura
» in Venetia. »

Nella PARS QUARTA del « THEATRUM || VIRORUM || ERUDITIONE || CLARORUM » di Paolo Freher, si legge (D. PAULI FREHERI || Med. Norib. || THEATRUM || VIRORUM || ERUDITIONE, || CLARORUM, ecc. *NORIBERGÆ*, || Impensis Johannis Hofmanni, || *&* *Typis* || Hæredum Andreæ Knorzii. || *MDCLXXXVIII*, pag. 1459, col. 2, lin. 32, margine laterale interno, lin. 2—3):

« NICOLAUS TARTALEA. Obiit A. C.
» 1560 ».

Dopo avere avvertito che Nicolò Tartaglia dimorò in Venezia, il Freher soggiunge (THEATRUM || VIRORUM || ERUDITIONE, || CLARORUM, ecc., pag. 1459, col. 2, lin. 39—40):

« Ibidem obiit
» circa A. C. 1560. »

(³) Nel suo « ONOMASTICON LITERARIVM » si legge (CHRISTOPHORI SAXI || ONOMASTICON LITERARIVM, ecc. PARS TERTIA. || *TRAIECTI AD RHENUM*, ecc. MDCCLXXX, pag. 213, col. 2, lin. 1—2, col. 3, lin. 5—7):

« circa *Nicolaus* TARTALEA (vulgo: *Tar-*
» 1540. *taglia,*) Brixianus Mathematicus
» insignis. Θ. 1560. »

mando (¹) ch'egli morì nel 1566, e Giovanni Battista Chiaramonti scrivendo, in una sua lettera stampata nel 1784 (²), ch'egli morì in principio del secolo decimosettimo. (³)

Il Sig. D.ʳ Luigi Bittanti, in un suo discorso pubblicato nel 1871 (⁴), afferma che non si ha precisa notizia del tempo nel quale

(¹) « TARTALEA (Nicol.) Brixianus, Anno || 1566. mortuus est. » (BIBLIOTHECA || VETUS ET NOVA, || *in qua* || Hebræorum, ecc. *Patria, Ætas, Nomina, Libri,* ecc. recensentur & exhibentur || *à* || GEORGIO MATTHIA KÖNIGIO, ecc. ALTDORFI, ecc. TYPIS HENRICI MEYERI, *Typographi Acad.* || ANNO *cIɔ cIɔ LXXVIII*, ecc., pag. 792, col. 1, lin. 34—35).

(²) Questa lettera occupa le pagine 3—38 d'un opuscolo intitolato « NOTIZIE || » Intorno alla Vita ed agli Scritti || *DEL PADRE* || FRANCESCO TERZI LANA, || PATRIZIO » BRESCIANO, || GESUITA, || Estratte dalle serie degli Scrittori || d'Italia || *DEL CONTE* || » GIAMMARIA MAZZUCHELLI || PATRIZIO BRESCIANO. || Con una Lettera di G. C. Citta- » dino || Bresciano intorno allo stesso P. || Lana primo Inventore della || Barca volan- » te, || *Ed agli altri più celebri Filosofi,* || *e Matematici Bresciani* », contenuto in 132 pagine, delle quali le 1ª, 2ª non sono numerate, e le 3ª—132ª sono numerate 3—132, che formano i fogli K—Y, cioè l'opuscolo VI ed ultimo del volume intitolato « NUOVA » RACCOLTA || D' OPUSCOLI || SCIENTIFICI || E FILOLOGICI || *TOMO QUARANTESIMO*, ecc. » IN BRESCIA, || VENEZIA, MDCCLXXXIV ». ecc. La lettera medesima ha nella 38ª di queste 132 pagine, numerata 36 (lin. 3—5), le seguenti data e firma:

« Di Brescia li 7 Aprile 1784.
» Vostro Affezionatiss. Obblig. Amico
» G. B. C. »,

ove G. B. C. indica il nome e la patria di GIOVANNI BATTISTA CHIARAMONTI (NUOVA RACCOLTA || D' OPUSCOLI || SCIENTIFICI || E FILOLOGICI || *TOMO QUARANTESIMO*, ecc., pag. XXI, lin. 3—12.—BIBLIOTECA || BRESCIANA || *OPERA POSTUMA* || DI || VINCENZO PERONI || PATRIZIO BRESCIANO || VOLUME I. || BRESCIA || PER NICOLÒ BETTONI || TIP. PROVINC. E SOCI, pag. 255, lin. 3—5), ed il giureconsulto Bresciano autore della lettera stessa, morto nel giorno 22 di ottobre del 1796 (BIBLIOTECA || BRESCIANA || *OPERA POSTUMA* || DI || VINCENZO PERONI || PATRIZIO BRESCIANO || VOLUME I, ecc., pag. 253, lin. 8—13).

(³) « Fiorirono poi nel seguente Secolo XVI. il || sullodato Tartaglia ed il P. D. » Costan- || zo da Brescia. Gli anzidetti Rossi, e Coz- || zando ci fanno sapere che » Nicolò Tarta- || glia (di cui altra volta mi è accaduto di || far menzione nelle » precitate mie Annota- || zioni) eccellente Matematico Bresciano ce- || lebre per » tutta l'Italia, e fuori professò || Matematica in Milano, di poi in Bre- || scia, e » finalmente in Venezia, ove fu ac- || carezzato, e pregiato con istraordinaria || di- » stinzione da' principali Senatori, e da- || gli Ambasciatori delle Potenze Estere, » ed || ove terminò i suoi giorni in principio del || seguente Secolo. » (NOTIZIE || Intorno alla Vita ed agli Scritti || *DEL PADRE* || FRANCESCO TERZI LANA, ecc., pag. 14, lin. 3—17).

(⁴) Questo discorso trovasi stampato in un opuscolo intitolato nella prima sua pagina « DI || NICOLÒ TARTAGLIA || MATEMATICO BRESCIANO || Discorso || del Pro- » fessore di Fisica || D.ʳ LUIGI BITTANTI || detto nella Solennità commemorativa || » DEGLI ILLUSTRI SCRITTORI E PENSATORI ITALIANI || celebrata || nel R. Liceo » Arnaldo || il giorno della Festa Nazionale || il 4 giugno 1871. || BRESCIA || TIPOGRAFIA » F. APOLLONIO || 1871 », e composto di 44 pagine, delle quali le 1ª—5ª, 44ª non sono numerate, e le 6ª—43ª sono numerate 6—43.

morì Nicolò Tartaglia, ma che certamente egli morì non molto prima del 1560 ([1]).

Giacomo Augusto de Thou, nato in Parigi nel giorno 9 di ottobre del 1553 ([2]), morto in Parigi nel giorno 7 di maggio del 1617 ([3]), nella sua grande opera intitolata « HISTORIARUM SUI TEM- » PORIS LIBRI CXXXVIII », afferma che Nicolò Tartaglia morì sul finire del 1557 ([4]). Questa data, che Pietro Bayle erroneamente disse

---

([1]) Nel precitato opuscolo intitolato « DI || NICOLÒ TARTAGLIA || MATEMATICO » BRESCIANO || Discorso || del Professore di Fisica || D.r LUIGI BITTANTI », ecc. (pag. 40, lin. 11—16) si legge in fatti:

> » Il vostro Nicolò morì in Venezia, e non si ha
> » precisa notizia in qual tempo: certo non molto prima
> » del 1560; perciocchè, ed è fuor di dubbio che si recò
> » a Venezia nel 1534, ed è una volta da esso medesimo
> » asserito, che in quella città avea tenuto dimora circa
> » 26 anni. »

([2]) VIRI ILLVSTRIS || IAC. AVG. THVANI || REGII IN SANCTIORE CON- || SISTORIO CONSILIARII, || *ET IN SVPREMO REGNI SENATV* || PRÆSIDIS AMPLISSIMI, || COMMENTARIORUM || DE VITA SVA, || *LIBRI SEX,* || M.DC.XXI. (Illustris viri || IACOBI AVGVSTI || THVANI, ecc. HISTORIARVM || SVI TEMPORIS, ecc. LIBRI CXXXVIII, ecc. AVRELIANAE || Apud Petrum de la Rouiere. || CIϽIϽC XX), pag. 3, lin. 10—12. — SYLLOGE || SCRIPTORUM || Varii generis et argumenti: || IN QUA Plurima de vita, ecc. THUANI scitu dignissima continentur, ecc. TOMUS SEPTIMUS, ecc. LONDINI || Excudi curavit SAMUEL BUCKLEY || MDCCXXXIII || IV. || VIRI ILLUSTRIS JAC. AUG. THUANI, ecc. DE VITA SUA LIBRI SEX, pag. 3, lin. 5—8. — MÉMOIRES || DE || LA VIE || DE JACQUES-AUGUSTE || DE THOU, ecc. PREMIÈRE EDITION. || TRADUIT DU LATIN EN FRANÇOIS. || A ROTTERDAM, || Chez REINIER LEERS. || M.DCC.XI, pag. 1, lin. 11—13. — MÉMOIRES || DE LA VIE || DE JACQUES AUGUSTE || DE THOU, ecc. AMSTERDAM, ecc. M.DCC.XIV, pag. 1, lin. 9—12. — THE || LIFE || OF || THUANUS, || WITH || SOME ACCOUNT OF HIS WRITINGS || AND A || *TRANSLATION* || OF THE || PREFACE TO HIS HISTORY || BY || THE REV. J. COLLINSON, M. A. || OF QUEEN'S COLLEGE, OXFORD. || LONDON: || PRINTED FOR LONGMAN, HURST, REES, AND ORME, || PATERNOSTER ROW. || 1807, pag. 1, lin. 14-16. — Jacques Auguste de Thou's || Leben, Schriften und historische Kunst || verglichen mit der Alten. || Eine Preisschrift || von || Dr. H. Düntzer. || Darmstadt, Druck und Verlag von C. W. Leske. || 1837, pag. 1, lin. 4—5.

([3]) HISTOIRE || DU RÈGNE DE || LOUIS XIII. || ROI DE FRANCE ET DE NAVARRE. || *TOME SECOND.* || *PREMIÈRE PARTIE.* || Contenant ce qui est arrivé de plus remarquable en || France & dans l'Europe depuis l'ouverture || des Etats Généraux jusques au maria- || ge du Roi. || Par M. MICHEL LE VASSOR || *Seconde édition revue & corrigée.* || A AMSTERDAM, || Chez PIERRE BRUNEL, sur le Dam. || M.DCCII, pag. 799, lin. 17—24, — THE || LIFE || OF || THUANUS, ecc. BY || THE REV. J. COLLINSON, ecc., pag. 270, pag. 271, lin. 1—9, pag. 257, lin. 21—24, pag. 258, lin. 1—2. — Jacques Auguste de Thou's, ecc. von || Dr. H. Düntzer, ecc. pag. 43, lin, 1—10, 25—32, nota 107.

([4]) Nella edizione fatta in Londra nel 1733 del testo latino di quest'opera, sotto l'anno 1557 si legge (JAC. AUGUSTI || THUANI || HISTORIARUM || SUI TEMPORIS ||

confutata dal Ghilini e dal Cozzando ([1]), è molto più esatta delle indicazioni che questi scrittori italiani ci diedero del tempo in cui visse Nicolò Tartaglia dicendo ch' egli fiorì circa il 1560 ([2]).

Giovanni Giacomo Hoffmann ([3]), l' abate Giovanni Battista Ladvocat ([4]), Giovanni Stefano Montucla ([5]), Girolamo Tirabo-

TOMUS PRIMUS, ecc. LONDINI || Excudi curavit SAMUEL BUCKLEY || MDCCXXXIII, pag. 667, lin. 7—13, LIBER DECIMUS NONUS, § XVIII, An. CIƆIƆLVII.):

» Hoc exeunte anno Vene-
» tiis jam senex obiit Nicolaus Tartalea Brixianus, insigni de numeris et mensuris in
» VI parteis distributo opere et aliis ad Euclidem scriptis editis clarus; qui multa in eo
» genere a Luca Brugensi monacho solertissime inventa illustravit, multa correxit, et
» Hieronymi Cardani aemulatione varias quaestiones ingeniose pertractavit; ita tamen
» ut practici numerorum calculi, qui in usu inter negotiatores versatur, majorem sem-
» per rationem habuerit ».

Nella traduzione francese pubblicata in Londra nel 1734 della medesima opera del De Thou questo passo dell' opera stessa è tradotto così (HISTOIRE || UNIVERSELLE || DE || JACQUE-AUGUSTE || DE || THOU, || Depuis 1543. Jusqu'en 1607. || TRADUITE SUR L'ÉDITION LATINE DE LONDRES, || TOME TROISIÈME. || 1556.=1560. || A LONDRES. || M.DCC XXXIV, pag. 186, lin. 30—38, *LIVRE DIX-NEUVIÈME*, An. 1557):

» Sur la fin de cette année, Nicolas Tartalea, de Bresse, finit
» ses jours à Venise. Il s'est rendu célèbre par le bel ouvrage
» qu' il a composé sur les nombres & les mesures, & qu' il a
» distribué en six livres, et par plusieurs autres écrits sur Eucli-
» de. Il a éclairci & corrigé ce que le moine Luc de Bruges
» avoit écrit sur cette matière. Cet auteur, à l'imitation de Je-
» rôme Cardan, a traité avec esprit plusieurs questions, & a
» toujours employé la façon de calculer, qui est en usage parmi
» les négocians ».

([1]) DICTIONNAIRE || HISTORIQUE || *ET* || CRITIQUE, || PAR M.r PIERRE BAYLE, || *TOME QUATRIÈME.* || TROISIÈME ÉDITION, || *REVUE, CORRIGÉE ET AUGMENTÉE*, ecc. T.-Z. || A ROTTERDAM, || CHEZ MICHEL BOHM, || *MDCCXX*, ecc., pag. 2696, col. 1, lin. 2—4, articolo « TARTAGLIA (NICOLAS) ». — DICTIONNAIRE || HISTORIQUE || *ET* || CRITIQUE, || DE PIERRE BAYLE || NOUVELLE ÉDITION, || AUGMENTÉE DE NOTES EXTRAITES DE CHAUFEPIÉ, JOLY, LA MONNOIE. || L.—J. LECLERC, LEDUCHAT, PROSPER MARCHAND, ETC , ETC., || TOME QUATORZIÈME. || PARIS, ecc., 1820, pag. 43, col 1, lin. 23—28, articolo « TARTAGLIA NICOLAS », nota (C).

([2]) Vedi sopra, pag. 345, nota (2).

([3]) JOH. JACOBI HOFFMANNI, ecc. LEXICON || VNIVERSALE, ecc. *TOMVS QVARTVS* || Literas R, S, T, V, X, Y, Z, continens. || *LVGDVNI BATAVORVM*, ecc. MDCXCVIII, ecc., pag. 354, col. 2, lin. 7—10.

([4]) DICTIONNAIRE || HISTORIQUE PORTATIF, ecc. PAR Mr. l'Abbé LADVOCAT, ecc. TOME SECOND. || *A PARIS*, || Chez DIDOT, Libraire, Quai des Augustins, à la Bible d' or. || M.D CC.LII, pag. 576, col. 1 lin. 55, col. 2, lin. 1—5. — DIZIONARIO || STORICO, PORTATILE, ecc. COMPOSTO IN FRANCESE || DAL SIGNOR ABATE LADVOCAT, || ecc. EDIZIONE NUOVISSIMA, ecc. TOMO SESTO. || IN VENEZIA, MDCCLIX. || ecc., pag. 134, col. 1, lin. 45—55, col. 2, lin. 1—2.

([5]) HISTOIRE || DES || *MATHÉMATIQUES*, ecc. *Par M. MONTUCLA*, ecc. *TOME PREMIER.* || A PARIS, || Chez CH. ANT. JOMBERT, ecc. M.DCC.LVIII, ecc. pag. 463, lin. 7. — HISTOIRE || DES || MATHÉMATIQUES, ecc. NOUVELLE ÉDITION, ecc. *Par.* J. F. MONschi ([1]), l'abate Francesco Saverio De Feller ([2]), Pietro Luigi Ginguené ([3]), Pietro de Angelis ([4]), Giovanni Battista Cor-

---

TUCLA, ecc. TOME PREMIER. || A PARIS, || Chez HENRI AGASSE, libraire, rue des Poitevins, n.° 18. || AN. VII, pag. 593, lin. 34—36. — HISTORIE || DER || WISKUNDE, ecc. DOOR || DEN HEERE MONTUCLA, ecc. uit het Fransch || vertaald, ecc. DOOR || *ARNOLDUS BASTIAAN STRABBE*, ecc. TWEEDE DEEL. || *Te AMSTERDAM*, || By P. G. GEYSBEEK, Boekverkooper op de || Princegragt en hoek van de Egelantierstraat. || MDCCLXXXVII, pag. 179, lin. 14.

([1]) STORIA || DELLA || LETTERATURA ITALIANA || *DI* || GIROLAMO TIRABOSCHI, ecc. TOMO SETTIMO, ecc. *PARTE PRIMA.* || IN MODENA MDCCLXXVII, ecc., pag. 415, lin. 10—11. — STORIA || DELLA || LETTERATURA ITALIANA || DEL CAVALIERE || ABATE GIROLAMO TIRABOSCHI, ecc. SECONDA EDIZIONE MODENESE, ecc. TOMO VII, ecc. PARTE II. || IN MODENA MDCCXCI, ecc. pag. 529, lin. 6—8.

([2]) DICTIONNAIRE || *HISTORIQUE*, ecc. *Nouvelle Edition, revue, corrigée, abrégée & || augmentée par l'Abbé F. X. D. F.* || TOME SIXIÈME. || *A AUSBOURG*, (sic); || Chez MATTHIEU RIEGER, fils Imprimeur-libraire, ecc. M. DCC. LXXXIV, ecc., pag. 303, col. 1, lin. 20—23. — DICTIONNAIRE || HISTORIQUE, ecc. PAR L'ABBÉ F. X. DE FELLER. || SECONDE ÉDITION, CORRIGÉE ET BEAUCOUP AUGMENTÉE, || TOME HUITIEME. || A LIEGE, || DE L'IMPRIMERIE, DE FR. LEMARIÉ, LIBRAIRE RUE SOUS-LA-TOUR. || 1797, pag. 361, col. 2, lin. 41—45. — DICTIONNAIRE || HISTORIQUE, ecc. PAR L'ABBÉ F. X. DE FELLER. || NOUVELLE ÉDITION, ecc. TOME HUITIÈME. || A PARIS, ecc. A LYON, ecc. 1818, pag. 319, col. 1, lin. 6—9. — DICTIONNAIRE || HISTORIQUE, ecc. PAR L'ABBÉ F.-X. DE FELLER. || SEPTIÈME ÉDITION, ecc. TOME SEIZIÈME, || PARIS. || MÉQUIGNON-HAVARD, LIBRAIRE-ÉDITEUR, || RUE DES SAINTS-PÈRES, N.° 10. || M DCCC XXVIII, pag. 201, col. 2, lin. 40—43. — BIOGRAPHIE || UNIVERSELLE, || OU || DICTIONNAIRE HISTORIQUE, ecc. PAR F.-X. DE FELLER. || NOUVELLE ÉDITION, || AUGMENTÉE PAR M. PERENNÈS, ecc. TOME DOUZIÈME. || A PARIS, ecc. 1834, pag. 31, col. 2, lin. 31—33. — BIOGRAPHIE UNIVERSELLE || OU || DICTIONNAIRE HISTORIQUE, ecc. PAR F.-X. DE FELLER, ecc. TOME VIII, ecc. PARIS, ecc. 1850, pag. 85, col. 2, lin. 3—4. — DIZIONARIO || STORICO, ecc. dell'Abbate || *Francesco Saverio de Feller*, || PRIMA TRADUZIONE ITALIANA, ecc. VOL. X. || Edizione Economica. || VENEZIA, ecc. 1835, pag. 39, col. 2, lin. 30—33.

([3]) HISTOIRE LITTÉRAIRE || D'ITALIE, || PAR P. L. GINGUENÉ, ecc. TOME SEPTIÈME. || A PARIS, || CHEZ L. G. MICHAUD, LIBRAIRE-ÉDITEUR, || RUE DES BONS ENFANTS, N.° 34. || M.DCCC.XIX, pag. 157, lin. 20—21. — HISTOIRE LITTÉRAIRE || D'ITALIE, || PAR P. L. GINGUENÉ, ecc. TOME SEPTIÈME. || A MILAN. || Chez PAOLO EMILIO GIUSTI, || imprimeur-libraire et fondeur, || *rue sainte Marguerite*, N.° 1118 *et* 1120. || M.DCCC.XXI, pag. 147, lin. 17.

([4]) BIOGRAPHIE || UNIVERSELLE || ANCIENNE ET MODERNE, ecc. TOME QUARANTE-QUATRIÈME. || A PARIS, || CHEZ L. G. MICHAUD, LIBRAIRE-ÉDITEUR, || PLACE DES VICTOIRES, N.° 3. || 1826, pag. 571, col. 1, lin. 1—3. Articolo firmato, pag. 573, col. 1, lin. 12): « A-G-S » cioè (pag. 3ª, non numerata, col. 1, lin. 3): « DE ANGELIS » cioè « Pietro De Angelis », erudito napolitano, morto in Buenos-Ayres sul principio del 1861 (ANNUAIRE || ENCYCLOPÉDIQUE, ecc. PARIS || AU BUREAU DE L'ENCYCLOPÉDIE DU XIX$^{e}$ SIECLE || 6. RUE NEVUE DE L'UNIVERSITÉ, || 1862, col. 84, lin. 53-60, col. 85, lin. 1-22). — BIOGRAPHIE || UNIVERSELLE || (MICHAUD) || ANCIENNE ET MODERNE, ecc. NOUVELLE ÉDITION, ecc. TOME QUARANTE ET UNIÈME || PARIS, ecc. ET || LEIPZIG, ecc., pag. 35, col. 1, lin. 12—13. — BIOGRAFIA || UNIVERSALE || ANTICA E MODERNA, ecc. VOLUME LVI. || VENEZIA || PRESSO GIO. BATTISTA MISSIAGLIA || MDCCCXXIX, ecc., pag. 220, col. 2, lin. 30-32.

niani ([1]), Giovanni Giorgio Teodoro Graesse ([2]), ed altri ([3]), giustamente asserirono ch'egli morì nel 1557, senza per altro indicare nè il mese, nè il giorno di sua morte.

---

([1]) I SECOLI || DELLA || LETTERATURA ITALIANA || DOPO IL SUO RISORGIMENTO || COMMENTARIO || DI || GIAMBATTISTA CORNIANI || CONTINUATO FINO ALL'ETÀ PRESENTE || DA || STEFANO TICOZZI || TOMO PRIMO || MILANO || COI TIPI DI VINCENZO FERRARIO || MCCCXXXII. (*sic*) || A SPESE DEGLI EDITORI, pag. 483, col. 1, lin. 14.

([2]) Lehrbuch || einer || allgemeinen Literärgeschichte, ecc. Von || Dr. Johann Georg Theodor Grässe, ecc. Dritter Band. Erste Abtheilung || Leipzig, || Arnoldische Buchhandlung, || 1852, pag. 885, lin. 39—41.

([3]) LE GRAND || DICTIONNAIRE || HISTORIQUE, || ecc. Par M^re LOUIS MORERI, ecc. TOME VI. || A PARIS, ecc MDCCXXV, ecc., pag. 674, col. 2, lin. 29—30. — LE GRAND || DICTIONNAIRE || HISTORIQUE, ecc. Par M^re LOUIS MORERI, ecc. *NOUVELLE ET DERNIERE ÉDITION REVUE, CORRIGÉE ET AUGMENTÉE.* || TOME VI. || A PARIS, ecc. MDCCXXXII, ecc., pag. 428, col. 1, lin. 42—43. — LE GRAND || DICTIONNAIRE || HISTORIQUE, ecc. Commencé en 1674 par M^re LOUIS MORERI, ecc. TOME VI. || A BASLE, || Chez JEAN BRANDMULLER. || MDCCXXXII, pag. 622, col. 2, lin. 45. — LE GRAND || DICTIONNAIRE || HISTORIQUE, ecc. Par M^re LOUIS MORERI, ecc. DIX NEUVIÈME ET DERNIÈRE ÉDITION, ecc. *TOME HUITIÈME Lettres* T-Z. || A PARIS, M.DCC.XLIX, ecc., pag. 24, col. 3, lin. 67. — LE GRAND || DICTIONNAIRE || HISTORIQUE, ecc. Par M^re LOUIS MORERI, ecc. *NOUVELLE ÉDITION*, ecc. *TOME DIXIÈME.* || A PARIS, || CHEZ LES LIBRAIRES ASSOCIÉS. || M.DCC.LIX, ecc., pag. 43, col. 2, lin 67—68. — NOUVEAU || DICTIONNAIRE || *HISTORIQUE*, ecc. *PAR UNE SOCIÉTÉ DE GENS DE LETTRES.* || QUATRIÈME ÉDITION, ecc. TOME SIXIÈME. || *A CAEN*, ecc. M DCC LXXIX, ecc., pag. 466, col. 2, lin. 5—8. — NOUVEAU || DICTIONNAIRE || HISTORIQUE, ecc. CINQUIÈME ÉDITION, ecc. TOME VIII^e, || A CAEN, ecc. M DCC LXXXIII, ecc., pag 278, col. 2, lin. 5—8. — *NOUVEAU* || DICTIONNAIRE || HISTORIQUE; ecc. SIXIÈME ÉDITION, ecc. TOME VIII. || *A CAEN*, ecc. M. DCC. LXXXVI, ecc., pag. 298, col. 2, lin 5—8. — *NOUVEAU* || DICTIONNAIRE || HISTORIQUE, ecc. SEPTIÈME ÉDITION, ecc. TOME IX. || *A CAEN*, ecc. *A LYON*, ecc. 1789, pag. 24, col. 2, lin. 9—12. — NOUVEAU || DICTIONNAIRE || *HISTORIQUE*, ecc. Par L. M. CHAUDON et F. A. DELANDINE. || Huitième Édition, ecc. TOME ONZIÈME. || A LYON, || Chez BRUYSET AINÉ et Comp.^e || AN. XII — 1804, — pag. 536, col. 2, lin. 1—4. — DICTIONNAIRE || UNIVERSEL, || HISTORIQUE, CRITIQUE || ET BIBLIOGRAPHIQUE, ecc. D'après la huitième Édition publiée par MM. CHAUDON et DELANDINE. || NEUVIÈME ÉDITION, ecc. TOME XVI. || PARIS, || DE L'IMPRIMERIE DE PRUDHOMME FILS. || 1812, pag. 554, col. 2, lin 11—14. — DICTIONNAIRE || HISTORIQUE, || CRITIQUE ET BIBLIOGRAPHIQUE, ecc. TOME VINGT-CINQUIÈME. || A PARIS, || CHEZ MENARD ET DESENNE, LIBRAIRES, || RUE GIT-LE-COEUR, N.° 8 || 1823, pag. 368, col. 2, lin. 29—32. — *NUOVO* || DIZIONARIO || ISTORICO, ecc. Composto da una SOCIETÀ DI LETTERATI. || Sulla settima edizione Francese del 1789 tradotto per la prima || volta in Italiano, ecc. *TOMO XXV*, || NAPOLI MDCCXCIV. || Per MICHELE MORELLI, ecc., pag. 55. col. 2, lin. 34—36. — NUOVO || DIZIONARIO ISTORICO, ecc. TOMO XIX. || BASSANO, MDCCXCVI, ecc, pag. 296, col. 2, lin. 24—31. — A || PHILOSOPHICAL AND MATHEMATICAL || DICTIONARY, ecc. BY CHARLES HUTTON, LL. D, ecc. A NEW EDITION, || WITH NUMEROUS ADDITIONS AND IMPROVEMENTS, || VOL. II. || LONDON: ecc. 1815, pag. 482, col. 2, lin. 49—52. — DIZIONARIO || DELLE || SCIENZE MATEMATICHE || PURE ED APPLICATE || COMPILATO DA UNA SOCIETÀ || DI ANTICHI ALLIEVI DELLA SCUOLA POLITECNICA DI PARIGI || SOTTO LA DIREZIONE || DI A.-S DE MONTFERRIER, ecc. PRIMA VERSIONE ITA-

Il Sig. Antonio Baracchi, Vice-Direttore dell'Archivio notarile di Venezia, si è compiaciuto d'inviarmi un elenco da lui compilato de' documenti contenuti nella vetrina, che di sopra si è detto trovarsi esposta nella sala maggiore di questo archivio. In questo elenco riportato interamente più oltre il detto originale, ed altri sei documenti che lo precedono nel secondo scompartimento della vetrina stessa, sono indicati così:

« II. Scompartimento
» Manuzio Aldo Pio Test.° Ob. 1506. Id.
» Sanuto Marius Idm 1533. Editto
» Trissino Gio. Giorgio Idem 1549?
» Dragan Alvise Idem 1552. Inedito.
» Fedele Cassandra Test.° 1556. Idem.
» Ramusio Gio. Batta Test.° Ot. 1557 idem.
» Fontana (Tartaia) Nicolò Test.° 1557 idem ».

---

LIANA, ecc. VOLUME OTTAVO ‖ FIRENZE, ecc. 1847, pag. 231, lin. 33—34. — NUOVA ‖ ENCICLOPEDIA ‖ POPOLARE, ecc. TOMO DUODECIMO ‖ TORINO ‖ GIUSEPPE POMBA E COMP. EDITORI ‖ 1848, pag. 44, col. 2, lin. 12—14. — Allgemeines ‖ Historisches ‖ LEXICON, ecc. Dritte um vieles vermehrte und verbesserte Auflage. ‖ Vierter Theil, ‖ R-Z. ecc. Leipzig, ‖ bey Thomas Fritschens sel. Erben. 1732, pag. 677, col. 2, lin. 5—8. — Grosses vollständiges ‖ UNIVERSAL- ‖ LEXICON ‖ Aller Wissenschafften und Künste, ecc. Zwey und Viertzigster Band, Taro-Teutschep. ‖ Leipzig und Halle, ‖ Verlegts Johann Heinrich Zedler. ‖ 1744, col. 28, lin. 51—52. — DICTIONNAIRE ‖ HISTORIQUE, ‖ OU ‖ BIOGRAPHIE UNIVERSELLE ‖ CLASSIQUE, ‖ Ouvrage entièrement neuf, ‖ PAR M. LE GÉNÉRAL BEAUVAIS, ecc. PARIS, ecc. MDCCCXXVIII, pag. 2984, col. 1, lin. 48—49. — NUOVO ‖ DIZIONARIO ‖ STORICO ‖ OVVERO ‖ BIOGRAFIA CLASSICA ‖ UNIVERSALE, ecc. PRIMA VERSIONE ITALIANA ‖ CON AGGIUNTE ‖ VOLUME V ‖ TORINO ‖ PRESSO GIUSEPPE POMBA E COMP. ‖ 1836, pag. 550, col. 1, lin. 22—24. — BIOGRAPHIE ‖ UNIVERSELLE ‖ OU ‖ DICTIONNAIRE HISTORIQUE, ecc. PAR UNE SOCIÉTÉ DE GENS DE LETTRES ‖ sous la direction ‖ *DE M. WEISS*, ecc. NOUVELLE ÉDITION ‖ TOME SIXIÈME ‖ TAB-ZIR ‖ *SUPPLÉMENT* ‖ PARIS ‖ FURNE ET C.ie LIBRAIRES-ÉDITEURS ‖ 55 RUE SAINT-ANDRÉ-DES-ARTS ‖ M DCCC XLI, pag. 22, col. 1, lin. 46—47. — DIZIONARIO ‖ BIOGRAFICO UNIVERSALE, ecc. VOLUME QUINTO ‖ FIRENZE ‖ DAVID PASSIGLI TIPOGRAFO-EDITORE ‖ VIA EVANGELISTA N.° 17 ‖ M DCCC XLIX, pag. 258, col. 2, lin. 35—37. — THE ‖ ENGLISH CYCLOPÆDIA. ‖ A New Dictionary of Universal Knowledge. ‖ CONDUCTED BY CHARLES KNIGT. ‖ BIOGRAPHY. — VOLUME V. ‖ LONDON. ‖ BRADBURY AND EVANS, 11, BOUVERIE STREET. ‖ 1857, col. 908, lin. 65—69. — DICTIONNAIRE ‖ UNIVERSEL ‖ D'HISTOIRE ET DE GÉOGRAPHIE, ecc. PAR M.-N. BOUILLET, ‖ NOUVELLE ÉDITION (VINGT ET UNIÈME) ‖ AVEC UN SUPPLÉMENT ‖ PARIS, ecc. 1869, pag. 1482, col. 2, lin. 22—23. — Pierer's ‖ Universal-Lexikon, ecc. Fünfte durchgangig verbesserte stereotyp-Auflage, ecc. Siebzehnter Band., ecc. Altenburg. ‖ Verlagsbuchhandlung H. A. Pierer, pag. 267, col. 1, lin. 11—15. — Historisch-biographisches ‖ Handwörterbuch ‖ der denkwürdigsten, berühmtesten und berüchtigsten Menschen ‖ aller Stände, ‖ Zeiten und Nationen. ‖ Nach den besten Quellen bearbeitet ‖ von ‖ D. KARL FLORENTIN LEIDENFROST, ecc. FÜNFTER BAND ‖ RICH-22 ‖ Ilmenau, 1827, ecc., pag. 309, lin. 30—31. — Moniteur des Dates ‖ par ‖ Edouard Oettinger, ‖ auteur de la « Bibliographie universelle » ‖ Tome cinquième. ‖ DRESDE ‖ chez l'auteur-éditeur: E. M. Oettinger. ‖ 1868, pag. 106, col. 1, lin. 38—41.

Nel medesimo R. Archivio notarile di Venezia si conserva una filza contrassegnata « 168. VII », cioè collocata nel palchetto VII dello scaffale 168, composta di un cartone lungo 371 millimetri, largo 250 millimetri, coperto internamente di carta bianca, esternamente di carta colorita a barba di scopa, con dorso di 112 millimetri, con un nastro verde da ogni lato (salvo i lati del dorso) pel quale si lega e chiude. Sul dorso di questo cartone è incollato un cartellino di carta bianca, sul quale trovasi scritto; 1.° in una prima linea col *lapis* nero « 168 — VII »; 2.° in una seconda linea a penna di mano del secolo XVII, e quindi cancellata, la parola « Rocco »; 3.° in 3 linee (3ª—5ª) di mano più moderna: « Benedetti De || Rocco || Testamenti ». Entro questa filza trovasi un piccolo indice alfabetico a vacchetta, di carattere della fine del secolo decimottavo, e composto di 34 carte cartacee, niuna delle quali è numerata ([1]), e coperta di un cartone alto 286 millimetri, largo 150 millimetri. Nella parte esterna della prima coperta di questo indice è scritto a penna:

« II. B.
» Alfabetto Testamenti
» Nod.° Rocco Benedetti »

Nella linea 3 del *recto* della carta 25ª di questo indice si legge:

« Niccolai Tartaggia — — — » 119 ».

Con tali parole e cifre è indicato nell'indice medesimo, come si dimostra qui appresso, il detto originale del testamento di Nicolò Tartaglia.

Nella detta filza « 168. VII » trovansi 403 carte, delle quali le 1ª—330,ª 333ª—403ª contengono gli originali di 143 testamenti rogati da Rocco Benedetti, e numerati in inchiostro nero « N. 1—118, » N. 120—144 ». Nella filza medesima tra le 331ª e 332ª di queste 403 carte trovasi una carta, alta 298 millimetri, larga 205 millimetri, nella quale è scritto di mano moderna:

« N. 119. || Fontana Nicolò d.° Tartaja || Matematico || Test.° 1557. 19 Xbre
» N.° 119. || Atti || De Benedictis Rocco 168. || VII. || In Protocollo c^ta^ 3 || Vedi ori-
» ginale nella raccolta documenti pregievoli »

---

([1]) L'indice medesimo è ordinato per nomi di 144 testatori indicati da 19 lettere A, B, C, D, E, F, G, I, L, M, N, O, P, Q, R, S, T, U, Z, scritte nel *recto* delle carte 2ª, 5ª, 7ª, 10ª, 11ª, 13ª, 15ª, 16ª, 20ª, 22ª, 25ª, 26ª, 27ª, 29ª, 30ª, 31ª, 32ª, 33ª, 34ª. Queste carte tagliate in larghezza per lasciare di fuori le lettere dell'indice medesimo, sono larghe soltanto 98 centimetri. La lettera N contenente il passo riportato di sopra relativo al Tartaglia, è contenuta interamente nella carta 25ª della raccolta medesima.

Quindi è chiaro che il detto originale del precitato testamento di Nicolò Tartaglia, è ora contrassegnato « N. 119 ». Nel margine superiore della prima pagina del foglio descritto di sopra, contenente questo originale, trovasi in fatti scritto a penna « N.º ii9 ».

Nella medesima filza « 168, VII » trovasi anche un protocollo legato con vecchi cartoni bianchi, alti 330 millimetri, larghi 230 millimetri, composto di 68 carte membranacee, alte da 302 a 316 millimetri, larghe da 213 a 230 millimetri, numerate ne' margini superiori de' *recto* coi numeri 1—68, divise in 8 fascicoli (1), assicurati ne' cartoni medesimi per mezzo di fili compassati sopra due pezzi di cuoio scuro, cuciti sul dorso del cartone stesso. Nella parte esterna della prima coperta di questo protocollo è scritto con *lapis* nero « 168. » VII », e più sotto a penna:

« Rochus de Benedictis
» i 36 . D. »

Questo protocollo contiene le copie fatte da Rocco de' Benedetti di 73 testamenti, de' quali il primo ha la data dell' 8 di novembre del 1556, che nelle linee 1—3 del *recto* della carta numerata 1 del protocollo medesimo è indicata così:

« In nomine Dei aeterni amen, anno ab incarnationi Domini nostri
» Iesu Christi millesimo quinquagesimo sexto Indictione
» quartadecima die vero sabbati vigesimo octavo mensis Novembris »,

e l' ultimo ha la data de' 9 di agosto del 1580, che nelle linee 14—15 del rovescio della carta numerata 68 del protocollo stesso è indicata così:

« In no(m)i(n)e Dei aeterni amen. Anno ab incarnatione Domine n(ost)ri Iesu
» Christi millesimo quingen- || tesimo Ind. octava, Die vero Martis nono m(ensi)s
» Augusti. Act. Venetijs ».

---

(1) Questi 8 fascicoli contengono le seguenti carte e testamenti: 1° Testamenti 13 (1°—13°) carte 1—10. — 2° Testamenti 12 (14°—25°) car. 11—20. — 3° Testamenti 5 ½ (26°—30° e metà del 31°), car. 21—26. — Testamenti 4 ½ (altra metà del 31°, e 32°—35°), car. 27—32. — 5° Testamenti 10 (36°—45°), car. 33—40. — 6° Testamenti 8 (46°—53°), car. 41—46. — 7° Testamenti 9 (54°—62°), car. 49—58. — 8° Testamenti 11, l' ultimo dei quali mutilo in fine (63°—73°), car. 59—68.

Ciascuna delle carte numerate 1—58 del protocollo medesimo formanti i 1°—7° di questi otto fascicoli hanno millim. 305 di altezza, e millim. 210 di larghezza. Ciascuna delle carte 59ª—68ª del protocollo stesso formanti l' 8° di questi 8 fascicoli ha millim. 320 di altezza, e millim. 228 di larghezza.

Nelle carte 2ª, numerata 2 (*verso*, lin. 29—34), 3ª, numerata 3 (*recto*, *verso*) del medesimo protocollo trovasi una copia fatta dal detto Rocco Benedetti del testamento suddetto di Nicolò Tartaglia ([1]). Questa copia che si riporta interamente più oltre è identica coll'originale citato di sopra del testamento medesimo, salvo le varietà indicate più oltre a piè delle pagine che la contengono ([2]). Nella linea 36 del rovescio della carta numerata 3 di questo protocollo, tra la parola « iurato » e le parole « Ego rochus », trovasi la nota:

« Obijt die lunæ hora 7.ma noctis .xiij Xbris sup.ti »,

interamente identica, salvo le varietà ortografiche: « die » in vece di « DIE », « lunæ » in vece di « Lune », « 7ma noctis. » in vece di « septima noctis: », colla nota:

« obijt, Die Lune hora<br>» semptima Noctis .xiij.<br>» Xbris sup.ti »,

che di sopra si è detto trovarsi nella quarta pagina del precitato foglio n.° 119, le cui prime due pagine contengono l'originale del testamento suddetto. Queste due note per tanto si accordano nel mostrare che Nicolò Tartaglia morì alle ore 7 italiane della notte dal lunedì 13, al martedì 14 dicembre del 1557.

Nella precitata filza contrassegnata « 168. VII » trovasi anche un indice manoscritto cartaceo in foglio piccolo, intitolato nel *recto* della seconda sua carta:

« Nota testamentor(um), de quibus rogatus<br>» fui ego Rochus de Benedictis Notarius<br>» pub.cus Venetiar(um) à die, quo intraui<br>» MDLVi. xi. Nouembs »,

e composto di 64 carte, niuna delle quali è numerata, legato con vecchio cartone alto 308 millimetri e largo 212 millimetri, e riunite

([1]) Questa copia adunque è il terzo di 13 testamenti che di sopra si è detto trovarsi nel primo de' precitati 8 fascicoli formanti il protocollo stesso.

([2]) La più notevole di tali varietà si è che questa copia contiene le parole seguenti, non contenute nell'originale suddetto n.° 119:

« et hæredi cum conditionib(us) sup.tis do, tribuo. atq(ue) con-<br>» cedo omnimodam facultatem hanc meam hæreditatem, com-<br>» missariam, et bona intromittendi, regendi, administrandi,<br>» et consequendi, et omnia alia faciendi, et procurandi<br>» pro consequendis, et obtinendis omnibus meis bonis,<br>» quæ ipse facere possem in iud.° et extra si uiuerem, et<br>» adessem, ac omnia neccessaria (*sic*), et opp.na sine aliqua<br>» contraditione, et exceptione.<br>» Subscriptiones testium »

in un solo fascicolo mediante corda di violino che passa fuori del cartone medesimo. Nel *recto* della prima coperta di questo manoscritto trovasi scritto a penna:

« Rochus de Benedictis
» i 36 D ».

Le carte 3ª—64ª di questo manoscritto contengono un indice di testamenti ordinato secondo i nomi de' testatori, essendo per ciò alfabetate le medesime carte 3ª—60ª del manoscritto stesso (1). Nelle linee 1—3 del *recto* della 39ª carta di questo manoscritto, sotto la lettera N, iniziale del nome NICOLAUS del Tartaglia, si legge:

« Testamenta.
» 1557. X.i Xbris D. Nicolai Tartalea Doctoris Mathematicar(um) + Ex.
» q. d. Michaelis de Brixia. »,

relativa al testamento di Nicolò Tartaglia, copiato nel protocollo suddetto.

Nel R. Archivio notarile di Venezia si conserva un catalogo manoscritto cartaceo in foglio grande, già conservato nella Cancelria inferiore della medesima città, e legato in cartoni alti 475 millimetri, larghi 360 millimetri, coperti esternamente di cuoio color noce. Nella parte superiore del dorso di questo manoscritto è incollato un cartellino di carta bianca nel quale è scritto a penna:

« 1557
» Vsque
» 1568. » (2)

Nella parte esterna della prima coperta di questo manoscritto è incollato altro cartellino di carta bianca nel quale trovasi scritto a penna:

« Nuncupativi
» Virorum
» Incipit 1557
» Vsque 1568. »

Questo manoscritto è composto di 149 carte, alte 414 millimetri, larghe 365 millimetri, niuna delle quali è numerata e delle quali le

(1) Le carte non alfabetate 1ª—2ª, 61ª—64ª di questo manoscritto hanno dimensioni identiche a quelle del cartone della legatura del manoscritto stesso. Ciascuna delle carte 3ª—60ª alfabetate di questo manoscritto ha un'altezza identica a quella del cartone stesso, cioè di 308 millimetri, ed una larghezza di soli 200 millimetri, tali carte essendo state tagliate per l'applicazione dell'alfabeto.

(2) In questo dorso trovansi anche legati tre listelli di cuoio del medesimo color noce, ne' quali sono uniti i fascicoli della carta componente il manoscritto stesso, per mezzo di due funicelle di canapa che passano fuori di ciascuno di tali listelli.

$1^a$—$2^a$, $148^a$—$149^a$ sono guardie in cartoncino, e le $2^a$—$142^a$ sono tagliate perpendicolarmente a doppio alfabeto, cioè con rubrica principale de' nomi de' testatori, scritta per mezzo di iniziali maiuscole in inchiostro rosso, e suddivisa in rubriche minori indicanti alfabeticamente per mezzo d'iniziali più piccole scritte in inchiostro nero i cognomi de' testatori (1). Quindi nelle linee 14—17 del rovescio della carta $106^a$ di questo manoscritto, sotto la rubrica principale rossa N, iniziale del nome di « NICOLAUS » del Tartaglia, si legge:

«T 1557.
» 14. Xbris I. Nicolai — — Tartagia Not: Rocus Benedeti».

In questo passo del manoscritto medesimo è indicato il testamento di Nicolò Tartaglia del quale due esemplari sono citati di sopra. Per errore nel passo medesimo trovasi « 14 » in vece di « 10 », questo testamento avendo, tanto nel suo precitato originale quanto nel detto protocollo, la data di « Venerdì 10 dicembre 1557. »

Nell'esemplare originale di questo testamento (pag. $1^a$, lin. 5—7) si legge:

«io Nicolo Tartaia Dottor di Mathematice fù de M. Mi-
» chiel da Bressa» (2),

cioè: « io Nicolò Tartaglia, Professore di matematiche, figliuolo del » fu Messer Michele da Brescia ». In fatti lo stesso Nicolò Tartaglia, in un dialogo ch'egli nella sua opera intitolata « QVESITI ET INVENTIONI DIVERSE », e stampata in Venezia nel 1546 (3),

---

(1) Ciascuna delle carte intere di questo manoscritto ha 464 millimetri di altezza, 345 millimetri di larghezza. Ciascuna delle carte tagliate ha la medesima altezza di 345 millimetri sopra una larghezza di soli 312 millimetri nella parte tagliata.

(2) Nella detta copia autentica del testamento medesimo (Protocollo 168, VII, carta 2, *verso*, lin. 34) si legge:

« io Nicolò Tartaia Dottor di Mathematice fu del M. Michel
» da Bressa ».

(3) Questa edizione intitolata nel *recto* della prima sua carta « QVESITI, ET INVEN- » TIONI DI- || VERSE DE NICOLÒ TARTALEA || BRISCIANO. || *Con gratia, & priuilegio dal » Illustrissimo Senato Veneto, che niuno ardisca* || *ne presuma, di stampare la presente » opera, ne stampate altroue uendere ne* || *far uendere in Venetia, ne in alcuno altro » luoco, o terra del Dominio Vene-* || *to, per anni diece sotto pena de ducati trecento, » & perdere le opere, el ter-* || *zo della qual pena immediate che sia deniontiata, si ap- » plica al Arsenale,* || *& un terzo sia del magistrato, ouer rettore del luoco doue se fara » la* || *assecutione, & laltro terzo sara del denuntiante, ouer accusato-* || *re, & sara te- » nuto secreto, come nel privilegio appare,* » si compone di 134 carte, in 4.°, delle quali le $1^a$—$4^a$, $133^a$—$134^a$ non sono numerate, e le $5^a$—$132^a$ sono numerate ne' margini superiori del *recto* coi numeri 5—59, 56, 61—64, 66, 67, 67, 65, 69—112,

finge di avere tenuto con Gabriello Tadino nativo di Mar-

---

103, 114 - 122, 124, 124—132, e nella 132ª delle quali, numerata 132 (*recto*, lin. 35—37) si legge:

» *Stampata in Venetia per Venturino Ruffinelli ad instantia et requisitione,*
» *& à proprie spese de Nicolo Tartalea Brisciano Autore. Nel*
» *mese di Luio L'anno di nostra salute.* M. D. XLVI. »

Di questa edizione si hanno gli esemplari seguenti: Roma, Biblioteca Barberina « N. VII. 161 », già « 52 = D = 20 » (INDICIS || BIBLIOTHECAE || BARBERINAE || TOMVS SECVNDVS (volume 2.° di un Catalogo composto di 2 volumi, in foglio, il 1° de' quali è intitolato: « INDEX || BIBLIOTHECAE || QUA || FRANCISCUS BARBERINUS S. » R. E. CARDINALIS || VICECANCELARIUS || Magnificentissimas suæ Familiæ || AD » QUIRINALEM ÆDES || MAGNIFICENTIORES REDDIDIT, ecc. ROMÆ Typis Barberinis, » Excudebat Michael Hercules, MDCLXXXI »), pag. 441, col. 1, lin. 29 - 30). — Casanatense « Y XII. 51. » — Angelica 1. 5. 18. — Firenze, Biblioteca Nazionale, Sezione Magliabechiana « 3. 2. 413 »; Sezione Palatina « 8. 8. 2. 24 ». — Marucelliana « 1. L. VIII. 83. » — Modena, Biblioteca Palatina (Estense) LXVI. F. 6. Esemplare citato dal Ch.mo Sig. Prof. Pietro Riccardi (BIBLIOTECA || MATEMATICA ITALIANA, ecc. COMPILATA || DAL || PROF. CAV. PIETRO RICCARDI || PARTE PRIMA || VOLUME II.° || MODENA || SOCIETÀ TIPOGRAFICA MODENESE || ANTICA TIPOGRAFIA SOLIANI || MDCCCLXXIII—MDCCCLXXVI, col. 499, lin. 15). — Biblioteca del medesimo Sig. Cav. Prof. Pietro Riccardi « S. II, P. 4, n.° 35. » — Milano, Biblioteca Nazionale di Brera « C. XI. 8898. » — Venezia, Biblioteca Marciana « 38. » C. 4. N.° 59473. » — Padova, Biblioteca Universitaria « S. N. 7085. » — Parigi, Biblioteca Nazionale « V. $1017_1$. » — Istituto Nazionale di Francia « M. 880*. » — München (Monaco) Biblioteca Reale (Hof-und-Staats Bibliothek) « 4.° Mil. g. 176 e 176ª. » — Berlino, Biblioteca Reale « Hu. 27245, e 27245ª. » — Londra, *British Museum* « 354. g. 21 » (opera 1ª) e « 85300. c. » (LIBRORUM IMPRESSORUM, || QUI IN || MUSEO BRITANNICO || ADSERVANTUR || CATALOGUS. || VOL. II || LONDINI. || MDCCLXXXVII, carta 185ª (non numerata), *verso*, col. 1, lin. 63—64. — LIBRORUM IMPRESSORUM || QUI IN || MUSEO BRITANNICO || ADSERVANTUR || CATALOGUS. || VOL. VII. || Londini. || M.DCCCXIX, carta 8ª (non numerata), *recto*, lin. 45—46). — Biblioteca della Società Reale di Londra « 269. b. 2. » — University College « 19. c. 16. » — Biblioteca del Sig. Giovanni Tommaso Graves (Graves Library) N.° 7049. — Oxford, Biblioteca Bodleiana « 4.° T. 31. *Art.* » (CATALOGI || IMPRESSORUM || LIBRORUM || IN || BIBLIOTHECA || BODLEIANA || *Vol. Alterum*, volume secondo d'un catalogo in due volumi in foglio, il primo de' quali è intitolato « CATALOGUS || IMPRESSORUM || LIBRORUM || BIBLIOTHECÆ || BODLEIANÆ || IN || ACADEMIA || OXONIENSI. || VOLUMEN PRIMUM. || OXONII, || E THEATRO SHELDONIANO, MDCCXXXVIII », pag. 569, col. 1, lin. 55—56). — Tre esemplari di questa edizione sono indicati nel catalogo intitolato « CATA- » LOGUE || D'UNE COLLECTION EXTRAORDINAIRE || DE LIVRES, ecc. PROVENANT || De » la Bibliothèque de M. LIBRI, || DONT LA VENTE AURA LIEU A PARIS || Le jeudi 2 » juillet 1857 et jours suivants, ecc. PARIS || VICTOR TILLIARD, LIBRAIRE, || RUE SERPENTE, 20 || 1857 », ecc., pag. 89, lin. 8—12, 17—18 n. 1358, 1359, 1362. — Questa edizione, accuratamente descritta dal Sig. Prof. Pietro Riccardi (BIBLIOTECA || MATEMATICA ITALIANA, ecc., PARTE PRIMA || VOLUME II.°, ecc., col. 499, lin. 1—15) è anche citata dal Brunet (MANUEL || DU LIBRAIRE, ecc. PAR JACQUES-CHARLES BRUNET, ecc CINQUIÈME ÉDITION, ecc. TOME CINQUIÈME || PARIS, ecc. 1864, col. 661, lin. 4 - 6)

tinengo (castello del Bergamasco), cavaliere di Rodi e Priore

---

e dal Graesse (TRÉSOR || DE || LIVRE RARES, ecc. PAR || JEAN GEORGE THÉODORE GRAESSE, ecc. TOME SIXIÈME. || SECONDE PARTIE. || T.-Z. || DRESDE, ecc. 1867, pag. 30, col. 1, lin. 11—14). — Un esemplare della medesima edizione fece parte di una collezione di libri posseduti da Guglielmo Libri, e venduta in Londra (CATALOGUE || OF THE || Matematical, Historical, Bibliographical and Miscellaneous || PORTION OF || THE CELEBRATED LIBRARY || OF || M. GUGLIELMO LIBRI, ecc. PART THE FIRST, A-L. ecc., pag. 21 lin. 4—16, n.° 181).

La detta opera del Tartaglia fu ristampata anche nel 1554 in una edizione intitolata nel *recto* della prima sua carta « QVESITI ET INVEN- || *TIONI DIVERSE* || DE » NICOLO TARTAGLIA, || DI NOVO RESTAMPATI CON VNA || GIONTA AL SESTO LIBRO, » NELLA || *quale si mostra duoi modi di redur una Città inespugnabile.* || LA DIVISIONE » ET CONTINENTIA DI TVTTA || l'opra nel seguente foglio si trouara notata. || CON » PRIVILEGIO || APPRESSO DE L'AVTTORE || M D LIIII. » Questa edizione è composta di 128 carte, delle quali le 1ª—4ª non sono numerate, e le 5ª—128ª sono numerate ne' margini superiori de' loro *recto* 5—7, 7, 9—128, e nella 128ª delle quali numerata 128 (*verso*, lin. 17—19) si legge:

« *In Venetia per Nicolo de Bascarini, ad instantia & requisitione,*
» *& à proprie spese de Nicolo Tartaglia Autore.*
« *Nell'anno di nostra salute.* M D LIIII. »

Di questa edizione, descritta dal Sig. Prof. Riccardi (BIBLIOTECA || MATEMATICA ITALIANA, ecc. pag. 499, col. 1, lin. 16-42), sono a me noti gli esemplari seguenti: Napoli, Biblioteca Nazionale « 35. E. 96 » (LIBRORUM IMPRESSORUM || QUI || IN REGIO NEAPOLITANO || MUSAEO || ASSERVANTVR || CATALOGUS. || NEAPOLI || E TYPOGRAPHIA REGIA || MDCCC, pag. 462, col. 2, lin. 50—51. -- Firenze, Biblioteca Nazionale, Sezione Palatina « 7. 7. 5. 14. » — Nenciniana « 1. 3. 5 ». — Osimo. Volume ora posseduto dal Sig. Prof. Raffaele Filippucci Direttore della Scuola Tecnica del Collegio Convitto Campana, composto di 215 carte legate in pergamena, sul cui dorso è scritto a penna con inchiostro rosso « QUESITI || del Tartaglia » (carte 2ª—129ª, 1ª di 5 opere) — Modena, Biblioteca della R. Accademia di Scienze, Lettere ed Arti « XXXVII. 4. », Biblioteca del Sig. Prof. Pietro Riccardi « S. VI, P. 18², n.° 18 » — Parma, Biblioteca Reale « M. VIII, 12420, 12421 ». — Brescia, Biblioteca Quiriniana, « CC. XIV. 14. » — Venezia, Marciana « CLXXV. 1. n.° 20468 (car. 3ª—130ª, opera 1ª). — Biblioteca Universitaria di Padova « S. N. 5353 ». — Parigi, Biblioteca dell'Arsenale « 11243. Sc. A*. » — Monaco, Biblioteca Reale « 4 °, Mil. g. 176.ᵐ ». — Londra, *British Museum* « 52. d. 3. » e « 534. g. 22 » (1ª opera) (LIBRORUM IMPRESSORUM || QUI IN MUSEO BRITANNICO || ADSERVANTUR || CATALOGUS. || VOL. II., ecc., carta 185, *verso*, col. 1, lin. 65. — LIBRORUM IMPRESSORUM || QUI IN || MUSEO BRITANNICO || ADSERVANTUR || CATALOGUS || VOL. VII, ecc., carta 9ª, *recto*, lin. 48. — Biblioteca dell'Università (Library of the University di Londra. (DE MORGAN LIBRARY Presented by LORD OVERSTONE), « $\frac{18}{7}$ D », carte 37ª—147ª. — University College « 19. c. 1. GRAVES LIBRARY. N.° 5842 », carte 37ª—261ª. — Biblioteca della Società Reale (Royal Society) di Londra « 265. a. 15 » carte 37ª—264ª. — Un esemplare di questa edizione è indicato nel precitato catalogo d'una raccolta di libri già posseduti da Guglielmo Libri, venduta in Londra nel 1861 (CATALOGUE || OF THE || Mathematical, Historical, Bibliographical and Miscellaneous || PORTION OF || THE CELEBRATED LIBRARY || OF || M. GUGLIELMO LIBRI, ecc., PART THE FIRST, A-L., ecc. pag. 21, lin. 17—18, n.° 182).

di Barletta, narra che suo padre avea nome Michele, e che

---

La detta opera del Tartaglia è anche contenuta nelle carte $5^a$—$96^a$ numerate ne' margini superiori de' *recto* coi numeri 5—7, 7, 9—46, 44, 48—68, 67—94, di una edizione composta di 116 carte, delle quali le $95^a$—$116^a$ non sono numerate, e nell'ultima delle quali (*verso*, lin. 3—5) si legge: « *CON LI SVOI PRIVILEG I.* || » *IN VINEGIA*, *Per Curtio Troiano de i Nauò* *M. D. LXII* ». Le carte numerate 62, *verso*, 63—68 di questa edizione contengono il libro sesto de' « QVESITI ET IN- » VENTIONI DIVERSE », che nella prima di tali carte (*verso*, lin. 1—3) è intitolato « LIBRO SEXTO || SOPRA EL MODO || DI FORTIFICAR LE CITTA || rispetto alla forma ». Più oltre citandosi i passi di questa edizione, ciascuno de' quali è contenuto in questo « LIBRO SEXTO », l'edizione stessa è indicata così « LIBRO SEXTO, ecc., » MDLXII ».

Di questa edizione sono a me noti gli esemplari seguenti: Roma, Alessandrina « Ae. b. 6 », Barberina « N. XII. 134 » già — « 52 = D = 21 » (INDICIS || BIBLIOTHECAE || BARBERINAE || TOMVS SECVNDVS, pag. 441, col. 1, lin. 31—33. — Napoli, Brancacciana « XLII. C. 12 » (BIBLIOTHECÆ || S. ANGELI AD NIDUM || *AB INCLYTA* || BRANCATIORUM || FAMILIA CONSTRUCTÆ, || *et ab aliis deinceps auctæ* || CATALOGUS, ecc., NEAPOLI MDCCL, ecc., pag. 300, col. 1, lin. 18—19). — Milano, Biblioteca Ambrosiana « S. N. T. VI. 75. », Biblioteca Nazionale di Brera « C. XI. » 8842 ». — Modena, Biblioteca del Sig. Prof. Pietro Riccardi « S. VII. P. 3. » n. 31. » — Padova, Biblioteca Universitaria, « S. N. 3503. » — Parma, Biblioteca Reale « M. IX. 12278. » — Un esemplare di questa edizione è indicato nel precitato catalogo d'una raccolta di libri posseduti da Guglielmo Libri venduta in Londra nel 1861 (CATALOGUE || OF || THE || Mathematical, Historical, Bibliographical, and Miscellaneous || PORTION OF || THE CELEBRATED LIBRARY || OF || M. GUGLIELMO LIBRI, ecc. PART THE SECOND, M.-Z., ecc. (pag. 737, lin. 43—45, n.° 6974).

L'opera suddetta del Tartaglia trovasi anche nelle carte numerate 5—284 d'una raccolta intitolata « OPERE || DEL FAMOSISSIMO || NICOLO TARTAGLIA || CIOÈ || Quesiti, » || Trauagliata Inuentione, || Noua Scientia, || Ragionamenti sopra Archimede. || » *NELLE QVALI COPIOSAMENTE SI SPIEGA.* || L'Arte di Guerreggiare, così in Mare, » come in Terra, co'l modo appresso || di diffendere, offendere, & espugnare ogni » gran Fortezza. || *E l'arte ancora del perfetto Bombardiere, cō tutte le cose à quella » necessarie.* || Si dimostra di più vn modo nuouo e mirabile di fabricare, & vsare, » diuerse || sorti di Squadre, & di Bussole. || *E varie maniere artificiose, di cauare » ogni gran Vasello affondato, & fabricar due* || *Vasi co i quali si possa descendere nel » fondo del Mare, & à suo piacere* || *ritornar di sopra.* || Et il Trattato de Insidentibus » aquæ, cioè delle materie che stanno, & che non stanno || sopra l'acqua, nel quale » oltre la prattica vi si scorgono in questo proposito || molti discorsi speculatiui. || » *Dedicate all'Illustrissimo Signor* LVIGI GIVSTINIANO || SIGNOR ALL'ARSENALE. || IN » VENETIA, Al Segno del Lione. M. DC. VI » (pag. 1—284). In questa edizione la detta opera del Tartaglia è intitolata (pag. $9^a$, non numerata): « QUESITI, || ET » INVENTIONI || DIVERSE || DE NICOLO TARTAGLIA || Di nouo restampati con vna » Gionta al sesto libro, nella quale si || mostra duoi modi di redur vna Città ine- » spugnabile ». Di questa raccolta sono a me noti gli esemplari seguenti: Roma, Biblioteca Chigiana « L. x n. 5704. » (CATALOGO || DELLA || BIBLIOTECA || CHIGIANA || *GIUSTA* || I COGNOMI DEGLI AUTORI || *ED* || I TITOLI DEGLI ANONIMI || COL- L' ORDINE ALFABETICO DISPOSTO, ecc. DA MONSIGNOR STEFANO EVODIO ASSE-

per la piccolezza della sua statura fu chiamato Michelet-

---

MANI || ARCIVESCOVO DI APAMEA. || IN ROMA MDCCLXIV, pag. 582, col. 1, lin. 2—5). — Firenze, Biblioteca Nazionale, Collezione Nenciniana « 2. 6. 10 ». — Brescia, Biblioteca Quiriniana « S. Z. N. 21. » — Biblioteca del Comm. Leopardo Martinengo « R. III. 42. » — Modena, Biblioteca Palatina (Estense) « LXVII. 1. L. 45 », esemplare citato dal Sig. Prof. Riccardi (BIBLIOTECA || MATEMATICA ITALIANA, ecc. PARTE PRIMA || VOLUME II.° ecc., col. 507, lin. 52.) Biblioteca Universitaria « 2. G. 118. » Biblioteca del Prof. Pietro Riccardi « S. II, P. 1, n.° 30. » — Monaco, Biblioteca Reale « Mil. g. 177. 4. » — Berlino, Biblioteca Reale « Hu. 27251. » Londra, *British Museum* « 534. g. 24 » (LIBRORUM IMPRESSORUM || QUI IN || MUSEO BRITANNICO || ADSERVANTUR || CATALOGUS. || VOL. II, ecc., carta 185, *verso*, col. 2, lin. 7. — LIBRORUM IMPRESSORUM || QUI IN || MUSEO BRITANNICO || ADSERVANTUR || CATALOGUS || VOL. VII, ecc., carta 9ª, *verso*, lin. 5). — Biblioteca della Società Reale di Londra « 264. d. 22. » — Biblioteca dell'Università di Londra, « 19. C. » — Oxford, Bodleiana « T. 12. *Art.* » (CATALOGI || IMPRESSORUM || LIBRORUM || IN || BIBLIOTECA || BODLEIANA || *Vol. Alterum*, ecc., pag 569, col. 1, lin. 50-52). Un esemplare se ne trova indicato nel precitato catalogo d'una collezione di libri posseduta da Guglielmo Libri, venduta in Londra nel 1861 (CATALOGUE || OF THE || Mathematical, Historical, Bibliographical and Miscellaneous || PORTION OF || THE CELEBRATED LIBRARY || OF || M. GUGLIELMO LIBRI, ecc. PART THE SECOND, M.-Z., pag. 737, lin. 47—54, pag. 738, lin. 1—4, n.° 6975). La raccolta medesima è descritta dai signori Dr. Graesse (TRÉSOR || DE || LIVRES RARES, ecc. TOME SIXIÈME. || SECONDE PARTIE. || T.-Z., ecc., pag. 30, col. 1, lin. 17—21) e Prof. Riccardi (BIBLIOTECA || MATEMATICA ITALIANA, ecc. PARTE PRIMA || VOLUME II.°, ecc., col. 507, lin. 37—52).

Nel catalogo intitolato « CATALOGUE || DE LA || BIBLIOTHÈQUE || DE SON EXC. M. COMTE D. BOUTOURLIN. || FLORENCE || 1831 || SCIENCES || ARTS || ET || BEAUX-ARTS » (pag. numerata nel suo margine inferiore 38, lin. 11—12), si legge:

« 870. Tartalea, Nic., Quesiti et inventioni diverse. — Venezia, Bascarini.
» 1550. in-4. *dos de m. r.* »

Secondo questo passo del catalogo medesimo un esemplare di una edizione fatta in Venezia nel 1550 della detta opera di Nicolò Tartaglia intitolata « QUESITI ET » INVENTIONI », ecc. avrebbe fatto parte della raccolta di libri già posseduta dal Conte Demetrio Boutourlin, e descritta nel catalogo stesso. Non essendomi noto alcun esemplare di questa pretesa edizione del 1550 è da credere che nel passo medesimo trovisi per errore « 1550 » in vece di altro numero.

In un catalogo intitolato « PERIODICO MENSUALE || Settembre 1874. || CATA» LOGO || DI || LIBRI ANTICHI E MODERNI || VENDIBILI || Presso GAETANO ROMAGNOLI » Libraio Editore || in BOLOGNA. Via Toschi N. 1232 », e composto di 96 pagine, in-8.°, delle quali le 1ª—2ª non sono numerate, e le 3ª—96ª sono numerate 1—94 (pag. 79, col. 2, lin. 16—20) si legge anche:

« 1926. TARTAGLIA Nic Quesiti et
» invenzioni diverse, di nuovo ristam-
» pati con una giunta al sesto libro ecc.
» Venet De Bascarini, 1550, in 4, perg.
» 3 — »

to ([1]), e che morì essendo egli in età di circa sei an-

Il Sig. Gaetano Romagnoli essendosi compiaciuto di farmi sapere che il volume citato in questo passo del detto catalogo intitolato « PERIODICO MENSUALE || Set- » tembre 1874 », ecc. è ora posseduto dal Sig. Prof. Raffaele Filippucci, pregai il medesimo Prof. Filippucci a volersi compiacere d'inviarmelo; il che avendo egli gentilmente fatto, mi sono assicurato che questo volume contiene un esemplare della detta edizione del 1554, citata di sopra. Il Sig. Prof. Riccardi cita il detto passo del catalogo intitolato « PERIODICO MENSUALE || Settembre 1874 », ecc. scrivendo (BIBLIOTECA || MATEMATICA ITALIANA, ecc. PARTE PRIMA || VOLUME II.°, ecc., col. 499, lin. 16–19):

> « 43 . . . . . Idem di nuovo ristampati, con una
> » giunta al sesto libro ec.
> » *Venetia de Bascarini*, 1550, in 4°.
> „ Notata nel cat Romagnoli, settembre 1874. „

I Sigg. Brunet (MANUEL || DU LIBRAIRE, ecc., TOME CINQUIÈME, ecc., col. 661, lin. 7—8), e Graesse (TRÉSOR || DE || LIVRES RARES, ecc. TOME SIXIÈME. || SECONDE PARTIE || T.-Z, ecc., pag. 30, col. 1, lin. 15—16), citano anche una edizione del 1551 de' QUESITI ET INVENTIONI DIVERSE di Nicolò Tartaglia, che dal Sig. Prof. Pietro Riccardi (BIBLIOTECA || MATEMATICA ITALIANA, ecc. PARTE PRIMA || VOLUME II.°, ecc., col. 499, lin. 20—22) è indicata così:

> « 43. . . . *In Venetia per Venturino*
> » *Ruffinelli*. 1551, in-4.°
> „ Notate anche dal Graesse, *trésor*, ecc. „

Nè anche di questa edizione mi è noto alcun esemplare ora esistente.

Un brano del detto dialogo fu riprodotto da Guglielmo Libri (HISTOIRE || DES SCIENCES MATHÉMATIQUES || EN ITALIE, ecc. PAR GUILLAUME LIBRI || TOME TROISIÈME. || A PARIS, || CHEZ JULES RENOUARD ET C^IE^ LIBRAIRE, || RUE DE TOURNON, N.° 6. || 1840, pag. 357, lin. 5—22, pag. 358—361. — HISTOIRE || DES SCIENCES MATHÉMATIQUES || EN ITALIE. || TOME TROISIÈME. || DEUXIÈME ÉDITION. || HALLE S/S., || H. W. SCHMIDT. || 1865, pag. 357, lin. 5—22, pag. 358—361) precisamente come si legge nelle carte numerate 69 (*recto*, lin. 16—42, *verso*), 70 (*recto*, lin. 1—21) della detta edizione del 1554 intitolata « QVESITI ET INVEN- || *TIONI DIVERSE* || » DE NICOLO TARTAGLIA, || DI NOVO RESTAMPATI », da lui citate così (HISTOIRE || DES || SCIENCES MATHÉMATIQUES || EN ITALIE, ecc. TOME TROISIÈME, ecc. pag. 357, lin. 23. — HISTOIRE || DES || SCIENCES MATHÉMATIQUES || EN ITALIE, ecc., TOME TROISIÈME || DEUXIÈME ÉDITION, ecc. pag. 344, lin. 29).

> « *Tartaglia, quesiti* f. 69—70. »;

l'edizione medesima essendo da lui antecedentemente indicata così (HISTOIRE || DES || SCIENCES MATHÉMATIQUES || EN ITALIE, ecc. TOME TROISIÈME, ecc., pag. 149, lin. 16. — HISTOIRE || DES || SCIENCES MATHÉMATIQUES || EN ITALIE, ecc., TOME TROISIÈME || DEUXIÈME ÉDITION, ecc., pag. 149, lin. 16—17):

> « *Tartaglia, quesiti et inventioni diverse*, Venetia, 1554. »

([1]) « PRIORE. *Voi* || *ditte la uerità. Ditime anchora, chome se chiama uostro pa-* » *dre*, NICO- || LO. *Mio padre hebbe nome Michele. Et perche la natura non gli fu man-* || » *co auara in dar à sua persona grandezza conueniente, di quello che fu la for-* || *tuna*

ni [1]. Nel medesimo Dialogo Nicolò Tartaglia, dice non ricordarsi qual fosse il cognome di suo padre [2]. Quindi Antonio Brognoli, nato in Brescia nel giorno 21 di dicembre del 1723 [3], morto nel giorno

» *in participarli di suoi beni, fu chiamato Micheletto* » (QVESITI, ET INVENTIONI DI- || VERSE DI NICOLÒ TARTALEA || BRISCIANO, ecc., carta 74, *verso*, lin. 26—30. — QVESITI ET INVEN- || *TIONI DIVERSE* || DE NICOLO TARTAGLIA, || DI NVOVO RESTAMPATI, ecc., carta 69, *recto*, lin. 20-23. — LIBRO || SEXTO, ecc. *M. D LXII.* car. 67, *verso*, lin. 21—25. — OPERE || DEL FAMOSISSIMO || NICOLO TARTAGLIA, ecc., pag. 151, numerata erroneamente 251, lin. 11—14. — HISTOIRE || DES || SCIENCES MATHÉMATIQUES || EN ITALIE, ecc. PAR GUILLAUME LIBRI. || TOME TROISIÈME, ecc., pag. 357, lin. 10—16. — HISTOIRE || DES || SCIENCES MATHÉMATIQUES || EN ITALIE, ecc. PAR || GUILLAUME LIBRI. || TOME TROISIÈME. || DEUXIÈME ÉDITION, ecc., pag. 344, lin. 10—15.

(1) « PRIORE. *Che essercitio faceua uostro padre* || NICOLO. *Mio padre teneua un* » *cauallo & con quello correua alla* || *posta à istantia di cauallari da Bressa, cioe por-* » *tando lettere della Illustrissi-* || *ma Signoria, da Bressa à Bergamo, à Crema, à* » *Verona & altri luochi simili.* || PRIORE. *Di che casata se chiamaua.* NICOLO. *Per* » *dio che io* || *non so, ne me aricordo de altra sua casata ne cognome saluo che sem-* » *pre el* || *sentei da picolino chiamar simplicemente Micheletto cauallaro, potria esser* || » *che hauesse hauuto qualche altra casata, ouer cognome, ma che io sap-* || *pia, la causa* » *é ch'el detto mio padre mi morse essendo io di età de anni .6. uel* || *circa & così re-* » *stai io, & un altro mio fratello (puoco maggior di me,) &* || *nna* (sic) *mia sorella* » *(menora di me) insieme con nostra madre uedoua, & liqui-* || *da di beni della for-* » *tuna, con la quale non puoco da poi fussimo dalla fortuna* || *conquassati, che à uo-* » *lerlo racontar saria cosa longa, laqual cosa mi dette da* || *pensar in altro, che de in-* » *querire di che casata se chiamasse mio padre* » (QVESITI, ET INVENTIONI DI- || VERSE DI NICOLO TARTALEA || BRISCIANO, ecc., carta 74, *verso*, lin. 39—43, carta 75, *recto* lin. 1—9. QVESITI ET INVEN- || *TIONI DIVERSE* || DE NICOLO TARTAGLIA, || DI NOVO RESTAMPATI, ecc., carta 69, *recto*, lin. 31—42. — LIBRO SEXTO, ecc. *M. D. LXII*, car. 67, *verso*, lin. 33—42, carta 68, *recto*, lin. 1—3. — OPERE || DEL FAMOSISSIMO || NICOLO TARTAGLIA, ecc, pag. 151, numerata erroneamente 251, lin. 22—34. — HISTOIRE || DES || SCIENCES MATHÉMATIQUES || EN ITALIE, ecc. PAR GUILLAUME LIBRI || TOME TROISIÈME, ecc, pag 358, lin. 6-25. — HISTOIRE || DES || SCIENCES MATHÉMATIQUES || EN ITALIE, ecc. TOME TROISIÈME || DEUXIÈME ÉDITION, ecc, pag. 344, lin. 27—28, pag. 345, lin. 1—18).

(2) Vedi la nota (1) della presente pagina.

(3) GLI SCRITTORI D'ITALIA || CIOÈ NOTIZIE, ecc. DEL CONTE GIAMMARIA MAZZUCHELLI BRESCIANO || *VOLUME II. PARTE IV.* || IN BRESCIA CIϽIϽCCLXIII, pag. 2133, lin. 14—15. — ELOGIO || DI || ANTONIO BROGNOLI || BRESCIANO || BRESCIA || PER NICOLÒ BETTONI || MDCCCVII. (In 8.°, di 80 pagine, delle quali le 1ª—9ª, 41ª—42ª non sono numerate, e le 10ª-40ª, 43ª—80ª sono numerate II—XXXIJ, 2—40, nella terza delle quali si legge « ELOGIO || PRONUNCIATO || IL GIORNO XXX APRILE MDCCCVII || » NELLA SEDUTA PUBBLICA DELL' ACCADEMIA || DI SCIENZE, LETTERE, AGRICOLTURA » ED ARTI || DEL DIPARTIMENTO DEL MELLA || DAL CONSIGLIERE || GIO. BATTISTA COR- » NIANI || PRESIDENTE DELLA MEDESIMA », ed una tavola, pag. II, lin. 24—27). — VITA || DI || ANTONIO BROGNOLI || PATRIZIO BRESCIANO || SCRITTA || DA || FRANCESCO GAMBARA || BRESCIA || DALLA TIPOGRAFIA VALOTTI || MDCCCXIX (In-8.°, di 46 pagine),

13 di febbraio del 1807 [1], parlando di Nicolò Tartaglia dice [2]:

> « Noi non sappiamo nemmeno di qual cognome egli » fosse; anzi egli stesso o non sa, o non ha voluto » darcene altra contezza, se non che suo Padre avea » nome Michele, che avea un cavallo, e che correva » la posta portando lettere, per commissione de' Ca- » vallieri Bresciani, e perciò solea chiamarsi Miche- » letto Cavallaro ».

Ora nel precitato originale del suddetto testamento di Nicolò Tartaglia si legge (pag. 1ª, lin. 34-35, pag. 2ª, lin. 1, 12-13, 22-23):

> « Lasso » di questi mei libri à Zuampiero Fontana mio fratello legitimo carnal » per il ualor de ducati tresento al pretio di Venetia » [3].
>
> « tutto lasso al sop.to M. Zampiero fontana » mio fratello » [4].
>
> « lasso mio herede uniuersal et residuario » il sopradetto M. Zampiero Fontana mio fratello » [5].

Questi tre passi del detto testamento dimostrano che un fratello

---

pag. 10, lin. 1—3. — BIOGRAFIA || DEGLI || ITALIANI ILLUSTRI || NELLE SCIENZE, LETTERE ED ARTI || DEL SECOLO XVIII, E DE' CONTEMPORANEI || COMPILATA || DA LETTERATI ITALIANI || DI OGNI PROVINCIA || E PUBBLICATA PER CURA DEL PROFESSORE || EMILIO DE TIPALDO || VOLUME TERZO || VENEZIA || DALLA TIPOGRAFIA DI ALVISOPOLI || MDCCCXXXVI, pag. 150, col. 1, lin. 47—49.

(1) ELOGIO || DI || ANTONIO BROGNOLI || BRESCIANO, ecc., pag. XX, lin. 12—17. — VITA || DI || ANTONIO BROGNOLI || PATRIZIO BRESCIANO || SCRITTA || DA || FRANCESCO GAMBARA, ecc., pag. 28, lin. 30, pag. 29, lin. 1—5. — BIOGRAFIA || DEGLI || ITALIANI ILLUSTRI, ecc VOLUME TERZO, ecc., pag. 152, col. 1, lin. 11—18.

(2) ELOGI || DI BRESCIANI PER DOTTRINA || *ECCELLENTI* || DEL SECOLO XVIII. || *SCRITTI DA* || ANTONIO BROGNOLI || PATRIZIO BRESCIANO || IN BRESCIA MDCCLXXXV. || Presso PIETRO VESCOVI || *CON PERMISSIONE*, pag. 72, lin. 20—26.

(3) Nella detta copia autentica (Filza 168, VII, Protocollo, carta 3, *recto*, lin. 30—32) si legge:

> « Lasso di questi mei libri à Zuan Piero Fontana mio fratello » legitimo carnal per il ualor de ducati tresento al pretio » di Venetia. »

(4) Nella detta copia autentica (Filza 168, VII, Protocollo, carta 3, *verso*, lin. 6), si legge:

> « tutto lasso al sop.to M. Zan Piero Fontana » mio fratello. »

(5) Nella detta copia autentica (Filza 168, VII, Protocollo, carta 3, *verso* lin. 16—17) si legge:

> « lasso mio heriede uniuersal, et residuario » il sopraditto M. Zuan Piero Fontana mio fratello. »

legittimo carnale di Nicolò Tartaglia, ebbe il nome di Giovanni Pietro (Zuampiero o Zampiero), ed il cognome di Fontana. Quindi è da credere che « Fontana » fosse anche il cognome di Nicolò Tartaglia e di Michele suo padre.

Nel precitato dialogo si legge ([1]):

« NICO-
» LO. *Io me ne allegro, perchè l' esser di persona cosi picolo, mi fa testimonia-*
» *zo che ueramente fui suo figlio, perchè ancor chel non mi lasciasse al mon-*
» *do, à me con un altro mio fratello, & due sorelle, quasi saluo che l'esser per*
» *bona memoria de lui, mi basta auer sentito à dire da molti chel conosceua,*
» *& praticaua, che egli era huomo da bene, della qualcosa molto più me ne*
» *contento, & allegro di quello haueria fatto se mi haue lasciato di molta fa-*
» *culta con un tristo nome.* »

È da credere che la persona chiamata da Nicolò Tartaglia in questo passo del suddetto Dialogo « un altro mio fratello », fosse il medesimo Giampietro menzionato di sopra.

Puossi anche con sicurezza asserire che una delle due sorelle dello stesso Nicolò, menzionate nel passo medesimo vivesse ancora nel 1557. Nel precitato originale del detto testamento di Nicolò Tartaglia (pag. 1ª, lin. 19-23) si legge in fatti:

« Lasso a chatarina mia sorella stà à Bressa fù
» moglie de S(er) Dñego da Aurera tutti li libri, che hà
» del mio nelle man Marc' Antonio Coffo librer in Bressa su'l
» corso della marcantia i quali sono del ualore di cento, e ottanta
» ducati » ([2]).

Questo passo del testamento medesimo dimostra, 1.° che nel giorno 10 di dicembre del 1557, nel quale il detto testamento fu fatto,

---

([1]) QVESITI, ET INVENTIONI DI- || VERSE DI NICOLÒ TARTALEA || BRISCIANO, ecc., carta 74, *verso*, lin. 33—39. — QVESITI ET INVEN- || *TIONI DIVERSE* || DE NICOLO TARTAGLIA, || DI NOVO RESTAMPATI, ecc., carta 69, *recto*. lin. 25—31. — LIBRO SESTO, ecc. *M. D. LXII*, ecc., car. 67, *verso*, lin. 27—33. — OPERE || DEL FAMOSISSIMO || NICOLO TARTAGLIA, ecc., pag. 151, numerata erroneamente 251, lin. 16—22, — HISTOIRE || DES || SCIENCES MATHÉMATIQUES || EN ITALIE, ecc. PAR GUILLAUME LIBRI || TOME TROISIÈME, ecc., pag. 357, lin. 18—22, pag. 358, lin. 1—6. — HISTOIRE || DES || SCIENCES MATHÉMATIQUES || EN ITALIE, ecc. TOME TROISIÈME. || DEUXIÈME ÉDITION, ecc., pag. 344, lin. 18—27.

([2]) Nella detta copia autentica (Filza 168, VII, Protocollo, carta 3, *recto*, lin. 12—16) si legge:

« lasso a' Catharina
» mia sorella sta à Bressa fu moglie de S. Domenego d'
» Aurera tutti i libri, che hà del mio nelle man Marc' Ant°.
» Coffo librer in Bressa su' l corso della mercancia i quali
» sono di ualor di cento, e ottanta ducati. «

viveva in Brescia una sorella di Nicolò Tartaglia; 2.° ch'essa avea nome Caterina; 3.° ch'essa nel medesimo giorno 10 dicembre 1557 era vedova di un Domenico d'Aurera. È da credere che questa Caterina fosse una delle due sorelle di Nicolò Tartaglia da lui menzionate nell'ultimo dei soprarrecati passi del suo dialogo suddetto.

Nel medesimo dialogo si legge anche (1):

« *& così restai io, & un altro mio fratello (puoco maggior di me,) &* » *una* (sic) *mia sorella* (2) *(menora di me) insieme con nostra madre uedoua, & li-* » *quida di beni della fortuna.* »

Da questo passo del precitato dialogo sembra potersi dedurre che il detto Giampietro fosse alquanto maggiore di età di Nicolò, e che la loro sorella Caterina, menzionata nel detto testamento, fosse minore in età del medesimo Nicolò.

Pandolfo Nassini Bresciano, nato nel 1486 (3), in un' opera intitolata « Registro di cose di Brescia », che trovasi in un Codice manoscritto della Biblioteca Quiriniana di Brescia contrassegnato « C. I. 15 » (4), sotto « xxviij.° luy 1528 » (carta 146, *verso,* lin. 1) menziona (carta 146, *verso,* lin. 20):

« Batestino fiuol d(e) Io. pet.° fontana alit(er) alii ap(re)sso S$^{ta}$ m(ari)a di Angeli. »,

---

(1) QVESITI ET INVENTIONI DI- || VERSE DI NICOLÒ TARTALEA BRISCIANO, ecc., carta 75, *recto*, lin. 5—7. — QVESITI ET INVEN- || *TIONI DIVERSE* || DE NICOLO TARTAGLIA, || DI NOVO RESTAMPATI, ecc., carta 69, *recto*, lin. 38—40. — LIBRO SEXTO, ecc. *M. D. LXII*, ecc., car. 67, *verso*, lin. 40—42. — OPERE || DEL FAMOSISSIMO || NICOLO TARTAGLIA, ecc., pag. 151, numerata erroneamente « 251 », lin. 30—32. — HISTOIRE || DES || SCIENCES MATHÉMATIQUES || EN ITALIE, ecc. PAR GUILLAUME LIBRI || TOME TROISIÈME, ecc., pag. 358, lin. 18—21. — HISTOIRE || DES || SCIENCES MATHÉMATIQUES || EN ITALIE, ecc. TOME TROISIÈME. || DEUXIÈME ÉDITION, ecc., pag. 345, lin. 11—14.

(2) Dicendo qui il Tartaglia « *una mia sorella* » sembra che quando morì Michele loro padre, l'altra delle « *due sorelle* » di Nicolò Tartaglia, menzionate in altro passo riportato di sopra del suddetto dialogo, fosse morta.

(3) BIBLIOTECA || BRESCIANA || *OPERA POSTUMA* || DI || VINCENZO PERONI || PATRIZIO BRESCIANO || VOLUME II. || BRESCIA || PER NICOLÒ BETTONI || TIP. PROVINC. e SOCI, pag. 302, lin. 20—22, pag. 303, lin. 1—3.

(4) Questo codice, composto di 380 carte cartacee, delle quali le 1$^a$—4$^a$, 378$^a$—380$^a$ sono guardie, le 1$^a$—4$^a$, 13$^a$—22$^a$, 203$^a$—206$^a$, 378$^a$—380$^a$ non sono numerate, le 5$^a$—12$^a$, 27$^a$—120$^a$ sono numerate a pagine coi numeri 1—16, 1—188, e le 23$^a$—26$^a$, 121$^a$—202$^a$, 207$^a$—377$^a$ sono numerate a carte nei margini superiori dei *recto* coi numeri 5—8, 189, 104—136, 136—195, 200—259, 261—305, 310—383, è legato in cartone coperto esternamente di carta bianca. Lungo il dorso di questo codice è scritta a penna: « Nassino Registro di cose d(e) Br. ». Nella parte inferiore del dorso medesimo è incollato un cartellino di carta bianca nel quale è scritto a penna: « C. I. 15 »

e più oltre sotto « xxviij.° luy 1528 » (carta 150, *recto,* lin. 1) menziona (carta 150, *recto,* lin. 7):

« B(er)nardi fiol de zoa(n) piet.° fontana i(n) 4ª Io(a)nnis. »

è da credere che « l'Ioanni Petrus Fontana » del quale due figliuoli Battistino e Bernardino sono menzionati in questo passo del suddetto « Ristretto », ecc. del Nassini sia il medesimo Giampietro Fontana menzionato in tre passi riportati di sopra del detto testamento di Nicolò Tartaglia.

Nel precitato dialogo Nicolò Tartaglia narra, che in occasione del sacco dato dai Francesi a Brescia nei giorni 19 e 20 di febbraio del 1512 (¹), essendosi egli in età di circa 12 anni ritirato colla madre, con una sorella e con altre persone nel Duomo di Brescia, ove speravano di essere in sicurezza, videsi ivi barbaramente assalito, ed ebbe cinque ferite, una delle quali gli tagliò le labbra. Soggiunge che qualche tempo dopo, benchè quasi guarito, pure a motivo di questa ferita nelle labbra non ben saldata, stentando a parlare, fu dai fanciulli suoi coetanei soprannominato Tartalea, e volle quindi conservare in memoria di tale sventura questo soprannome (²). Perciò non è da far meraviglia se anche nel detto

---

(¹) DELLE || ISTORIE D'ITALIA || DI || FRANCESCO GUICCIARDINI || LIBRI XX. || TOMO QUARTO || FIRENZE || PER NICCOLÒ CONTI || 1818, pag. 214, lin. 18—35, pag. 215, lin. 1—15. — ANNALI D'ITALIA || DAL PRINCIPIO || *DELL'ERA VOLGARE* || *SINO* || *ALL'ANNO MDCCXLIX* || COMPILATI || DA LODOVICO ANTONIO MURATORI || VOLUME XIV, ecc. MILANO, ecc. ANNO 1820, pag. 130, lin. 27—34, pag. 131, lin. 1—20. — Questo orribile sacco dato dai Francesi a Brescia durò, secondo il Muratori (ANNALI D'ITALIA, ecc. VOLUME XIV, ecc., pag, 131, lin. 30) quasi per due giorni. Francesco Guicciardini per altro afferma che durò per sette giorni continui, scrivendo (DELLE || ISTORIE D'ITALIA || DI || FRANCESCO GUICCIARDINI || LIBRI XX. || TOMO QUARTO, ecc., pag. 215, lin. 6—15):

« Fu il Conte Luigi in sulla piazza
» pubblica decapitato, saziando Fois gli occhi pro-
» prj del suo supplizio: i due figliuoli, benchè allo-
» ra si differisse, patirono non molto poi la pena
» medesima. Così per le mani dei Franzesi, dai
» quali si gloriavano i Bresciani esser discesi, cad-
» de in tanto sterminio quella Città, non inferiore di
» nobiltà e di dignità ad alcun'altra di Lombardia,
» ma di ricchezze, eccettuato Milano, superiore a
» tutte le altre. La quale, essendo in preda le cose
» sacre e le profane, ne meno la vita e l'onore
» delle persone che la roba, stette sette giorni con-
» tinui esposta all'avarizia, alla libidine, e alla cru-
» deltà militare. »

(²) « PRIORE. *Non sapendo di che casata si chiamasse uostro padre, per-* || *che ue* » *chiamati così Nicolo Tartalea.* NICOLO. *Io ue diro quando* || *che li Francesi saccheg-* » *giorno Bressa (nel qual sacco fu preso la bona memo-* || *ria del Magnifico messer An-*

testamento egli conserva questo soprannome stesso chiamandosi « io Nicolò Tartaia ».

Nel precitato originale del testamento di Nicolò Tartaglia (pag. 1ª, lin. 4—5), si legge:

« Venetiis, In domo habitationis infras(crip)ti Testatoris posita in » confinio sancti Syluestri in Calli sturioni » (¹).

Questo passo dell'originale medesimo dimostra che nel giorno 10 di dicembre del 1557, nel quale Nicolò Tartaglia fece il detto suo testamento, egli dimorava in Venezia nella Calle Sturioni [Sestiere

» *drea Gritti, (à quel tempo proueditore) & fu me* || *nato in Franza, oltra che ne fu* » *sualisata la casa, (ancor che puoco ui fusse)* || *ma più che essendo io fugito nel domo* » *di Bressa insieme con mia madre, et* || *mia sorella, & molti altri huomini, & donne* » *della nostra contrata, creden-* || *done in tal luoco esser salui, almen della persona, ma* » *tal pensier ne ando fali-* || *to, perche in tal giesia alla presentia de mia madre mi fur* » *date cinque ferrite* || *mortale, cioe tre su la testa che in cadauna la panna del* » *ceruello si uedeua,)* || *& due su la fazza, che se la barba non melle occultasse io pa-* » *reria un mo-* || *stro) fra lequale una ue ne haueua à trauerso la bocca & denti la qual* » *della* || *massella, & palato superiore me ne fece due parti, & el medesimo della in-* || » *ferriore, per laqual ferrita, non solamente io non poteua parlare, (saluo che* || *in* » *gorga, come fanno le gazzole) ma neanche poteua manzare, perche io non* || *poteua mouere* » *la bocca, nelle masselle in conto alcuno, per esser quelle (come* || *detto) insieme con li* » *denti tutte fracassate talmente che bisognaua cibarme* || *solamente con cibi liquidi, & con* » *grande industria. Ma più forte che à mia* || *madre per non hauer così il modo, da comprar* » *li onguenti (non che da tuor* || *medico) fu astretta à medicarme sempre di sua propria mano,* » *& non con on-* || *guenti, ma solamente con el tenerme nettate le ferrite spesso & tolse tal es-* » || *sempio dalli cani, che quando quelli si trouano ferriti, si sanano solamente* || *con el te-* » *nersi netta la ferrita con la lingua. Con la qual cautella, in termine* || *de puochi mesi* » *me ridusse a bon porto, hor per tornare al nostro proposito,* || *essendo io quasi guarito* » *di tale & tai ferrite steti un tempo che io non pote-* || *ua ben proferire le parole, ma* » *sempre balbutaua nel parlare per causa di quel* || *la ferrita à trauerso della bocca* » *& denti (non anchor ben consolidata) per il* || *che li putti della mia eta con* » *chi conuersaua, me imposero per sopra nome* || *Tartalea. Et perche tal cognome me* » *duro molto tempo, per bona memoria* || *di tal mia disgratia me apparso de uolermi* » *chiamare per Nicolo Tartalea.* || PRIORE. *Di che eta erate uoi à quel tempo.* NICOLO. » *De anni* || 12. *uel circa.* » (QVESITI ET INVENTIONI DI- || VERSE DI NICOLÒ TARTALEA BRISCIANO, ecc. carta 75, *recto*, lin. 10—41. — QVESITI ET INVEN- || *TIONI DIVERSE* || DE NICOLO TARTAGLIA, || DI NOVO RESTAMPATI, ecc. carta 69, *recto*, lin. 42, *verso*, lin. 1—27. — LIBRO SEXTO, ecc., *M. D. LXII*, car. 68, *recto*, lin. 3—32. — OPERE || DEL FAMOSISSIMO || NICOLO TARTAGLIA, ecc., pag. 151, numerata erroneamente 251, lin. 34—41, pag. 152, lin. 1—23. — HISTOIRE || DES || SCIENCES MATHÉMATIQUES EN ITALIE, ecc. PAR GUILLAUME LIBRI || TOME TROISIÈME, ecc., pag. 358, lin. 25—31, pag. 359, pag. 360, lin. 1—7. — HISTOIRE || DES || SCIENCES MATHÉMATIQUES || EN ITALIE, ecc. TOME TROISIÈME. || DEUXIÈME ÉDITION, ecc., pag. 345, lin. 18—30, pag. 346, pag. 347, lin. 1—2).

(¹) Nella precitata copia autentica (Filza 168, VII, Protocollo, carta 2, *recto*, lin. 32—33) si legge:

« In domo habitat(ion)is infras(crip)ti Testatoris po- » sita in confinio S.ti Siluestri in calli Sturioni. »

di S. Polo (S. Paolo)], Parrocchia di S. Silvestro. L'abate Giovanni Battista Galliciolli (1), ed i Sig.i Francesco Berlan (2), e Combatti (Bernardo e Gaetano) (3), dànno notizie intorno a questa Calle.

Il D.r Giuseppe Tassini nel fascicolo XV pubblicato in Venezia nel 1864 della sua opera intitolata « CURIOSITÀ VENEZIANE » (4)

(1) « Anticamente alcuni Procuratori di S. Mar- || co, e senza dubbio » quelli di *ultra*, stavano in || Rialto. *Procuratores, qui manent apud Rivumaltum*, si » trova nel Corn. X. 305, 306. Dicono alcuni che stessero a S. Silvestro nelle » case in calle dello Storione » (DELLE MEMORIE || VENETE ANTICHE || *PROFANE ED ECCLESIASTICHE* || DI GIAMBATTISTA GALLICCIOLLI || LIBRI TRE. || TOMO I. || IN VENEZIA. MDCCXCV. || APPRESSO DOMENICO FRACASSO. || *Con Licenza de' Superiori e Privilegio*, pag. 267, lin. 6—11).

(2) NUOVA PLANIMETRIA || DELLA || CITTÀ DI VENEZIA, || DIVISA IN VENTI TAVOLE || Compilate e disegnate || DA BERNARDO COMBATTI, ecc. E DA GAETANO COMBATTI, ecc., con illustrazioni || TOPOGRAFICHE, STATISTICHE E STORICHE || DI FRANCESCO BERLAN, ecc., Parte II. — Illustrazioni. || VENEZIA, 1846, ecc., pag. 233, lin. 37, pag. 234, lin. 1—4.

(3) NUMERAZIONE ANAGRAFICA || E || NOMENCLATURA STRADALE || DELLA CITTÀ DI VENEZIA, ecc. Opera compilata || IN SEGUITO A RILIEVI PRATICATI SUL LUOGO || DA BERNARDO E GAETANO COMBATTI. || Parte III della Nuova Planimetria di Venezia. || VENEZIA, || Dalla Tipografia di Pietro Naratovich, || 1846 || *A spese di Bernardo e Gaetano Combatti*, pag. 39, col. 1, lin. 29—32, col. 2, lin. 10—12, col. 3, lin. 16—18.

(4) Quest'opera si compone di due volumi, in-8.°, dei quali il primo è intitolato nella prima sua pagina « CURIOSITÀ VENEZIANE || OVVERO || ORIGINI DELLE » DENOMINAZIONI STRADALI || DI VENEZIA || DEL DOTTOR || GIUSEPPE TASSINI || VOLUME » PRIMO || VENEZIA || PREMIATA TIPOGRAFIA DI GIO. CECCHINI || 1863 », ed è composto di 336 pagine in-8.°, delle quali le 1a—3a, 5a—7a, 336a non sono numerate, e le 4a, 8a—335a sono numerate 8—335, ed il secondo è intitolato nella sua prima pagina « CURIOSITÀ VENEZIANE || OVVERO || ORIGINI DELLE DENOMINAZIONI » STRADALI || DI VENEZIA || DEL DOTTOR || GIUSEPPE TASSINI || VOLUME SECONDO || VE- » NEZIA || PREMIATA TIPOGRAFIA DI GIO. CECCHINI || 1863 », e composto di 388 pagine, delle quali le 1a—3a, 388a non sono numerate, e le 4a—387a sono numerate 4—387. L'opera medesima fu pubblicata in 18 fascicoli, numerati I—XVIII, dei quali i primi 8, numerati I—VIII, contengono le pagine 1a—320,a del primo di questi due volumi, il nono intitolato nella prima sua coperta « CURIOSITÀ VENEZIANE || OVVERO » || ORIGINE DELLE DENOMINAZIONI STRADALI || di Venezia. || DEL DOTTOR || GIUSEPPE » TASSINI || Vol. II. — Fasc. IX. » || Tipografia di Gio. Cecchini in Venezia || 1863 », comprende le pagine 321a—336a del medesimo primo volume, e le pagine 1a—24a del secondo, ed i 10°—18°, numerati X—XVIII comprendono le pagine 35a—388a del medesimo secondo volume. Il 15° dei medesimi 18 fascicoli è intitolato nel *recto* della sua prima coperta « CURIOSITÀ VENEZIANE || OVVERO || ORIGINI DELLE » DENOMINAZIONI STRADALI || di Venezia || DEL DOTTOR || GIUSEPPE TASSINI || Vol. II. » — Fasc. XV. || Tipografia di Gio. Cecchini in Venezia || 1864 », contiene le pagine numerate 225—264 del medesimo volume secondo.

scrive (1):

«STURION (*Ramo Calle, Ramo Calle del*) a Rialto. Antichissi-
» ma era l'osteria all'insegna dello *Sturione* in Rialto se l'undici
» luglio 1398 trovasi condannato con altri osti per vendere il vino
» in anguistare di minor tenuta del prescritto *Guilielmus hospes ad*
» *Sturionum in Rivoalto.* Un' altra sentenza dell' undici gennaio
» 1414 colpisce Antonia moglie *Pasqualini Boumathén hospitis ad*
» *hospitium Sturionis in Rto*, che per le sue mire interessate aveva
» maritato la figlia Chiara, avuta dal suo primo Consorte Meneghi-
» no Tubeta ammazzato in servigio del comune, senza andar d'accor-
» do coi Signori di Notte, ai quali era stato commesso il matrimonio
» della donzella, come quello della sorella Elisabetta, col benefizio
» dell'osteria delle *Spade.* Gli sponsali perciò furono rotti, ed Antonia
» riportò la pena di tre mesi di carcere.
» Riferisce il Gallicciolí che in *Calle del Sturion*, a Rialto, abita-
» vano alcuni Procuratori di S. Marco prima del 1365 (2). V'abitava
» medesimamente, e vi morì il 12 decembre 1557 il matematico Nicolò
» Fontana, detto *Tartaglia.* Egli due giorni prima fece testamento in
» atti del Veneto notaio Rocco di Benedetti, beneficando il fratello
» *Zampiero*, la sorella Catterina, e Trajano Navò, librajo all'insegna
» del *Leone* in *Merceria,* al *Ponte dei Baretteri.* Il Tartaglia, come
» egli stesso dispose, ebbe sepoltura in chiesa di S. Silvestro.»

Il testamento menzionato dal Sig. D.r Tassini in questo passo dell'opera medesima è quello stesso del quale due esemplari sono riprodotti più oltre. Per errore nel passo medesimo è asserito che Nicolò Tartaglia morì nel giorno 12 di dicembre del 1557, essendosi mostrato di sopra che questo illustre matematico morì nel giorno 13 di dicembre del 1557. Giustamente in questo passo il medesimo Nicolò è chiamato «Nicolò Fontana, detto *Tartaglia*», leggendosi nel testamento stesso che Fontana è il cognome d'un fratello carnale del suddetto testatore.

Nel precitato originale del testamento suddetto di Nicolò Tartaglia (pag. 1a, lin. 18—19) si legge:

«Il corpo mio uoglio sia sepulto in la chiesa di San Siluestro
» co'l Capitolo» (3).

---

(1) CURIOSITÀ VENEZIANE || OVVERO || ORIGINI DELLE DENOMINAZIONI STRADALI || DI VENEZIA || DEL DOTTOR || GIUSEPPE TASSINI || VOLUME SECONDO, ecc., pag. 247, lin. 10—30, Fasc. XV.

(2) Si è riportato di sopra il passo qui citato dell' opera dell'Abate Gallicciolli intitolata «DELLE MEMORIE || VENETE ANTICHE || *PROFANE ED ECCLESIASTI-* » *CHE* », ecc.

(3) Nella precitata copia autentica (carta numerata 3, *recto,* lin. 11—12) si legge:

«Il mio corpo uoglio sia sepolto
« in chiesa di S. Siluestro co'l capitolo.»

È da credere che in conformità di questa disposizione testamentaria Nicolò Tartaglia sia stato sepolto nella chiesa di S. Silvestro, ora parrocchiale, e compresa nel Sestiere di S. Polo (S. Paolo) di Venezia. Flaminio Corner (1), Francesco Berlan (2), Bernardo e Gaetano Combatti (3), ed i Signori Francesco Zanotto (4) e Giuseppe Tassini (5), dànno notizie intorno a questa chiesa.

Nel precitato originale del testamento di Nicolò Tartaglia si legge (pag. 2ª, lin. 3—9):

« Lasso a M.(esser) Troian Nauò Librar all'insegna del Lion in Marzaria
» al Ponte di Beretari tutti i sopradetti Quesiti, et inuentio(n)
» diuerse, et le trauagliate inuention, et ragionamenti
» et quei di nuoua sciencia, e tutti i sopradetti libri
» del mio studiare con questo ch(e)l sia obligato dar quindeci
» ducati à Lucia mia massara al presente parte per sua
» seruitù et parte perche li dono. » (6).

Varie edizioni rare fatte in Venezia nel 1537, nel 1538, e nel 1540 delle terze rime di Francesco Berni diconsi ne' loro fronti-

(1) ECCLESIÆ VENETÆ || ANTIQUIS MONUMENTIS || NUNC ETIAM PRIMUM EDITIS ILLUSTRATÆ || AC IN DECADES DISTRIBUTÆ.=AUTHORE || FLAMINIO CORNELIO || SENATORE VENETO. || DECAS QUARTA, ET QUINTA. || VENETIIS, MDCCXXXXIX, pag. 1—150. — SUPPLEMENTA || AD ECCLESIAS || VENETAS ET TURCELLANAS || ANTIQUIS DOCUMENTIS || NUNC ETIAM PRIMUM EDITIS ILLUSTRATAS. || AUTHORE FLAMINIO CORNELIO || SENATORE VENETO. || VENETIIS, MDCCXXXXIX, pag. 198—218.

(2) NUOVA PLANIMETRIA || DELLA CITTÀ DI VENEZIA || DIVISA IN VENTI TAVOLE || Compilate e disegnate || DA BERNARDO COMBATTI, ecc. E DA GAETANO COMBATTI, ecc. con Illustrazioni || TOPOGRAFICHE, STATISTICHE E STORICHE || DI FRANCESCO BERLAN, ecc., Parte II, Illustrazione, ecc., pag. 237, lin. 27—39, pag. 238, lin. 1—31.

(3) NUMERAZIONE ANAGRAFICA || E || NOMENCLATURA STRADALE || DELLA CITTÀ DI VENEZIA, ecc. Opera Compilata || IN SEGUITO A RILIEVI PRATICATI SUL LUOGO. || DA BERNARDO E GAETANO COMBATTI || Parte III della nuova Planimetria di Venezia, ecc., pag. 40, col. 1, lin. 52—57, col. 2, lin. 43—54, col. 3, lin. 51—61, col. 5, lin. 49—52, pag. 41, col. 1—2, col. 3, lin. 1—22.

(4) VENEZIA || E || LE SUE LAGUNE || VOL. II. PAR. II. || VENEZIA || NELL' I. R. STABILIMENTO ANTONELLI || 1847, pag. 337, lin. 19—34, pag. 338, pag. 339, lin. 1—4.

(5) CURIOSITÀ VENEZIANE || OVVERO || ORIGINI DELLE DENOMINAZIONI || STRADALI || DI VENEZIA || DEL DOTTOR || GIUSEPPE TASSINI || VOLUME SECONDO, ecc., pag. 222, lin. 33—45, pag. 223, pag. 224, lin. 1—17. Fasc. XIV.

(6) Nella detta copia autentica del testamento stesso (Filza 168 VII, Protocollo, carta 3, *recto*, lin. 33—36, *verso*, lin. 1—3) si legge:

« Lasso à M. Troian Nauò librer all'insegna del
» lion in Marzaria al Ponte di Berettari tutti i sopraditti que-
» siti, et inuention diuerse, e le trauagliate inuention, e
» ragionamenti, et quei di nuoua scientia, e tutti i sopraditti
« libri del mio studiare con questo che 'l sia obligato dar
» quindeci ducati à Lucia mia massera al presente parte
» per sua seruitù e parte perche li dono. »

spizi stampate « PER CVRTIO NAVO ET FRATELLI » (1). È da credere che uno di questi fratelli Navò fosse il « M. Troiano Nauò librer », menzionato nell' ultimo de' passi riportati di sopra del testamento di Nicolò Tartaglia. Uno de' medesimi fratelli Navò, che avea nome Fabio, morì nel 1540, o prima, un capitolo « in morte di Fabio

(1) In un volume ora posseduto dalla Biblioteca Vaticana, e contrassegnato « Capponiani 77—219 » trovansi 1.° (carte 2a—56a) un esemplare d' una edizione intitolata « TVTTE LE OPERE DEL || BERNIA IN TERZA RIMA || NVOVAMENTE CON || » SOMMA DILIGENTIA || STAMPATE || PER CVRTIO NAVO ET FRATELLI || MDXXXVIII ». (In 8.°, di 55 carte, numerate ne' margini superiori de' *recto* coi numeri 1—55, e nella 55a delle quali (*verso*, lin. 2—4) si legge: « IN VINEGIA PER CVRRTIO (*sic*) » || NAVO ET FRATELLI || MDXXXVIII. », esemplare citato nel catalogo intitolato « CA- » TALOGO || DELLA || LIBRERIA CAPPONI, || *O SIA DE' LIBRI ITALIANI* || Del fù Marchese » || ALESSANDRO GREGORIO CAPPONI || *Patrizio Romano, e Furiere Maggiore Pontificio* || » Con ANNOTAZIONI in diversi luoghi e coll'APPENDICE || de' libri Latini, delle Mi- » scellanee, e dei || Manoscritti in fine. || IN ROMA, appresso il Bernabò, e Lazza- » rini, MDCCXLVII », ecc., pag. 59, lin. 18—19); 2.° (carte 58a—129a) un esemplare d'una edizione intitolata « TVTTE LE TERZE RIME || DEL MAVRO, NOVAMEN- || » TE RACCOLTE, ET || STAMPATE || PER CVRTIO NAVO, ET FRA || TELLI MDXXXVIII. » (In 8.°, di 71 carte, delle quali le 1a, 71a non sono numerate, e le 2a—70a sono numerate 2—70, e nella 70a delle quali, numerata 70 (*verso*, lin. 17—19) si legge: « IN VINEGIA PER CVRTIO || NAVO ET FRATELLI || MDXXXVIII) »; 3° (carte 131a—166a) un esemplare d'una edizione intitolata « LE TERZE RIME DE || MESSER GIOVANNI » DAL- || LA CASA DI MESSER || BINO ET D'ALTRI || PER CVRRTIO (*sic*) NAVO, ET FRA || » TELLI. MDXXXVIII. » (In 8.°, di 36 carte, delle quali la 1a non è numerata, e le 2a—36a sono numerate 2—36). — Un esemplare di un' altra edizione fatta in Venezia nel 1537 per Curtio Navò, che nel catalogo stampato della Casanatense è indicato così (BIBLIOTHECÆ || CASANATENSIS || CATALOGUS || LIBRORUM TYPIS IMPRESSORUM || Sanctissimo Domino Nostro || CLEMENTI XIII || DICATUS || TOMUS PRIMUS || A.-B. CUM APPENDICE || ROMÆ MDCCLXI, ecc., pag. 580, col. 2, lin. 43—44), sotto « BERNI (Francesco):

« Le terze Rime, *in-8°* (*Venetiis*)
» per Curtio Navo 1537. hh. XXIV. 6 »,

più non trovasi in questa Biblioteca.

Varie edizioni fatte in Venezia nel 1537, 1538 e 1540, di rime del Berni e del Mauro *per Curtio Navò et fratelli* sono indicate nel catalogo intitolato « CA- » TALOGUE || DE LA || BIBLIOTHÈQUE DE M. *L***** || *Dont la vente se fera le lundi 28* » *juin 1847, et les vingt neuf* || *jours suivants à six heures de relevée, rue des Bons-* || » *Enfants, n.° 30, maison Silvestre, salle du premier, ecc.* *SE DISTRIBUE À PARIS* || » CHEZ L. C. SILVESTRE ET P. JANNET, LIBRAIRES. || 1847 » (pag. 244, lin. 27—44, pag. 245, lin, 1—20), e citate anche dal Brunet (MANUEL DU LIBRAIRE || ET || DE L' AMATEUR DE LIVRES, ecc. PAR JACQUES CHARLES BRUNET, ecc. CINQUIÈME ÉDITION ORIGINALE, ecc. TOME PREMIER || PARIS, ecc. 1860, col. 800, lin. 19—43).

La Biblioteca Marucelliana di Firenze possiede un esemplare contrassegnato « 2. C. VII. 45 d'una edizione intitolata « CAPITOLI DEL S. PIETRO || ARETINO, DI

» Navò stampatore », trovandosi in una edizione del 1540 ([1]). Un altro dei fratelli Navò è chiamato « Curzio Troiano dei Nauò » ne' frontispizi della Parte Prima e Seconda del « GENERAL TRATTATO DI

---

» M. LODOVICO || DOLCE, DI M. FRANCESCO || SANSOVINO, || ET DI ALTRI ACVTISSIMI » INGEGNI || PER CURTIO NAVÒ E FRATELLI. || MDXL », e composta di 56 carte, delle quali le 1ª, 56ª non sono numerate, e le 3ª—55ª sono numerate ne' margini superiori de'*recto* coi numeri 2—18, 61, 28, 21, 30, 23, 32—49, 42, 51, 44, 33, 46, 52, 48—55. In questa edizione (carta numerata 42, *recto*, lin. 14—30, *verso*, carta numerata erroneamente 51, in vece di 43, carta numerata 44, *recto, verso*, lin. 1—13), trovasi un capitolo intitolato nella raccolta medesima (carta numerata 42, *recto*, lin. 14—15):

» DEL MESSERE
» *Fr. Sansouino à Traiano Nauò.* »

Emanuele Antonio Cicogna descrivendo questa edizione (DELLE INSCRIZIONI || VENEZIANE || RACCOLTE ED ILLVSTRATE || DA || EMMANVELE ANTONIO CICOGNA || CITTADINO VENETO || VOLUME IV. || VENEZIA M.DCCCXXXIV || PRESSO GIUSEPPE PICOTTI STAMPATORE || EDITORE L'AVTORE, pag. 82, col. 2, lin. 25—52) riporta il titolo ed il primo verso di questo capitolo (DELLE INSCRIZIONI || VENEZIANE, ecc. VOLUME IV, ecc., pag. 82, col. 2, lin. 50—52).

([1]) Emanuele Antonio Cicogna cita questa edizione scrivendo (DELLE INSCRIZIONI || VENEZIANE, ecc. VOLUME IV, ecc. pag. 643, col. 2, lin. 33—43):

« Nelle rime o *Sonetti* del *Bernia* a diverse » persone (Venezia per Curtio Navo e fratello » MDXL. a p. 17 tergo) si leggono due *Sonetti di* » *M. Francesco Sansovino* ambedue in morte di » Fabio Navò stampatore. La edizione è dedica- » ta da *Curzio* stampatore al Sansovino, e con- » tiene maggior numero di sonetti dell'anteriore » di Ferrara 1537 rammentata dal Poggiali *Se-* » *rie de' Testi di lingua.* (Ciò mi partecipava il » chiariss. mio amico *Gaetano Melzi*, con lettera » 8 novembre 1835). »

Bartolomeo Gamba (SERIE DE' TESTI DI LINGUA || E DI ALTRE OPERE IMPORTANTI NELLA ITALIANA || LETTERATURA SCRITTE DAL SECOLO XIV AL SECOLO XIX. || DI BARTOLOMEO GAMBA DA BASSANO || ACCADEMICO DELLA CRUSCA, ec. ec. || QUARTA EDIZIONE, VENEZIA, || CO' TIPI DEL GONDOLIERE. || MDCCCXXXIX, pag. 49, col. 1, lin. 7—21) cita una edizione del 1541 contenente i medesimi due sonetti scrivendo:

« SONETTI DEL BERNIA A DIVERSI, ecc. Vinezia, » *Curzio Nauò* || *et Fratelli,* 1538 in-8.° sono car. » 55 numerate, ed una bianca al fine.

» Gli stessi (*Venezia*) *Curzio Navò e fra-* » *telli, 1541, in-8.°* Il Cav. Gaetano Melzi, che ne » possede un esemplare, mi significa che l'edizione » ha maggior numero di Sonetti della Ferrarese » dell'anno 1537, e che contiene eziandio due » Sonetti di *Francesco Sansovino in morte di* » *Fabio Navò stampatore.* »

« NVMERI ET MISVRE » di Nicolò Tartaglia, pubblicato nel 1556 ([1]), e detto anche « *Curtio Troiano* » nella firma di ciascuna delle dedicatorie delle Parti 3ª—8ª del medesimo « TRATTATO » ([2]). In un privilegio de' 14 di agosto del 1556 riportato in ciascuna delle medesime Parti 3ª—8ª ([3]) il medesimo Curzio è detto « *Curtius Navius* » ([4]).

---

([1]) « LA PRIMA PARTE DEL || GENERAL TRATTATO DI NV- || MERI, ET MISVRE » DI NICOLO TARTAGLIA, ecc. *In Vinegia per Curtio Troiano dei Nauò.* || *MDLVI* », ecc. « LA SECONDA PARTE || DEL GENERAL TRATTATO DI || NVMERI, ET MISVRE DI » NICOLO TARTAGLIA, || NELLA QUALE IN VNDICI LIBRI SI NOTIFICA LA || PIV ELE- » VATA, ET SPECVLATIVA PARTE DELLA PRATICA || Arithmetica, ecc. *In Vinegia per* » *Curtio Troiano dei Nauò.* || *MDLVI.* || Appresso dell'Autore ». Si è citata di sopra un'edizione fatta « IN VENETIA. *Per Curtio Troiano dei Nauò* || M. D. LXII » de' « QVE- » SITI ET INVENTIONI », e della « REGOLA GENERALE DI SOLLEVARE OGNI || fondata » Naue & nauilii con Ragione » di Nicolò Tartaglia. Il medesimo Curzio pubblicò una edizione intitolata « EVCLIDE || MEGARENSE || PHILOSOPHO || SOLO INTRODVT- « TORE || DELLE SCIENTIE || MATHEMATICE || DILIGENTEMENTE RASSETTATO, ET ALLA || » integrità ridotto, per il degno professore di tal scientie || Nicolo Tartalea, ecc. » IN VENETIA. Appresso Curtio Troiano. 1565. » — Posseggo un esemplare d'una edizione intitolata « EVCLIDE || MEGARENSE || ACVTISSIMO PHILOSOPHO || SOLO INTRO- » DVTTORE DELLE || SCIENTIE MATHEMATICE || *DILIGENTEMENTE RASSETTATO* || *Et alla* » *integrità ridotto, per il degno professore di tal* || *Scientie Nicolò Tartalea Brisciano.* || » SECONDO LE DVE TRADOTTIONI. || *CON VNA AMPLA ESPOSITIONE DELLO ISTESSO* || » *tradottore di nuouo aggionta, talmente chiara, che ogni mediocre* || *ingegno senza la* » *notitia, ouer suffragio di alcun'altra scientia* || *con facilità sera capace a poterlo in-* » *tendere.* || Di nuouo con ogni diligenza ben corretto, e ristampato || *IN VENETIA,* || » *Appresso gli Heredi di Troian Nauo, alla libraria del Lione* || *MDLXXXVI.* » In questo titolo essendo menzionati gli Eredi di Troiano Navò, è da credere che nel 1586 Curzio Traiano fosse morto.

([2]) « *Di Vinegia,* || *Il primo di Gennaro MDLX.* || *Di V. S. S.re Curtio Troiano* » (LA TERZA PARTE DEL || GENERAL TRATTATO || DE'NVMERI, ET MISVRE || DI NICOLÒ TARTAGLIA, ecc. *IN VENETIA PER CVRTIO TROIANO* || *M.D.LX.* carta 2ª, segnata Aij, *recto*, lin. 24—26. — « *Di V. S. Ill.ma* || *Humilissimo Seruitore* || *Curtio Troiano* » (LA QVARTA PARTE DEL || GENERAL TRATTATO || DE' NVMERI ET MISVRE, || DI NICOLÒ TARTAGLIA, ecc. *IN VENETIA PER CVRTIO TROIANO* || *M. D. LX*, carta 3ª, *recto*, lin. 23—25). — « *Di V. S. Ill.re* || *Humilissimo Seruitore* || *Curtio Troiano* » (LA QVINTA PARTE DEL || GENERAL TRATTATO || DE' NVMERI ET MISVRE, || DI NICOLO TARTAGLIA, ecc. *IN VENETIA PER CVRTIO TROIANO M. D. LX*, carta 3ª, *recto*, lin. 15—17). — *Di V. S. Illustre* || *Prontissimo Seruitore* || *Curtio Troiano* » (LA SESTA PARTE DEL || GENERAL TRATTATO DE' NVMERI ET MISVRE || DE NICOLO TARTAGLIA, ecc. *IN VENETIA PER CVRTIO TROIANO M. D. LX*, carta 3ª, *verso*, lin. 10—12).

([3]) LA TERZA PARTE DEL || GENERAL TRATTATO, ecc., carta 1ª, *verso*, lin. 1—43. — LA QVARTA PARTE DEL || GENERAL TRATTATO, ecc., carta 1ª, *verso*, lin. 1—43. — LA QVINTA PARTE DEL || GENERAL TRATTATO, ecc, carta 1ª. *verso*, lin. 1—43. — LA SESTA PARTE DEL || GENERAL TRATTATO, ecc., carta 1ª, *verso*, lin. 1—43.

([4]) LA TERZA PARTE DEL || GENERAL TRATTATO, ecc., carta 1ª, *verso*, lin. 17, 24, 29. — LA QVARTA PARTE DEL || GENERAL TRATTATO, ecc., carta 1ª, *verso*, lin. 17, 24, 29. — LA QVINTA PARTE DEL || GENERAL TRATTATO, ecc., carta 1ª, *verso*, lin.

Nell' ultimo de' passi riportati di sopra del suddetto originale del testamento di Nicolò Tartaglia, è chiamato « Ponte di Beretari », il medesimo ponte dei *baretteri*, che Carlo Antonio Marin menziona scrivendo ([1]):

« Oltre a ciò
» grand' uso ancora di calzette e berette v' era a
» que' giorni, sicchè il ponte della merceria pon-
» te dei *baratteri* si dice ancora. »

Intorno al ponte di Berettieri o de' Baretteri qui menzionato sono anche date notizie dal Sig. Tassini nella precitata sua opera ([2]).

Più oltre nell' originale stesso il Tartaglia menziona nuovamente il medesimo libraio Troiano Nauò scrivendo (pag. 2ª, lin. 23—25):

« Mio
» commissario, et executor di questo mio ultimo testa-
» mento lasso il soprascritto $M_7$ Troian Nauò librer,
» Dechiarando, ch' io uoglio, ch(e)l detto $M_7$ Troian habbi
» liberamente tutte le sopradette opere, ch' io li lasso
» con detto grauame di quindese ducati. ([3]) »

Si è detto di sopra che in una filza dell'Archivio notarile di Venezia, contrassegnata « 168. VII. » trovasi un protocollo contenente le copie fatte da Rocco Benedetti, notaio veneto, di 73 testamenti da lui rogati. Nella carta numerata 38 di questa filza trovasi un testamento che nelle linee 1—15 del *recto* della medesima carta incomincia così:

« In nomine Dei aeterni amen. Anno ab incarnatione D(omi)ni
» nostri Jesu christi millesimo, quingentesimo, sexagesimo

17, 24, 29. — LA SESTA PARTE DEL || GENERAL TRATTATO, ecc., carta 1ª, *verso*, lin. 17, 24, 29).

([1]) STORIA || CIVILE E POLITICA || *Del Commercio de' Veneziani* || DI CARLO ANTONIO MARIN || PATRIZIO VENETO || VOLUME V. || IN VINEGIA MDCCC. || A SPESE DELL'AUTORE || *Con Licenzia dei Superiori*, pag. 251, lin. 12—15.

([2]) CURIOSITÀ VENEZIANE || OVVERO || ORIGINI DELLE DENOMINAZIONI STRADALI || DI VENEZIA || DEL DOTTOR || GIUSEPPE TASSINI || VOLUME PRIMO. ecc., pag. 60, lin. 31—36, pag. 61, lin. 1—19. Fasc. II.

([3]) Nella detta copia autentica del testamento medesimo (Archivio notarile di Venezia, Filza 168, VII, Protocolli di Rocco Benedetti, carta 3, *verso*, lin. 17—22) si legge:

» Mio
» commissario, et executor di questo mio ultimo testamento
» lasso il sop.to M. Troian Nauò librer. Dechiarando,
» ch' io uoglio che 'l detto M. Troian habbi liberamente
» tutte le sopraditte opere, ch' io li lasso con detto grauame
» di quindese ducati. »

» secundo. Indictione sexta die vero Jouis uigesimo primo
» mensis Januarii. Actum Venetiis. In domo proprie habitationis
» infras(crip)ti Testatoris posita in confinio sancti Antonini. Consi-
» derando io Bonfante fu de S(er) Zulian di Toselli de Proualio
» destretto di Bressa Corrier di Roma ordinario non esser
» cosa più certa della morte, nè più incerta dell' hora di quella,
» et ritrouandomi hora in letto mal conditionato della uita,
» sano però per Dio gratia della mente, senso, et intelletto
» ho deliberato ordinar i fatti miei, et per ultima mia uolontà
» disponer di miei beni, e perciò ho fatto uenir da me Rocho
» Benedetti Nodaro di Venetia, qual hò pregato scriui questo
» mio ultimo testamento, et quello in caso della morte mia
» rilevi in publica forma, segondo l'uso di Venetia. »

In questo testamento (carta numerata 38 del medesimo Protocollo, *verso,* lin. 19—23) si legge:

« Lasso commissarij, et executori di questo mio testa-
» mento M. Tragian Nauò librer mio carissimo compare, e M.
» Valente de Bernardin Corrier de Roma, e Gerolamo Rizzo
» stà a Bressa, i quali possino dar per l'amor di Dio fino à
» diese ducati a qualche povera putta per el suo maridar. »

Il libraio che in questo passo del medesimo testamento è chiamato « M. Tragian Nauò librer mio carissimo compare » è certamente il medesimo « M. Troian Nauò » menzionato dal Tartaglia in due passi riportati di sopra del suo testamento suddetto.

Nel precitato originale del medesimo testamento di Nicolò Tartaglia (pag. 1ª, lin. 13—16) si legge:

« Io deuo hauer da Giordan librer all'insegna
» della stella circa cento lire de picoli p(er) conto de libri
» à lui dati, come appar per un scritto tempo alli: ii: del
» presente mese » (1).

Il libraio menzionato in questo passo del medesimo originale è certamente il medesimo Giordano Ziletti, che diè in luce le seguenti edizioni:

LETTERE || DI DIVERSI AVTORI || ECCELLENTI. || *LIBRO PRIMO.* || NEL

(1) Nella precitata copia autentica del testamento medesimo si legge (Archivio Notarile di Venezia, Filza 168, VII, Protocollo di Rocco de' Benedetti, carta 3, *verso,* lin. 6—10):

« Io deuo auer da Giordan librer all'insegna
» della stella circa cento libre de picoli per conto de libri
» à lui dati, come appar per un scritto tempo alli. 11, del
» presente mese. »

QVALE SONO I TREDICI || *Autori Illustri, & il fiore di quante* || *altre belle lettere si sono* || *uedute fin qui.* || CON MOLTE LETTERE DEL || *Bembo, del Nauagero, del Fracastoro, &* || *d'altri famosi Autori non* || *più date in luce.* || *Con Priuilegio.* || IN VENETIA. || *Appresso Giordano Ziletti, all'insegna della Stella.* || M.D.LVI ([1]).

RAGIONAMENTO || *DI MONS. PAOLO GIOVIO* || *sopra i motti, & disegni d'arme,* || *& d'amore, che commu-* || *nemente chiamano* || IMPRESE. || CON VN DISCORSO DI || *Girolamo Ruscelli, intorno allo* || *stesso soggetto.* || *Con Priuilegio.* || IN VENETIA, MDLVI. || *Appresso Giordano Ziletti, all'Insegna della Stella* ([2]).

---

([1]) Questa edizione è composta di 814 pagine, delle quali le 1ª—16ª, 18ª—19ª non sono numerate, e le 17ª, 20ª—814ª sono numerate coi numeri 1, 4—32, 37, 34—656, 665—680, 673—697, 682, 699—800. Un esemplare di questa edizione è ora posseduto dalla Biblioteca Nazionale di Firenze, e contrassegnato «Sezione Palatina, 12, 8, 1, 57». Un altro esemplare della edizione medesima è ora posseduto dalla Biblioteca Marciana di Venezia, e contrassegnato «AA. 7 n.° 6874». L'edizione medesima è descritta da Apostolo Zeno (BIBLIOTECA || DELL'ELOQUENZA ITALIANA || DI MONSIGNORE || GIUSTO FONTANINI || ARCIVESCOVO D' ANCIRA || CON LE ANNOTAZIONI DEL SIGNOR || APOSTOLO ZENO || ISTORICO E POETA CESAREO || CITTADINO VENEZIANO. || TOMO PRIMO || VENEZIA, MDCCLIII, ecc., pag. 161, col. 1, lin. 33—38, col, 2, pag. 162, col. 1, lin. 1-4. — BIBLIOTECA || DELL' ELOQUENZA ITALIANA || DI MONSIGNORE || GIUSTO FONTANINI || ARCIVESCOVO D' ANCIRA || CON LE ANNOTAZIONI || DEL SIGNOR || APOSTOLO ZENO || ISTORICO E POETA CESAREO || CITTADINO VENEZIANO || ACCRESCIUTA DI NUOVE AGGIUNTE. || *TOMO PRIMO.* || PARMA MDCCCIII, ecc., pag. 169, lin. 11—34), e citata anche da Emanuele Antonio Cicogna (DELLE || INSCRIZIONI || VENEZIANE || RACCOLTE ED ILLUSTRATE || DA || EMANUELE ANTONIO CICOGNA || DI VENEZIA || VOLUME VI || VENEZIA MDCCCLIII. || PRESSO LA TIPOGRAFIA ANDREOLA || EDITORE L'AVTORE, pag. 298, lin. 6—11).

([2]) Questa edizione è composta di 248 pagine, delle quali le 1ª—16ª non sono numerate, e le 17ª—248ª sono numerate coi numeri 1—160, 165—236. — Un esemplare di questa edizione è ora posseduto dalla Biblioteca Vaticana, contrassegnato «Capponiana 71—182», ed indicato nel catalogo intitolato «CATALOGO || » DELLA || LIBRERIA CAPPONI || *O SIA DE' LIBRI ITALIANI* || Del fù Marchese || ALESSANDRO GREGORIO CAPPONI», ecc. (pag. 191, lin. 1—3). L'edizione medesima è citata da Apostolo Zeno (BIBLIOTECA || DELL'ELOQUENZA ITALIANA || DI MONSIGNORE || GIUSTO FONTANINI || ARCIVESCOVO D' ANCIRA || CON LE ANNOTAZIONI DEL SIGNOR || APOSTOLO ZENO || ISTORICO E POETA CESAREO || CITTADINO VENEZIANO. || TOMO SECONDO || VENEZIA, MDCCLIII, ecc., pag. 372, col. 1, lin. 15—16. — BIBLIOTECA || DELL'ELOQUENZA ITALIANA, || DI MONSIGNORE || GIUSTO FONTANINI || ARCIVESCOVO D'ANCIRA || CON LE ANNOTAZIONI || DEL SIGNOR || APOSTOLO ZENO || ISTORICO E POETA CESAREO || CITTADINO VENEZIANO || ACCRESCIUTA DI NUOVE AGGIUNTE || *TOMO SECONDO* || PARMA, MDCCCIV, ecc., pag. 409, lin. 37), da Emanuele Antonio Cicogna (DELLE || INSCRIZIONI || VENEZIANE || RACCOLTE ED ILLUSTRATE || DA || EMANVELE ANTONIO CICOGNA || CITTADINO VENETO || VOLVME III. || VENEZIA MDCCCXXX || PRESSO GIVSEPPE PICOTTI STAMPATORE || EDITOR L'AVTORE, pag. 322, col. 2, lib. 5—8), dal Graesse (TRÉSOR || DE || LIVRES RARES, ecc. PAR || JEAN-GEORGE THÉODORE GRAESSE, ecc. TOME TROISIÈME. || G—J || DRESDE, ecc,, 1862, pag 491, col. 1, lin. 48—51), e da altri.

DELLA GRANDEZZA || DELLA TERRA ET || DELL'ACQVA. || TRATTATO DI M. ALESSANDRO || PICCOLOMINI, NVOVAMENTE || MANDATO IN LVCE, || ALL'ILLVSTR. ET REVER.$^{MO}$ S.$^{ER}$ || MONSIG. M. IACOMO COCCO, || ARCIVESCOVO DI CORFV'. || Con Priuilegio. || IN VENETIA, M.D.LVIII. || Appresso Giordano Ziletti, all'insegna della Stella (1).

RAGIONAMENTO || DI MONSIGNOR PAOLO || GIOVIO || *SOPRA I MOTTI, ET DISEGNI* || D'ARME, ET D'AMORE, || che comunemente chiamano || IMPRESE || CON VN DISCORSO DI GIROLAMO || RVSCELLI, || *Intorno allo stesso soggetto.* || CON PRIVILEGIO || IN VENETIA || *Appresso Giordano Ziletti, al segno della Stella* || MDLX (2).

(1) Questa edizione è composta di 48 carte, delle quali le 1$^a$—4$^a$, 48$^a$ non sono numerate, e le 5$^a$—17$^a$ sono numerate ne' margini superiori de' *recto* coi numeri 1—43. — Di questa edizione sono a me noti gli esemplari seguenti: Firenze, Biblioteca Nazionale (Sezione Magliabechiana 556—1—4) carte 2$^a$—49$^a$ prima di 4 opuscoli. — Siena, Biblioteca Pubblica Comunale 60. L. XXI. (LA BIBLIOTECA || PUBBLICA || DI SIENA || DISPOSTA SECONDO LE MATERIE || DA LORENZO ILARI || CATALOGO, ecc. TOMO III. || SIENA 1845. ecc., pag. 112, col. 2, lin. 13—14). — Modena Biblioteca Poletti Comunale. — Un esemplare di questa edizione ora posseduto dalla Biblioteca Estense Palatina di Modena, è citato dal Sig. Prof. Cav. Pietro Riccardi (BIBLIOTECA MATEMATICA ITALIANA, ecc. PARTE PRIMA VOLUME II.°, ecc., col. 273, lin. 20—27. — Un esemplare di questa edizione è indicato nel catalogo stampato nel 1861, e citato di sopra d'una collezione de' libri posseduti da Guglielmo Libri, venduti in Londra nei giorni 25—27, 29, 30 aprile, 1—4 6—8 maggio, 18—20, 22—26 luglio del 1861 (CATALOGUE || OF THE || Mathematical, Historical, Bibliographical, and Miscellaneous || PORTION OF || THE CELEBRATED LIBRARY || OF || M. GUGLIELMO LIBRI, ecc. PART THE SECOND, M.-Z.,' ecc., pag. 620, lin. 48—49, n.° 5760). Questa edizione è citata anche da Monsignor Giusto Fontanini (BIBLIOTECA DELL'ELOQUENZA ITALIANA, ecc. TOMO SECONDO. || VENEZIA, MDCCLIII, ecc., pag. 324, lin. 5—6. — BIBLIOTECA DELL'ELOQUENZA ITALIANA, ecc. *TOMO SECONDO* || PARMA MDCCCIV, ecc., pag. 356, lin. 5—6), e dal Cicogna (DELLE || ISCRIZIONI || VENEZIANE, ecc. VOLUME III, ecc. pag. 322, col. 1, lin 3—9).

(2) Questa edizione è composta di 232 pagine, delle quali le 1$^a$—16$^a$ non sono numerate, e le 17$^a$—32$^a$ sono numerate coi numeri 1—25, 6, 27—167, 178, 169—208, 206, 210, 211—216. Un esemplare di questa edizione è posseduto dalla Biblioteca Chigiana di Roma, e contrassegnato «L. XIII. n. 5829» (CATALOGO || DELLA || BIBLIOTECA CHIGIANA || GIUSTA I COGNOMI DEGLI AUTORI, ecc. DISPOSTO, ecc. DA MONSIGNOR STEFANO EVODIO ASSEMANI, ecc., pag. 279, col. 1, lin. 32—36). L'edizione medesima è citata anche da Monsignor Giusto Fontanini (BIBLIOTECA || DELL'ELOQUENZA ITALIANA, ecc. TOMO SECONDO. || VENEZIA, MDCCLIII, ecc., pag. 372, col. 1, lin. 1—3. — BIBLIOTECA || DELL'ELOQUENZA ITALIANA, ecc. *TOMO SECONDO* || PARMA, MDCCCIV, ecc., pag. 409, lin. 9—11), dal Cicogna (DELLE || ISCRIZIONI || VENEZIANE, ecc. VOLVME III, ecc., pag. 322, col. 2. lin, 5—6) e dal Graesse (TRÉSOR || DE || LIVRES RARES, ecc. PAR || JEAN GEORGE THÉODORE GRAESSE, ecc. TOME TROISIÈME. || G-J, ecc., pag. 491, col. 1, lin. 42—47).

DELLA GRANDEZZA || DELLA TERRA ET || DELL'ACQVA. || *TRATTATO DI M. ALESSANDRO* || PICCOLOMINI, NVOVAMENTE || MANDATO IN LVCE. || ALL' ILLVSTR. ET REVER. SIGNORE, || MONS. G. M. IACOMO COCCO || ARCIVESCOVO DI CORFV̀. || Con Priuilegio. || IN VENETIA || Appresso Giordano Ziletti, all' insegna della Stella, || MDLXI (1).

LETTERE || DI PRINCIPI, || LE QVALI O SI SCRIVONO || DA PRINCIPI, O À PRINCIPI, || O RAGIONAN DI PRINCIPI, || *LIBRO PRIMO*, || *Nuovamente mandato in luce da Girolamo Ruscelli.* || All' Illustrissimo & Reuerendissimo Cardinal || CARLO BORROMEO. || *Con priuilegio di N. S. Papa Pio IIII.* & *dell' Illustrissima Signoria di Venetia per anni X.* || IN VENETIA, || Appresso Giordano Ziletti, al segno de la Stella. || M. D. LXII (2).

LETTERE || DI PRINCIPI, || LE QVALI Ò SI SCRIVONO || DA PRINCIPI, Ò À PRINCIPI, || Ò RAGIONAN DI PRINCIPI, || *LIBRO PRIMO*, || Et ora in questa seconda editione tutto ricorretto, || & migliorato. || All'Illustrissimo, & Reuerendissimo Cardinal || CARLO BORROMEO. || *Con priuilegio di N. S. Papa Pio IIII.* & *dell' Illu-* || *strissima Signoria di Venetia per anni X.* || IN VENETIA, || Appresso Giordano Ziletti, al segno della Stella. || M. D. LXIII (3).

---

(1) Questa edizione è composta di 48 carte, delle quali le $1^a-4^a$, $48^a$ non sono numerate, e le $5^a-47^a$ sono numerate ne' margini superiori de' *recto* coi numeri 1—43. Di questa edizione sono a me noti gli esemplari seguenti: Roma, Biblioteca Alessandrina « XIV. e. 21 », ($8^o$ di 12 opuscoli): Biblioteca Barberina «N. VII. 102 », già « LII. B. 55 » (INDICIS || BIBLIOTHECAE || BARBERINAE || TOMVS SECVNDVS, ecc., pag. 208, col. 1, lin. 33—34), — Siena, Biblioteca Pubblica Comunale « PI. L. XXI », indicato dall' Ilari « LA BIBLIOTECA PUBBLICA || DI SIENA, ecc. CATALOGO, ecc. TOMO III », ecc. (pag. 112, col. 2, lin. 15). Venezia, Biblioteca Marciana « XVII. 2. 20963 ». Biblioteca della pia fondazione Querini Stampalia « 328 ». — Questa edizione descritta dal Sig. Prof. Riccardi BIBLIOTECA || MATEMATICA ITALIANA, ecc. PARTE PRIMA || VOLUME II.°, ecc., col. 273, lin. 28—38), è citata anche dal Cicogna (DELLE || INSCRIZIONI || VENEZIANE, ecc. TOMO III, ecc., pag. 322, col. 1, lin. 3—6), e dal Graesse (TRÉSOR || DE || LIVRES RARES, ecc. PAR || JEAN GEORGE THÉODORE GRAESSE, ecc. TOME CINQUIÈME. || O.-Q. || DRESDE, ecc. 1864, pag. 281, col. 1, lin. 19—20).

(2) Questo volume è composto di 216 carte, delle quali le $1^a-8^a$ non sono numerate, e le $9^a-216^a$ sono numerate ne' margini superiori de' *recto* coi numeri 1—208, e nella $216^a$ delle quali, numerata 208 (*verso*, lin. 14—15) si legge:

« Appresso Giordano Ziletti all' insegna della Stella
» M D LXII. »

Un esemplare di questo volume è ora posseduto dalla Biblioteca Angelica di Roma, e contrassegnato « K. 8. 14 ».

(3) Questa edizione è composta di 240 carte, delle quali le $1^a-8^a$ non sono numerate, e le $9^a-248^a$ sono numerate ne' margini superiori de' *recto,* coi numeri

LETTERE || DI PRINCIPI, || LE QVALI Ò SI SCRIVONO || DA PRINCIPI, Ò A' PRINCIPI, || O' RAGIONAN DI PRINCIPI, || *LIBRO PRIMO.* || *In questa terza editione migliorato, & accresciuto.* || Aggiuntiui gli argomenti di ciascuna lettera, i quali sommariamente || toccano tutto quello che all'historia appartiene. || All'illustrissimo, & Reuerendissimo Cardinal || CARLO BORROMEO. || *Con priuilegio di N. S. Papa Pio IIII, & dell' Illu-* || *strissima Signoria di Venetia.* || In Venetia, appresso Giordan Ziletti, & compagni || MDLXX ([1]).

---

2—230, e nella 240ª delle quali, numerata 238 (*verso*, lin. 7—9), si legge: «IN VENETIA. || Appresso Giordano Ziletti, al segno della Stella. || MDLXIIII», e delle quali la 2ª ha una prefazione intitolata «GIORDANO ZILETTI || A' I LETTORI». Un esemplare di questa edizione è ora posseduto dalla Biblioteca Vaticana e contrassegnato «Capponiana n.° 69-206» ed indicato nel catalogo intitolato «CATALOGO || DELLA || LIBRERIA CAPPONI», ecc. (pag. 228, lin. 11—14).

([1]) Questa terza edizione è composta di 280 carte, delle quali le 1ª—33ª, 280ª non sono numerate, e le 34ª—279ª sono numerate ne' margini superiori dei *recto*, coi numeri 2—247, e nella 280ª delle quali (*recto*, lin. 5—6), si legge:

« *In Venetia, appresso Giordan Ziletti, & compagni*
» *M D LXX.* »

Nel *recto* della prima di queste 280 carte, tra le linee 11 e 12 del medesimo *recto*, trovasi l'insegna della Stella. Il medesimo Giordano Ziletti diè anche in luce i volumi seguenti: «JOANNIS CHRYSOSTOMI || ZANCHI PANEGYRICUS, || AD CARO- » LVM V || ROMANORVM IMP. || VENETIIS, M. D. LX. || Ex officina Iordani Zilleti». Opuscolo in 4.°, di 18 carte, delle quali le 1ª, 18ª non sono numerate, le 2ª—17ª sono numerate ne' margini superiori de' *recto* coi numeri 2—17, e nella prima (*recto*, tra le linee 1ª—4ª) e 18ª, *verso*, trovasi l'insegna della stella di Leonardo Ziletti, del quale opuscolo un esemplare trovasi in un volume ora posseduto dalla Biblioteca Alessandrina di Roma, e contrassegnato «XIV. f. 32» opuscolo 3.° — LETTERE || DI PRINCIPI || LE QVALI SI SCRIVONO || O DA PRINCIPI, || O A PRINCIPI || O RAGIONANO || DI PRINCIPI. || LIBRO SECONDO. || *CON PRIVILEGIO* || *IN VENETIA,* || *Appresso Giordano Ziletti. M D LXXV.* Un volume in 8.° di 264 carte, delle quali le 1ª—7ª, 264ª non sono numerate e le 8ª—263ª sono numerate nei margini superiori dei *recto* coi numeri 2—257, nella 1ª (*recto*, tra le linee 8, 9) e 262ª (*verso*) delle quali trovasi l'insegna della Stella, del qual volume un esemplare è nella Casanatense, contrassegnato «VV. III. 7.» — LETTERE || DI PRINCIPI, || LE QVALI SI SCRIVONO || O DA PRINCIPI, || O A PRINCIPI, || O RAGIONANO || DI PRINCIPI.' || LIBRO TERZO. || *CON PRIVILEGIO.* || *IN VENETIA,* || *Appresso Giordano Ziletti. M D LXXVII.* In 4.° di 296 carte, delle quali le 1ª—9ª, 287ª—298ª non sono numerate, e le 10ª—286ª sono numerate. nei margini superiori dei *recto*, coi numeri 2—278, e le 1ª (*recto*, tra le linee 8 e 9), 296ª delle quali (*verso*) hanno l'insegna della Stella, del qual volume un esemplare è ora posseduto dalla Casanatense, e contrassegnato «VV. III. 8.» — DELLA || INSTITVTION || MORALE || DI M. ALESSANDRO || PICCOLOMINI || LIBRI XII. || Ne' quali egli leuando le cose souerchie, & aggiugnendo molte || importanti, ha emendato, & à miglior forma, & ordine ridotto || tutto quello, che già scrisse in sua giouanezza della Institution || dell'huomo nobile || CON PRIVILEGIO ||

Nella Biblioteca del Museo Correr di Venezia si conserva una busta contrassegnata « N. 469 . 455 », cioè N.° 469 dei codici già posseduti da Emanuele Antonio Cicogna, N.° 455 dei codici del medesimo Museo Correr, nella quale trovansi otto fascetti di piccole schede sciolte scritte interamente di mano del prelodato Emanuele Antonio Cicogna, nato in Venezia nel giorno 17 di gennaio del 1789 ([1]), e morto in Venezia nel giorno 22 di febbraio del 1868 ([2]) Nel primo di questi otto fascetti, coperto da un foglio di carta nella cui prima pagina è scritto: « Cittadini || Ta », trovasi un foglietto che porta esternamente scritte le iniziali « Ta » e contenente nove pezzetti di carta nel primo de' quali, alto 168 millimetri, largo 101 millimetri, è scritto di mano del detto Emanuele Antonio Cicogna:

« *Fontana Nicolò (detto Tartaglia)*
» morto a San Silvestro in Calle
» del Sturion 13 Xbre
» 1557 alle ore 7 di notte
» in giorno di Lunedì, testò
» nuncupativamente il 10 Xbre
» suddetto in atti del notaio
» Veneto *Rocco di Benedetti.*
» Il suo testamento è conservato nell'
» Archivio notarile di Venezia

IN VENETIA, MDLXXV. || APPRESSO GIORDANO ZILETTI. In 4.° di 600 pagine, delle quali le 1ª—40ª, 600ª non sono numerate, e le 41ª—599ª sono numerate 2—559, e nella prima delle quali (tra le linee 11 e 12) trovasi l'insegna della Stella, della quale edizione un esemplare posseduto dalla Casanatense, e contrassegnato « X . XI. 60 », è citato da Monsignor Giusto Fontanini (BIBLIOTECA || DELL' ELOQUENZA ITALIANA || DI MONSIGNORE || GIUSTO FONTANINI, ecc. TOMO SECONDO. || VENEZIA, MDCCLIII, ecc., pag, 338, lin. 10—12. — BIBLIOTECA || DELL'ELOQUENZA ITALIANA || DI MONSIGNORE || GIUSTO FONTANINI, ecc. *TOMO SECONDO* || PARMA MDCCCIV, pag. 372, lin. 11—13).

([1]) DELLE || INSCRIZIONI || VENEZIANE || RACCOLTE ED ILLVSTRATE || DA || EMANVELE ANTONIO CICOGNA || CITTADINO VENETO || VOLUME II. || VENEZIA MDCCCXXVI. PRESSO GIVSEPPE PICOTTI STAMPATOR || EDITOR L' AVTORE, pag. 395, col. 1, lin. 36—41. — ARCHIVIO || STORICO ITALIANO, ecc. SERIE TERZA || TOMO VII. — PARTE II. || ANNO 1868. || IN FIRENZE, ecc. 1868, pag. 208, lin. 19—20. — BULLETTINO || DI || BIBLIOGRAFIA E DI STORIA || DELLE || SCIENZE MATEMATICHE E FISICHE || PUBBLICATO || DA B. BONCOMPAGNI, ecc. TOMO X, ecc. ROMA, ecc. 1877, pag. 5, lin. lunghe 37—41, GENNAIO 1877.

([2]) ARCHIVIO || STORICO ITALIANO, ecc. SERIE TERZA || TOMO VII. — PARTE II. || ANNO 1868. || IN FIRENZE, ecc. 1868, pag. 204, lin. 13—18. — ARCHIVIO || VENETO PUBBLICAZIONE PERIODICA || TOMO III, ecc., pag. 304, lin. 36-38. — BULLETTINO || DI BIBLIOGRAFIA, ecc. TOMO X, ecc., pag. 5, lin. lunghe 44—48.

» in un foglio scritto in due
» pagine intiere, e retro
» avvi la scritta notarile e la
» notizia seguente
» Obiit die lune XIII Xbris
» supradicti hora septima noctis
» Fra i legatarii vi è il librajo *Trajano Navò*
» al ponte di Baretteri » (1).

In questa nota dell'illustre Emanuele Cicogna è descritto il medesimo prezioso foglio che di sopra si è detto essere custodito nella suddetta vetrina e contenere ciò che si riporta più oltre sotto il n. I.

In altra busta posseduta dal medesimo Museo Correr di Venezia, e contrassegnato « N.° 505. 2014 », cioè numero 505 de'codici già posseduti dal detto Emanuele Antonio Cicogna, N.° 4014 de'codici ora posseduti dal detto Museo Correr, trovansi 12 fascicoli manoscritti numerati 1—12, il quinto de' quali è coperto da un foglio di carta nella cui prima pagina si trova scritto:

« Inscrizioni
» nella Chiesa di
» S. Siluestro
» e ui è aggiunto, di altra mano:
» Busta 505. »

Questo fascicolo contiene 13 carte insieme unite, ed in parte anche incollate, numerate ne' margini superiori de' *recto* coi numeri 1—13, e delle quali le 5ª—13ª numerate 5—13, contengono una serie di note intitolate nel *recto* della carta numerata 5 del fascicolo stesso « Note || alla Inscrizione || in S. Silvestro. » Nelle linee 20—24 del rovescio della settima di queste 13 carte, numerata ne'margini superiori de' *recto* col numero 7, trovasi scritto di mano del medesimo Emanuele Antonio Cicogna:

« del 1557 morì in questa
» Contrada, in Calle dello Sturion
» Nicolò *Tartaglia* ossia
» Fontana Bresciano
» Vedi nelle schede TAR = busta 469. »

In questa nota del Cicogna, dalla parola « Vedi » a « 469 » è richiamato ciò che si legge nell'altra sua nota riportata di sopra, e

(1) Nel margine laterale interno del medesimo pezzetto di carta, è scritto anche di mano del detto Emanuele Cicogna:

« Notizia avuta oggi 24 Xbre 1858 dall'amico Tessier. »

contenuta nella suddetta busta contrassegnata « N.° 469—455 ». In ciascuna di queste due note il Cicogna ha giustamente avvertito che il cognome di Nicolò Tartaglia era Fontana.

Rocco Benedetti, notaio veneto, menzionato nel detto originale del Testamento di Nicolò Tartaglia, morì in età di 50 anni nel giorno 27 di luglio del 1582 (1).

Il Padre Giacomo Alberici (2), il Padre Agostino Super-

---

(1) In uno de' Necrologii della già Chiesa Parrocchiale, ora Vicariale, di S. Giovanni Elemosinario, detta S. Zuanne de Rialto di Venezia, ora conservati nell'Archivio della Chiesa Parrocchiale di S. Silvestro della medesima città, è un manoscritto composto di 20 carte in mezzo foglio bislungo, niuna delle quali è numerata, legate in vecchio cartone bianco, intitolato nel *recto* del primo cartone di questa legatura « 1576. ‖ Libro de Morti ‖ sino ‖ 1583 ‖ S. Zuane di Rialto ‖ I. » Nelle linee 10—32 del *recto* della 15ª di queste 20 carte si legge:

« 1582. 17. Zugno  
» È morto M.r Sebastia(n) fiol del  
» sp.or m. Ant.° Orese alla Insegna  
» di la Croce, amalatto da  
» febbre, già mesi otto. Et  
» e morto da eticho. ——  
» visitatto da Exc.te medico  
» N. Stabille, et altri, di anni  
» 23. in cir.a lic.to

» 19. luio  
» E morto Rocho garro(n) di m.  
» Zuanne della fontana  
» mercadante da vin de  
» anni 12. in circ. e statto  
» Infermo giorni otto. da  
» febbre ——  
» Lice(n)t.°

» alli 27. ditto  
» E morto m.r Rocho di benedetti  
» Nodaro homo di anni 50. in  
» cir.a amalado da febre, et da  
» fluxo za tanto tempo. Il  
» qual mai no(u) à voluto medico  
» lice(n)t.° »

Nel R. Archivio di Stato di Venezia si conserva un manoscritto di necrologii provenienti del già Magistrato della Repubblica Veneta detto « PROVVEDITORI ALLA » SANITÀ », uno de' quali contrassegnato « N.° 20. anno 1582 »; si compone di 187 carte in mezzo foglio oblungo, ciascuna delle quali è numerata, legate in vecchio cartone bianco con dorso di carta gialla, sul qual dorso sono incollati tre cartellini, nel primo dei quali è impresso « PROVVEDITORI ALLA SANITÀ », nel secondo è scritto a penna con inchiostro nero « 814 », e nel terzo è anche scritto a penna: « Necrologio n.° 20. ‖ 1582 ». Nelle linee 16—21 del *recto* della carta 59ª di questo volume si legge:

« Adi 27. ditto S.ma N.° xij.  
» Contarini fia de m.r Zuanne.  
» Zorzi de mesi sie da vermi  
» già giorni 20 —— S. Margherita  
» M.r Rocco di Benedetti nodaro de an(n)i |50|  
» da febre e flusso già molti g.ni —— S. Z. de R.to »

ove « ditto » indica il « luglio 1582 », indicato nella linea 1 del medesimo *recto* così: « 1582 alli 26 Lug.° »

(2) CATALOGO ‖ BREVE DE GL' ILLVSTRI ‖ ET FAMOSI SCRITTORI ‖ VENETIANI. ‖ Quali tutti hanno dato in luce qualche opera, ‖ conforme alla loro professione ‖ particolare; ‖ *Raccolto dal* R. P. F. GIACOMO ALBERICI ‖ *da Sarnico Bergamasco* ‖ *dell'Ordine Eremit.* ‖ *di S. Agostino della Congregatione* ‖ *Osseru. di Lombardia,* ‖ DEDICATO

bi ([1]), Francesco Sansovino ([2]), il Conte Giovanni Maria Mazzuchelli ([3]), Giovanni Cristoforo Adelung ([4]), ed il Cav. Emanuele Antonio Cicogna ([5]) citano vari opuscoli di questo erudito notaio. In quattro di questi opuscoli egli è detto « notaio » ([6]).

---

AL SERENISS. DOGE || DI VENETIA MARINO GRIMANI. || IN BOLOGNA. || Presso gli Heredi di Giouanni Rossi M.DC.V. || *Con licenza de' Superiori.* || Ad instanza di Giacomo Zoppini, e Fratelli, pag. 79, lin. 18—25.

([1]) TRIONFO GLORIOSO || D' HEROI ILLVSTRI, || ET EMINENTI || Dell' inclita, & marauigliosa Città || DI VENETIA. || *Li quali nelle Lettere fiorirono.* || LIBRO TERZO || DI F. AGOSTINO SVPERBI || DA FERRARA, ecc. OPERA SETTIMA. || IN VENETIA, M.DC.XXIX, || Per Euangelista Deuchino, pag. 92, lin. 14—24.

([2]) VENETIA || CITTÀ NOBILISSIMA, || ET SINGOLARE, || Descritta in XIIII. Libri || DA M. FRANCESCO SANSOVINO, ecc. IN VENETIA, Appresso Steffano Curti, M. DC. LXIII, ecc., pag. 618, lin. 18—21.

([3]) GLI SCRITTORI D' ITALIA, ecc. *VOLUME II. PARTE II*, ecc., pag. 821, lin. 34—48, pag. 822, lin. 1—24.

([4]) Fortsetzung und Ergänzungen || zu || Christian Gottlieb Jöchers || allgemeines || Gelehrten-Lexico, ecc. von || Johann Christoph Adelung. || Erster Band. || A und B., ecc., col. 1658, lin. 38—51.

([5]) DELLE || INSCRIZIONI || VENEZIANE || RACCOLTE ED ILLUSTRATE || DA || EMMANUELE ANTONIO CICOGNA || DI || VENEZIA || VOLUME VI || VENEZIA MDCCCLIII, ecc. pag. 639, col. 1, lin. 39—48, col. 2. lin. 1—6. — SAGGIO || DI || BIBLIOGRAFIA VENEZIANA || COMPOSTO || DA || EMMANUELE ANTONIO CICOGNA, ecc. VENEZIA. || DALLA TIPOGRAFIA DI G. B. MERLO. || MDCCCXLVII, pag. 231, lin. 15—32, n.° 1610, pag. 232, lin. 15—18, n.° 1615, pag. 745, lin. 22—31, n.° 5510.

([6]) Questi quattro opuscoli sono:

1. De PIETATE || AD PIVM V || PONT. MAX. || *Rochus Benedictus Notarius Venetus* || VENETIIS, ex officina Stellae Iordani Zileti || MDLXVII. In 8.°, di 4 carte, niuna delle quali è numerata, e nella 4ª delle quali (*recto*, lin. 1—4) si legge:

« BEATISSIMO PATRI || PIÕ V. || PONT. MAX. || *Rochus Benedictus Notarius Venetiis* || S. P. D. »

Un esemplare di questo opuscolo trovasi in un volume miscellaneo, ora posseduto dalla Biblioteca Marciana di Venezia, contrassegnato « n.° 22 » e composto di 37 opuscoli, de' quali il 24.° è l'esemplare stesso. Nella EDIZIONE SECONDA fatta in Venezia nel 1734 della BIBLIOTECA VOLANTE di Giovanni Cinelli Calvoli, quest'opuscolo è citato così (BIBLIOTECA || VOLANTE || DI GIO. CINELLI CALVOLI || *CONTINUATA DAL DOTTOR* || DIONIGI ANDREA SANCASSANI || EDIZIONE SECONDA, ecc. PRESSO GIAMBATTISTA ALBRIZZI Q. GIROLAMO, ecc., pag. 546, lin. 10—12):

« Benedetti (*Rocco*) De Pietate ad Pium V. Pontificem
» Max. Rochus Benedictus Notarius Venetus. Venetiis ex Of-
» ficina Stellæ Jordani Ziletti in 8. 1567. «

L'opuscolo medesimo è anche citato dal Conte Maria Mazzucchelli (GLI || SCRITTORI D' ITALIA, ecc. DEL CONTE GIAMMARIA MAZZUCCHELLI BRESCIANO || *VOLUME II. PARTE II* || IN BRESCIA CIↃ IↃCCLX, pag. 841, linee lunghe 40—41).

2. NOVI AVVISI || DI VENETIA, || NE' QVALI SI CONTENGONO TVTTI || i casi miserabili, che in quella, al tempo della peste sono || occorsi, non solamente gl'ordini, & prouisioni, || ma etiandio i medicamenti, profumi, & || altre cose à tal'in-

In niuno dei 71 testamenti contenuti nel detto protocollo di questo notaro, diversi da quello del Tartaglia, esiste menzione di Nicolò Tartaglia, o de' suoi parenti. Accurate ricerche da me fatte eseguire in Brescia per trovare i documenti relativi al medesimo Ni-

fermità ottime, || & buone. || *CON ALQVANTE ORATIONI, CHE* || *fece il Sereniss. Principe di quella inclita Città, esortando* || *il popolo à pregare il sommo Iddio per la sua libera-* || *tione: & il voto fatto à sua Diuina Maestà.* || Stampata in Vrbino, & ristampata in Bologna, per Alessandro || Benacci. Con licenza dei Superiori. 1577. In 4.° p.°, di 8 carte, niuna delle quali è numerata, nella 2ª—8ª delle quali trovasi una relazione, che nella prima di queste carte (*recto* lin. 1—3) è intitolata « *AL SIGNOR GIACOMO FOSCARINO* || *Caualliere & Proueditor Generale* || *del Regno di Candia* », e nell'ultima (*verso*, ultime tre linee) ha le seguenti data e firma:

« *Di Venetia, il di 28. Giugno 1577.*
» *E. V. Ecc. Diuotissimo seruitore.*
» *Rocco Benedetti Not.* »

Un esemplare di quest' opuscolo, ora posseduto dalla Biblioteca Nazionale di Firenze, e conservato nella Sezione Magliabechiana di questa Biblioteca, è il 25° di una busta contrassegnata « Miscellanea Magliabechiana, n.° 1002 ». — Giovanni Cinelli Calvoli cita quest' opuscolo (DELLA || BIBLIOTECA || VOLANTE || DI || GIO. CINELLI CALVOLI || PATRIZZIO FIORENTINO. || E FORLIVESE || Accademico Gelato, Dissonante, Concorde, || Incitato, ed Intronato. || SCANZIA XIV, ecc. IN VENEZIA, M. DC.IXC. || Per Girolamo Albrizzi, || *CON LICENZA DE' SUPERIORI*, pag. 84, lin. 24—32. — BIBLIOTECA || VOLANTE || DI GIO. CINELLI || *CONTINUATA DAL DOTTOR* || DIONIGI ANDREA SANCASSANI || EDIZIONE SECONDA, ecc. *TOMO PRIMO*, ecc. IN VENEZIA. MDCCXXXIV. || PRESSO GIAMBATTISTA ALBRIZZI Q. GIROLAMO, pag. 132, lin. 27—28, pag. 133, lin. 1—6.

3. RAGVAGLIO || MINVTISSIMO DEL SVCCESSO || DELLA PESTE DI VENETIA. || Con gli casi occorsi, prouisioni fatte, & altri particolari. Infino alla || liberatione di essa || ET LA || Relatione particolare della pubblicata liberatione. || Con le solenni e deuote pompe || IN TIVOLI || Appresso Domenico Piolato, Anno || 1577 || Con la licenza de' Superiori. In 8.°, di 16 carte, niuna delle quali è numerata, e delle quali le 2ª—13ª contengono una relazione in forma di lettera, diretta nella 2ª carta dell'opuscolo medesimo (*recto*, lin. 1—3) « AL || SIG. IACOMO FOSCARINO || CAVAL- » LIERE, ET PROVEDITOR || Generale del Regno di Candia », che nelle linee 21—25 del *recto* della carta 13ª dell'opuscolo medesimo ha le seguenti data e firma:

« Di Venetia, il dì 28 || di Giugno 1577 || D. V. Eccell. || Deuotissimo seruitore || Rocco Be- » nedetti Not. »

Un esemplare di quest'opuscolo trovasi in un volume ora posseduto dalla Biblioteca Marciana di Venezia, contrassegnato « n.° 2421 », e composto di 40 opuscoli, de' quali il 2.° è l'esemplare medesimo.

4. PIA DIGRESSIONE || SOPRA LA CANTICA || DELLA B. VERGINE, || DI M. ROCCO DI BENEDETTI || NOTARO VENETO || Al Ser.$^{mo}$ Principe di Venetia. || IL SIGNOR || NICOLO DA PONTE || PRINCIPE SAPIENTISS. || IN VENETIA MDLXXXII. || Presso il Muschio. In 8.° di 8 carte, niuna delle quali è numerata.

Nelle linee 1—5 della quinta pagina di quest'opuscolo si legge:

« PIA DIGRESSIONE || SOPRA LA CANTICA † DELLA B. VERGINE. || DI M. ROCCO DI BENEDETTI » NOTARO VENETO. »

colò non hanno avuto alcun felice risultamento. Quindi le sole notizie che ci rimangono intorno alla vita ed alla famiglia di questo sommo geometra, sono quelle che si hanno dal dialogo citato di sopra, e dal testamento riportato più oltre.

B. BONCOMPAGNI.

---

Nelle pagine 3ª—4ª di quest' opuscolo trovasi una lettera dedicatoria, che nella prima di queste due pagine è intitolata « AL SERENISSIMO ‖ PRINCIPE ‖ DI VENETIA, ‖ » Il Signor Nicolò da Ponte, ‖ Principe Sapientissimo », e nella seconda (lin. 14—17) ha le seguenti data e firma:

« *Di Venetia, il 18 di Gennaro.* MDLXX=XII. *Di V. Ser.tà* ✝ *Humilissimo Seruo,* ‖ *Rocco* » *Benedetti, Notaro Veneto.* »

Un esemplare di quest' opuscolo trovasi nelle carte 2ª—9ª d'un volume miscellaneo ora posseduto dalla Biblioteca Alessandrina di Roma, contrassegnato « Y, n. 45 », e composto di 3 opuscoli.

## I.

## TESTAMENTI ORIGINALI ROGATI DA ROCCO BENEDETTI N.° 119.

(nell'Archivio Notarile di Venezia, Vetrina, II Scompartimento, n.° 6).

p. 1.a « In Dei æterni nomine amen. Anno ab incarnatione Domini nostri
» Jesu Christi millesimo, quingentesimo, quinquagesimo septimo
» Indictione prima. Die uerò Veneris decimo mensis Decembris.
» Venetijs. In domo habitationis infras(crip)ti Testatoris posita in
» confinio Sancti Syluestri in Calli Sturioni. Considerando
» io Nicolo Tartaia Dottor di Mathematice fù de M(es)s(er) Mi-
» chiel da Bressa non esser cosa più certa della morte, ne
» più incerta dell'hora di quella, Et ritrouandomi hora in
» letto aggrauato da molto male hò deliberato ordinar i
» fatti miei. Et percio hò fatto uenir da me Rocho di
» Benedetti .q .d. Antonio Nodaro publico di Venetia pregan-
» dolo uogli alla presentia di testimonij infrascritti scriuer
» l'ultimo mio testamento, et quello dopo la morte mia
» rileui in pubblica forma secondo l'uso di Venetia.
» In prima adunq(ue) racomando l'anima mia all'altissimo Dio,
» et supplico sua Maestà con tutto 'l core à perdonarmi
» tutti i miei peccati, et accogliermi nella sua gratia
» Il corpo mio uoglio sia sepulto in la chiesa di San Siluestro
» co 'l Capitolo. Lasso à Chatarina mia sorella stà à Bressa fù
» moglie de S(er) D(ome)nego da Aurera tutti li libri, che hà
» del mio nelle man Marc' Antonio Coffo librer in Bressa su 'l
» corso della marcantia, i quali sono di ualor di cento, e ottanta
» ducati Con questo ch'io uoglio, ch(e) sia in libertà di detto Marc'
» Ant.° in termine di doi anni dar i danari di detti libri à detta
» mia sorella con auantaggio di ducati quaranta per cento
» rispetto al pretio di Venetia, altramente non uolendo accettar
» il partito à questo modo uoglio, che siano uenduti al publico
» incanto, et dato il tratto ad essa mia sorella fatti però
» tre incanti sopra. Io mi attrouo libri del mio general trattato
II p. 2. da 3.a et 4.a parte. » de numeri, et misure $^{0}_{II}$, et di mei Quesiti, et inuention diuerse
» circa quatrocento parte nel mio magazen da basso, et parte in una

» mia camera, Item mi attrouo circa.60.opere della trauagliata inuen-
» tione, et ragionamenti qui in casa, Item libri de diuerse sorte
» per mio studiare, per la ualuta di cento ducati in circa. Lasso
» di questi mei libri à Zuampiero Fontana mio fratello legitimo car-
p. 2.a » nal per il ualor de ducati tresento al pretio di Venetia. Item
» mi attrouo circa quaranta libri di nuoua sciencia. Lasso
» à M(es)s(er) Troian Nauò librer all' insegna del Lion in Marzaria
» al Ponte di Beretari, tutti i sopradetti Quesiti, et inuentio(n)
» diuerse, et le trauagliate inuention, et ragionamenti
» et quei di nuoua sciencia, et tutti i sopradetti libri
» del mio studiare con questo ch(e)l sia obligato dar quindeci
» ducati à Lucia mia massara al presente parte per sua
» seruitù, et parte perche li dono. Io mi attrouo circa
» uinti ducati de contadi, et annelli, et argento p(er) la ualuta
» de diece ducati, et altri beni mobeli di casa, et deuo
» hauer da altri, tutto lasso al sop.[to] M(esser) Zampiero fontana
» mio fratello. Io deuo hauer da Giordan librer all' insegna
» della stella circa cento lire de picoli p(er) conto de libri
» à lui dati, come appar p(er) un scritto tempo alli .ii. del
» presente mese. Io mi attrouo una balla de libri de paris
» de diuerse sorte di ualor al pretio di parigi de dusento
» e uinti do lire senza la condutta, quali io sto p(er) uendere.
» In tutti i altri mei beni mobeli, stabili, p(rese)nti, e futuri.
» caduchi, inordinati, et p(er) n(on) scritti ragion, et attion,
» ch(e) p(er) qualunq(ue) uia, et modo mi aspettano, ò aspettar
» potessero lasso mio herede uniuersal, et residuario
» il sopradetto M(es)s(er) Zampiero Fontana mio fratello. Mio
» commissario, et executor di questo mio ultimo testa-
» mento lasso il soprascritto M(esser) Troian Nauò librer,
» Dechiarando, ch' io uoglio, ch(e)l detto M(esser) Troian habbi
» liberamente tutte le sopradette opere, ch' io li lasso
» con detto grauame di quindese ducati. Pra(e)terea
» dicto meo commissario etc.

» hio armenio corte intagliator fiol d(e) Messer Gasparo i(n)zegnier
» fui testimonio pregado et iurado —

» Io fra(n)cesco d(e)li patriani librero sul ponte d(e) rialto ala
» insegna d(e)lercole fo d(e) m.° bastian barbiero da lendenara
» fui testimonio pregato e iurato.

(*L. S.*) » Ego Rochus de Benedictis q. d. Ant[ij] pub[cus] imp(er)[li] et Venetiar(um)
» auct.[e] Not.[s] premissa rogatus mea manu scripsi. »

p. 4.$^{a}$ « MDLVII. Die Veneris
» Decimo m(ensi)s. Xbris.
» Testamentum. D. Nicolai
» Tartalea Doctoris Ma,,
» thematicar. q. d. Mi,,
» chaelis de Brixia, de
» quo rogatus fui ego
» Rochus de Benedictis
» .q.d. Antonij pub.$^{cus}$
» Venetiar(um) auct.$^{e}$ Not.$^{s}$
» sub die sup$^{ta}$

» obijt. Die Lunæ hora
» septima Noctis .xiij.
» Xbris sup.$^{ti}$ »

## II.

## COPIA AUTENTICA DEL TESTAMENTO DI NICOLO' TARTAGLIA.

(Archivio Notarile di Venezia, Filza « 168. VII ».
Protocollo di Rocco Benedetti, car. 2, *verso*, lin. 29—34, car. 3, *recto* e *verso*.)

c. 2 v. l. 29. « In Dei æterni nomine amen. Anno ab incarnatione. Domini » nostri Jesu Christi millesimo, quingentesimo, quinquagesimo » septimo. Indictione prima. Die uerò Veneris decimo mensis De- » cembris. Venetijs. In domo habit(ationi)s infras(crip)ti Testatoris » posita in confinio S.$^{ti}$ Syluestri in calli Sturioni. Considerando » io Nicolò [1]) Tartaia Dottor di Mathematice fu del M. Michel
c. 3 r. » da Bressa non esser cosa più certa della morte, ne più » incerta dell' hora di quella, et ritrouandomi hora in letto » aggrauato da molto male ho [2]) deliberato ordinar i fatti » miei, e, [3]) percio ho fatto uenir da me Rocco [4]) di Benedetti » q. d. Antonio Nodaro publico di Venetia pregandolo » uogli alla presentia di testimonij infras(crit)ti scriuer l' ulti- » mo mio testamento, et quello dopo la morte mia rileui » in publica forma secondo l'uso di Venetia. In prima adunq(ue). » racomando l' anima mia all'altissimo Dio, et supplico sua » Maesta [5]) con tutto 'l core à perdonarmi tutti i miei pecati [6]), » et accogliermi nella sua gratia. Il mio corpo [7]) uoglio sia sepol- » to [8]) in la chiesa di S. Siluestro co'l capitolo. lasso à Catharina » mia sorella sta [9]) à Bressa fu [10] moglie de s(er) Domenego d'

1) Nicolo — 2) hò — 3) miei. Et — 4) Rocho — 5) Maestà — 6) peccati — 7) corpo mio — 8) sepulto — 9) stà — 10) fù.

» Aurera [11]) tutti i libri, che hà del mio nelle man Marc' Ant.o
» Coffo librer in Bressa su 'l corso della mercancia [12]), i quali
» sono di ualor di cento, e ottanta ducati con questo ch' io
» uoglio sia [13]) in libertà di detto. Marc' Ant.o in termine di
anni dar i » doi $\overset{\circ}{\wedge}$ danari de detti libri à detta mia sorella co(n) auantaggio
» de [14]) ducati quaranta per cento rispetto al pretio di Venetia,
» altramente non uolendo accettar il partido [15]) à questo modo
» uoglio, che siano uenduti al publico incanto, e [16]) dato il
» tratto ad essa mia sorella fatti però tre incanti sopra. Item [17])
» mi attrouo libri del mio general trattato de numeri, et
» misure p.a 2.da 3.a et .4.a parte, e di miei quesiti [18]), et inuen-
» tion diuerse circa quatro cento parte nel mio magazen
» da basso, e [19]) parte in una mia camera. Item mi attrouo
» circa .60. opere della trauagliata inuentione, et ra-
» gionamenti qui in casa. Item libri de diuerse sorte
» per mio studiare per la ualuta di cento ducati in circa.
» Lasso di questi miei libri à Zuan Piero [20]) Fontana mio fratello
» legitimo carnal per il ualor de ducati tresento al pretio
» di Venetia. Item mi attrouo circa quaranta libri di nuoua
» scientia [21]). Lasso à M. Troian Nauò librer all' insegna del
» lion in Marzaria al Ponte di Berettari [22]) tutti i sopraditti que-
» siti [23]), et inuention diuerse, e [24]) le trauagliate inuention, e [25])
» ragionamenti, et quei di nuoua scientia, e [26]) tutti i sopraditti [27])
» libri del mio studiare con questo che 'l [28]) sia obligato dar c. 3 *v.*
» quindeci ducati à Lucia mia massera [29]) al presente parte
» per sua seruitù e [30]) parte perche li dono. Io mi attrouo circa
» uinti ducati de contadi, et anelli [31]), et argento per la ualuta
» de diece ducati, et altri beni mobeli di casa, e [32]) deuo
» hauer da altri tutto lasso al sop.to M. Zan Piero Fontana [33])
» mio fratello. Io deuo hauer da Giordan librer all' insegna
» della stella circa cento libre [34]) de picoli per conto de libri
» à lui dati, come appar per un scritto tempo alli .ii. del
» presente mese. Io mi attrouo una balla de libri de Paris [35])
» diuerse sorte di ualor al pretio di Parigi de ducento, [36])
» e uinti do lire senza la condutta, quali io sto per uendere
» In tutti i altri mei beni mobeli, stabeli, presenti, e [37]) futuri,
» caduchi, inordinati, et pro non scritti, ragion, et attion,

[11]) D(ome)nego da Aurera — [12]) marcantia — [13]) uoglio, ch(e) sia — [14]) di — [15]) partito — [16]) et — [17]) Io — [18]) Et di miei Quesiti — [19]) et — [20]) Zuampiero — [21]) sciencia. — [22]) Beretari — [23]) sopradetti Quesiti — [24]) et — [25]) et — [26]) sciencia, et — [27]) sopradetti — [28]) ch(e)l — [29]) massara — [30]) seruitù, et — [31]) annelli — [32]) et — [33]) Zampiero fontana — [34]) lire — [35]) paris — [36]) parigi de dusento — [37] et.

» che per qualunq(ue) uia, e [38]) modo mi aspettano, ò aspettar » potessero lasso mio heriede [39]) uniuersal, et residuario » il sopraditto M. Zuan Piero [40]) Fontana mio fratello. Mio » commissario, et executor di questo mio ultimo testamento » lasso il sop.to M. Troian Nauò librer. Dechiarando, » ch'io uoglio, ch 'l [41]) detto M. Troian habbi liberamente » tutte le sopraditte [42]) opere, ch'io li lasso con detto grauame » di quindese ducati. Pr(a)eterea dicto meo Commissario [43]), » et hæredi cum conditionib(us) sup.tis do, tribuo, atq(ue) concedo » omnimodam facultatem hanc meam hæreditatem, commissa- » riam, et bona intromittendi, regendi, administrandi, et » consequendi, et omnia alia faciendi, et procurandi » pro consequendis, et obtinendis omnibus meis bonis, » quæ ipse facere possem in iud.o et extra si uiuerem, et » adessem, ac omnia necessaria, et opp.na sine aliqua con- » tradictione, et exceptione.

» Subscriptione testium

» Io Armenio Corte [44]) intagliator fiol de M. Gasparo Inzegnier [45]) » fui testimonio pregado, et [46]) iurado.

» Io Franc.o [47]) deli Patriani [48]) librero sul ponte de Rialto all'insegna » del Ercule fu de M.ro Bastian [49]) barbiero de lendenara fui testimonio » pregato, e iurato [50]). Obijt die lun(a)e hora 7.ma noctis. xiij. Xbris sup.ti

» Ego Rochus de Benedictis. q. d. Ant.ij pubcus imp(er)ii et Vene-
(*L. S.*) » tiar(um) auct.e Not.s [51]) mortuo sup.to testatore mea manu » compleui, et roboraui signo, no(m)i(ne)e. atq(ue) cogno(m)i(n)e » meis, appositis consuetis. »

— [38]) et — [39]) herede — [40]) sopradetto M. Zampiero — [41]) ch(e)l — [42]) sopradette [43]) commissario etc., *mancando tutto ciò che segue fino alla parola:* testium. — [44]) Hio armenio corte — [45]) gasparo i(n)zegnier — [46]) pregado et — [47]) fra(n)cescho — [48]) patriani — [49]) rialto ala insegna d(e)lercole fo d(e) m.o bastian — [50]) pregato e iurato, *mancando:* Obijt die luna(e) hora 7.ma noctis. xiij. Xbris sup.ti — [51]) premissa rogatus mea manu scripsi, *in vece del brano:* mortuo... consuetis.

III.

## ELENCO DEI DOCUMENTI PREGEVOLI

## ESPOSTI NELLA DESCRITTA VETRINA.

Collezione || di alcuni documenti pregievoli || custoditi nell'Archivio Notarile di Venezia.

I Scompartimento.

Dalla Sala Giacomo Test.° 1211. Inedito.
Visconti Visconte fu Marco Test.° 1639. Id.
Falier Luigia Dogaressa Test.° 1834 Edito.
Pisani Vettore. Testam.° 1380. Edito.
Visconti Carlo fu Bernabò Id. 1399. Inedito.
Malatesta Novello Id. 1464. Id.
Corner Caterina Id. o. 1508. Id.
Giovanni III Re di Svezia Lettera 1583 Id.
Brunsvich Luneburg dichiarazione autografa 1583. Inedito.
Bonaparte Vendita 1797. Inedito.
Murat Letizia Nuziale 1823. Id.

II. Scompartimento.

Manunzio Aldo Pio Test.° Olo. 1506. Ined.
Sanuto Marino Idem 1533. Edito.
Trissino Gio. Giorgio. Idem 1549?
Dragan Alvise Idem 1552. Inedito.
Fedele Cassandra Test.° 1556. Idem.
Ramusio Gio. Batt.ª Test.° Ol. 1557 idem.
Fontana (Tartaia) Nicolò Test.° 1557 idem.
Franco Veronica Idem 1564?
Degli Angeli Stefano T.° O.° 1669. Inedito.
Zeno Apostolo Idem 1747?

III. Scompart.°

Tedaldo Angelo Test.° 1324. Inedito.
Bellino Gentile Test.° 1506. Inedito.
Palma Giacomo Test.° 1528 Idem.
Palma Giacomo Inventario 1529 (?)
Catena Vincenzo. Test.° Ol. 1530?
Paris Bordone Test.° 1563. Edito.
Robusti (Tintoretto) Giacomo Test.° 1594 Id.
Caliari Benedetto Test.° Ol. 1598 idem.
Palma Giacomo Idem 1628, idem.
Ridolfi Carlo Idem 1657 idem.
Carriera Rosalba Test.° 1576 idem.

IV.

De Serlis Sebastiano Test.° 1528 Inedito.
Tatti (Sansovino) Giacomo Test.° Ol. 1568 edito
Scamozzi Vincenzo Idem 1602 idem.
Temanza Tommaso Test.° 1701 Inedito.
Lombardo Tullio Idem. 1532 idem.
Vittoria Alessandro Test.° Ol.° 1608 edito
Vitalba Longo Paolo Test.° 1534 Inedito.
Di Bernardi Gio. Idem 1543 idem.
Alberghetti Sigismondo Idem 1543 idem.
Alberghetti Emilio Idem 1566 idem.

V.

Bolle Papali.

| | |
|---|---|
| Paolo II. | 1465. |
| Innocenzo VIII. | 1487. |
| Leone X. | 1517. |
| Paolo IV. | 1555. |
| Sisto V. | 1585. |
| Clemente VIII. | 1592. |
| Paolo V. | 1616. |

Lettere autografe

Cardinale d' Urbino.
Cardinale Amulio (da Mula).

Sigilli di Papi.

Leone X.
Pio IV.
Paolo IV.
Alessandro VI.

VI Scompart.°

Divisione Badoer 1038 28 Aprile atti Capuano notaro
Protocollo bambagino di Testamenti dal 1275 a 1293 del Notaro Flabanico Giovanni

Firme di Dogi

| | |
|---|---|
| Michele Vitale II. | 1161. |
| Malipiero Orio | 1180. |
| Falier Marino | 1350. |
| Steno Michele | 1410. |
| Foscari Francesco | 1453. |

Sigilli di Dogi

| | |
|---|---|
| Moro Cristoforo | 1467. |
| Barbarigo Agostino | 1496. |
| Loredan Leonardo | 1520. |
| Grimani Antonio | 1522. |
| Griti Andrea | 1530. |
| Lando Pietro | 1542. |
| Donato Francesco | 1552. |
| Priuli Girolamo | 1560. |
| Mocenigo Alvise | 1576. |
| Da Ponte Nicolò | 1582. |
| Grimani Marino | 1600. |
| Donato Leonardo | 1610. |
| Pisani Alvise | 1738. |
| Loredan Francesco | 1753. |
| Renier Paolo | 1781. |
| Manin Lodovico | 1796. |

SOPRA

# UNA CERTA SUPERFICIE DI QUART'ORDINE.

*MEMORIA*

DI

**LUIGI CREMONA**

*Direttore della R. Scuola d'applicazione per gl' ingegneri a Roma.*

---

1. Due fasci projettivi di superficie di 2.° grado

$$(1)\qquad \begin{aligned} S_1 + \lambda S_2 = 0 \\ S_3 + \lambda S_4 = 0 \end{aligned}$$

generano, com'è noto, la superficie di 4.° ordine

$$(2)\qquad S_1 S_4 - S_2 S_3 = 0$$

la quale può anche essere generata mediante i due fasci projettivi

$$(3)\qquad \begin{aligned} S_1 + \mu S_3 = 0 \\ S_2 + \mu S_4 = 0. \end{aligned}$$

Ne segue che sulla superficie (2) sono tracciate due serie (semplicemente infinite) di curve generatrici, le quali, in generale, sono di 4.° ordine e 1.ª specie. Una generatrice qualunque della prima serie è rappresentata dalle equazioni (1), una qualunque della seconda dalle (3).

2. Suppongasi ora che tutte le superficie di 2.° grado $S$ abbiano un punto comune $\boldsymbol{O}$ ed in esso siano toccate da uno stesso piano $x = 0$. Ossia, indicate con $x, y, z, w$ le coordinate omogenee di un punto nello spazio, e supposto che le prime tre siano nulle per $\boldsymbol{O}$, si ponga

$$S_r = k_r\, w\, x + K_r$$

dove $k$ è una costante e $K$ è un polinomio omogeneo di 2.° grado in $x, y, z$.

Allora la (2) diviene

$$(k_1 k_4 - k_2 k_3) w^2 x^2 + (k_1 K_4 + k_4 K_1 - k_2 K_3 - k_3 K_2) w x$$
$$+ K_1 K_4 - K_2 K_3 = 0$$

equazione che scriveremo brevemente così:

(4) $$F = 0$$

e che rappresenta una superficie di 4.° ordine, avente $\boldsymbol{O}$ per punto doppio uniplanare e tale che ivi la superficie tocca sè medesima: ossia, ogni piano condotto per $\boldsymbol{O}$ sega la superficie secondo una curva che in $\boldsymbol{O}$ ha due punti doppî infinitamente vicini. Il piano tangente singolare $x = 0$ taglia la superficie secondo quattro rette incrociate in $\boldsymbol{O}$: onde $\boldsymbol{O}$ assorbe quattro intersezioni della superficie con qualunque linea passante semplicemente per $\boldsymbol{O}$ ed ivi toccante il suddetto piano $x = 0$.

3. In generale, una superficie di 4.° ordine dotata di questa singolarità in $\boldsymbol{O}$ ha per equazione

(5) $$h w^2 x^2 + u w x + v = 0$$

dove $h$ è una costante ed $u, v$ sono polinomi omogenei in $x, y, z$, risp. del grado 2, 4.

L'equazione (5) può essere ridotta, e in infinite maniere, alla forma (4). Infatti: si considerino le equazioni

$$u = 0, \quad v = 0$$

come rappresentanti una conica ed una curva di 4.° ordine, poste in uno stesso piano. Presi ad arbitrio in $v = 0$ i punti $\boldsymbol{1\,2\,3\,4\,5\,6\,7}$, descrivansi le coniche

$$K_1 = 0 \text{ per } \boldsymbol{1\,2\,3\,4\,5}$$
$$K_2 = 0 \text{ per } \boldsymbol{1\,2\,3\,4\,6}$$

le quali seghino inoltre $v = 0$ risp. in $\boldsymbol{p}_1 \boldsymbol{q}_1 \boldsymbol{r}_1$, $\boldsymbol{p}_2 \boldsymbol{q}_2 \boldsymbol{r}_2$. Poi descrivansi le coniche

$$K_3 = 0 \text{ per } \boldsymbol{5}\, \boldsymbol{p}_1 \boldsymbol{q}_1 \boldsymbol{r}_1 \boldsymbol{7}$$
$$K_4 = 0 \text{ per } \boldsymbol{6}\, \boldsymbol{p}_2 \boldsymbol{q}_2 \boldsymbol{r}_2 \boldsymbol{7}$$

le quali, com'è notissimo, si segheranno in altri tre punti $\boldsymbol{p\,q\,r}$ della curva $v = 0$. Epperò questa curva sarà generabile mediante i fasci projettivi di coniche

$$K_1 + \lambda K_2 = 0, \quad K_3 + \lambda K_4 = 0,$$

ossia, $v$ è riducibile alla forma $K_1 K_4 - K_2 K_3$, e ciò in $7^\infty$ maniere diverse.

Ora, le quattro coniche $K$ determinano un sistema triplamente infinito di coniche, rappresentate, in generale, dall' equazione

$$k_4 K_1 - k_3 K_2 - k_2 K_3 + k_1 K_4 = 0$$

ove le $k$ sono parametri arbitrari. Dunque, in $(7 + 3 - 5)^\infty = 5^\infty$ maniere diverse si possono ridurre simultaneamente una data quartica $v = 0$ ed una data conica $u = 0$ alle forme

$$K_1 K_4 - K_2 K_3 = 0$$

$$k_4 K_1 - k_3 K_2 - k_2 K_3 + k_1 K_4 = 0,$$

donde consegue ciò che si è asserito per l' equazione (5).

4. Indicando ora con $F$ la superficie (5) di 4.° ordine, dotata del punto singolare $\boldsymbol{O}$ (e del resto priva d' altri punti multipli e di linee multiple), essa può essere generata mediante due fasci projettivi di superficie di 2.° grado, tutte toccantisi fra loro nel punto comune $\boldsymbol{O}$. Da queste superficie nascono, per $F$, due serie di generatrici, che sono curve gobbe di 4.° ordine, tutte aventi un punto doppio in $\boldsymbol{O}$ (e le tangenti nel piano $x = 0$). Due generatrici di serie diverse giaciono in una stessa superficie di 2.° grado e s' incontrano in quattro punti (diversi da $\boldsymbol{O}$). Invece due generatrici della stessa serie non hanno punti comuni, oltre ad $\boldsymbol{O}$.

Poichè la superficie $F$ possiede una serie (semplicemente infinita) di curve razionali, situate ad una ad una sulle superficie di un fascio, ne segue a dirittura, per un teorema di NOETHER, che $F$ è rappresentabile, punto per punto, su di un piano.

5. Dati due fasci projettivi di superficie di 2.° grado

$$(k_1 + \lambda k_2) w x + K_1 + \lambda K_2 = 0$$

$$(k_3 + \lambda k_4) w x + K_3 + \lambda K_4 = 0$$

che tutte si toccano in un punto comune $x = y = z = 0$, i coni (di 2.° grado) che da questo punto projettano le curve d' intersezione delle coppie di superficie corrispondenti formano una serie rappresentata dall' equazione

$$(k_1 + \lambda k_2)(K_3 + \lambda K_4) - (k_3 + \lambda k_4)(K_1 + \lambda K_2) = 0;$$

la quale mostra come la serie contenga, in generale, sei coni spezzantisi in due piani; ossia, ciascuna serie di curve razionali di 4.° ordine, col punto doppio $O$, esistenti sulla superficie $F$, comprende sei curve composte di due coniche situate in piani distinti. Queste due coniche, appartenendo ad una stessa superficie di 2.° grado, s'incontrano in $O$ ed in un altro punto: punto di ulteriore contatto fra due superficie corrispondenti de' due fasci projettivi. Siccome poi due curve della serie non hanno (oltre ad $O$) alcun punto comune, così due coniche appartenenti a coppie diverse non s'incontrano (fuori di $O$).

Si hanno così dodici coniche di $F$, situate in piani differenti: i quali piani segheranno adunque la superficie secondo altre dodici coniche, formanti analogamente sei coppie situate in sei superficie di 2.° grado di un fascio. Infatti, se le superficie

$$S_1 + \lambda_r S_2 = 0$$

$$S_3 + \lambda_r S_4 = 0$$

si segano secondo due coniche, per $r = 1, 2, 3, 4, 5, 6$, indicate con

$$P_r = 0, \quad Q_r = 0$$

le equazioni dei piani delle due coniche, si avrà l'identità

$$S_1 + \lambda_r S_2 + \mu_r (S_3 + \lambda_r S_4) = P_r Q_r .$$

E, scritta l'equazione (2) della superficie $F$ così:

$$(S_1 + \lambda_r S_2) S_4 - (S_3 + \lambda_r S_4) S_2 = 0,$$

questa, in virtù di quell'identità, si muterà nella seguente:

$$(S_1 + \lambda_r S_2)(S_2 + \mu_r S_4) - S_2 P_r Q_r = 0,$$

la quale dice che i piani $P_r = 0$, $Q_r = 0$, oltre a dare le due coniche poste nelle superficie di 2.° grado $S_1 + \lambda_r S_2 = 0$, $S_3 + \lambda_r S_4 = 0$, segano $F$ secondo altre due coniche situate nelle due superficie di 2.° grado

$$S_2 + \mu_r S_4 = 0, \quad S_1 + \mu_r S_3 = 0,$$

ciascuna delle quali, variando $r$, dà sei superficie d'uno stesso fascio.

In altre parole, anche le dodici nuove coniche formano sei curve di 4.° ordine (con punto doppio in $O$) appartenenti ad una stessa serie. E siccome due curve di 4.° ordine, appartenenti a serie diverse, s'incontrano sempre in quattro punti (oltre ad $O$), così ciascuna delle prime dodici coniche incontra ciascuna delle altre dodici.

6. Dall' esistenza di una conica $\mathfrak{K}$ giacente su $F$ e passante per $O$ si può subito dedurre un' interessante trasformazione della superficie di 4.° ordine.

Le superficie $S$ di 2.° grado che passano per $\mathfrak{K}$ e toccano in $O$ il piano $x = 0$ formano un sistema omaloidico, epperò somministrano una trasformazione birazionale del dato spazio $\sum$ in un altro $\sum'$, i cui piani e le cui rette corrispondono ordinatamente alle superficie $S$ ad alle coniche $\mathfrak{C}$ toccate in $O$ dal piano $x = 0$ e seganti $\mathfrak{K}$ in un secondo punto.* In qual superficie $F'$ viene allora a trasformarsi la data $F$?

Ai punti in cui $F'$ è incontrata da una retta arbitraria dello spazio $\sum'$ corrispondono i punti di ulteriore intersezione di $F$ con una conica $\mathfrak{C}$; i quali punti sono in numero di $2 . 4 - 4 - 1 = 3$, perchè $O$ assorbe già 4 intersezioni e vi è poi un altro punto comune a $\mathfrak{C}$ ed a $\mathfrak{K}$. Dunque $F'$ è una superficie di 3.° ordine.

Viceversa, se $F'$ e $\mathfrak{K}'$ sono una superficie di 3.° ordine ed una conica toccate in un punto comune $O'$ da uno stesso piano $x' = 0$, e del resto quali si vogliano; trasformando punto per punto lo spazio $\sum'$ nello spazio $\sum$ per modo che ai piani di questo corrispondano le superficie di 2.° grado passanti per $\mathfrak{K}'$ e toccanti in $O'$ il piano $x' = 0$; la superficie $F'$ si trasformerà in una superficie analoga ad $F$. Infatti la nuova superficie

1.° è del 4.° ordine, perchè qualunque conica dello spazio $\sum'$ toccata in $O'$ dal piano $x' = 0$ (e incontrata in un altro punto da $\mathfrak{K}'$) avrà con $F'$ altri quattro punti comuni;

2.° ha in $O$ un punto doppio, perchè ogni retta per $O'$ incontra $F'$ in altri due punti;

3.° è tagliata dal piano $x = 0$ secondo quattro rette incrociate in $O$, perchè la superficie $F'$ contiene quattro punti di $\mathfrak{K}'$ (oltre ad $O'$);

4.° è segata da un piano arbitrario per $O$ secondo una curva (di 4.° ordine) di genere 1, epperò avente in $O$ due punti doppî infinitamente vicini, perchè un piano condotto arbitrariamente per $O'$ sega $F'$ secondo una curva (di 3.° ordine) di genere 1.

7. Ciò stabilito, la nota geometria della superficie generale di 3.° ordine $F'$ somministra immediatamente la geometria della nostra superficie $F$.

---

* Io ho già adoperata questa trasformazione in altra occasione: *Rend'conti* dell'Istituto Lombardo 9 marzo 1871. Veggasi anche: *Annali di Matematica* (Milano, 1872), tom. V della serie seconda, pag. 142 e 143.

Alle 27 rette di $F'$ corrispondono in $F$ altrettante coniche passanti per $O$ e seganti $\mathfrak{K}$ in un secondo punto; le quali tra loro si segano o no, secondochè ciò avviene delle rette di $F'$.

Il piano di una qualunque di queste 27 coniche sega $F$ lungo una nuova conica: queste altre 27 coniche (passanti per $O$ ma non incontranti altrove $\mathfrak{K}$) corrispondono alle coniche che si ottengono in $F'$ mediante i piani condotti per $O'$ e per le 27 rette.

Il piano di $\mathfrak{K}$ sega $F$ secondo un'altra conica, la quale corrisponde al punto $O'$, mentre $\mathfrak{K}$ ha per corrispondente la curva razionale di 3.° ordine, sezione di $F'$ col piano tangente in $O'$.

Si hanno così, in $F$, 56 coniche tutte passanti per $O$ e situate, due a due, in 28 piani. Esse corrispondono alle 27 rette di $F'$, alle 27 coniche passanti per $O'$, al punto $O'$ ed alla sezione del piano tangente in $O'$.

8. In generale, la superficie $F$ non contiene altre coniche. Infatti, sia $\mathfrak{C}$ una conica in $F$ (distinta da $\mathfrak{K}$). Il piano di $\mathfrak{C}$ conterrà un'altra conica di $F$, e se questo piano passa per $O$, le due coniche si toccheranno in questo punto, con una tangente posta nel piano $x = 0$. Perciò $\mathfrak{C}$ incontra altrove al più in due punti una qualunque delle superficie $S$. Ne segue che a $\mathfrak{C}$ corrisponderà in $\Sigma'$ una conica, una retta o un punto, secondochè $\mathfrak{C}$ ha con $\mathfrak{K}$ 0, 1, 2 punti d'incontro, oltre ad $O$. Si hanno così le $27 + 27 + 1$ coniche già ottenute.

Se $\mathfrak{C}$ non passa per $O$, può avere con $\mathfrak{K}$ 2, 1, 0 punti comuni, e quindi incontrerà una $S$ qualunque in 2, 3, 4 punti fuori di $\mathfrak{K}$. Nel primo caso a $\mathfrak{C}$ corrisponderebbe una conica di $F'$ passante per due de' quattro punti in cui $F'$ è incontrata da $\mathfrak{K}'$; nel secondo caso una cubica passante per $O'$ e ancora per due punti di $\mathfrak{K}'$; nel terzo una curva di 4.° ordine, avente un punto doppio in $O'$ e passante per due punti di $\mathfrak{K}'$. Ora, queste curve non sono possibili in generale, ritenuto cioè che la superficie $F'$ e la conica $\mathfrak{K}'$ siano soggette alla sola condizione di toccarsi in $O'$. Infatti, in una superficie di 3.° ordine, i sistemi di coniche, i sistemi di cubiche con un punto dato, e i sistemi di curve di 4.° ordine con un dato punto doppio sono semplicemente infiniti: epperò non vi è alcuna di queste curve che passi per due punti dati ad arbitrio.

9. Analogamente, $F$ non ha, in generale, alcuna retta oltre le quattro già notate come esistenti nel piano $x = 0$. Infatti, in causa della posizione arbitraria di $O'$ su $F'$ e di $\mathfrak{K}$ rispetto ad $F'$, questa superficie non ha rette passanti per $O'$ od appoggiate a $\mathfrak{K}'$, nè ha coniche passanti per $O'$ ed appoggiate a $\mathfrak{K}'$.

10. Ora, dalla nota rappresentazione piana di una superficie generale di 3.° ordine si può subito dedurre quella della superficie di 4.° ordine dotata dell'unico punto singolare **O**. Sia $F''$ il piano rappresentativo di $F'$ e siano **1**, **2**, **3**, **4**, **5**, **6** i sei punti fondamentali della rappresentazione, onde le imagini delle sezioni piane di $F'$ saranno le curve di 3.° ordine passanti pei punti **1 2 3 4 5 6**. Supposto che in questa rappresentazione il punto $\boldsymbol{M}''$ del piano $F''$ sia l'imagine del punto $\boldsymbol{M}'$ di $F'$, e che nella trasformazione quadratica suesposta (§ 6) al punto $\boldsymbol{M}'$ di $F'$ corrisponda il punto **M** di $F$, riguarderemo $\boldsymbol{M}''$ come imagine di **M**, e così sarà rappresentata $F$ punto per punto sul piano $F''$.

Poichè i punti **1 2 3 4 5 6** rappresentano sei rette di $F'$ e poichè alle rette di $F'$ corrispondono coniche di $F$, quei punti saranno ora imagini di altrettante coniche di $F$. Un'altra conica di questa superficie, e precisamente quella che è in un piano con 𝔎, avrà per imagine il punto $\boldsymbol{O}''$ imagine di $\boldsymbol{O}'$. Invece di $\boldsymbol{O}''$ scriverò **O**. E la conica 𝔎 sarà rappresentata dalla cubica $\boldsymbol{O}^2\boldsymbol{1\,2\,3\,4\,5\,6}$, poichè questa è l'imagine della sezione fatta in $F'$ dal piano tangente in $\boldsymbol{O}'$.

Le rette che uniscono due a due i sei punti **1 2 3 4 5 6** e le coniche che li uniscono cinque a cinque sono pure imagini di rette di $F'$, epperò rappresenteranno coniche di $F$.

Le coniche di $F'$ che passano per **O** sono rappresentate dalle sei rette **O1**, **O2**..., dalle quindici coniche **O 1 2 3 4**, **O 1 2 3 5**..., e dalle sei cubiche $\boldsymbol{O\,1^2 2\,3\,4\,5\,6}$, $\boldsymbol{O\,1\,2^2 3\,4\,5\,6}$,...; queste saranno adunque le imagini di altre ventisette coniche di $F$. Le coniche di $F$ sono perciò rappresentate dai sette punti **O 1 2 3 4 5 6**; dalle ventuna rette che li uniscono due a due; dalle ventuna coniche che li uniscono cinque a cinque; e dalle sette cubiche che passano per tutti e sette i punti, avendo un nodo in uno di essi.

11. Al punto **O** corrisponde la sezione fatta in $F'$ dal piano di 𝔎′, la qual sezione contiene il punto $\boldsymbol{O}'$ e quattro punti di 𝔎′. L'imagine di questa sezione sarà dunque una cubica **1 2 3 4 5 6** contenente il punto **O** e quattro punti, che dirò **7**, **8**, **9**, **10**, imagini de' quattro punti di 𝔎′. E siccome ai punti di 𝔎′ corrispondono rette dello spazio $\sum$, così ne consegue che le quattro rette di $F$ sono rappresentate, nel piano $F''$, da quattro punti **7.8.9.10**, e che gli undici punti **O.1.2.3.4.5.6.7.8.9.10** sono tutti in una stessa cubica (di genere 1), imagine del punto singolare **O**.

12. Cerchiamo ora le imagini delle sezioni piane di $F$, alle quali

corrispondono le intersezioni di $F'$ colle superficie $S'$ di 2.° grado toccate in $O'$ dal piano $x' = 0$ e passanti per la conica $\mathfrak{K}'$. Queste intersezioni avranno un punto doppio in $O'$ e passeranno per gli altri quattro punti comuni ad $F'$ e $\mathfrak{K}'$; perciò le loro imagini in $F''$, vale a dire le imagini delle sezioni piane di $F$, sono curve di 6.° ordine

$$\mathbf{0}^2 . \mathbf{1}^2 . \mathbf{2}^2 . \mathbf{3}^2 . \mathbf{4}^2 . \mathbf{5}^2 . \mathbf{6}^2 . \mathbf{7} . \mathbf{8} . \mathbf{9} . \mathbf{10}$$

aventi in comune sette punti doppî $\mathbf{0} . \mathbf{1} . \mathbf{2} \ldots$ e quattro punti semplici $\mathbf{7} . \mathbf{8} . \mathbf{9} . \mathbf{10}$ *.

13. Siccome ai piani per $O$ corrispondono piani per $O'$, così le imagini delle sezioni fatte in $F$ con piani passanti pel punto singolare $O$ sono le cubiche $\mathbf{0123456}$. Ciascuna di queste cubiche è segata da tutte le altre in coppie di punti conjugati, che sono le imagini delle coppie di punti di $F'$ allineati con $O'$. Se i due punti conjugati coincidono, si ha l'imagine di un punto in cui $F$ è toccata da un piano passante per $O$. Il luogo de' punti analoghi è l'intersezione di $F$ colla 1.ª polare di $O$, la quale si decompone nel piano $x = 0$ ed in una superficie di 2.° grado toccata in $O$ da questo medesimo piano. A questa superficie corrisponde in $\Sigma'$ una superficie, pure di 2.° grado, che tocca $F'$ in $O'$; perciò l'imagine dell'intersezione è una curva di 6.° ordine $\mathbf{0}^2 \mathbf{1}^2 \mathbf{2}^2 \mathbf{3}^2 \mathbf{4}^2 \mathbf{5}^2 \mathbf{6}^2$, la quale, essendo il luogo de' punti doppî delle cubiche $\mathbf{0123456}$, contiene eziandio le coppie di punti in cui le ventuna rette $\mathbf{01}$, $\mathbf{02}$, ..., $\mathbf{12}$, ..., $\mathbf{56}$ incontrano risp. le coniche $\mathbf{23456}$, $\mathbf{13456}$, ..., $\mathbf{03456}$, ... $\mathbf{01234}$.

14. In generale, una qualunque delle superficie $S$ di 2.° grado tangenti in $O$ al piano $x = 0$, avendo per corrispondente in $\Sigma'$ una superficie dello stesso grado tangente ad $F'$ in $O'$, interseca $F$ secondo una curva di 8.° ordine (e al più di genere 3) dotata di un punto quadruplo in $O$, che ha per imagine una curva di 6.° ordine $\mathbf{0}^2 \mathbf{1}^2 \mathbf{2}^2 \mathbf{3}^2 \mathbf{4}^2 \mathbf{5}^2 \mathbf{6}^2$. Viceversa, tutte le curve di 6.° ordine di questo sistema (sei volte infinito) sono imagini di intersezioni di $F$ con superficie $S$. È facile vedere che tra quelle curve di 8.° ordine ve ne sono infinite che si spezzano in due curve di 4.° ordine con punto doppio in $O$, e tra queste ve ne sono, in numero finito, che constano di quattro coniche (incrociantisi in $O$).

* Cfr. NOETHER, nelle *Nachrichten* di Gottinga, 7 giugno 1871. Il signor Noether è il primo, per quanto io sappia, che abbia fatto conoscere questa superficie $F$ in tutta la sua generalità. Io ne aveva dato prima un caso particolare: *Nachrichten*, 3 maggio 1871.

Indichiamo con $a$ uno qualunque de' sette punti $1\,2\,3\,4\,5\,6$. Le rette per un punto $a$ rappresentano curve di 4.° ordine con punto doppio in $O$; e curve affatto analoghe sono rappresentate dalle curve di 5.° ordine che passano semplicemente per quel punto $a$ e doppiamente per gli altri sei. E siccome una di quelle rette ed una qualunque di queste curve di 5.° ordine costituiscono insieme una curva di 6.° ordine $O^2\,1^2\,2^2\,3^2\,4^2\,5^2\,6^2$, così le due curve gobbe di 4.° ordine, di cui quelle sono le imagini, giaciono in una stessa superficie $S$ di 2.° grado; e quel fascio di rette e quel fascio di curve di 5.° ordine rappresentano due serie di curve generatrici della superficie $F$, già da noi considerate altrove (§ 1, 4).

Ciascuno de' punti $a$ dà così due serie conjugate di curve gobbe di 4.° ordine con punto doppio in $O$. Anche le coniche per quattro punti $a$ e le curve di 4.° ordine passanti semplicemente per questi e doppiamente per gli altri tre rappresentano due analoghe serie conjugate di curve gobbe di 4.° ordine. E lo stesso deve dirsi di due fasci formati l'uno dalle cubiche passanti per cinque punti $a$ ed aventi un nodo nel sesto, l'altro dalle cubiche passanti per quei medesimi cinque punti ed aventi un nodo nel settimo.

Per tal modo si ottengono:

$$7 + \frac{7 \cdot 6}{2} + \frac{7 \cdot 6 \cdot 5}{2 \cdot 3} = 63$$

coppie di serie conjugate di curve gobbe di 4.° ordine con punto doppio in $O$. E poichè (§ 4) due serie conjugate corrispondono ad una generazione della superficie mediante due fasci projettivi di superficie di 2.° grado (tutte toccantisi fra loro in $O$), così possiamo dire che $F$ ammette questa generazione in 63 maniere differenti. *

15. Come già si è veduto (§ 5), una serie di curve gobbe di 4.° ordine ne contiene sei spezzantisi ciascuna in due coniche (poste in piani diversi); ciò che del resto è immediatamente confermato dalla rappresentazione piana $F''$. E siccome due curve gobbe appartenenti a serie conjugate sono in una stessa superficie $S$ di 2.° grado, così vi sono superficie $S$ di 2.° grado che segano $F$ secondo quattro coniche. E queste superficie sono pur conjugate due a due. Infatti, se quattro piani segano $F$ secondo quattro coniche situate insieme in una superficie di 2.° grado, anche la rimanente intersezione, for-

* Cfr. Steiner, *Eigenschaften der Curven vierten Grades rücksichtlich ihrer Doppeltangenten* — e Hesse, *Ueber die Doppeltangenten der Curven vierter Ordnung*, nel Giornale di Crelle, tom. 49.

mata dalle altre quattro coniche poste in que' quattro piani, giacerà in una superficie di 2.° grado. Quale è il numero di coteste superficie $S$ seganti $F$ secondo quattro coniche?

Le coniche incontrate in un punto, oltre ad $\boldsymbol{O}$, da una data conica sono (§ 7) in numero di 27: ossia una data conica fa parte di 27 diverse curve gobbe di 4.° ordine.

Per due coniche aventi, oltre ad $\boldsymbol{O}$, un punto comune, passano cinque superficie $S$ ciascuna delle quali contiene altre due coniche. Infatti: quelle due coniche, come componenti una curva gobba di 4.° ordine, appartengono ad una delle 2.63 serie (§ 14), e questa serie (§ 4) contiene altre 5 paja di coniche, i piani delle quali segheranno $F$ secondo altre 5 paja che appartengono alla serie conjugata. E siccome due curve gobbe di 4.° ordine appartenenti a due serie conjugate sono sempre situate in una stessa superficie $S$ di 2.° grado, così, prendendo ad arbitrio un pajo dal primo gruppo di paja ed un pajo dal secondo gruppo, si avranno quattro coniche situate in una stessa superficie di 2.° grado.

Da ciò segue che per una data conica di $F$ passano $\frac{27 \cdot 5}{3} = 45$ superficie $S$ di 2.° grado, ciascuna delle quali sega $F$ secondo tre altre coniche. Il che si può anche dedurre dal notissimo teorema che la superficie generale $F'$ ha 45 piani tritangenti: ai quali piani corrispondono superficie di 2.° grado passanti per $\mathfrak{K}$ e seganti $F$ in altre tre coniche. Ora $\mathfrak{K}$ è una qualunque delle 56 coniche di $F$; dunque, ecc.

Il numero totale delle superficie $S$ contenenti quattro coniche di $F$ è adunque

$$\frac{56 \cdot 45}{4} = 630,$$

conjugate due a due, chiamando, come già s'è detto, c o n j u g a t e due superficie $S$ le cui otto coniche giacciano, due a due, in quattro piani. Perciò possiamo concludere che si hanno 315 coppie di superficie $S$ conjugate.

16. La superficie $F$ contiene infinite curve gobbe d'ordine 6 e genere 3, le quali formano due sistemi triplamente infiniti. Quelle di un sistema sono rappresentate sul piano $F''$ (§ 10) dalle curve di 4.° ordine $\boldsymbol{0} . \boldsymbol{1} . \boldsymbol{2} . \boldsymbol{3} . \boldsymbol{4} . \boldsymbol{5} . \boldsymbol{6} . \boldsymbol{7} . \boldsymbol{8} . \boldsymbol{9} . \boldsymbol{10}$; quelle dell'altro dalle curve di 11.° ordine $\boldsymbol{1}^4 . \boldsymbol{2}^4 . \boldsymbol{3}^4 . \boldsymbol{4}^4 . \boldsymbol{5}^4 . \boldsymbol{6}^4 . \boldsymbol{7} . \boldsymbol{8} . \boldsymbol{9} . \boldsymbol{10}$. Le une e le altre passano pel punto $\boldsymbol{O}$. Due curve di diversi sistemi giaciono in una stessa superficie di 3.° ordine e si segano in altri dodici punti. Due curve di uno stesso sistema hanno invece soltanto cinque punti comuni, oltre ad $\boldsymbol{O}$.

Ciascuno dei due sistemi contiene una rete di curve razionali, per le quali $O$ è un punto triplo. Le imagini di esse deduconsi dalle imagini dianzi riferite, staccando da queste la cubica

$$\mathbf{0}.\mathbf{1}.\mathbf{2}.\mathbf{3}.\mathbf{4}.\mathbf{5}.\mathbf{6}.\mathbf{7}.\mathbf{8}.\mathbf{9}.\mathbf{10}$$

che rappresenta il punto $O$: ossia supponendo che le superficie seganti di 3.° ordine, non solo passino per $O$, ma ivi tocchino il piano $x=0$. Allora si hanno per imagini delle curve razionali di 6.° ordine, nell'un sistema le rette del piano $F''$, nell'altro le curve di 8.° ordine $\mathbf{0}^3\,\mathbf{1}^3\,\mathbf{2}^3\,\mathbf{3}^3\,\mathbf{4}^3\,\mathbf{5}^3\,\mathbf{6}^3$. Due curve razionali di uno stesso sistema si segano in un solo punto; due curve di sistemi differenti in otto punti, oltre ad $O$.

17. Mediante la trasformazione quadratica (§ 6) adoperata sinora si potrebbe continuare a dedurre proprietà della superficie $F$ dalla nota teoria della superficie generale di 3.° ordine $F'$. Per ora io non addurrò che la costruzione geometrica della rappresentazione piana.

Per la superficie $F'$, assunte in essa due rette $\mathfrak{a}_1$, $\mathfrak{a}_2$ che non si seghino, i punti di $F'$ si possono projettare su di una superficie di 2.° grado $S'$ che passi per $\mathfrak{a}_1$, mediante raggi appoggiati alle direttrici $\mathfrak{a}_1$, $\mathfrak{a}_2$. Con ciò i punti delle superficie $F'$ ed $S'$ sono messi in corrispondenza univoca.

Passiamo ora ad $F$; prendiamo in essa due coniche $\mathfrak{C}_1$, $\mathfrak{C}_2$ non segantisi all'infuori di $O$, e sia $\mathfrak{K}$ una conica che incontri tanto $\mathfrak{C}_1$ quanto $\mathfrak{C}_2$ in un secondo punto, dopo $O$ *. Sia poi $P$ il piano di $\mathfrak{C}_1$. Per un punto qualunque $\mathfrak{M}$ di $F$ si può condurre una (ed una sola) conica $\mathfrak{H}$ la quale passi per $O$, ivi tocchi $x=0$ ed altrove incontri ancora le tre coniche $\mathfrak{K}$, $\mathfrak{C}_1$, $\mathfrak{C}_2$. Infatti: la conica $\mathfrak{H}$ sarà l'ulteriore intersezione di due superficie di 2.° grado passanti per $\mathfrak{K}$ e per $\mathfrak{M}$, toccanti in $O$ il piano $x=0$ e condotte l'una per $\mathfrak{C}_1$, l'altra per $\mathfrak{C}_2$. La conica $\mathfrak{H}$ incontra il piano $P$ in un unico punto $\mathfrak{M}_1$, poichè già lo attraversa in $O$. Viceversa, assunto ad arbitrio un punto $\mathfrak{M}_1$ in $P$, costruendo la conica (unica) $\mathfrak{H}$ che tocca $x=0$ in $O$, passa per $\mathfrak{M}_1$ e incontra $\mathfrak{K}$, $\mathfrak{C}_1$, $\mathfrak{C}_2$, si otterrebbe univocamente il punto $\mathfrak{M}$ nell'unica intersezione di $\mathfrak{H}$ con $F$ (unica, perchè già quattro intersezioni sono riunite in $O$ e altre tre cadono risp. in $\mathfrak{K}$, $\mathfrak{C}_1$, $\mathfrak{C}_2$).

* Per esempio, siano $\mathfrak{C}_1$, $\mathfrak{C}_2$ le coniche rappresentate in $F'$ dai punti ***1, 2,*** e sia $\mathfrak{K}$ la conica avente per imagine la retta ***12.***

Per tal modo sono riferite fra loro, punto per punto, mercè una projezione nella quale i raggi projettanti sono coniche, la superficie di 4.° ordine $F$ e il piano $P$. Da questa rappresentazione piana di $F$ si deduce poi, con note trasformazioni, la rappresentazione d'ordine minimo: quella cioè nella quale le imagini delle sezioni piane di $F$ sono curve di 6.° ordine con 7 punti fondamentali doppî e 4 semplici.

Roma, giugno 1881.

www.ingramcontent.com/pod-product-compliance
Lightning Source LLC
LaVergne TN
LVHW020551110826
845149LV00002B/229